守望者
The Catcher

现象学：
一部历史的和批评的导论

Introduction to Phenomenology

[爱尔兰] 德尔默·莫兰（Dermot Moran）著
李幼蒸 译

中国人民大学出版社
·北京·

关于作者

德尔默·莫兰为国际著名哲学史家，爱尔兰都柏林大学哲学教授（形上学和逻辑学），前哲学系主任，于2003年入选爱尔兰皇家科学院，并担任2013年雅典第23届国际哲学大会“学术规划委员会”主席。莫兰精通欧陆哲学、分析哲学、哲学史等，而专长于现象学和中世纪哲学。主要任教于爱尔兰，但前后在英、美、德、法等各国众多学校担任客座或访问教授，具有丰富的教学经验。莫兰于2010年在香港中文大学主持过现象学暑期研究班。

关于本书

本书为莫兰的代表作。莫兰根据几十年来的出版资料，对现象学运动中的五位德语代表哲学家（布伦塔诺、胡塞尔、海德格尔、伽达默尔和阿伦特）和四位法语代表哲学家（莱维纳、萨特、梅洛-庞蒂和德里达）的丰富学术思想，做了深入浅出的清晰论述。本书出版后次年即荣获巴拉德现象学杰出著作奖，并成为西方各大学有关现象学研习的教学参考书。本书另一个特点是，除哲学家本人的思想背景和主要理论的论述之外，不仅对各相关理论提出批评性解读，而且附有关于哲学家在政治、社会、文化等方面的细节描述，也因此增加了本书的吸引力。

中译者序

大致而言，20 世纪西方两大哲学主潮是英美派的分析哲学和德法派的现象学哲学。此一划分，严格说来，主要是根据第二次世界大战后的哲学发展态势来确定的。第二次世界大战之前，西方哲学流派纷繁，尚未形成哲学态势二分法的局面。有趣的是，战后这两大哲学潮流形成之根源，竟然主要都是来自欧陆德语地区的。战后西方哲学界的局面巨变，这主要源于美国哲学和法国哲学事业的空前发展（随之产生了“分析哲学”和“欧陆哲学”的对比名目）。前者充实、扩大和强化了分析哲学，后者扩展、丰富了欧陆现象学潮流（此派其后很快成为超越地区界域的欧美两大洲共有的主流哲学之一）。纵观百年来西方哲学史的消长态势，20 世纪的西方哲学发展，遂可最终概括为这两大主要方向。这两大哲学潮流各有短长，但之所以均称之为“现代哲学”，除产生的时间因素外，一个发生学方面的重要原因，均在于数学和自然科学的知识支配性的决定作用。20 世纪是数学自然科学决然占据人类知识绝对主位的全新历史时期。这种人类文明科技化的空前进步，一方面导致社会科学的明显科学化提升，另一方面则导致人文科学的两极化发展。对于后者，一方面出现了紧跟自然科学模式的科学理性潮流，另一方面则反而激发了非科学的非理性主义潮流之涌现。这一演变在哲学领域内最为明显。于是第二次世界大战以后我们看到，分析哲学的“准数学自然科学思考方向”的相对严格性及其大大收缩了的人文论域范围，其论证的“科学性强化”，却是以简化了、收缩了论题范围为代价的。而另一方面，以现象学为主的欧陆哲学，表现出一种微妙的内部张力对比：在古今一体的人文学术领域中的理性主义和非理性主义的并存现象。这种思想方向上的理性和非理性的混合性，在百年来的现象学运动中表现得最为突出，甚至从其创学之始就可发现两种思想方向并存互动的态势。不难看出，其中非理性主义方向的空前发展，主要是 19 世纪中晚期以来才日益扩大和强化的（文艺世界的现代主义全面取代古典精神亦发展于此时）。有趣的是，我们注意到 20 世纪随着数学自然科学的决定性展开，哲学界的非理性主义思潮反而（从学术社会学分析角度看）

“相反相成地”平行发展着，特别是在第二次世界大战之后，又特别是在战后十分活跃的法国哲学界。

第二次世界大战以后，作为实质上的战败国法国和战前哲学同样贫瘠的战胜国美国，几乎同时成为了西方哲学人文科学界的“大国”。除此之外，在英、美、德、法四个文化大国中，法国战后哲学主流（同属现象学运动系统内的存在主义和胡塞尔正统现象学），由于其多方面的综合性发展，在现代人文学术理论史上，具有其他三国所未具备的特别重要性。其主要原因在于：

1. 战后德国，正如其文学生态大不如战前一样，其哲学生态在创造力方面也可谓一落千丈（战后的批判哲学和现象学传承这两大系统均如是）。尽管德国学术和文化基础雄厚，学术事业依旧繁荣，但就思想和理论的创造力而言，与战前的德语“精神科学”世界的百年盛世已不能相提并论。与此同时，第二次世界大战前后，特别是战后，法国哲学对德国哲学的吸收日渐增加，以至于由战前德国人创立的现象学思潮，战后竟然主要由法国人在延续其命脉。此一发展当然首先因为纳粹德国对本国人文科学事业的系统摧残，致使德国文化和思想生命的元气大伤。

2. 在美国哲学界，在主要继承了现代数学和自然科学影响下形成的分析派、科学派认识论方向的哲学思想界，“哲学”作为学科，其构成和文化职能，已经和欧洲古典哲学时代有了明显差别。此一差别首先表现在论域宽窄方面。在战后新的文教制度下和思想潮流影响下，哲学学科的范围、方向、方法趋于固定化、职业化，甚至教条化。与此同时，文艺复兴以来的西方近代人文思想发展日趋复杂的内容，却也难以为美国职业化哲学所承接和吸纳。战后法国哲学遂在“旧大陆中心”减弱其哲学生命力和“新大陆中心”简化其哲学传承的“合力”情势下，比英、美、德学界更多地承担起西方思想传统中古典和现代认识论冲突的压力。同时，战后法国新一代哲学家都经历过德国占领军治下的屈辱生活，对于理论与现实、学术与政治的关系问题，具有亲身的体验和强烈的反思，这一特殊个人化经历（为英、美思想界所无）遂转化为巨大的个人精神动力（此所以美国人易于成为“职业化学者”，法国人易于成为“自由思想家”）。

3. 法国战后哲学界生态的特殊意义还不止于此。在法国，社会、政治、历史、思想的剧烈动荡所激发的精神思想动力，表现在人文社会科学的各个方面。如果战前德国的“精神科学运动”足可代表西方学界和思想界面对自然科学的“压力和助力”双重影响下的传统学术革新努力的“中心舞台”的话，战后这样的“中心舞台”，可以说主要应以法国的“人文科学运动”当之（对此判断，英、美、法三国哲学界自然不会轻易认同）。正是在法国，我们看到了战后西方思想界的最大变化（也是德国“精神科学”和法国“人文科学”的最大区别）是：哲学中心论在法国的哲学以外的人文科学世界的全面后退。战前德国的精神科学仍然以哲学传统作为其理论革新之基地，而战后法国人文科学则因语言学、社会学、历史学、精神分析学、文学理论、艺术理论的兴起而明显地冲击了哲学学科的理论控导作用。但是，和美国、德国哲学界不同，法国哲学本身的“跨学科实践”也要丰富得多。这就意味着，法国哲学与人文科学理论全体的互动关系，远比其他国家哲学界要积极活跃，于是法国哲学也就比美国、德国哲学界更能反映时代学术理论思想变迁之实态。

4. 最后，文艺复兴以来，在英、德、法三大欧洲哲学思想大国中，法国的“哲学专业”是严格性较弱的（笛卡尔的决定性发展仍然体现着中世纪末期拉丁语统一世界的一般精神和环境，并非代表着当时尚未充分形成民族性哲学的法国传统）。此一传统的综合性性格（“哲学家”兼治哲学、史学、政治、文学、艺术、社会实践方略等）却反映着法国思想，特别是启蒙时代以来的法国思想之性格，及其思想和理论触角的广阔性和丰富性。因此法国的传统“思想力”，如果不是像德国一样表现在哲学专业本身的话，则明显地是表现在社会人文科学全域之内的，而其哲学部分也就自然而然地更多反映着“哲学”和其他人文社会科学理论的互动关系。这种民族性的整体化思想倾向，在18世纪启蒙时代第一次获得了典型表现。而其第二次典型表现，本书中译者曾（有违西方时论地）在2004年里昂国际符号学大会上指出，可归于20世纪六七十年代的法国结构主义运动。

上述第四点特别与战后法国现象学哲学有关，因为战后的法国恰恰是法国历史上人文社会科学最为发展的时代。在此多重性的张力关系中，法国现象学体现了两方面的张力关系：一方面是哲学和人文科学理论的关系，另一方面是法国哲学和德国哲学的关系。值得注意的是，战后现象学运动的内容主体或理论基础，仍然是战前德国的现象学哲学，而现代哲学专业化程度相对薄弱的法国对战前德国哲学的吸收结果，也反映着较严格的德国学院派哲学和较不严格的法国学院派哲学之间的互动关系。德国哲学的严格性在法国相应哲学中的正反两方面效果（正面的逻辑严格性和反面的形上学教条主义），成为我们今日特别应该仔细比较分析的主题之一。现当代西方现象学运动承担着数学自然科学方向的人文学术理论所难以处理的心理、精神、意义、价值等文化性问题的思考，而与此同时，应该看到，现象学潮流的积极成就和显露的问题，也几乎是一样多。正是现象学运动使我们一方面获得了其他科学派哲学难以提供的重要设问方式和关注范围，另一方面也暴露了现当代人文思想理论中的复杂困境和存在的问题。我们中国学界应该了解，现当代西方欧陆哲学的重要性，并非直接反映在它所提供的知识成果和问题解答方面，而且也反映在它所提供的问题系列本身和理论得失方面。因此，对于中国人文科学的建设任务而言，现当代西方现象学运动，毫无疑问是我们最重要的研究对象之一。而与此同时，也应明确认识到：我们不应该出于职业功利主义动机而盲目照抄西方理论的"成果"。这些"成果"都仅仅是我们进一步研究分析的材料，而非我们的思想与理论建设的现成"楷模"（如果坚持"以译代研"的功利主义抄袭路线，就只能将其作为职业化成功"渠道"，就会简单化地直接、间接地将其"转录了事"）。

中国改革开放三十多年来，我们已经出版了大量翻译和研究著作，在现象学领域内，经典类和介绍类的译著日渐增多。现象学的导论性的书籍也已出版过若干本，不仅有较早的施皮格伯格的《现象学运动》（1981 年第二版）和施太格缪勒的《现代哲学主流》，而且也包括最近出版的美国著名现象学家索柯洛夫斯基的《现象学导论》。那么译者为什么如今起意要再译出一本 12 年前出版的书呢？固然，三十年来西方现象学研究，特别是胡塞尔研究成果，与以上两书写出的时期相比，又有了丰富的发展；固然，当代欧美国家的现象学研究所根据的原始资料，随着胡塞尔和海德格尔两全集的编辑出版，较前续有增加。应该注意到，三十年来西方新一代现象学研究者也同样在逐年增加之中，他们的学术思想背景与在战前或战后初期受教育的老一代学人已经颇为不同，特别是其中很多人都是在对分析哲学和现象学哲学这两大潮流同时研习后转而专攻某派哲学的，其资讯范围和方法论角度的扩大，遂使其研究特点不同于以往，因而值得我们特别加以关注。另一方面，他们的哲学史范围内的研究成果，毕竟都是在前辈哲学家工作的基础上完成的，具有文献学处理方面的优越性。此外，应当说，他们的共同特点还有，在分析派、科学派哲学的影响下，在当代人文社会科学迅速更新的环境里，以及在进一步消化了前辈学者的研究成果后，纷纷强化了哲学思考的多面性和表述方式的清晰性。在过去三十年间，西方现象学运动内部，似乎出现了海德格尔的影响逐渐削弱而胡塞尔的影响逐渐增强之势，甚至“胡塞尔现象学”也渐渐成为了一个哲学界内的独立专业。于是在欧美各国新一代现象学研究者中间，出现了不少新型“胡塞尔学”专家。他们往往兼通分析哲学和欧陆哲学，并亟思对现象学运动的百年成果，根据当代新的研究和思想条件，重新进行理解和评估。

本书作者，爱尔兰现代哲学史家莫兰，就是这样一位早年在美国同时研究欧陆哲学、分析哲学和哲学史，而后专研现象学和胡塞尔学的哲学史家。由于他具有分析哲学、欧陆哲学、哲学史等不同哲学方向的多元化学术背景，所以能够比纯粹的欧陆派哲学家更全面、更客观地清晰评述欧陆现象学问题，也使得本书更适宜于作为一部教科书，而出版以来，屡获好评。他所在的爱尔兰都柏林大学，地理上位于美国和欧陆中间，这也是他较善于在英美思潮和欧陆思潮之间持平论述的地缘性原因之一。与美国现象学家索柯洛夫斯基的书相比，虽然各有短长（索书的简明和莫兰书的翔实而清晰），莫兰的书不仅较索氏的书多出约一倍篇幅，而且由于二人不属同一时代，莫兰的书提供了更多的背景思考和批评性比较。就作为“教科书”而言，莫兰书的第一价值正在于其相关资料处理得“繁简合宜”。从如此大量的资料中，按不同的层次和角度搜集、安排材料，以提供多层次的相关知识，这在技术上和功力上是非常不容易做到的。然而，译者觉得本书值得在以上几部相关于现象学导论式著作之后再加以推介的其他重要原因还在于：

1. 本书的第一个特点是深入而浅出，其主要假想读者群是英美地区熟悉分析哲学和实用主义的一般哲学读者（其教育背景不再类似于早年欧洲人文学界那些自中学阶段起就接受欧洲古典文史教育的前几代学人），故侧重于选材分量和比例的适当与表述的尽量通俗化。这样的“现象学教科书”体例，也非常适合于中国地区哲学和人文社会科学理论界中青年读者研习和作为了解现象学核心部分知识的教材之用。

2. 在选材方式上作者努力做到框架的全面性和重点的突出性，对于每位讨论的现象学家都首先提出相关生涯、思想、理论的概观，之后立即转入若干专题的深入分析，特别是主要代表作的内容分析。这样的轻重缓急的搭配方式，有助于读者同时掌握全局和深入重点。论述体例比较新颖，成为本书受到各国学界欢迎的理由之一。

3. 本书虽然以相关学术和思想内容的深入介绍为主，却在同类书中别开生面地增加了相关现象学家的学术思想与个人社会活动、与学界和社会影响的互动关系等方面的报道，特别包括其中显露出自我矛盾和言行错误的方面。与许多同类书籍对学者生活与社会活动方面往往语焉不详的写法不同，作者特意不放过相关负面的细节，以期呈现相关学者哲学生涯和思想效果的复杂性和真实性。同时，也有意（当然仍然是礼貌地）显露一些西方思想家言行不一的隐蔽性细节方面（例如，甚至连不是本书主角的“斗士”型的批判派哲学家阿多诺，作者都不忘“顺便扫及”，如谈到他在纳粹上台之初如何表达了个人向纳粹讨好的隐蔽资料；再如对法国哲学家们战后加以反复宣扬的占领期间的“抵抗运动”之实情，也加以描述，甚至不遗漏关于萨特从纳粹俘虏营被释放时“原因不详”一事；甚至连并无“污点”的伽达默尔在战争期间作为哲学家而毫无“哲人”义勇表现的懦弱性格也加以分析；如此等等众多引人入胜的行为细节，在我看来，都非随意为之，而是作者特意要加以披露的方面）。这对于我们进一步了解西方哲学家思想活动的里里外外、方方面面，颇有助益。而且正是这一部分也是增加本书阅读的特殊兴味的原因之一。应该提及，正是本书这一部分与历来的同类著作不同，在引起读者兴味的同时，也招致一些专业人士的批评，认为他不该将“与哲学无关的方面”带进哲学殿堂。甚至有人认为本书由于涉及哲学家的政治操守方面而“损及”了哲学的声誉。还有人评论说，莫兰根本在“反哲学”！这大概指：一些专业“哲学工作者”正要通过渲染相关哲学家的“伟大”以抬高自身专业价值时，却看到了这些令人“扫兴”的“不体面”细节！

4. 当然，本书最重要的独特贡献在于坚持哲学论述本身的一种批评精神，不吝挖掘重要西方哲学思想的学理缺欠，通过不同学派的相互评论，呈现了不同的评价角度，以期多方面地反映其学术的意义、价值和效果。

5. 本书一共介绍了九位哲学家，其中五位是德语学者，另外四位是法语学者。相对而言，法国“现象学家”更加偏重于非理性主义方向，作者作为受过分析哲学训练的研究者自然对此提出了较为清晰的、颇具批评性的分析。通过有关法国现象学家们的论述，我们可以看到其非理性主义的根源其实存在于法国哲学和德国哲学的关系方面。一方面，法国哲学家表现出其德国哲学素养其实并不充分；另一方面，他们又突如其来地自大战之前起一股脑地都对黑格尔的辩证法思维产生了特殊兴趣（启发他们此类兴趣的前有战前流亡巴黎的白俄哲学家柯耶夫，后有战后越南裔马克思主义哲学家陈德草）。

6. 最后，并非不重要的是，译者发觉本书对于中国读者的另一种附带效用是：通过本书论述中显示出来的作者本人的认识论局限，可以深化我们对当今西方思想优缺点的进一步把握。在译者看来，大体而言，作者作为现象学的特别是胡塞尔学的专家和现代哲学史家，仍然在三个方面显露其认知方面的局限性：在维持分析哲学和欧陆哲学的互动关系方面（这是他的专长部分，但这一部分恰恰不能满足于仅在二者之间加以技术性的处理）；在西方哲学史和现代西方哲学的关系方面；在当代人文科学理论和当代哲学的关系方面。因此，译者认为，作者对相关讨论文本的内部分析方面，要比在对其进行全面思想总结和总评方面，更为确当。前者仅需涉及哲学专业内部的技术性层次，后者则超越了哲学专业而须进入人类思想世界的全局。

由于这种认知上的局限，作者在一些总结性判断方面出现了明显值得进一步商榷的认识。例如关于黑格尔哲学和德法现象学思想的关系问题，作者的分析不免失之表面化，而对于胡塞尔晚年哲学和黑格尔哲学的关系方面的推论，则应该说是失实的（顺便指出，如果研究者不注意胡塞尔毕生不喜读黑格尔的事实，就会从根本上误解胡塞尔学的哲学精神）。另外一个十分引起译者好奇的部分是：作者对美国哲学界中推崇德里达相当坚定的罗蒂所做的关于德里达的评论，采取了明显避重就轻的引述策略。不知何故？按照作者几处对罗蒂评论的正面引述，罗蒂似乎成了美国重要的德里达批评者。而实际上罗蒂对德里达推崇备至，甚至称其为新时代之尼采。深通分析哲学和实用主义哲学的罗蒂与其心仪的法国哲学家德里达在认识论立场方面的关系（两人都是反对时人加于其“后现代主义”标签的后现代主义理论家），本应成为认识德里达的另一最佳途径。同样了解分析哲学、实用主义和欧陆哲学的本书作者，按理也是承担当代西方哲学思想界此一极重要的认识论“公案”的适当人选，而结果作者却在本书中错过了予以深入比较评论的机会。

其实，译者以上的意见也是与译者对现当代西方哲学和人文理论强调

“一分为二”态度一致的。研究者的专业性素养与其认识论和价值论判断倾向，是两件不同的事。对于中国学者而言，为了提升我们自己的认知水准，我们必须坚持区分此二者。因为，就专业的技术性方面而言，我们当然不可能超越甚至不可能达到西方专家的水平和深度；正因如此，我们必须永远强调在此方面虚心学习的必要性。但是在对西方思想本身的全面理解、批评和进一步阐释方面，则必须要勇于“跳出”西方学界规范（特别是职业制度内所规定者）、运作方式以及评判框架，以期另行组织自身独立创发的研究基础和方法论选择。

译者在2011年翻译了三位瑞士哲学家关于胡塞尔思想的著作《胡塞尔思想概论》之后，作为参与推动“重读胡塞尔”研究工作的一部分任务来说，译者觉得本书可以起到另外一种补充性作用。一方面，我们虽然应该区分胡塞尔和现象学运动（正是作为现象学运动第一人的胡塞尔自己说：他就是“现象学运动”的第一敌人；正是作为现象学运动第二人的海德格尔说：他要用他的表面上献于乃师胡塞尔的《存在与时间》大著来“扭断胡塞尔现象学的脖子”）；另一方面，我们也应该了解胡塞尔学的时空思想环境和影响方式。因此，一部比较能更客观反映现象学运动的介绍性书籍，对于我们推动“重读胡塞尔”的任务来说，也是必要的。就了解胡塞尔学本身而言，本书也发挥了不同于仅根据胡塞尔本人文本分析完成的《胡塞尔思想概论》一书。读者会发现，本书作者在研究胡塞尔本人及相关他人的专著之后另行对胡塞尔思想进行独立论述的方式，对于不熟悉胡塞尔本人及艰涩文本的读者来说，要容易接受多了。本书用正文几乎一半篇幅对胡塞尔及其师布伦塔诺的论述，相当于提供了有关“正统现象学”理论的另一次简明介绍。这也是译者决定译出本书的理由之一。至于有关哲学家本身学术思想的深入研究，当然主要根据各种原著进行。这是不能只寄托于一部概论性或导论性的作品的。

从有关现象学运动“导论”这样的选题方面而言，本书也并非没有专业性缺点。作者在本书中提出了要把并非“现象学运动”主要人物的阿伦特和伽达默尔纳入此“导论”之内的理由，从“现象学专业”角度看，确有可议之处。但是作为了解现象学发展史的思想环境和影响范围而论，这两章的内容当然还是非常有用的。更不用说，这两章本身自有其独立的重要思想史价值，而且作者的论述方式也相当引人入胜（译者感觉，作者特意列入这两章，是要强调海德格尔思想的主要“后果”方面）。至于在法国现象学部分纳入德里达一章，应该说是重要的，但也颇具挑战性。对于20世纪处心积虑“颠覆”胡塞尔的理性主义方向来说，前有德国海德格尔，后有法国德里达（对这两人的理论情有独钟的美国罗蒂，则对胡塞尔理论细节极为隔膜）。就此而言，选入德里达应该说是个富有挑战性的大题目。虽然，作者的处理不免单薄了些。至于在法国现象学部分排除了保罗·利科，应该说是一个专业性的失误。为什么？就法国上一代哲学家而言，没有一个人对于胡塞尔著作的理解准确度、深度和在引介胡塞尔学的贡献方面，是可以与他相比的。显然，作者在此采取的是另一个标准：以现象学为名目而提出过“独创性”以及因此而产生了“影响力”的个人思想家。在此意义上，利科的学风与本书选入的四人完全不同。此四人都是“胡塞尔文本材料”的任意“利用者”，表现出许多法国哲学家强调“天才性”和“独创性”（二者也相当于“影响力”）的思想风格。他们这几个人对于胡塞尔原典到底读了多少和读到什么程度，都难以查考（作者在本书中对此也颇为含蓄地有所暗示）。因为他们都急于创发自身的独特思想类型，而缓于消化前人思想的积累。当然，另一方面，据译者猜测，作者排除利科的另一个原因在于，利科的“综合性”或“跨学科倾向”，比较难于在哲学专业框架内处理。同样的，对于另一东欧裔法国现象学家古尔维奇（曾经受教于胡塞尔本人）的排除，也是欠妥当的。不过，就“现象学运动”全体而论，作者没有采取施皮格伯格那种过于宽泛的选择标准，而对于此一德法哲学运动的四大中心人物（胡塞尔，海德格尔，萨特，梅洛-庞蒂）的认真处理，应该说是非常成功的。

就“现象学史”处理本身而言，首先的难处就是“定义”问题。例如，如何区分现象学的“基本部分”和其“延伸影响”？就“影响”而论，如何区分这三件事：初期时难度较小阶段的、本身学术建树一般的追随者（如胡塞尔哥廷根“实在论”时期的许多“现象学家”），胡塞尔学的文献式研究专家，以及随意选择胡塞尔词语或概念另行搭建自身理论系统者（战后德法众多“现象学家们”）？就胡塞尔和海德格尔之间的“现象学的”学术思想关系而论，其分析即可成为一个重要的复杂课题，而不可能像本书作者那样简单地将两人在“现象学”内的地位相提并论。与此相联系，我们可看到一个更重要的概念含混性造成的“分类学”欠精当的例子，这就是：什么是“本体论”？胡塞尔说的本体论和海德格尔说的本体论是一回事吗？又如，在本书讨论德里达的一章里作者多次提到解构论和思想史上的“怀疑主义”问题，包括各派众人皆援引的尼采思想。那么，解构论与怀疑主义究竟有何关系？或者，怀疑主义与非理性主义究竟有何关系？再如，在胡塞尔的“悬搁”、德里达的“分延”和怀疑主义的“中止判断”三者之间，它们都是一回事吗？作者企图将怀疑主义归入非理性主义的做法，也是显然欠妥的，因为历史上怀疑主义几乎是各阶段理性主义前进的重要推动力之一。尼采的正面怀疑主义和海德格尔与德里达的“瓦解理性主义”，根本上不是一回事。再扩大而言，将现象学运动内部的理性主义和非理性主义两大方向纳入一个大派系之内，其本身就是成问题的。对于这些更高认识论层次上的问题，应该说作者在本书中尚未能触及。

然而以上的评论并非本书或作者特有的“问题”。这些在较高认识论层次上“成问题”的部分，乃是当前西方哲学思想界本身所普遍存在的。本书在现当代西方哲学史“现实表现”的层次上所做的描述、分析和评论，仍然是同类书中较好的，它们为我们提供了较为“客观的”知识性论述。正是因为对象材料介绍和梳理的成功，才会有助于我们在此基础上进行另一层次上的认知探索。后一目标可能超越作者的“哲学专业”的眼界范围，但却是本书译者特别希望引起读者在阅读本书后进一步关注的。三十年来，我们已经接触到不少西方哲学和人文社会科学材料，似乎到了对此进行较高层次反省的时候。我们也就因此而进一步处身于一个研究分析的张力场内：一方面要正确认知“原典”，另一方面必须在某种意义上（不是在读解原典的意义上，而是在评论原典的意义上）“超越”“文本读解”的层次。这样我们的思想才能真正充实以新知新学，才能有效提升。否则我们的“学术”不过是在做两项人云亦云的重复性工作：第一，原典说的是什么；第二，西方人对其如何评价以及影响如何。对于这样的简单化研究方式，只要外语阅读一过关，就可马上进行，而读者对于此种移译式研究中何者属于西方作者、何者属于中国学者本人，则往往不加分辨，甚至会导致中文学者自我模糊二者之间的界限（当然，在职业竞争急功近利环境内，也有不少青年学人“揠苗助长”，在知识学养未足之前，急于个人之创发与自我之表现，从而忽略了“自强不息”古训中还应有一个相关于动机、目的、准备和方法等不同环节上的确当性问题）。

按照一种“辩证法的读解学”我们会达到这样的认识：经典文本绍述的客观准确性，正可作为我们进一步在知解上提升的“技术性基础”。作者在本书中对现当代西方哲学家们的言行不一和言行幼稚方面的坦直披露，使得我们首先立即获得两项识悟：现当代西方哲学理论的建构本身是非常有问题的，它们与人类的社会现实和思想现实两方面都颇为疏离，以至于进一步可证明：现代哲学形态的社会文化“功能”已经和古典哲学时代非常不同了。哲学根本不再能成为什么“知识金字塔的塔尖”，如果有人还打算直接、间接（如德里达、罗蒂等）地一方面表面上撤离哲学，而另一方面又对西方哲学传统的含混性和“权威性”大加利用，那将是非常值得我们警惕之事（而西方的哲学职业化发展则可加重此一负面趋势）。其次，理论思想和现实认知的疏离性，以及理论思想和行动实践的疏离性，不仅证明哲学难以成为正确知识之现成源泉，而且还会反过来为人类认知和实践的进步造成干扰。不仅是海德格尔如此，伽达默尔如此，法国现象学家们几乎人人如此！本书关于法国部分的论述尤其可以加深我们的相关认识。或者：一方面是理论言辞玄而又玄，另一方面其现实判断和行动建言，又幼稚荒诞得可笑！（更可怕的是，就我个人经验所及，西方个人主义的最鲜明特征是：绝对不乐意承认个人学术思想上的缺失。海德格尔则是此种“伪中大伪”之典型。）在此，作者由于前述在较高认识论层次上疏于深入，也不免在“客观评议”时或有失当。例如，作者在书中指出：梅洛-庞蒂如不早逝，定将成为法国最领先哲学家之一。梅洛-庞蒂本人对此断言则会立即加以拒绝。理由甚至是多方面的，只是此处无法深论而已。当代法国哲学史上不是只有萨特成问题，而是在黑格尔精神方式、方向影响下建立其哲学基础的许多人都有问题。（德国当代“理性主义大师”哈贝马斯又何能因此而免俗?）

对此，除了学理本身的问题外，我们还可因“跨文化角度”而提出一个“看似哲学之外而实属哲学之内”的重要方面：这就是现代西方哲学家本人言行的道德性问题。本书作者比施皮格伯格等“欠缺厚道”（因此而能更尊重真理）的地方是，对于许多哲学家的错误言行提出直接或间接的批评，尽管都是点到为止。点到为止，意思是指陈其失，却少加原因和动机分析。其中最突出的当然是海德格尔和萨特部分。中译者则借此机会特别提请中文读者关注这一部分，或者更一般地关注哲学家的理论话语和其生活行为的关系问题。之所以称之为“跨文化角度”，因为我们中国思想上特别有一个“动机揣摩学”，而一向只重外部效验、自以为科学无比的西方思想界则大大欠缺了这一块“智慧宝地”（所以他们今日才对消除主体性问题不遗余力），以至于完全忽略了人类生存中的一个重要部分：动机、思想、言论、行动，此四者之间的“因果关联性”问题。因果作用并非只存在于外部行为之间，也并非是有了外部行为才能够有条件“推测”动机（如法律案件推理一般）。中国的仁学乡愿学是成立于2 500年前的，专门关注此隐蔽而微妙地段，而乡愿辈则最善于在此模糊地段进行文辞性操作和“艺术性创造”（之所以魏晋名士和现代朦胧诗哲最称可疑，就是因为其“真诚性”不易察验，而此辈最善于操弄这一地段以达哗众取宠之效果）。例如，海德格尔，劣行昭著如是，而各路哲学家们多因其所谓“哲学贡献”而直接、间接地予以宽谅，以至于他敢于战后利用新社会环境的安全性而继续“卖弄”其对种族主义之潜伏的“忠贞性”。于是，在本书中我们看到，作者一方面诚实客观地暴露其崇拜权势和性格伪善的一面；另一方面又忙着顺应西方哲学界之“共同规范”，而仍然称其为20世纪“最伟大的”哲学家（关于什么是“伟大”，在西方思想史上也是一个一直没讲清楚的概念），以至于还将他与黑格尔并列为哲学两高峰。这一结论又与作者本人的分析哲学训练部分很不协调了，却也反证了西方学人的论断逻辑“一致性”只能停留在技术性层次上。这样一种只从外部影响力大小评论思想学术之“高低”的标准，我们中国学人能不能照搬照用？这种思想的伦理性和认知的谬误性相互分裂的严重现象，应当被视为当然而自然（如果取职业化功利主义，当然如是），还是应该被视为必须厘清的关键之所在（如果取科学真理原则）？这难道不是把哲学话语完全当成了读朦胧诗一类的文艺游戏了吗？正是从此一系列现代西方哲学思想的历史表现中，我们可进一步察觉：“哲学”已到了必须予以科学化改进的关键时刻了。我们能够再容忍一些国际名人（在相应国人的簇拥下）利用其“玄而又玄”的语言游戏来忽悠我们中国青年一代宝贵精神之未来发展吗？

归根结底，现代西方哲学界的矛盾、混乱、困惑现象，其原因的核心之核心在于：西方伦理学思想史的结构本身出了问题。从技术性角度看，西方哲学和西方伦理学间的矛盾关系问题源远流长，却也于今为烈（时代的吊诡是：科技工商越理性化，人文学术反而就越非理性化）。再进而言之，这是西方形上学和本体论与伦理学的关系之间存在的历史性大问题。因此我们才会一方面看到胡塞尔的逻辑“原教旨主义”的伦理学推演的失当性（所谓西方“科学危机”论），他的逻辑化思想根本不能准确看出20世纪30年代欧洲即将到来的“暴风雨”的真实原因，竟然还打算从自然科学认识论角度对此人际关系冲突问题加以解决；另一方面我们又看到战后莱维纳所谓伦理学本位主义的提出，企图进一步用本体论来混乱伦理学的真实结构。感谢作者不客气地指出：莱维纳根本不进行“论证”，而是任意抛出他的“诗学格言”。记得 1983 年在蒙特利尔哲学大会上美国波裔现象学家泰米尼茨卡曾悄悄指给我她身边那个人就是莱维纳，而我那时还没有读过他的任何作品，所以未曾特别注意。后来因关注其“伦理学至上”的主张，遂购置其多部书籍以备攻读，读后却多不得要领。至于其论述中的可解部分则又颇嫌肤浅，而其最后提出的所谓“面目本体论”以作为伦理学的基础之说，真是已到了荒唐地步。但是，重要的是（我们仍然要感谢作者的慧识），本书作者指出，这些玄虚派哲人（特别是海德格尔、莱维纳和德里达），并非不会“逻辑思维”。他们似乎是故意地“反逻辑地”思维，以期达到言辞上哗众取宠、“出奇制胜”的效果。对于莱维纳，我最感奇怪的是，我曾从其学生时代撰写的法国第一篇胡塞尔学论文《观念1 书评》中获益匪浅，其论述分析如此条理分明。可是，其后的思想“发展”却使他要“本体论地”使人对其思想只能“朦胧会意”而已。人类的“伦理学”（只有中国仁学传统才最明确地将其定位为：人际关系学加主体选择学）非得“建设得”让人们都不知所云才算是提升了精神层次吗？中国学人要警惕了！如一味抄袭洋风以图眼前职业上的一己小利，必将导致民族精神建设中未来之大失。

但是，如果归化法国后的东欧裔的莱维纳是受到法国名士派风气的影响而选择此类“创造性”话语的话，我们更应关注那些处心积虑地要与人类理性为敌者。海德格尔说他的《存在与时间》的目的是要“把胡塞尔的脖子掐断”。他至于如此妒恨其恩师吗？不，他要“掐断”的其实是“理性的脖子”，他处心积虑的是要摧毁理性基础，以便为其根深蒂固的种族主义的非理性霸权事业制造理论基础。是的，现当代西方思想界引以为傲的 20 世纪“非理性主义两大师”，正是海德格尔和德里达。有趣的是：他们两人都是主要企图通过瓦解胡塞尔学的理性主义而宣扬其非理性主义的（所以即使从现象学的“胡塞尔中心论”角度看，本书作者也有理由将两人纳入“现象学思潮”）。两个人都是反向地依赖胡塞尔研究成果而追求反胡塞尔理性主义效果的（关于在技术上两人如何取利于胡塞尔文本的，已有相当多论述，本书作者的文中也有所提及），而其各自宣扬自己的非理性主义的动机又非常清晰地是为了从根本处颠覆人类伦理学的基础。没有理性，我们还能有伦理学吗？没有正当的伦理学，人类行为还有公共标准吗？一定要记住，非理性思潮的最深本质是要颠覆个人伦理意志之理性基础。

以上谈了这么多现当代西方哲学的负面表现，读者不要误解了译者的用意。译者不仅不是要贬低研读西方哲学的价值和必要，反而是要强化对其研习的必要。现当代西方哲学成果都是我们进一步跨学科、跨文化人文科学理论建设的有用材料。重要的是：要视之为“材料”，而不必视之为现成的楷模。为此，面对研究者的是更高的要求，而不是反之。因此，哲学读解的效果应该是：首先读解文本的正反两方面意思，按照不同的标准和目的加以拆解利用，特别是由之发现主要问题所在，最后提升、扩大自我求知的层次、范围和深度。这也是译者翻译此书的目的所在，并特别希望对于广大青年读者们，能够有所启发。任何优秀思想都只是我们自身创造性前进的一种助力和资源，作为我们与之“相互切磋”的理性对话手段，而绝不是供我们进行盲目崇拜的媒介。

最后，通过这部现代西方哲学“导论”，我们还要进一步思考这样的十分简单却连新世纪一些中外大知识分子都视而不见的关键性认识论问题：古典哲学作为人类文明期知识总体（兼含自然与社会）的形式，后来衍生出自然科学，直至几百年前近代自然科学将传统哲学彻底排除于知识系统之外，自然科学自此以后才能够突飞猛进。时至今日，如果数学自然科学的任何领域（科学史属于社会科学范畴，不能纳入数学自然科学本身）再有人用传统或现代哲学的语言和方式从事研究，即会被立即排除于“科学性运作”之外。那么，为什么现代数学自然科学与传统哲学的分裂要达到这样的彻底程度才叫作符合“科学性”，而现代人文科学则可以仍然与传统人文学术（自然包括传统哲学）融为一体并仍然难解难分呢？难道现代人文科学就没有一个彻底反思古今学术方向、方式分界的必要性吗？数学自然科学要科学化，哲学人文科学就不需要“科学化”了吗？我们哲学人文科学理论工作者，也有必要反思一下这样一个最根本性问题。这种“剪不断理还乱”的古今中外思想大杂烩的学术形式（这种大杂烩形式却在人文学术职业制度化安置下获得了研究程序的实用秩序性，于是在思想理论层次上的杂乱关系，在教学制度化秩序内却获得了表面上的条理性），有没有一个进一步“科学化”的问题呢？如果19世纪的古典实证主义、20世纪的逻辑实证主义，乃至晚近的认知科学所主张的“科学性”都属于简单化的初级现代化的处理的话，如果这个科学化不能简单地等同于自然科学的科学化的话，那么要不要研究一下哲学人文科学究竟需要一种什么样的“科学化”的问题呢？当代符号学就是要思考和试图解决这样的问题。所以，研究现代西方哲学，不是找到什么新理论、新思想的现成新“归宿”的问题，而是要促使我们深入研究和认真批评的问题！读者如果把它仅当作（或仅能当作）职业化工具，那当然就什么也不需再进一步思考了。大家都在谈着同一批人物和话语，却在想的、做的、准备的方面，非常不一样！

* * * *

关于本书的翻译方面，略加说明如下。本书正文中含有不少原著引文。按照中译者的翻译经验，一般来说，即使在西方不同语言间的互译中，错误，不够准确，以及疏漏，都是随处可见的。特别是英译本问题最多。其中固然有语言结构本身差异带来的不能处处确译的问题，但也有一些英译者本身随意性处理的态度问题。特别是当内容的抽象度较大时，在句法结构、词法结构差别甚大的德语和英语之间，几乎到了每段译法都可能遇到在细节上欠准确的问题。在本书中，译者按照行文严密性程度和重要性程度而选择性地根据德文原文重译了书中的英译引文部分，主要是关于胡塞尔和海德格尔这两个部分。但是对于其他引文部分只好根据英文译文直接翻译，其中中译文估计必然含有与德、法原文不一致的方面，译者也只能就英文译文本身而尽量努力了。

本书作者是以教科书形式编写此书的，所以引证不厌其详，甚至多有重复字句（对此我们可以原谅，因为全书涉及大量材料，行文时主要顾及相关段落的写作需要，因此不免重复引用）。所谓“注释”部分，大部分内容是与资料出处有关的，我们直接纳入，只将其中夹杂的少数说明性文字译成中文，以方便读者检阅。作者为本书准备了大量西文参考资料（在“参考文献”内）。这些资料最初是为了英语读者准备的，由于其来源全部为西方文献，我们决定将这一部分直接收入中译本而不加翻译了。因为需要参考这些资料的中文读者都应该是会英文的。最后，“索引”部分，我们也决定不予翻译而直接收入，因为估计阅读本书的读者大多数都会基本英语，如有翻检正文主题需要时，可以不难看懂这些索引条目的标题。但为了不至于因人名译法不同而引生误解，译者将本书涉及的主要人物的译名单独制作了一个“外中人名对照表”。在正文中遇到的一些不常见的人名则直接列出原文人名，不再将其译成中文。地名也做类似的处理。这样的处理也许会更方便于读者的翻检。

在翻译本书之前，译者从网上获知，台湾桂冠出版社已于2005年出版了由蔡铮云教授的译本。考虑到海峡两岸对于名词处理和行文风格方面颇有不同，加以各有不同的版权要求，所以在和出版社商量后，仍然决定另行译出此书。有机会同时检阅两种不同译本而发现本译本的译法中有错误或失当处者，亦请不吝提出，以备再版时改正。

译者再次感谢中国人民大学出版社学术出版中心采纳了本书选题。最后，在此谨对本书责任编辑表达诚挚谢意。

李幼蒸

2012年7月10日于旧金山湾区

新中译本序

本人对于为拙著《现象学：一部历史的和批评的导论》（此书最初出版于2000年）的新中文译本写一篇序言颇感荣幸，特别高兴的是本书新中文版是由著名学者李幼蒸教授所译。对于西方的哲学运动（如现象学、解释学和符号学等）今日在中国学界引起广泛讨论，对此我甚感欣慰。

现象学是20世纪伟大的哲学运动之一，其学术生命已超过一个世纪。现象学创始于奥地利和德国，由布伦塔诺和其弟子胡塞尔开其端绪，但很快传布于欧洲各地，特别是法国以及其后的西班牙和意大利。1930年代期间，主要由于德国国家社会主义的兴起引生的官方对犹太人的迫害（胡塞尔早先的助手史泰茵甚至于1942年被害于奥斯维辛集中营），学院哲学家们被迫移民，大多数到了英国和美国，于是一个新现象学运动于1940年代开始于美国，其参加者包括法伯、舒茨、古尔维奇、冯·赫尔德布兰德〔Dietrich von Hildebrand〕、克莱因、肯恩斯和施皮格伯格，以及其他人。

自那时以来，现象学继续扩展到南美地区，甚至传布到了亚洲。1920年代后期一些日本学生最初来到弗莱堡，随同胡塞尔及其门生〔protégé〕海德格尔学习。令人欣慰的是，第二次世界大战后德国和法国再次为年轻的亚洲学人（分别来自中国、日本、韩国和越南等国）提供了随同主要的德国现象学家完成博士论文的机会，如瓦登费尔斯、耿宁、颇格勒、赫尔德以及冯·赫尔曼，其结果是数代中国知识分子在欧洲大学获得了哲学博士学位，包括现象学领域。现象学现在真的成为了一种全球性学术运动，而且当其跨入新世纪时，中国的学者们正在对于现象学的扩展和改善做出自己重要的贡献。

现象学的奠基人胡塞尔是一位卓越哲学家，在其周围聚集了一批杰出学人，包括德国第一批完成了哲学博士论文的女学生们，如康拉德-马尔修斯、史泰茵和瓦尔特等。这些女学者们不得不格外努力奋斗来克服巨大的困难和偏见，以便在20世纪早期德国极为保守的教育制度下能够被尊重为学者。这样，特别是由于史泰茵发起的活动，妇女们获得了参加就职资格研习的权利，促使她们得以从事大学教授的工作。现象学一直是一种激进的思想运动，因为现象学的首要前提是企图排除偏见和如实把握事物。例如，克服自身的偏见就是一种非常艰难的工作。胡塞尔说，从此观点看，现象学必须从我们自身的经验、从“自我经验”（Selbsterfahrung）开始。但是，现象学也必须敏锐关注其他的、不同的、疏异的对象，并且能够关注由异他者和新异者所揭示之思想。从某一方面看，最好把现象学看作一种探索意义——我们人类在世界中所遭遇到的和投射于世界及其一切实体的各种意义——的方式，这些实体包括其他民族及其文化、动物、植物、有机体和整个自然界等。

就此而言，现象学在中国将具有一可观的前景。现象学将关注于其地方环境，并将展现和其他文化相互对话的开放性。现象学提供着不同文化间对话和理解的独一无二媒介。不同文化都是智慧和知识沉积（如胡塞尔所说的）的伟大资源，而且现象学的全球任务既在于学习和开启我们自身文化的独特创造性智慧，也在于理解和仿效其他文化中的优秀传统。我确信，中国将成为未来年代中有关一种“转换的（transformed）现象学”之著名中心。而且，如果这本书能够对于此伟大哲学传统的散播略尽绵薄之力的话，我将为之无比欣慰。

德尔默·莫兰

2013 年 3 月于都柏林

献给我的家庭。

并特别怀着深爱之情，

以此书纪念我的侄子 Tristan Moran（1978—1999）：

安息吧！

目　录

序

本书是一部关于现象学的导论，作为一种运动它在很多方面标志着 20 世纪欧洲哲学的发展路径。我们在 20 世纪末尾撰写此书时，现象学运动的贡献规模问题，现在可以更清晰地加以阐明、评价以及（不可避免地）批评了。胡塞尔在 1900—1901 年将现象学宣称为一种勇锐而全新的从事哲学研究的方式，试图把哲学从包含在伪问题中的抽象形上学思辨中拖回，以便使其触及事物本身，触及具体的体验。按照胡塞尔最初的设想，现象学与詹姆士的彻底经验主义非常相似，但是布伦塔诺在描述心理学中完成的开创性研究对现象学的激发作用，没有任何其他思想来源可以与之相提并论；描述心理学是有关意识的行为和内容的一门先天性科学。稍后，胡塞尔开始理解了他的现象学概念与笛卡尔为知识提供一座牢靠建构的设想之间的联系。最后，胡塞尔又看到他自己的构想与新康德主义颇有共同之处，因此他的现象学成为了某种形式的先验唯心论。但是，他的意识研究也促使他进而研究我们的时间意识和历史，后者不免使人联想到黑格尔精神现象学的文化进化观。 xiii

胡塞尔将其思想沿着新方向不断推进，而且其思想的每一新阶段都由与其共同工作的各代学生继续发展着。现象学对在其显现方式中的事物所进行的描述（这正是现象学的主旨所在），意味着现象学家们可自由地介入一切经验领域。只要人们忠实地研究事物本身，对于可能被研究的东西就不会加以限制。因此，现象学展开为极其众多的不同研究计划系列，或如胡塞尔所说的，“一系列的无限任务”。胡塞尔期待于他的学生们的是：完成对整个现象学领域进行勘测的任务。

然而，现象学不能被简单地仅仅理解为一种方法、一种研究计划、一 xiv
系列任务；在其历史形式中，它首先是一批人物，不只有胡塞尔及其个人助手，如史泰茵、海德格尔、芬克、兰德格里伯，而且更多的是其学生，如茵加登、康拉德-马尔修斯、法伯、肯恩斯、舒茨、古尔维奇，以及许多其他人，包括舍勒和雅斯贝尔斯，后两人在与胡塞尔相关的研究中，以及在与其平行展开的研究中，也独立地发展了现象学观点。

现象学也被输入了不同的哲学环境，特别是法国。在法国，莱维纳开创了一种现象学探索的传统，此传统被萨特、德·波伏娃、梅洛-庞蒂、米歇尔·亨利、利科以及许多他人以极具特色方式加以辉煌发展。但是，现象学也提供了探索其他可能性的平台，包括在对现象学进行反叛方面的发展。在德国，卡尔纳普反对海德格尔的形上学观点；阿多诺、霍克海默以及法兰克福学派按照马克思主义观点批评了现象学的局限。伽达默尔发展了现象学的解释学，阿伦特使其现象学观点带有现代世界中人类行动的性质。德里达的解构论也对胡塞尔研究的核心领域中的意指概念和现前概念表现担忧，并吸收了海德格尔有关哲学史中的消解概念以探索其根源。

因此，在本书中，我想要不只是提供一个对于原始先驱者布伦塔诺和奠基者胡塞尔和海德格尔的便于理解的、批评性的导论，而且也想指出现象学运动后来发展的规模，后者一方面包括萨特、莱维纳和梅洛-庞蒂，另一方面包括海德格尔的学生伽达默尔和阿伦特。也许本书最不同寻常的特点是我决定把伽达默尔和阿伦特作为自成一体的现象学家收入本书，但我相信把他们包括在内是完全正当的，并因此纠正了早先对他们在现象学发展历程中作用的忽略。把德里达包括在内可能使一些现象学纯净主义者感觉怪异，但我相信这是正当的，如果考虑到他对现象学著述的长期介入的话。

虽然现象学从来没有成为胡塞尔意义上的一种运动，它仍然呈现为一种类似于运动的、最具一致性的哲学努力：将意识自然化的研究构想。现象学对从内部察验意识结构的强调，仍然对根据自然科学对意识进行说明的一切第三人称企图提出了挑战。为此，也由于其对人类历史和文化经验
xv 复杂性的关切，现象学将在 21 世纪继续对其他哲学学派提出挑战。

我企图按照一种便于理解的、免除艰深术语的方式撰写此书。我设法在引入专门术语时对其进行说明，并使现象学的讨论与更为传统的哲学词汇和关切联系起来。此外，我企图指出现象学从其布伦塔诺起源到德里达批评的全部发展。由于胡塞尔和海德格尔的独特重要性，我用了几乎本书一半篇幅论述他们的现象学观。我主要将参考书籍限于一手资料及其翻译，因为我想促使关心此主题的读者们日后也研读实际文本本身。我往往鼓励学生们探索这些困难和复杂的文本。我在此尽力去除这些文本的神秘性并阐明其复杂的表达方式。如果论述的清晰性有所不足而促使学生们进而阅读原著，我将对此尤感欣慰。我也希望，对于那些最初受过分析传统

训练而正企图寻求一部对 20 世纪欧洲哲学易懂的学生们，本书可充作一部可靠的引导。我希望，联结于诸传统的共同线索甚至在它们未被明显讨论之处也可显示出来。

本书无意于提供一部现代欧陆哲学概观，在一部书的篇幅里这是难以承担的任务。事实上，我要做的仅是呈现现象学本身，因此我没有讨论现象学和尼采思想的联系，也没有特别强调现象学和存在主义的联系。我相信，现象学是这样一种哲学研究方式，它首先应该根据其本身加以理解。同时，我希望本书的丰富细节和哲学内容也将足以引起那些企图理解 20 世纪哲学性质的专业哲学家的兴趣。我希望，本书将多少有助于分析哲学家们对欧陆哲学的理解，并可作为组织现象学课程的基础。

致　谢

本人研读和教授现象学几乎三十年，因此在此并不可能对一切曾帮助 xvii
我走上探索此富有吸引力主题道路的人表示感谢。在耶鲁大学作为研究生时我听过 Karsten Harries 讲授的海德格尔课，在此我开始从新的角度阅读海氏后期关于语言和诗歌的论文。我也受益于 Edward Casey 的“现象学和想象”的课程，并在已故 George Schrader 的研究班上开始理解了黑格尔《精神现象学》和后期现象学的关系。

在准备本书的过程中，需待感谢的人如此众多，但我特别想感谢的是 Otto Pöggeler、Jan Wolenski、Peter Simons（关于布伦塔诺）、Kevin Mulligan（对于阐明早期胡塞尔帮助甚多）、Ullrich Melle、Rudolf Bernet、Sebastian Luft、Ingrid Lombaerts，他们都是比利时卢汶胡塞尔档案馆的工作人员，以及该地高等哲学研究所的 Jos DeCorte、William Desmond 和 Carlos Steel，感谢他们对我多次访问给以的招待。我也特别感谢以下诸人与我进行的谈话、评论和提出的诸种观点：Michael Kober、Klaus Jacobi、Philip Buckley、John J. Cleary、Claire Ortiz Hill、Lester Embree、Jeffrey Barash、Hubert Dreyfus、Robert Sokolowski、Jean Greisch、Ed Casey、William Hamrick、Mark Dooley、Tim Mooney，以及 Brian O' Connor。我要感谢我的都柏林大学同事们，特别是 Richard Kearney，他为我提供了系里的必要支持来完成此书，而且对某些章节的早期草稿提出了批评性但具有鼓励性的评论。当然，一切错误和错解必定由我个人负责。

我也想感谢都柏林大学的一份校长奖助金，这使我能够进行 1996—1997 年度的研究计划；感谢 Routledge 出版社的 Tony Bruce 对本计划的始终一贯的热心关注。Maurice Larkin、Tim Crowley、Nardene Berry 以及 Ryan Clancy 大力协助加附参考资料和校对工作，Mary Buckley 秘书提供了可贵的支持。另外，我想感谢我的母亲为我准备了（如此经常地）工作 xviii
间隙时的咖啡甜点，感谢我的兄弟姐妹们的帮助，以及感谢我的妻子 Lo-

retta 的耐心，同时要感谢我的三个孩子 Katie、Eoin 和 Hannah 为我带来的必不可少的工作之余的放松。最后，我要奉献此书来纪念我的侄子 Tristan Moran（1978—1999）。

于都柏林，1999 年 10 月

简写符号

BN，萨特：《存在与虚无》 xix
BPP，海德格尔：《现象学的基本问题》
Briefwechsel，胡塞尔：《通信集》①
BT，海德格尔：《存在与时间》
Chronik，舒曼：《胡塞尔年表》
CM，胡塞尔：《笛卡尔沉思》
COP，特瓦尔多夫斯基：《论再现的内容和客体》
CPP，莱维纳：《哲学文选》
Crisis，胡塞尔：《欧洲科学的危机和先验现象学》②
DP，布伦塔诺：《描述心理学》
EE，莱维纳：《存在和存在者》
EI，莱维纳：《伦理学和无限性》
EIJ，阿伦特：《耶路撒冷的艾奇曼》
EJ，胡塞尔：《经验与判断》
EW，胡塞尔：《关于逻辑哲学和数学的早期著作》（Willard 译）
FCM，海德格尔：《形上学的基本概念》
FTL，胡塞尔：《形式逻辑和先验逻辑》
GA，《海德格尔全集》
Gramm.，德里达：《论书写》
HAHA，《阿伦特论阿伦特》，《阿伦特：恢复公共世界》（M. Hill 编）
HAKJ，《阿伦特—雅斯贝尔斯通信录：1926－1969》（R. Kimber 译）
HC，阿伦特：《人的处境》

① 中译本交替使用《通信集》作为简称。以下脚注均为中译者注，不一一注明。——中译者注
② 中译本多用《危机》代表此书。

HCT，海德格尔：《时间概念史》
HSW，胡塞尔：《短篇著作集》
Hua，《胡塞尔全集》①
Ideas I，《观念 1》
Ideas II，《观念 2》
Ideas III，《观念 3》
ILI，胡塞尔：《逻辑研究导论》(芬克编)②
xx IM，海德格尔：《形上学导论》
IP，胡塞尔：《现象学观念》
KPM，海德格尔：《康德和形上学问题》
LI，胡塞尔：《逻辑研究》
Margins，德里达：《哲学的边缘》
OBBE，莱维纳：《不只存在或超越本质》
OG，德里达：《几何学的起源》
OSS，布伦塔诺：《论亚里士多德的存在观的若干意义》
OT，阿伦特：《极权主义的起源》
OTB，海德格尔：《论时间和存在》
Pathmarks，海德格尔：《路标》
PDE，伽达默尔：《柏拉图的辩证伦理学》
PES，布伦塔诺：《从经验观点看心理学》
Phen. Psych.，胡塞尔：《现象学心理学》
Phil. App.，伽达默尔：《哲学训练》
Phil. Herm.，伽达默尔：《哲学解释学》
PI，萨特：《想象心理学》
PLT，海德格尔：《诗歌、语言和思想》
Pos.，德里达：《立场》
PP，梅洛-庞蒂：《知觉现象学》
Prol.，胡塞尔：《逻辑哲学》第一卷，《导论》
PRS，胡塞尔：《作为严格科学的哲学》
Richardson，海德格尔：《从现象学到思想》

① 中译本有时简称《全集》。
② 中译本有时简称《导论》。

RW，布伦塔诺：《我们关于正误知识的起源》

SB，梅洛-庞蒂：《行为结构》

SN，布伦塔诺：《感性的和诺耶思的意识》

SNS，梅洛-庞蒂：《意义和无意义》

SP，德里达：《言语和现象》

TE，萨特：《自我的超越》

The True，布伦塔诺：《真确和明见》

THI，莱维纳：《胡塞尔现象学中的直观理论》

T，莱维纳：《整体性和无限性》

TM，伽达默尔：《真理与方法》

TO，莱维纳：《时间和他者》

Trans. Phen.，胡塞尔：《心理学的和先验的现象学以及与海德格尔的冲突（1927—1931）》（Palmer 和 Sheehan 译）

VI，梅洛-庞蒂：《可见的与不可见的》

WD，德里达：《书写和区分》

导　论

现象学和20世纪的欧洲哲学

现象学作为由胡塞尔创始的哲学运动，现已经历了一个世纪之久。它 1
曾是在20世纪初流行的若干强大哲学思潮之一，与其并列的（例如）有：新康德主义及其不同的学派（如李凯尔特、纳托普、卡西勒、文德尔班、洛茨），唯心主义（格林、布拉德雷、麦塔格尔特），逻辑主义（弗雷格、罗素），解释学（狄尔泰、布尔特曼），实用主义（杜威、皮尔士、詹姆士），生命哲学（柏格森、齐梅尔），存在哲学（克尔恺郭尔、尼采），以及休谟的诸追随者（如穆勒）的经验主义，还有孔德、马赫、阿万纳留斯及后来维也纳学派的实证论和经验批判论。

现象学的重要先驱者们虽然可以在康德、黑格尔和马赫的研究中发现，作为哲学研究新方法的现象学是首次由胡塞尔在其第一版《逻辑研究》第二卷（1900—1901）中正式提出的。在讨论一种广阔知识理论的必要时，他谈到了“思维体验和认知体验的纯粹现象学”[1]。在1913年此书第二版中此短句之后，胡塞尔接着补充说：

> 此现象学，正如包含它们在内的一般体验的纯粹现象学一样，只专注于在其本质的纯粹一般性中直观地可把握的和可分析的体验，但不关注作为实在事实的、经验上被统觉的体验，不关注作为在显现的和被设定为经验事实的世界中经验着的人及动物的体验。此现象学必须导致纯粹表达，必须根据它们的本质概念和它们的法则性的表达方
> 式，来描述在直观中直接被认知的本质，以及纯粹根基于本质的关联 2
> 域。每一这样的本质表达，都是一种在该词最严意义上的先天性表达。（LI，§1，249〔166〕；Hua XIX/1 6〔2〕）

此增补部分清楚表明，胡塞尔在1900年关心于阐明认识论概念的早先构想，如何在1913年发展为关于纯粹意识本身的一种先天先验论哲学。随着胡塞尔的现象学概念的深化和扩大，他开始将自己视作一种新运动的奠

基者，而且通过他和其学生的后续努力，现象学间接发展为整个世纪最重要的欧洲思想潮流。

胡塞尔将自己视为一名全新学科的奠基者，一位特立独行的“彻底开创者”，他介入了“最终奠基化”（Letztbegründung）的持久行动之中。他不断扮演着先锋角色，一位在新的意识领域内的探险者，一位引领他的追随者朝向先验主体性新乐土之摩西。他聚集学生，计划着雄心勃勃的研究项目，并努力推动着意识领域中种种下属区域的现象学研究，永远意识到现象学是一“无限的任务系列”。但在其成熟时期，胡塞尔首先认为现象学实践要求一种彻底的观念改变，一种对日常自然态度和对一切“世界设定”的意向性行为的“终止”或“加括号”，此种态度和行为假定着世界的存在，且现象学实践者应被引导向返归纯粹先验主体性领域。在胡塞尔看来，如无此种返归、此种“还原”，真正的现象学觉悟是不可能达成的；至多它只不过是一种自然主义的意识心理学，此种心理学把意识只看作“世界的一个小角落”（ein kleines Endchen der Welt）[2]。然而胡塞尔的学生中很少有人曾经相信此种还原论的价值，或者切实地相信实行还原论的可能性；很多人感觉到胡塞尔重新坠入了新康德主义，而现象学最初正是努力要从后者中解脱哲学的。

当他的从前同事们开辟着自己的独立研究之路时，晚年的胡塞尔越来越将自己看作一名“无追随者的领袖”（Briefwechsel II，182）。而且在1931年时公然宣布自己是所谓“现象学运动”的最大敌人（Briefwechsel，IX，79）。结果，在此广义上理解的现象学运动不仅包括胡塞尔的著作而且也包括很多现象学的创新研究者们的著作，他们并不觉得必须遵循胡塞尔的方法论，其中最杰出的是舍勒和海德格尔。当然，法国哲学家保罗·
3 利科正确地指出，现象学就是对胡塞尔的偏离史；现象学的历史就是胡塞尔学异端们的历史。[3]在海德格尔的《存在与时间》发表后，现象学开始几乎完全被理解为胡塞尔和海德格尔的“共同”贡献了，莱维纳、萨特、梅洛-庞蒂和德里达就是这样理解的。

重要的是，不要像某些解释者所做的那样，如此夸大现象学已汇为一种一致的“方法”，或接受一种理论观点，或一套有关意识、知识和世界的哲学论题。我们将看到，某种意义上认同现象学实践的哲学家们，在彼此的兴趣、在解释现象学的中心问题、在应用他们所理解的现象学方法，以及在他们为未来哲学发展现象学的规划诸方面，可谓千差万别。于是，海德格尔在充分承认现象学的“看”对于哲学的重要性的同时，在其1927年关于“现象学的基本问题”课程中宣称，“不存在唯一一种现象学”[4]。按照现象学的精神，真正的哲学紧跟着事物本身。因此，对于海德格尔来说，现象学根本就等同于哲学本身的本质，而且其方式正像事物本身般地多种多样。海德格尔对事物本身的关注方法，明显地为伽达默尔所继承，后者将事物本身的显现置于活生生的对话、言语之中。

或许由于此种极其多样化的状态，现象学，尽管其在欧洲哲学中影响广泛，作为一种方法和一种一般运动，现在除了在一小批专家中外，还很少被理解，在欧洲大陆和北美已被种种后来的运动所遮掩，包括结构主义、后结构主义、解构主义，以及晚近以来对多元文化论和后现代主义的关心；现象学也被分析哲学所遮掩，后者在英语世界中以及越来越多地在其他地区，发展成为从事学院哲学的主要方式。于是，本书的目的就在于提供对作为一种哲学研究途径的现象学的理解，也为其中一些最杰出实践者的哲学提出一部导论。我选择了这样的方式：通过论述一些哲学家的研究来介绍诸现象学的论题，这些哲学家们，在我看来，都是现代欧洲思想史上的关键人物。

我将现象学描述为一种彻头彻尾的现代主义观点，它开端于布伦塔诺的努力，目的在于为新出现的心理学科学提供一个哲学基础，并联系于笛卡尔对作为绝对自明领域的意识的发现。在考察了布伦塔诺的贡献，即他 4
对意识的意向性结构的再发现之后，本书前半部的重点将集中于胡塞尔和海德格尔，他们两人分别被看作现象学的奠基者和传承者。遗憾的是，由于篇幅关系，我不得不排除胡塞尔和海德格尔的许多学生和追随者们，如史泰茵、茵加登、古尔维奇、舒茨、芬克和马尔库塞，在此只提及这些人名。[5]此外，我并不情愿地从本研究中舍弃了对舍勒的考虑，虽然颇有理由视其为早期现象学实践者之一。然而他始终是胡塞尔的某种哲学对手，而且在1911年后已大致离开了现象学。再者，他死于1928年，此时海德格尔的《存在与时间》正在产生对现象学进行持久转变的影响，而自此以后舍勒即迅速退出了未来的发展。在胡塞尔和海德格尔之后，本书包括进的现象学家们有伽达默尔、阿伦特、莱维纳、萨特、梅洛-庞蒂和德里达，他们都熟知现象学运动，在此运动中胡塞尔和海德格尔已经不可分割地缠结在一起了。本书严格说来不只是一部关于胡塞尔的现象学史，而宁可说是对现象学的思想氛围和哲学意义的一次探讨，现象学被视为由胡塞尔开始并发展而之后由海德格尔予以彻底转变了的哲学活动。在法国哲学家们的研究中现象学的进一步变形，构成了本书后半部分。同样由于篇幅关系，我不得不放弃对某些按其本身缘故值得讨论的法国现象学家们，如保罗・利科、米凯尔・杜夫海纳、米歇尔・亨利以及其他人。

什么是现象学？

虽然存在有很多描述现象学的论题，一般而言，现象学从未发展出一套教义或凝聚为一个系统。它首先自称是研究哲学的一种彻底的方法，一种实践，而非一个体系。现象学最好被理解为一种彻底的、反传统的哲学实践风格，它强调通过描述现象达至事物真理的企图，现象在最广义上即任何在其呈现方式中，即当其显现于意识、显现于经验者时所呈现者。于是现象学的第一个步骤就是设法避免一切预先强加于经验的曲解，无论这些强加的曲解是来自宗教的或文化的传统，来自常识习俗，或哪怕来自科学本身。在现象被从内部理解之前不应强加以任何解释。

5 免除偏见意味着克服僵固传统的束缚，但也意味着拒绝由外部加于的探究之控制。大多数现象学的奠基者们都强调一种革新哲学的必要，此哲学作为彻底的探究不应受制于任何历史传统；而且他们都主张抛弃一切教条主义并怀疑先天的形上学前提和在先对知识性质的论述，特别是在新黑格尔主义和实证主义中所看到者，并且主张将注意力坚定地朝向事物本身。现象学被看作强化了我们与实在的直接接触，被看作与在 19 世纪哲学（例如新康德主义传统）中看到的有关哲学问题的枯燥的学院式讨论保持距离。

现象学的规划特别致力于通过使其转向活生生的主体生存本身而为哲学重新注入活力。于是，胡塞尔的《逻辑研究》的读者们认为，现象学以一种新的、新颖的、令人振奋的方式探讨着传统逻辑学的和认识论的问题。与此类似，海德格尔在 20 世纪 20 年代的学生们说，思想的经验在他们的课堂上获得生命，如阿伦特和伽达默尔所证实的。与对革新哲学的这种呼唤一致的是，呼吁返回在其全部丰富性中的具体的、被体察的人的经验。在 20 世纪 30 年代时，萨特和梅洛-庞蒂都把现象学看作一种关于人类存在假定问题的超越狭隘经验主义的、心理学的途径，把哲学范围扩大为无所不包，把生命如其被体验地那样加以把握。这样，萨特通过雷蒙・阿隆接触的现象学使人可以仅对着一盏酒杯来进行哲学思索。[6]萨特把现象学看作能够使人细致描绘自己的感情的、情绪的和想象的实存，不是在一系列静态的客观研究中，如人们在心理学中所看到的那样，而是在其被有意义地体验之方式中所理解的那样。萨特有关羞耻和自欺经验的论述已成为现象学描述之经典。同样的，莱维纳的现象学细心体察其他人分享我的经验视界和将其自身呈现为对我的一种要求的方式，一种对我的呼唤，使我超出我自己的自我满足及主观关切的范围。

现象学也曾自称克服了在许多传统哲学问题处理中遭遇的困境。于是，胡塞尔和海德格尔都相信，有关外部世界存在的传统怀疑论的考虑中之真实哲学问题，并不需要去发现合理的基础以证明我们对此世界的信念，而是需要首先去说明此种考虑是如何发生的。胡塞尔和海德格尔两人都拒绝传统的知识再现论，即洛克的观念论，它根据一种内在的心灵再现或心外存在物的翻版来说明知识。现象学将此全体知识再现论斥为荒谬。 6
我们的正当描述的经验必须承认，此经验呈现为直接介入世界的经验。任何知识的哲学论述都必须忠实于最深的经验明证性。此外，现象学必须细致体察实际被体验的意识之性质，而不是由常识或哲学传统所描绘的意识。于是，例如，我们一定不要认为意识中的体验有如一个箱子内的物件。胡塞尔在《形式逻辑和先验逻辑》中反对说：

> 但经验不是一种意识空间内之空隙，在其中显露了一个在一切经验之先已存在的世界；或者说，经验也不是一种被直接纳入意识而又异于意识之物……经验是成就之施作，在其中，被经验的存在〔Sein〕对作为经验者的我“存在于那里”〔da ist〕，而且作为“在那里存在者”〔was es da ist〕，具有全部内容和存在样式，后者正是经验本身由在其意向性关系中施作的成就所给与的。[7]①

现象学必须细致地描述在其对意识显现中的事物。换言之，问题、事物和事件被触及的方式必须考虑到它们对意识显现的样式。

“现象学”一词的来源

胡塞尔并不是第一位使用“现象学”一词的；事实上，此词最初出现

---

① 本段中译文转录自《形式逻辑和先验逻辑》中译本的原版第 206 页。

在18世纪的哲学著作中，如兰贝尔特、赫尔德、康德、费希特和黑格尔的著作中。[8]兰贝尔特是沃尔夫的追随者，他在其《新工具》一书第四部分的标题中使用了“现象学”一词，用以表示一种显象（Schein）的科学，此科学使我们得以从显象达至真理，正如光学研究透视法使人们得以推导出被视物的真实特性。兰贝尔特激发了康德，后者在若干早期书信中偶尔使用了“现象学”一词。例如，在1770年9月2日致兰贝尔特的信中康德说道，“形上学之前必须存在有一门完全不同而仅具消极性的科学（Phaenomenologica generalis）”[9]。类似的，在其1772年2月21日致Marcus Herz的信中他谈到了“一般现象学”（die Phänomenologie überhaupt），此词最终被纳入《纯粹理性批判》中的“先验感性论”一节内。康德也在其成熟期论著中使用此词。因此，在其《自然科学的形上学基础》（1786）中他列入了称作“现象学”的整整一节，用以讨论相对于我们的外感觉而
7 显现的运动或静止的问题。对于康德来说，现象学是处理事物对我们显现方式的科学的分支，例如相对性运动或依赖于观察者人的颜色等属性。康德对客观性条件的研究——当从主体侧看时——曾被黑格尔批评为未能发展不同于意识的心的概念。因此黑格尔说康德哲学仍然“只是一种关于心的现象学（而不是一种哲学）”[10]。费希特也在其1804年的《知识论》中使用了“现象学”一词，用其指示导出显象世界之方式，此世界虚假地显现为独立于意识，独立于意识本身。[11]

黑格尔在将其作为1807年的《精神现象学》的标题时，曾经最引人注目地使用了“现象学”一词[12]，但此书在19世纪时不为人注意，影响甚微。只是到了1920—1940年，在胡塞尔创立了现象学之后，特别是在法国，亚历山大·柯耶夫、让·依波利特、让·瓦尔、梅洛-庞蒂，以及他人，才开始把黑格尔看作现象学方法的真正先驱。

尽管“现象学”一词早先有若干次出现，直接激发胡塞尔使用此词的既不是康德也不是黑格尔，而是布伦塔诺，他是在1889年使用此词的。稍后于1894年，布伦塔诺的朋友、物理学家马赫提出了“一般物理现象学”，用以描述我们的物理学经验，使其作为更一般的物理理论之基础。例如，马赫打算根据我们对其具有的全部经验来描述电。胡塞尔甚至在其学术最初阶段就熟悉了马赫对“现象学”一词的用法，而后来在其1929年的阿姆斯特丹讲演中，他明确承认马赫是一位现象学的先驱者，而把自己描述为参与了“某种已经存在的现象学方法的彻底化工作”[13]。

布伦塔诺的现象学

胡塞尔在其第一版《逻辑研究》中最初理解的现象学意味着描述心理学，而且认为其来源是布伦塔诺的研究计划。胡塞尔从布伦塔诺继承了这样的信念：哲学是一门严格的科学，而且认为哲学在于描述而非在于因果说明。胡塞尔也从布伦塔诺那里继承了对英国经验主义传统的一般肯定，特别是休谟和穆勒，以及继承了对康德和黑格尔唯心主义的反感。他进而以一种近似于实证主义者的方式把新康德的和黑格尔的设问系统作为“诸伪问题”（Scheinprobleme）加以否定。对于胡塞尔，正如 8
对于布伦塔诺一样，哲学是对在直接“自明性”（Evidenz）中被给与者的描述。

胡塞尔的现象学，在布伦塔诺将心理学的性质重新看作一门科学的企图中，露其端倪。布伦塔诺提出了一种描述心理学——专注于说明认知的内在自识行为之性质，而不诉诸因果性或生成性说明。换言之，布伦塔诺曾提出一种哲学心理学，或心的哲学。在其《从经验观点看心理学》（1874）中布伦塔诺开始通过根据意向性描述认定心理现象域的方法来研究“经验心理学”。[14]布伦塔诺使经验心理学与“生成心理学”相对立。生成心理学的心理行为之物质性基层——感觉器官的性质、神经的类型，等等——基本上遵从于因果性说明。经验心理学则应该是一种描述性的、分类学性质的科学，所提供的是对心理行为的类型学。后来在关于“描述心理学”（1889）的讲演中，布伦塔诺应用了短语“描述心理学或描述现象学”来区分此一科学与生成的或生理的心理学。[15]描述心理学被设想为有关心理现象法则的一种先天性科学，即根据对个别事例的观察来识别普遍法则。

布伦塔诺追随笛卡尔相信我们对内在心理活动的自明性——内知觉，并以其对立于可发生错误的外知觉的性质。应该强调，布伦塔诺认为内知觉非常不同于内省或他所说的“内观察”。我们并不能在进行心理行为时对其加以观察，而是只能在反思中将其视做出现时对其把握。它们只能“间接地”〔en parergo〕、“顺便地”〔nebenbei〕被把握，此概念是布伦塔诺借取自亚里士多德和阿奎那的。任何行为都有对象，一个空的行为不可能意识自身。考虑到意向性内容或引起意向性行为的客体的现前，该行为首先朝向于该客体。然而，反思的第二次行为如此内植于原始行为，以至于它不可能对所反思的行为之性质把握错误。布伦塔诺按照亚里士多德在其《论灵魂》中的分析主张：在感觉时我意识到我在感觉着。此意识不是该感觉行为本身，此行为的真正对象永远是可感物本身，反之，存在有一种共同的内感觉，可意识到最初行为的运作。但是，对于布伦塔诺来说，此反思行为的确严格限制于该行为本身以及对其所有的直接记忆。

反思从此类内知觉的经验性个例中可以得出一般法则。对于布伦塔诺
9 来说，例如，此类心理法则是：任何心理行为都或者是一呈现或者基于一呈现。布伦塔诺进而根据部分和整体的关系来思考客体和行为的关系。当我们意识到一复合现象时，对部分的意识呈现于对整体的意识中，虽然对此未必明晰注意到。于是当我可看见一红色物时，该呈现的部分也是一种广延的呈现，但此“部分呈现”可能未被清晰注意到。布伦塔诺像萨特和塞尔一样否认纯粹无意识的心理行为的可能性。[16]这样的行为不会是心理行为。按照布伦塔诺派的观点，一种心理行为必定至少是内反思的一种可能对象。

布伦塔诺将他的描述心理学新科学视作为精神科学提供了概念的基础，因为一切精神科学都在其表述中应用着心理行为，例如法律、政治、经济、社会学、美学等。描述心理学将为这些科学中应用的心理行为提供清晰的、自明的真理。胡塞尔进而将此描述心理学发展为有关意识的最一般的描述科学，意识不仅是一切精神科学的基础，而且是一切形式的科学知识的基础。

无前提的起点

从一开始，胡塞尔即着重强调现象学的无前提原则（LI，§7，263；Hua XIX/1 24）；这就是主张抛弃哲学的理论活动以偏重于细致描写现象本身，专注于在直观中所给与者。

胡塞尔最初在《算术哲学》（1891）中把描述心理学应用于对精确科学概念的阐明。十年后在其“突破性著作”《逻辑研究》中他进而将描述心理学（那时也称作现象学）应用于对逻辑中基本概念的认识论阐明。在此阶段上，现象学是一种概念阐明，它构成了一种更广泛的“理性批评”之组成部分。但是，此概念分析的关键性特点，不在于检查概念在一语言

中的作用，而在于依赖直观中观点的自明所与性。在《逻辑研究》中首次宣称的现象学的口号“返归事物本身”（LI，§2，252；Hua XIX/1 10）集中表达了对直观的这种依赖关系。当然，在哲学中对“直观”的这种强调也是与当时的哲学气氛一致的。20世纪初的许多哲学家，如狄尔泰、柏格森、詹姆士等，都一致强调直观的作用，虽然各自对直观的论述不同。10
这样，柏格森在其《形上学导论》中主张：

> 直观意指着那样一种理智协同性，人们因此而被置于客体的位置，以便与在其中独一无二的并因此而不可表达者保持一致。[17]

偏重于作为一种与知识对象在精神上协同一致的直观概念，自然往往导致现象学被广泛地误解为一种非理性的神秘主义。至少从其奠基者胡塞尔的观点来看，这是完全错误的看法。

胡塞尔对现象学的理解是从其对数学和逻辑学真理的性质理解的企图中发展而来的，是从其对一种理性批评的更一般关切中发展而来的。按照此理性批评一切认知所要求的关键概念，都须被严格检视，以掌握其本质意义、有效性和正确性。直观是认知的最高阶段，并且是来之不易的洞见，类似于数学的发现。当我看见“2＋2＝4”时，我具有最为清晰的直观。然而胡塞尔认为，类似的直观的实行出现在不同的经验类型中，而并非均限制于数学真理。当我在正常条件下看见窗外树上的一只乌鸦时我也获得一种直观，此直观是由呈现于我的乌鸦的身体现前之确定性所表现的。存在有无穷无尽不同种类的直观经验。胡塞尔通过反思这些经验种类企图发展出一种有关一切意识经验的分类法，用以思考它们的本质性质和各自的直观实行之类别。

胡塞尔在其成熟期的著作中称这些直观是“原初所与的”或“给与的”直观。于是，甚至在其先验现象学转向后，胡塞尔首次在《观念1》中公开宣称，他保留着直观的首要性。在该书中他宣称他的一切原则中的原则是：

> 每一种原初给与性直观都是认识的合法源泉，在直观中原初地（可说是在其躯体性现实中）给与我们的东西，只应按如其被给与的那样，而且也只在它在此被给与的限度之内，被加以理解。[18]①

---

① 本段录自中译本《通论》，原版第44页。

每一种认知行为都应当由“原初给与的直观”加以证实。这个“原初给与的直观”在胡塞尔的哲学中占据核心地位。他甚至批评传统经验论简单化地表明一切判断都是被经验证实的，而未能理解我们的判断及我们的
11 推理过程是以非常不同类型的直观为基础的（《观念1》，§19，36；Hua III/1 36）。

胡塞尔在此所用“所与性”（Gegebenheit）一词所意指者，曾被海德格尔在其20世纪20年代弗莱堡讲课中描绘为现象学的“魔术词”，因而成为对于他人的“绊脚石”。[19]“所与性”概括了这样的观点：一切经验都是按照经验行为的一种特殊方式而成为对某人的经验。在此经验中存在有一种“所与的”〔dative〕因素，一种经验之“给与谁”的因素。对于胡塞尔，直观出现于一切理解经验中；但是对于真实确定的知识而言，我们的直观具有着最高种类的实行或明证性。

中止〔悬搁〕自然态度

在《逻辑研究》之后的著作中胡塞尔开始相信，对我们的意识经验的结构和内容的检验，受到我们介入日常生活经验方式的限制并被深深歪曲，在日常经验中我们的实际关切、俗常偏见和粗浅的科学知识等，都会阻碍着我们对给与我们的经验进行纯粹思考。为了防止现象学观察中潜入的理论立场，胡塞尔提出了许多步骤，其中重要的是：现象学悬搁，或自然态度的中止，以及很多方法论还原法和观点变异法（包括所谓的“艾多斯还原”和“先验还原”），以便在研究中抽离现象之中心本质性性质。此种排除法意味着一切科学的、哲学的、文化的及日常的假定都须置于一边，与其说是将其否定，不如说是不予重视（其方式类似于一名法庭审判员，他被要求终止判决和诸正常的联想、推论以便专注于呈现给法庭的证据本身）。于是，在思考我们的意识行为性质时，我们不应该简单地假定我们的心类似于一种容器、记忆类似于图像，等等；也不应该提出任何科学的或哲学的假设，例如说意识事件只是大脑事件。按照真正现象学的观点，我们甚至不被允许作任何科学的或哲学的假设。我们应当只在现象被给与我们的方式中，在其所与样式中，对其注意。后来，很多现象学家们诉诸不同的触及艺术品的方式作为揭示现象的不同所与性样式的范型，例如海德格尔对艺术品的反思或梅洛-庞蒂论述观看塞尚绘画的体验。只有

当不考虑关于世界的假设时，所与性样式才会被充分把握。

对胡塞尔来说，中止自然态度以及发展理论技巧来排除歪曲作用，以便获得关于意识过程本身性质的洞视，构成了其理解现象学实践的核心。于是他始终强调，他的最大发现就是还原法。还原法同时在两个方向上引导着胡塞尔：一方面，还原法沿着新康德的和笛卡尔的方向引导他通往作为一切自我体验的形式结构的先验自我；另一方面，还原法引导他朝向这样的方式，在其中意识永远被包裹在意向性的相关项里，被完全俘获于世界中。对意识的世界性的这种直观导致胡塞尔研究周围环境及生活世界。 12

生活世界和世界中的存在

对经验中直观所与者的专注，在其如《经验与判断》（1938）这样的最后著作中[20]，引导胡塞尔专注于他所说的“前述谓的经验”（die vorpräfdikative Erfahrung），在其被表述于判断中和表达于外部语言形式中之前的经验，在其为呈现于清晰的意识而被组装〔packgaed〕之前。如胡塞尔所说，一切认知活动均假设着一个被动地前所与的领域，我所知觉的存在世界。返回验察此前所与的世界，即返回生活世界，“在此世界中我们始终生存着，而且此世界为一切认知行为和一切科学判定提供着基础”（EJ，§10，41，38）。胡塞尔断言，我们通常经验的世界是被形成的一客体的世界，它遵循着科学所发现的普遍法则，但给与我们此世界的基本经验是非常不同的：“在其直接性中的此经验既不知道精确空间也不知道客观时间和因果规律。”（EJ，§10，43，41）返归生活世界即返归在此客观化和观念化之前的经验（EJ，§10，45，44）。

为了设法重新思考生活世界，必须理解科学世界观给与我们意识的影响。现象学必须质询假定的客观科学观，所谓的“上帝之目”，或“无视角观点”。胡塞尔现象学并不质疑我们获得一种“无视角观点”的可能性，即被理解为对于事物的无视角的、理论的、“客观的”理解。这确实就是传统的知识理想。胡塞尔尤为热切地充分相信此种观点，这就是数学和精确科学中采取的观点。但他视此为一种理想化，一种理论态度的特殊构造，它们远离着日常经验。此种无视角观点是根据我们的发生于时空中的通常经验被构造和加以抽象的。人们不应把客体看作正是以这样的方式存

13 在的，即客体在无视角的观点中被给与。一切客体都是在视角中相遇的；一切意识体验都出现于时间流中，时间流的性质在任何人的知觉分析中都必定被记起。在经验外设定实体，因为没有意义，故须加以排除。

在否定了唯理主义的和唯心主义的实在观后，现象学家们一般也批评狭隘的、还原论的人类经验模型，后者出现在 19 世纪经验主义、实证主义和感觉主义中。现象学曾被理解为对传统认识论进行的挑战，就其在唯理主义和经验主义两端来回摇摆而言。现象学曾声言克服了唯理主义和经验主义之间的对立，甚至完全否定了主客观的区别。现象学家们主张，传统的主体和客体概念都只是哲学的构造，此类构造事实上歪曲着人类世界经验的真正性质。反之，现象学声称提供了客体与意识之间关系的一种整体论的观点，例如强调身体在知觉中的中介作用。现象学的成功唤起人们关注被经验主义忽略的经验方面，特别是在一切理解和解释行为中涉及的视域和背景假定方面。

海德格尔认为胡塞尔在论述人类介入世界时始终过于坚持笛卡尔观点和唯智论观点，海德格尔断定，为了避免他视之为枯萎的认识论表述，唯一的途径即完全放弃使用“意识”和“意向性”词语。人类永远是已经陷入世界之中的，人被抛入此世界中，此世界显示于情绪中，此情绪的全部性质被其概括为概念：“在世界中”。当莱维纳于 1928 年听海德格尔讲课时，曾被海德格尔理解“在世界中”的探索所深深吸引。萨特和梅洛-庞蒂都跟随着海德格尔把意向性读解为与世界的不可还原的本体论关系。

梅洛-庞蒂依靠胡塞尔对意识被其身体性赋予能力及阻碍之方式的研究，探讨了意识和身体的关系，力申有必要将这些范畴代换以对世界中躯体化的人之存在的论述。在采取了胡塞尔和舍勒在物体（Körper）和有生命的动物躯体（Leib）间之区分后，梅洛-庞蒂进而探讨了我对自己身体的经验和我对无生命物体的经验区分的方式。相对于我的身体的我的全部存在样式，非常不同于我与其他物的关系，而且现象学必须关注尽可能准确地描述存在的样式。

梅洛-庞蒂主张，全部科学系统都是建筑在被直接知觉的世界之上的，
14 而且科学永远是一种关于世界的第二级表达。他极其怀疑那种把人的存在作为进化和物质过程结果的科学自然主义。这种观点忽略了意识和我本身的性质实乃“绝对源泉”（ix，iii）。梅洛-庞蒂当然认为返回作为一切意义之绝对源泉的自我并非相当于一种唯心主义的复活。在他看来，唯心主

义，无论是笛卡尔式或是康德式的，都使主体脱离了世界。

现象学作为认知的成就

虽然布伦塔诺视现象学为根基于亚里士多德在《论灵魂》中对心理学行为的描述，胡塞尔视其为对经验主义的一种彻底化发展的结果，现象学往往被评判者们描述为在诉诸一种长期以来被否定的内省主义，或者诉诸神秘的、非理性的直观，或者视之为在促进对体验性质的一种非规则性的畅想，或者视之为在拒斥科学以及科学的世界观等。这些观点并非来自那些分析哲学学者们，而是往往来自结构主义和解构主义的追随者们，后两种运动是自现象学本身发展而来的。的确，正如需要针对目前分析哲学家中流行的种种误解来维护现象学一样，也日益增长着一种需要来区分更为严谨的现象学实践和在当前欧陆理论实践中出现的种种标新立异的因素，后者似乎在把随意性主张视作基本的哲学思维风格。甚至一些最好的现象学研究者有关现象学方法的谈论也难免过于含混。例如，梅洛-庞蒂在其具开创性的《知觉现象学》中正确地谈到，现象学是描述的而非说明的（“问题在于描述而非在于说明或分析”[21]），然后却把胡塞尔对科学说明加括号的观点视之为对于科学的一种否定。于是他写道，现象学“从一开始就是对科学的一种否定”（viii，ii）。这种说法暗示，梅洛-庞蒂把现象学视作要取代科学，而事实上他和胡塞尔都把现象学看作在支持并阐明真正意义上的科学。

由于将“现象学”一词应用于任何模糊描述类型的哲学思维，或者甚至应用于证明基于偶然直觉及随意猜测的行为，准确阐明现象学性质的问题变得尤为至关重要。例如，“现象学”一词在分析哲学中也越来越经常地遇到，它标示着任何不可能清晰表达的经验领域或方面。例如，弗拉纳根（Owen Flanagan）谈到“我们心理生活的现象学”[22]以及麦吉恩（Colin McGinn）谈到关于我们的大脑产生的“五彩现象学”〔technicolour phenomenology〕[23]。在这里此词被用来代表心理生命流本身。但此词也被用来表示触及此主体生活的样式，表示意识状态的第一人称经 15
验。于是，在分析传统中，当代心的哲学展开了有关现象学描述是否在意识和意向性研究中占有适当地位的长期辩论；这就是，对于我们的意识经验的实际定性特征（罗素称之为“qualia”① 的那些特征）的密切关

① 指主观意识感觉性质。

注，是否对于科学的意识研究有说明作用。丹奈特谈到了有必要用真正客观的、第三人称的“异现象学”〔heterophenomenology〕取代效果不彰的第一人称的“自现象学”〔auto-phenomenology〕。[24]麦卡洛克（Gregory McCulloch）和皮科克（Christopher Peacocke）辩论是否存在有一种感觉经验的非概念性内容，或者，这些经验是否是无色的或透明的。[25]按照分析哲学的术语，通常它应指“qualia”的、“第一人称真理”的还是经验之“如何〔呈现〕”的问题，即具有此经验究竟是什么意思的问题。[26]虽然研究心的分析哲学一般承认有必要对经验的此类定性方面提供说明，却很少会认为胡塞尔的传统现象学适合于此任务。胡塞尔现象学被看作一种内省主义，因此不能免于来自实验心理学和认知科学对于内省作用的一切批评。

的确，现象学的主旨及其持续的诉求正在于，在一切知识中和对世界的描述中，企图为主体性和意识的基本的、不可或缺的作用，提供严格的辩护。但是，现象学企图承认和描述意识在知识的成就（Leistung）中的作用，而并非纯粹为其本身而耽迷于主体领域。现象学的全部观点甚至是：我们不可能将主体领域和自然世界领域分离，如科学的自然主义者所做的那样。主体性必须被理解为不可避免地卷入构成客体的过程。于是，对于胡塞尔来说，一切哲学的主要神秘性，“诸神秘性中最神秘者”就是这样的问题：客体如何在意识中和为了意识而被构造？存在的只是“为主体〔而存在〕之客体”。海德格尔自身的现象学发展是受到以下深刻烦恼之激发的：对于胡塞尔的意识概念具有的不可避免的笛卡尔形上学色彩。反之，他诉诸对存在〔Being〕在其中显现的方式之描述，谈到了人的存在〔beings〕作为该显现的处所，他使用了德语词 Dasein〔此在〕，或直意地“存在于那里”。但是，尽管彼此的论述完全不同，两位哲学家都努力于表达世界在人内并通过人而得以在其中显现的方式。现象学的“为主体之客体”概念大概是其对现代哲学重要的贡献。

16

意向性的结构

胡塞尔据以说明“为主体之客体”概念的基本观点即为他对意识的意向性结构的根本理解。布伦塔诺恢复使用了中世纪经院哲学关于意识对象的意向性非存在〔inexistence〕概念，以便刻画心理行为的本质属性。胡塞尔接受了此意向性的基本结构，在抛弃其形上学的包装后，将其呈现为这样的基本论题：一切体验（Erlebnisse）都具有“关于性”〔aboutness〕特征。一切爱的行为都是一种对什么什么的爱，一切看行为都是对什么什么的看。对于胡塞尔，要点在于，不论行为的对象是否存在，此对象都具有意义，并且具有相对于意识的存在样式，它是意识行为的一种有意义的相关项。这种观点使胡塞尔得以在不得不面对有关实际存在的本体论问题等之前，先探讨一个全新领域：有关意识行为及其关联域和须遵守之法则的「意义相关项」领域。现象学应该是真正的第一哲学。虽然现象学确实朝向于意识，它首先声称是这样的一门意识科学，它建基于对行为的意向结构及其相关对象的阐明，也就是胡塞尔所说的意识的诺耶思-诺耶玛结构。

有时如我们所说的，现象学对主体性和客体性概念的相互从属性的强调，表现了对于主体—客体分界的克服。但是，这种克服，至少在胡塞尔这里，实际上是对笛卡尔构想之基本彻底性的一种补救。胡塞尔把意向性看作使笛卡尔的“我思故我在”此一重要发现复活的方式。不是像笛卡尔那样对“思想物”〔res cogitans〕进行本体论的论述，而是可以专注于意向性结构，后者被胡塞尔称作“自我—自我的意识行为—自我的客体相关项”〔ego-cogitatio-cogitatum〕。我们只是通过在主体性本身内部发现一种更深的意义才克服了主体客体分界观。因此，在胡塞尔思想中存在有一种基本矛盾：他企图借助于对笛卡尔构想本身的一种彻底再思考来克服某种尚欠精细的笛卡尔主义。

在胡塞尔之后，现象学家如海德格尔和莱维纳都把胡塞尔现象学看作近代主体哲学、我思哲学之顶峰，并予以反对。海德格尔和其他人提出了一种更彻底的现象学，抛弃了胡塞尔哲学仍然以之为基础的形上学假定。莱维纳希望使现象学以他人的基本性经验为基础，从而可以从一开始就克服自我中心的主体性。另一方面，萨特仍然企图把现象学看作对笛卡尔哲
学的贯彻。不管方式如何，现象学永远与笛卡尔因此即与近代哲学的主体 17
性转向处于张力关系中，或者使其彻底化，或者企图对其加以克服。

在海德格尔之后，莱维纳和萨特都把意向性主题解释为这样一种方式，按此方式，意识直接与世界、与存在接触，于是在某种意义上都是随意误解了胡塞尔。此种误解导致两人产生一种存在本身的本体论直观，此存在被看作某种呆滞性存在，并可无所不包，是某种与意识相抵制者。莱

维纳的回应是企图确认避免此无所不包存在的方法，确认达到一种超越性、一种“外在性”的方法，在反对整体性时保持关于无限物和无限性的经验。萨特从有关存在和意识间关系的非常类似的主题出发来理解意识，意识无休无止地企图成为纯存在而又未能达此状态。另一方面，梅洛-庞蒂把人的意识和存在本身的关系看作如此复杂和相互交织，以至于甚至不可能企图理解其一而不理解其他。于是梅洛-庞蒂哲学的挑战性在于描述他所说的人与世界间“交错配列”的互织关系，此种关系存在于个人性的身体中（他用“交错配列”〔chiasm〕一词，既含有修辞学的意思也含有生理学的意思，前者表示语词的反序，后者表示眼内神经的缠结，意味着在应用于身体—世界关系时彼此的缠结不可能解开）。

哲学和历史

尽管现象学，像一切哲学运动一样，最初对于历史公然抱有反感，仍然是在基础的特殊历史与文化环境中形成的。因此，现象学的命运不可避免地与20世纪的及世界大战的历史纠结在一起。这些历史动荡使得胡塞尔的儿子以及他的最富天才的学生们失去了生命，如莱纳赫死于第一次世界大战前线，史泰茵死于第二次世界大战纳粹集中营。类似的，海德格尔、伽达默尔、阿伦特、莱维纳、萨特和梅洛-庞蒂都各以不同方式受到战争的影响。艰困年代中断了学习，终结了思想探索的渠道，并迫使成群的哲学家们逃离德国。莱维纳和阿伦特都因丧失家园，并更一般地，因犹太文化在欧洲的毁灭而极感悲痛。由于完全不同的环境，海德格尔对国家社会主义的引发争议的拥护，导致他在1945年后中止了弗莱堡大学的教职，并
18 因此而使自己的名声蒙上阴影。萨特说，战争将其生命一分为二。梅洛-庞蒂在《现代》杂志发表的文章《战争发生了》（1945）中对个人与战争妥协的方式之回顾，引起了人们强烈的反响。

纽约社会研究新学院的建立之事，第二次世界大战后法兰克福学派的重建，导致欧洲哲学性质的转变，而且也对现象学产生了影响。霍克海默（1895—1973）和阿多诺（1903—1969）都是通过对胡塞尔的批评性研究开始其哲学生涯的。阿多诺最初的哲学著作，1924年的博士论文，就是在法兰克福 Hans Cornelius 指导下写作的，他运用新康德主义观点批评性地研究了胡塞尔关于客体的理论。[27]后来阿多诺关于胡塞尔的现象学和海德

格尔的神秘主义写过多部研究。阿伦特从其独特的角度，没有听任其思想受到学院派训练的限制或受到她早先的导师海德格尔身影的控制，思考了极权主义、道德恶、暴力以及人的行为甚至爱等现象。于是，现象学在方方面面都与 20 世纪不可分割地联系在一起。它是一个历经磨难的哲学运动，而且它的激发力往往像是一股流淌的暗流滋养着地面，而非像是一个显然可见的、凭自身之力而充满自信的运动。

法国现象学

许多胡塞尔的学生们，包括让·赫林、阿隆和其他人，把现象学带到了法国。[28]但是胡塞尔的法国解释者中最著名的是莱维纳，他曾负责出版胡塞尔的《笛卡尔沉思》的法译本，大约在该书德译本出版的二十年前。类似的，海德格尔的思想最初是通过莱维纳以及通过科尔宾的翻译进入法国的，但后来更为关键地，是通过让·波弗勒和让·瓦尔的介绍进入法国。胡塞尔著作进入了这一个由笛卡尔、孔德、柏格森以及不伦瑞克所支配的法国哲学传统。胡塞尔在 1929 年的巴黎讲演显然迎合了这个笛卡尔传统。特别在法国的环境里现象学被理解为一种彻底化的笛卡尔主义，此种笛卡尔主义忽略了实质二元论，以便更细致地检验实体在意识中出现的方式以及先验意识本身的结构。现象学在法国的发展别具一格，主要研究者是莱维纳、梅洛-庞蒂、萨特、利科、克莉斯特娃、德鲁兹和德里达，他们都是通过细心研究胡塞尔而开始其哲学生涯的。

莱维纳于 1920 年代末在弗莱堡同时跟随胡塞尔和海德格尔学习，回到
法国后，由于其 1930 年的《胡塞尔现象学中的直观理论》以及他参与《笛 19
卡尔沉思》的部分翻译工作，而成为新兴法国现象学的主要力量。莱维纳在出版《整体性和无限性》（1961）之前曾经写了很多关于道德经验性质的现象学思考著作，《整体性和无限性》是一部关于人的意向性及其限制的重要著作。莱维纳的贡献在于使现象学朝向伦理学，特别是朝向我们主体领域内的他人的显现。虽然胡塞尔对价值现象学颇感兴趣并开设过关于价值和伦理学理论（被理解为企图达到普遍的理性社会之思考）的讲座，特别是在 1910 年以后，第一部出版的现象学伦理学由舍勒完成，其《伦理学中的形式主义》1913 年发表在胡塞尔编辑的《现象学年鉴》上。[29]舍勒关于人的概念对于早期海德格尔思想的形成有过影响。海德格尔对舍勒的

具体人的研究的兴趣超过对胡塞尔对自我的更为抽象的讨论。但是，伦理学问题并没有在海德格尔的基本本体论概念里被给与积极关注，如他在《存在与时间》中所表现的。之后舍勒影响了马塞尔和梅洛-庞蒂。另一方面，萨特的伦理学关怀相当依赖于一种康德的普遍主义诉求，例如至少在他发表的《存在与虚无》中，那时他维护着受到非道德论和行为主义指责的存在主义辩护。事实上，海德格尔和结构主义对欧陆哲学的影响表现为人们很少谈论伦理学主题，而且正是由于伦理学理论的欠缺，莱维纳的伦理学探讨才应该加以关注。

萨特最初非常热衷于从现象学描述中汲取哲学资源的可能性，而且在其1930年代的早期研究中，他一方面接受了意向性概念，一方面对胡塞尔的先验自我概念及其对知觉和想象的论述进行着有思想深度的批评。在《存在与虚无》时期，萨特将其有关人类行为的现象学论述插入一个庞大的形上学建构之中，而且在后期著作中他愈加朝向政治哲学。萨特在将现象学扩大为存在主义的过程中影响极其巨大，然而此一结合对于理解现象学来说带来了损害性效果，因为它企图使现象学与非理性主义相结合。事实上，萨特对海德格尔作为一位存在论思想家的描述直接导致海氏的《关于人本主义的信》的写作，此书明确否定了萨特对其哲学的解释。

大约在萨特写作《存在与虚无》的同时，梅洛-庞蒂正在撰写有关对
20 心理学中的行为主义的重要评判，并通过未出版的《观念2》和《危机》的手稿来探讨胡塞尔对躯体性质的研究以及对科学主义的批评，这些手稿在刚开放的卢汶胡塞尔档案馆中可借阅了。梅洛-庞蒂一方面反对素朴的经验论、实证主义和行为主义，并在古尔维奇的强烈影响下，一方面将格式塔心理学应用于胡塞尔的现象学研究。在其第一部著作《行为的结构》中梅洛-庞蒂是对以刺激—反应机械主义说明人类存在的方式进行批评的重要学者。他的第二部书《知觉现象学》被很多人视为关于知觉问题的最重要的现象学研究。在此书中梅洛-庞蒂承认已经存在有存于身体中的基本意向性形式，后者不可能仅只根据机械主义加以说明。在知觉行为和知觉者的环境之间似乎存在有一种共生性关系，对此问题他拟以辩证法方式描述。于是他成为了对意识和身体性之间关系进行研究的先驱者，此研究现在成为重要的辩论主题。在其后期写作中，梅洛-庞蒂研究了语言，将海德格尔的语言观和取自符号学及结构主义传统的观点结合了起来。

德里达曾跟随依波利特和利科研究胡塞尔。虽然他其后发展了大家熟

知的解构论的思想运动和风格，德里达曾经受到胡塞尔的一般意义论问题的激发，甚至在后期著作中他仍然是一位对于胡塞尔的极端派解释者。德里达的解构论本身来自对胡塞尔、黑格尔、海德格尔以及瑞士语言学家索绪尔（1857—1913）著作中的“现前”与“不在”、“同一”与“差别”等概念的某些方面的思考。

结　论

现象学同时经受着内部批评（例如海德格尔、梅洛-庞蒂、伽达默尔）和外部批评。最重要的内部批评来自海德格尔，他否定了胡塞尔现象学的三个主要方面。首先，胡塞尔，特别是在其《作为严格科学的哲学》研究中，曾明确反对生命哲学和世界观哲学，而海德格尔虽然深入批评这两种运动，却采取了这样的主要观点：现象学应该关注历史性或人类生存的事实性；关注时间性或时间中的具体生存者；再者，它不应该满足于对内时间意识的描述。其次，追随施莱尔马赫和神学解释学传统，海氏宣称，一切描述都涉及解释，甚至描述只是解释的一种导出形式。于是胡塞尔的纯粹描述构想是不可能的，如果描述不被置于一种彻底历史化的解释学之内的话。最后，海氏拒绝了胡塞尔的先验唯心主义概念以及作为“自我学” 21
的第一哲学概念，与此相反，他宣称现象学提出存在〔Being〕问题之路，这导致海氏从1925年以后公然表示：本体论只有作为现象学才有可能。虽然海德格尔在《存在与时间》之后的年代里改变了哲学研究的方式，他从来未曾否定过现象学方法的本质，未曾否定过现象学对事物本身的专注。这样，在1962年致理查森的信中海德格尔宣称，他正在通过现象学朝向思想（Denken），如果人们承认现象学意味着“让事物自行显示的过程”（als da Sichzeigenlassen der Sache selbst）的话。[30]

对于现象学的外部批评来自实证主义和维也纳学派成员。石里克（1882—1936）批评胡塞尔依赖于智性直观，卡尔纳普批评海德格尔提出了一种毫无意义的伪形上学，而艾耶尔使对各种形式的现象学的批评通俗化。另外一种批评路线来自马克思主义，它一般地将现象学视作资产阶级个人主义的拥护者。于是，法兰克福学派创立者霍克海默把胡塞尔的现象学看作“传统理论”的典型，使之与自己的评判哲学相对立，后者不是一种孤立的自我自行思考的产物。[31]阿多诺也在许多重要的出版物中，特别是在《否定的辩证法》中，对现象学进行了一种内在的批评。[32]在法国，阿尔都塞、列维-斯特劳斯以及其他人的结构主义，也批评现象学对意识明证性的简单化信任以及一般地对一种人本主义观点的维护，而结构主义想要主张在我们的意识的、自由的、意义意向的经验深处存在着不变的无意识结构。德里达的解构论导致现象学作为一种方法的瓦解，它特意攻击了意向性行为内意义之充分显现可能性的假定，并强调着意义的变异性。

那么，现象学的持久性影响是什么呢？人们往往辩称，现象学的主要贡献是这样一种方式，按此方式现象学坚持维护着经验的主体观，将其作为任何充分理解知识性质的必要部分。现象学，由于对作为一种哲学规划的自然主义的深刻批评，将继续在哲学中扮演主要角色。从一开始，胡塞尔现象学就提出对心理主义的反对，并更为一般地反对一切自然主义。胡塞尔和他的追随者将自然主义视作一种自我否定，因为它有意识地排除意识，后者正是一切知识和价值的根源本身。今日，我们十分明显地看到，现象学与新康德主义颇多共同之处，特别是在对自然主义和实证主义的批
22 评方面。胡塞尔本人也批评着相对主义，特别是相对主义的文化观，其典型是历史主义。然而，海德格尔直接将历史观和相对观重新导入现象学，而梅洛-庞蒂则是一位自觉的相对主义者，虽然他自称运用着某种现象学方法。正是现象学的实践者间此种错综复杂的分歧和冲突，导致人们从对现象学的一般性思考转向了对诸个别现象学家本身思想的研究。

注释①：

475 [1] Edmund Husserl, *Logische Untersuchungen*, erster Band, *Prolegomena zur reinen Logik*, text der 1. und der 2. Aufiage, hrsg. E. Holenstein, Husserliana XVIII (The Hague: Nijhoff, 1975), and *Logische Untersuchungen*, zweiter Band, *Untersuchungen zur Phänomenologie und Theorie der Erkenntnis*, in zwei Bänden, hrsg. Ursula Panzer, Husserliana XIX (Dordrecht: Kluwer, 1984), p. 6, trans. J. N. Findlay, *Logical Investigations*, 2 vols (New York: Humanities Press, 1970), Vol. 1, p. 249. 此后 LI 接§数，英译本页码，德文版《胡塞尔全集》(简写 Hua) 内卷数，页码，如："LI, Intro. §1, p. 249; Hua XIX/I 6."〔以下各条目类同，不另译。——中译者注〕

① 本注释内容大部分均相关正文中涉及的文献出处，因此与本书"参考文献"一样，均不必译为中文，但是其中一些条目掺有解释性字句部分则尽可能译成中文。涉及的少数常见英文词如"see"等，读者容易识别，故亦未译成中文。

［2］E. Husserl，*Cartesianische Meditationen und Pariser Vorträge*，hrsg. Stephan Strasser，Hua I（Dordrecht：Kluwer，1991），§10，63，trans. D. Cairns，*Cartesian Meditations*（The Hague：Nijhoff，1967），p. 24. Hereafter CM and section number，English page number，and page number of German original，for example CM §10，24；Hua I 63.

［3］P. Ricoeur，*A l'école de la phénoménologie*（Paris：Vrin，1987），p. 9："Si bien quela phénoménologie au sens large est la somme de l'euvre husserlienne et des'hérésies issues de Husseri".

［4］M. Heidegger，*Grundprobleme der Phänomenologie*（Frankfurt：Klostermann，1975），trans. A. Hofstadter，*The Basic Problems of Phenomenology*（Bloomington，IN：Indiana University Press，1982），p. 328；GA 24，467.（*Gesamtausgabe*＝GA.）

［5］希望读现象学运动早期阶段的人，建议读：Herbert Spiegelberg's monumental *The Phenomenological Movement. A Historical Introduction*，3rd revised and enlarged edition，with the collaboration of Karl Schuhmann（Dordrecht：Kluwer，1994）。〔施皮格伯格：《现象学运动》，第2版，中译本参见1995年商务版。——中译者注〕

［6］Simone de Beauvoir，*The Prime of Life*，trans. P. Green（Harmondsworth：Penguin，1965），p. 135.

［7］E. Husserl，*Formale und transzendentale Logik. Versuch einer Kritik derlogischen Vernunft. Mit ergänzenden Texten*，hrsg. Paul Janssen，Hua XVII（The Hague：Nijhoff，1974），trans. D. Cairns，*Formal and Transcendental Logic*（The Hague：Nijhoff，1969），§94，pp. 233－234；Hua XVII 239－240.

［8］See the entry "Phänomenologie"，in *Historisches Wörterbuch der Philusophie*，hrsg. J. Ritter，ed.（Darmstadt：Wissenschaftliche Buchgesellschaft，1974），Vol. 7，cols 488－505.

［9］H. Spiegelberg，*The Phenomenological Movement. A Historical Introduction*，op. cit.，p. 11. See also Michael Inwood，"Phenomenology"，in *A Hegel Dictionary*（Oxford：Blackwell，1992），pp. 214－216. 476

［10］G. W. F. Hegel，*Enzyklopädie der philosophischen Wissenschaften* III. *Die Philosophie des Geistes*（Frankfurt：Suhrkamp，1970），

§415, trans. William Wallace and A. V. Miller, *Hegel's Philosophy of Mind* (Oxford: Clarendon, 1971), p. 156.

[11] See J. Hoffmeister's introduction to his edition of Hegel's *Phänomenologies des Geistes* (Hamburg: Meiner, 1952).

[12] Georg Wilhelm Friedrich Hegel, *Phänomenologie des Geistes* (Frankfurt: Suhrkamp, 1973), trans. A. V. Miller, *Hegel's Phenomenology of Spirit* (Oxford: Oxford University Press, 1977).

[13] For Mach, see H. Spiegelberg, *The Phenomenological Movement*, op. cit., p. 8 and p. 23 n. 11. For Husserl's reference to Mach in the Amsterdam lectures, see "The Amsterdam Lectures on Phenomenological Psychology", in T. Sheehan and R. Palmer, eds, Edmund Husserl, *Psychological and Transcendental Phenomenology and the Confrontation with Heidegger (1927—31)*, Collected Works VI (Dordrecht: Kluwer, 1997), hereafter *Trans. Phen.*, p. 213; Hua IX 302.

[14] Franz Brentano, *Psychologie vom empirischen Standpunkt* (Hamburg: Meiner, 1973), 3 vols, trans. A. C. Rancurello, D. B. Terrell, and L. L. McAlister, *Psychology from an Empirical Standpoint*, 2nd edition, with new introduction by Peter Simons (London: Routledge, 1995).

[15] Franz Brentano, *Deskriptive Psychologic*, ed. R. Chisholm and W. Baumgartner (Hamburg: Meiner, 1982), trans. B. Muller, *Descriptive Psychology* (London: Routledge, 1995), hereafter DP.

[16] See Sartre, *Being and Nothingness. An Essay on Phenomenological Ontology*, trans. Hazel Barnes (London: Routledge, 1995), pp. 53ff., and John R. Searle, *The Rediscovery of the Mind* (Cambridge, MA: MIT Press, 1992), pp. 151-173.

[17] H. Bergson, *An Introduction to Metaphysics*, trans. T. E. Hulme (London, 1913), pp. 6-7.

[18] E. Husserl, *Ideas Pertaining to a Pure Phenomenology and to a Phenomenological Philosophy, First Book*, trans. F. Kersten (Dordrecht: Kluwer, 1983), §24, p. 44; Hua III/I 44. Hereafter *Ideas I* followed by section number, page number of the English translation, and

page number of German text.

[19] M. Heidegger, *Grundprobleme der Phänomenologie* (*1919—1920*), hrsg. Hans-Helmuth Gander (Frankfurt: Klostermann, 1992), GA 58, 5.

[20] Husserl, Erfahrnng und Urteil. Untersuchungen zur Genealogie der Logik. Rediglert und hrsg. von L. Landgrebe (Hamburg: Felix Meiner Verlag, 1999), p. 21, trans. J. Churchill and K. Ameriks as *Experience and Judgment. Investigations in a Genealogy of Logic* (Evanston, IL: Northwestern University Press, 1973), §6, p. 27. Hereafter EJ followed by section number and page number of English translation, and German original.

[21] M. Merleau-Ponty, *Phénoménologie de la perception* (Paris: Gallimard, 1945), p. ii, trans. Colin Smith, *The Phenomenology of Perception* (London: Routledge & Kegan Paul, 1962), p. viii. Hereafter PP followed by English and then French pagination.

[22] Owen Flanagan, for example, in *Consciousness Reconsidered* (Cambridge, MA: MIT Press, 1992), speaks of getting the phenomenology fight with regard to our mental life, pp. 153—175.

[23] Colin McGinn, *The Problem of Consciousness* (Oxford: Blackwell, 1991).

[24] See Daniel C. Dennett, *Consciousness Explained* (London: Penguin, 1993).

[25] Gregory McCulloch, "The Very Idea of the Phenomenological", *Proceedings of the Aristotelian Society*, New Series, Vol. XCIII (1993),
pp. 39—58. David Armstrong 是如下观念的拥护者：感性经验没有现象学 477
的内容，在此意义上是透明的。see D. Armstrong, "The Causal Theory of the Mind", in B. Lycan, ed., *The Nature of Mind and Other Essays* (Ithaca, NY: Cornell University Press, 1990).

[26] T. Nagel, "What is it like to be a Bat?", *Philosophical Review* 83 (1974), reprinted in William Lyons, ed., *Modern Philosophy of Mind* (London: Everyman, 1995), pp. 159—174.

[27] T. Adorno, *Die Transzendenz des Dinglichen und Noematischen*

in Husserls Phänomenologie, in *Philosophische Frühschriften*, *Gesammelte Schriften* Band I (Frankfurt: Suhrkamp, 1973), pp. 7-77.

[28] 参见 Bernhard Waldenfels 的杰出研究：*Phänomenologie in Frankreich* (Frankfurt: Suhrkamp, 1983)。

[29] Max Scheler, *Der Formalismus in der Ethik und die materiale Wertethik* (1913, 3rd edition 1926, Gesammelte Werke 7), trans. M. S. Frings and R. L. Funk, *Formalism in Ethics and Non-Formal Ethics of Values* (Evanston, IL: Northwestern University Press, 1973).

[30] M. Heidegger, "Preface/Vorwort", in William Richardson, *Through Phenomenology to Thought* (The Hague: Nijhoff, 1963), pp. xiv, xv.

[31] Max Horkheimer, "Traditional and Critical Theory", in Paul Connerton, ed., *Critical Sociology. Selected Readings* (London: Penguin, 1976), pp. 207-208.

[32] T. Adorno, *Negative Dialektik* (Frankfurt: Suhrkamp, 1966), trans. E. B. Ashton, *Negative Dialectics* (London: Routledge & Kegan Paul, 1973).

1　布伦塔诺：描述心理学和意向性 23

导言：精确哲学

布伦塔诺振兴精确科学哲学的构想，特别是其关于“描述心理学”的计划，对于胡塞尔现象学的发展提供了最重要的思想刺激。最初看来，布伦塔诺似乎不像是胡塞尔现象学的先驱者，而且现象学的确绝不是布伦塔诺努力的必然产物。但是，布伦塔诺的作为精确科学的哲学总体观、布伦塔诺重述亚里士多德的意向性概念，以及他对可以产生绝对真理的心灵状态之特种明证性的论述，都曾深深启发了胡塞尔，并使其因而发现了一种描述性的意识科学。

布伦塔诺学术产生于亚里士多德，他把亚里士多德哲学和托马斯哲学中的基础思想（布伦塔诺一生共发表了 5 部关于亚里士多德的专著）和对初起的心理学科学的兴趣结合起来，后者被他看作有关最初在亚里士多德《论灵魂》中讨论的心灵性质研究的一种更新发展，他认为此一研究后来在阿奎那和笛卡尔的灵魂论述中继续了下来。追随亚里士多德，布伦塔诺的方法是问题方向的，而不是历史性的，其特点是细致研究经验事例和辨析细微区别。布伦塔诺把亚里士多德解释为第一位经验主义者，其研究非常类似于休谟和穆勒的经验派传统，而不类似于德国形上学的没落传统。终其一生，布伦塔诺不断回溯到亚里士多德，虽然他最终放弃了有关哲学应该建立在亚里士多德体系上的信念。布伦塔诺援引亚里士多德比援引中世纪新亚里士多德派学者（托马斯和苏亚雷斯等）要多得多，大概因为他是在新托马斯主义兴起之前就完成了关于亚里士多德的研究。他曾计划将自己有关亚里士多德的几乎全部著作结集出版，但一直没有完成。然而他的确在 1911 年出版了一部短篇专著《亚里士多德和其世界观》。[1]

布伦塔诺作为对孔德和实证主义的崇拜者相信哲学与自然科学相互一 24
致。他与冯特一起被看作科学实验心理学的奠基者之一。在他后期的著作中，他的对于在科学语言中清楚含混性的重要性导致的一种语言分析，颇为类似于罗素所独立发展的那种语言分析，而且此语义分析为其弟子 Anton Marty 所独立发展。由于他和马赫等人的友谊，对经验方法的坚持以及对区分逻辑形式和语法形式的兴趣，布伦塔诺甚至在维也纳学派宣言中被引述为一种形成期的影响之源泉。在该宣言中，布伦塔诺被称赞曾关注于鲍尔扎诺和莱布尼兹。[2]布伦塔诺将哲学看作严格科学的观点，使其在思想上显著区别于他的同时代人——唯心主义、存在主义和生命哲学的支持者。他甚至将尼采看作一位坏的哲学家而予以轻视。[3]

布伦塔诺学派

在布伦塔诺一生中出版的著作（许多是关于哲学史的）既未充分表现出他的哲学观的丰富性，也未表现出他对受其吸引的天才学生所产生的人格影响力。有关他作为一位思想家的独创性的更好的证明，可以在其《遗著》中发现。但是显然，布伦塔诺本身是一位富于激发力的独创性思想家，他刺激了自己的学生们沿着许多不同的方向发展。这些学生们在他们皈依于老师并希望模仿其方法方面是充分一致的，以至于可以松散地谈到一个“布伦塔诺学派”的存在。在胡塞尔之外，此“学派”的成员包括马尔提（1847—1914），他开创了一种语义分析方法；施图姆普夫（1848—1936），他发展了特别是感觉经验（例如听觉）的描述心理学；特瓦尔多夫斯基（1866—1938），被称为“波兰哲学之父”，其兴趣既包括形上学又包括语言哲学；梅农（1853—1920），他发展了罗素加以反对的“对象理论”；霍夫勒（1853—1922），一位颇有影响的逻辑学家和描述心理学家，他同样在维也纳教书；埃伦费尔斯（1859—1932），格式塔心理学的奠基者；以及马萨里克（1850—1937），哲学家和民族主义者，曾经任捷克斯洛伐克总统，至死都在支持胡塞尔。虽然不是布伦塔诺学派的成员，弗洛伊德（1856—1939），精神分析学奠基者，在1874—1876年曾经听过布伦塔诺的课，这是弗洛伊德作为其医学训练组成部分所研修过的唯一哲学课程。布伦塔诺学派的成员们对于实在论形上学、格式塔心理学以及亚里士
25 多德逻辑学革新贡献良多，而且对于现象学和逻辑实证主义的诞生发挥了显著的影响力。[4]然而在此我们主要关心布伦塔诺的研究和教学对于胡塞尔发展其现象学的过程中所给与的思想激发力。

胡塞尔随布伦塔诺学习的两年（1884—1886）对于他的思想发展是至

关重要的，而且在其后生涯中胡塞尔满怀感激地承认布伦塔诺对自己的影响。胡塞尔在获得了他的纯粹数学博士学位后，为布伦塔诺的课程所吸引，急切地希望更多地了解自己的朋友马萨里克曾经高度称赞过的这位著名的老师。马萨里克本人于1876年随布伦塔诺完成了其博士学位研习，并于1876年至1882年作为私讲师任教于维也纳大学，其后任教于布拉格大学。[5]

布伦塔诺的讲课为胡塞尔提供了有关传统哲学的最初的严肃导论。他留存给胡塞尔一种有关哲学家自我批评和严肃生活的信念，而且在短时间内影响了胡塞尔从数学追求转入哲学追求的决定。胡塞尔继承了布伦塔诺这样的观点：任何有价值的哲学都必定是严格科学性的，而不是以思辨方式产生随意的意见。在其研究生涯的最初十年间（1890—1900），胡塞尔认为自己在推进布伦塔诺关于“描述心理学”的纲领，把布伦塔诺对意向性的论述看作理解意识行为以及心理体验（Erlebnisse）并对其加以分类的关键概念。布伦塔诺关于“明证性”，或更准确地说，关于“自明性”的哲学，对于胡塞尔的哲学概念具有极其显著的影响，即这种哲学获得了对可证明的确定性加以支持的真正洞见。[6]胡塞尔也继承和发展了布伦塔诺在“真正的”和“非真正的”呈现之间的区别法，后者在胡塞尔的第一部著作《算术哲学》中，并接着在他对在“空的”和“充实的”之间的、在对象充分现前时所出现的记号思想和心理行为之间的区别法所做的现象学的论述中起着关键的作用。布伦塔诺也激发了胡塞尔最初研究时间意识的动力，时间意识是一种不同于记忆的最初联想作用或综合作用。多年以来胡塞尔越来越批评布伦塔诺教导的方向，并最终看到他已在意识研究和一般哲学概念的程度上大大超越了老师，直至最后完全否定了布伦塔诺的“描述心理学”，认为其不足以恰当地刻画自己的现象学了。胡塞尔虽然发展了布伦塔诺的整体和部分的理论，却似乎从未关注过布伦塔诺的偏于形上学的兴趣或受过其影响，例如后者的亚里士多德主义，或者再往后时所转向的“物基本论”（reism）——主张只有个别物是存在的，它否定普遍项、种属，以及特性的存在。[7]

与布伦塔诺对于胡塞尔的影响相比，胡塞尔对于老师的影响极少。布 26
伦塔诺从来未能理解胡塞尔对现象学的热情，并似乎真的对胡塞尔所说现象学为一艾多斯科学的主张感到困惑。一般而言，他们仍然保持着个人来往并一直相互通信直到布伦塔诺逝世。胡塞尔赠予的一本《算术哲学》始终未被布伦塔诺拆封，虽然布伦塔诺在视力衰退后可能听过几段关于《逻辑研究》的诵读。布伦塔诺也从未同情胡塞尔在《逻辑研究》导论中对心理主义的批评。布伦塔诺保持着有关逻辑学是正确思维的一门“技术”的古典观点，甚至怀疑过他自己就是胡塞尔所讨伐的心理主义的目标。一般来说，他倾向于把胡塞尔看作在研究途径上类似于梅农（例如，观念的“对象”理论），此一研究途径他本人已经抛弃，或者将其宣称为对于自己立场的一种歪曲。

布伦塔诺（1838—1917）：生平和著述

由于布伦塔诺的巨大影响，我们值得简述一下他的生平和哲学发展。就个人风格来说，布伦塔诺是一位有吸引力的、热心肠的善于言谈者，爱好唱歌和说双关语。他甚至编写过一本谜语书 *Aenigmatias*。[8] 他于 1838 年 1 月 16 日生于德国莱茵河畔马林堡的一个富裕的、交际广泛但政治上属于自由派的、早先来自意大利的贵族家庭中。[9] 他出生不久家庭就迁至德国的阿沙芬堡。[10] 1855 年他毕业于巴伐利亚的皇家中学，一年后进入当地大学预科，并在慕尼黑大学哲学系注册，在那里待了三个学期[11]，接着一学期在乌兹堡大学研究神学。然后他前往柏林，随大逻辑学家和亚里士多德学者特伦德伦堡（1802—1872）学习了一个学期，并参加其心理学讲座。

接触亚里士多德

布伦塔诺因为希望专攻中世纪哲学，遂迁往明斯特，随同德国最早的一位托马斯主义者、一位强烈的天主教辩护士 F. J. Clemens（1815—1862）学习了两个学期。布伦塔诺提出了一份关于苏亚雷斯的博士论文，但在
27 Clemens 死后，布伦塔诺改为选择提交一份不同的博士论文，名为《论亚里士多德的存在〔Being〕观的若干意义》，提交给图宾根大学。这部出版于 1862 年的、献于特伦德伦堡[12]的著作，很久以后于 1907 年成为海德格尔对于哲学和存在意义问题理解的第一部导论。[13] 这份博士论文是对亚里士多德形上学的相当标准的系统研究，维护着亚里士多德关于范畴的论述，并反对康德、特伦德伦堡和其他人的看法，认为亚里士多德的主张不是偶然的，而是对某物可能具有第一性实体的方式提出了完整的和系统

的论述（OSS 130）。

特伦德伦堡曾经完成了关于亚氏范畴论的编辑工作，并于1846年出版了《范畴论学术史》[14]。该书主张，亚氏的范畴表应当从语法上解释为对于事物可被说成是存在的方式之分类法。与特伦德伦堡不同，布伦塔诺主张亚氏关于范畴的论述是一次真正的形上学贡献，并非只是一种语法或逻辑学的研究。诸范畴一直就是存在者在其中可能存在的诸方式，而且均依赖于第一范畴“实体”的存在方式。布伦塔诺阐明了亚氏在《形上学》卷IV中的主张：“存在者以多种方式被言说”（to de on legetai men pollakos，OSS 3），审视了亚氏关于存在的不同论述，识别了其中四种主要意义，然后进行详细讨论：偶然存在（on kata symbebekos），按照诸范畴的存在，潜在的和实际的存在（on dynamei kai energeia），以及为真为伪（on hos alethes）意义上的存在。布伦塔诺发现，对于亚里士多德，“存在”的主要意义是由实体范畴给与的，因此意味着一个具体的事物，但称赞了亚氏的重要发现是：“为真”是“存在”的另一同样重要的意义。有时说“是真的”，只不过是断定某物“存在着”，但存在有一种只属于判断的特殊而适当的真理意义。某物是真的，如果我们判断它是真的。在后来于1907年至1917年口述完成的研究被编辑为《范畴理论》的书中，布伦塔诺修正了亚氏关于实体和偶性的论述，颠倒了这些原则的优先性，不再像亚氏主张的那样认为偶性存在于一个主词内，而是把主词看作包含在偶然的统一体内，并支持这样的观点：偶性可能伴随着偶性而不只是伴随着实体。[15]

《论亚里士多德的存在观的若干意义》一书证明了布伦塔诺早先对形上学的兴趣，特别是对实体、偶性和关系理论的兴趣，而此种兴趣在《从经验观点看心理学》一书中被有意地压制了，以便集中于关于心理现象的无前提的描述。然而，一种形上学的方法支持着他的许多后期著作，而且他后来的“物论”因素已可在此著作中看到，例如他倾向于将“实体”永远理解为意指着一个具体的实体（如一个人、一匹马）。

布伦塔诺于1862年完成博士论文后，进入了格拉兹的多明我会修道院，他的后来成为著名的中世纪研究学者的友人德尼夫勒（1844—1905） 28
也在该会。但他很快离开修道院而成为慕尼黑的一名神学院学生。他于1864年8月6日被授予神父职。1866年他在乌兹堡大学完成了他的教师资格论文，题目是《亚里士多德心理学，特别是其能动智性学说》。[16]此论文显示布伦塔诺细心研读了亚氏心理学，也奠定了他日后论述心理行为的基础。特别是布伦塔诺声称，当我们知觉“冷”时，冷“客观地”存在于我们身内。此外，布伦塔诺赞同亚氏的如下观点：心在思想其他客体中时是偶然地把握自身的。布伦塔诺在自己的著作中企图维护亚氏心理学，反对由批评者 Eduard Zeller 提出的亚氏前后不一致的指责，由次开启了与 Zeller 的长期争论。特别是，布伦塔诺不无争议地辨称并继续维护这样的观点：亚氏既主张灵魂的不朽又主张创世说。布伦塔诺将亚氏的上帝，即自行思索的思想本身，也解释为将自身思想为宇宙的主宰，解释为创世主。

1866 年 7 月 15 日，作为其教师资格论文答辩的一部分，布伦塔诺提出了二十五条哲学论题供乌兹堡大学讨论之用。这些论题，包括关于上帝存在问题的讨论、逻辑学问题、美学以及哲学和神学的一般性质，显示了布伦塔诺早期哲学兴趣的广度，并提供了有关他日后发展的一个概览。他所答辩的论题之一是提出须将哲学和神学完全分离的建议，另外一个建议是主张“真正的哲学方法应当无异于自然科学的方法”[17]。在此论文答辩中他批评了康德的先验论哲学和德国唯心主义，并维护这样的主张：哲学是与自然科学一致的。[18]

在此论文答辩之后，布伦塔诺马上成为乌兹堡大学的私讲师。乌兹堡大学是一座天主教大学。布伦塔诺因被期许为未来的天主教哲学家而受到尊重，似乎会被任命为哲学系主任。他的很多学生那时都是天主教的神学院学生，包括马尔提、施图姆普夫和德尼夫勒。他被要求主要讲授哲学史，但也开设了关于形上学的课程，但不大受到系里的欢迎。布伦塔诺的精神独立性显示了出来，此时他强烈地关注经验主义，讲授了孔德和实证主义。[19]布伦塔诺在乌兹堡的事业很快就被一重大的事件所中断。1870
29 年，当第一次梵蒂冈会议正式公布关于教皇绝无谬误的教义时，布伦塔诺予以强烈反对，理由是，教义违反了理性、《圣经》和教会传统。他写了一篇相关论文给 Ketteler 主教——德国绝无谬误论的反对者之一，论文在提交给 Fulda 德国主教会议时受到了欢迎。布伦塔诺对绝无谬误论的反对使其进而怀疑其他教会教义，按照施图姆普夫的回忆，包括三一律和道成肉身论，启发他的是对作为这些教义基础的形上学实体理论产生的一般忧虑。[20]布伦塔诺是在慕尼黑首次退出教职进入修道院的。但是在 1872 年春季，他开始了一连串旅行，首先到英国，熟悉了当时的哲学，会晤了斯宾塞，并在利物浦会晤 J. H. C. Newman。在 1873 年，他脱离神职并在同年 4 月 11 日正式放弃其信仰，此后仍然有宗教信仰，但声称是一种亚里士多德式的理性主义有神论。布伦塔诺确实没有失去对上帝存在和个人灵魂不朽的信仰。

结果，在退出神职后，布伦塔诺也感到有必要放弃乌兹堡的教职，他在那里任教 7 年之久。他恢复了旅行，先到巴黎，然后到阿维农，打算拜访病中的穆勒，遗憾的是，他刚到达，穆勒就与世长辞了。布伦塔诺那时倾心于当代心理学，这是他自 1871 年起讲授的课程，并准备着一部相关著作。于是他找到机会访问了时为心理学中心的莱比锡，在那里遇到费希纳、德罗比施、文德尔班和介入此前沿新科学的其他一些人。[21]

维也纳岁月和心理学计划

1874 年 1 月 22 日，部分由于德国著名哲学家洛茨的支持，布伦塔诺被部里任命为维也纳大学的正教授，维也纳大学与乌兹堡大学相比是更具有自由空气的机构。几个月后，1874 年 5 月，他发表了第一版的《从经验观点看心理学》。[22]这部开创性的“经验心理学”著作与冯特的《生理心理学原理》同年出版，两部书均被看作经验心理学新学科的基本经典。[23]布伦塔诺采取了 Friedlich Lange 的口号：“无心灵的心理学”。布伦塔诺说，虽然传统上心理学研究的是作为“表象实质载者”的心灵[24]，在此，关于心灵实体性质的形上学思辨均应加以避免[25]，这样心理学的过程本身才能被科学地研究，而既不需提出心理过程在其中展现的自我性质的问题，也 30
不需提出产生和支持心理过程的生理学的因果过程问题。的确，在自我性质的问题上，布伦塔诺大致采取了休谟的路线；我们只经验着心理过程本身，而非经验着一个自我。在往后年月里，布伦塔诺继续修改和扩大《从经验观点看心理学》，但始终未曾最后完结。[26]包含卷二部分的第二版，最后在三十多年后的 1911 年出版，名为《心理现象分类法》。由其学生克劳斯编辑的一部大为扩充的版本在布伦塔诺死后出版于 1924 年。这部 1924 年的版本（英语翻译以其为基础）使用时需要当心，因为它搜集了布伦塔诺一生的各种材料，有使其思想发展模糊化之虞。

在维也纳大学，布伦塔诺很快吸引了另外一批优秀学生，包括梅农、胡塞尔、弗洛伊德、霍夫勒、特瓦尔多夫斯基、埃伦费尔斯、马萨里克和克劳斯。但是他的学术生涯在他决定与哲学系一位同事之女 Ida von

Lieben 结婚时，遭受了另一次挫折。虽然维也纳大学容忍一位前天主教神父任职，奥地利天主教协议意味着奥地利法律不承认先前的神职人员结婚的合法性。他的婚姻不被承认为正当的，在大学造成了流言蜚语。他于1880 年被迫辞去教席，但被允许在其审查期间继续在大学最低的私讲师位置上授课。布伦塔诺和他的学生们，包括梅农，热衷于进行心理学实验。最初布伦塔诺曾计划在大学建立心理学实验室，但计划被搁置，最后设立时的条件是，实验室应该由布伦塔诺的学生 Franz Hillebrand 主持，因为布伦塔诺本人被看作对于道德的一种威胁。

然而这段挫折时期对于布伦塔诺本人的思想发展来说却被证明具有非常积极的意义，尽管未曾产生重要的出版物。在《从经验观点看心理学》中，布伦塔诺在经验心理学和以生理学为基础的心理学之间进行了对比研究，但是在 1887 年至 1891 年他发展了自己有关“描述心理学”（也称作“心理诊断术”或“现象学”）的课程，强化了此一描述的和确然的科学与一切“生成心理学”的差异性。这些课程对施图姆普夫、马尔提和胡塞尔产生了强烈影响，胡塞尔曾经读过讲课的手稿。[27]

在 1889 年布伦塔诺举办了一系列重要的公开讲演。1 月份他在维也纳法学学会做了讲演，出版后名为《我们关于正误知识的起源》[28]。他也在维也纳哲学学会做了讲演，去世后出版的名为《论真理概念》这篇论文，
31 对于理解胡塞尔和海德格尔的真理观是非常重要的。[29]在此讲演中，布伦塔诺批评了对于传统相符论真理观（adequatio rei et intellectus）的当代若干解释。相符论要求进一步的判断，它将最初的判断与实在进行比较，而当我们无法在独立于自己的判断情况下触及实在时，这是不可能的。作为讨论真理相符论问题的结果，布伦塔诺根据“明证性”观念对“相符关系”提出了重新解释。某些判断是明证地为真的，是自明的。它们断言<u>什么存在着</u>。判断并不“结合”或“区分”诸因素，如传统的亚里士多德学者所说的那样，而是断定着某物如是<u>存在着</u>。在此次讲演中以及在其他场合，布伦塔诺与亚氏和笛卡尔一样地强调将知识建立在<u>明证的</u>或自身确定的判断之上。真理就是对所断定者的承认，而相符论存在于所与物和其“自所与性”（Selbstgegebenheit）之间。[30]然而，布伦塔诺认为，笛卡尔本身并未把握“明证性”的真正意义，因为他把<u>观念</u>看作明证性的而非<u>判断</u>的承载者（RW，78）。此外，当我们将某判断看作明证的时，我们视其为<u>对于一切人</u>均为明证的；我们也理解，对其进行的否定不可能对于任何人

是明证的（RW，80）。判断的给与可以是或可以不是具明证性的。假定是明证性的，那么被判断的事物就具有“自所与性”特征。正确地进行判断，就是断定某物为具明证性者。

此一讲演对于解释布伦塔诺的意向性理论非常重要，在此他似乎设定了“非实在物”〔irrealia〕概念，或者，用胡塞尔和梅农的语言说，“事态”和“客体”概念，作为真判断的客观相关项；此设定影响了马尔提、克劳斯、胡塞尔和梅农去设定判断内容的客观相关项（*The True*，xii；23)。布伦塔诺需要设定这些判断相关项以便维护真理的相符论。然而在其后来的著作中他放弃了这些“非实在物”以及相符论概念。于是，在1911年《心理现象分类法》的前言中，他说：“我不再认为心理关系可以具有不同于一物（Reales）的东西来作为其对象”（PES，xx）。我们在以后章节里将再来谈此重要的“明证性”和“事态”概念，但在此应当先指出他的讲演表示他的确在坚持着（至少在短时间内）这样的观点：判断陈述着作为存在者的某判断。甚至在1889年的讲演中，布伦塔诺把真理与其说看作相互符合，不如说看作呈现物和对物的判断方式之间的一种“协同性”“适合性”或“适当性”（RW，74），此概念影响着胡塞尔的“第六研究”和海德格尔的《存在与时间》§44。 32

布伦塔诺在意大利

布伦塔诺作为私讲师在维也纳任教直到1895年。奥地利当局拒绝重新聘任他为哲学讲座教授，甚至在1893年他的第一任妻子死后，他被迫退休，并在1895年4月永远离开了奥地利，而在此之前他出版了《我对奥地利的最后希望》，书中屡述了他遭受到的屈辱，包括他的心理学实验室计划遭到拒绝的方式。[31]在罗马和巴勒莫短期停留后，他在佛罗伦萨安顿下来，于1896年成为意大利公民，并开始与意大利哲学家接触，包括西西里的Giovanni Vailati和巴勒莫的Mario Puglisi。1897年他与Emilie Ruprecht结婚。他的生活仍然积极奋进，参加各种心理学会议，包括1896年在慕尼黑举办的国际心理学家大会，在会上他发表了论文《论感觉理论》。布伦塔诺对于感官知觉的性质一直非常关注，此一主题被其最年长的学生施图姆普夫和胡塞尔成功地发展了。他的感觉研究最后结集为《感觉心理学研究》于1907年出版。[32]

布伦塔诺虽然在《从经验观点看心理学》中排除了心灵性质的问题，

实际上在以后的著作中维护着心灵的统一性、不可分隔性和不朽性。在此后的岁月里他仍然进行着形上学研究，包括时空性质、可能性与必然性，以及提出上帝存在的证明。[33]布伦塔诺一直关注当代数学与物理学的发展，包括庞加莱、戴德金和康托尔，而且他甚至提出了一种有关连续统的反康托尔的说明。[34]在其上帝存在证明中，他提出了针对康德有关宇宙证论明和本体论证明的批评，而且也维护着有关神性遍在的坚定概念，如引申出上帝存在于时间中。

在其生命的最后十年里，布伦塔诺失明了，但他继续写作，口述着他的很多作品。因为不可能重读自己的写作，他的很多手稿都在重复着先前的内容。[35]

布伦塔诺，像胡塞尔一样，一生保持着大量的通信，在通信中详细发挥着自己的学说（仅仅在他和马尔提之间就有 1 400 封之多）。他遗留下来大量未刊手稿，包括关于哲学史的讲演稿。他的很多著作已被学生们编辑出版，有时改写甚多。他委托了两位学生料理自己的手稿出版事宜，即卡斯提尔和克劳斯，两人也是马尔提的学生。在马萨里克的支持下，克劳斯在布拉格建立了布伦塔诺档案馆，但是当捷克斯洛伐克于 1938 年被入侵后，档案馆被毁坏，“遗著”被 Georg Katkov 带出捷克斯洛伐克，最初到
33 了牛津；现在保存在哈佛大学 Houghton 图书馆。此外在乌兹堡和格拉兹也有档案馆。[36]布伦塔诺曾经反对正在兴起的德国军国主义的社会主义，其后也反对意大利入侵利比亚。当意大利参加第一次世界大战后，布伦塔诺于 1915 年 5 月迁入瑞士。他于 1917 年 3 月 17 日死于苏黎世。

布伦塔诺的哲学观：经验主义

在布伦塔诺的庞大哲学产品中哪些方面对胡塞尔的影响最大呢？胡塞尔本人承认主要受到布伦塔诺对逻辑学改革兴趣的影响。一般而言，胡塞尔欣赏布伦塔诺对于哲学精确化的要求和欣赏他对描述心理学确真性质的论述。此外，胡塞尔接受了布伦塔诺有关“描述优先于说明”的重要性观点，此观点对于现象学后来的发展和对于马尔提的语言哲学都是至关重要的。

布伦塔诺对哲学作为严格科学的理解，可由其有关哲学循环性进步的观点加以部分地说明。从其在乌兹堡最初的日子里，布伦塔诺就宣布了这

样一种理论：哲学的进步反映在四个阶段，包括交替繁荣时期和不同的衰落期。[37]布伦塔诺将自己所处的时代诊断为衰落期，所以他提出了振兴作为严格科学的哲学的口号。按照他的分期法，哲学成长的一切伟大阶段都具有纯粹理论兴趣高涨的特点，并发展出一种适合于该主题的方法。[38]在此阶段上，哲学是作为一种理论科学被探讨的。于是在从泰勒斯到亚里士多德的阶段之纯粹理论〔theoria〕坚实地发展着（类似的，可举13世纪的阿奎那与近代期的培根和笛卡尔）。之后，必然到来的是理论活动的弱化，实践兴趣开始占主要地位，如在后亚里士多德时代的斯多葛派和伊壁鸠鲁派、中世纪的唯名主义。此一应用哲学时期接着是怀疑主义发展的第三个阶段，对其起抵消作用的是派系和教条哲学的形成（他将康德也包括在内）。最后，在第四个阶段，开始繁荣的是神秘主义、直觉主义和非理性世界观、“伪哲学”以及宗教的狂想（例如古典哲学期结束时的普洛提诺，中世纪的Eckhart和Cusanus，晚近的谢林和黑格尔，他们维护着智性直观论），于是导致了道德和思想的瓦解。[39]之后循环重复开始。

布伦塔诺希望在德国思辨唯心主义瓦解后唤醒第一阶段的科学哲学的理论态度。他对蔓延的德国唯心主义激烈地批评，视其为一种思辨的神秘 34
主义、非理性主义和随意性意见的滋长，并延续到胡塞尔。他对于康德特别持有负面看法。与休谟的精细心理学分析形成对照的是，布伦塔诺主张，“康德对于心理学观察只具有不足称道的能力”[40]，他甚至宣称：

> 我认为康德哲学全体充满着含混性，它甚至引起了更大的错误并最后导致彻底的哲学混乱。我确信，我从康德处受教匪浅；然而我学到的不是他想要教我的，而首先是哲学史赋予其的名望，对于哲学读者大众具有何等诱惑力，并具有多么大的欺骗性。（*The True*，10）[41]

布伦塔诺对于康德的否定看法曾经为早期胡塞尔所接受，例如，在胡塞尔1887—1888年度关于“认识论和形上学”的最初讲课中，他谈到了“最初吸引着康德的神秘的伪哲学”[42]。要到很多年之后胡塞尔才能摆脱布伦塔诺的影响，并开始看重康德的先验论哲学。

与其对此神秘主义的批评相反，布伦塔诺赞成英国经验主义者，特别是休谟和穆勒（特别是他的《逻辑学系统》，1843）[43]，以及法国实证论者，特别是孔德。布伦塔诺将孔德看作当代最伟大的哲学家，虽然他并不同意孔德完全摈弃形上学的主张。[44]他对于马赫的经验批判论也非常看重，甚至曾经支持马赫作为维也纳大学讲座教授候选人。[45]布伦塔诺对作为判断和其他理智行为基础的“表象”（Vorstellungen）的强调，代表着他的休谟观点：观念必须相关于印象。然而，布伦塔诺既批评休谟的和之后英国心理学的粗糙的联想主义，也批评把心看作被动地接受印象的观点。他也反对经验心理学中流行的内省主义，并企图用他所说的“内知觉”将其取代。我们将进一步讨论内直观，但在这里重要的是把握布伦塔诺的描述心理学概念，此科学规定支配着我们心理经验系列及性质的法则。

布伦塔诺提出根据心理学来重建哲学的主张，并力申心理行为的性质被很多当代哲学所误解。对于他来说，心理现象具有着“一种实际的存在”，而纯粹的物理世界仅只具有现象的存在：“我们的心理现象就是最应
35 属于我们自己的事物”（PES，20）。此外，我们的心理行为即是对我们所呈现者本身（PES，20），因此变相地重复着贝克莱的“存在即被感知”。布伦塔诺将此看法也溯源于亚里士多德理论；心可如其所是地把握自身，即使是它在朝向着其他客体的行为时。因为，心理行为可以以绝对的确定性，以布伦塔诺所说的明证性[46]、自明性被直接把握，我们于是能够实际地发现心理现象的性质，这些发现具有先天普遍法则的性质，虽然它们是根据单一个例证被把握的。明证性不应被等同于一种心理学的信念强度或力度（PES，204），如穆勒和斯宾塞所认为的那样。他说，如果一个判断是一个关于感觉强度的例子，那么医生就会提醒对数学的防备，因为数学判断可能带有具有极高危险性的强度（*The True*，35）。我们能够把握联结着经验中所与诸项目的必然法则。那么对于布伦塔诺来说，描述心理学将是内知觉的确真科学，所研究的是心理行为及其关系的诸成分。这种看法对于胡塞尔的现象学理解具有重要的意义。布伦塔诺本身，至少在其早先时期，将描述心理学看作为美学、经济学以及其他依赖于人的判断的学科提供着科学基础。胡塞尔进而扩大地把现象学看作一切科学的基础。但布伦塔诺和胡塞尔两人都把科学看作具有明证性洞见的保障。

我们看到，布伦塔诺在早先的亚里士多德的研究中发展了对形上学描述的一种兴趣。在其学术生涯中，他的形上学概念开始变化，特别是他重新思考了偶性和实体的关系，以至于逆转了优先性次序。布伦塔诺并且主张主词和偶性的偶然统一体是首要的存在项。在其后期著作中，他发展了这样的观点：只有个别性事物是存在的，此学说后来称为 reism。[47]虽然他承认，和亚氏看法一样，“存在〔是〕”一词使用在不同的意义上，只有一种意义是真的（eigentlich），即作为一具体存在物的实际存在，作为一种

具体项（存在者，一种实在者）。在其早先著作中，布伦塔诺假定，除了实在物外，存在包括对应于我们的真判断的种种非实在实体，简单的和复合的，肯定的和否定的，实在的和观念的，以及甚至事态，虽然布伦塔诺本人并未发展对于事态（Sachverhalte）概念的正式论述，后者可在胡塞尔和莱纳赫著作中看到。[48]布伦塔诺还不完全明了这些非实在项如何相关于非实在项的判断。[49]在其后期著作中，特别是在1905年以后，他主张只有真客体是具体的、根本的实体，如一个“心灵”、一个“个人”、一个“判断者”、一个“思维者”〔ein Denkendes〕。对于后期布伦塔诺来说，在以形上学词语描述一“思维的人”时，我们不应该说一个偶性加于其上的一个实体（“人”），而是说一个新的具体整体（“思想着x的人”），在其中偶 36
性和实体都被解释为此新复合整体的从属部分。于是，“站着的苏格拉底”是一个与“坐着的苏格拉底”不同的个别物。按此观点，暂时完整的客体是不断地成为存在者和不断地在消失中的。胡塞尔特别受到布伦塔诺关于整体和部分理论的影响。

布伦塔诺关于整体和部分的理论

为了正确表述他对实体和偶性之间关系的再思考，布伦塔诺援引亚里士多德发展了有关部分和整体关系一般理论的大纲。布伦塔诺把亚里士多德的范畴论看作实际上包含着一种整体和部分的理论，此理论现在称作“部分论”（mereology），meros是希腊文“部分”的意思。在其“描述心理学”课程（1887—1891）中以及在《范畴理论》的研究中，他为这样一种部分论奠定了基础。布伦塔诺关于此主题的零散论述后来被施图姆普夫以及被胡塞尔在其“第三逻辑研究”中继续发展，正如我们在稍后的章节中将看到的，并被Lesniewski发展为一种形式系统。[50]布伦塔诺在博士论文中已经批评了亚里士多德对“部分”概念的论述。[51]对于亚氏来说，一个整体和其部分不可能同时是实在的；只有整体是实在的，部分只是潜在地存在着。例如，在橘子被剥开前它的部分只是潜在的而非实在的；当橘子被剥开后，该整体就不再是实在的了。另一方面，莱布尼兹在其《单子论》中主张只有不包括部分的客体存在着。对于布伦塔诺来说，亚氏和莱布尼兹都是不正确的：整体具有其所依存的实在的部分。在其收于《描述心理学》一书的讲演中，布伦塔诺发展了一种重要的区别，此区别对于胡塞尔特别重要，这就是在“从属的”部分和“独立的”或“可分离的”部分之间的分别。布伦塔诺进而区分了不同种类的部分，区分了一个整体的物理的、形上学的及逻辑学的诸部分。胡塞尔则区分具体部分和抽象部分、独立部分和从属部分。于是，如果“红色”是一块布的实在部分，那么“是有色的”就是该布料的一个抽象的、从属的部分。对于布伦塔诺来说，特别是在其有关“描述心理学”的讲演中，心理行为彼此之间的关系有如部分和整体之间的关系，客体就是“安置在”表象之内的部分，而表象则是“安置在”相应的判断中的，如此等等。对心理行为的这种被安置的、部分论的论述，对于胡塞尔的《逻辑研究》影响甚巨。在详细讨论布伦塔诺有关心理行为的论述之前，我们需要先检视其关于逻辑学改造的观点，如胡塞尔后来所说，他曾经对于布伦塔诺在此领域内的工作印象极其
37 深刻。在我们能够考虑判断对于胡塞尔的基本重要性之前，我们需要理解布伦塔诺的判断作用。

布伦塔诺对逻辑学的改造

当胡塞尔于1884—1885年听布伦塔诺的课时，他说自己曾特别倾心于布伦塔诺对逻辑学的讲授。虽然胡塞尔拒绝布伦塔诺对判断的反亚里士多德的论述，但他确实把他的《逻辑研究》（1900—1901）部分地看作一种向布伦塔诺逻辑观致敬的努力。早在他的乌兹堡讲课（1870—1871）中布伦塔诺就提出了关于传统亚里士多德述谓逻辑的种种改造可能性，其中一些于1874年收入其《从经验观点看心理学》中了。通过特瓦尔多夫斯基，布伦塔诺的逻辑更新对于第一代的波兰逻辑学家产生了一些影响，特别是对卢卡希维茨（1878—1956）和Stanislaw Lesniewski（1886—1939）。然而，布伦塔诺的逻辑学改造，很快地被弗雷格、罗素和其他人的逻辑学革命所遮掩，而且布伦塔诺的影响受到限制，因为他不能吸收数理逻辑的重要成果，所以未能阐明逻辑形式的概念。[52]于是，无须惊讶，他未能识别弗雷格的甚至胡塞尔的逻辑学贡献。布伦塔诺坚持传统的逻辑观，认为逻辑学是一种艺术或技艺（Kunstlehre），并拒绝胡塞尔对于一门“纯粹逻辑”——应该是对纯粹理论客体以及联结理论客体的观念性法则的研究——的呼吁。此外，他把数理逻辑只是看作一种计算法，而他不情愿运用符号系统一事导致他对主要公理的表述具有某种

程度的含混性。

对于布伦塔诺，逻辑学是关于正确判断的学说，他的主要贡献就是对于判断性质提出了一种新的说明：否定了亚氏将判断看作一主词（hy-pokeimenon）和一谓词的结合或分离的古典看法。[53]结合或分离仅只是观念间的联系，但不是判断；反之，对于布伦塔诺，一个判断的主要形式（或"性质"）是对一客体的断言（Anerkennung）或否定（Leugnen）。一位有神论者只是在肯定"上帝"不是"上帝的存在"。而判断主要是关于存在的断言，并不必须采取主谓形式；例如，"在下雨"〔it is raining〕是关于存在的证明，此存在显然欠缺传统意义上的一个主词。在"在下雨"的判断中没有任何东西被结合或分离。再者，布伦塔诺也接受了（正像胡塞尔也接受了）康德这样的观点：存在并不是一实在的谓词，它对于所断言者未增加任何东西。断言本身永远是关于存在的断言行为，而且没有结合作用涉及判断"上帝存在着"。一切判断已经在形式上是判断了。对于布伦塔诺，哲学家被判断的主—谓语法形式所误导，认为判断本身，而非关于个别物存在的断言或否定，具有此形式。此外，所断言者，命题的内容，也只是一种语法的幻觉，我们稍后将会对此讨论。 38

因为一切判断都是在形式上存在的，布伦塔诺将传统逻辑的四种范畴形式（A，E，I，O）归约为存在的判断（PES，214：295）[54]。于是，在某种意义上，布伦塔诺完全放弃了量化法。例如，I 命题"某人病了"确实具有断言"一病人〔存在着〕"的形式（PES，213）。类似的，全称肯定式（A-命题）可以被重写为否定的存在性命题：断言"一切人都是有死的"正是存在性否定式"不存在不死的人"。确实，布伦塔诺将把描述心理学的普遍法则解释为实际上否定的单称命题。为了支持他在范畴形式间的关系的论述，布伦塔诺对于传统逻辑学提出了某种修正，此修正一般地在当代逻辑学中被认为是有效的。于是，与古典逻辑学不同，A 命题并不包含 I 命题，因为全称命题并无存在性意义。"一切独角兽都具有一只角"并不含蕴"某些独角兽具有一只角"，因为独角兽并不存在（PES，304）。类似的，E 命题并不含蕴 O 命题。布伦塔诺进而别具一格地希望将否定断言改写为肯定断言。判断"没有 S 是"不应被判断为"判断'没有 S 是 P'的某人其判断是不正确的"。

虽然布伦塔诺采取了一个判断的性质与其质料之间的传统区别，他并未接受关于命题内容或"判断内容"的性质的传统论述。对于他来说，一个判断的质料永远是一个“表象”，而且“一个经验的每一内容都是个别的”（DP，149）。判断行为断言着个别物的存在，即个别性客体，判断行为根本并未设定或否定内容（PES，292）。对于布伦塔诺来说（PES，221），因为表象也能成为一判断的客体，被给与的被判断者就是被呈现的客体而不是命题内容。[55]布伦塔诺似乎并未能够区分判断本身的意义内容和有效的事态，如果判断是真的话。布伦塔诺并未充分了解一个判断的内容和客体之间的区别，即使当这样的区别被其学生（主要被特瓦尔多夫斯基）提出时。在其后来的“物论”时期，布伦塔诺修正了此一内容观，主张被断言者不是一种内容，而是个别性实体（所判断者）的存在。

布伦塔诺对亚氏三段论的修正的全部效果在于凸显了主要判断行为作为真理的中心。如此强烈地强调判断行为的作用当然导致我们认为布伦塔诺具有这样的观点：真理本身依赖于人的心理行为，这种观点后来被胡塞尔描述为心理主义，虽然并未明确暗指他所尊敬的老师布伦塔诺。布伦塔诺本人则把心理主义否定为一种主观主义。[56]

39

描述心理学

布伦塔诺与康德相反，认为心理学可以被建立成一门严格科学，其功能是对心理行为及其基本部分进行正确识别和分类。心理学因此是关于我们的“心理实在”（DP，137）、“最终心理成分”（PES，45）的描述性研究。他将心理因素的最终分类法与字母的识别相比较，并将心理学看作实现莱布尼兹的“普遍特征”（characteristica universalis）梦想的一个可能基础（PES，369）。《从经验观点看心理学》是其限定关于一种科学的、经验的但非生理学的心理学的新主题领域，但为了用该书获取维也纳大学职位而不免写作仓促。虽然他关于心理学的讲授活动颇为广泛，在他出版该主题的任何东西前，特别是在其 1889 年出版的《我们正误知识的起源》之前，若干年就这样过去了。1888—1889 年课程的标题确实是“描述心理学或描述现象学”。按照布伦塔诺的说法，描述心理学将为生成的或因果的心理学以及其他科学提供必要的基础，包括逻辑学、美学、政治经济学、社会学等等（DP，78）。他将其设想为一门精确科学，正如数学一样（DP，5），“独立于”（DP，156）、“前于”（DP，8）“生成的”或生理学的心理学，并“为之提供基础”（DP，78），就像费希纳和其他人所做的那样。[57]

遗憾的是，布伦塔诺很少谈到心理学如何履行此奠基性功能，而稍后我们将看到，继承了这种作为基础科学的描述心理学的是胡塞尔。

对于布伦塔诺来说，生成的或生理学的心理学研究支配着这些状态系列的法则。生成心理学可能最终发现，意向性现象具有一种生理的-化学的基底，不过这并不影响对心理状态的描述，因为心理状态是可以从内部被经验主体本身触及的，生成心理学也不能说明同一时间内不同心理状态的共存。对于布伦塔诺而言，在心理学中，正如在其他科学中，描述必须前于因果性说明；我们必须知道现象的轮廓，然后才设法对其进行说明（PES，194）。至少在描述中，心理学领域独立存在。事实上，他在1874年的观点是：心理过程不可避免地依存于生理过程（PES，48），并特别依存于大脑过程（PES，61-62），但物理过程并不说明心理过程，心理过程必须以自身的方式说明（胡塞尔所赞同的一种观点）。布伦塔诺否定着这样的可能性：支配心理过程的法则可从生理法则并最终从物理法则和化学法则中推出（PES，47）。他相信主体的颜色经验和其他感觉绝不可能根据 40 生理学条件加以说明，虽然后者对于前者的产生是必要的。此一信念的一个理由基本上是笛卡尔式的：我们的感觉观念并不与身体本身内的任何东西相像的（PES，60）。他也怀疑生理心理学的如下基本假定的可靠性：每一物理过程，只有一个心理效果能够与之相对应。同一物理过程的心理效果的复多性特点，明确地对立于根据物理过程来说明心理过程。此外，这样一种希腊学也不能说明一个心理学状态如何引生另一个心理学状态。在《描述心理学》中他强化了如下主张：正是“一种思维混乱”（DP，4）导致人们认为意识可以被物理化学事件说明，因为它们涉及不同的研究秩序。

布伦塔诺将此描述心理学新科学，视为经验因素和先天因素的一种结合。最初，布伦塔诺将其方法刻画为纯粹经验性的：“我的心理学观点是经验的，经验本身是我的导师。”（PES，xv）在此意义上，布伦塔诺理解心理学是通过经验观察和对结果的细致分类法进行运作的。他说：

> 正如自然科学研究作为我们外知觉对象的物理物的属性和法则一样，心理学是研究心灵特性和法则的科学，此特性和法则是我们借助内知觉直接在我们身内发现的。（PES，5）

在《心理学》中他最初认为心理学法则是通过归纳法获得的（PES，70），虽然他已经指出归纳推理中的缺点以及归纳推理只能产生一般化而非产生普遍真理的事实。[58]他并未在其描述中排除包括“一定的理想直观”

(PES，xv)，而且虽然他从未令人满意地阐明此一看法究为何意，显然他认为有可能从单一经验事例达至某种普遍法则的理想化并产生必然真理。[59]布伦塔诺相信，心理学通过具明证性的内知觉，可以获得确定的知识并识别支配着心理领域的普遍法则。布伦塔诺将这些普遍心理法则刻画为“先天的”和“确然的”。概念本身来自经验，但支配概念的法则是通过反思获得的并具有必然性特点。[60]他始终否认康德关于先天性是一种只会导致“盲目的”、非明证性的判断的含混思想的论述，而且他也不赞成胡塞尔对支配此领域的真理具有“综合先天性”的看法。布伦塔诺认为，
41 有关描述心理学导致普遍必然真理的主张基本上是一种亚里士多德的主张。[61]他援引莱布尼兹关于“事实真理”和“理性真理”之间的区别来宣称，描述心理学法则与数学及逻辑学法则一样，均属于理性真理。严格说来，对于布伦塔诺，先天普遍法则具有一种否定形式（PES，370），它们列举不可能性，因此不是存在性主张，如布伦塔诺的编辑者克劳斯所说明的那样（PES，372）。判断的明证性迫使我们承认，任何人都不可能对此加以否定。

内知觉

描述心理学是通过内知觉运作的，虽然布伦塔诺和冯特使用的术语不同，两人都区分了外知觉和内知觉。[62]因为布伦塔诺相信，心理学过程及其组成部分，与自然科学中研究的现象不同，是不可能被观察的，他断言它们是在内知觉中被发现的。内知觉是发现我们的心理状态的关键。内知觉具有明证性，虽然内部观察或内省是高度可致误的和主观的。

大多数 19 世纪心理学都是通过内省法运作的，并提供了此种“非实际的”自我观察中的训练。[63]当然，今日很多哲学家都把现象学方法看作一种有训练的内省法。[64]然而，布伦塔诺和胡塞尔都摈弃传统的内省心理学（例如，PES，29）。特别是布伦塔诺接受了休谟的观点，认为我们永不可能在内省中的任何自我状态中把握自我。我们不可能在浸入我们自己的心理状态时对其进行观察。内省法只能够歪曲它企图研究的现象，我们不可能观察我们的愤怒而不以某种方式对其歪曲（PES，30）。内省法的这种缺欠可以改述为某种具有基本心理学法则性质的东西：“一种普遍有效的心理学法则是：我们决不可能使我们的注意力专注于内知觉对象。”（PES，

30）布伦塔诺以一种基本上是亚里士多德的方式思考内知觉。当智性在对某对象思考中被实行时，它同时偶然地（per accidens）知觉到自身。[65]“内知觉”或“内感觉”现象是绝对地被给与的，此给与的方式是使它们具有自透明的或自意识的、自明的特点。布伦塔诺认为，心理行为的这种自明性使得归纳法的基本假设和运用达到了对于心理学方法无关紧要的一般性。我对我的心理行为具有直接的认知，而且，心理行为在自身中呈现着自身。

当然，对于布伦塔诺，此种确然性知识是严格限制于特别是我自己的行为的，而且只是在它们被适当地注意之时。我只直接知道我自己的思想 42
（PES，92）；我对于他人的内知觉只有间接的认识（PES，37），此问题后来被胡塞尔加以发展。只有当我自己对心理现象的把握是他人心理生活的充分反映时，描述心理学的普遍有效性才能成立。这个问题后来成为胡塞尔分析主体间性和移情作用时的中心问题。胡塞尔认为布伦塔诺未能恰当处理心理生活统一性问题。

心理学首先研究在对我们自意识行为的直接反思中的所与者。由于心理学对其主题具有直接而确定的知识，布伦塔诺断言，作为科学，它比物理学更应居先，物理学只能设定实体并表述有关支配实体的推定法则的假设。在布伦塔诺看来，物理学研究的客体存在于意识之外，因此并非在自身内被认知。或者，如他所说，它们是“非直观的”（DP，4）。我们并不认知事物本身，布伦塔诺终生坚持这一观点。例如，他于1915年写道：

> 某人一次当着Kelvin爵士面说道，最好不谈以太这种东西，因为我们对其实际上一无所知。他回答说，不管我们关于以太的性质如何茫然无知，关于物质的性质我们所知甚至更少。实际上，心理学，只要它是描述性的，就是远在物理学之前的。我们内在知觉到的思维物——具有观念的物，进行判断的物，具有意愿的物——正是我们知觉到其存在者。但所谓外知觉并未将其实际呈现的方式呈现于我们。感觉性质并未在其结构中对应于外部客体，而且在有关动、静和形态、大小方面我们会产生最严重的错觉。（PES，19）[66]

的确，甚至关于外在世界存在的假设也是“最初假设性的”（DP，163）。他认为，物理科学所研究的是这些实在客体和我们的感觉器官之间的因果关系（“力”）（PES，48－49）。时空客体不是直接被经验的，它们 43

是置于世界中的设定物和理论性构造，这个世界“相似于”或“类似于”具有三维空间和在时间中单向流动的世界。我们推定的客体看起来具有三维存在，或者最好被看作具有三维存在（PES，100）。我们对物理现象的知识永远是可致错的。我们推定着物理客体的存在和性质，而相反的，我们直接体察着我们自己的经验。“我们的心理现象是最属于我们自己之物”（PES，20）。

内知觉作为附加意识

布伦塔诺虽然否定内省法，却相信他可以获得对自己内部心理状态的直接知识。对一客体的全部意识伴随着对其作为行为的一种意识，虽然并不一定明显。一切知觉行为都伴随着统觉的可能性（DP，171；PES，153）。而且，对于布伦塔诺，不可能有无意识的心理行为。布伦塔诺援引亚里士多德和阿奎那[67]对此伴随性的、共生性的意识或“附加意识”（Bewußtseinsnebenbei）的性质加以描述，按此方式，最初行为的基本特点可以“顺便地”“偶然地”被把握（PES，276）。亚里士多德在《论灵魂》（III，2425b，12ff）中考虑视觉是否也可被说成其本身是客体。我们是否通过视觉看到我们在看着？亚氏承认，存在一种方式，按此方式，感官似乎传达着其所实行者，但视行为本身不可能是视觉感官的真正对象，因为视觉的真正对象是可视物、有色物。亚氏的解决法是，视觉知道它偶然地所看者。[68]按照布伦塔诺的说法，我们由于具有知觉而统觉到自己，但我们不可能直接观察这些知觉。

布伦塔诺的内知觉概念在其学派中影响至巨，为霍夫勒和他人所支持，但此概念显然具有明显的缺点，胡塞尔在其《逻辑研究》中列举了其中不少缺点（LI VI，附录 §6，864－867；Hua XIX/2 767－771）。在某种意义上，布伦塔诺将亚氏论述与笛卡尔-莱布尼兹的观点相结合，主张内知觉是确然的，如果假定存在某种自明性的话。

重要的是理解描述心理学是如何具有局限性的。我们的直接的无谬误知识局限于当下时刻。[69]我们对于意识流并无无谬误的认识，所以我们不可能实际上知觉在时间上延伸的现象。布伦塔诺认为，我们可以通过观察直接记忆中的先前心理行为来补充当下知觉中的所知者（PES，34），虽然
44 他承认此记忆是不可靠的。就其诉诸记忆来说，描述心理学不是确然性

的。在晚年，尤其是居留意大利期间，布伦塔诺弱化了关于内知觉的主张，并承认它要求在时间中现前之延长（詹姆士和冯特所主张的），而且它具有内在的复杂性，因为它包含着比较、区别和注意等时刻。布伦塔诺把时间性看作一种统握客体的样式，而非客体本身的一个特点。我们的主要统握样式就是现前样式，但我们也能够在记忆中和预期中间接地把握事物，虽然清晰度受到限制因而并不具有确然性。以后我们关于这些心理样式会继续讨论。

虽然心理行为的特点是其呈现的确定性，此确定性由于种种原因可能被忽略及被模糊化。按照笛卡尔传统，布伦塔诺相信某物可被知觉到却未被清晰注意到。[70]某物可以以绝对的确定性被给与，而其所有部分均可能不被清晰注意到。于是，在聆听一曲和弦时（PES，277），一些人可以辨析并分别地倾听组成该和弦的个别性音调，而其他人则否。对于布伦塔诺来说，如果和弦被听到，那么和弦的所有音调都必须“实际地被统握到”，但它们不必须被所有人加以个别的辨析或注意（DP，26）。同样，当我把握一复合的内知觉状态时，我可能不是同时注意该状态的一切组成部分，但是它们在心理学上都被呈现着和被知觉着，即使不是被清晰地注意到，此观点也为特瓦尔多夫斯基所支持。再者，学者经过思维训练可以发现它们，这正是描述心理学的全部任务所在。此外，布伦塔诺承认，和笛卡尔一样，我们对诸心理状态的统握可能是含混性的，即使诸状态本身清晰地呈现着客体。虽然我们在内知觉中的内部心理状态具有某种明证性特性，我们所知觉者可能是含混的（PES，277），并具有“不完全性”、“不可注意性”、“误解性”（Misdeutlichkeit）（DP，10，156）。然而此种不完全性并不影响其明证性和普遍有效性（PES，277）。按照笛卡尔，我们可以——由于欠缺注意——将一物视作他物[71]，而细心的、有训练的内知觉可以产生必然真理。遗憾的是，布伦塔诺从未有效阐明在“知觉”和“注意”（Bemerken）以及其他样态之间的这些区别，如“朝向”、“注意到”、“突然感到”、“专注于”（DP，37）等，它们都属于内知觉。胡塞尔在此领域的研究则大有进展。我们看到，胡塞尔企图阐明布伦塔诺描述心理学论述中含有的一些含混性。施图姆普夫和之后的胡塞尔，在他们有关把握混合单元的讨论中，详细思考了对一心理行为的诸部分或成分进行知觉和清晰注意之间的这种区别，如在聆听一曲和弦、看见一群羊或一组待数物体时。我们对此将继续讨论。 45

心理生命的三极结构

布伦塔诺描述心理学的一个基本要点就在于他接受了将心理行为划分为三个“基本类”（PES，45）或“样式”（PES，276）的传统分类法[72]，这就是：“表象”（Vorstellungen）、“判断”、“爱恨现象”或“感情关系”（Gemütstätigkeiten，PES，276；RW，55）或“关注现象”。他认为此种分类法是由笛卡尔首次在“第三沉思录”中给与完善而准确的陈述的（RW，15），但也暗示一种类似的分类法可溯源至亚里士多德和阿奎那。[73]布伦塔诺理解这三类基本行为系列彼此按一定方式加以组合。布伦塔诺描述心理学的基本原则就是，一切心理过程都或者是表象或者根基于表象（PES，80）。布伦塔诺认为，这是一种心理学法则，因此是先天的和必然的，并表述于否定式中：没有无表象的心理行为。他说：“意识活动不可能以任何方式指称某物而此物并不被呈现。”（PES，198）心理行为，除非包含着一个表象，否则似乎是不完全的功能。当我聆听一声音时，我有一个声音的表象；当我看见一片红色时，我有一红的表象。

布伦塔诺使用的术语“表象”非常类似于洛克和休谟使用的术语“观念”。存在有多少心理内容就存在有多少种表象。我可以有一个“三角形”或“颜色”的表象，或者甚至“一个一般概念的思想”（PES，79）。“表象”一词指示着任何心理过程的那样一个部分，它把某物带至心前：“每当某物对我们呈现我们就谈到一表象。”（PES，198）一“表象”一般来说是一个心理看视着或心理持有着一个别客体或概念甚至一复合关系（如在持有一事态时）的行为。胡塞尔和梅农（在其《论假定》一书中，1902）后来在表象和判断间插入一新的“假定”类，于是使其有可能持有更复杂的句子内容但非对其加以明显肯定或否定。[74]但是，对于布伦塔诺来说，一个表象就是心内的某物，不管它是一感觉还是一思想，是未被清晰肯定或否定的，还是被意欲的。一个表象提供了基本“客体”或“内容”（布伦塔诺没有区别这两个词的用法），其他种类的心理行为凝聚在其周围。我们将看到，这是布伦塔诺对意向性的论述核心。

虽然布伦塔诺像詹姆士一样有时提出，简单表象可能独立出现，不含
46 有判断[75]，在其他场合他说，我们的心理生活运用着所有这三个层次：“对任何行为来说，三个层次都呈现着。”（PES，265）他把心理活动看作

分层次的和套叠的行为系列，其各个部分组成了新的整体。我看着某物，我判断它是提琴，我欣赏它，等等。所有其他心理行为都假定着和“根基于”这些表象。每一表象都是关于某物的。[76]当我判断这是一乐调时，我为该声音感到高兴，此判断和此快乐情绪是根基于该乐调的最初表象的。

表象和表象的变样

任何判断的出现都必定带有某表象，例如，我去旅行的决定要求有该旅行的表象（DP，90；PES，181）。布伦塔诺并未发展可与胡塞尔后来研究相比的同一现象学之精确性，用以来确定呈现行为的诸样式，但是他的确指出表象具有不同的“表象样式”，同一客体可能以不同的方式显现在思维、欲望或恐惧中（PES，181）。每一种行为都具有其自身的表象样式（PES，278）。不同种类的行为并不必然采取特定的客体，但均“按照它们指涉其内容的不同方式相互区别”（PES，197－198）。如我们前面所见，布伦塔诺承认，回忆行为和知觉行为在不同的时间样式中涉及客体的表象，特别是一种直接样式（modus rectus）和一种间接样式（modus obliquus）。当我在回忆犯错误时，我并未再次实行该错误。在回忆该错误时，“错误”被再现着，但此时是在一不同的、非活跃的表象样式中（SN，57）[77]。同样的，回忆愤怒时，并不等同于在愤怒。或者，使用胡塞尔偏好的例子，对一幅画的一次审美经验，并不等同于去判断该幅画在审美层次上是令人愉悦的，但并未亲身经历愉悦感。时相的差别（例如，知觉行为对比于回忆行为）不应被解释为行为之客体的差别，而应被解释为该行为本身的表象方式或一合取判断样式的差别。[78]布伦塔诺在 1883 年的讲座中开始区分感官的呈现和更抽象的呈现，而且在此之后不久区分知觉性呈现和想象性呈现，在此区分中知觉性被赋予更大的“真实性”或“真确性”（Eigentlichkeit）。[79]在其后期著作中，或许在承认心理形式多元性的胡塞尔现象学的压力下，布伦塔诺承认有必要设定更为多种多样的表象形式；他看到有必要将“心理指涉样式增加”而使其超出三种基本种类。信念和欲望在不同的样式或方式中思考同一客体（DP，143）。同时存在有许多次级的表象形式。布伦塔诺甚至引发争议地将肯定行为和否定行为区分为具有不同心理学样式的两种不同的行为，而弗雷格则主张：肯定“p”就是否定“非 p”。类似的，在 47
布伦塔诺看来，爱行为与恨行为是在不同的样式中表象着客体。

作为描述心理学家，布伦塔诺自称关注于表象行为，而非关注行为的对象，例如，知觉行为，而不是被知觉物。所以他并非特别关注于为一表象的客体的本体论性质进行规定。反之，他所关心的是作为心理领域本身基础的表象行为。布伦塔诺有关我们心理生活中表象之基本作用的假定，直接导致他对意向性关系的论述。

意向性关系

意向性是这样的概念：每一心理行为都相关于某客体。布伦塔诺根据传统经院主义的意向性理论理解了心对一客体或内容的意识，虽然他本人并未使用“意向性”一词，尽管该词在后期经院主义学术中颇为流行。[80]反之，他谈到了意向性客体或意向性关系。他在《从经验观点看心理学》中说：

> 每一心灵现象都被中世纪经院哲学家称作一客体的意向性的（或心灵的）不存在，而且我们可以称之为（虽然不无含混性地）对一内容的指涉，针对一客体的朝向（此客体在此不应理解为意指着一物），或者内在的对象性。每一心灵现象都在自身内包含着某物，虽然它们并非都以相同的方式包含着该物。在表象中某物被表象着，在判断中某物被肯定或否定着，在爱中某物被爱着，在恨中某物被恨着，在欲望中某物被欲望着，如此等等。（PES，88）[81]

若干年后，在1889年的名为“我们关于正误知识的起源”课程中，布伦塔诺写道：

> 任何心理学现象的共同特征（往往不幸地由引起误解的词“意识”所指称）在于一种我们与一对象间具有的关系。此关系被称作意向性的；它是对某物的一种关系，此某物可能不是实际有的而是被呈现为一客体。（布伦塔诺在脚注中补充说：此一观点可能已为亚里士
> 48 多德所暗示；特别见《形上学》第5卷，第15章，1021a 29。“意向性的”一词，正像我们很多重要概念的词一样，都来自经院哲学。）除非有某物被倾听否则不存在倾听行为，除非有某物被相信否则不存在相信行为，除非有某物被希望否则无希望行为，如此等等。一切其他心理行为均如此。（RW，14）

我们说具有一判断过程却无被判断者，这是无意义的；同理，不存在

无被爱者的爱行为，如此等等。

在表达此关系的最初阶段，布伦塔诺强调意向性可能相关于一切种类的客体，想象的、可能的、不可能的，等等。从 1874 年到 1904 年，布伦塔诺经常根据客体的意向性的不存在来表达意向性。“不存在”事实上是他翻译自拉丁词 in-esse，此动词意味着“在内”，此词被经院哲学家用来刻画一偶性被说成是在实体内的方式（例如，知识是在一人之内的），而且特别是在相关于认识论时：按其一形式位于心内之方式。布伦塔诺似乎以“不存在”意指一意识行为的客体是某种内在于意识内之物，不管在意识外是否也存在有一实在的客体或“实在物”。显然，作为笛卡尔和亚里士多德的追随者，布伦塔诺相信，当我们的心在思想时，有某物在心内。而且心所思想的东西在心之外可能有也可能没有实际的存在。它可能是一实在的客体或某种“非实在物”。于是，我可以看见一条狗，或思想着一座“金山”，或者一个“圆的方形”。早期布伦塔诺倾向于把意向性客体说成是一“非实在体”（Nicht-Reales），某种“非实体物”（unwesenhaft），“一内部对象物”（ein innerlich Gegenständliches），“内在之物”（inwohnendes）（DP，24）[82]，是“精神内在的”（geistiges inhaben）（DP，155），它“不需要对应于任何外在物”（DP，24）。布伦塔诺的学生特瓦尔多夫斯基因此对布伦塔诺做出了正确解释：他把“意向性的不存在”解释为“现象的存在”，这种存在是意识中一意向性的客体具有的。[83]

后来在他的 1911 年的《心灵现象分类法》（《从经验观点看心理学》第 2 卷的修定版，是应学生要求再版的）中，布伦塔诺承认，他的“意向性的不存在”短语被误解了，因此他最好完全避免使用此短语。他说，他甚至考虑过将“意向性的”一词代以另一经院哲学词“客体的”，但这恐怕会引起那些不喜欢经院哲学的“esse objectivum”一词意义者的更大误解，按此方式，事物“客观地”存在于心内。[84]布伦塔诺是指笛卡尔在“第三沉思录”中对“形式的实在”和“客观的实在”之间的区别：笛卡尔区别 49
了属于上帝观念的“意义-内容”（realitas objectiva）和观念之原因（即实际存在上帝）的“形式的实在”（realitas formalis）。按照布伦塔诺对两词区别的用法，当我积极地相信某物时，或当我实际地发生错误时，相信和错误都是形式上在我之内的；当我回忆在相信某物时或发生错误时，相信和错误都是客观地在我之内的（*The True*，15－16）。在“被表象的客体”和“表象样式”之间的区别与在形式的和客观的之间的区别，都是布伦塔诺在学生的促请下提出来用以调和概念的区别的，即在行为的内容和客体之间的一种区别。

布伦塔诺在其早先对意向性的解释中，把意向性的客体理解成心灵上内在的客体，而把意向性关系理解成心和其内容之间的一种内在性关系。他并未区分“对一客体的朝向性”和“对一内容的指涉性”。他最早的表述是把意向性客体看作纯内在性的和非实在的。然而当他进一步检查非实在实体（Irrealia，如他对其称呼的）类时，而且特别是当他把判断内容想成是与表象对立时，他似乎在心与外在物之间假定了某种中介性客体。虽然在布伦塔诺本人的著作中很难发现有关这些实体的直接断言，他的学生，如马尔提、克劳斯和梅农都发展了有关这些实体的理论。布伦塔诺称作的“判断内容”变为马尔提的“事态”和梅农的“对象”。类似的，胡塞尔在其《逻辑研究》中识别了不同种类的客体。梅农在其客体理论中假定了关于“客体”的标新立异的类型学——被人分别称作一种本体论杂拌和一种本体论渣子（奎因）。特别是梅农觉得我们必须克服“一种朝向实际物的偏见”，应该容许“客体”代表我们的一切意向性行为。梅农企图说明思想具有指称一切种类事物的能力，从实际事物到非存在的可能事物（如金山）、观念性事物（如数、理想法则），甚至不可能事物（如方的圆），如果我们能够设定这些实体具有种种不同类别的、不同于实际存在物的存在的话。[85]于是梅农主张，一个“方的圆”也具有一种存在，“如是存在”（Sosein），后者意味着它真的具有圆性和方性，即使它决不可能实际存在。罗素在与梅农通信时质询道，一个“存在的方的圆”意味着它也是存在的。梅农回答说，它确实具有存在的性质，但此性质不同于在断言
50 它实际上存在着。类似的，马尔提维护着“A 的非存在”概念，它是一真正的思想对象。显然，梅农和其他人发展了他们认为是一种真正布伦塔诺的理论。

然而，在其后期著作中，在 1904 年或 1905 年的所谓“内在性危机”之后，布伦塔诺否认了企图给与意向性客体以任何特殊种类的存在，并明确地否定了梅农、马尔提、胡塞尔和其他人的努力。如其在 1905 年 3 月 17 日给马尔提的信中所说，当人在思想一匹“马”时，是在思想一匹实际的马，而不是“关于马的思想”〔“被思想的马”，*The True*，78〕。再者，对于布伦塔诺，完全荒谬的是，如果我答应和某人结婚，我是在和一“理性存在者”〔ens rationis〕而不是在和一实际的人进行约定。[86]在给马尔提

和其他人的许多信中，布伦塔诺强烈反对一切有关“理性存在者”（entia rationis）的设定，这是他用来称呼那些柏拉图式实体的名字。他强调他始终宣导一种偏于亚里士多德解释的意向性，按此意向性心智直接相关于一客体，意向性地接受客体之形式，而不是相关于该客体的内在的心理性的思想（*The True*，79）。然而，困惑正发生于布伦塔诺对亚氏和笛卡尔的同时接受上，却未认识到前者的直接实在论和后者的表象论之间的张力存在。

布伦塔诺后期的形上学转向，与其拒绝作为一种“客体”的、具有某种存在性的意向性客体概念相联系。虽然准确时间难考，布伦塔诺渐渐转换到后来被 Kotarabinski 称作的“物主义”〔物论〕（reism）立场，即“能够成为思想客体的只有实在物”[87]。存在的只是具体的个体（Realia），而且意向性客体现在被解释为一个别具体的完整实体的一部分或偶然因素，此整体可能仅是一临时性、偶然性统一体，例如，“苏格拉底坐着”“某人在思想着 x”。[88]除去此后期的物主义不谈，在布伦塔诺的大部分表述中，包括后期的表述，都表现出此种术语的不确定性：“客体”一词既可以指行为的内容，也可以指外部的客体。让我们看一下他于 1905 年 3 月 17 日给马尔提的信中的这段话：

> 我用思想的一个客体指思想所相关者，不管在心外是否有任何东西与其相对应。我从来不曾认为，内在的客体等同于“思想的客体”（vorgestelltes Objekt〔被表象的客体〕）。我们所思想者就是该客体或事物，而不是“思想的客体”（*The True*，77）。[89]

布伦塔诺没有在客体与内容间加以区别，他处理此“客体”一词含混性的策略是，宣称“客体”一类词从其在句子中的位置获得它们的意义，而并不具有自身的意义。布伦塔诺在其后期著作中，从马尔提处借取了 51
“synsemantic”〔共生意义的，或从属意义的〕一词（PES，332）。以对比于“autosemantic”〔独立意义的〕一词，其意义始终是在一切语境中被确定的。[90]某些“名字”词项具有独立意义，另一些词项只是从语境中获取其意义的（例如，前置词、连词等）。词项如“A 的不存在”似乎是名字，但实际上是共生意义的词项。

后期布伦塔诺发展了种种逻辑学的和语言学的专门术语，以期清除对那些“非实在物”或“客体”或“事态”的令人困扰的本体论承诺。假定的意向性客体应当被认为是语言学的虚构〔fiction〕，而不是类似于数学家使用的“假定”〔fiction〕。[91]表面上对不存在客体的肯定应被再解释为存在的否定。“知觉到金钱的欠缺”实际上意味着“否定金钱”。布伦塔诺在此提出的以下假定突显出来了：一个判断不是一个主词和一个谓词之间的一个关系，而是对一个单一体的断言或否定的行为。在其物主义时期，只存在有这样的主体，其判断行为产生了一个新的临时性整体，在此情况下这样的主体即“否定金钱的人”。胡塞尔将在《第五逻辑研究》（§§20～43）中对此有关判断行为的非命题论述进行反驳。

如我们前面所见，布伦塔诺也发展了直接的和间接的指称样式间的区别，此区别意味着对作为多少具有实在存在的意向性客体之表面上设定的物体进行分类。对于后期布伦塔诺而言，指称样式并无本体论承诺：当我思想某个爱花者时，该人是直接地被呈现的，而该花是间接地被呈现的（PES，374）。在此不论是直接样式还是间接样式，都不含蕴着一个存在的客体。同样，思想着过去或将来的某物，是在一特殊样式中、在一非设定的样式中的思想，后一样式不同于一现前的知觉。非实在的实体并不存在，这些实体的存在样式是：它们是预期的心智之变样。

除了讨论心理客体或内容外，布伦塔诺也讨论“意向性关系”。正如胡塞尔和海德格尔所见，意向性不可能是两个存在物（一个主体和一个物质物）之间的关系。海德格尔说，意向性不是两个物之间的关系，此关系在两个物结合后首先发生，有如两个客体被放到一起后就产生了空间距离。[92]在一个心理行为和其本身内在的内容之间的关系也不是这样的（BPP，§9，61；GA 24，86）。布伦塔诺的说法往往像是这样的关系：听觉的心理行为相关于听到的声音，听到的声音本身是由外部世界中的某物
52 （声波）造成的。[93]海德格尔甚至批评说，此问题的刻画像是一种笛卡尔对意向性的曲解：

> 具有意向性经验的此自我，如何能达至其经验领域之外并假定着与一存在世界的关系？（BPP，§9，61；GA 24，86）

这一被假定的意向性关系的性质是什么呢？在两物间存在的关系是什么，当二者之一根本不需要存在时？对此，布伦塔诺的说法从它是一真实的关系转变到某种“类似关系之物”（etwas Relativliches），即准关系物。它具有一关系的一般性特征，即使关系项之一成为一客体，后者是相对于一主体的东西。对于布伦塔诺来说，意向性关系是一种关系作用，在其中只有作为关系项之一的基底是实在的。

物理现象和心理现象之间的区别

在继续讨论之前，我们需要花些时间清理围绕着布伦塔诺的意向性论述的一种含混性，此含混性是由他对“物理的”一词的特殊用法所引起的，它指涉着心理过程的某些实在部分。此一区分通过齐索姆进入了现代分析哲学，在其中意向性被解释为那样一种心理现象的特征，它显示心理现象实际上不同于物理现象。[94]这是对布伦塔诺的区分的一种误解。事实上，如我们将看到的，胡塞尔以及一般现象学并不关注此一区分，因为他们正确地理解，此一区分只不过是布伦塔诺在内知觉和外知觉之间更基本的区分的结果。现象学关心的是每一心理行为都意指着一客体，而不关心在物理领域和心理领域之间存在着基本区分之事。后来的现象学家，包括胡塞尔和海德格尔，都将此区分看作仍然起作用于布伦塔诺的笛卡尔形上学残余。

为了使心理学界域更准确，布伦塔诺将意识的“显象”（Erscheinungen）或“现象”（Phänomene）区分为两种：

> 我们意识的一切显象都被划分为两大类：物理现象类和心理现象类。(PES，77)[95]

为了进行心理现象和物理现象之间的区分，布伦塔诺思考了许多可能的标准。于是，按照由笛卡尔、斯宾诺莎和甚至由康德援引的古典标准，“外延”及空间位置就是物理现象的特征，而心理现象的特征就是“无外延”的（PES，85）。布伦塔诺并不认为此标准是令人满意的，因为某些心理现象似乎是有外延的，例如：“我为狮子的愤怒定位〔locate〕”（PES，87），“在我脚上的痛”，如此等等。类似的，某些物理现象的出现并无外延，例如，听见声音和闻到气味。布伦塔诺思考的另一标准是：心理现象具有连续性呈现，它与同时性呈现相对立（PES，94）。但是，布伦塔诺认为，有些心理现象可以同时呈现（PES，95）。其他标准多少类似于真理标准，例如，物理现象属于外知觉而非内知觉，或者心理现象是以一特殊种类统一体为特征的，等等。然而，所有这些特征都由于一个主要的、真正可靠的区分心理现象和物理现象的特征，而或多或少都不令人满意，此特征即客体的意向性关系，客体在行为中的内在性。没有任何物理现象具有意向性，它们的指涉本质上并不超越本身。 53

但是，对于布伦塔诺来说，“物理现象”一词意味着什么呢？很遗憾，他的论述是含糊其辞的。有时他在用物理现象指明显的或现象的特性或客体，如一个音调、一种颜色等，当它们在心中被把握时：

> 物理现象的例子……是我看见的颜色、形状、风景，我听见的和弦，我感觉到的炎热、寒冷，我闻到的气味，以及出现在想象中的类似形象。(PES，79－80)

布伦塔诺也谈到了作为经验科学设定物的物理客体（他称之为 Realia)、存在的空间上的展延之物、科学的客体。他在指涉感觉性质（味道、颜色、触觉）和指涉外部客体（如“风景”）之间摇摆不定。在《心理学》一书的目录上布伦塔诺写道：“物理现象只能有现象的存在”（PES，401)，此时他似乎是说，我们对于心外或知觉外客体的明证性首先即其在知觉中的出现。我们不可能从我们的知觉经验直接指涉超乎此经验者，虽然布伦塔诺也排除贝克莱和休谟的现象主义。布伦塔诺说，如果一般地“我们否定物理现象具有任何非意向性存在的存在”，我们并不错误（PES，94)。即我们必须首先把进入我们知觉的物理领域看作具有纯粹知觉的和意向性的存在。布伦塔诺终止判断颜色和声音是否具有一实在的、知觉外的存在，因为，如我们已见，他主张我们并不认识世界之存在，我们是通过感官印象认知世界的。于是，物理现象就是在我们知觉行为中的外部客体之现象的出现。

54 知觉一颜色的行为，或者听见一音调的行为，属于内知觉，并且具有“实际的存在”，意思是，它们以无可怀疑的自明所与性呈现自身。这些心理行为内容——听见的音调，看见的颜色，只有“一种现象的和意向性的存在”（PES，92)。它们只在心理行为中和通过心理行为而显现，而且诸现象之间并无关系；它们是“物理现象”。于是，布伦塔诺在物理现象和心理现象之间所做的区别，是以外知觉和内知觉内的所与者间的区别为根据的。因为，严格意义上的物理现象只是作为心理行为的组成成分或从属部分而出现的，他可以说，严格来说，“一切现象都应称作‘内部的’”(DP，137)，以及“一切心理现象都属于内知觉”（DP，129)。因为任何外知觉（如看）都能够把握自身（实行着我正在看)，于是，作为一个行为，它属于内知觉。因此，外知觉只是内知觉的一个特例。

在发展了关于意向性客体的论述之后，布伦塔诺区分了一个心理行为的第一客体和第二客体（PES，127－128)。第一客体就是在行为中被直接呈现的，例如，我看见的颜色、我听见的声音；第二客体就是看或听的行为本身（或者，如他在后来物主义时期喜欢说的：我自己的行为实行，SN，41）。此行为是“附带地”被把握的。第二客体只在第一客体出现时才出现，虽然第一客体不应被看作时间上前于此附带的意识。两种客体属于一个行为，并不存在两个行为（这会展开无限的倒退，PES，127）。也许布伦塔诺有意保持“物理现象”一词只是为了在感官经验内直接所与的第一客体，而他的如下宣告却使得意思复杂化了：“心理的以及物理的都可成为第一客体。”（PES，278）例如，当我注意他人的心理生活时，例如，“我知道你在想什么”，此行为属于外知觉而非内知觉。当然，在思想一“三角形”（我们可能把三角形看作典型的心理客体）时，对于布伦塔诺来说，此三角形是一“物理的”现象，虽然它似乎可能有一点感官的性质（除了空间广延之外）。在别处他说，“伴随着一心理行为和对其指涉的此表象，为它朝向的客体之部分”（PES，128），因此提示着“客体”同时指涉着显现的物理现象和该行为本身。此时物理的现象属于第二行为内容，因此被包含在心理现象之内。第二客体将第一客体作为部分包含在内。如同特瓦尔多夫斯基对布伦塔诺的解释，第一客体是物理现象，而第二客体是“行为和内容之和”（COP，16），于是二者均被看
作属于内部意识。一个意向性行为和相伴随的意识之间的关系，均成为 55
了胡塞尔和萨特的论题，或许萨特在其《存在与虚无》中对于原初“设定的”行为和伴随着它的“非设定的”行为之间的关系，提供了最清楚的讨论（BN，xxvii-xxx）。

特瓦尔多夫斯基对布伦塔诺描述心理学的修正

我们看到，布伦塔诺并未清晰区分一个行为的内容和其客体；他似乎甚至否定了这一区别，如果他确曾承认过有此区别的话。当然，布伦塔诺本人在广义上运用着“内容”一词来表示质料〔matter〕，以对立于一个判断的性质。对于布伦塔诺来说，“如果谈到一表象、一判断或一情绪关系之内容，就是在思想着在其内所包含者”（DP，160）。然而，布伦塔诺也明确承认“内容”一词是含混的（PES，88），或具“共生意义的”（PES，294），随语境而变异的（像“客体”一词一样）。在他的三个心理行为基本类的区别中，每一类都有自己特殊种类的内容。于是，布伦塔诺区分

出：表象内容（或许包括知觉内容），可判断内容或判断内容，以及情绪内容。但可判断内容并不必定采取一种主谓形式。对他来说，一个判断并无一命题作为其内容。布伦塔诺把内容想作心理学上可供检视者。然而他在区分明显内容和隐含内容时承认心理内容具有某种深度。明显内容是所呈现者全体。当我看见一树时，此树是明显内容，而它的叶子是隐含内容（DP，160）。遗憾的是，他从未区分行为内容中心理学上被统握的成分和“实在的”、逻辑的或观念的组成成分。于是，他从未能区分作为一心理片段的思想和思想中支持、传递客体的观念的意义的东西，这是笛卡尔传统中不断出现的问题，对此他亦陷入其中。[96]

后期布伦塔诺有时似乎承认有必要在心理行为和其客体之间插入一个意义〔sense，meaning〕，特别是当他谈到一种“呈现样式”时，但他实际上明确拒绝了内容和客体之间的区别，如果据说他确实对此有所理解的话（PES，293）。布伦塔诺认为，承认“内容”在某种意义上必定导致承认独立性存在，甚至是该内容所称名的一种观念性事态。于是判断“不存在半人半马怪”就是断言或否定有关“半人半马怪存在”的东西。对于布伦塔诺来说，承认“半人半马怪存在”者为一判断的内容，是完全错误的。然
56 而他的一些学生继续在一意向性行为的内容和客体之间进行明确的区别。在 1890 年时，霍夫勒和梅农在他们的逻辑导论教科书中指出，必须区分存在于心内并“完全在主体之内存在的”“内容”和客体（Objekt 或 Gegenstand）。[97]霍夫勒和梅农继续指出，“客体”一词是含混的，因为它可能意味着实际存在的事物，或者它可以意指表象或我们内部的图像。在 1894 年，特瓦尔多夫斯基[98]在其教师资格论文《论表象的内容和客体》中，通过援引霍夫勒和梅农以及德国逻辑学家鲍尔扎诺、克里、齐默尔曼等人的著作而主张，必须区分一行为的内在性内容（或心理图像）和其心外客体（COP，7）。对于特瓦尔多夫斯基来说，“表象内所呈现者即是其内容，通过一表象所呈现者即是其客体”（COP，16）。按照他的看法，内容纯粹是该客体的表达工具。

特瓦尔多夫斯基认为，在内容和客体之间加以区别对于救助布伦塔诺的描述心理学是至关重要的。他开始采取如下原则：一切心理现象都或者是表象，或者是根基于表象的。然而每一表象都呈现一客体，不存在“无客体的表象”。但是，特瓦尔多夫斯基认为，布伦塔诺使用的表象概念是意义含混的。为了澄清此概念，特瓦尔多夫斯基借助于在形容词的归属性

和变换性功能之间的语法区别。在短语“黄的金子”中，“黄的”是归属性形容词；我们将一属性归于一主词“金子”。但当谈到“假的金子”时，“假的”形容词就是变换性的，因为它改变了客体；它所修饰者根本不是金子。类似地，一个“假的朋友”是形容词的转换性用法，因为在此“假的”意味着此人根本不是一朋友（COP，11）。

现在，在将这样一种语法性区别应用于心理行为时，我们可以阐明“表象”一词。它可意味着呈现行为本身，该行为中的被实际呈现者，或由该行为呈现的或指涉的客体。特瓦尔多夫斯基举绘画的例子来加以类比，因为他认为具有一表象很像是看见一幅画（COP，12）。例如，我们来看“被〔油〕画的风景”此短语。在此“被〔油〕画的”一词可发挥归属的作用，为客体增加了意义，在此例中即一幅油画，不是一幅素描或炭笔画，而且是一幅风景油画。“被〔油〕画的”一词可以是转换性的，如果应用于该风景的话；我们在谈论一幅油画，一个“被〔油〕画的”风景，而不是一实在的风景。第三，关于一个风景的一幅画描绘该风景，于是在此说此风景被 X“所画”就是在确定该风景而不是在转换它，因为该实际的风景并未由于被画而被改变。特瓦尔多夫斯基在做了这样精细的区分之后可以明显地表达内容和客体被呈现的不同方式。于是他像胡塞尔一样强调，我们必须区分内容的属性和客体的属性。当我们思想一“红的方 57
形”时，心中的表象本身（其内容）既不是红的也不是方形，而是被意向的客体意指着它同时具有此二属性。内容是行为的一个实在部分并实在地存在着。再者，它具有若干属性，它们彼此不矛盾。而布伦塔诺曾提出一意向性关系模式，可将其图示如下：

> 布伦塔诺
> 心理行为—意向性上相关于—内在性对象
> （可以或是实在物或是非实在物）

特瓦尔多夫斯基提出了一个修正的图式，说明如下：

> 特瓦尔多夫斯基
> 心理行为—内容—客体—（实在物）
> 行为通过内容相关于客体

对于特瓦尔多夫斯基，“客体”不一定是一种实际的、存在的、外部的东西。他区分了每一意向性行为具有的意向性“对象”(Gegenständlichkeit)与实在中客体的存在(COP，35)。于是，对于特瓦尔多夫斯基以及梅农，一个“方的圆”可以是一个表象的真正客体；也就是它具有一真正的“意义”(Sinn)，此意义可在一表象中被给与，即使此意义包括矛盾的诸性质。被设定的客体可以具有矛盾的诸性质，因此不可能存在，但是它仍然是表象行为的真正的客体。结果就是，真判断将不否定其存在。通过这些步骤，特瓦尔多夫斯基相信他已经驱散了意向性对象身份的本体论问题。遗憾的是，他并未特别处理被意向的客体的性质问题。

胡塞尔已经通过研读德国逻辑学家施洛德、鲍尔扎诺、洛茨等人著作，以及通过与弗雷格通信精炼了他的《算术哲学》中的布伦塔诺主义。[99]但是通过研读1894年他得到的特瓦尔多夫斯基的论述，他对概念和客体之间区别的重要性的判断获得了确认。胡塞尔甚至在对特瓦尔多夫斯
58 基此书所写的未发表的书评(大约在1896年)中，以及在关于“意向性客体”的未发表的1894—1896年的文章手稿中，讨论了此课题。在其《逻辑研究》(例如，LI I，§13，290n)中也扩大讨论了“内容”问题，包括对特瓦尔多夫斯基的批评。[100]胡塞尔曾希望在纳托普的刊物上发表对特瓦尔多夫斯基著作的书评，视其为一种有关布伦塔诺思想的重要发展。然而由于纳托普已经发表了相关的书评，他建议胡塞尔将自己的书评作为一篇批评性简介加以改写。[101]因此胡塞尔的书评手稿始终未曾出版。胡塞尔主要对特瓦尔多夫斯基的辨析印象深刻，但认为整个论述在理解内容概念问题上，其立场仍然是过于内在论的。特瓦尔多夫斯基曾经企图通过区分内容的两个方面(二者都是内在于行为的)解决指称同一性的问题，其一指超越性客体，其二指胡塞尔称作的“现前的内容”(der gegenwärtige Inhart)。于是，我可以思想一棵树并表象以一棵枞树，而另一个人可具有同一思想却表象以一棵橡树。胡塞尔辩称，特瓦尔多夫斯基的论述不能实际说明我们不同的行为所共有的意义的相同性或同一性：我们两人都在思想一棵树，却是各自通过我们自己的“主观的表象”(鲍尔扎诺)或胡塞尔所说的“心像”〔phantasm〕。他与特瓦尔多夫斯基都同意说行为具有胡塞尔所谓的一“实在心理学的内容”。存在有一实在的心理行为，此行为具有实在的(胡塞尔早先用语中的“reell”)时间部分。[102]对于胡塞尔而言，实在的心理行为是自然世界中的一个事件，它服从于心理物理法则。它的内容也是一个真正的、虽然是从属性的行为部分；也就是它不可能脱离该

行为而独立存在，它似乎在行为内穿流。行为的“部分”和“因素”可由心理学识别和研究，虽然在特瓦尔多夫斯基看来其内容并不能直接在行为本身内被统握，而对于胡塞尔来说，此内容只有通过对行为的特殊反思才能达到。

在胡塞尔看来，至关重要的是，意义是同一者，它必须被同一说话者反反复复持有或被不同说话者所共同持有。于是，对于胡塞尔而言，这些非个体化的、超越时间性的同一者即是观念项。再者，一心理过程的实在构成性部分的分析将不会揭示行为具有的结构、特殊的“行为性质”、它相关于其内容或所与者的方式、它赋予意义和期待于充实的样式。这些结构属于不同的种类。它们达到和例示着观念项。观念的、逻辑的内容于是即是由心理学的内容所表达者或在心理学的内容中被标志〔tokened〕者。而且在无数行为中保证指称同一性、同一意义重复性者，正是此观念性内容。胡塞尔区分了两种内容作用（或内容的两种特征，在其1896年的发展阶段上，胡塞尔的用语还不十分精细）。虽然特瓦尔多夫斯基谈到了内容沿两个方向移动，一者赋予意义，另一者赋予客体，而对于胡塞尔而言， 59
这会损及被意向的客体的同一性（LI I，§13，290n）。

在其对特瓦尔多夫斯基的书评中，胡塞尔许诺在未来的研究中将继续进行分辨，结果这就是《逻辑研究》的完成。在《观念1》（1913）§129中，胡塞尔虽然仍然称赞特瓦尔多夫斯基，现在却把“内容—客体”二分法看作一个陈旧的口号，它未能有效地进行阐明，因为它不是根基于对于行为的一种真正现象学的阐明（例如，胡塞尔将以诺耶思和诺耶玛概念所提供的阐明）。在此书评中，胡塞尔区分了“心理学的内容（Gehalt）”（或他所说的“实在的内容”）和“观念的内容”（Inhalt或ideales Gehalt）或“意义内容”（Bedeutungsinhalt）。因此，心理学的内容是个别性的，而意义内容根本不是“实在的”。意义被人们共享共有。意义不可能是行为的一个实在的组成成分。正如《逻辑研究》将阐明的，胡塞尔把意义看作行为的观念性的内容，或交替地称之为意向性的内容（LI V，§11）。此外，对于胡塞尔来说，正如对于特瓦尔多夫斯基而言，我们的心理行为通常直接地触及客体，相关于客体，而非相关于内容。需要一种特殊的反思行为才使得一行为的“内容”成为对象。虽然评论者一般都赞同胡塞尔对特瓦尔多夫斯基调节意义内容观念性和同一性的看法所做的批评，我们还不完全清楚这对于特瓦尔多夫斯基的贡献是否公正。Jens Cavallin在最近的研究中指出，特瓦尔多夫斯基熟悉弗雷格对意义和指称的区分，而且可能并非如胡塞尔所断言的那样是一名内在主义者。[103]

布伦塔诺和胡塞尔

胡塞尔的现象学起始于由布伦塔诺在《描述心理学》中首创的描述心理行为及其部分的研究。布伦塔诺对心理行为的论述强调了一种意向性结构，按此结构行为与其客体处于意向性关系中。早先布伦塔诺努力于规定意向性关系和意向性客体的性质，此一努力引发了他的学生大量地讨论。特瓦尔多夫斯基、霍夫勒和梅农都认为有必要区分作为实际心理过程的心理行为之心理学的内容和不同行为均可把握的某种观念性意义内容。特瓦尔多夫斯基和胡塞尔在企图规定这些观念意义的性质时，都曾诉诸鲍尔扎诺逻辑学和洛茨及他人的逻辑学传统。在此过程中，胡塞尔被导向对心理主义的批评，而此批评通向了现象学——作为与心理学和逻辑学分离的一门科学——的建立。我们现在必须转向作为现象学真正奠基者的胡塞尔了。

注释：

477 [1] Brentano, *Aristoteles und seine Weitanschauung* (Leipzig, 1911, reprinted Hamburg: Meiner, 1977), trans. Rolf George and Roderick Chisholm as *Aristotle and His World View* (Berkeley, CA: University of California Press, 1978).

[2] See *The Vienna Manifesto*, quoted in Liliana Albertazzi, Massimo Libardi, and Roberto Poli, eds, *The School of Franz Brentano* (Dordrecht: Kluwer, 1996), p. 7. 事实上，由维也纳小组若干位成员建立的这个共同组织曾被称作"马赫学会"("Ernst Mach Verein")。

[3] For Brentano's assessment of Nietzsche, see, for example, his essay "Nietzsche", in *Geschichte der Philosophie der Neuzeit* (Hamburg: Meiner, 1987), pp. 297-298.

[4] See L. Albertazzi et al., eds, *The School of Franz Brentano*, op. cit., and Robin Rollinger, *Husserl's Position in the School of Brentano* (Utrecht: Utrecht University Dept of Philosophy, 1996).

[5] See Josef Novák, "Masaryk and the Brentano School", in Josef

Novak, ed., *On Masaryk* (Amsterdam: Rodopi, 1988), pp. 27-38.

[6] See Wolfgang Stegmüller, *Main Currents in Contemporary German, British, and American Philosophy* (Dordrecht: Reidel, 1969), pp. 24-62.

[7] 关于“reism”，参见：Jan Wolenski, “Reism in the Brentanist Tradition”, in L. Albertazzi et al., eds, *The School of Franz Brentano*, op. cit., pp. 357-375。这个词“reism”本身由 Tadeusz Kotarabinski (1886—1981) 在 1929 年创造，但是 Kotarabinski 不同于 Brentano，他主张一种“pansomatism”〔泛身体主义〕，认为一切个人都是身体性实体，而 Brentano 相信无身体的心灵的存在。On Kotarabinski, see *The Routledge Encyclopedia of Philosophy* (London: Routledge, 1998), Vol. 5, pp. 293-296.

[8] F. Brentano, *Aenigmatias. Rätzel* (1878, reprinted Berne: Francke Verlag, 1962).

[9] 他的父亲 Christian 写过天主教的小册子；他的叔父和教父是浪漫派诗人 Clemens Brentano (1778—1842)；他的姑姨是 Bettina von Arnim (1785—1857)；他的兄弟 Lujo 成为一名著名的经济学家；他的一个侄子 478
Georg Von Hertling，成为巴伐利亚总统。

[10] 关于他的生平，参见：W. Baumgartner and F.-P. Burkard, “Franz Brentano: Eine Skizze seines Lebens und seiner Werke”, *International Bibliog raphy of Austrian Philosophy* (Amsterdam: Rodopi, 1990), pp. 16-53。See also Massimo Libardi, “Franz Brentano”, in L. Albertazzi et al., eds, *The School of Franz Brentano*, pp. 25-79. Also useful are the article by Dieter Münch, “Franz Brentano”, in Lester Embree, ed., *The Encyclopedia of Phenomenology* (Kluwer: Dordrecht, 1997), pp. 71-75 and R. M. Chisholm and P. M. Simons, “Brentano, Franz Clemens”, in *The Routledge Encyclopedia of Philosophy*, op. cit., Vol. 2, pp. 12-17.

[11] O. Kraus, “Biographical Sketch of Franz Brentano”, in L. MeAlister, ed., *The Philosophy of Franz Brentano* (London: Duckworth, 1976), pp. 1-9.

[12] Franz Brentano, *Von der mannigfachen Bedeutung des Seienden*

nach Aristoteles (Freiburg, 1862), trans. Rolf George as *On the Several Senses of Being in Aristotle* (Berkeley, CA: University of California Press, 1975). Hereafter OSS.

[13] See Martin Heidegger, "My Way to Phenomenology", in *On Time and Being*, trans. Joan Stambaugh (New York: Harper and Row, 1972), p. 74.

[14] Adolf Trendelenburg, *Geschichte der Kategorienlehre* (Berlin, 1846, reprinted Hildesheim: Olms, 1963).

[15] These essays are collected by Alfred Kastil and published as Brentano's *Kategorienlehre* (Leipzig: Meiner, 1933), trans. R. M. Chisholm and N. Guterman as *The Theory of the Categories* (The Hague: Nijhoff, 1981).

[16] Brentano, *Die Psychologie des Aristoteles insbesondere seine Lehre vom Nous Poietikos* (Mainz, 1867, reprinted Darmstadt: Wissenschaftliche Buchgesellschaft, 1967), trans. Rolf George, *The Psychology of Aristotle, In Particular His Doctrine of the Active Intellect* (Berkeley, CA: University of California Press, 1977).

[17] Brentano's theses are reprinted in F. Brentano, *Über die Zukunft der Philosophie* (Hamburg: Meiner, 1968), p. 136. 在布伦塔诺辩护的这些论文中有一篇主张：结论可以从一个单独前提中导出（与古典三段论相反）。按照布伦塔诺维护此论点的注解的看法，从"不存在魔鬼"的命题可以得出结论"不存在红色魔鬼"。

[18] See Eliam Campos, *Die Kantkritik Brentanos* (Bonn: Bouvier Verlag Herbert Grundmann, 1979).

[19] F. Brentano, *Auguste Comte and die positive Philosophie* (1869), reprinted in *Die vier Phasen der Philosophie* (Hamburg: Meiner, 1968), pp. 99-135. See also his 1868 lecture course "Auguste Comte und die positive Philosophie", in F. Brentano, *Geschichte der Philosophie der Neuzeit*, ed. Klaus Hedwig (Hamburg: Meiner, 1987), pp. 246-294.

[20] Carl Stumpf, "Reminiscences of Franz Brentano", in L. MacAlister, ed., *The Philosophy of Franz Brentano*, op. cit., pp. 10 - 46, esp. p. 23. 施图姆普夫最初是一名关于司法程序问题的研究生，但在布伦

塔诺影响下对哲学和神学发生兴趣。施图姆普夫回忆，布伦塔诺在与学生进行哲学讨论时坚持严格的哲学证明。施图姆普夫曾希望追随布伦塔诺做牧师，但当布伦塔诺出现精神危机后他改变了自己的想法，改为撰写关于数学公理的资格考试论文，并在洛茨指导下成为哥廷根大学的私讲师。

[21] See Stumpf，"Reminiscences of Franz Brentano"，in McAlister，ed.，*The Philosophy of Franz Brentano*，op. cit.，p. 37.

[22] Brentano，*Psychologie vom empirischen Standpunkt*（Hamburg：Meiner，1973），2 vols，trans. Antos C. Rancurello，D. B. Terrell，and Linda McAlister as *Psychology from an Empirical Standpoint*（London：Routledge & Kegan Paul，1973，reprinted with a new preface by Peter Simons，London：Routledge，1995），hereafter PES and page number of the English translation. 479

[23] W. Wundt，*Principles of Physiological Psychology*，trans. from the 5th edition by E. B. Titchener（London：Sonneushein，1902）.

[24] *Psychologie vom empirischen Standpunkt*，p. 8；PES 5. See Heidegger's explanation，*Prolegomena zur Geschichte des Zeitbegriffs*，HCT §4，pp. 20-21；GA 20，p. 25.

[25] J.-P. Sartre in *Being and Nothingness*，trans. Hazel Barnes（London：Routledge，1995），p. xxi（hereafter BN and page number of English translation），称赞此"现代"的进步，即用"显象的总和"代替客体。在此意义上，布伦塔诺显然属于萨特所说的"现代人"。

[26] The first edition of *Psychology from an Empirical Standpoint*，published in Leipzig in 1874，此书第一版分为两卷，并许诺接下来还有三卷，甚至有一个第六卷称作"心与身体的关系"（PES，xv）。1911 年他再版了第二卷，附加了几篇文章。In 1924 a second edition of the whole of PES was produced by Oskar Kraus with additional essays and notes.

[27] F. Brentano，*Deskriptive Psychologie*，ed. R. M. Chisholm and W. Baumgartner（Hamburg：Meiner，1982），trans. Benito Müller as *Descriptive Psychology*（London：Routledge，1995）. Hereafter cited as DP followed by page number of the English translation.

[28] F. Brentano，*Vom Ursprung sittlicher Erkenntnis*（Leipzig，1889，reprinted Hamburg：Meiner，1969），trans. Roderick Chisholm

and Elizabeth Schneewind as *The Origin of Our Knowledge of Right and Wrong* (London: Routledge & Kegan Paul, 1969). Hereafter RW and page number of the English translation. This book influenced both G. E. Moore and Max Scheler in their conceptions of ethics. See R. M. Chisholm, *Brentano and Intrinsic Value* (Cambridge: Cambridge University Press, 1986).

[29] F. Brentano, *Wahrheit und Evidenz*, ed. Oskar Kraus (Leipzig: Meiner, 1930), trans. R. M. Chisholm et al., *The True and the Evident* (London: Routledge & Kegan Paul, 1966), pp. 3-25. Hereafter *The True* and page number.

[30] 关于布伦塔诺有关真理和明证性理论的复杂性的杰出讨论，参见：Roberto Poli, "Truth Theories", in L. Albertazzi et al., eds, *The School of Franz Brentano*, pp. 344-349。

[31] F. Brentano, *Meine letzten Wünschefur Österreich* (Vienna, 1894).

[32] F. Brentano, *Untersuchungen zur Sinnespsychologie*, ed. R. M. Chisholm and R. Fabian (Hamburg: Meiner, 1979).

[33] F. Brentano, *On the Existence of God*, trans. S. Krantz (Dordrecht: Nijhoff, 1987).

[34] See F. Brentano, *Philosophical Investigations of Time, Space and the Continuum*, trans. Barry Smith (New York: Croom Helm, 1988).

[35] L. Albertazzi et al., eds, *The School of Franz Brentano*, op. cit., p. 5.

[36] For a description of the *Nachlass*, see J. C. M. Brentano, "The Manuscripts of Franz Brentano", *Revue Internationale de Philosophie* 20 (1966), pp. 477-482.

[37] F. Brentano, *Die vier Phasen der Philosophie und ihr augenblicklicher Status* (first published 1895, then Leipzig: Meiner, 1926, reprinted Hamburg: Meiner, 1968), trans. Stephen Satris, "The Four Phases of Philosophy and its Present Condition", *Philosophy Today* 43 (1/4) (Spring 1999), pp. 14-28.

[38] F. Brentano, *Die vier Phasen der Philosophie*, op. cit., p. 9.

[39] F. Brentano, *Die vier Phasen der Philosophie*, op. cit., p. 58.

[40] See Brentano, *Philosophical Investigations of Time, Space and the Continuum*, op. cit., p. 59.

[41] See L. Albertazzi, "Kant in the Brentanian Tradition", in L. Albertazzi, M. Libardi, and R. Poll, eds, *The School of Franz Brentano*, op. cit., pp. 423-464. 480

[42] Husserl, *Studien zur Arithmetik und Geometrie. Texte aus dem Nachlaß* (1886—1901), ed. I. Strohmeyer, Hua XXI 220.

[43] 布伦塔诺甚至与穆勒通信，讨论穆勒逻辑学中主谓形式问题。Mill's letters to Brentano are published in J. S. Mill, *The Later Letters of John Stuart Mill 1849—1873*, ed. F. E. Mineka and D. N. Lindley, J. S. Mill, Collected Works Vol. XVII (Toronto and London: University of Toronto Press, 1972), see especially pp. 1927-29 and 1934-35.

[44] See F. Brentano, "Auguste Comte und die positivistische Philosophic", in *Die vier Phasen der philosophie*, pp. 99ff. See also Dieter Münch, "Brentano and Comte", *Grazer Philosophische Studien* 35 (1989), pp. 33-54.

[45] Ernst Mach (1838—1916) 生于 Turas, Moravia（今属捷克），就读于维也纳大学，后于 1864 年成为 Graz 的数学教授。1867 年接受布拉格大学物理学教授职，1895 年回维也纳大学任归纳科学的历史和理论主任。他的贡献涉及多方面：物理学，包括热力学、光学、力学，以及心理学和知觉研究。他的态度是坚定实证论和反形上学的，为此受到维也纳学派的盛赞。参见："Mach, Ernst (1838—1916)", in *The Routledge Encyclopedia of Philosophy*, op. cit., Vol. 6, pp. 13-16。马赫是贝克莱和休谟的崇拜者，并视自己的感觉主义是经验主义立场的一个发展。他的最重要的著作有：a "historical-critical" treatise on mechanics, *Die Mechanik in ihrer Entwicklung historisch-kritisch dargestellt* (Prague, 1883), trans. T. J. McCormack as *The Science of Mechanics* (La Salle, IL: Open Court, 1960) and *Die Analyse der Empfindungen* (1906), trans. C. M. Williams and S. Waterlow as *The Analysis of Sensations* (Chicago, 1914)。

［46］Brentano 在 *The True and the Evident*（1889）书中承认，在写 PES（1874）时他倾向于这样的观点：人的信念程度类似于快乐或痛苦的强度。因此否定的判断是永远不可能的，因为判断是带有强度的呈现。事实上，布伦塔诺否认存在于明证性的程度（RW 83）。某物或者具有明证性或者无。我从某行为中立即把握了该明证性，但此明证性必定连同某种诺耶思特性而不是情绪性特性呈现。在他看来，明证性与确然性（apodicticity）并不相同。人们甚至能够对某种仅是或然的东西具有一种明证的知觉，参见：Jan Srzednicki，*Franz Brentano's Analysis of Truth*（The Hague：Nijhoff，1965），p. 96。

［47］See R. M. Chisholm，"Brentano's Conception of Substance and Accident"，in R. M. Chisholm and R. Hailer，*Die Philosophie Brentanos*（Amsterdam：Rodopi，1978），pp. 197－210.

［48］See Barry Smith，"Logic and the *Sachverhalt*"，in L. Albertazzi，M. Libardi，and R. Poli，eds，*The School of Franz Brentano*，pp. 323－342.

［49］Ibid.，pp. 327－328.

［50］See W. Baumgartner and P. M. Simons，"Brentano's Mereology"，*Axiomathes* V(I)（April，1994），pp. 55－76. Lesniewski 于 1916—1921 年建立了 4 种不同的公理化，部分地援引了罗素关于类的悖论研究。See S. Lesniewski，"On the Foundations of Mathematics"，*Collected Works* 2 vols（Dordrecht：Kluwer，1992），Vol. 1，pp. 174－382.

［51］亚里士多德在《形上学》中讨论了"部分"（*meros*）的概念，参见：*Metaphysics*，1014a 26ff.；1023b 12ff.；1025b lff.，1034b 20ff.；and in *Physics*，210a 14－24。关于布伦塔诺的批评，参见：Brentano，*The Theory of the Categories*，op. cit.，p. 82。

［52］See Peter M. Simons，"Brentano's Reform of Logic"，*Topoi* 6
481 (1987)，pp. 25－38. A compilation of Brentano's lecture notes on logic was published as *Die Lehre vom richtigen Urteil*（Berne：Francke Verlag，1956）. See also Peter M. Simons，"Logic in the Brentano School"，in L. Albertazzi et al.（eds），op. cit.，pp. 305－321.

［53］See Peter M. Simons，"Brentano's Reform of Logic"，*Topoi* 6（1987），pp. 25－38.

［54］在古典逻辑学中“一切人是有死的”是全称肯定判断（A），“某些人是有死的”是特称肯定判断（I），“某些人是没有死的”是特称否定判断（O），而“没有人是有死的”是全称否定判断（E）。参见：Irving Copi，*Introduction to Logic*，7th edition（New York：Macmillan，1986），p. 346。

［55］David Bell，*Husserl*（London：Routledge，1991），p. 13：“no mental act can be properly said to have a content which is of the form：‘*that p*’”〔非心理行为可被正当地称作具有一内容——关于该形式的内容：“that p”式〕。

［56］See Brentano's 1914 brief remarks，“Der Vorwurf des Psychologismus”，in *versuch über die Erkenntnis*（Hamburg：Meiner，1970），pp. 194－195.

［57］G. T. Fechner，a professor at Leipzig，在其*Elements of Psychophysics*（1860）中主张，精确的和稳定的量化关系可以形成于物质刺激和心理感觉强度的经验性变化之间。按照他的“基本心理生理定律”，被经验的心理感觉强度按照一种算术级数相对于身体感觉的强度而增加（PES 67ff.）。布伦塔诺对以下假定提出挑战：心理感觉中的可见变化必定以相同的数量增加。

［58］For Brentano's discussion of induction，see “Das problem der Induktion”，*Versuch über die Erkenntnis*，op. cit.，pp. 68－95.

［59］Brentano expanded on these matters in his lectures on the theory of correct judgement，*Die Lehrevom richtigen Urteil*（Hamburg：Meiner，1956）.

［60］See Brentano's letter to O. Kraus，24 March 1904，trans. in RW 111－113.

［61］On Brentano's rejection of the synthetic a priori，see Brentano，*Versuch überdie Erkenntnis*，op. cit.，pp. 12ff. See also Stephan Körner，“On Brentano's Objections to Kant's Theory of Knowledge”，*Topoi* 6（1987），pp. 11－19.

［62］布伦塔诺的术语（PES，29）并不与冯特完全一致，参见：W. Wundt，“Selbstbeobachtung and innere Wahrnehmung”，*Philosophische Studien* 4（1888），pp. 292－309。See K. Danzinger，“The History of Introspection Reconsidered", *Journal of the History of the Behavioral Sciences* 16 (1980), pp. 241-262.

[63] See William Lyons, *The Disappearance of Introspection* (Cambridge, MA: MIT Press, 1986), and the article "Introspection, Epistemology of", in *The Routledge Encyclopedia of Philosophy*, op. cit., Vol. 4, pp. 837-847.

[64] See, for example, Daniel C. Dennett, *Consciousness Explained* (London: Penguin, 1993), pp. 66-70, and the critique by David Carr, "Phenomenology and Fiction in Dennett", *International Journal of Philosophical Studies* 6 (3) (October, 1998), pp. 331-344.

[65] 布伦塔诺已经阐明了此理论，参见他的 *Habilitationsschrift*, *The Psychology of Aristotle*, op. cit., p. 90。

[66] *On the Lorenz-Einstein Question*, 30 January 1915, Appendix to F. Brentano, *The Theory of the Categories*, trans. R. M. Chisholm and N. Guterman (The Hague: Nijhoff, 1981), p. 208.

[67] 与阿奎那相反，布伦塔诺否认内知觉涉及在原初行为后产生的记忆行为（PES, 126n.）：在原初的和反应的行为之间存在一个时间差，否则反应的行为会容易出错。

[68] Brentano, *The Psychology of Aristotle*, op. cit., p. 58.

[69] Brentano, *Versuch überdie Erkenntnis*, op. cit., p. 168.

482 [70] Similar to Leibniz's *petites perceptions*. See Leibniz, *Preface to New Essays*, in R. Ariew and D. Garber, eds, *G. W. Leibniz. Philosophical Essays* (Indianapolis: Hackett, 1989), p. 295. 莱布尼兹说，人们听不到附近整天在转动的风车。他也主张，知觉海啸的声音就是知觉海波的诸个别声音，即使人们并不能清晰区别这些声音。

[71] 比较 John R. Searle, *The Rediscovery of the Mind* (Cambridge, MA: MIT Press, 1992), p. 148。

[72] 值得注意的是，John R. Searle 在其 *Intentionality* (Cambridge: Cambridge University Press, 1983) 一书中（p. 6）提出了"心理学样态"(psychological mode) 术语却并未提及布伦塔诺。

[73] 布伦塔诺说，心理行为的三分法是由柏拉图提出的，但他采取的是更具权威性的亚氏划分法，继之者为紧随其后的笛卡尔（*idea*, *iudici-*

um，*voluntas*)。布伦塔诺特别反对康德的感性与悟性的二元论。也参见：RW，50-54。

[74] Aiexius Meinong，*On Assumptions*，trans. James Heanue (Berkeley，CA：University of California Press，1983).

[75] J. N. Findlay，*Meinong's Theory of Objects and Values* (Oxford：Clarendon Press，1963)，pp. 5-6，在谈到梅农理论时说："表象本身是完全被动的经验，我们完全对其接受而不思从中获得什么，在其纯粹形式中的这类经验，在成年人心理生活中不常见，但无疑偶尔是可能发生的。"

[76] 甚至痛、痒等呈现着，虽然所呈现者并不清晰。布伦塔诺认为，疼痛是由呈现、判断和反感情绪组成的综合物（PES，83）。疼痛呈现着某种感觉，此感觉由他称为"强度""轻度""饱和度"等性质连同"位置"所支配。呈现产生了一种厌恶（恨的情绪）。在疼痛这样的经验中，我们倾向于把所呈现的感觉与情绪性反应相混淆，而布伦塔诺说，没有人听见一个声音并欣赏它时会把听与喜欢相混淆。同样，炫目的亮光是令人痛苦的，但毫无疑问我们经验着一种光的呈现以及经验着疼痛和反感。

[77] Brentano，*Sensory and Noetic Consciousness*，*Psychology from an Empirical Standpoint III*，trans. U. McAlister and M. Seattie (London：Routledge & Kegan Paul，1981). Hereafter SN.

[78] Kraus 批评胡塞尔没有认识到，布伦塔诺后期的意识时间样态理论类似于胡塞尔自己在 *Phenomenology of the Consciousness of Internal Time* 中的观点。参见：O. Kraus，"Towards a Phenomenognosy of Time Consciousness"，in L. McAlister，ed.，*The Philosophy of Franz Brentano*，pp. 224-239。

[79] See Robin Rollinger，"Husserl and Brentano on Imagination"，*Archiv für Geschichte der Philosophie* 75 (1993)，pp. 195-210.

[80] 专门名词"*intentionalitas*"在中世纪后期的确流行过，并用于指在"第一意图"和"第二意图"之间的逻辑区分特征（*prima* and *secunda intentio*)，但是"intentionality"的现代用法来自胡塞尔，而非来自布伦塔诺。

[81] *Psychologie vom empirischen Standpunkt*，Erster Band，Zweites Buch，Erstes Kapitel，§5 (Hamburg：Meiner，1973)，pp. 124-125.

483 [82] 胡塞尔后来在《逻辑研究》中使用此词“*einwohnen*”，去描述这样的方式，在其中一行为的意义内容属于该行为。

[83] Twardowski，*Zur Lehre vom Inhalt und Gegenstand der Vorstellangen. Eine psychologische Untersuchung*（Vienna，1894），trans. R. Grossmann，*On the Content and Object of Presentations. A Psychological Investigation*（The Hague：Nijhoff，1977），p. 22. Hereafter COP and page number of English translation.

[84] 布伦塔诺已经将亚氏在想象中的感觉印象理论解释为心中的“客体”，参见：*Habilitationsschrift*，*The Psychology of Aristotle*，op. cit.，p. 67。

[85] Alexius Meinong，“The Theory of Objects”，trans. R. M. Chisholm in *Realism and the Background of Phenomenology*（Glencoe，IL：The Free Press，1960），p. 83. See also R. M. Chisholm，“Beyond Being and Nonbeing”，in Rudolf Hailer，ed.，*Jenseits von Sein and Nichtsein*（Graz：Akademische Druck-und Verlagsanstalt，1972），pp. 25–36.

[86] Letter to Oscar Kraus 14 September 1909，quoted by Kraus，PES 385. 此信的德文版见：F. Brentano，*Die Abkehr vom Nichtrealen*（Hamburg：Meiner，1977），pp. 201–208，see esp. p. 204。

[87] Letter to Oscar Kraus 14 September 1909，quoted by Kraus，PES 385；*Die Abkehrvom Nichtrealen*，op. cit.，p. 200.

[88] Gareth B. Matthews，“Commentary on Caston”，in John J. Cleary and W. Wians，eds，*Proceedings of the Boston Area Colloquium in Ancient Philosophy Volume IX*（1993）（New York：University Press of America，1995），pp. 246–254. See also Barry Smith，“The Substance of Brentano's Ontology”，*Topoi* 6（1987），pp. 39–49.

[89] The German text of this passage is found in F. Brentano，*Die Abkehr vom Nichtrealen*，op. cit.，pp. 119–120.

[90] 关于马尔提的语言论，参见：Kevin Mulligan，“Marty's Philosophical Grammar”，in K. Mulligan，ed.，*Mind*，*Meaning and Metaphysics*（Dordrecht：Kluwer，1990），pp. 11–27。

[91] Letter to Kraus 14 September 1909，*Die Abkehr vom Nicht-*

realen，op. cit.，p. 206.

［92］M. Heidegger，*Die Grundproblerne der Phänomenologie*，GA 24（Frankfurt：Klostermann，1989），trans. A. Hofstadter，*Basic Problems of Phenomenology*（Bloomington，IN：Indiana University Press，1982），p. 60. Hereafter BPP and page number of English translation，followed by page number in German edition.

［93］See Herman Philipse，"The Concept of Intentionality：Husserl's Development from the Brentano Period to the *Logical Investigations*"，*Philosophy Research Archives* XII（March，1987），pp. 293 - 328，esp. p. 297.

［94］See Dermot Moran，"The Inaugural Address：Brentano's Thesis"，*Proceedings of the Aristotelian Society*，Supplementary，Vol. LXX（1996），pp. 1－27.

［95］Trans. modified. 然而，布伦塔诺通过对科学领域内物理科学和心理科学分离性的否定，直接描述了此一类比，其根据是存在着可用经验科学研究的心理学事实（第 6 页）。他进而承认，物理事件可能具有心理效果，反之亦然。

［96］尽管是一内部心理片段部分，布伦塔诺的内容可加以交流。当我们听到说出的语词时，我们把握了说话者的心的内容。但是，因为布伦塔诺的内容肯定是心理上前于心的，他的分析表明，说话者的心理内容也在听者处显示为一心理内容，后者表达了说话者的意图。特瓦尔多夫斯基重复了此论述，他显然未能指出私人心理内容如何能够变为共同意义的。

［97］A. Höfler and A. Meinong，*Philosophische Propädeutik. I Logik* 484
（Leipzig，1890），p. 7 Cited in Twardowski，COP，2.

［98］Kasimir（or Kazimierz）Twardowski 1866 年生于维也纳，1885—1889 年随布伦塔诺在维也纳大学学习，与胡塞尔同时，虽然特瓦尔多夫斯基刚开始其哲学学习时胡塞尔已经完成了博士论文，所以两人并不很熟悉。之后他在慕尼黑和莱比锡学习，1892 年所写博士论文是《笛卡尔的观念理论》，并于 1894 年完成了他的教师资格考试论文《论表象的内容和客体》。之后他成为维也纳大学的私讲师，再后任教于时为奥地利帝国一部分的波兰利沃夫。除了少数论文外，他一生中出版甚少，虽然他对于波兰哲学的影响很大，他的学生茵加登后来随胡塞尔学习。他死于 1938 年 2 月 11

日。参见：Jan Wolen-ski's article，"Twardowski，Kazimierz（1866—1938）"，in *The Routledge Encyclopedia of Philosophy*，op. cit.，Vol. 9，pp. 507-509。

[99] For this correspondence，see J. N. Mohanty，*Husserl and Frege*（Bloomington，IN：Indiana University Press，1982）.

[100] See E. Husserl，"Critical Discussion of K. Twardowski"，*Zur Lehre vom Inhalt und Gegenstand*"，in *Early Writings in the Philosophy of Logic and Mathematics*，trans. Dallas Willard，Collected Works V（Dordrecht：Kluwer，1994），pp. 388-395；Hua XXII 349-356. Hereafter EW Husserl's article，"Intentional Objects"，is translated EW 345-387 and another draft is translated by Robin Rollinger，*Husserl's Position in the School of Brentano*，op. cit.，pp. 195-222.

[101] See Jens Cavallin，*Content and Object. Husserl，Twardowski and Psychologism*（Dordrecht：Kluwer，1997），p. 29.

[102] 胡塞尔对于维也纳学派奠基者之一石里克在其1918年初版的《一般认识理论》[*Allgemeine Erkenntnislehre*（Berlin，1918），p. 121，trans. Albert E. Blumberg，*General Theory of Knowledge*（New York：Springer Verlag，1974）] 中对自己的尖刻攻击甚感不快。石里克批评说，胡塞尔所说的心理行为根本不是心理流的一个实在的部分，也不是世界内的实际事件，而只是观念的行为。胡塞尔在1920年《逻辑研究》第二版的前言中对此加以反驳。参见：Second Edition of Book Two Part Two of the *Logical Investigations*（LI 663；Hua XIX/2 535）。

[103] See J. Cavallin，*Content and Object. Husserl，Twardowski and Psychologism*，op. cit.，p. 31.

2　艾德蒙德·胡塞尔：现象学的奠基者 60

导言：胡塞尔及其哲学简介

虽然布伦塔诺预见到现象学的很多课题，现象学只是到胡塞尔时才得以确立，被构想为一门具有自己特殊方法的有关纯粹意识本质结构的科学。胡塞尔在《逻辑研究》中首次宣布他对现象学的归属定义。特别是在撰写“逻辑研究”系列的最后两卷时，他开始看出一种有关更一般的“现象学的”意识研究之必要。按照他的构想，现象学将是关于科学的理论，一门“科学学”，对于本质上属于系统知识本身者所做的一种严格的阐述。后来在《观念 1》中以及在他处，胡塞尔谈到了一种涉及广泛的“理性批评”之必要[1]，以及“对于哲学知识的一种完全的改造”[2]。现象学逐渐发展为一种关于“最终根基化作用”的计划，后者在胡塞尔看来将包括全部哲学。

胡塞尔的中心问题：主体性的神秘性

与 19 世纪末的许多其他研究者（如詹姆士和柏格森）一样，胡塞尔也迷恋于意识体验的不断变化之流、“永恒的赫拉克里特之流”（《观念 1》§ 34）及其严密的统一性。[3]再者，意识是一切体验的基础，它的显现样式似乎不可中断地联系于时间本身的性质。甚至没有意识就不可能有体验，意识进入每一体验。从此活生生的意识流中出现了观念性、无时间性的意义的“成就”（Leistungen），对超越性的客体和真理的把握。对胡塞尔来说，客体永远是一种特殊的“意识成就”，而且他深为此过程的奇异性着迷。再者，意识永远被特殊化为某人的意识，于是研究此意义发生的“原初领域”的过程必定从某人自身开始，从严格的自我检验开始，胡塞 61
尔在其《笛卡尔沉思录》中将此自我检验刻画为“先验唯我论”的起点（CM § 13，30；Hua I 69）。然而，胡塞尔也承认一个在考虑其哲学时往往被忽略的观点：此一方法论的唯我论不可能即是全体哲学，只不过是其开端而已。

从一开始，胡塞尔就承认认知活动的主体间的共同基础，并专注于此主体间性的伦理学方面："我"如何存立于"我们"之中。在早期，最突显的是在1912年左右，他开始将客体看作主体间确认和接受的成就。他的现象学也开始越来越专注于假定的人的经验领域，而且他开始了对"周围世界"以及人的世界概念的描述，它们在其"生活世界"观念里获得了表达。在此"构成性的"现象学以及作为康德唯心主义意义上的一种先验科学的现象学的描述之外，胡塞尔还进行了所谓"发生的"〔genetic〕或"生成的"〔generative〕现象学研究，按照一种几乎是黑格尔的方式描绘了文化概念的历史演变。这两种形式的现象学都表现在他1936年的著作《欧洲科学的危机和先验现象学》中。[4]

在胡塞尔采取的多种多样主题和方法的背后，存在着一种深刻的计划统一性，即"第一哲学"的计划：在存在者（das Seiendes）和理性（Vernunft）之间的关系。于是在《危机》中他问道："理性和存在者能够彼此分离吗，理性，如认知行为，决定着存在者吗?"（Crisis §5，11；Hua VI 9）在存在者和思想之间的关系导致胡塞尔对主体性的神秘性和客体性的构成性问题进行了彻底的探讨；这就是，意识如何达到客观的知识？此一基本的引导性问题，在其一生中甚至具有很多不同形态。[5]正如在弗莱堡晚期岁月间的忠诚助手芬克（1905—1975）所说，胡塞尔的关切与其说是客体性问题，不如说是世界构成的问题（《通信集》IV，292），这导致胡塞尔认可了由笛卡尔、休谟和康德在近代哲学中采取的先验性、批评性方向。被定义为"关于存在者知识"的哲学必须通过对我们的知识如何构成的方法论反思来探索其目标。尽管胡塞尔对知识条件的兴趣如此浓厚，但他甚至被指责为对于事实存在世界根本没有兴趣。

胡塞尔的中心观点是：意识是一切经验的条件，它甚至以关键的方式构成着世界，而意识本身的作用是隐晦的，不容易被分离及描述。胡塞尔
62 因此不断追求着如何克服阻碍认知纯粹意识领域的偏见，并对其说明，这导致了一个新哲学开端的出现。为此目的，终其一生，他写了很多部现象学导论，每一部都企图从不同的角度来表述现象学的基本观点。[6]这些纲领性的陈述强调着现象学的方法的原初性和彻底性，而其方法往往是根据笛卡尔的哲学革新纲领加以解释的。

胡塞尔作为永恒的开始者

在某种意义上，胡塞尔联结着两个不同的世界。作为大学教授，他是一位认真的、具有威严的人物，充分把握着世纪初德国严格的学术世界。[7]他代表着19世纪资产阶级的知识世界，其特点是表现出高度的严肃性，并对科学、理性和通过知识推动人类进步具有坚定信仰。[8]但是，他也尖锐地意识到文化分裂和相对主义的威胁，后者是由于20世纪对理性的性质和计划之深刻不确定性而产生的。胡塞尔把自己看作一名富于梦想的先驱者，以近乎宗教的狂热研究其问题，甚至自比于领导族民奔向乐土的摩西。[9]他甚至相信，他自己选择哲学生涯的决定是受到了一种深刻宗教信念的激发。他自视为是在探索纯粹意识和先验主观性这一先天科学领域道路上的一名开拓者。

胡塞尔作为别具一格的永恒哲学“开拓者”，是一位有彻底自我批评精神的思想家，他不断地努力阐明自己的观点和表述他借以达至观点的方法，并相信其方法足以证明观点的正确性。他经常改变思路，批评自己早先表述的不精确性，并使自己的研究改变方向，往往返回先前的问题而从一种新角度对其加以再思考。对自己哲学写作的这种经常的改写，使人难以按照直线方式描绘其思想的、哲学的发展，而且其出版物的顺序本身也不成为他的思想方向之指南。然而，胡塞尔也不时陷入失败和挫折感之中。他甚至认为，一个人如果没经验过矛盾和谬误就算不上是哲学家（《通信集》VI，239）。从他的日记和书信中我们知道，他曾长时期地经受着哲学的绝望和沮丧（他称之为“神经的恶魔”），以至于卧病在床[10]，其间穿插着短时期的巨大创造性和激情的写作。在这些“研究狂热”冲击下，他如同在“入定中”工作一般（《通信集》III，413，210），在一种“哲学狂热”中急书文稿（《通信集》III，47），“一种工作式的发作”（《通信集》IV，269）。于是，《观念1》是在大约三个月内匆忙写就的，《形式逻辑和先验逻辑》的写作时间也差不多。这类工作具有思想治疗性，而且他说《逻辑研究》的写作有助于他摆脱哈雷时期的压抑岁月。但是，他也 63
在即将付梓之前突然放弃了出版计划，因此他生前已出版的书籍只占他实际研究著作中很小的比例。他的很多留存手稿都是有待将来继续发展的问题之纲要。因此在留存手稿中有大量的重叠和重复。他的大多数著作在去世时都未曾出版过，包括 4.5 万页手写稿纸，用一种过时的德语简写法 Gabelsberger 系统写成（被胡塞尔修改过，并加入哲学术语），自 1939 年起都保留在比利时卢汶天主教大学的胡塞尔档案馆内。[11]胡塞尔研究规划的完整规模直到现在才被发现，当研究者耐心地誊录和编辑胡塞尔的“遗著”以备纳入全集 Husserliana 出版后。《全集》现已超过 30 卷，外加 10 卷通信集。胡塞尔在去世前将自己的著作进行了分类，而且他的锲而不舍的分类编目工作意味着，存在着大批装有讲课和个人笔记的文件夹，以及个人图书，其中包括大量读书——如海德格尔的《存在与时间》——时的边注。[12]

虽然胡塞尔能够清晰而透彻地写作，他的已出版著作却多半是抽象的、技术性的讨论，行文风格过于紧密和曲折，而且最为人诟病的是，即使是描述的现象学作品，也欠缺具体例子。集中于关于方法的这些已出版的陈述就会模糊了如下事实：胡塞尔和其热诚的助手完成了大量具体的现象学研究——对不同意识经验领域的描述，如知觉、想象、时空意识（例如他的 1907 年的所谓“关于物的讲演”，讨论了物与空间），以及后来关于身体和生活世界的研究。[13]胡塞尔自己的现象学研究生前出版极少，《论内时间意识现象学》是一例外，这是多年（1893—1917）间相关讲演的集结，此书最初由其助手史泰茵誊录和编辑，最后由海德格尔于 1928 年完成出版，虽然胡塞尔对此书颇为不满，因为其编辑形式对于内容有所删节。[14]

胡塞尔是一位自相矛盾的人物。他把现象学想成一种合作的事业，一种“协作哲学”（symphilosophein），但他通常完全独立工作，写下自己每日的“沉思”，这些沉思只有在准备出版一部书时才被中断。胡塞尔确实说过他是作为一名单独研究者来从事探索的（《通信集》V，137）。胡塞尔甚至把自己的哲学研究过程奇特地描述为匿名性的，而且甚至说，如果他
64 可以选择，他会匿名地发表其研究结果（《通信集》III，26），以期抵制舍勒和柏格森所获得的那种来自大众的奉承。他提倡这样的哲学概念：作为一种无个人色彩的职能者或公仆，以服务于人类为天职，并为“绝对之纯粹执行人”（《通信集》III，218；也见 Crisis § 7，17；Hua VI 15）。他很少参加哲学会议，最喜欢通过书写进行交流；他甚至似乎能够只通过书写来进行思想。[15]

胡塞尔的讲课非常认真和富于条理，但往往非常难懂，学生往往因其

精微的辨析而如堕五里雾中。这些学生，包括普勒斯纳（Helmut Plessner）和莱维纳，把他描述为典型的“自言自语者”。[16]另外一位学生道贝尔特（1877—1947）报道说，胡塞尔似乎不理解任何其他人的话语；伽达默尔回忆道，他的一位朋友离开胡塞尔课堂时留下的印象是，胡塞尔的手的细小动作使人联想起“熟练的钟表匠”[17]。胡塞尔从布伦塔诺处承袭的观点是：认识一种新的区分就是看到他人所没有看到者。于是，北美的Ernest Hocking，从哥廷根时代起即是胡塞尔的学生，他回忆道：“胡塞尔的教学相当于一系列重要而困难的区分，极其细密而慎重。”[18]例如，在《笛卡尔沉思》中胡塞尔提到“看似无关紧要的细节”（CM §14，32；Hua I 71），后者却形成了哲学中正误方向的区别。另一方面，尽管他的概念辨析精微，胡塞尔的语言表达却有些漫不经心，而且并不总是遵守他自己做出的区别。在他的哥廷根时代，学生回忆说，莱纳赫（1883—1917）才是真正的明星老师，他比胡塞尔更清晰、更简明地发展了现象学。后来在弗莱堡，伽达默尔对于胡塞尔的研究班不无负面印象：研究班虽然不乏典雅气氛，而“他所谈的一切一直像是对已知的分析进行再提炼而已”（Phil. App.，35）。

胡塞尔最初并非受过扎实的哲学训练，他甚至将自己看作在此领域内的一位“自学成才者”（《通信集》VI，460）。他与哲学的主要接触是通过布伦塔诺完成的。于是，他更多地依赖于哲学术语的词源学意义，较少依赖于哲学术语基于历史传统的意义，对此传统，至少在初期，他并不十分熟悉。在他的最初学习时期，所阅读的大多数资料都是数学和逻辑学方面的，虽然他已开始欣赏休谟和康德了。他在1890—1905年的逻辑学评论显示，他熟悉当代的发展，包括弗雷格和罗素的著作。他拥有弗雷格的全部早期著作，也藏有罗素的《数学原理》（1903）。他甚至多年来通过与一位以前的学生贝尔（Winthrop Bell）的通信，保持着对罗素观点发展的了 65
解。胡塞尔认为罗素有关严格科学价值理论与道德性的看法太过偏于自然主义和怀疑主义（《通信集》I，115）。反过来，罗素在1920年写信给胡塞尔时回忆道，他一直保留着《逻辑研究》，企图在刊物《心》上写一书评，但此书评一直未出现过。罗素很偶然地也保留有一本胡塞尔的《算术哲学》。[19]

由于其讲师地位和普通的文字风格，他必定具有某种个性魅力才能够吸引住如此多的才智出众者。胡塞尔的教学和研究经历漫长，接触过几代学生，包括当时一些最杰出者。就个人言，胡塞尔平易近人，虽然欠缺幽默，与其老师布伦塔诺的活跃形成对比。他经常不拘礼节地邀请学生来家参加晚间讨论，而且在其弗莱堡时期，他日日在罗雷托堡路上和学生一起散步，并周六上午在家中举行哲学讨论。《逻辑研究》的原创性和大胆的视野曾经在哥廷根和慕尼黑鼓舞了几个小组将其实在论的现象学应用于哲学问题，而且后来他的先验现象学在弗莱堡也吸引了支持者，虽然也疏离了一些自哥廷根时代以来的学生，如茵加登（1893—1970）和康拉德-马尔修斯（1888—1966），他们都曾为《逻辑研究》的实在论所吸引。特别是在其后期弗莱堡的年月里，很多大哲学家访问胡塞尔，包括卡尔纳普（1891—1970）、赖尔、尼尔、马尔库塞（1898—1979）、哈茨霍恩（他在1924—1926 年参加过胡塞尔的研究班）、卡西勒，以及 1934 年 11 月来访的奥尔特加·格塞。[20]其他人如宾斯万格、舍勒、舒茨和茵加登等，各自在精神病理学、社会哲学和美学方面发展了现象学。

胡塞尔的发展阶段

就胡塞尔的写作习惯而言，既无简单的进展经历，也无重要逆转或转折的证据。我们所具有的是极其庞大的独创性研究成果，从种种角度对同一主题的反复探索。这些手稿写作于不同的时期，有时接续有时放下，而且胡塞尔（遗憾地）也不在乎写作日期。然而，对其一生研究进行分期的想法是有用的。胡塞尔的助手芬克提供了了解胡塞尔思想发展的一种方便的方式，即将其分为三个阶段：第一个时期称为心理主义（1887—1901），
66 虽然准确地说，那是胡塞尔与心理主义斗争的时期；第二个时期芬克称为描述心理学（1901—1913）；第三个时期即先验现象学（1913—1938）。[21]这三个阶段大致对应于胡塞尔分别居留于哈雷、哥廷根和弗莱堡时。在哈雷，胡塞尔写了《算术哲学》以及一些逻辑学论文。在哥廷根阶段，他的主要著作是《作为严格科学的哲学》和《观念 1》。而在弗莱堡阶段，他出版了《论内时间意识现象学》（1928）、《形式逻辑和先验逻辑》（1929）、法文版的《笛卡尔沉思》，以及最后《欧洲科学的危机和先验现象学》的第一部分（1936）。《经验与判断》（1938）是他与兰德格里伯合写的，印制时他去世了。把他的弗莱堡时期分为两个阶段是有用的，即以 1928 年退休前后为界。在 1905—1928 年期间他的思想发展可以由还原概念和他对先

验主体性的纯粹先天分析的进展为标志。然而此一阶段也包含着他后期著名的有关主体间性和生活世界的讨论。

在胡塞尔的最早研究中，他企图运用布伦塔诺的描述心理学方法中的要素，特别是由其资格考试论文导师施图姆普夫所发展的部分，来奠定数学和逻辑学的基础。于是在《逻辑研究》第一版（哈雷年代的主要出版物）中他将自己的理路刻画为“描述心理学”或“描述现象学”。然而在1904—1905年他开始更自觉地将自己的方法论刻画为与笛卡尔和康德的先验论方向一致，如我们可从最近出版的1905—1907年的讲义中明显看到的。他的思想新方向的一个主要理由是，《逻辑研究》中意识行为分析是相对静态的，没有考虑到其中的时间性性质以及它们在个别意识统一体中的根本基础。胡塞尔感觉到必须按照布伦塔诺路线重新思考他从《逻辑研究》中删除的纯粹自我的性质，在该书中他是更多按照休谟的路线研究自我的。在此阶段，胡塞尔开始不把现象学只看作阐明逻辑学和认识论的一种新方法，而是看作对于科学本身的一个全新的研究方向。在1907年后，胡塞尔的现象学就与先验唯心论结合起来了。

1928年退休以后，部分地为了回应他视作方向错误的海德格尔在《存在与时间》中的关于具体的、历史的、人的存在的现象学，胡塞尔开始提出他自己关于历史性和人类理解有限性的课题，并开始强调人的意识按之永远陷于“生活世界”环境内的方式。虽然芬克将此第三阶段称作“先验的”，我们应该看到胡塞尔对康德的兴趣早在哥廷根时代已经开始，而且 67
他对生活世界的研究也早在弗莱堡时代的初期即已开始。胡塞尔援引康德和笛卡尔对先验现象学的研究，甚至是随着他对主体间性和身体化的主体的兴趣同时发展的。对于胡塞尔来说，这些主题都是对于研究先验主体性和主体间性的补充方式。于是，胡塞尔的思想发展，最好被看作对同一套初始问题的一种持续性展开，这些问题从不同的角度被逐渐深入地探讨着。特别是我们必须否认广为流行的下述观点：胡塞尔从描述心理学和精确哲学辨析的充满创造性活力的阶段，在其后来的研究中过渡到采取了一种相当个人性的，并多多少少怪癖的先验唯心论。

胡塞尔（1859—1938）：生平和著述

胡塞尔1859年4月8日生于莫拉维亚的普罗斯涅兹，当时属于奥地利帝国，现在属于捷克共和国内离 Brno 不远的 Prostejov。[22]同年出生的有柏格森和杜威。胡塞尔家庭是皈化的犹太人，几个世纪来均居于该地区。他的父亲 Adolf Abraham 是一个绸布商，似乎专心养家糊口，不关心宗教事务。他们似乎没有和当地犹太社群密切接触，而且甚至有证据显示多年来父亲向孩子们掩盖着他们的犹太血统。胡塞尔最初上当地学校，9 岁时（1868/1869）在维也纳的实科中学注册。1869 年他转学到 Olmütz（捷克名称 Olomouc）的国立高级中学，于 1876 年 6 月取得了奥地利的毕业证书。据其妻子后来的回忆，他不是特别用功的孩子，没有取得高分，还会在课堂睡觉，不过表现出了数学才能。[23]据报道，同学们得悉他宣布有兴趣在大学学习天文学后大感惊讶。然而胡塞尔似乎很早就关心细节和精确性问题。莱维纳讲过一个胡塞尔告诉他的故事：少年学童胡塞尔得到一支铅笔礼物，觉得不够尖细，就一直削下去，直到后来根本连笔芯都没有了（Chronik，2）。似乎是成年的胡塞尔感觉到这个片断的经历象征了他的哲学努力。1876 年秋，他在莱比锡大学注册，上了三个学期的天文学课，旁
68 听了数学和物理课，还有年老的冯特讲授的哲学课，据说得益甚微。在校与马萨里克成为好友，后者是一位铁匠的自行教育之子，也是布伦塔诺的一位崇拜者。马萨里克引导胡塞尔关注近代哲学，包括笛卡尔和莱布尼兹，但特别是英国经验主义，马萨里克跟随老师布伦塔诺视之为抵制德国思辨唯心主义之超世性的思想。[24]胡塞尔特别对贝克莱有兴趣，他经常在讨论课上为其辩护，反驳其他学生。[25]

胡塞尔的老师：维尔斯特拉斯和布伦塔诺

1878 年夏季学期开始胡塞尔迁至柏林，选修了六个学期的数学课和哲学课，听了大数学家维尔斯特拉斯（1815—1897）和克罗内克（1823—1891）的课。维氏特别具有影响力，胡塞尔终其一生，经常提起维氏和布伦塔诺对其思想形成的巨大影响，大概由于他们的人格及研究方式之故。维尔斯特拉斯引导胡塞尔关注算术分析并向他介绍了鲍尔扎诺关于数的研究。后来胡塞尔写道，他曾希望像维氏研究算术那样研究哲学，这就是，将其建立在单一的基础上。居留柏林期间胡塞尔对哲学的兴趣增加了，听了康德唯心主义一位代表者 F. Paulsen（1846—1908）的课，但此时他在哲学科目上的进步尚不明显。

胡塞尔想到具有奥地利学位可能会改善他的就业机会[26]，所以在 1881

年夏季学期开始从柏林转学到维也纳，在那里听数学课。1882 年 10 月他获得了博士学位，博士论文导师是维尔斯特拉斯的学生 Leo Königsberger (1837—1921)，论文题目是《论变分法理论》，一部关于微分计算的纯数学研究。在这里他重新接触那时已经成为维也纳大学私讲师的马萨里克。后者劝说他去听布伦塔诺的课，而且有趣的是，还鼓励胡塞尔去研究《新约》。多年以后，1919 年，胡塞尔在给学生 Arnold Metzger 写信时谈到早年的岁月：

> 我那时仍然专心致志于我的理论研究，即使推动我从数学到哲学的使命转移之决定性影响，可能在于强大的宗教经验和完全的转变。甚至《新约》对一个 23 岁青年的强烈影响引发了一种冲动，通过一种严格的哲学研究，去发现通往上帝和真理之路。[27]

在后来回顾青年时代时，胡塞尔宣称，借助他对一种非独断论性质的
宗教问题的兴趣，如上帝存在的问题，他走向了哲学。1886 年 4 月 26 日， 69
在马萨里克的影响下，胡塞尔在维也纳路德派基督教教会受洗（Chronik，15），而多年后的 1919 年他对奥托描述自己为一名“自由派基督徒”，一名非教条的基督徒（《通信集》VII，205-208）。在以后的年月里胡塞尔的确一直在读《新约》，虽然他一般称自己的哲学方法是“非神学的”（《通信集》VIII，237）。[28]

在 1883 年夏，胡塞尔迁回柏林，成为维尔斯特拉斯的助手，协助他写讲稿，但那时他对此工作毫无兴趣，等到维氏生病后，胡塞尔决定到 Olmütz 和维也纳服兵役（1883—1884），也许获得了一个对自己未来生涯进行反思的时期（Chronik，11）。在服役期间，父亲于 1884 年 4 月 24 日故世。服役期满后，他留在维也纳连续两年听布伦塔诺的课（1884—1886），1886 年夏胡塞尔伴随布伦塔诺到沃尔夫冈的圣吉尔根附近度假三个月（在此期间布伦塔诺的妻子画了一幅胡塞尔肖像，现已遗失）。海德格尔后来关于胡塞尔的成长过程时写道：

> 胡塞尔最初是一位数学家。他是维尔斯特拉斯的学生并写了一份数学论文取得学位。他所听过的哲学并不超出任何学生在课堂上所积累的……只是在毕业后他才去听当时讨论甚多的那个人的课。布伦塔诺对提问和反思的热情给与胡塞尔的印象如此强烈，以至于他从 1884 年到 1886 年跟随了布伦塔诺两年。[29]

他跟随布伦塔诺研读英国经验主义，特别是休谟（参加了布伦塔诺关于休谟《人类理性研究》的研究班）和穆勒以及物理学家和科学哲学家马赫的著作。胡塞尔和布伦塔诺一样崇拜休谟，他一直把休谟看作一位真正的先验论哲学家和现象学的实践者，休谟质询我们将因果性赋予世界的素朴方式，却没有反思因果性如何被我们构成。胡塞尔也从布伦塔诺和马萨里克处获得了对华而不实的德国浪漫主义的反感，并不喜欢黑格尔的“非科学的”哲学——被胡塞尔视为否定着矛盾律。[30]如他后来承认的，在过了相当多时间后他才开始欣赏德国唯心主义的贡献，视之为基本上是笛卡
70 尔先验主体性的继续，而且是一种未成熟类型的作为严格科学的哲学理想（HSW 344-5；Hua XXV 309）。

胡塞尔说：“布伦塔诺最突出、最令人尊敬的力量存在于其逻辑理论中。”（HSW 345；Hua XXV 309）如我们在上一章所见，胡塞尔特别倾心于布伦塔诺改造亚里士多德逻辑学的计划，这是在他 1884—1885 年度课程“基本逻辑及其必要的改造”中提出的。胡塞尔甚至将自己的《逻辑研究》看作证明布伦塔诺杰出天才的一次努力。[31]胡塞尔通过维尔斯特拉斯已经接触了鲍尔扎诺关于无穷集的论文《无穷性的悖谬》，而布伦塔诺引导他注意到鲍尔扎诺的《科学理论》。[32]鲍尔扎诺（1781—1848），由于他的遭受怀疑的异端思想和激进政治自由主义，当时相对来说少为人知。[33]胡塞尔甚至部分地成为促使鲍尔扎诺复为人知的一个原因，因为他在《逻辑研究》中采取了鲍尔扎诺的“科学理论”概念和发展了他的“纯粹逻辑”（参见《导论》§61 和《通信集》I，39）。胡塞尔从来没有放弃过鲍尔扎诺所激发的那种成熟科学观，即科学作为诸理论真理、“诸真理本身”和“诸命题本身”相互一致贯通的体系。另一方面，布伦塔诺写信给胡塞尔，告知他自己已没有时间再研究真理本身的概念了。

胡塞尔参加了布伦塔诺关于“实践哲学”的讲座，却惊讶于其独断论色彩，但他非常为布伦塔诺的论证风格、苏格拉底式的讨论方法和预言家的使命感所倾倒。胡塞尔自己后来于 1919 年在对从前的老师的追悼文中回忆道，布伦塔诺“在其一生行事中……的每一特征里都表现出了一种伟大的使命意识”[34]。胡塞尔始终一贯地崇拜其导师，但他在其“回忆文”中说，他并非一定要作为“布伦塔诺学派”的一名成员。然而，胡塞尔很快被认为是布伦塔诺团体内的一名“新星”。[35]

甚至在他居留维也纳之后，胡塞尔仍然勤勉地搜集布伦塔诺的讲课

稿，包括布伦塔诺关于“描述心理学”（1887—1891）的讲课记录，他的意义研究，以及有关幻想和记忆的研究。在以后的年月里，胡塞尔不时会访问布伦塔诺并继续寄赠他自己的出版物，在直到布伦塔诺1917年去世之前仍保持着通信联系，信中所讨论的往往是关于数学和几何学的技术性问题。[36]布伦塔诺本人并不喜欢胡塞尔的研究方向。他并不赞同胡塞尔在《导论》中有关区分作为理论学科的纯粹逻辑和作为推理艺术的逻辑学的研究，因为在布伦塔诺看来，自亚里士多德以来逻辑学就是关于正确思维的一门技艺。再者，布伦塔诺一直怀疑胡塞尔把他与逻辑心理主义联系在一起（例如在其1911年11月17日的信中），虽然胡塞尔（可能出于对所敬爱的老师的尊敬）否定了任何这类猜测。胡塞尔历经多年才使自己脱离了布伦塔诺的影响。他在后来给法伯的信中承认： 71

> 即使我年轻时开始成为一名布伦塔诺的热情崇拜者，我必须承认，长期以来我都使自己误信（某种意义上至今仍难理解）我是其哲学的特别是其心理学的合作者。而实际上，我的思想方式与其完全不同，即使在最初的著作，即1887年的“资格论文”中也是如此。[37]

当布伦塔诺被迫辞去维也纳大学教授职后，被贬低为私讲师，这意味着不再有合法权利指导资格论文了。因此他推荐胡塞尔到一名从前的学生施图姆普夫那里去，后者正发展着描述心理学。[38]施图姆普夫正在对感官知觉，特别是音调听觉进行精细的研究，以及探讨着空间感的心理学的起源。

和施图姆普夫在哈雷（1886—1901）

1886年胡塞尔迁移到哈雷，跟随指导其资格考试论文的施图姆普夫。他参加了施图姆普夫的心理学课，14年后，并将其《逻辑研究》献于他。事实上，他与施图姆普夫维持着诚挚的友谊，即使在其思想转向遭到施图姆普夫批评的先验主义后。施图姆普夫批评了胡塞尔的《观念1》中的唯心主义，但认可了他对科学基础概念的探讨。施图姆普夫同情于意识本质研究，但认为胡塞尔的“纯粹”现象学的观念在术语上是有矛盾的：没有现象的现象学。施图姆普夫是詹姆士的近友和通信朋友，曾于1894年将詹姆士的《心理学原理》推荐给胡塞尔。胡塞尔承认，詹姆士在自己有关意识性质的思考过程中起过建设性作用，意识作为活生生的细密流动，其内容中心环绕着较少被聚焦的内容之“光晕”。遗憾的是，詹姆士对于胡塞尔并不那么热情，并于 1910 年建议出版社拒绝将《逻辑研究》翻译成英文。[39]

1884—1886 年与布伦塔诺的过从，导致胡塞尔日益关注于数学和形式逻辑的关系问题，并意识到阐释数学基本概念的必要。他的 1887 年的资格考试论文《论数概念。心理学的分析》直接讨论此问题。论文于 1887 年刊印，但未公开发行。[40]维尔斯特拉斯以前的学生、数学家康托尔（1845—1918）也在胡塞尔论文考试委员会中。胡塞尔的“心理学的分析”意指描述心理学，并提出通过分析我们如何形成数概念来对算术进行心理学的阐
72 明。胡塞尔按照维尔斯特拉斯的理论将基数理解为数学的中心概念和算术的基础。胡塞尔将数概念的形成追溯至区分重数和属于重数组成项间关系的心理行为系列。

在完成了资格考试论文后，胡塞尔于 1887 年 8 月 6 日和 Malvine Steinschneider 结婚了，她是一位著名希伯来文学者的女儿。妻子于稍早的 1887 年 7 月 8 日也受洗为基督徒。他们共有三个孩子：女儿 Elizabeth（Elli）生于 1892 年，接着是两个儿子，Gerhart 生于 1893 年，Wolfgang 生于 1895 年。在 1887 年秋，胡塞尔被任命为哈雷大学哲学系的私讲师，并于 1887 年 10 月 24 日发表了就职讲演“形上学的目的和任务”。他接着在哈雷任教了 14 年，直到《逻辑研究》出版后，他因之而迁移到了哥廷根大学。在哈雷，他开始讲授几何学（包括雷曼和赫尔姆霍兹）、哲学史、逻辑学、伦理学和心理学。他与同事数学家康托尔[41]、哲学家 Erdmann 和语言学家 Hans von Arnim 等发展了密切的友谊。然而，在哈雷的岁月使胡塞尔颇不愉快，他感到被孤立并不被承认。在迁至哥廷根后，他写信给梅农，说他发现哥廷根的学术圈子极富激发力，而哈雷的日子使其感受压抑，在哈雷他始终处于最低的私讲师位置上。

在哈雷时，胡塞尔于 1891 年发表了他的真正第一部著作《算术哲学：心理学的和逻辑学的研究。第一卷》，该书献于布伦塔诺。[42]此书头四章几乎一字不差地含有他 1887 年论文《论数概念。心理学的分析》。他曾计划关于计数性质和欧几里得几何学新哲学理论的第二卷，但在第一卷 1891 年刚一出版胡塞尔就看出第二卷的计划有缺欠，虽然他并未正式放弃，直到 1894 年。[43]在准备此卷出版期间他已经放弃了其主要假定。如他在给施图姆普夫的信中指出的，他理解到，负数、无理数和虚数是不可能以基数为基础的，而且他不可能按照最初设想的方式对算术整体进行说明。他现在

认识到，算术实际上是形式逻辑的一部分。[44]在1890年和1900年，胡塞尔写出了很多论文，包括对流行的逻辑概念、心理学倾向、形式数学方法的有力批评，包括那些（例如Ernst Schröder）意在发展基于刚出现的集合论的一种外延主义逻辑学。这些论文所探讨的课题日后在《逻辑研究》中获得了发展。胡塞尔也写了关于几何学性质和复多体理论〔Mannigfaltigkeitslehr〕的论文，后者是他在以后的逻辑学研究中经常重新讨论的 73
题目。

在1890年代中，他与之保持通信关系的人包括：弗雷格、梅农、布伦塔诺、施图姆普夫、纳托普、马尔提、马赫以及其他很多学者。弗雷格和胡塞尔讨论逻辑问题并比较彼此关于意义和指称的观点。然而，弗雷格在1894年对胡塞尔的《算术哲学》一书的书评中，提出了批评，而且其尖锐的批评可能部分地成为胡塞尔改变观点的原因之一[45]，此一改变表现在胡塞尔发表于1900—1911年的（却自1890年即着手准备的）巨著《逻辑研究》中。弗雷格责备胡塞尔未能区分表象（Vorstellung）和表象之客体，例如在月亮的观念和月亮本身之间的区别，以及在表象和概念（Begriff）之间的区别。他责备胡塞尔为一位心理主义的逻辑学家，即没有区分开“真”和“认为真”（借助于德语动词“知觉”的构词法：wahrnehmen）。《观念1》的英译者吉布森曾在弗莱堡跟随胡塞尔学习，后来在日记中写道，胡塞尔觉得弗雷格的批评正中要害。弗雷格确实理解他的书，而另一方面，他所尊敬的布伦塔诺似乎从来没有读过《算术哲学》。然而，胡塞尔并未被吸引去跟随弗雷格研究符号逻辑。弗雷格对胡塞尔的影响似乎在于帮助他理解了心理主义的真正危险性。

在胡塞尔的思想发展中另一个转折点是一篇称作《意向性客体》的文章，此文大约写于1894年至1896年，但从未出版过。此文企图阐明所谓“无客体表象”（例如，关于“无”的思想，或一个“半人半兽怪”，一“圆的方”，一“绿的品德”，或一座“金山”），这是最初由鲍尔扎诺在《科学理论》卷一§67中讨论过的，而且其后由布伦塔诺、特瓦尔多夫斯基、马尔提、梅农和罗素等讨论过。[46]在此文中，正如在其未发表的关于特瓦尔多夫斯基书的书评（我们上章谈过的）中一样，胡塞尔在实在的心理学的内容和行为的观念的逻辑内容或意义之间，以及在内容的全部概念和行为的意向性客体之间，提出了重要的区别。这些在其后的出版物中（包括《观念1》）又加以修改过的区别，使得胡塞尔能够区分出一心理过程的心理学组成成分（心理学科学真正客体的部分）和运作于逻辑学中的不变的观念性意义，并再将此二者和作为意义构成行为的现象学特征加以区分，此行为对于理解现象学的真正领域是至关重要的。

胡塞尔很久以后对其友人舍斯妥夫回忆说，在其哈雷期间曾经出现过
74 这样一个片刻，当他站在讲台上说明他的同时代人的认识论观念时，他才明白自己无话可说（Chronik，331）。传统认识论对自己讨论的问题无能阐明，导致他开始了对逻辑学和认识论的新的研究。分两卷出版的《逻辑研究》就是这些反思的结果：第一卷《纯粹逻辑导论》出版于1900年，次年分两册出版了第二卷，含有关于“现象学和知识理论”的六部研究。《纯粹逻辑导论》是对逻辑心理主义的尖锐批评，而且最初是作为1896年哈雷的一个夏秋讲演系列准备的（LI，第二前言，47；Hua XVIII 12）。1897年1月21日胡塞尔在给雅斯贝尔斯的信中告诉他，他正在写一部批评近代逻辑学的“主观心理学化倾向”的书，此倾向，他本人作为布伦塔诺的一名学生，曾经也有过（《通信集》V，43）。《纯粹逻辑导论》一书特别受到胡塞尔有关莱布尼兹、洛茨和鲍尔扎诺的研读以及他持续对休谟的关注的影响。在《逻辑研究》第一版的前言中，胡塞尔曾不无懊悔地引述歌德的话：“人对事情的强烈反对莫过于自己刚刚予以放弃的错误了”（LI，前言，43；Hua XVIII 7，译文有修改）。

在胡塞尔撰写《逻辑研究》时，“第六研究”篇幅过大及复杂，他于是想到全书应该改写，特别是作为在前几部“逻辑研究”中使用的真理概念现在已经被他在“第六研究”中的发现所超越，这导致全书失去平衡。按照玛尔文的未必完全可靠的回忆，最后施图姆普夫似乎不得已而强行将《逻辑研究》的手稿从胡塞尔的书桌上取走交付印刷厂（Chronik，58）。“第一研究”是关于表达行为性质的；“第二研究”检讨普遍项的性质和种属，并包含着对洛克、贝克莱和休谟以及他们有关观念和抽象过程等概念的尖锐批评；“第三研究”有关于整体和部分；“第四研究”将此理论应用于拟定一种形式的语言语法；“第五研究”是对布伦塔诺意向性概念的扩大批评；而“第六研究”展开了胡塞尔有关判断及与真理关系的论述。一般来说，这些研究并未宣称为是有关思辨或哲学评判的著作。反之，胡塞尔提出放弃陈旧的哲学研究方式而返回对“事物本身”的细致描述，这就是指构成意义的观念性客体。于是，现象学最初是一种概念分析。

胡塞尔要求违抗传统而返归事物本身，是与20世纪初的整个一代哲学的倾向一致的。《逻辑研究》使得老一辈哲学家印象深刻，如狄尔泰和纳 75
托普，并吸引了很多学生，如道贝尔特、莱纳赫、史泰茵、茵加登和海德格尔。另一方面，我们已经知道，布伦塔诺对于胡塞尔攻击心理主义大为吃惊，而且相信他自己成了胡塞尔批评的标靶之一。1907年当道贝尔特到慕尼黑来访时，布伦塔诺曾对其询问此事。[47]布伦塔诺怀疑胡塞尔在有关观念真理存在的问题上持柏拉图主义。对于布伦塔诺，真理属于判断，而对于胡塞尔，真理独立于任何人的判断。例如，牛顿的运动定律之真，无关于是否有任何人对其判断。另一方面，胡塞尔承认，洛茨对柏拉图观念的解释的影响，有助于将鲍尔扎诺的"命题本身"理解为陈述的意义，而非理解为神秘性质的物[48]，因此更接近新康德唯心主义的解释，而这是布伦塔诺所否定的。

在讨论胡塞尔的哥廷根时期前，我们要谈一件发生在哈雷的对于现象学的未来发展有重要意义的事件。1901年，胡塞尔在哈雷的一次康德会议上第一次遇见舍勒。此后他与舍勒保持了密切的来往，至少直到第一次世界大战爆发前。很多方面舍勒都是现象学的共同奠基者，而且享有整整一代德国现象学家的尊敬，特别是海德格尔。舍勒是《逻辑研究》的早期赞赏者，但批评胡塞尔将哲学视为严格科学的概念以及其后朝向了唯心主义。反之，胡塞尔没有时间关注舍勒赞赏的生命哲学。然而他们于1913年合作创办了《哲学和现象学研究年鉴》，虽然从胡塞尔致舍勒的若干信中看出，胡塞尔对于舍勒在承担编校责任时的简略作风流露微词。在道德方面相当拘谨的胡塞尔也为舍勒在爱情关系领域的个人行为所震惊，而且也不喜舍勒表现出来的他认为是非理性的情绪性表现。因此他也多多少少为舍勒在战后年月里作为作家和公共演说家在民众间所享有的巨大声誉而感到不快（而海德格尔在1928年为舍勒所写作的悼词中，将舍勒描绘为时代领先哲学家之一）。

哥廷根时期（1901—1916）和先验现象学的兴起

1901年9月，由于《逻辑研究》的出版，胡塞尔被普鲁士教育部，不顾哲学系的反对，任命为哥廷根大学的副教授。[49]他在哥廷根一直居留到 76
1916年，并同样在哲学系哲学家的反对下（他们认为他的哲学欠缺科学清晰性），于1906年成为正教授。然而，在此时间，胡塞尔开始吸引了大批学生前来听讲，包括哈佛学生郝金（William Hocking，1873—1966），他是在纳托普推荐下于1902—1903年随同胡塞尔学习的。在《逻辑研究》之后，胡塞尔名声渐著，由于著名人士的推荐，包括纳托普和狄尔泰。在为《导论》所写的书评中，纳托普称赞有加，虽然也指出胡塞尔低估了康德的作用。[50]实际上，早年胡塞尔关于康德的大部分认识来自和纳托普的交往。两人始终保持通信，虽然纳托普对《观念1》颇有批评，当他在1919年为其写书评时。狄尔泰后来说，胡塞尔的书使其在自己的研究中达到一次突破。

在哥廷根，胡塞尔成为一个著名科学家社团的成员，该社团包括希尔伯特（1862—1943）、克莱因、库兰特（1888—1972）和施密特。希尔伯特，时已完成了他的算术完全性公理，他把胡塞尔看作在推进数学和逻辑学的形式主义事业中起过关键作用者，但是胡塞尔本人已经怀疑虚数是证明此种完全性的一个障碍。[51]事实上，胡塞尔也从热衷数学研究转向知觉和意识认知的认识论问题了。虽然他继续阅读逻辑学和数学文献，甚至在1901年于哥廷根数学学会发表演说，他的兴趣已经在逐渐转向传统哲学，包括笛卡尔和康德。

除对心理主义的批评外，胡塞尔的《逻辑研究》也对他们的意向性体验的处理方式产生影响。里普斯在慕尼黑的学生道贝尔特（1877—1947）于1902年夏季学期期间对胡塞尔做了一次访问，对于现象学的未来发展起了巨大的作用。里普斯本人在《导论》中即被批评为一名心理主义的思想家。[52]道贝尔特如此心仪于《逻辑研究》，据说他从慕尼黑一路骑车到哥廷根寻找其作者（Chronick，72）。通过道贝尔特[53]和在里普斯的影响下，一个非正式的胡塞尔现象学“学派”开始在慕尼黑形成，它包括普梵德尔（1870—1941）[54]、莱纳赫（1883—1917），以及自1906年起，舍勒。胡塞尔热情地支持此小组，并于1904年到慕尼黑对大家讲演。1905年时，里普斯的许多在慕尼黑的学生都转学到哥廷根跟随胡塞尔学习了。莱纳赫特别受到胡塞尔的器重，在胡塞尔的指导下写作资格考试论文，并担任胡塞
77 尔在哥廷根的助教。当莱纳赫1917年于第一次世界大战期间战死前线时，胡塞尔曾写过几篇颇为感人的悼文。[55]

慕尼黑学派把现象学看作一种对对象进行纯粹描述的实在论哲学，并强调通过细密描述可观察到的客观真理。对此观点的一次优雅的表述可在莱纳赫于1914年的论文《关于现象学》中看到，并在茵加登后来的著作

《论胡塞尔通向先验唯心论的动机》中有所说明。[56]这些学生并未追随胡塞尔研究其还原论和先验唯心论，对学生的立场，胡塞尔后来刻画为“经验现象学”和自己的“先验现象学”之间的对立。[57] 1907年，哥廷根的一组学生建立了一个类似的现象学的小组“哥廷根哲学会”，由康拉德领导，包括康拉德-马尔修斯、法国学生让·赫林[58]、俄国的科依勒[59]，以及史泰茵。[60]

虽然第一版《逻辑研究》将现象学等同于描述心理学，到了1903年胡塞尔开始对将此书描述为“心理学”有所保留了（Hua XXII 206），而且越来越只使用“现象学”一词。在往后的年月里，直到逝世，胡塞尔不断地并明确地企图在其现象学（后来的“先验现象学”）和各种现象学之间加以彻底区分，后者包括定量的、归纳的、实验的各类心理学以及布伦塔诺的描述心理学。[61]在胡塞尔看来，心理学当然是合法的实证科学，永远研究自然中事件的心理过程，因此误解着意识，而现象学忽略并排除行为的生理学性质及其在自然中的因果位置，以便专注于其意义构成功能。现象学借助纯粹“直观行为”（anschauen）和“反思”进行研究，“排除意识外客体的共同设定”[62]。

1905年左右，胡塞尔开始以先验性方式刻画其现象学，并开始认真重读康德。他的时间意识研究使其理解到，他忽略了时间中统一意识行为的结构特性。他特别理解到，自己在《逻辑研究》中对自我的处理是非常欠充分的。他最初曾接受布伦塔诺的观点，认为心理行为的根源可以被纳入括号，以便描述行为本身的性质及其实在的和观念的内容，但他现在开始理解，自我不仅在产生这些行为和对诸行为表现出其统一化的综合方面，而且在对行为本身的意义构成功能予以结构性组织方面，均起着关键性作用。当然，舍勒、狄尔泰以及纳托普都曾批评过胡塞尔在《逻辑研究》中 78
对自我问题所采取的空泛的休谟式论述，提出了应该将个人假定为“行为的实现者”。

大约同时，胡塞尔开始理解有必要重新思考他有关先验自我的立场，他也在课程中引入了“还原”概念，可能是在1906—1907年关于“逻辑学和知识理论”的课程中首次加以宣布的。[63]在1907年的四五月间，他在哥廷根做了五次讲演，后来以《现象学观念》出版，其重点是还原概念，即从心理学领域向真正认识论领域过渡的方式。[64]在以后的年月中，胡塞尔努力于表述由现象学还原和他也称作的“艾多斯还原”和“先验还原”

（我们在以后的章节中将再谈这些概念）所带来的突破之性质。胡塞尔以为，意识的性质只有在持续的自然主义歪曲被排除后才可以被真正地把握。这些歪曲的产生，不仅缘于我们关于世界性质的不正确理论，而且也缘于意识本身的假定客体存在的设定性结构。于是胡塞尔设想使“自然态度”“失去作用”，纳入括号，以便从意识中清除一切来自“客观现实”的侵入者，包括“一切物质自然现实”和心理经验。最初的“现象学”还原的目的就在于将纯粹意识领域正确地个别化为意义构成领域。

我们不仅需要将一切关于意识的自然主义的和思辨的理论排除，而且也需要将焦点从经验的和事实的体验特征转移到本质的、必然的体验特征。胡塞尔是通过“艾多斯还原”达至此目的的。在此仍然存在有“被还原的”现象的全部领域，即“纯粹意识”领域，它可通过丰富的表现被理解为意义行为的先天结构（他称之为“本质”）之场所。“先验的”还原被用于使这些本质的意义结构相关于它们在纯粹自我之内的根源。胡塞尔在此也吸收了一种康德的因素：纯粹意识应该至少被理解为包含着任何客体都必然与之交遇的先天观念性条件系列。然而，胡塞尔认为自己在认知行为的意义充实因素的研究中，远远超越了康德。我们在以后的章节中将回到这些还原问题。

成熟期的胡塞尔把现象学看作对在排除了现实关切后所余留者的研究。对于他的很多学生来说，对于将现实世界纳入括号以进行现象学研究之必要性的绝对坚持，是始终成为问题的。在《观念 1》中，胡塞尔甚至如此过度地将“还原”刻画为在对世界“消除”或“归无”的假设中之行为，此一表述法他后来曾后悔地说是为了摆脱与主观唯心主义的比较。确
79 实，我们将看到，企图思考存在物如何仍然以某种方式残留于意识中作为不同于意识者，即成为导致海德格尔自己企图对存在物性质进行论述的动机之一。胡塞尔本人从来未将他的还原论看作离开了所与世界的丰富性，而是将其看作以新方式阐明我们嵌入世界方式的丰富性。

同时，胡塞尔将其对心理主义的攻击扩大到一切种类的自然主义。他也在狄尔泰的影响日著的历史解释学中找到了新的评判目标。在李凯尔特的邀请下，胡塞尔写出了他的著名的纲领性著作《作为严格科学的哲学》，发表于李凯尔特的 1910—1911 年《逻各斯》刊物上，瓦尔特·比麦尔将其描述为胡塞尔的一篇檄文，他批评自然主义和历史主义通向了相对主义。[65]胡塞尔指出狄尔泰的世界观哲学否定了文化形成物的客观价值。此

文导致和老迈的狄尔泰的一次通信，狄尔泰声言遭到了误解。狄尔泰坚持说，他最清楚有必要维护精神科学，抵制自然主义，并宣称自己也同样介入了反相对主义和怀疑主义的斗争，并一致维护精神科学中客观知识的可能性。再者，狄尔泰也赞成胡塞尔的将哲学作为严格科学并为之提供基础的观点。胡塞尔似乎被狄尔泰的辩解说服并同意写一篇更正，但遗憾的是狄尔泰于 1911 年 10 月 1 日故去，而此后并未出版过该更正文。[66] 1925 年，在其关于“现象学心理学”的讲演中，他重新对狄尔泰进行了批评，此次着重于其欠缺概念的严格性，虽然他现在承认狄尔泰 1894 年关于描述心理学的著作的重要性，该书对自然主义进行了首次评判。[67] 然而在这些讲演中，胡塞尔继续批评狄尔泰的描述心理学并未能确立普遍心理学法则。

1913 年新创刊的《哲学和现象学研究年鉴》第一卷出版，由胡塞尔和其“学派”成员普梵德尔、莱纳赫、盖格和舍勒共同编辑。胡塞尔曾经希望对于新现象学有一份重要刊物[68]，并自 1907 年起即开始筹划（参见他于 1907 年 8 月 26 日给道贝尔特的信，Hua XXV xv），当 1911 年为里普斯编写的“纪念文集”中包含了多篇现象学的论文时，筹办刊物的计划重又提起。胡塞尔似乎在担心里普斯，而非他自己，会被看作现象学的创始人。《年鉴》最后出版后，很快成为杰出现象学研究的阵地。第一卷包括胡塞尔关于先验现象学的新著《观念 1》，以及舍勒的《伦理学的形式主义》。第五卷（1922）包含了史泰茵和茵加登的著作，而第八卷（1927） 80
包含了海德格尔的《存在与时间》，以及另一位弗莱堡现象学家贝克尔关于数学客体性质的著作。第十卷是胡塞尔自己的《形式逻辑和先验逻辑》，第十一卷包括他为《观念 1》写的“后记”。《年鉴》于 1930 年停止出版。

《观念 1》是胡塞尔 13 年来第一部重要出版物，而且是其先验现象学由此而广为人知的“路径”。与《观念 1》同时，胡塞尔出版了第二版的《逻辑研究》，使原书被修正到与《观念 1》的先验性框架保持一致。此第二版明确否定了现象学和描述心理学的同一性，并提出了从意识的自然特征到意识的先验特征还原的观念。此外，虽然在 1901 年版中他把自我仅只处理为一种行为束，现在他提出了先验自我中心说，并在一注解处声称“发现了”此自我。然而，文本的修改并不完全，胡塞尔发现对“第六研究”的修改是一个过于艰难的任务。又过 10 年后，以及在退休后，他一直在修改“第六研究”，却始终没有完成。[69]

《观念 1》是在 1912 年夏季的八周内写就的，而且完成后立即付梓，那时胡塞尔仍然处于“工作狂热”中，于是在三个月中用铅笔匆忙又写了一份手稿，这就是后来成为遗著出版的《观念 2》和《观念 3》的原件。1915 年时，胡塞尔改写了《观念 2》手稿，曾计划在《年鉴》出版，但他又予放弃，并继续改写直到 1928 年，而那时他却最后放弃了出版念头，部分原因在于他觉得自己还没有解决构成问题。胡塞尔后来对舒茨说，他觉得主体间问题没有被真正讨论。[70]史泰茵本人对主体间移情作用和个人身体性的现象学问题极有兴趣，与胡塞尔密切合作，整理和组织了此稿，它于 1952 年最终出版。《观念 2》的尚未出版的手稿影响了梅洛-庞蒂和海德格尔。

《观念 2》，关于“构成现象学”的一个研究系列，是胡塞尔的最具原创性和最成功的著作之一。它从一般“自然观念”的讨论开始，并进而讨论物质的、动物的人的自然，后者是人格和精神的领域。在讨论人格“我”的性质时，胡塞尔讨论了我们与自己躯体以及与周围世界发生关系的方式。[71]胡塞尔在弗莱堡的第一年的课程就是关于自然与精神的关系的。有关社会构成和人格世界的研究是与有关先验主体性研究同时进行的，表现出胡塞尔并不相信两种研究方法是相互冲突的。对他来说，二者甚至都
81 是充分理解客观世界（包括自然领域和文化领域）构成所必需的。

在写完了几部《观念》的稿子和重新编写了《逻辑研究》后，胡塞尔再次坠入精神低潮，而且在 1914—1918 年世界大战期间他发现自己没有心情专心于逻辑现象学或认识论了，而是转而专注于最具普遍性的哲学思考，主要是专注于一种现象学哲学本身的观念（参见 1920 年第二版《第六研究》前言中的话，LI VI，661；Hua XIX/2 533）。第一次世界大战爆发后，两个儿子应召入伍，女儿自愿到前线医院工作。正像大多数同时代的德国人一样，胡塞尔也主要以爱国主义看待这场战争；认为上帝是站在德国一边的（《通信集》III，402）。[72]的确，直到生命结束，他都以德国文化的伟大成就为荣，如贝多芬、郝德尔、席勒、歌德（1936 年 12 月 22 日致 Eduard Baumgarten 的信，见《通信集》VII，27），而且甚至把现象学看作德国对世界文化贡献的一部分。然而，他为自己这么多学生在战场牺牲深感悲痛，包括极富天才的莱纳赫。1916 年 3 月 8 日他的年仅 20 岁的儿子 Wolfgang，铁十字勋章获得者，也战死于 Verdun，长子 Gerhart 则受了重伤。虽然极度悲伤，胡塞尔始终为自己家庭在战争事业中的作用感到骄傲，并且写信鼓励海德格尔，海德格尔那时也驻守在前线。

在政治观点方面，胡塞尔大致为老派俾斯麦式的民族主义者，均为参与战争努力的每一人身上所流淌的“宏伟民族意志流”而感到骄傲。[73]当美国参加到参战的法国一方时，胡塞尔深有背叛之感，虽然他始终远离着他的不少学界同事都已卷入的宣传工作。1919 年他甚至在写信给 Metzger 时说，他很高兴未曾在战争年代写过爱国小册子，像舍勒、纳托普和其他德国知识分子所做的那样。他是极其非入世的，而且政治上单纯，直至 1918 年底，按照 Malvine 的报道（《通信集》IX，348），他仍然在预期着德国获胜。然而在 1920 年时，他开始认识到，正义战争的旧观念现在已经没有伦理的力量了（《通信集》X，20）。

1917 年 11 月战争后期，以及 1918 年 1 月和 11 月停战前夕，胡塞尔为弗莱堡的军人发表了三次系列讲演，有关“费希特的人类理想”。这些讲演使其赢得铁十字勋章，表扬其对军事努力的支持。这些讲演不能被看作支持民族军国主义，虽然它们将德国描绘成一个受到外来威胁的民族。[74]胡塞尔赞扬费希特是“我们民族所固有的”德国真正唯心主义之精粹。费希特是创造世界的绝对自我哲学家，“世界是作为创造世界的自我 82
的目的论产物”。费希特也是通过将理论和实践真正结合并使其摆脱模糊的“物自体”以使康德哲学置于牢靠基础上的哲学家。费希特超越了康德的形式主义，将更高道德的本质理解为一种对万有的自由的拥抱。胡塞尔本人，期待着超越狭隘民族自利的一种普遍道德社会，引证着费希特对“人类彻底再生的希望”。其后，20 世纪 20 年代，他在人文刊物 *Kaizo*（《新生》）的文章强调通过超越狭隘民族主义进行文化更新的必要性，以便建立共同利益下的真正社会。

在其处于政治动荡和家庭悲剧的 1916 年，胡塞尔被任命为弗莱堡大学哲学研究所的正教授，接替迁移到海德堡大学的李凯尔特（1863—1936）。[75]胡塞尔受到弗莱堡的关注，部分因为他与新康德主义的交往（通过李凯尔特和更早的文德尔班），对于新康德主义他现在变得越来越感兴趣了。

弗莱堡时期（1916—1938）

胡塞尔于 1916 年 4 月 1 日在弗莱堡开始其讲学活动。他直到 1937 年都一直居住在弗莱堡罗雷托街 40 号第二层的单元房内。从 1937 年起，日渐窘困的经济状况和身体日衰迫使他迁至远离老城区的雄耐克街的一座房子里。1917 年 5 月 3 日他发表了就职讲演“纯粹现象学：其研究领域和方法”。[76]在此纲领性的演讲中他宣扬这样的观点：当前时代是传统形式必须
83 在其中加以再检讨的时代之一，正如数学基础重建时代那样。在哲学中也要求这样的重建工作：

> 晚近以来，一种彻底原创性哲学的需要重新出现，对这样一种哲学的需要……它通过彻底阐明哲学问题的意义和主题以深入原始的基础，在此基础上这些问题必须找到某种真正科学的解决方法。（HSW，10；Hua XXV，69）

胡塞尔在此表达了对“人类精神生活”的关切，并声言哲学只有通过现象学才能够成为一门严格的科学：“一切哲学学科都是根基于纯粹现象学的。”（HSW，10；Hua XXV，69）现象学被定义为“关于一切客体的科学”，在这里“客体”只意味着在意识中遇到的任何东西：

> 与每一客体对应的，是对该客体为真的观念上封闭的一真理系统，而另一方面，是一可能认知过程的观念系统，借助此过程该客体及有关客体的真理被给与任何认知主体。（HSW，10-11；Hua XXV，69）

胡塞尔的现象学现在开始吸引着大批学生。这些在第一次世界大战后的 1918 年来到弗莱堡的学生，其兴趣不同于胡塞尔在哥廷根教过的先前一代学生。他们对于理性主义计划失败具有不同的感受，因此在精神上大不同于仍然保持着相当老派的唯理主义信念的胡塞尔。[77]他们现在更为克尔恺郭尔和尼采的存在主义的忧惧论（Angst）所吸引，被舍勒有关情绪的、人格的生命的论述，以及被斯宾格勒在其畅销书《西方的没落》中所概述的文化危机分析所吸引。[78]伽达默尔回忆道，现象学甚至被称作对一般所说“西方的没落”的文明危机和可能拯救之方略，对此胡塞尔曾谈及。[79]德国和外国的学生为现象学所吸引，乃缘于其通过哲学实践达到新生、人类本身新生的主题。[80]在类似情绪的激发下，胡塞尔甚至在 1923—1924 年间为日本思想杂志《新生》写过三篇文章，论述在一种普遍道德秩序创建中哲学和科学新生的作用，李凯尔特和罗素也为该刊写过文章。[81]胡塞尔与很多德国人的情绪一致，在文中抱怨魏玛共和国的糟糕事态，在此“心理的折磨”和经济的屈辱取代了战争。胡塞尔认为，克服现实政治和重建人民信心的唯一希望就是通过人的目的意义的精神更新，欧洲启蒙精神理

想（胡塞尔认为日本最近正在加入欧洲启蒙精神文化）的更新。当然，此种新生在于作为严格科学的哲学，不过现在需要补充为一种有关人的精神的科学，以便赋予精确科学以道德目的。胡塞尔提出了“人类精神本质的先天科学”这样的原则（HSW，329；Hua XXVII，9）。

胡塞尔现在吸引着美国学生，如由郝金推荐来的哈佛大学肯恩斯和法 84
伯，以及来自日本的学生。弗莱堡时期的学生包括吕维茨（Karl Löwith）、古尔维奇、伽达默尔、施特恩（他后来与阿伦特结婚）、马尔库塞、芬克、兰德格里伯以及舒茨。卡尔纳普1924—1925年度住在弗莱堡附近，参加了胡塞尔的研究班，同时在撰写《世界的逻辑构造》。作为其日益增长的国际知名度的一个标志，1922年6月6日—12日，应G. D. Hicks教授之约，胡塞尔在伦敦大学做了四场讲演，名为“现象学方法和现象学哲学”。[82]第四场的主持人是摩尔，《心》刊的编辑。在致学生Bell的信中，胡塞尔将他的伦敦讲演看作国际合作的一种新精神的组成部分。同年胡塞尔被选为亚里士多德学会的通信院士。

回到现象学的性质主题后，胡塞尔在1923—1924年度安排了一次重要的讲演系列，名为《第一哲学》（Hua VII）。1925年的讲演是现象学心理学，着重于区分现象学和心理学，并指出对心理学的基本概念进行现象学阐明的必要性。[83]这些讲演提供了对于《逻辑研究》重新思考以及重申自己对于布伦塔诺和狄尔泰描述心理学的立场的重要机会。在1925—1929年间的讲课、讲演中（包括他的“阿姆斯特丹讲演”），胡塞尔甚至集中区分了先验现象学和一切按照自然态度进行的心理学与人类学。

胡塞尔与海德格尔的相遇

胡塞尔的弗莱堡时期内最重要的哲学事件无疑是他与海德格尔的相遇。1916年刚到弗莱堡不久胡塞尔就知道了海德格尔，收到了正被谈论的资格考试论文，这促使胡塞尔写信给海德格尔，让其给自己寄一份论文的副本。胡塞尔对于论文稍后于1916年的发表确实给与了帮助，海德格尔在出版的论文上对胡塞尔表示了感谢。两人在1916—1917年间显然讨论过哲学问题并保持着接触，直到海德格尔应召入伍。但是他们之间的密切关系是直到战争结束后才开始的，开始于从1919年1月到4月的“战时特殊学期”，那时海德格尔返回弗莱堡哲学系担任私讲师。1919年1月21日海德

85 格尔成为胡塞尔的带薪助手并待在那里直到1923年迁至马堡大学任副教授，之后则由兰德格里伯接任成为胡塞尔的助手。

胡塞尔最初期待于海德格尔在现象学的宏伟领域内的作用是发展一门宗教现象学，但很快看到海德格尔的天才以及哲学抱负，遂格外视其为大有前途者。在弗莱堡时海德格尔承担了关于现象学的常规课程和研究班。[84]胡塞尔最初曾将海德格尔看作偏向独断论的天主教哲学家，而在1920年2月11日致纳托普的信中胡塞尔表示宽慰的是，年轻的海德格尔已使“自己摆脱了天主教独断主义”（《通信集》V，139）。胡塞尔甚至对自己带给学生的影响力——或是导致天主教徒改宗新教，或者相反（例如史泰茵最初是犹太教徒，后成为天主教徒）——感到惊异。

然而，从在弗莱堡最早的课程上，海德格尔就对胡塞尔有关哲学作为严格科学的观念提出批评，并同样批评狄尔泰和雅斯贝尔斯的世界观哲学。在弗莱堡的讲课中，海德格尔批评了胡塞尔的先验自我概念以及将理论认知和认知行为看作高于实践生活经验，批评了他的确定性和明证性概念以及欠缺对历史性的理解，等等。海德格尔的这些批评活动是相当公开的，但胡塞尔似乎对这些批评漫不经心，并继续推进海德格尔作为自己的未来接班人的努力。[85]1926年复活节时胡塞尔甚至与海德格尔一起在Todtnauberg度复活节，以协助海德格尔审阅《存在与时间》校样，此书最初献于胡塞尔，注有“怀着敬意和友谊”，措词同于胡塞尔将《逻辑研究》献于施图姆普夫时的题词，虽然此献词在以后的版本中被删除了。1927年年底，胡塞尔被邀请为《大英百科全书》第十四版撰写“现象学”条目。他写了初稿，然后让海德格尔协助修改，虽然自1927年9月到1928年2月两人一起改稿多次，但彼此的观点分歧过大，文章在最后提交时胡塞尔删除了很多海德格尔改写的部分，特别是海德格尔在引论中将现象学置于基本本体论之内的段落。[86]海德格尔和史泰茵于1928年编辑和出版了胡塞尔关于内时间的讲演稿。最初时胡塞尔感到满意，但很快发现出版后的讲演文本被删节了，后来他因此而责备过海德格尔。

胡塞尔于1928年3月31日退休。1928年海德格尔最终接替了胡塞尔的弗莱堡哲学讲座教职，尽管直到《存在与时间》之前的10年间海德格尔没有出版物，但作为一名教师和原创性思想家却已声名极著。海德格尔获
86 得了胡塞尔的全力协助（抵制了哲学系的反对声音），继任成功，甚至越过了胡塞尔更资深的弟子普梵德尔（他在慕尼黑执教多年）和著名新康德

主义者卡西勒。1931 年时胡塞尔写信给普梵德尔时承认自己的“盲目”，没有在那时看穿海德格尔，但指出海德格尔曾经是一位优秀助手并跟随着胡塞尔的先验现象学的后来发展，就此而言，他以为，早期慕尼黑的追随者中尚无人可及。[87]

胡塞尔退休伊始工作热情高涨，几个月间写出了《形式逻辑和先验逻辑》，并于 1929 年在《年鉴》出版。此书相当成功，企图对《逻辑研究》中最初讨论的问题重新思考，也就是真理客观性、意义以及构成意义的现象学结构等问题。在 1929 年夏，海德格尔赠给胡塞尔《存在与时间》和《康德与形上学问题》各一册，胡塞尔终于有时间细读和给与评注。胡塞尔对于海德格尔离开自己的现象学如此之远，大感震惊。[88]此时胡塞尔是国际著名人士，而且也算是德国哲学老一辈的带头人，旅行频繁，听众踊跃。1928 年 4 月胡塞尔在柏林参加施图姆普夫八十寿辰庆祝之后到了阿姆斯特丹，做了两次公开讲演，名为“现象学和心理学”，展现了他在最近完成《大英百科全书》文章后思想的继续发展。[89]莱维纳参加了胡塞尔和海德格尔的 1928 年夏季研究班和 1928—1929 年的冬季研究班，并实际上协助胡塞尔的妻子 Marvine 补习法文，以准备他们即将开始的巴黎行。[90] 1929 年 2 月，胡塞尔在巴黎做了两场讲演（1935 年作为《巴黎讲演》刊行），参加者有列维-布吕尔、赫林、科依勒、莱维纳、马塞尔，而且按照岗迪拉克（Maurice de Gandillac）的报道，还有梅洛-庞蒂。两次讲演相当于正式开启了法国的现象学传统。1931 年出版了法文版的《笛卡尔沉思》，由莱维纳和派弗（Gabrielle Peiffer）共同编辑，科依勒参与协助。胡塞尔拖延了德文版的出版，打算继续修改，结果直到 1950 年才出版。1931 年 6 月 10 日他受邀在法兰克福康德学会讲演“现象学和人类学”，并在柏林和哈雷面对着更多听众进行讲演。

1929 年为其七十寿辰编写了《纪念文集》，并作为《年鉴》特刊出版。他的很多学生都参加了他于 4 月 8 日的演说，包括海德格尔。在其欢迎词中他特别强调了自己的老师布伦塔诺和维尔斯特拉斯的影响（*Chronik*，344-345）。海德格尔的文章是《论基础的本质》[91]，并在演说中说，虽然 87
胡塞尔的学生努力追随其师，却并非总是成功。胡塞尔退休后来访者很多。1929 年赖尔来访，他们花了一小时来谈现象学（Chronik，340），来访者还有捷克的帕托奇卡。舒茨第一次遇到胡塞尔是在 1932 年。[92]1935 年他与法国人类学家布吕尔通信（《通信集》VI，161-164），表示自己对人类精神的历史发展感兴趣。国际声誉到来了：1928年他被授予美国艺术和科学学院的荣誉院士，1932年他当选巴黎道德和政治科学院通讯院士。1930年胡塞尔受邀参加牛津国际哲学大会，但被其婉辞（Chronik，364）。1936年他成为英国科学院通讯院士。不过此种国际承认与其在国内的处境却形成了反差。

纳粹时期的胡塞尔

1933年初纳粹在德国获得政权，而且1933年4月7日颁布了一则关于“重建永久公民服务”的新法律，按此非亚利安人禁止担任公职。海德格尔作为弗莱堡大学校长签署了这份强制停职的法令，影响了很多弗莱堡学者，包括已退休的教授胡塞尔。[93]胡塞尔对此命令深为震惊。他一直自认为是德意志公民，两个儿子都在德国军队服役过，而且女儿还在战地医院工作过（Chronik，428）。此法令对胡塞尔的影响，阿伦特曾有极好的描述，她后来给雅斯贝尔斯的信中说，海德格尔针对胡塞尔的这一动作相当于潜在的“谋杀”。阿伦特也断言，海德格尔作为校长应对于将胡塞尔驱除出哲学系一事负责[94]，不过此一说法在雅斯贝尔斯致阿伦特的回信中曾于辩驳。[95]

这道最初禁止非亚利安人担任公职的法令于1933年4月28日被撤销（胡塞尔被免除取消了，因其家庭在第一次世界大战中对战时工作的贡献），但此前胡塞尔的存活下来的儿子Gerhart已失去在基尔法学院的职位。他离德赴美，最后在华盛顿法学院获得教职；胡塞尔的女儿Elli嫁给一位哈佛教授。1935年9月一条新法令颁布，胡塞尔被取消了授课资格，而且最后其德国公民身份也被取消。这一时期胡塞尔的信件见证了他曾企图为儿子找到一份工作，曾代表儿子写信给许多从前的学生，包括肯
88 恩斯和法伯。作为一非亚利安公职人员，1936年胡塞尔被拒绝参加贝尔格莱德哲学大会的德国官方代表团以及1937年巴黎第九届国际哲学大会。从1936年起，他的名字已经从弗莱堡哲学系教职名单上被划掉了，虽然他的出版物并未被禁止，但已经不被允许在德国国内出版任何东西。国家社会主义党谴责他的哲学旨在促进一种全体人类普遍理性的理想，因为这意味着全体人类也包括犹太人和黑人这类“非人类”。对于纳粹来说，胡塞尔代表着“一种无血统或种族的贫瘠精神”，它不理解“真正精神的土地依属性”[96]。

欧洲科学的危机

胡塞尔本人继续其研究工作，愈益关注发生现象学以及他所谓的“生成性”问题，这就是历史性发生的方式问题。他在相对孤立中生活，只有少数忠实的朋友来访，特别是芬克和兰德格里伯。他和家庭的生活日渐艰难，虽然他被邀请担任南加大学教授却被其放弃了，部分原因在于他未能替自己的助手芬克或替肯恩斯获得一个职位，部分原因在于高龄，担心难以在另一个国家担任教授工作；而且他自认是德国人，并想生活和死在德国。

因为他被禁止教书，他被迫在一系列外国讲演中发展自己的后期哲学，包括 1935 年 5 月在维也纳讲演“欧洲人危机中的哲学”和 1935 年 11 月 14 日与 15 日在布拉格进行两次讲演。这些讲演日后形成了《欧洲科学的危机》的组成部分，并于 1936 年在贝尔格莱德的《哲学年鉴》上发表。舒茨参加了这些讲演并回忆道，在另一次受邀举行的研究班上，胡塞尔对学生谈到希腊哲学突破的重要性，并问道为什么事态会如今日之所是，以及谈到理论的态度。[97]《危机》最初计划由五个部分组成一部大著，但他在 1936 年写信给帕托奇卡说，此书篇幅已经过大。1936 年只出版了最初两个部分，第三部分已经写完但未出版。在《危机》完成之前胡塞尔就故去了，全书 1954 年最终于比麦尔编辑后出版（1993 年《危机》的一些手稿作为 Hua XXIX 重新出版）。

晚年的胡塞尔大部分时间病缠于身，死于 1938 年 4 月 27 日，弗莱堡哲学系，除了 Gerhard Ritter 外，无人参加葬礼；海德格尔卧病在床。胡塞尔去世后几个月的一天（1938 年 8 月 15 日），一位比利时方济各会修士梵布雷达来到弗莱堡，打算研究胡塞尔晚期手稿，他刚在卢汶天主教大学 89
哲学系完成他的硕士学业。梵布雷达遇到胡塞尔的妻子和助手芬克，他们很快一起开始一项确保未来庞大“遗著”出版的计划，担心遗著手稿会被纳粹摧毁。胡塞尔晚年企图在助手协助下整理这些手稿，他曾试图计划和兰德格里伯在布拉格设置一现象学的研究中心，但德国对捷克的侵略使此计划不可能实行。梵布雷达建议将“遗著”移至卢汶，借助于卢汶高等哲学研究所所长含糊许诺之力。在 1938 年 9 月通过瑞士将手稿偷运出去的计划失败后，梵布雷达说服比利时驻柏林大使馆同意用外交邮递方式将手稿送往卢汶。[98]梵布雷达和其他人在纳粹占领比利时期间保藏了这些手稿。

后来手稿被转交卢汶大学，在那里建立了胡塞尔档案馆（莱维纳、梅洛-庞蒂和德里达都曾到那里研究过）。[99]梵布雷达也安排了胡塞尔遗孀安全地迁至比利时，纳粹时期她隐藏在一处修道院，最后于1946年迁往美国，与两个幸存的孩子团聚，两个孩子于1933—1934年已移民美国。据悉，胡塞尔的骨灰在战争时期也带至比利时，因担心坟墓会被毁灭。骨灰后来移葬至弗莱堡外Günterstal的方济各会修道院公墓，玛尔文也葬于同处。[100]芬克于1928年成为胡塞尔的私人助手，他于1933年后，因同情胡塞尔的困境，拒绝了大学一切教职任聘；前助手兰德格里伯直到纳粹侵略之前一直任教于布拉格大学，他继续誊录胡塞尔的手稿。但他们最后都于1939年到了卢汶。然而当德国人侵比利时后，两人均遭德国人监禁，并送至法国转运营，之后送回德国。1929年后，胡塞尔的早期助手史泰茵（1891—1942），热衷于协调现象学和托马斯主义，最后皈依天主教并进入Carmelite修道院。她在荷兰被捕，于1942年死于纳粹集中营。最近她被教皇保罗二世封圣。

一位无追随者的领袖

虽然胡塞尔有很多具有献身精神的追随者，他们都在现象学领域内开启着各自创新的工作，并且获得忠心助手的令人满意的协助，例如史泰茵、芬克、兰德格里伯等，但他却日益感觉到精神上的孤独，并相信他的
90 事业正遭受到破坏而且他的发现只不过徒徒在使其他哲学家受益。胡塞尔早先寄望的精神继承人莱纳赫在大战中阵亡，普梵德尔和慕尼黑的现象学家并未接受胡塞尔的还原论和唯心主义。1928年后，海德格尔也成为他个人的一次严重的失望。胡塞尔的最后年月一直企图从海德格尔手中拯救现象学科学的真正意义，海德格尔把现象学变成了人类学，正如早先的舍勒将其弱化为一种生命哲学的形式。胡塞尔甚至在1931年给友人Gustav Albrecht的信中说，他现在倍感孤独，学生都各奔东西，他甚至感觉自己成了著名的“胡塞尔现象学运动”的最大敌人。[101]胡塞尔遭受的背叛之感，在德国国家社会主义运动兴起后进一步加深。其处境孤立的一个标志是，他竟不得不有一次写信给兰德格里伯问他是否也是纳粹党员。胡塞尔清醒地意识到他没有真正的继承人（在给普梵德尔和茵加登的信中这样表示过），他称自己是一名“并无追随者的领袖”（《通信集》II，182），而且他

提倡的现象学的科学概念现在分散为许多不同领域内的许多不同的研究风格。不管是好是坏，20 世纪三四十年代的德国现象学已经与海德格尔的名字联系在一起，而且在战后的法国又与萨特和梅洛-庞蒂的存在主义现象学联系在一起了。

注释：

[1] Husserl, *Ideas pertaining to a Pure Phenomenology and to a Phenomenological Philosophy, First Book*, trans. F. Kersten (Dordrecht: Kluwer, 1983), § 63, p. 148; Hua III/1 121. Hereafter *Ideas* I, followed by section number, page number of English Translation, and German page number. 484

[2] E. Husserl *Briefwechsel*, ed. Karl Schuhmann in collaboration with Elizabeth Schuhmann (Dordrecht: Kluwer, 1994), 10 vols. Hereafter *Briefwechsel*, followed by volume and page number. The reference here is IX 171. See also *Briefwechsel* III 485, where Husserl talks of "a wholly new form of philosophy".

[3] Edmund Husserl, *On the Phenomenology of the Consciousness of Internal Time (1893—1917)*, trans. John Barnett Brough, Collected Works IV (Dordrecht: Kluwer, 1991), p. 360; Hua X 349. See also *Cartesian Meditations*, trans. D. Cairns (Dordrecht: Kluwer, 1993), § 20, p. 49; Hua I 86. Hereafter CM.

[4] Husserl, *Die Krisis der europäischen Wissenschaften und die transzendentale Phänomenologie*, ed. W. Biemel, Hua VI (The Hague: 485 Nijhoff, 1962), trans. David Carr, *The Crisis of European Sciences and Transcendental Phenomenology. An Introduction to Phenomenological Philosophy* (Evanston. IL: Northwestern University Press, 1970). Hereafter *Crisis* followed by the English page number and then German page number.

[5] See Eugen Fink's 1939 article trans. as, "The Problem of the Phenomenology of Edmund Husserl", in W. McKenna and L. E. Winters, eds, *Apriori and World European Contributions to Husserlian Phenomenology* (The Hague: Nijhoff, 1981), pp. 21-55.

[6] See William McKenna, *Husserl's "Introductions" to Phenomeno-*

logy. Interpretation and Critique (Dordrecht: Kluwer, 1982).

[7] This world is well characterised by Hans-Georg Gadamer, *Philosophische Lehrjahre*, trans. R. Sullivan, *Philosophical Apprenticeships* (Cambridge, MA: MIT Press, 1990). Hereafter Phil. App. and page number of English translation.

[8] Karl Jaspers, *Philosophische Autobiographie* (München, 1977), p. 93, recalled that "he seemed to me somewhat petit bourgeois" (*Er schient mir etwas Kleinbürgerliches*).

[9] See, for example, Husserl's *Freiburgur Antrittesrede*, Inaugural Address, delivered on 3 May 1917, *Aufsätze und Vorträge* (*1911—1921*), ed. T. Nenon and H. R. Sepp (Dordrecht: Kluwer, 1986), Hua XXV 68－81, trans. in Frederick Elliston and Peter McCormick, *Husserl. Shorter Works* (Notre Dame, IN: University of Notre Dame Press, 1981), pp. 9－17. Hereafter HSW and page number.

[10] Karl Schuhmann, *Husserl-Chronik. Denk-und Lebensweg Edmund Husserls* (The Hague: Nijhoff, 1977), p. 22; hereafter *Chronik* and page number; *Briefwechsel* I 157: "der böse Daïmon der Nervosität". Husserl refers to bouts of depression, in 1906, 1909, 1932, and 1936, in many letters, for example *Briefwechsel* IX 45; Ⅲ 283; IX 407; Ⅲ 493; IV 73.

[11] See H. L. Van Breda, "Préface", Hua I vii. See also H. L. Van Breda, "Lesauvetage de I'héritage husserlien et la fondation des Archives Husscrl", in H. L. Van Breda and. J. Taminiaux, eds, *Husserl et la pensée moderne* (The Hague: Nijhoff, 1959), p. 10. See also R. Sokolowski, "The Husserl Archives and the Edition of Husserl's Works", *New Scholasticism* 38 (1964), pp. 473－482. 其后胡塞尔档案馆先后建立于科隆、弗莱堡、巴黎和纽约布法罗。大多数 19 世纪德国学者都使用 Gabelsberger 系统，其在 20 世纪继续被一些人使用，如胡塞尔和哥德尔。因为善于用此书写系统（see *Briefwechsel* X 2－3），他也与那些能够阅读此书写系统的人通信更多，如芬克和海德格尔。

[12] 胡塞尔对《存在与时间》写的边注现在重新编辑和翻译出版于：T. Sheehan and Richard Palmer, in *Psychological and Transcendental*

Phenomenology and the Confrontation with Heidegger（*1927—1931*），Collected Works VI（Dordrecht：Kluwer，1997），pp. 264－422。Hereafter Trans. Phen. and page number.

［13］Husserl，*Ding und Raum. Vorlesungen* 1907，ed. Ulrich Claesges（The Hague：Nijhoff，1973），Hua XVI，trans. R. Rojcewicz，*Thing and Space*：*Lectures of* 1907，Collected Works VII（Dordrecht：Kluwer，1997）.

［14］Reedited by Rudolf Boehm，as *Zur Phanomenologie des inneren Zeinbewußtseins*（*1893—1917*），Hua X（The Hague：Nijhoff，1966），trans. John Barnett Brough，*On the Phenomenology of the Consciousness of Internal Time*，Collected Works IV（Dordrecht：Kluwer，1990）.

［15］As Hans Rainer Sepp 说，语言是他的对话的媒介（*Das Medium seiner Dialoge ist das Schreiben*），in H. R. Sepp，ed.，*Edmund Husserl- und die phänomenologische Bewegung. Zeugnisse in Text und Bild* 486 （Freiburg/München：Karl Alber Verlag，1988），p. 160。

［16］Helmut Plessner，"Bei Husserl in Göttingen"，in H. L. Van Breda and J. Taminiaux，eds，*Edmund Husserl 1859—1959. Recueil commémorative publié à l'occasion du centenaire de la naissance du philosophe*（The Hague：Nijhoff，1959），p. 33. 在同一书中的文章《表象的毁灭》（"La ruine de la représentation"）中，莱维纳描述了他在与胡塞尔讨论时，胡塞尔像是"几乎一直是自言自语者，人们不敢打断他的谈话"（op. cit.，p. 73）。

［17］H.-G. Gadamer，*Philosophische Lehrjahre*，p. 31，trans. Robert R. Sullivan as Phil. App. p. 35.

［18］William Ernest Hocking，"From the Early Days to the '*Logische Untersuchungen*'"，in H. L. Van Breda and J. Taminiaux，eds，*Edmund Husserl 1859—1959. Recueil commérnorative publié à l'occasion du centenaire de la naissance du philosophe*，p. 3.

［19］See Claire Ortiz Hill，*Word and Object in Husserl*，*Frege and Russell*（Athens，OH：Ohio University Press，1991）.

［20］*Briefwechsel* IV 121－123. Hartshorne 写信给胡塞尔，告诉他皮尔士［其文集（*Collected Papers*）初版不久，edited by C. Hartshorne and Paul Weiss (1931—1935)］也使用了“现象学”一词。Hartshorne 说他希望皮尔士没有从胡塞尔处偷取这个词。对此没有明证，因为皮尔士早在 1904 年就放弃使用 phenomenology 而改用“phaneroscopy”一词了。

［21］关于追溯胡塞尔的思想发展问题，参见：R. Sokolowski，*The Formation of Husserl's Concept of Constitution*（The Hague：Nijhoff，1964）；Theodor DeBoer，*The Development of Husserl's Thought*（The Hague：Nijhoff，1978）；Walter Biemel，“The Decisive Phases in the Development of Husserl's Philosophy”，in R. O. Elveton，ed.，*The Phenomenology of Edmund Husserl. Selected Critical Readings*（Chicago：Quadrangle，1970），pp. 148-173；and J. N. Mohanty，“The Development of Husserl's Thought”，in B. Smith and D. Woodruff Smith，eds，*The Cambridge Companion to Husserl*（Cambridge：Cambridge University Press，1995），pp. 45-77。

［22］关于胡塞尔生平的杰出生动描述，参见：Sepp，ed.，*Edmund Husserl und die phänomenologische Bewegung*，op. cit。

［23］Sepp，*Edmund Husserl und die phänomenologische Bewegung*，p. 120. See Malvine Husserl，“Skizze eines Lebensbildes von Edmund Husserl”，ed. Karl Schuhmann，*Husserl Studies* 5（1988），pp. 105-125. See also *Chronik*，pp. 2-3，and Andrew Osborn，*The Philosophy of Edmund Husserl in its Development from his Mathematical Interests to his First Conception of Phenomenology in the Logical Investigations*（New York：International Press，1934），p. 10.

［24］See K. Schuhmann，“Husserl and Masaryk”，in J. Novák，ed.，*On Masaryk*（Amsterdam：Rodopi，1988），pp. 129-156.

［25］Dorion Cairns，*Conversations with Husserl and Fink*，Phaenomenologica 66（The Hague：Nijhoff，1975），p. 47.

［26］*Chronik*，p. 9. 胡塞尔在给 Mahnke 的信中强调了这点。参见：4 May 1933，*Briefwechsel* III 500。

［27］Letter to Arnold Metzger，4 September 1919，trans. in HSW 360.

［28］For Husserl's relation to religion see Karl and Elizabeth Sehuhmann's introduction to the *Briefwechsel* X 35-36.

[29] M. Heidegger, *History of the Concept of Time. Prolegomena*, trans. T. Kisiel (Bloomington, IN: Indiana University Press, 1985), p. 23.

[30] See, for example, *Logical Investigations*, op. cit. *Prolegomena*, §40, p. 158; Hua XVIII 147. For a critique of Husserl's treatment of Hegelian dialectic as sophistry, see T. Adorno, *Against Epistemology: A Metacritique*, trans. W. Domingo (Oxford: Blackwell, 1982), pp. 49-50. 487

[31] See E. Husserl, *Vorlesungern über Ethik und Wertlehre (1908—1914)*, ed. U. Melle (Dordrecht: Kluwer, 1988), Hua XXIII 460.

[32] B. Bolzano, *Paradoxes of the Infinite*, trans. Donald A. Steele (London: Routledge & Kegan Paul, 1950). Originally published in 1851. For Bolzano's influence on Husserl, see Husserl, *Introduction to the Logical Investigations*, ed. E. Fink, trans. P. J. Bossert and C. H. Peters (The Hague: Nijhoff, 1975), p. 37; Fink, p. 129.

[33] Bernard Bolzano，是黑格尔的同时代人，1781 年生于布拉格。他就读于布拉格大学并撰写有关数学基础的论文。他自 1805 年至 1819 年，担任宗教学教授，后被帝国申令解职。1820—1830 年他退休于 Techobuz，在那里他研究写作《科学理论》，于 1837 年出版。参见：B. Bolzano, *Theory of Science*, ed. and trans. Rolf George (Oxford: Blackwell, 1972)。自此以后他继续研究数学问题。

[34] Husserl, "Erinnerungen an Franz Brentano", *Aufsätze und Vorträge (1911—1921)*, Hua XXV 304-315, esp, p. 305, trans. R. Hudson and P. McCormick, as "Recollections of Franz Brentano", as P. McCormick and F. Elliston, eds, *Husserl. Shorter Works* (Notre Dame, IN: University of Notre Dame Press, 1981), pp. 342 - 348, see p. 342.

[35] 短语"新星"来自埃伦费尔斯致梅农的信（26 February 1886）；see R. Rollinger, *Husserl's Position in the School of Brentano*, p. 14。

[36] See H. Spiegelberg, "On the Significance of the Correspondence Between Franz Brentano and Edmund Husserl", in R. M. Chisholm and R. Hailer, eds, *Die Philosophie Franz Brentanos* (Amsterdam: Rodopi, 1978), pp. 95-116.

[37] Husserl's letter to Marvin Farber, 18 June 1937, translated in Kah Kyung Cho, "Phenomenology as Cooperative Task: Husserl-Farber Correspondence during 1936—37", *Philosophy and Phenomenological Research* 50, Supplement (Fall, 1990), pp. 36-43.

[38] 布伦塔诺于 1886 年 10 月 18 日写信给施图姆普夫推荐胡塞尔，称其为"数学家而且是几年来热情攻读哲学的学生"。参见：Rollinger, *Husserl's Position in the School of Brentano*, op. cit., p. 68。The first volume of Stumpf's Tonpsychologie had appeared in 1883 and the second was published in 1890 (Leipzig: Hirzel, 1883/1890). Stumpf's *Über den psychologischen Ursprung der Rawnvorstellung* had appeared in 1873.

[39] See H. Spiegelberg, *The Context of the Phenomenological Movement* (The Hague: Nijhoff, 1981).

[40] Husserl, *Über den Begriff der Zahl*, *Psychologische Analysen*, reprinted in *Philosophie der Arithmetik*: *Mit ergänzenden Texten* (*1890—1901*), ed. Lothar Eley (The Hague: Nijhoff, 1970), Hua XII.

[41] Cantor 写信给胡塞尔（7 April 1915, *Briefwechsel* VII 51），对其儿子负伤表示慰问。关于两人关系，参见：Claire Ortiz Hill, "Abstraction and Idealization ia Edmund Husserl and Georg Cantor Prior to 1895", *Poznan Studies in the Philosophy of the Sciences and the Humanities* XX (1998), pp. 1-27。

[42] Reprinted as *Philosophie der Arithmetik*: *Mit ergänzenden Texten* (*1890—1901*), Hua XII. An English translation by Dallas Willard is in preparation as part of the Collected Works series from Kluwer.

[43] Husserl's attempts at the second volume are published in Hua XII 340-429 and Hua XXI 3-215, 252-261.

488 [44] Letter to Stumpf, Hua XXI 244-251, trans. EW 12-19.

[45] Hubert Dreyfus 和 Dagfinn Føllesdal 接受了这样的观点：弗雷格影响了胡塞尔。但请参见：J. N. Mohanty's *Husserl and Frege* (Bloomington, IN: Indiana University Press, 1982)，作者认为弗雷格对于胡塞尔改变心意影响极小，甚至没有影响，因为自 1891 年起胡塞尔的变化就很明显了。参见：EW。

[46] Bolzano, *Theory of Science*, op. cit., pp. 88-89："的确，大多

数观念都具有一些甚至无限多的所指者。但是仍然有一些观念根本没有所指者，因此没有外延。最明显的例子似乎是语词‘无’指示的概念。我如果这样说就是荒谬的：此概念也有一客体，即它代表着某物。……观念‘园的方’、‘绿色品德’等例子也是一样。如此等等。”

[47] Rollinger, *Husserl's Position in the School of Brentano*, op. cit., p. 17 n. 1.

[48] See Husserl's "Review of M. Palagyi, *Der Streit der Psychologisten und Formalisten in der Modernen Logik*" (The Dispute Between Psychologists and Formalists in Modern Logic), trans. EW 201; Hua XXII 156.

[49] Sepp, *Edmund Husserl und die phanomenologische Bewegung*, op. cit., p. 162.

[50] William Ernest Hocking, "From the Early Days to the '*Logische Untersuchungen*'", in H. L. Van Breda and J. Taminiaux, eds, *Edmund Husserl 1859—1959*, op. cit., p. 1, and Wilhelm Schapp's "Erinnerungen", in the same volume, p. 13.

[51] See Claire Ortiz Hill, "Husserl and Hilbert on Completeness", in J. Hintikka, ed., *Essays on the Development of the Foundations of Mathematics* (Dordrecht: Kluwer, 1995), pp. 143-163.

[52] Husserl refers to T. Lipps at *Logical Investigations*, op. cit. *Prolegomena* §17, p. 91; Hua XVIII 64, and in the Foreword to the Second Edition, LI, p. 47; Hua XVIII 12.

[53] On Johannes Daubert, see Reinhold Smid, "An Early Interpretation of Husserl's Phenomenology: Johannes Daubert and the *Logical Investigations*", *Husserl Studies* 2 (1985), pp. 267-290. 关于道贝尔特研究方向的较近发展，参见：K. Schuhmann and B. Smith, "Questions: An Essay in Daubertian Phenomenology", *Philosophy and Phenomenological Research* 47 (March, 1987), pp. 353-384。

[54] 普梵德尔在汉诺威工程学校学习数学，之后至慕尼黑随里普斯学习并撰写博士论文。其资格考试论文的题目是《论意志的性质》，出版于1900年。因此早一年使用了术语“phenomenology”。See A. Pfänder, *Phenomenology of Willing and Other Phaenomenologica*, trans. Herbert

Spiegelberg (Evanston. IL: Northwestern University Press, 1967). 普梵德尔在意志经验中发现一种不可能归约为呈现、判断或感觉的真正被经验的行为。他是里普斯和詹姆士心理学的批评者。他于1900年被聘任为慕尼黑大学私讲师，在那里任教直至1935年退休。他是1928年和海德格尔竞争（胡塞尔退休后空缺的）弗莱堡大学哲学讲座教职的失败者。

[55] 莱纳赫1909年在哥廷根在胡塞尔指导下写职业资格论文《判断的理论》，并在那里成为私讲师。在那里他被认为是比胡塞尔讲解现象学更清晰者。他协助胡塞尔修改《逻辑研究》；see Husserl's Foreword to the Second Edition (LI, p. 50; Hua XVIII Bxvii)。他写过很多重要的文章，包括为里普斯纪念文集写的一篇关于否定判断的论文。胡塞尔写过一篇
489 《悼念莱纳赫》的文章，发表于：*Frankfurter Zeitung* on 6 December 1917 and again in *Kant-Studien* in 1918; see Hua XXV 296-303。

[56] See Roman Ingarden, *On the Motives which led Husserl to Transcendental Idealism* (Dordrecht: Kluwer, 1975).

[57] Husserl, *Ideas pertaining to a Pure Phenomenology and to a Phenomenological Philosophy*, *Second Book*, trans. R. Rojcewicz and A. Schuwer (Dordrecht: Kluwer, 1989), p. 374; Hua IV 364.

[58] See Jean Héring, "Edmund Husserl. Souvenirs et refiexions", in H. L. Van Breda and J. Taminiaux, eds, *Edmund Husserl 1859—1959*, op. cit., pp. 26-28.

[59] 当纳粹夺权后俄国流亡者科依勒复流亡至巴黎，与阿伦特成为朋友。后来他迁美，任教于普林斯顿。

[60] See H. Spiegelberg, *The Phenomenological Movement*, 3rd edition (Dordrecht: Kluwer, 1994), pp. 166-170.

[61] See Husserl's letter to Lipps of January 1904, *Briefwechsel* II 124.

[62] See, for example, "Husserl's Inaugural Lecture at Freiburg im Breisgau (1917)", HSW 14; Hua XXV 75.

[63] Husserl, *Einleitung in die Logik und Erkenntnistheorie. Vorlesungen* 1906/07, Hua XXIV (Dordrecht: Kluwer, 1984), pp. 165ff. and 212.

[64] *Die Idee der Phänomenologie. Fünf Vorlesungen.* Not pub-

lished until 1950，ed. Walter Biemel，now 2nd edition（1973），Hua II，trans. W. P. Alston and G. Nakhnikian，as *The Idea of Phenomenology*（The Hague：Nijhoff，1964）. 这些经验是作为《物讲座》的导论用的。现收入 Hua XVI。

［65］“*Philosophie als strenge Wissenschaft*”，*Aufsätze und Vorträge*（*1911—1921*），Hua XXV 3-62，trans. “Philosophy as a Rigorous Science”，in Q. Lauer，*Phenomenology and the Crisis of Philosophy*（New York：Harper and Row，1965），pp. 71-147. Hereafter PRS. 胡塞尔在李凯尔特邀请下加入 *Logos* 编委会，但似乎没有在刊物上发挥积极作用。关于比麦尔的论述，见他的编者导言：“Einleitung des Herausgebers”，Hua IX xvi。

［66］See “The Dilthey-Husserl Correspondence”，trans. in HSW 203-209.

［67］Husserl，*Phänomenologische Psychologic Vorlesungen Sommersemester* 1925，ed. W. Biemel（The Hague：Nijhoff，1968），Hua IX 6；trans. J. Scanlon，*Phenomenological Psychology. Lectures*，*Summer Semester 1925*（The Hague：Nijhoff，1977），§1，p. 3.

［68］See Karl Schuhmann，“Husserl's Yearbook”，*Philosophy and Phenomenological Research* L，Supplement（Fall，1990），pp. 1-25.

［69］这些手稿的编辑正在卢汶由 Ullrich Melle 进行中，将收入《全集》。

［70］A. Schütz，in H. L. Van Breda and J. Taminiaux，eds，*Edmund Husserl 1859—1959*，op. cit.，p. 88.

［71］在早期著作中，胡塞尔把自我看作一行为束，并严格地将心理学的“我”纳入括号；然而后来他推进了对个人的理解，将个人视为不同于一自然客体的统一体。另一方面，舍勒从早期起就将个人〔person〕作为现象学的中心范畴了。

［72］关于胡塞尔的政治观，参见：Karl and Elizabeth Schuhmann，“Einführung in die Ausgabe”，Edmund Husserl，*Briefwechsei* X 18-23，and K. Schuhmann，*Husserls Staatsphilosophie*（Freiburg/Munich：Alber，1988）。

［73］参见胡塞尔 1915 年致哈佛大学哲学教授 Hugo Münsterberg 的信，最初发表于：Münsterberg's *The Peace and America*（New York：

490 Appleton，1915)，pp. 222-224，在信中他谈到对个人自我服从国家意志态度的尊敬（HSW 352；Hua XXV 293-294)。

[74] See Husserl，"Fichtes Menschheitsideal. Drei Vorlesungen"，*Aufsätze und Vorträge*（*1911—1921*），Hua XXV 267-293，and trans. James G. Hart as "Fichte's Ideal of Humanity [Three Lectures]"，*Husserl Studies* 12（1995），pp. 111-133. 关于胡塞尔的道德和政治观，参见：James G. Hart，*The Person and the Common Life. Studies in a Husserlian Social Ethics*（Dordrecht：Kluwer，1992)。

[75] 关于李凯尔特在海德堡的论述，参见雅斯贝尔斯的《自传》。最初两人友好，后来因科学哲学可能性问题（李凯尔特支持，雅斯贝尔斯反对）而发生争执。

[76] Husserl，"Die reine Phänomenologie，ihr Forschungsgebiet und ihre Methode"，first published in German in 1976，in the *Tijdschrift voor Filosofie* 38（1976），pp. 363-378，reprinted in *Aufsätze und Vorträge*（*1911—1921*），Hua XXV 68-81，trans. "Husserl's Inaugural Lecture at Freiburg im Breisgau (1917)"，in HSW 9-17.

[77] H. Plessner，in H. L. Van Breda and J. Taminiaux，eds，*Edmund Husserl 1859—1959*，op. cit.，p. 35.

[78] 在1920年8月11日的信中，胡塞尔描述了弗莱堡的气氛并抱怨克尔恺郭尔运动席卷了德国（*Briefwechsel* III 15)。

[79] See H.-G. Gadamer's remembrance in Sepp，*Edmund Husserl und die phänomenologische Bewegung*，op. cit，p. 13. 关于胡塞尔提到"西方的没落"乃是"产生于怯懦的哲学怀疑主义的最新理论"，参见：*Aufsätze und Vorträge*（*1922—1937*），ed. T. Nenon and H. R. Sepp (Dordrecht：Kluwer，1989)，Hua XXVII 122，trans. as "Shaw and the Vitality of the West"，in HSW 356。

[80] Sepp，*Edmund Husserl und die phänomenologische Bewegung*，op. cit.，p. 270.

[81] Reprinted in Husserl，*Aufsätze und Vorträge*（*1922—1937*），Hua XXVII. The first Kaizo article，"Renewal：its Problem and Method"，has been translated in HSW 326-334. A new translation of the four lectures by Philip Buckley will appear in the Husserl Collected Works series.

[82] See H. Spiegelberg, "Husserl in England: Facts and Lessons", *Journal of the British Society for Phenomenology* 1 (1) (1970), pp. 4-17. For a synopsis of the lecture topics see Edmund Husserl, "Syllabus of a Course of Four Lectures on 'Phenomenological Method and Phenomenological Philosophy', delivered at University College, London June 6, 8, 9, 12, 1922", *Journal of the British Society for Phenomenology* 1 (1) (1970), pp. 18-23. These lectures were a forerunner to the *Cartesian Meditations* lectures later given-appropriately-in the Amphithéatre Descartes in Paris in 1929.

[83] *Phänomenologische Psychologie*, Hua IX, trans. J. Scanlon, *Phenomenological Psychology*, op. cit.

[84] For a list of Heidegger's lecture course titles see Theodore Kisiel, *The Genesis of Heidegger's Being and Time* (Berkeley, CA: University of California Press, 1993), pp. 469-476; for an account of the development of his phenomenology of religion see, *idem*, pp. 112-219.

[85] Heidegger 在其 1925 年课程中提到（该讲课出版于：*History of the Concept of Time. Prolegomena*, §13, p. 121, GA 20, p. 167）这样的事实：胡塞尔知道海德格尔在弗莱堡和后来在马堡的讲课中批评自己。

[86] See Herbert Spiegelberg, "On the Misfortunes of Edmund Husserl's *Encyclopaedia Britannica* Article 'Phenomenology'", in HSW 18-20. 关于此事的信息讨论，参见：Thomas Sheehan, "The History of the Redaction of the *Encyclopaedia Britannica Article*", in *Trans. Phen.*, pp. 36-59。 491

[87] See Husserl's letter to Alexander Pfänder, 6 January 1931, *Briefwechsel* II 180-184, trans. Burt Hopkins, in *Trans. Phen.*, pp. 479-483.

[88] See Richard Palmer, "Husserl's Debate with Heidegger in the Margin of *Kant and the Problem of Metaphysics*", *Man and World* 30 (1997), pp. 5-33. Husserl's comments on Heidegger's *Being and Time and his Kantbuch* have now been translated in Edmund Husserl, *Trans. Phen.*

[89] Hua IX 302-349; trans. *Trans. Phen.*, pp. 213-253.

[90] Emmanuel Levinas, "La ruine de la représentation", in H. L. Van

Breda and J. Taminiaux，eds，*Edmund Husserl 1859—1959*，p. 73.

［91］Heidegger，"Vom Wesen des Grundes"，reprinted in *Wegmarken* GA 9（Frankfurt：Klostermann，1976），pp. 123－176，trans. William McNeill，"On the Essence of Ground"，*Pathmarks*，ed. William McNeill（Cambridge：Cambridge University Press，1998），pp. 97－135.

［92］Alfred Schutz，"Husserl's Importance for the Social Sciences"，in H. L. Van Breda and J. Taminiaux，eds，*Edmund Husserl 1859—1959*，op. cit. p. 86.

［93］关于此信，参见：Sepp，*Edmund Husserl und die phänomenologische Bewegung*，op. cit.，p. 384。Hermann Heidegger 声称胡塞尔的 *Beurlaubung*〔准许休假，准许暂时离职〕已由前任校长 Sauer 批准，参见：H. Heidegger，"Der Wirtschaftshistoriker und die Wahrheit. Notwendige Bemerkungen zu den Veröffentlichungen Hugo Otts uber Martin Heidegger"，*Heidegger Studies* 13（1997），pp. 177－192，esp. p. 186。

［94］Arendt，"What is Existenz Philosophy"，*Partisan Review* 13（1946），p. 46.

［95］*Hannah Arendt Karl Jaspers Correspondence 1926—1969*，ed. L. Kohler and H. Saner（New York：Harcourt Brace，1992），p. 43. See Hugo Ott，*Martin Heidegger. A Political Life*，trans. Allen Blunden（London：Harper Collins，1993），p. 172.

［96］这些在纳粹杂志 *NS-Frauenwarte* 20（1937/8，p. 625）上提及胡塞尔的部分，引自：Peter Prechtl，*Husserl. Zur Einführung*（Hamburg：Junius，1991），p. 14。

［97］Schütz，in H. L. Van Breda and J. Taminiaux，eds，*Edmund Husserl 1859—1959*，op. cit.，p. 88.

［98］关于偷运手稿离德的动人故事，参见：H. L. Van Breda，"Le sauvetage de l'héritage husserlien et la fondation des Archives Husserl"，in H. L. Van Breda and J. Taminiaux，eds，*Husserl et la pensée moderne*（The Hague：Nijhoff，1959）。

［99］Stephen Strasser and Walter and Marly Biemel 是研究所的早期研究人员，Rudolf Boehm and Sam Ijssling 是后来的所长。目前的所长是 Rudolf Bernet。

［100］关于胡塞尔遗物的命运流传一些怀疑，因为它们作为他的全部遗物的一部分似乎都已在 1940 年 Antwerp 大轰炸时摧毁了。我感谢 Philip Buckley 提供了此消息。

［101］1931 年 12 月 22 日致 Albrecht 信的原文："Daßich mich völlig isoliert，von meiner Schülern völlig abgesondert habe，daßich zum größten Feind der berfümten 'Husserlschen phänomenologische Bewegung' geworden bin"，*Briefwechsel* IX 79。

91 3 胡塞尔的《逻辑研究》

导 言

胡塞尔的《逻辑研究》是20世纪哲学中最有影响的著作之一，这一事实更多地缘于其对现象学的宣布而非因其逻辑学方面的发现，尽管这些发现的原创性和重要性一般地被忽略了，而之后此类贡献的被发现，也无关于胡塞尔自己的努力。两卷本的《逻辑研究》为不易读懂的巨著。胡塞尔很少预先暗示其研究方向，也很少考虑其他哲学家的观点。胡塞尔本人属于最早承认该书欠缺者之列，曾谈到其“内部主题的不均匀，也具有片断性的特点”（IL I，17；Fink，110）。此书是1890年以来十年功力的产物，但胡塞尔强调1896年在哈雷关于逻辑学的讲演似乎是该书的根源。然而其更深刻的根源在于有关逻辑、意指作用和意义的研究，这些是胡塞尔自《算术哲学》发表以来一直在进行的工作。再者，胡塞尔仍然继续修改此书，甚至当手稿（据传说）被施图姆普夫从他手中“夺走”交付出版后。这样的话，可以说这是一部在改进中的著作，一部诸不同主题的“合拼书”。然而如果因为贝尔（David Bell）说它是一部“写作粗劣、组织薄弱、并非始终前后一致的”书就断言它欠缺哲学价值，那就是错误的。[1]此书是一部在发展过程中的哲学思想杰作，充满了具有持久重要性的概念阐释，而且甚至更重要之处在于，它提供了作为概念阐释的现象学实践的一个生动的证明。在本章中我将试图对本书的目的和成就提供一个基本的认识。

《逻辑研究》的组成

胡塞尔在为本书第一版所写的前言中说，此书是其对数学和逻辑学的性质进行批评性反思的结果（LI，Intro. §1，41；Hua XVIII 5）。整个1890年代胡塞尔理解到当代的逻辑学并不足以处理他在企图对算术基本概
92 念提供阐明时所发现的问题。胡塞尔抱怨说，数学和逻辑学所使用的概念和意义并未在这些学科内部予以充分分析，因此有无数多的含混词语被

容忍下来（LI，Intro. §2，252-253；Hua XIX/1 11）。数学家［如法国数学家柯希（1789—1857）在分析虚数时］运用着不同的甚至相互冲突的理论去证明同一的观点（EW，168；Hua XXII 121）。此外，这些理论混淆并不限于数学和逻辑学，而且影响了一切形式演绎系统，所有这一切似乎都需要对所体验的性质进行哲学阐明，因为它们都依赖于同一种心理运作并运用着同一类概念（LI，Intro. §1，41；Hua XVIII 5）。《逻辑研究》于是成为一种通过对基本概念提出认识论的和逻辑的阐明来解决这些理论困难的持续努力，这些基本概念属于科学本身的形式，如“内容”“意义”“真理”等概念。特别是，《逻辑研究》提出了对逻辑学真正对象的一种阐明；逻辑学研究表达、被表达者、意义、命题内容等诸观念性内容之间的必然关系。胡塞尔晚年重新思考了这些基本逻辑问题（主要在《形式逻辑和先验逻辑》中），在该书中，几乎于三十年后，他将先前的《逻辑研究》描述为仍然陷于一种“先验心理主义”或“艾多斯心理学”。

对于该书第二卷，胡塞尔在“自我宣告”中说，他所进行的是对知识的一种现象学阐明，而非一种“发生现象学的”研究（Hua XIX/2 779）。1901年时，胡塞尔把现象学看作对认知行为的一种分类学，以供“经验心理学”之用（LI，249；Hua XIX/1 7）。他也以认识论来刻画现象学。于是，该书第二卷被冠以“现象学和认知理论研究”。当然，胡塞尔在此使用“认识论”一词时不是在意指通常用以克服怀疑主义威胁的那种认识论证明，而是在康德意义上对产生认知的那些行为的性质所进行的先天性研究，而且主要是布伦塔诺所规定的那些主要行为，即表象、判断、一般认知行为（LI，249；Hua XIX/1 7）。再者，正如胡塞尔不厌其烦地所强调的，他的论述是“纯粹的”，即脱离了在不同领域内不同的认知运用并研究其概念性质本身，虽然此一强调比在1913年该书第二版文本中所改写的内容要强烈得多。于是胡塞尔把现象学理解为对概念的基础所进行的探讨，这些基础是任何认知行为所需要的，但无须牵扯到传统哲学的理论或立场。然而，因为不可能进行这样一种认知批评而不运用基本的认识论概 93
念，他不得不“曲折”前进，即先使用概念，然后再回过来阐释它们（LI，Intro. §6，261；Hua XIX/1 22）。

胡塞尔也将他对心理行为的兴趣和纯粹逻辑学家的兴趣加以区分。纯粹逻辑学家对于运作中的认识论过程没有兴趣，而只对被陈述的诸意义

〔meanings 或 senses〕及它们彼此之间的必然形式联系有兴趣。但是，对于我们的认知生命予以最终判断者并非逻辑学。现象学不同于经验心理学和纯粹逻辑。它所关心的是具体意义行为和意义意指，后者不是作为世界上出现的经验事实或根据诸事实表达的观念性意义，而是只关心诸意义的本质的、意向性的、先天的结构。再者，对于作为一种纯粹意义科学的纯粹逻辑学的阐明，不能够仅只依赖于通常使用的字词之意义，而是必须在具体直观中掌握这些意义："我们必须回到事物本身"（LI，Intro. §2，252；Hua XIX/1 10）。一旦在纯粹直观中获得了这些意义，从概念上确定逻辑学上所需要的一切意义以及科学知识本身所需要的一切意义，就成为一个直接面对的虽然极其困难的任务。现象学通过回溯意指意义的行为和肯定意义、意义充实的行为之间的先天性联系来确定这些意义（LI，252；Hua XIX/1 11）。只有通过对意义的一种现象学的确定，我们才能够保持心理学因素与逻辑学因素的分离："心理主义只能通过现象学加以彻底的克服"（LI，253；Hua XIX/1 11-12）。否定心理主义需要现象学，胡塞尔现在离开弗雷格的研究路线已经很远了。

胡塞尔后来在1925年的"现象学心理学"讲座中回顾《逻辑研究》的任务和意义时说道：

> 我的《逻辑研究》于1900—1901年间出版，这部耗费十年之功的成果旨在通过返回活生生的逻辑思维体验关联体内出现的意义赋予〔Sinngebung〕或认知成就〔Erkenntnisleistung〕，以阐明逻辑学的纯粹观念。更准确地说，该书第二卷的诸研究使直观返回我们在任何时候的思维中发生的活生生逻辑体验，而这些逻辑体验是在我们以自然态度进行思维活动时所不曾注意的。思想者并不认识其活生生的思维体验〔Denkerlebnissen〕，而只认识其思维行为连续产生的思想结果。
> 94 于是，关键在于要使此模糊出现的思维行为通过继后的反思而被思维者所掌握，并在如实描述的概念中将其确定；再者，是为了解决新出现的问题，即是为了理解所有这些心理上产生的形成物的形成是如何发生于此活生生的内在逻辑体验的实行中的，这些形成物出现在陈述判断思维中，作为以多种多样方式形成的概念、判断、推论等，而且这些形成物在逻辑的基本概念和公理中具有表达和普遍客观的心理印迹。(Phen. Psych. §3，14；Hua IX 20-21)

此目的的一个类似的描述方式可在《逻辑研究》导论本身内看到，在此胡塞尔将问题表述如下：

事实为，一切思想行为和认知行为都相关于它们所谓的遇到〔trifft〕的客体或事态，以至于这些对象或事态的“自存”〔An-sich-sein〕在实际的或可能的思想行为或意义之复多体中被显示为可识别的单元〔统一体〕。而另一事实为，一切思想行为都内存于一服从观念法则的思想形式中，这些法则限定着一般认知的客体或观念体。因此，这些事实永远会重新引发这样的问题：我们如何能理解这样的事实，客体自存者〔das“an-sich”〕“被呈现”、在认知中“被统握”，并最终成为主体性的？我们说客体“自存”并在认知中“被给与”，这究竟是什么意思？作为概念或法则的普遍项观念体是如何能够进入实在心理体验流并成为思想者之认知所有物〔Besitz〕的呢？按照我们所统握者和所认知者为个别物还是普遍物，是事实还是法则等，在种种认知事例中的 adequatio rei ac intellectus〔相符原则〕① 究竟为何意？(LI，Intro. §2，253-254；Hua XIX/1 12-13)②

科学理想作为一种明证认知的系统

胡塞尔以“一般科学理念”、科学本身的内容、各种科学，包括可能物之科学、理想等问题的论述开始其《逻辑研究》的（LI，Prol. §11）。按照鲍尔扎诺的说法，他称此为“科学理论”，并赞同鲍尔扎诺的说法：逻辑学提供了此科学的本质。逻辑学学科的概念要求也为一般科学提供了必要条件。[2]研究科学形式的逻辑学也应当研究它自己的性质，这并非不 95
合理之论（LI，Prol. §42，173；Hua XVIII 165）；纯粹逻辑即为一系列自明之理。

此外，胡塞尔主张，逻辑真理系列和科学真理是彼此相关的，因此，他像卡尔纳普一样，致力于科学统一的理想：科学即诸真命题以系统方式结合为整体（LI，Prol. §10）。一切理论研究，不论如何进行，最终都表达于陈述或命题组合（LI，Prol. §2，250；Hua XIX/1 7）。于是，逻辑学就是研究命题的。对于逻辑学和科学来说重要的是，诸被陈述者之间、

① 拉丁文直意：“认知者的理智对于被知物必须是充分相应的”，此为托马斯的认识论格言。

② 本段中译者按照德文本原文改译，此处英译文照旧不够严格。此段引自德文初版卷 2 的第 8 页。

诸命题内容本身之间的推理关联，这一点与引起陈述、命题产生的偶然行为没有任何关系。逻辑学，正像任何其他理论科学一样，为“诸意义的一观念性复合体”〔Complexion〕（LI I §29）。

科学关心于真理的获得，关心于在系统的、一致的意义上的认知或知识，这意味着为人们以明证性洞见认知、把握真理提供了基础（LI，Prol. §6，62；Hua XVIII 30）。严格意义上的知识要求明证性（Evidenz），以明见性（Einsicht）给与的认知，它明确地严格区别于盲目信念和单纯的信仰情感，这一观点与其导师布伦塔诺一致。对胡塞尔来说，“正确性的最完全标志就是内在明证性”（LI，Prol. §6，61；Hua XVIII 29）。一切真正的知识都基于“明证性”，此词被分别译为“内明证性”或“自明性”，我们将简称为“明证性”。一个认知行为是明证性的，当它显示出或“给与”自身以知识所必需的一切要求时，或者当它具有明证性时，其意义是人们在具有相关信念时获得了充分证据。在此，明证性不应理解为某种心理性情感，或某种神秘的、非理性的灵感，而应理解为“真理本身的直接提示”（LI，Prol. §6，61；Hua XVIII 29），以及不需要被进一步的行为加以证实，虽然进一步的行为当然可能作为该原初真理把握的继续性肯定发挥作用。明证性当然只有在长期艰苦努力之后才可达到。[3]重要的是，自明性不应被认为只出现于数学或逻辑学领域，如当我们说“A＝A”是明证的或自明的时。胡塞尔有关自明性行为的标准例子是我们的正常知觉行为。例如，看行为，它通常以证明“我看 x”这一判断所必需的一切相伴而生的明证性呈现着一对象。使另一人去看，即要求他注意 x，并无其他。[4]明证性并非只在专深学科如数学逻辑学中才能遇到，而是一切认知中持续不断的日常“成就”〔Leistung〕，在此认知中对象在令人满意的
96 形式中，以“直观的充实性”被给与，或像胡塞尔所说的，在此形式中对象“自给与”，虽然永远是在一个方面的自给与。

事实上，明证性在数学科学中比在日常生活中更难达到。胡塞尔说，我们的认知行为、体验或思想过程，只有在被充实性直观所肯定或说明时，才能成为知识。真理相关于意义意向和充实的同一性。通常我们在宽松的意义上说知识包括那些并不含有明证性的经验。例如，我可以说“我相信毕达哥拉斯定理是真的，但我忘记它的证明法了”。但是，原则上，具有知识，就是要能够彻底实行或重复诸步骤以达到原初的明证性。认识某物，就是要能够通过回溯到充分作为该物基础的某种明证性体验来证实

它。于是，胡塞尔深信于笛卡尔的如下构想：根据明证性认知来获取科学，此认知是清晰地被给与的。按此构想，一切推导均基于直观。胡塞尔甚至在《逻辑研究》初版中就引证了笛卡尔所说的话：我们的概念必须达到“明晰性和清晰性”（Klarheit und Deutlichkeit）（LI，252；Hua XIX/1 10）。

然而胡塞尔承认，笛卡尔关于确定性性质的规定过于理论化。归根结底，一切认知行为都具有一定程度的充实性并可充分地〔如果不是完全地〕被充实（FTL §106，281；Hua XVII 287）。在我们的大多数知识中，所具有的真命题中只有相对比例的命题具有明证性。关于明证性的讨论散见于《逻辑研究》，但最完全的讨论只能在“第六研究”中看到。在这里重要之点是，在《逻辑研究》中胡塞尔首次对明证性进行了现象学的论述，即关于我们的认知行为如何成为真正知识的论述。认知行为如何不仅达到意义意向而且达到意义充实？在一认知主体内客观知识如何可能？这就是《逻辑研究》的总问题。

我们的意识行为正如偶然发生的心理事件、自然中与其他事件因果上相连的实在事件一样，当然可以被研究，但是，如果为了把握其中这些行为成为真理承载者的方式的话，我们就必须把它们理解为永远意指着行为、“意指作用的行为”（Akte des Bedeutens），或者理解为胡塞尔在“第一研究”中所说的“意义赋予行为”（sinnverleihende Akte）（LI I，§9），即意指着意义的行为，即意欲相关于某物的行为，甚至当这些行为没有表达于语言时，因此不是朝向命题意义时。我们意识生活的这种奇异特点最初是由布伦塔诺正式表达的，也就是，我们能够通过心理行为而以超越心理行为本身的方式来意指实体。通常我们专注于外部事物或专注于我们的 97
目的和任务，忽视那些属于意向行为的意义内容。我们向外望并看见“在下雨”，我们专注于事实或事态本身，而非专注于我们所构成的意义以使其为我们所把握的事实。胡塞尔现在希望在意指对象或事态的过程中进行记录分类并分析我们如何借助个例来表达意义。专注于意义的困难在于此种反思的完全“非自然的”方向（反自然的直观方向和思维方向）（LI，Intro. §3，254；Hua XIX/1 14）。我们不再卷入客观化行为，而是必须对其进行反思。在此书修订的第二版中，胡塞尔在此问题上插入还原法以作为使我们能够从自然反思转向现象学反思的方法论。自然反思需要运用还原法加以纯化，以便把握那些意义结构而不使其物实化〔reifying〕或自然化，后者则是自然态度所习惯于做的。

早在1890年代的许多论文中，胡塞尔事实上已经对这些意义意指行为进行了细致的现象学描述（那时被其理解为布伦塔诺的描述心理学）。例如，早在1893年，他已经将在视知觉行为中所经验的客体之“表象”（Vorstellung）与幻想或象征表现行为中客体的“再现”（Repräsentation）加以细致区分，或者例如，当我们对一立方体的未在知觉中直接给与的侧面加以直观时。[5]在某种意义上，这一问题产生于早先胡塞尔在《算术哲学》中所做的区分：低位数在其中直接地或“真实地”于直观中呈现给我们的方式，对通过符号“非真实地”加以把握的高位数的思考方式。现在胡塞尔承认这是一种更一般的区分的特殊形式，该区分在一切形式的认知中发生于空表象和它所能经受的种种形式的“充实化”之间。胡塞尔承认能够具有空意指作用的重要性，符号思想的可能性为科学本身的一切可能性提供着基础。另一方面，看见具体直接出现在我眼前的东西，就是我们经验之具体充实化类型之范式。客体呈现的不同形式出现在当客体不在时想起它的行为中，不管是在记忆中还是在想象或期待中。

整个1890年代胡塞尔热衷于细致描述客体如何在感性直观、记忆、幻想、象征性思考等之内呈现自身。这些研究显示了对如下行为的实际关注：看一对象，对其凝视，让自己目光在对象上移动，以及以一定方式充实着自己的知觉经验。胡塞尔区分了在知觉行为中所专注的客体和围绕客
98 体的相对非专注知觉的“光晕”或“边缘”（此概念取自詹姆士的《心理学原理》，EW 326；Hua XXII 283），即客体知觉所衬托的背景（EW 322；Hua XXII 278-279）。胡塞尔不仅关心所实行的知觉行为的性质，而且也关心所产生的“内容”的性质；不仅区分心理学的和语义学的内容，而且区分行为的具体部分或因素和抽象部分。朝向客体（如墨水）的目光从开始到结束，内容显现为一统一体，但它随着其不同部分进入眼帘而“变样”着。此外，“直观序列是一时间序列”，但时间体验在物质客体经验中不起明显的作用（EW 323；Hua XXII 280）。

胡塞尔在一切研究中都明确区分带有其感觉及想象伴随现象的实在的心理过程和观念的心理过程，即心理过程所体现的意义。此一时期最认真的研究之一就是他对“意向性客体”的讨论，时间为1894—1895年，直接相关于意向性质和引自鲍尔扎诺的“无客体表象”，即其内容在现实中未实现或不可能实现的内容（例如，“方的圆”，“法国今日国王”，“半人半

兽怪”，“负1的平方根”，等等)。胡塞尔放弃了任何认为这些客体只是现实中并不存在的心理形象的解决法。当我们意指这些客体时，我们是实在地将它们作为客观的而非作为心的主观创造来意指的。为此胡塞尔也拒绝特瓦尔多夫斯基的解决法，他将这些“内在的”内容和客体相区别。胡塞尔的部分解决法在于区分内在内容和观念的“客体内容”(objektive Gehalt)(EW 373；Hua XXII 333)。对此区分重要性的承认导致胡塞尔单独出版了《逻辑研究》的《导论》部分，以明确否定一切形式的心理主义。

在《逻辑研究》第一版中，胡塞尔将所进行的研究（即产生逻辑学的观念性客体的过程的描述）描绘为一种“描述心理学”(LI，Intro. §6，262；Hua XIX/1 23)。这导致批评者认为胡塞尔在该书第一卷《导论》中否定了心理主义，却在第二卷的六个“逻辑研究”中重新堕入心理主义，因为在这里胡塞尔返回了“思想过程”或“体验”——构成了逻辑学研究的观念性意义。为了部分地辨明事实并非如此，胡塞尔在《逻辑研究》第二版中着重否定此看法，宣称对纯粹意识的现象学描述绝对不能混淆于心理学。胡塞尔将把余生的大部分时间用于承受此一心理主义的批评，并同时研究使这些客体意义能够被把握的先天结构。一般来说，胡塞尔将此看作企图区分各种形式的自然主义心理学和先验现象学。现在我们返回《逻 99
辑研究》话题，先来研究曾经单独出版的《导论》，此书在德国哲学中具有某种独立的经历。

《导论》(1900)

胡塞尔为《逻辑研究》准备的这篇长《导论》最初于1899年底单独出版了，并很快在德国哲学家中产生相当广泛的影响，受到纳托普、狄尔泰等人的称赞。严格说来，《导论》是一部现象学的初阶。的确，只有“第一”“第五”“第六”研究是真正现象学的研究，因为它们充实了意义构成行为的研究，这是为了构成科学要求的观念性对象所必需的。

《导论》的主要目的是恢复莱布尼兹和鲍尔扎诺讨论过的关于一种“纯粹逻辑”的老观念并维护设定观念性对象的必要性，不仅在数学与逻辑学中，而且也在设定和运作观念性法则的一切科学中。这些观念性“对象”明显不同于观念性对象被思考的心理行为，否则将发生大量概念混乱，这些混乱的概念均被置于“心理主义”标题下。心理主义导致概念的悖谬和相对主义：事实上，心理主义与相对主义是一回事（Prol. §38）。

《导论》并未讨论我们如何触及观念的领域，其目的是证明设定观念性实体和将逻辑学说明为有关观念性实体的科学。胡塞尔说：

> 《导论》的读者被要求介入逻辑领域内形成尖锐对比的两个主题之间的冲突：一个是心理学的，另一个是纯粹逻辑学的。二者一方面并非偶然地作为思想行为聚集在一起，另一方面〔我们看到〕思想意义（Denkbedeutung）和思想客体，它们必然以某种方式相互从属。但二者应该加以区分。（ILI，20；Fink，113）

胡塞尔努力强调我们必须承认，除了世界上实际存在物如石头、马匹等等（它们带有因果性相互作用和能力）之外，还存在有另一客体域，它包含着“非实在的”或“观念的”对象，如“毕达哥拉斯定理”或数字“4”。

> 这些非实在的或可以说观念的客体，以其无数单一体形态成为真
> 100 伪判断之基体，与实在物一样；反之，在最普遍逻辑意义上的“客体”只不过意指着那些其相关的陈述可具有意义和真值的任何东西。（Phen. Psych. §3，15；Hua IX 22）

于是胡塞尔假定了不同种类的客体，它们并非都是时空性的或感觉上被把握的。在《逻辑研究》中他企图阐明不同种类的客体以及它们彼此如何相关的方式，因此这一论断早于两年后梅农在《论假定》一书中关于“对象理论”的研究。胡塞尔认为梅农的对象理论是有缺欠的（ILI，44；Fink，323），而且甚至怀疑他有所剽窃。对于胡塞尔来说，一种先天的客体“理性本体论”的一般观念本是一个旧的哲学观念。对此他不顾康德主义和经验主义的反对而加以恢复。

胡塞尔不厌其烦地强调，我们必须区分特殊的存在物（通常即物质物，但也包括偶然产生的心理行为——被理解为心理物理实体）和这些行为所把握的观念意义系列与这些意义所指涉的对象。于是例如，我们面对一特殊客体，它具有一特殊红色。存在的此实际特殊红色，按照胡塞尔的用语，是红色的一个“因素”（Moment），此特殊红色是该客体的一个从属的部分，它只有在该客体存在时才存在，但在被看作“红色”的此颜色时，我们也把握着“红性”和“颜色”。这就是，我们直观着作为种的“红”以及作为种的“颜色”。这些“种”（species），按照布伦塔诺学派的

用语，是“一较高层阶的客体”。它们不同于个别的、时间性的特殊物，因为它们不随时间而变化，它们具有严格的同一性，但它们均可以多种多样方式被例示：

> 一红色客体在我们面前，但此红色客体不是“红之种”。此具体客体也不包含作为（“心理学的”“形上学的”）部分的“种”。此从属的红因素部分，正像具体的完整客体一样，是某种此时在此的个别物，是随着该具体完整客体并在其中出现和消失者，而且它在不同的客体中是相似的〔gleich〕而非同一的。然而红性〔die Röte〕是一观念的统一体，对其而言，提及它的产生或消失是意思悖谬的。此红因素部分不是红性，而是红性的一个事例（ein Einzelfall von Röte）。而且，正如对象各有不同因此普遍项不同于单一项一样，对于“把握行为”也如此。(Prol. §39，149；Hua XVIII 135)①

再者，胡塞尔在个别实体及其部分或因素和那些观念种及作为其基础 101
的观念性“事态”“情境”间加以区分。例如，“直角三角形斜边的平方相等于另外两边平方之和”〔定理〕被说成是“成立”(bestehen)，以对比于“存在”。[6]我们在观念化行为中理解这些相等物，此观念化非常不同于感性知觉，而且我们能够表达对应于这些相等物的意义。这些意义与其他意义具有关系，并形成了一个观念性关系网。胡塞尔实际上将观念客体与也是观念体的意义加以区分。对于胡塞尔来说，同一语言中的不同表达式可能表达着相同的意义。意义是观念性的自同一的统一体，它是表达行为的相关项。它们本身应当区分于通过我们的意义表达行为指涉的客体。或者换言之，意义不是在观念客体存在方式上的本体论单元。[7]胡塞尔在《逻辑研究》中的现象学被解释为不过是概念分析，或者被解释为字词意义分析。胡塞尔对其方法的早先描述甚至倾心于支持这种解释：例如在1907年的“物与空间”的讲演中，即以对“知觉”一词的日常意义开始。但是在1913年的“逻辑研究导论”手稿中，他拒绝将现象学解释为“意义分析”(ILI，49；Fink，328)。当然，现象学关注于意义，但其实际核心集中于这些意义彼此相关的先天方式以及一切种类行为的结构性质，包括知觉、想象等行为。

---

① 此段中译参照德文原文修改，原文中此段页码为第128～129页。

心理主义

《导论》的主要功能是要证明，科学，至少是作为一种观念科学，作为观念性真理系列，要求设定意义单元和其他观念性实体，它们不可归约为物质世界的事实上发生的实体。心理主义成为大敌，因为它混淆着不同的论域。在其为《逻辑研究》第一版写的前言中胡塞尔说，他最初曾经以"心理学是一般逻辑学和演绎科学逻辑必须以之进行哲学阐明的科学这样的流行假定"（LI，42；Hua XVIII 6）开始的，但很快就认识到"思想内容的逻辑统一性"不可能根据心理学的观点加以满意处理。在前言末尾他援引歌德的格言"没有什么比刚放弃的错误更为严重的了"，因此承认，至少在他看来，他早先的著作《算术哲学》沾染着心理主义。

102 心理主义是一个哲学的标称，往往具有贬义，代表着一整套不同的立场，其中并非都容易加以定义，但此标称可以说在某种意义上至少在主张：逻辑学和算术学可还原为逻辑和数学概念在其中运作和发生的心理行为，或为此心理行为所说明。[8]"心理主义"一词为德国哲学家J. E. Erdman所创。作为一种心理学倾向，它在19世纪许多逻辑学家著作中显然可见，而且胡塞尔在为《导论》写的"自证词"中指出心理主义在德国具有"支配性"地位。英国哲学家穆勒（1806—1873）在其《逻辑体系》（1843）中将逻辑学定义为"关于理解运作之科学，这些运作有助于对证明的评估"，这一定义在欧洲的逻辑学传统中极具影响力。[9]心理主义哲学家包括里普斯（1893年的《逻辑学基础》）、Erdman、Sigwart和其他人。心理主义也具有来自鲍尔扎诺的早先的奥地利-德国逻辑学传统的反对者，鲍尔扎诺清晰地区分着思想过程和思想。在此传统中应该包括洛茨（1874年的《逻辑学》）以及他的学生弗雷格（1879年的《概念论》、1884年的《算术基础》和1893年的《原理》）。弗雷格特别把心理主义看作与一种"心理学的逻辑错误"有关。但是，新康德主义者，包括科亨、李凯尔特、文德尔班和纳托普也反对心理主义。按照新康德主义的立场，逻辑学相关于"有效性"的判断式，而不是有关于任何事实性事物或"事实性"领域。胡塞尔本人深受纳托普的影响，纳托普在《导论》中经常占据着显著的地位，而且尽管胡塞尔批评某种新康德主义，其实比他愿意承认的更多地受到此传统的影响。胡塞尔站在那些人（如洛茨）一边，他们主张逻辑学的独立性，是相关于观念性对象及其关系的纯理论科学。无论如何，在德国，胡塞尔和弗雷格提供了反对心理主义的最强论证，但是因为弗雷格的著作大部分少为人知，结果是胡塞尔的《导论》产生了对心理主义的一种最强的批判力。

心理主义是有关一整套论题和倾向的通称。一些人将其看作有关逻辑所研究的实体的性质的一种本体论还原主义的论题，即它们事实上是心内的心理学的实体。另一些人视其为有关作为实用性学科的逻辑学性质的论题，即逻辑学为一种组织推理过程以产生正确结论的艺术，此观点为布伦塔诺本人所支持。从 1896 年左右开始胡塞尔反对将逻辑学视为推理艺术的倾向。虽然胡塞尔知道布伦塔诺赞成将逻辑学视为“技艺”的传统观点，他本人把逻辑学看作有关观念真理和观念法则的一门纯粹先天性科学，这
些法则为不同学科内规定的规范性规则提供着基础（Phen. Psych. §3， 103
24；Hua IX 33-34）。再者，布伦塔诺认为真理的关键为判断行为，而胡塞尔将客体命题看作真理的承载者。胡塞尔把纯粹逻辑学看作关于观念性法则之纯粹科学的概念，来自洛茨和鲍尔扎诺，而且此概念最初来自莱布尼兹关于 characteristica universalis〔人工普遍语言〕概念的启发（LI, Prol. §61，221-224；Hua XVIII 25-229）。因此，胡塞尔的设问是“对于一种纯粹逻辑基本目的的阐明”。但是，矛盾的是，在胡塞尔当时的心里，他也把《逻辑研究》看作布伦塔诺有关逻辑学的构想的发展，虽然在《导论》中布伦塔诺只被提到一次（Prol. §13，78；Hua XVIII 48）。

然而，在《导论》中，胡塞尔只关心科学的理想、观念对象的性质和使诸对象相关的观念性法则。规范性科学基于观念真理的理论科学（Prol. §16），观念真理表达于一般命题中以及描述此永恒真理的观念领域的法则中。与弗雷格一致，胡塞尔在观念的理论法则和推理的规范之间严加区分，并批评新康德主义者混淆了这两个领域。胡塞尔对观念性和规范性的区分，确实是往往被人忽略的重要区分。此一区分直接取自洛茨，他认为逻辑学处理观念的“有效体”（Geltungen）和诸有效体之间的诸法则。这种观念的法则是观念性真理，并应与“规则”相区分，后者作为程序并不证明在这些观念性实体间有效的内在联系。逻辑实体具有其自身的“自存性”（Ansichsein），虽然我们还不能说胡塞尔已系统地说明了此概念。

心理主义暴露了逻辑科学的本质。为了确实理解此一观念性真理领域，必须区分逻辑客体、思想和一切事实上发生的心理过程。再者，甚至

那些批评心理主义的人，也表现过以含混方式论述其反心理主义的观点（Prol. §20）。因此，胡塞尔对于心理主义和甚至一些反心理主义的反康德主义进行了双向攻击。一些所谓反心理主义的逻辑学家提出，应该把心理学理解为处理现存的思想，而把逻辑学理解为处理应然的思想。但胡塞尔反驳说，此一初步表述过于粗糙，因为甚至心理主义的支持者也主张逻辑学是关于应当被实行的思维，即“好的思维”，如穆勒所说。真正的问题是，心理主义的理论家理解此规范性科学只是现存的思维的一个部门，所以逻辑学应该是心理学的一部分。另一方面，胡塞尔想要明确区分心理学的法则和纯粹逻辑学的法则。心理学是有关意识的一种事实性、经验性
104 的科学，而且其所谓“心理学法则”（例如，所谓观念联想法则）是相当模糊的，仅只是经验的概括而已（LI，Prol. §21，98；Hua XVIII 72）。此法则受到“其他条件不变情况下”条款的限制，只能表达一种或然性，至多只是对观念性法则的近似值而已。另一方面，逻辑学的法则是精确的、普遍的和观念性的。再者，逻辑学是一种先天科学，所以它不能以一种关于事实的科学为基础。逻辑学关于心理状态之存在及性质不做假定，它对于表象或判断一无所知（Prol. §23）。逻辑法则不是关于“心理生命事实”的（Prol. §23，104；Hua XVIII 81）。当然，传统逻辑学把 modus ponens〔前件真，后件必真〕这样的逻辑法则理解为推理的规范，但它本身关于心理现象或推理过程什么也未涉及，而只是陈述着命题间的必然关系。因此，在此胡塞尔表达着弗雷格的如下观点：逻辑学与心理学之间有如它与观星术之间的关系一样少。在逻辑学和心理学之间混淆的最经典性的例子就是“矛盾律”了，它被经常说成是一种推理规则，甚至是对于人类理智思维的一种事实性限制，即我们不可能同时设定一命题和其否定命题同时为真。例如，穆勒将此规律解释为人类经验的概括：我们不可能同时具有一信念及与其相矛盾的信念。然而事实上“无矛盾律”只是说，一命题与其否定不可能均为真，而并无关于实际上什么是主观上可思想者。于是胡塞尔拒绝了一切经验主义将逻辑法则置于实际心理活动内的企图。

虽然，胡塞尔对经验主义的逻辑观的否定一般来说与新康德主义的观点一致，胡塞尔也对新康德主义对逻辑学的某些解释提出批评，因为新康德主义受到一种心理主义倾向的诱惑，把逻辑学理解为一系列人人具有的先天心理结构。胡塞尔甚至认为康德本人要为将他的先验心理学看作一种心理学负责，他错将这些结构看作人类事实上所共有。新康德主义者朗格

企图主张说逻辑法则具有一种“双重身份”：一方面它们是决定着实际推理的自然法则，而另一方面它们是规范法则（Prol. §28）。然而对于胡塞尔，支配这两个领域的法则是根本上性质不同的。自然法则是概括作用的，而逻辑法则是观念性的和精确的。

胡塞尔在批评经验主义和新康德主义误解了逻辑学后，进而一般地否定了心理主义，后者被他看作一种相对主义和主观主义（Prol. §§34～38），因此陷入荒谬。胡塞尔认为心理主义所导致的主观主义，可能或者是个人主义的或者是作为物种之人类的。普罗泰戈拉的相对主义（“人是万物的尺度”）是心理主义的一个可能结果，按此真理是相对于人的，不 105
管是相对于每一个人还是相对于全体人类的。

人类中心主义主张，真理是相对于人种的，因此如无人类即无真理。胡塞尔将康德的知识论述理解为在此意义上的一种人类中心主义。他责备康德误解了主观领域，似乎主观领域是某种自然之物，因此责备康德把先天性解释为人种的一个本质部分（Prol. §38）。但是胡塞尔说这种说法是自相矛盾的，因为“不存在真理”就会使真的真理本身并不依赖于任何事实，包括人性的事实。无矛盾律不只是一种支配着人物种的法则。即使没有思考真理的心智，逻辑法则将仍然是有效的，虽然观念的可能性没有在现实中被充实（Prol. §39，149；Hua XVIII 135-136）。再者，人们不应该将一真判断（使与真理一致的判断）混淆于该判断的真理（该判断的客观真内容）（Prol. §36，142；Hua XVIII 126）。对于胡塞尔，逻辑学产生于对诸基本概念间的本质必然关系的思考：

> 人们从我到此为止的论述中已经看出，按照我的理解，纯粹逻辑法则即是一切这样的观念法则，其基础完全存立于如下概念的意义之中（“本质”“内容”之中）：真理、命题、对象、性质、关系、结合、法则、事实等等。（Prol. §37，144；Hua XVIII 129）①

六部研究和纯粹现象学的“突破”

《导论》虽然受到热烈欢迎，胡塞尔后来感到遗憾地说，包含着六部研究的第二卷，虽然被读者注意到，却遭遇到读者之茫然不解。纳托普和

① 本段中译文据1968年德文第五版《逻辑研究》第一卷第122页上的相应段落改译。

狄尔泰均曾对反心理主义的《导论》表示过欢迎，但第二卷的评论者或者假定，由于胡塞尔处处说到“体验”而退回到心理主义，或者假定胡塞尔只是在取代一种唯理主义的、经院哲学的观念意义论述（ILI，22；Fink，115）。在六部研究中，胡塞尔企图描述心理过程领域，只要它们是逻辑所分析的意义单元从中被提取的始源。

106 在《逻辑研究》第二卷第一版（1901）的导论中，胡塞尔明确表示，现象学是认识论批评或“描述心理学”：

> 现象学是描述心理学。因此认识论批评本质上是心理学，或者至少能被建立在一种心理学的基础之上。（LI，262；Hua XIX/1 24）

于是，在1901年时，胡塞尔公然与布伦塔诺和施图姆普夫的描述心理学计划保持一致；《逻辑研究》也的确是献给施图姆普夫的。然而就是在1901年时，胡塞尔已承认存在着显然的矛盾：如果逻辑学基于心理学，那么《导论》中对心理主义的批评要点何在？在第一版中胡塞尔的回答是，逻辑学和心理学是两种科学，它们却依存于二者均以之为基础的、有关现象纯粹描述的同一预备性领域。于是，现象学就是对具体行为的描述，逻辑学从具体行为中汲取其本质的观念意义。关于现象学的这一论述显然胡塞尔不满意。在1913年第二版修改过的导论中，胡塞尔否定了“描述心理学”一词，而且在其后的大部分写作中（例如，1925年的“现象学心理学”讲座和1929年的阿姆斯特丹讲演）都关心于将现象学区分于传统上理解的各种心理学，包括布伦塔诺的描述心理学。心理学现在被看作描述心理过程为自然中的事件和实在事实，而现象学被理解为有关基于经验（包括自由想象经验）的个别例示性直观的纯粹本质的思考。现象学是一种“本质看”（Wesenserschauung），此本质看检验着知觉、判断、感觉本身的（而非在某一动物机体内的）本质（LI，262；Hua XIX/1 23）。于是，胡塞尔开启了作为科学的现象学领域，此科学描述着一般认知的先天本质可能性，它们完全不同于在人类、动物甚至想象的天使或火星人身上的各种事实性的认知体现。此外，胡塞尔相信，这种本质形式是可以通过想象变异法和意识中诸可能性之循环被直观到的。这最终导致他赞成一种先验唯心论，按此理论一切意义和本质都已经在某种方式上深嵌于先验自我之内了。

在《逻辑研究》的两个版本中，现象学被刻画为一般意识、意识本身的一种纯粹描述性科学，此意识本身所假定者，只是对在直观明证性中直接所与者所进行的描述。于是，现象学主要是一种具体性科学，它前于与传统形上学相联系的那种抽象思辨的理论活动。现象学打算在阐明性和充 107
实性直观的行为中追溯认知行为的根源。于是在第二版的导论中，胡塞尔着重指出了现象学的绝对一般性：

> 在此相关的只是最一般的讨论，它涉及一种客观认知理论的，以及（密切地与此相联系地）一种思维和认知体验之纯粹现象学的更广泛领域。此现象学，正如包含其在内的一般体验之纯粹现象学一样，只相关于在纯粹本质一般性中可直观把握和分析的体验，而无关于作为实在事实的经验上被统觉的体验，或作为在显现的及被设定为经验事实的世界内之实在人及动物的体验。在本质直观中被直接把握的本质和纯粹基于此本质的关联域，使现象学通过在本质概念和具有法则性的本质陈述中的描述方式获得纯粹表达。每一这样的本质陈述都是该词严格意义上的先天陈述。(LI，Intro. 249；Hua XIX/1 6)①

对现象学的描述性质是不无问题的。如何能够有对先天性的描述？的确，如果先天性形成了作为经验条件的先天性领域，它本身就不可能被经验和被予以特性描述。这正是新康德主义者，特别是纳托普，对现象学提出的疑问。[10]胡塞尔的回答是，他将康德哲学中非严格理解的先天性概念明确化，而且在其后来的著述中主张，还原论使我们能够达到经验的先验性领域。只有不断运用还原法才能使我们达到纯粹经验的先天性领域并防止我们堕入心理主义和关于心理现象的自然主义。

胡塞尔在完成陈述基本逻辑概念和形式知识概念的目标时说，必须返回“事物本身”(LI，Intro. 252；Hua XIX/1 10)。他并不是说，我们应该将哲学带回对事实性、经验性事物的关切，如时空中的物质物。胡塞尔甚至对事实性和个别性事物根本不感兴趣。胡塞尔也不是援引康德在“现 108
象”和“物自体”之间提出的对立。他所说的返回“事物本身”的意思是，我们不可能满足于运用那样的概念，其明证性基础还没有通过返回其直观中的始源而获得真正的阐明。于是，“事物本身”就是直接直观到的意识本质成分，这些成分不是被看作心理过程，而是被看作它们的作为意义意向和相互关联的意义充实的本质性质，被看作与一切理解行为相关的本质结构(LI，Intro. §2，252；Hua XIX/1 11)。胡塞尔的“事物

① 本段引文的中译文按照第五版《逻辑研究》第二卷第 2 页上的相应德文段落改译。

本身”是构成观念性客体的行为之纯粹先天性本质，如胡塞尔在哥廷根时的助手莱纳赫所坚持的。[11]胡塞尔用现象学处理所与者、现象、事物本身，即任何如实际这般直接呈现于意识者。胡塞尔不断强调，这就是实证主义和彻底经验主义的真实意义，而不超出在体验中所如实产生的明证性之外。

在《逻辑研究》中胡塞尔首先关心于分析我们的“逻辑体验”，而现象学就是描述和阐明那些体验的本质性质和结构的科学企图。但是他先前已经把现象学在其广义上设想为对一切认知内意义形成物的阐明。重要的是也要注意，胡塞尔把“认知”理解为诸体验，在其中某物被把握为所知者。他并非主要处理理论性知识，如海德格尔所批评的那样；反之，他关注的是一切形式的认知方式和感情状态，在其中某物可被直观和充实，例如在爱状态中爱意味着什么，如此等等。

六部研究关注于分析对于任何认知形式所必需的最基本成分：“关于思想和认知体验的纯粹现象学”（LI，Intro. §1，249；Hua XIX/1 6）。这些体验不应作为事实上出现的心理性实体来研究，而应根据它们作为该类行为的必然结构加以研究。换言之，胡塞尔是在提出这样的问题：知觉行为本身、思想行为等等的本质是什么？本质就是构成着特殊经验领域的诸观念可能性及其关系的网络。胡塞尔也强调，他并无兴趣像逻辑学家那样研究行为的逻辑内容。现象学通过阐明概念在具体体验中“被构成的”方式来服务于逻辑学和其他的形式科学。这种把主体性和客体性相结合的特殊方式即是现象学的本质。胡塞尔把现象学设想为一个先天观念意义结构
109 的领域，这些结构为经验心理性行为和观念性实体、客体、事态之间提供着必要的结构性联系。

当然，关于现象学是否事实上达到了一个不同于心理学的和纯粹逻辑学的先天性领域的问题，一直有颇多争论。但是，正是胡塞尔正确地区分心理学的和逻辑学的领域的观点，使人们最初正确地认识到将此两个领域结合起来的意义意向和意义充实的本质过程。这也正是现象学的本然领域。胡塞尔本人甚至似乎并未充分意识到这一领域的性质，直到他开始写作第五、第六研究之时。这两部研究直接处理意识的意向性结构与明证和真理的性质。我们在下一章将看到，在1913年的《逻辑研究》第二版时，胡塞尔将现象学的观念刻画为“先验性的”，从而明显地与笛卡尔和康德的先验性方向相互一致了。他甚至认为自己对先天性性质的阐明比康德的

处理要好得多。胡塞尔意在区分现象学的先天性和更为传统性的本体论先天性。

在该书 1913 年版中，胡塞尔插入了“还原”概念，将其作为进入先验主体性领域的适当方式。根据其先验性转向对《逻辑研究》所做的局部性修正，使得此复合性文本颇为难解并易生混淆。我们在本章后面将再谈此问题，现在让我们先概述一下六部研究本身。

六部研究的概要

这六部研究是对其所认为的任何形式科学所必需的若干关键性概念所进行的深入思考，例如一般意指的性质，个体对普遍、部分对整体的关系，决定一般意义纯粹形式的先天规则，意向性行为的结构和表象的性质，以及意向性行为充实样式的性质，此意向性行为相关于真理在其中被理解的方式。

胡塞尔认为，因为成熟的科学是在句式中表达的，我们必须首先检查表达式本身的性质。所以，在第一研究中他仔细地描述了一般意指行为的性质，区分了它们的不同功能，并集中讨论了那些通过意义相关于所指客体的记号复合体。第二研究考虑了个例和普遍项之间形式关系的种种方面，包括对通过抽象达到普遍项的传统论述性质的思考。第三研究从个例 110
与普遍项之间关系的概括产生有关部分和整体之间可规定的本然先天关系的一般形式理论。第四研究将部分和整体的理论应用于说明任何语言中诸词类之间的关系，从而产生一形式语法。第五研究在语言之后探索心理行为的性质及其内容，把心理行为理解为具有一意向性结构并对一般心理表象提供细致的论述。第六研究检讨真理体验的性质和作为现象学认知阐明中诸成分的明证性。我们现在将更详细地讨论第一、第五和第六这三部研究，因为胡塞尔自己认为，它们是发展现象学概念的最重要的研究。

第一逻辑研究

知识发生于被精心意指的表达性行为中（例如书写的和说出的句子）。每一记号都意指着某物，但胡塞尔在纯粹作为“指示”（Anzeichen）起作用的和直接越过自身指向他物的记号，与作为“表达式”（Ausdrücke）起作用的记号之间，加以区分。表达式要求有一个“意义”（Bedeutung），其目的在于交流：“表达式概念的作用是具有一意义。”（LI I §15，292；Hua XIX/1 59）指示记号包括这样的意指类型，如烟指示火，或者一枚化石为一哺乳动物的记号，或者一面国旗代表一个国家，或者一个手帕结用作一个提醒标志。在此没有内在的“意义”或“内容”将记号和所指者联系起来，在记号和所指者之间的“指示性关系”是偶然的或约定的，即外在的（LI I §2）。指示记号本身不表达意义。对于胡塞尔来说，表达式首先是诸词类，其中不包括姿势和面部表情——意指作用是通过指示行为完成的。表达式当然也在如下意义上进行指示，即它们向某人指示着一个意义正被传达着；也就是它们促动听者相信，说话者正在进行一心理过程，具有一内容，并企图传达某事（LI I §7）。这就是胡塞尔所说的记号之“通告性功能”（die kundgebende Funktion）：当某人在说话时，我聆听着他作为思想者、叙述者等等。但是这类指示者往往与表达性行为“缠结”，本质上明确地区别于表达式本身的性质。逻辑学只关注表达式，关注被表达的意义和形式上的相互联系（例如推理关系），它们的本质种类和差别（LI I §29）。表达式表达着意义，表达式承载着一种观念性的表达意义。
111 一个无意义的表达式，严格说来，根本不是表达式。胡塞尔否定了表达式的传统观点：仅只根据物理声音或书写符号系列及心理状态序列来对表达式进行解释。这种解释法忽略了观念性意义的作用。一个声音系列（一串音响）仅只当它被说话者赋予一意向时，当它被一意向激活时，才成为可交流的意义（LI I §7）。胡塞尔认为，甚至在我们的“独自心灵生命”中，上述断言也正确（LI I §8）。就是说，人在独自思想时，表达式在此也继续发挥着它在公共交流场合中的作用，虽然此时并无通告性功能在进行着。字词（不管是短语还是句子）仍然表达着意义。但是一位独自思想者没有必要对自己发出信号说他自己正具有这样的思想。于是意义的表达基本上不同于“通告”，虽然不同的功能当然通常会在一个言语行为中起作用。此外，我们通常把一表达式经验为一系列字词和意义，它们紧密结合在一起，不可能分离。它们被融合为一个整体。胡塞尔企图以现象学方法根据物理现象（声音、迹象）和“赋予其意义和可能的直观性充实的行为”来描述此整体，“在该直观的充实中它与一被表达的客体的关系被构成了”（LI I §9，280；Hua XIX/1 44）。对此问题，胡塞尔提出两种基本区别。一方面，他区分了意义赋予和意义充实，区分了意义意向和意义意向的充实（LI I §9）。他将在第六研究中再对这些行为及其相互关系进行更详细的说明。另一方面，他区分了一表达的意义和其客体相关项，即它所指涉的“对象”。一个表达式“意指着某物，而且就此而言，它与对象物发生关系”（LI I §9，280；Hua XIX/1 44）。一个表达式和其意义的关系是一观念性关系，意义是观念的、自同一的统一体（例如“三角形的三条垂直线相交于一点”），此统一体不会发生或消失，它可以为不同说话者所共同具有（LI I §11）。此外，一意义完全不同于伴随着一思想行为的心理形象，而且胡塞尔嘲笑了将二者混淆的描述心理学的滞后观点（LI I §17）。

表达式不仅表达意义，它们表达的是关于某物的意义。一表达式指涉着一对象（LI I §12）。表达式不仅有一“意义”（Bedeutung），而且也有一“指涉”（Beziehung）。再者，不同的表达式可能通过不同的意义指出同一对象；于是“滑铁卢的战败者”和“耶拿的战胜者”指示着同一对象拿破仑（LI I §12）。同样，具有同一意义的两个表达式可能指示着不同的对 112
象，例如当我用“马”一词指涉两匹不同的马时。表达式不仅指涉着或称名着个别对象（“拿破仑”或“马”），而且也可指涉更复杂的情境或事态（例如“猫在席子上”）。对此问题胡塞尔主张，两个不同的命题意义（“a＞b”“b＜a”）实际上指示着同一事态（LI I §12）。[12]有关意义和指涉的这一论述，虽然使用的术语不同，大体与弗雷格的论述相同，胡塞尔自19世纪90年代初起就熟悉其著作了。对于他们两人，指涉关系都是借助其意义来表达的（LI I §13）。胡塞尔当然不同意弗雷格在Sinn和Bedeutung之间进行术语区别的特异性用法，并继续对两个术语交替地使用（LI I §15）。当然，弗雷格主张一种奇怪的观点，说一切真语句都具有同一指涉，即“真”，而对胡塞尔来说，语句的指涉是它们所肯定的事态。胡塞尔认为，表达式只要有意义就也有所意向的指涉，而所意向的指涉可能非常模糊和过于普遍，除非由语境对其限定，而对于某些表达式（例如“圆的方”）其指涉是不可能被充实的。一般来说，一个意义具有一个“可能充实的幅度”（LI I §13）。像“圆的方”表达式并不欠缺意义，但欠缺指涉的充实。它们是悖谬的或意义背反的，但不是无意义的。“当前法国国王”同样是有意义的表达式，它曾经有一真实对象被其指涉。因此，不是该短语的一切用法都不可能指涉。

胡塞尔的事态分析值得关注。事态概念是奥地利哲学的一个特有名词，曾被布伦塔诺学派的多人讨论过，如梅农、马尔提、胡塞尔和莱纳赫，经由他们的讨论进入维特根斯坦的《逻辑哲学论》。事态是观念的复合体，非语言的单位，命题内容的本体论的对应物，它们可能包含个别物作为自身的部分。它们可能被说成是“存立”（bestehen）或不存立；当它们存立时，表达此事态的命题就说是真的。于是，事态就是其所是，不论我们断定其真假（LI I §11）。一事态是一“有效性单元”（Geltungseinheit）。事态就是复合的意向性内容的客体相关项。当我相信在下雨时，我正意向着事态“在下雨”。在此表示法中，事态往往与判断的内容相混淆，或者与语句的内容相混淆。但是，事态是如是存立者，如果一句子是真的时。语句是真值载者，而“事态”是真值形成者，也就是使该语句为真者。它们的部分性质在于，它们可被表达为名词式或不定式，例如，“玫瑰的红”〔the rose's redness〕，“玫瑰之是红的”〔the being red
113 of the rose〕。事态将客体与客体相结合，或者将客体与属性相结合。因此，一个事态的结构性特征甚至其部分可以是任何东西，包括实在的时空对象。

在此不可能讨论胡塞尔针对先前的理论（如穆勒关于直指和涵指区分的理论），或者哪怕是针对新近意义理论，展开的对意义和指称的丰富论述。只需指出这一点就够了：胡塞尔提出的精心辨析的论述，可看作对弗雷格论述（它流行于现代哲学界）的具有挑战性的替代者。然而胡塞尔讨论的一个部分在此值得提及。在第一研究中，胡塞尔提出，有一种表达式其指称随其使用场合不同而改变着。胡塞尔称之为“本质上偶然的表达式”（LI I §26），并认为其意义连接于话语的情境，这种表达式不同于数学表达式，它们在任何语境中都意指着同一物。这些偶然表达式现在称为“指示词”〔indexicals〕，如人称词、指示词等：我，这里，现在，这个，“总统”，等等。因此“我”指涉任何在说此语者。胡塞尔对这些偶然表达式的处理（他后来承认此处的处理远不够充分）具有相当地一般性，它在一论述中包含着专有名词，因此直接对立于穆勒和罗素的主张，但现在被认为是接近于由 Gareth Evans 所发展的理论。[13]胡塞尔否定了穆勒的这样的观点：一专有名词（如“苏格拉底”）仅只是一标志，它直接指涉自身所指示的对象（LI I §16）。穆勒混淆了表达式和指示词〔indications〕。专有名词完全是表达式，因此具有一意义。然而它们也不是变相的描述式。一个专有名词指涉着一个人或物，具有一个意义或代表某种内容。每当我们使用该专有名词时我们直接指称着该人，但我们同时也具有不同的表达内容。

第一研究遭到德里达特别在其《言语和现象》（1967）中的严厉批评，尤其是对胡塞尔的记号概念提出详细批评。德里达指责胡塞尔着重于言说话语的优先性，其表达式概念固着于言说语言概念（SP，18），并着重于记号与其所指者的现前关系。我们将在本书最后一章中讨论德里达的批评，但在此我们直接注意到德里达一般地误解了胡塞尔此一区分的要点，例如表达式和指示式的不同功能的性质问题。

第五逻辑研究

第五研究的标题是“意向性体验和其内容”，相关于对意向性行为的特别是相关于对“呈现行为”的详细思考。此一研究的方向取自布伦塔诺 114
的描述心理学，虽然它对布伦塔诺的诸概念进行了细致的提炼，并对“表象”（Vorstellung）和“内容”（Inhalt）的不同意义特别进行了精密辨析。胡塞尔强调意向性概念对于分析意识的研究具有基本的重要性，但他认为布伦塔诺将意向性置于企图分别心理现象和物理现象的构想内，导致对意向性真正性质的深刻误解。此外，胡塞尔特别不喜欢布伦塔诺的如下用语：精神行为，表象，内在内容，以及内知觉；在胡塞尔看来，这些词充满着严重的含混性。“精神的”〔心理的〕（psychischen）一词充斥着偏见性，胡塞尔将其抛弃，并建议泛泛地使用“体验”（Erlebnisse）或意向性“行为”（Akte）概念，后者并不必然指涉任何主体侧的意识活动或对任何物理性现象的性质有所主张。例如，当我不得不听到一个声音时，此知觉行为可能是被动的行为。

按照胡塞尔对布伦塔诺的解释，意向性体现着精神行为的本质：“在知觉中某物被知觉着，在想象中某物被想象着，在陈述中某物被陈述着，在爱中某物被爱着，在恨中、欲望中某物被恨着、被欲望着，等等。”（LI V §10，554；Hua XIX/1 380）而我们看到，布伦塔诺只承认精神行为的三个基本类（Grundklasse），即表象、判断、爱与恨现象，而胡塞尔承认众多基本类，却并未对可能的意向性结构的数目提出限定。要点在于承认，“存在有基本上不同的意向之种类和亚类”（LI V §10，555；Hua XIX/1 381），而且除了用普通心理学的语言外不可能有别的方式对其表达：

> 我们说，为了再现〔表象〕一客体，如柏林宫，就是以如此如此一定的描述方式对其注意之意。为了判断此柏林宫，为了欣赏其建筑美，或者为了怀抱能够如此去做的愿望等等，这是一种以新的现象学的方式刻画的新体验。这一切体验的共同处在于，它们都是对象意向〔gegenständlichen Intention〕的诸方式，在日常用语中我们只能将其表达为被知觉的、被幻想的、被形象再现的、被判断的柏林宫，将其看作该欣悦、该愿望的对象。（LI V §11，559－560；Hua XIX/1 388）①

意向性体验可以是简单的，如具有一表象；或较复杂的，在其中我们有相互缠结的意向行为，例如当我回忆着有关某物的愤怒时。实际上，我
115 们的大部分经验都涉及有待仔细区分的复杂结构。胡塞尔偏好的一个例子是在对一审美客体的审美态度和理论评价之间所做的区分，此一区分他在《观念 2》中曾再次讨论，这是在体验一经验行为和对其进行中立思考之间的区别。这些复杂行为被理解为“部分和整体”之结构，在此整体是以诸部分“为根基的”。对于像假定、判断等等非客观化行为的意向行为，胡塞尔认为它们必定以布伦塔诺所说的“表象”为根基，而且胡塞尔喜欢称之为“客观化行为”，即表象着一客体的行为。

在谈到心理过程的诸部分时，我们应该区分那些为实际时间性事件并具有可分别的实际组成部分的实在精神过程和在该行为中被例示性表达的意向性的、抽象的、观念的因素。胡塞尔企图将此区别表示为行为之“真实”〔reell〕部分和“实在”〔reall〕部分之间的差别，虽然他自己并非能始终保持术语使用的一贯性；他似乎要确定行为的实在部分和行为的意向的或观念的部分。关键在于，存在有不同种类的诸部分，它们取决于我们进行体验的方式如何。

胡塞尔接受布伦塔诺这样的观点：在内知觉中，在那些我们的意识行为在反思行为中借以意识到自身的行为中（例如，我看某物，我也意识到我在看），该对象（在此例中即行为本身）被完全给与，虽然我们的外知觉永远只是揭示着该对象的“轮廓”“方面”或“侧显”〔Abschattungen〕。胡塞尔因此而能够触及我们意识行为的本质结构。但是，他在谈到一种意向性客体时，总想避免谈到内容或内在于意识的对象（LI V §11，560；

① 本段中译文根据前述德文版第 374 页上的相应段落译出。

Hua XIX/1 388)。在某种意义上，一切思想对象都是超越心智的，而意向性行为是直接专注于对象而非专注于自身内容的。按照胡塞尔的理解，甚至虚构概念（如丘比特神）也是超越性的。例如，如果我想着丘比特神并揭示此思想，丘比特神并不会在该思想内被发现。胡塞尔想要强调，在我们的意向性体验中，我们永远是“超越”意识而朝向客体的。古尔维奇和萨特把此规定看作意识的确定特征。萨特提出了有关空意识如何企图寻求被客体本身填充的许多耐人寻味的描述。胡塞尔把客体设想为“整体”或“系列之统一体”，后者是从关于无限多侧显的思想中产生的。但他否认我们在经验着此系列，我们永远只经验着客体。

在描述一行为的意向性结构时，我们抽离了一切经验上的实在者。胡塞尔进而强调着体验内容和超越心智的客体的性质之间的区别。当我看见 116
一客体时，我永远只看见它一侧，如果只在一定的照明下，从一定的角度等。当我绕着箱子走时，例如，我看见了箱子的不同侧显象，但我知道我是在不同的知觉行为中获得关于同一客体的诸视象的。胡塞尔坚持说，我们所实际看见者是该箱子，而不是一定的视感觉系列。我并非看见诸颜色感觉而是看见有颜色的东西，而且这些感觉永远是在一定的“表象方式”中被给与的。于是，我并非只听见一个纯粹声音，而是一次关门声。我哼了几小节曲调，你立即知道我哼的是什么曲子。我可以在音乐厅内，在隔着墙壁的音乐厅外听到同一交响乐，不论那些听觉感觉有多么不同，我确信我在听着同一交响乐。对于我它是同一客体。

再者，胡塞尔采纳古典逻辑学中的传统区别，提出了意向性行为的质料和性质之间的重要区别（LI V §20)。在此胡塞尔引进一个专门词“行为性质”来标志带有内容的意向性行为的该抽象的部分，它可以是一知觉、一回忆、一疑问等等。这一区别相当于今日在命题态度和命题内容之间的现代区分。于是，当我判断“2＋2＝4”时，“行为性质”就是“判断性质”，而“行为质料”就是命题内容“2＋2＝4”。再者，行为性质被胡塞尔设想为意向性体验的一个抽象的因素；谈到一判断行为的出现，而此判断不是有关一特殊的、确定的内容之判断，这是不可思议的（LI V §20，589；Hua XIX/1 430)。行为性质和行为质料是体验的相互依属的部分。质料即为使行为具有其确定性者。

对于胡塞尔而言，对客体的意向性指涉具有决定性作用者，就是行为质料，因此它也决定着客体被把握的方式：

> 因此，质料必定是一行为的那样一种成分，它最初使行为指涉着一客体，而且此指涉如此充分确定，它不仅一般地确定着被意指的客体，而且也确定着客体在其中被意指的方式。(LI V §20，589；Hua XIX/1 429)

为客体提供指涉的内容，不应理解为一种无形式的感觉之质料，如像康德所说的那种形式与内容的关系。对于胡塞尔，一行为的内容已经包含着一定的“统握意义”(Auffassungssinn)，此意义于是被该行为性质所操纵，不论它是一问题、一判断、一愿望还是什么别的。胡塞尔打算如此改善布伦塔诺的有关精神行为或者是一表象或者是基于一表象的理论。表象
117 不是胡塞尔思考的唯一种类的内容。胡塞尔明确地相信把内容等同于感觉本身是错误的。

就胡塞尔而言，并非一切内容都应当按字面理解。并非我们的心理过程或体验的一切方面都是意向性的，即使某物呈现于我们。感觉是“质料”的部分，而“行为性质”提供着行为的形式。按照胡塞尔的说法，感觉不是意向性的，但感觉在体验中伴随着意向性行为。感觉是行为的一种非意向性的实在部分或“因素”。对于胡塞尔来说，感觉是满意知觉行为的部分，但它们不是使行为成为具意向性者。感觉如是充实着行为，但决定着实际被理解者的是行为特性。再者，对于胡塞尔来说，正是“行为特性”赋予着意义（LI V §14，567；Hua XIX/1 399）。是行为特性决定着我们所见的一红物究竟是“红”的个例还是“颜色”的个例，如此等等。应该注意，胡塞尔把统握的最初行为中的组织作用或综合看作一非理智的行为，不同于设想或命名一客体。他认为，存在有关于物质客体的纯感性知觉，其中不一定有语言的中介。在后来的著作中，他花费了不少时间通过“被动性综合”这一矛盾性概念来论述此一客体的接受性体验之性质。

在分析一行为的意向性结构时，对于该体验的现象学性质来说，客体是否存在，是虚构的或者完全荒谬的，都没有区别（LI V §11，559；Hua XIX/1 387）。他已经看到，在表象中被给与者的内容，无关于该表象是来自知觉还是来自幻想。这是一种本质上笛卡尔的观点。意识的内容如是被给与，无关于其因果性起源，不论它是来自与一外部物的接触还是一心智的内部行为。然而在该书第二版中，胡塞尔于多处插入主张：有必要终止自然态度，并应还原到意识的纯粹本质结构。

胡塞尔关于意向性样态的分析的一个极其重要的成分是他区分了客体

被呈现或被给与的种种方式。在第一研究中他已经在有关知觉的讨论中提到，我们在躯体中，在完全的躯体〔呈现方式〕中（leibhaftig），直接意识到意向性客体。在关于记忆和幻想的虚假性的准现前（Vergegenwätigung）中，我们对于客体仍然具有充分的直观，但此客体不再被「躯体性现前地」呈现。在语言中我们只有一种客体意义的形式，此形式可能是一种“空意念行为”（Leermeinen）。

胡塞尔在被把握的客体和客体在其中被把握的侧显之特殊样式之间的 118
区分，非常类似于弗雷格在意义和指称之间的区分。意义是指称呈现的样式。胡塞尔和弗雷格关于这一关系写了很多论述。但我们将延至下一章再予以讨论，在该章中我们要讨论第一次在《观念 1》的§§87～96 中论述的诺耶玛〔noema〕概念。然而，我们应注意到，胡塞尔在客体和诺耶玛之间加以区别的基础，已经在第五研究（特别是§17）中奠定了，在那里胡塞尔区别了“被意向的对象”和“如其〔so wie er〕被意向的对象”（LI V §17，578；Hua XIX/1）。我们用胡塞尔自己的例子：我们可以把德国皇帝（被意向的对象）想作“弗里德里希大帝之子”或“维多利亚女皇之孙”。这两个人可能形成特称判断并使用同一质料，而仍然为两个不同的意义概念。为了对此表达，胡塞尔在行为的语义性本质和观念性意义之间加以区别：“此语义性本质的观念性抽象在我们的观念性意义中产生了一种‘意义’”（LI V §21，590；Hua XIX/1 431）。语义性本质是行为性质和质料的一个统一体。两个人可能对格陵兰具有同一的思想，例如，相关的语义性本质非常不同。在此逻辑研究中，胡塞尔的方法层层剥去意向性行为的复杂性构成，使其与早先布伦塔诺的意向性概念彻底分裂，并为他提供了最初一套工具来发展其意识现象学。

总之，一般而言，胡塞尔把我们的心理过程看作朝向对象的行为。当朝向一物质性对象时，行为永远只是相关于该对象的局部；然而行为具有着如实把握对象的意义。这一达至对象并如实对其把握的意义，是通过所与的感性基底、非意向性的体验始有可能的，此体验是通过一种产生“统握性意义”的统握行为被把握和被形成的。此意义反过来被行为性质在某种形式中所承认，不论它是一判断或一希望等。

第六逻辑研究

胡塞尔把第六研究看作他有关逻辑学主要问题的最成熟的研究，特别是对于判断的性质和判断相关于真理的方式提供了一种现象学的阐明。他对此一研究花费了如此多时间，以至于其篇幅足使他书相形见绌。而且，
119 正是在撰写第六研究时他第一次完全理解他自己所发现的现象学领域的性质。他花费了很长时间，超出预先试图修改的长度，最后未予出版，虽然在 1913 年和 20 世纪 20 年代中期继续修改。在这里他根据充分性或充实性发展了对于真理的一种现象学的论述；这就是，他以知觉与其充实的关系为模型论述了思想和其客体的关系。在此研究中他与感性直观一起提出了范畴直观，而且正是这一研究吸引了海德格尔，当海德格尔正在为自己理解存在者之存在的问题探索观念的基础之时。第六研究和胡塞尔关于范畴直观的论述，其后在哥德尔逻辑哲学中起过重要的作用。但一般来说，这一部分由于海德格尔在《存在与时间》中对真理的论述而被人们忽略并未引起关注。

虽然第五研究集中于意义意向行为的意向性结构，第六研究打算集中于这类行为借其达至“充实”的方式；这就是，达至赢得一客体直观的成就。我们已看到，胡塞尔把一被充实的意向性行为的标准形式看作一种行为，在此行为中被意向的意义实际上被所思想的客体之躯体性现前所充实。这是一种“充分自呈现”（adäquate Selbstdarstellung）行为：正是一切真知识的典型。于是，当我看见一座桥时，我具有着一被充实的桥的直观。此经验以躯体的方式（leibhaftiig）呈现着该桥。之后我能够复活此直观，但此时只是作为一记忆，它仍然朝向着实在的桥，但现在此桥不是在现前和直接的意义上被呈现了。同样，如果我空幻地想象一座桥，在我心中想象着带有一定特征的桥，此桥在一直观中被给与，而此直观以既不同于知觉也不同于记忆的方式呈现着自身。该桥实际上存在的意义现在消失了。这些不同的心理关系形式具有不同的本质结构。存在有其他形式的意向行为，它们只是“空的”，例如当我偶然地使用语句，并未实际思想我在说的是什么，当我谈到该桥并未实际地对其思想，如此等等。在此我大多数地陷于运作以代表某物的记号。对于胡塞尔，记号性的或空的意向行为乃是人类意向性的一种基本特性，通过此特性并非“真的”把握着事物，如同我们在典型的感性知觉中那样，而是“非真实地”或“象征地”把握着事物，例如当我们在做数学计算时那样。如我们在上一章所见，确实正是胡塞尔对这些思想形式的困惑首先导致他写作了《逻辑研究》。大多数思维形式，按其性质，都必须对仅只视作记号的事物加以运作。例

如，如果我在计算一年内在交通事故中死亡的人数时，我的重点是人数，而不是在事故中感受到的死亡经验。海德格尔本人将“空意向行为”概念运用于我们在世界上存在的一个主要方面：当我们卷入“闲谈”（Gerede）时，在闲谈中我们沉浸于传承而来的意义，并继续传播开去，却并未创造我们自己的意义。 120

现在，在知觉行为中，当我看见一物，它在我面前通体呈现。例如，我对窗外花园里的一只乌鸦具有一感性直观。对此胡塞尔认为，不是具直接所与性的一切行为都是如此，即它们直接地、刹那间呈现一物（LI VI §47，788；Hua XIX/2 676）。除了看见感觉物外，我也看见事实并把握事态。胡塞尔反驳经验主义者和康德说，我们具有一类似于感官知觉的直接直观，它不只是关于具体感性实体，而且也相关于观念性意义、客体和事态。即我看见：“那只鸟是黑色的”“那所房子是大的”等。我关于一“事态”的直观，例如“我看见‘那张纸是白的’”，就涉及胡塞尔所说的“范畴直观”，一有关“某物如是”的直观。范畴直观是对于本质的直观，它是胡塞尔先验现象学的核心。对于胡塞尔来说，重要的是领悟并能够说明表达式“这张白纸”和表达式“这张纸是白的”之间的区别（LI VI §40）。

按照康德的说法，我们的经验具有两种组成成分：关于感性直观的接受性成分和反思的理智性成分（康德称其为“自发性”）。但康德明确否认说人具有能力直观智性概念，我们并无智性直观。无概念的直观是盲目的，无直观的概念是空的。胡塞尔同意康德的说法：不存在纯智性直观；另一方面，他相信我们具有关于较高范畴性层次的分级性直观系列，范畴性层次虽然基于感性直观，其中却包含着越来越少的感性因素。

> 我们称直接直观行为是感性的，我们称根基性行为为范畴的，不论它是直接或间接诉诸感官者。然而重要的是，在范畴行为领域内，区分出纯粹范畴行为，即“纯粹智性行为”，和与感性“相混杂的”混合性智性行为。实际情况是，一切范畴现象最终都基于感性直观，而且可以说，一种范畴直观，即一种智性洞见，一种严格意义上的思想，如非以感性为基础，那是荒谬的。（LI VI §60，817-818；Hua XIX/2 712）①

---

① 本段中译文按照前述德文版第二卷第183页的相应段落译出。

121 一切直观都有其相伴随的感性。胡塞尔在第五研究中已经概述过，存在有一种关于感官物的“统握”（Auffassung），但此感性的内容降低了该知觉所引生意义的可确定幅度。同一感性的统握可作为非常不同的诸判断的基础。我向外看，看见花园里的乌鸦，并形成许多基于该知觉的判断：“我看见一只乌鸦在飞”，“该鸟是黑的”，等等。换言之，看行为的知觉意义，不可能以任何基于该知觉的判断加以严格确定。该感觉对于确定该意义的决定性是不足够的。当我们看着该乌鸦时，我们对于一非语言的事态具有一准知觉的直观。现在，我们可以根据对感性部分进行较高的抽象来形成判断。我们具有纯感觉行为、混合行为（例如，把握几何概念的行为仍然具有残余的感性部分），以及较高阶的纯粹范畴行为，后者把握着如统一体、复多体和存在这样的逻辑范畴。这些范畴在其意义中就不再包含任何感性的成分了。

范畴直观把握实体的存在（此苹果是红的），而非只把握个别的属性（红性）。正是此范畴直观的特性被用于在海德格尔的哲学中重新唤起存在的问题。胡塞尔评论了康德的主张“存在不是一谓词”，并反驳说此主张尽管正确却忽略了这样的事实：我们有另一种对事实进行直观的样式，即事态之存在。胡塞尔同意“我看见一颜色”，但是我不可能看见事态“是有颜色的”（LI VI §43，780）。然而，当我把握判断“这是有颜色的”时，我就立即把握了事态“是有颜色的”。

说某物“是”〔存在〕并未以类似于知道“某物是红的”之方式使我们具有关于一新性质的直观。但是，这使胡塞尔看到存在〔是〕范畴的断定并未涉及对该客体性质的把握：存在也不是该行为的部分。反之，范畴结构属于客体的观念性结构，属于对象本身，胡塞尔将客体和其观念结构加以区分。

《逻辑研究》中的实在论和唯心论

我们在下一章将更详细地看到，胡塞尔后来越来越偏向于唯心主义。然而在《逻辑研究》中，关于实在论和唯心论的问题，他的立场多少还是含混的。部分上这是因为胡塞尔宣称他只关注于对在意识行为中如实呈现者进行纯粹描述的构想。胡塞尔屡次断言应以实在论方式解释知觉。他特
122 别强调，我们在知觉中直接把握实际客体，并在《观念 1》中重复此立场，

即甚至在他转向先验唯心论之后（《观念 1》§43，93；Hua III/1 79）。这一立场似乎是对经验实在论的一种承诺。再者，胡塞尔拒绝了传统上有关知觉的一切再现论——要求以一种观念、形象或感性显现为中介——的说法。情况并非是，我们只能直接意识到我们自己的感觉，而是我们直接把握着事物。我们只是在特定的、有意志的反思行为中专门注意着我们的感觉。胡塞尔也强调，甚至每一知觉都只是事物的一个方面或侧面时，我们仍然清晰地知觉到事物本身，而非仅只知觉到其部分，我们也并不把事物看作由诸侧面系列或由出现的、被预期的知觉系列所组成。我们并不必须将事物表述为“在此系列中每一单个被知觉者都已经是该事物的一个被知觉者”（LI VI §47，789；Hua XIX/2 677）。我们通过该部分把握整个客体，我们并非是先把握部分然后才推理出整体。

另一方面，胡塞尔也说，很多人将此视作相当于柏拉图的实在论，按此实在论抽象客体被看作“实在的”或“现实的”（wirklich）：具有着真正的即使是非时间性的存在。的确，胡塞尔反对布伦塔诺对意向性客体的看法，正因为它引生了一种“非存在性”观念，它似乎提出，思想中的客体具有一种分离于其现实中存在的潜在性存在。事实上，他同样反对各种传统的柏拉图主义，也正因为他认为柏拉图主义者没有区分客体与事实。胡塞尔有时说，只有一种存在：“对我们来说，时间性是实在性的一个充分标志”（LI II §8，351；Hua XIX/1 129）。实在的存在，现实性，或者与时间性的某种关系，对于存在来说就足够了。实在的存在和时间性存在在其外延上等同，虽然二者并不是完全相同的概念。然而，到了第六研究末尾他已经谈到“实在客体”即知觉行为的相关项：“我们将一实在客体定义为一直接知觉的可能对象”（LI VI §47，791；Hua XIX/2 679）。

当胡塞尔在 1913 年修改《逻辑研究》时，情况变化很大。现在他承认他对在先前几部研究中处理的真理概念并不满意，而且他也认为他还没有充分区别出心理学和现象学，因此仍然保留着残余的心理主义。特别是他感觉到，他把现象学刻画为描述心理学可能被理解为沾染了某种“艾多斯心理学化”（《观念 1》§61，139；Hua III/1 116），把真实的转变为另外一种典型，一种“题材转移”。胡塞尔甚至觉得，头五部研究在此问题上前后摇摆，没有按照真正的先验性方式理解艾多斯现象。《导论》在心理学现象和观念性成分间做出了明确区分，并指出对象、真理、有效性的领 123
域属于观念性领域而非属于实在性领域。虽然逻辑学本身可以选择只关注观念性实体和联结诸实体的法则，而现象学必须处理这样的事实：逻辑学知识，即使在其纯粹性中，仍然是一种认知行为。正如数学的观念性客体可以被研究一样，认知行为的本质性质也能够被研究。而胡塞尔最初曾将此研究错解为“描述心理学”了。

在该书第二版中，胡塞尔也认为他在第一版中对自我的处理是极其不充分的。在第一版中，他排除了一切有关作为某种不可经验物（类似于休谟和布伦塔诺）的“纯粹自我”的讨论，而且曾明确地批评纳托普保留了此概念。在1913年的修订版中，他宣称“找到了”纯粹自我。纳托普甚至在其有关《逻辑研究》的尖锐书评中预言，胡塞尔会朝向一种康德的方向发展。最后，胡塞尔企图根据他新发现的还原概念来对六部研究的整个运动加以构想。现在他强调必须彻底终止自然态度以便把握认知的本质性质。胡塞尔对将设定一世界的原初行为纳入括号（以制止自然态度）的承诺，暗示出他已撤销了早先对实在论的承诺。

注释：

491 [1] David Bell, *Husserl* (London: Routledge, 1991), p. 85.

492 [2] Husserl explains this approach in his 1906—1907 *Lectures on the Logic and Theory of Science*, Hua XXIV §2, 5-6.

[3] 胡塞尔将在《形式逻辑和先验逻辑》(§§105-107, pp. 277-290; Hua XVII 277-295) 中对“明证性”给与更详细的说明。有关明证性的一个更清晰的解释，参见：Dagfinn Føllesdal, “Husserl on Evidence and Justification”, in R. Sokolowski, ed., *Edmund Husserl and the Phenomenological Tradition* (Washington, DC: Catholic University of America Press, 1988), pp. 107-129。

[4] Husserl, 1906—1907 *Lectures on the Logic and Theory of Science*, Hua XXIV §3, 8.

[5] See Husserl's unpublished essay, *c.* 1893, “Intuition and *Repräsentation*, Intention and Fulfilment”, EW 313-344; Hua XXII 269-302.

[6] See Kevin Mulligan, “Husserl on States of Affairs in the *Logical Investigations*”, *Epistemologia* XII (1989), Special Issue, pp. 207-234.

[7] 关于此区别的一个极佳的讨论，参见：J. N. Mohanty, *Edmund Husserl's Theory of Meaning* (The Hague: Nijhoff, 1976)。

[8] 有关各种不同心理主义的一份详尽研究，参见：Martin Kusch，*Psychologism. A Case Study in the Sociology of Philosophical Knowledge* (London：Routledge，1995)。See also Thomas M. Seebohm，"Psychologism Revisited"，in Thomas Seebohm，Dagfinn Føllesdal，and J. N. Mohanty，eds，*Phenomenology and the Formal Sciences* (Dordrecht：Kluwer，1991)，pp. 149－182.

[9] John Stuart Mill，*A System of Logic，Ratiocinative and Inductive，Being a Connected View of the Principles of Evidence，and the Methods of Scientific Investigation* (London：Parker，1843) 2 vols，Vol. 1 §7，p. 13.

[10] 关于纳托普对《导论》的评论，参见：*Kantstudien* VI (1901)，pp. 270－283，trans. as in J. N. Mohanty，ed.，*Readings on Husserl's Logical Investigations* (The Hague：Nijhoff，1977)，pp. 55－66. Natorp later reviewed *Ideas* I in *Logos* VII (1917—18)，pp. 224－246。

[11] A. Reinach，"Concerning Phenomenology"，trans. Dallas Willard，*The Personalist* 50 (1969)，pp. 194－221.

[12] 在《逻辑研究》中胡塞尔对 Sachverhalt 和 Sachlage 的用法基本相同，交互使用。后来在《经验与判断》§59 中他将表明不同的 Sachverhalt 基于同一的 Sachlage 之上。对此概念胡塞尔从未提出过完整的论述。See Guillermo E. Rosado Haddock，"On Husserl's Distinction Between State of Affairs (*Sachverhalt*) and Situation of Affairs (*Sachlage*)"，in T. M. Seebohm，D. Føllesdal，and J. N. Mohanty，eds，*Phenomenology and the Formal Sciences*，op. cit.，pp. 35－57.

[13] See K. Mulligan and B. Smith，"A Husserlian Theory of Indexicality"，*Grazer Philosophische Studien* 28 (1986)，pp. 133－163.

124 # 4　胡塞尔发现还原论和先验现象学

导　言

《逻辑研究》构成了胡塞尔朝向现象学前进中的第一次“突破”，虽然那时他还不是太清楚此一假定中的研究哲学的新方法之准确性质。在以后的年月里，在哥廷根和弗莱堡时期，胡塞尔着手提升现象学纲领，不仅视其为对于数学和逻辑学的认识论阐明，甚至不仅视其为关于意识本质特征的先天性科学，而且视之为一种纯粹艾多斯科学，即一种“本质科学”（《观念 1》§18），此科学将也为一切科学知识提供本质的基础，最后，按照胡塞尔的成熟期的观点，将与哲学本身同其范围，即成为现象学哲学本身。一切呈现于意识者都可能被现象学研究。

胡塞尔开始把全部哲学看作以某种方式包含在、根基于此现象学新科学之内者。虽然 1901 年时他特别相对于逻辑学和认识论来思考现象学，逐渐地他开始把现象学领域看作包含着一切意识经验、意识相关项以及意识的本质结构，即看作一种有关一切本质可能性的科学。当胡塞尔通过《逻辑研究》向前推进之时，他似乎真的被他所发现的现象学领域的丰富性所惊异。他理解到，现象学不仅可贡献于意识经验区域，而且可贡献于一切物质存在区域，以及从几何学到道德问题的一切“实质性本质”领域（《观念 1》§10）。现象学将说明那些支配着颜色、声音、外延、时间等所具有的本质的必然法则，而且也将说明那些支配着更具形式性的概念的本质的必然法则，如同一性、统一性、复多性、差别性、整体和部分、个体和种类等等（Hua XXIV 231）。当然，随着现象学的发展，它也成为一种合作性事业，甚至一个“无限多任务”系列。此一无限多任务的现象学就成为他毕生的关注中心。

125 1903 年以后，胡塞尔的思想也开始采取先验性方向。现象学必须不仅探索一切意识体验及其意向性客体的本质结构，而且也探讨这些本质和客体在先验性领域内与作为它们“绝对性根源”的先验自我内的根基性。当胡塞尔越来越沿着一切可能意义和本质的先验基础性方向推进现象学时，他理解到，现象学不再与逻辑学及心理学具有特殊联系。他通过逻辑哲学进入现象学一事让他觉得只是个人生涯中偶然的事实，而并非是进入现象学的唯一方式。其次，胡塞尔开始怀疑，他在《逻辑研究》中研究意识的本质特征的企图，仍然含有某种关于意识的自然主义前提，因此他最终理解到，甚至现象学心理学本身并不是现象学的全部。朝向先验性的真正转向使现象学比任何心理学（包括现象学心理学）更为深刻，并使我们返回构成世界的先验主体性。先验现象学成为与现象学心理学平行的学科，它不断重新思考清除了自然主义倾向的一切现象。在弗莱堡的1920年代，特别是在30年代，例如在《危机》写作期间，胡塞尔开始承认，“静态的”构成性现象学需要补充以对于一切意义（不只是文化意义而且也是科学意义）的历史生成的现象学研究。除了“构成性现象学”以外，胡塞尔也认识到有必要建立一种“生成现象学”，后者成为《危机》内优先讨论的构想，但是此构想只是潜存于他的手稿中，直到很多年后才得以发表。

在本章中，我们将进行一项颇具挑战性的任务：企图获得对胡塞尔现象学方法的一个较充分理解，此方法大约发展于1901年至1929年的成熟期。这就是，从其重新思考《逻辑研究》的结果到他访问巴黎进行根据笛卡尔构想解释的先验现象学的讲演。我们不可避免地使我们的描绘具有拼合性，我们的目的在于最终把握胡塞尔成熟期的先验现象学的本质，这是他在这一时期如下主要出版物中所提出的：《作为严格科学的哲学》《观念1》《形式逻辑和先验逻辑》《笛卡尔沉思》。为了说明的目的我们将假定，胡塞尔在其成熟期年月里，大致一贯地采取着同一现象学观点，虽然现在从发表的他的讲演和笔记中明显看到，他同时也在探索着很多不同的方向，而且他的成熟期思想结构也不限于他在这一时期出版物中所发展的方法。然而一般来说，胡塞尔在不同的现象学阶段中向前进时，确实逐 126
步增加着对于主要的还原方法论的应用和理论改进。还原法是自1905年左右出现的一种哲学工具，并继续被用作一种工具，以提升对作为先验科学的现象学的理解。于是，还原法的性质将是我们在本章中的主要重点。

现象学作为无前提的科学

胡塞尔在《逻辑研究》第一版中已经提出现象学是一门关于意识的纯

粹无前提的科学。我们看到，此一断言首先意味着，现象学不可能在其研究中假定着或利用着任何其他科学的成果。它甚至不能把科学计划本身的理想或哲学概念的任何特定意义，视作当然有效。胡塞尔对于此一摆脱前提的性质坚持越来越彻底的主张。例如在《笛卡尔沉思》中他说，研究者所探求的一切，都应在研究者自身之内去发现，包括其所使用的哲学术语的意义。现象学家必须“在绝对的欠缺中，在绝对欠缺知识中”开始（CM §1，2；Hua I 44）。于是，胡塞尔在其为吉布森的《观念 1》英译本于 1930 年写的前言中说，如果人们在面对不同哲学体系的丰富内容时不理解，这些体系并未提供任何选择性，是因为其中没有一个“关心于摆脱前提，而且没有一个采取自主责任性的彻底态度，而一哲学的意义正要求具有此种态度”[1]。

自从黑格尔以来，很多哲学家都辩称，一门科学不可能是完全无前提的。但是胡塞尔并非是说，我们不可能从我们的日常经验开始，或使用我们的日常语言和思想过程；反之，他相信我们不应假定任何哲学的或科学的理论，而且必须避免演绎推理（它假定着逻辑学）和数学，以及避免任何其他经验科学或心理学的和哲学的思辨理论，以便专注于描述在直观中直接所与者。最初这意味着免除来自哲学和科学的偏见，但渐渐地它意味着一种最彻底的自我质疑形式，涉及一种笛卡尔式的抛弃一切知识的事先假定，并对我们有关心理过程或客观世界构成性质的很多“自然的”直观进行质疑。在如实体验本身之外的任何东西都不应视作当然有效。

127 现象学是对“现象”的一种回归。胡塞尔把现象理解为“显现者本身”；换言之，理解为任何显现者，任何在其显现方式中、在其显现的“如何”〔Wie〕中被意指者或被思想者。[2]海德格尔在其讨论现象学时对此意义把握得甚好，他把现象学看作有关如是显现者之科学：

> 于是，“现象学”就意味着 apophainesthai ta phainomena：即让「自显现者」以其从自身显示自身的方式被见，即从自身被见。(BT §7，58；34)

但是，胡塞尔早在 1907 年的“现象学观念”讲演中已经如此主张了。现象学必须以所与者被给与的方式返回直接所与者。它必须从自证实的直观开始。有关现象学的认知是无前提的主张，于是本质上联系于这样的概念：我们被限制于在直观中内在地被给与者，当我们以正当方式关注我们的直观时。现象学完全关注在直观中的所与者，它不应依赖逻辑推理或任何中介知识。胡塞尔希望以不被假定沾染的一种纯粹方式探索经验。于是当胡塞尔宣称自己是一位类似于詹姆士的彻底的经验主义者时，即只关注经验中的所与者和经验中的一切所与者时，这是因为他宣称自己比此前任何哲学家在经验中认识到远为丰富的明证性认知资源。虽然古典经验主义正确地承认了经验的重要性，却错误地解释了我们把握普遍项和概念的性质，甚至否定了我们经验的这一真正特性。

胡塞尔的诸原则之原则

返归纯粹直观导致胡塞尔在《观念 1》§24 中拟定了他的著名的“诸原则之原则”：

> 关于各种有悖于理的理论就谈这么多。没有任何可想象出的理论会使我们对如下的“一切原则之原则”产生误解：每一种原初给与性直观都是认识的合法源泉，在直观中原初地（可说是在其躯体性现实中）给与我们的东西，只应按如其被给与的那样，而且也只在它在此被给与的限度之内，被加以理解。（《观念 1》§24，44；HuaIII/1 43）①

或者如胡塞尔在 1911 年的《作为严格科学的哲学》中所说：“从一直观观点所把握者只能从一直观观点被理解和被证实。”（PRS 119；Hua XXV 39）如我们在上一章所见，胡塞尔从笛卡尔和布伦塔诺借取了如下观念：科学所探求的观点是明证的观点，是自明地所与的、具自明性的认知。按照《笛卡尔沉思》，明证性就是“在最广义上对「所是及如是所是的」某物之一种‘体验行为’，就是对某物本身的一种心智上的看行为(ein Es-selbst-geistig-zu-Gesicht-Bekommen)”（CM §5，2；Hua I 52）。对于胡塞尔，明证性的直观是正常的日常事件，有关典型明证性直观或认知的一个经常举出的例子，就是我们日常的知觉行为，在此行为中行为的对象被如是地、躯体性地〔具体性地〕呈现，如我看见花园中的一棵树，我听见小提琴的声音，等等。最充分的例子是当对象“躯体性地”〔leibhaftig〕、在其完全的现前中被知觉时，而非仅只是被想象，或被思想，或 128

① 本段中译文录自《通论》中译本§24。

以更抽象的象征性方式被指涉时。例如，当我听见一实际被奏出的乐音或看见眼前黄色车厢时，此乐音或物体是以相应于感性知觉的明证性被给与的，在适合于该种经验的最大可能的意义上，存在着一种我的意义期待之充实性。我不可能期待我的意义意向获得更高种类的充实性。与布伦塔诺不同，胡塞尔的典型明证性直观就是通常意义上的知觉，因为，如其在《观念1》中所说，我们永远有可能进行检视。虽然愤怒可能消散或者其内容可能由于对其进行的反思而变样，知觉是一可靠的、可重复的明见性源泉，不仅是对于事实发现中的世界而言，而且也是对揭示一种现象学性质的真理而言（《观念1》§70，158；Hua III/1 130）。通常我们的感性知觉没有障蔽，在被反思时也不会消散。知觉以充分躯体性现前的方式把握事物。

虽然在发生的感性知觉中被知觉客体现前的方式为胡塞尔的典型明证性直观的例子，一切其他形式的经验也形成它们自己的"满足性条件"（让我们用塞尔的话说）以及具有它们自己的获得明证性的类型。于是，在数学中当我理解三角形的三个角等于两个直角时，我具有一个以明证性给与的客体。我经验到此简单真理不只是某种可被证实或已被证实者，而且是当下即被证实者。再者，直观不可能以其他方式被把握，它不仅是充分的，而且是确然的。在1900年的《导论》中胡塞尔已经论述了明证性判断的"原始所与性"。他否定了把明证性看作内部感觉或某种附着于判断
129 的心理性因素的一切经验主义论述。反之，明证性是对真理的体验（das Erlebnis der Wahrheit），是真理本身在判断中的例示作用：

> 意义和自身现前者之间的，即一断言的实际意义和自所与的事态之间的相符性体验，即内明证性；此相符性的观念即是真理，真理的观念性也即其客观性。（Prol §51，195；Hua XVIII 193-194）

在一明证性判断中，我们经验到在我们的期待与其实现〔充实〕之间具有一种一致性。再者，对于胡塞尔，对此相符性的这一明证性认知为一当然的直观性体验。此体验不应当像在很多认识论讨论中那样被转换为由一信念所伴随的感性经验。明证性直观反而是相伴随的该正确信念的基础和动因。当我们具有一明证性洞见时，我们甚至知道任何其他人都不可能对此有不同的想法。

在《观念1》以及他以后的一切著作中，胡塞尔基本上都对明证性作为原初自所与性给与相同的论述。他跟随笛卡尔主张，演绎法是根基于明

证性直观的。胡塞尔说，除非存在有明证性认知，我们不可能进行成功的推理。再者，唯心主义者根据一种“明证性感觉”（一种神秘的真理指向）错解了明证性的性质（《观念 1》§21)。唯理主义者或唯心主义者企图从少数明证性洞见（如笛卡尔的我思或某种必然自同一的先天真理）推演出一切真理，但胡塞尔这类唯理主义的思想构造是不恰当的，只是因为他们忽略了这类明证性洞见的巨大的甚至无限的歧异性。于是，对于胡塞尔（梅洛-庞蒂在此问题上紧跟胡塞尔），现象学必须在传统经验主义和各种唯心主义或唯理主义之间开辟新途。

我们心理行为的绝对自所与性

胡塞尔始终完全采纳导致发现“我思”的笛卡尔论证的合法性。对于胡塞尔，当我企图怀疑一切时，我面对着基本的事实：我不可能怀疑我正在怀疑一事。我不可能怀疑我的有意识的怀疑行为或但愿其不存在。不仅是我所体验的“我存在”永远是直接确定的，而且任何正在被体验的心理体验也是如此（LI V §6)。一般来说，我不可能在我的思想流正在被给与的方式中否定我的思想流（cogitationes)。我的有意识的体验是在一绝对的意义上被给与的：

> 如果我们研究认知的本质，那么不管它以及我们对它达至对象的怀疑可能具有什么性质，有一件事是清楚的：该认知本身是表示一个多种多样存在领域的名称，此存在可以绝对地被给与我们，而且在每一事例中均绝对地被给与我们。(IP，23；Hua II 30) 130

换言之，不论我是在想象还是在知觉，如果我忽略该行为的真实陈述（即不论它是否给与我关于世界的真正知识)，我至少能够肯定我在介入一意识之行为，而且该行为（连同其在其中所出现的方式中的内容）是被绝对地给与的。胡塞尔断言“怀疑内在的存在者、如是内在地被意指者，是显然不合理的”(LI VI 附录§6，864；Hua XIX/2 768)①。胡塞尔认为每一心理过程都是被给与的和如是地（wie es ist）被视见的。它是“被绝对地给与的”。这类思想具有“绝对的和清晰的所与性，绝对意义上的自所与性”(IP，28；Hua II 35)。

---

① 中译文根据前述德文版第二卷第 238 页译出。

胡塞尔最初按照布伦塔诺的思路设想此自确定性和不可更动性，即内知觉的行为，我借以认识自己心理行为的行为（即我知道我在进行想象）是绝对被给与的，是确然的。但是，胡塞尔在《逻辑研究》中已经想到，布伦塔诺在“内知觉行为是确然的”和“外知觉行为是可错误的”二者之间所做的区别，并不能正确解释明证的和非明证的知觉之间的区别。胡塞尔认为，明证性并不仅限于内部行为，明证性可涉及一切心理行为、一切体验，后者即为其被体验者，即为其被给与我们者。胡塞尔在《逻辑研究》中写道：“绝对清楚的是，内知觉和外知觉的概念耦，和明证性知觉和非明证性知觉的概念耦，二者并不相符。”（LI VI 附录）同样的，胡塞尔在《观念 1》中完全否定了布伦塔诺关于内知觉的术语（《观念 1》§38）。

早在《逻辑研究》中胡塞尔就已把实际知觉中我们的心理过程的那种明证的所与性视作“充分的”所与性，以对立于一仅只被假定的客体的那种“非充分的”所与性。在非充分的知觉中，在意向和其对象之间存在有分离性，而在一充分的知觉中二者相互一致：“我不可能怀疑一充分的纯内在性的知觉，因为其中不存在仍应予以充实的剩余意向。全部意向，或在其一切方面中的意向，是被充实的。”（LI VI 附录§6，866；Hua XIX/2 770）当我们超出了内在的所与者之时，一切知觉都可能有差误。如果我牙痛并在一颗确定的牙齿上（它事实上是健康的）感觉到疼痛，我的知觉
131 就是错误的。但是如果我纯粹专注于牙痛感觉，我就具有了一明证的和充分的知觉。胡塞尔确实承认，在一种意义上，现象学是可犯错误的（我们可能遇到错误的材料），但他说，这种情况发生，是因为某种错误认知、欠缺注意力或错误描述。胡塞尔似乎从未认真地认为我们有可能被意识中出现者所绝对地误导，如果我们只关注实际上所与者的话，但他的确认为现象学在阐述错误、幻觉、错误知觉等概念时很有帮助，他像布伦塔诺一样相信，具有内在确定性的明证性即是绝对明证性，即是最典型的明证性。胡塞尔的修辞学技巧在过度强调着这样的方式，在其中艾多斯洞见具有“绝对性”“确定性”“确然性”等，而事实上他将此看作一种具有可调节性的理想，此理想将只会部分地被实现。从《逻辑研究》到《笛卡尔沉思》，胡塞尔区分了“充分的”明证性和“确然性”。充分性是一种正常的成就，但他从未将作为一目标的确然性加以放弃。

胡塞尔希望只将这些直观和体验纳入现象学，即以绝对确然的明证性

被给与的直观纳入现象学。在《逻辑研究》中，达到意识纯粹特性的方式被称作“反思”，但胡塞尔渐渐意识到，他在反思概念中仍然带有不少心理学的和自然主义的包袱，虽然他在《观念 1》中仍然保留着反思概念，他援引了还原概念以摆脱任何可能使意识具体化的东西。先验性反思是最彻底的可能思维形式。运用着先验性反思的现象学关注，不是如赖尔等所宣称的日常语言哲学分析的延续。于是，当他强调先验性反思时，胡塞尔离开了他先前把现象学作为概念分析的决定。

在还原之内运作并集中于自所与的直观，通过被集中的注意和反思获得了结果。反思去除了对逻辑学和数学的依赖。甚至连无矛盾律也不能予以假定，而必须首先由明证性洞见加以确定。直观是体验的直接呈现，但直观只能在排除了一切经验的和自然主义的因素后才进入现象学科学。直观必须被阐明和被还原，然后才能揭示通常意识甚至通常反思不可能获得的新内容。再者，直观被他人“证实”，但只被那些本身进行观察的人所证实。主体间的证实实际上基于对其自身心理过程实行反思的每一个别行为。

现象学作为一种艾多斯科学而非一种事实性科学 132

对于胡塞尔来说，科学本身永远关注于本质正确性领域、支配着所研究的现象领域的必然法则和结构。类似的，现象学应该是关于纯粹本质的一门科学。它必然抽离仅只是我们经验中偶然的、事实的特性，以便分离出一切该类经验中的本质成分。现象学应该克服一切“偶然性”和“事实性”(《观念 1》§2，7；Hua III/1 9)。虽然胡塞尔在《逻辑研究》中已经将现象学理解为在先天性领域内探求本质洞见的构想，他渐渐达到这样的认识：此领域不可能通过通常形式的反思被清晰把握，它需要一种特殊纯化的观察方式。因此，Hans Jonas 是这样描述其对胡塞尔现象学方法的经验的：

> 1921 年我 18 岁时去弗莱堡大学学哲学，那里领先的教授是发须已灰白的胡塞尔。他所如此热情宣导的“现象学”是一种关于对意识进行自我检查的纲领，意识是一切可能现前于思想的显象之场位。一种关于纯粹意识的纯粹现象学即成为哲学的基础。相对于什么的“纯粹”呢？相对于事实的和个别的成分的偶然性质，由此，本质的内意

> 识被认为能够将对于一切主体而言均属同样正确的东西推导出来。这里毫无疑问地存在有一种柏拉图化的成分，不过新颖处在于它是应用于主体领域的。相应的，此方法涉及观察和描述，但无关于心理学的因果性说明。[3]

虽然在1901年胡塞尔已经相信，人们可以达到显现于意识的一切现象的本质特征，并无关于它们的现实性和非现实性问题，也无关于它们是否是实在世界内实在物之后果，此一主张在第二版中则更为突出（LI V §14，565-566；Hua XIX/1 396）。事实上，在世界环境里的经验观察往往导致把握其本质的困难。胡塞尔因此特别在1905年后明确提出了某些措施以终止我们关于世界的“存在物”（Dasein）或“现实存在”（wirkliches
133 Sein）的假定，以便使我们的经验及其意向性内容的本质结构能够显示自身。

胡塞尔开始更加关注这样一种方式，按此方式某种方向的改变可以产生对有待研究的领域的更清晰认识。古代哲人和笛卡尔所实行的怀疑主义，提供了一种“中止模型”，按此模型人们知道如何对我们的知识信念中止我们的自然承诺，以便揭示信念本身的基本特性。笛卡尔的有关对世界存在提出质疑的夸张性怀疑，属于这些信念中止类型中最彻底的一类。类似的，对于胡塞尔来说，现象学应该能够处理对世界的最彻底否定，处理此最彻底的夸张式怀疑之挑战，这种怀疑把整个世界看作梦境或根本不存在，胡塞尔称之为“无意义的假象”〔nichtigen Scheins〕。在现象学的考察中被关注的客体，相对于其现实性问题，应该加以中性化（《观念1》§151，364；Hua III/1 318）。胡塞尔在大量这类表述中表达了一种信念，现象学可继续其发现活动，即使世界不再存在了，因为我们不关心事实性存在问题并希望只抽离出形成意识的意义构成结构，此结构被理解作“不变的本质内容”〔die invarianten Wesensgehalten〕（Trans. Phen.，165；Hua IX 284）①，后者使这些意识体验成为可能。

胡塞尔称现象学为一“纯粹”科学，其意思是，按照康德，此科学排除了一切经验内容，提供着一切认知、知觉、想象等行为中运作的不变结构之本质知识，而无关于实际世界的情况，无关于该世界的存在问题。一

① 此处作者引用的英译本，将“本质内容”译为“结构系统”，各书英译本多有这类转译，中译本如有发现均尽量将其改为直译，因为一者是原著之表述，另一者是他人之解释，二者不宜混同。

门科学声称忠于经验、忠于现象本身，如何能够又企图成为纯粹先天性科学而排除一切经验性成分呢？布伦塔诺的描述心理学根据诸个别性经验达到具有确然正确性的真实认识，但他从未想过要把此单独性事件的存在纳入括号。胡塞尔则希望同时肯定现象学关注现象以及现象学的认知产生具纯粹先天性特点的真理。我们必定可达至现象本身，无关于存在或不存在问题，而且应该只将其看作意识的相关项，看作内在于意识的，但在此内在性中我们将发现对象具有一种超越性。这就是，我有关一对象的经验，作为该经验的一部分，经常包含着我的如下感觉：该对象实际上超越着我的经验或存在于其外部，而且在我此刻把握的相关方面之外具有着其他方面。对本质进行把握的概念，就是把握某种在内在性中具有超越性的某物（Hua XXIV 231）。

本质看 134

现象学的本质直观要求从此处此时的个别性体验，从发生的体验，转向对该体验的本质的思考。胡塞尔和布伦塔诺一样认为适当观察的个别性体验可以产生明证的洞见和普遍的真理。然而胡塞尔将此观点发展到如此地步，以至于进而规定体验借以被适当观察的（即从该体验的内在性之内）方式，而不考虑现实性问题。于是，他在《现象学观念》中说：

> 我具有一特殊的红直观，或若干这类直观。我严格坚持此纯粹内在性，我细心地进行现象学还原。我删除红的任何其他意义，删除任何可使其被看作某种超验物的方式，例如被看作桌子上一张纸的红色等。现在我在纯粹的“看”中把握了一般红概念的意义，即作为种的红，在具体东西中“被看见”为同一项之普遍项。它不再是如此被指涉的特殊项，不再是此具体的红物，而是一般红……一位上帝，一位能力无边的智者能否除了将此红本质“看”作一普遍项之外还另做其他解释呢？（IP，44-45；Hua II 56-57）

胡塞尔在此主张，普遍项是在个别项之内“被看见的”。从个别性直观向普遍项把握的步骤，就是一种朝向本质把握的步骤，胡塞尔称之为“本质直观”。他相信，从个别项通向普遍项的过程实际上被设定于我们的意识行为本身内。换言之，本质在某种意义上已经被例示于我们对个别红纸的感性直观中。虽然最初在第一版《逻辑研究》中他把对红本质的认知看作产生于一种感性经验的抽象作用，在后来的《观念1》中他认为存在着“种”本身的一种自发性直观，一种有关“种”的观念化作用。胡塞尔现在把所谓“抽象作用理论”看作导引我们离开设定本质和本质看行为要求的一种错误的认识论步骤（《观念1》§22）。

胡塞尔相信，有可能对事物的本质性质获得一种洞见，这些性质可以在一种类似于对一物质物的知觉看的方式中“被看见”。此种本质看行为就是胡塞尔所说的“本质看”或“本质的观看”（Wesenserschauung）（《观念1》§3，8；Hua III/1 10），虽然他始终强调这是一种复合性行为（《观念1》§23）。人们批评说，胡塞尔从未对本质观念提出一种充分批评性的理解（茵加登甚至企图弥补胡塞尔论述中的缺欠），而且他始终一贯
135 地强调本质看导致了现象学被误解为一种柏拉图主义（如Jonas在前一引述中所说），或者被误解为是在提出一种神秘性直观。但是，胡塞尔对于被指责为柏拉图主义永远予以否认（《观念1》§22），并否定有关普遍项的经验主义的、抽象主义的论述。两种指责显示了对于此一理念性质的无知。

于是，现象学应当是一门本质科学。唯一完全实现的现存本质科学是数学。胡塞尔认为，研究本质正是科学家的工作；几何学家研究本质的形态，算术家研究数的本质性质，等等。传统实证论甚至听任自身被狭义经验主义信念误导到如此地步，以至于忽略了如下事实：科学本身运作着本质和本质洞见（《观念1》§25）。存在有运动、声音、乐调等等的本质，质料性本质属于不同的区域本体论（《观念1》§7）。再者，这些本质并非在我们的思维中产生，而是在我们的思维行为中被把握的，被“形成的”（《观念1》§23）。类似的，几何学家并非从一幅经验的绘图中获得关于形态的本质特性的认识的。几何学家只关注本质的可能性，他并不需要任何事实的存在。

按照胡塞尔的看法，察看本质的训练相当复杂，而且我们需要不断警觉，不可使关于世界的自然主义假设溜进以至于感染了我们的观点。在本质还原中重要的步骤是理解，在看一红纸为“红”时的所与者，不是一个别性与料，而是对本质本身的一次把握。我理解纯粹红，甚至从此处我进而认识了颜色本身的纯粹现象。胡塞尔关于本质看的主张之要点现在是：我并非只是从对一张红纸的一次实际知觉中，而且还可以从一张被想象的或一张被回忆的红纸中，就能够把握颜色的本质。本质科学无关于实际存

在，它朝向于纯粹可能性领域。本质科学并无与之相关的事实，另一方面，每一事实科学都依赖于本质洞见（《观念 1》§8，17；Hua III/1 18）。胡塞尔强调从纯事实层次向本质真理、普遍法则、本质的层次过渡的重要性。他把现象学看作本质看，并将本质从概念上和语言上“加以确定”（《观念 1》§66，151；Hua III/1 124）。

在《作为严格科学的哲学》中胡塞尔提出了这样的问题：我们如何从时间上流动的、具体的单子的意识生命的统一性整体出发进而把握构成着正确科学知识的意义本质。此一问题意在克服如下自然主义的偏见：把现象学的本质看与自然主义的心理学的自观察或内省混为一谈（PRS 115；Hua XXV 36）。在此，正如在他处，胡塞尔强烈反驳那种把现象学的看行 136
为说成是内省的看法。内省属于自然过程，它相当于在内部直观中把握该过程的方式。而本质看是一种缓慢的、通过反思艰苦获得的明证性洞见的程序。例如，几何学是一种关于本质的先天科学，但其明证的洞见并非产生于内省行为。

胡塞尔渐渐开始思考，这一观念性意义和产生意义的行为及其结构的领域，可能通过一种特殊方法加以独立的研究。此方法相关于把一切我们对于世界客体与心理行为的自然态度“纳入括号”或使其“中止作用”，中止我们有关这些问题的一切理论，而使我们的注意力朝向意识的纯粹本质。这导致胡塞尔提出了许多现象学的以及（后来）先验的还原法的假定，按照还原法，我们的一切属于正常世界意识的假定和偏见都必须纳入括号，放置一边，中止其作用，或者借用希腊怀疑派的用语，将其“搁置”（epoche），以便得以返归无偏见的经验始源。胡塞尔将此加括号法相比于笛卡尔在《沉思录》中提出的方法论怀疑（《观念 1》§1，31）。二者的目的都是揭示意识本身的先验性结构。胡塞尔开始在他的研究和笛卡尔的新科学与康德的纯粹理性批判之间看出了更多的类似性。

胡塞尔的先验性转向

1901 年，在《逻辑研究》出版后不久，胡塞尔迁至哥廷根大学担任新职，在那里他继续研究逻辑学，但也开始对认识论问题产生兴趣，关注的哲学家包括洛克、莱布尼兹、休谟、贝克莱、康德、马赫和费希特等。[4] 1903 年，他开始怀疑自己的新现象学究竟在多大程度上真的相当于布伦塔诺-施图姆普夫派的描述心理学。虽然他克服了心理主义，但开始相信自己对于心理行为性质的问题仍然陷于一种自然主义。他现在看到，不可能理解认知的基本认识论性质，如果继续把认知性体验仅只看作发生于自然界的事实过程的话。意识具有一种绝对的存在，它并不类似于自然界事物的存在。如他在《观念 1》中主张的，如无意识，就根本不会有世界。

137 但是，意识似乎充满了世界设定的倾向，从而掩盖了意识的真实性质。为了达到纯粹意识领域和研究意识内诸本质的形成物，要求一种新方法论，后者涉及“中止”我们对世界的自然态度，并涉及运用种种现象学的和先验的“还原法”，以便发现行为对象的特殊结构，这在《观念 1》中被称作意向性行为的“诺耶思-诺耶玛结构”。他发现按照自然主义方式不足以反思认知行为的成就，他需要通过先验方法纯化自己的达到意识本身领域的方式。现象学，作为揭示科学本身本质的科学，必须与一切自然科学，甚至与一切掺入我们认知过程本身的固有自然主义观点保持距离。如果引用梅洛-庞蒂采取的一个术语的话，现象学现在必须成为一种“始源科学”（《观念 1》§56，131；Hua III/1 108），一种有关意义如何在意识内及为意识而被构成的研究。

胡塞尔把其早先研究的失败，甚至把洛克和他人在扩大笛卡尔先验主体性发现的过程中类似的失败，归之于一种将意识活动自然化的强烈倾向。对现象的现象学描述，受阻于人类固有的解释倾向：将我们的日常偏见和实践兴趣应用于此纯粹意识。现象学需要“一种全新出发点和一种全新方法”（IP，19；Hua II 24）来区分一切形式的自然科学。1901 年后，胡塞尔不厌其烦地坚持说，现象学“远离着自然思维”（《观念 1》xvii；Hua III/1 1）。在还原法中出现了一种根本的“颠覆”，意识甚至“不再是人的”，它失去了与经验的、自然的人之自我及我之心灵生活的一切联系。[5]正如利科在其发人深省的评论中所说：“通过作为人的自我，纯粹主体才开启了现象学。”[6]

胡塞尔思想中的这一新方向受到很多新的理解的启发：他理解到，自己在《逻辑研究》中的描述心理学方法受到太多自然主义的影响。他在《作为严格科学的哲学》中将解决此自然主义的影响。在 1906—1907 年和 1907—1908 年他对逻辑学的反思，导致他放弃了先前洛克的观点：把意义看作在经验的个别行为中例示的普遍种。甚至在 1906 年对意义的这种新兴趣导致他恢复了与弗雷格的通信。此时他认识到，意义是独立的特殊类的实体，后者很快将被他称为“诺耶玛”。我们将在本章稍后回到这一主题。

除了否定自然主义，胡塞尔同样不能心安于这样一种方式，按此方式他忽略了自我作为将我们的心理经验综合为《逻辑研究》中单个生命的作用，因为他曾跟随布伦塔诺的近似于休谟的思路，把自我看作一种行为束。《逻辑研究》把体验多多少少看作一种孤立地发生的个别事件，但没 138
有研究这些事件如何在个别自我或心灵的生命中被统一在一起。在1902—1903年他曾仍然坚持说，现象学家不关心体验对其显现的自我，而只关心显现行为。他甚至谈到“排除自我”的需要。在他分析时间体验意识的性质和通常知觉行为在其中承载过去因素（持存）和未来期待（预存）的方式期间，他认识到对自我本身的忽略在歪曲着对体验性质的理解。胡塞尔对体验的持存和预存的时间结构的思考，连同对心灵生命统一性的强烈感受，促使他修改了对自我的研究方法。现在他承认有必要关注于意识的时间流下的统一性因素。回归自我必然意味着回归笛卡尔和德国唯心主义传统。

胡塞尔越来越根据笛卡尔《沉思录》中的彻底基础主义构想来表述其方法论，此构想被理解为使客体根基于主体。在笛卡尔和康德的共同影响下，胡塞尔的哲学在1905—1906年采取了唯心主义的、先验论的转向，此方向的转变首次显示于1906—1907年度哥廷根大学的讲座及以后的讲演中。[7]对于一种唯心主义的此一新的承诺，首次宣布于《观念1》中，此一宣布使得胡塞尔在哥廷根的很多追随者感到沮丧，例如茵加登和康拉德-马尔修斯，他们都倾心于《逻辑研究》中的直接实在论和逻辑客观主义。[8]然而，胡塞尔主张应该把现象学解释为先验唯心主义，并经常根据笛卡尔的构想来解释自己的哲学，例如在其1917年的弗莱堡就职讲演中，1923—1924年关于“第一哲学”的讲座中，以及（自然地）在关于“笛卡尔沉思”的讲演中，在后一讲演中他开始说，先验现象学可以称为一种“新笛卡尔主义”，虽然此主义只汲取笛卡尔的态度而非汲取其任何独断论的哲学内容。

像笛卡尔一样，胡塞尔在探求意义构成行为的根本基础时不断探索一种阿基米德点，从此点开始他似乎可以连世界都可以推动。胡塞尔始终一贯地推崇笛卡尔是第一位发现纯粹自我的这一新的先验领域者。于是，在其《第一哲学》中他说：“在历史上我们在笛卡尔处发现了先验哲学的种子。”（《第一哲学》，Hua VIII 4）胡塞尔说，我们作为笛卡尔式的怀疑者，139 应该中止自己的全部自然主义信念，以便把握“我思故我在”的基本真理所与性的特殊方式。对于胡塞尔来说，我思以之被揭示的清晰性是理解笛卡尔本质性突破的关键；一切其他科学都应当根据此一方式衡量，按此方式哲学本身获得了其作为科学的阐明。他说，因此现象学是“一切近代哲学的隐秘怀乡病”（《观念 1》§62，142；Hua III/1 118）。当然，笛卡尔本人未能理解我思的真正意义并将其错解为“思维者实体”，因此陷入了旧形上学习惯，把自我解释为“世界的一个小角落”（CM §10，24：Hua I 63），而把意识自然化为只是世界的另一区域，这甚至类似于当代心的哲学纲领中孜孜以求的研究方向。真正的现象学将把意识的原初所与性理解为“自所与的样式”，而不是理解为任何自然主义意义上的实体。

直到其晚年，胡塞尔才开始对自己有关现象学的此一笛卡尔出发点的过于仓促的假定予以批评，我们将在下一章讨论这个问题。于是，特别在《危机》中，他承认，“悬搁”和“还原”的“笛卡尔之路”似乎使得自我观受到局限，而在这样实行时将自我揭示为“似乎是没有内容的”了，因此他过渡到构成着“生活世界”的全部机制（《危机》§43，155；Hua VI 158）。胡塞尔理解到，他根据笛卡尔模式进行的还原模式越过了一切复杂路径，在这些路径中人的主体性已经被置于世界内并与其缠结在一起了。

大卫·休谟作为一位先验论哲学家

胡塞尔一方面承认笛卡尔是先验论领域的发现者，另一方面又同时把休谟彻底地解释为真正先验哲学的第一位实践者（FTL §100，255-260；Hua XVII 262-267）。胡塞尔理解先验方法是经验主义研究的一种彻底化，而且在《危机》中以及在他处，把休谟看作一位重要的先验论哲学家，休谟认真采纳了笛卡尔的要求：认真专注于“纯粹位于内部者”（die reine Inneneinstellung）（FTL §100，256；Hua XVII 263）。对于休谟，因果性一旦被看作世界的一种客观的特性，即可根据时间关系和其他关系在意识之内被内在地构成。对于胡塞尔，因果性为先验现象学哲学的一个范式，虽然此范式由怀疑论思考激发而成（《危机》§24，88-90；HuaVI 91-93）。[9]休谟对于“意识生命作为一产生成就的生命”具有本质上是现象学的观点（《危机》§26，90；Hua VI 93）。换言之，休谟发现了构成问题，超越性客体在主体内的内在性生成。休谟受限于执守“自然主义感性论， 140
只能看到在一无实体的空无中漂浮的一种与料集合”，而且受限于没有能力理解意向性的意义（FTL §100）。

胡塞尔对近代哲学史的思想重建的构想是，倾向于将笛卡尔、贝克莱、休谟和康德的努力，在自己的先验主体性分析中结合起来。或者说，胡塞尔坚持不懈地发现了他自己的独特论述，而他却往往将其说成是近代哲学的一项成就，而且特别是通过与那些近代哲学家比较而如此断言的。（胡塞尔承认，他在莱布尼兹身上不可能发现先验性因素。）再者，对于胡塞尔而言，洛克永远是以自然主义错解笛卡尔的先验主体性并将其转化为一种内部经验心理学的“首恶”。胡塞尔认为，洛克是心理主义的始祖。

胡塞尔将现象学视为必然的先验哲学的看法，迫使他接触康德，这是他自 1890 年代末起就一直认真研读的哲学家。[10]但是他受到康德影响的准确方面很难确定。他同意康德的一般观点：不同哲学系统的大量繁衍证明了哲学未能符合其成为科学的预期。像康德一样，他相信对于相互竞争的体系的容忍，会最终导致相对主义和怀疑主义。再者，和康德一样，胡塞尔相信，哲学只能在开始对自诩能够成为科学的主张进行彻底批评之后，才能成为真正的科学。这就牵扯到对认知工具的一种批评。胡塞尔认为康德正确地看到了对科学进行一种先验性批评的必要，并看出科学为主观认知的成就。但康德始终停留在对客观侧和对“本体论”的专注，而未看出检查主体之具体直观实行的必要性。[11]胡塞尔的康德派倾向表现在，探求一般认知可能性的条件。但胡塞尔认为在此问题上他和康德的处理方法大为不同。胡塞尔的助手芬克正确地指出，胡塞尔的关切并非在于作为世界构成的客体构成，按照现象学的立场理解的世界，对此我们将在本章中加以阐明。胡塞尔想要通过对意识行为和内容与客体的极其细密的描述，以达到意识的自身本质性（Eigenwesentlichkeit），但也通过关注意义和客体在意识中发生方式之神秘性过程以通向对“原初所与性”概念之关切，从而把握意识的本质性质。

胡塞尔称赞康德将先验哲学领域等同于意义构成中的时间化作用，但批评康德在试图研究意识时，重新陷入了自然主义、机能心理学，并陷入了“神秘的构造论”。[12]因此胡塞尔否定了康德的“物自体”的形上学构造 141
论，一切客体都是相对于意识的客体。类似的，胡塞尔也抛弃了康德把先验逻辑学看作对先验论领域的误解的看法（FTL §100）。康德从来未曾理解观念性逻辑的特殊意义。康德因此从未理解从纯粹逻辑的观念性客体返回“以现象学方法构成观念性客体的意识”的问题，这就是胡塞尔的《形式逻辑和先验逻辑》的基本目的所在（FTL §100，263；Hua XVII 270）。康德从来也未理解对于一切形式的“意义赋予”进行认真研究的必要性。再者，康德对先天性的把握是天真的，他没有看到每一存在区域都有一综合先天真理。就积极方面而言，胡塞尔看到早先的或“A 版”的康德的先验演绎是“在现象学领域内部进行的”（《观念 1》§62，142；Hua III/1 119），此一观点后来被海德格尔在其“康德书”（1929）中加以发展。

胡塞尔借取了康德的“先验的”一词并谈到有必要采取先验论观点，虽然胡塞尔对“先验的”一词的用法，正如他的一切术语一样，是相当宽松的：

> 我自己在最广义上使用“先验的”一词，其原初动机……的意义曾通过笛卡尔传布于一切近代哲学……此动机通过回溯性问题探索一切认知形成物之最终根源，此动机相关于认知者对自我本身及对认知生命进行的自反思，在此认知生命中一切对其有效的科学形成物都是合乎目的地发生的，这些动机均作为获得物被积累起来并可继续自由获得。……它是一种普遍哲学的动机，此哲学纯粹基于此根源，因此是最终根基性的。此根源的名称就是“我自己”，连带着我的全部活动的和可能的认知生命，以及最终连带着我的一般具体生命。（《危机》§26，97-98；Hua VI 100-101）①

胡塞尔的“先验性”的意义因此不是遵照康德的表述方式，而是被胡塞尔看作发现了一个新领域，这就是一个应该加以探索和批评的“先验经验”领域（CM §13）。

自《观念 1》开始，现象学哲学似乎明确地就成为一种先验哲学，一种作为一完全自足领域的主体性科学，此领域在严格意义上是“绝对的”。真正的哲学试图发现我们在世界上所遇到的意义根源，而且在这样做时必须采取一种新的态度，此态度使我们放弃了正常的“自然态度”，使其失去作用或被中性化。胡塞尔不厌其烦地告诫我们，这并非是轻而易举的任

① 本段中译文根据 1969 年德文版第 108 页相应段落译出，并按英译本的省略部分予以节译。

务；它要求专门训练的〔思维〕警觉以防止自然态度在我们研究过程中的 142
某一阶段溜回。自然态度是我们在通常意义上属于周围世界的一种方式，在周围世界内永远存在有对于该世界之存在的一种一般承诺（《观念 1》§ 30）。

自然主义批评

我们看到，在写完《逻辑研究》不久后，胡塞尔开始认识到，他先前的研究没有完全逃脱自然主义。之后，胡塞尔不断抵制自然主义，但他对其最有力的批评可在其《作为严格科学的哲学》中看到。他认为，一切传统哲学，包括笛卡尔和康德，都把意识看作某种具有完全自然存在性的东西，将其看作仅只是自然的一个部分，而且是自然的一个从属的和附带的部分。甚至康德都错把先验心理学看作一种心理学。胡塞尔既把自然主义看作自己时代的支配性的理论观点，也将其看作深植于我们日常有关周围世界的假定之中。换言之，我们与世界的前理论性的介入，具有一种朝向素朴自然主义的根深蒂固的偏见。这对于我们在世界中的日常实践来说自然无妨，但当自然主义被提升到一种无所不包的理论观点时，它实际上反而远离了自然态度，并事实上对自然态度予以极大的歪曲。胡塞尔对自然主义的批评在于，它是关于科学方法成果的一歪曲性概念，科学方法本身并不是与一种自然主义的解释必然联系在一起。

胡塞尔的自然主义概念相关于他对洛克、休谟、穆勒，以及 19 世纪实证主义者特别是孔德和马赫等人构想的理解。自然主义是这样的观点：每一现象最终都受限于自然法则并为其所说明；每一实在物都属于物质自然或可归约为物质自然。当然存在有各种各样的自然主义，但是胡塞尔在自己 1911 年的著作中的论述大致正确地概括了自然主义观点：

> 因此，自然主义者……只看到自然，而且主要是物质自然。不论何物或者本身是物质的，或者属于统一的物质自然全体，或者它实际上是心理的但仅被看作依赖于物质自然的变体，至多是第二位的“平行的产物”。任何属于心理物理自然者都是由固定法则统一决定者。(PRS 79；Hua XXV 8-9)

由于自然主义再次成为（主要是）现代分析哲学的非常主要的概念 143
（主要由于奎因对一种自然主义化的认识论的呼吁），我们在此值得花时间进一步阐明胡塞尔的自然主义概念。[13]实际上，正是这种把意识作为自然世界一部分看待的努力已成为很多新近意识研究的基础，例如丹奈特或丘奇兰德（P. Churchland）的研究。例如，试比较胡塞尔的定义和阿姆斯特朗（David Armstrong）的定义：

> 我把自然主义定义为这样的理论：实在只由单一的无所不包的时空系统组成。[14]

在《作为严格科学的哲学》中胡塞尔明确地将一切形式的自然主义倾向确定为、批评为那种追求意识和一切观念及规范自然化的企图（PRS 80；Hua XXV 9）。

自然主义作为一种理论涉及把科学的世界观予以某种“哲学的绝对化”（《观念 1》§55），“这是一种相关于好的程序的坏理论”（PRS 105；Hua XXV 28）。某些独特的科学方法论步骤，主要是“观念化”和“客观化”，被误解如下：其客体被认为是如是地产生了自然世界，例如，自然被看作遵从法则的封闭的物质实体系统，而一切他物都被挤出并被看作心理的，甚至可能是附带现象的。甚至一门新的心理学科学（其法则模仿着物理世界的力学法则）如是产生以研究此分开的下属领域，但其错误在于将意识物质化并对其进行简单化的研究。胡塞尔不断指出，将世界划分为物质部分和心理部分是无意义的。他认为，自然主义在说明世界时不只是片面的或有局限的，它实际上是自我否定的，因为它将一切价值及规范都瓦解为纯物质的或纯心理的事件，其错误正相当于心理主义，当心理主义企图根据实际发生的心理状态和支配它们的经验法则来说明逻辑学的规范性时。全部描述的谬误在于，它否认了意识的实在性却又根基于意识存在的假定来进行这一描述（《观念 1》§55）。但是胡塞尔于 1911 年说：“悖谬性在于：将某物自然化，而某物的本质又排除那种自然具有的存在。”（PRS 107；Hua XXV 29）

与自然主义的观点相反，胡塞尔相信，一切知识、一切科学、一切理性都依存于意识行为，此种行为根本不可能按照自然观点加以正确理解。意识不应以自然主义观点看作世界的一部分，因为意识正是世界为何首先
144 对我们存在的理由。胡塞尔并非认为，意识在任何本体论的意义上创造了世界（这种看法即一种主观唯心主义，其本身即是某种自然化倾向的产物，按此倾向，意识是原因，世界是结果），而是认为，世界是通过意识被开放的，产生意义的，或者被揭示的。世界离开意识是不可想象的。把

意识看作世界的一部分，将意识物质化，正是忽略了意识的基本的、揭示性的作用。因此，胡塞尔认为，一切自然科学在自身出发点问题上都是认识不清的（PRS 85；Hua XXV 13）。因为一切科学和知识都以意识为前提，于是研究意识本身的正当方法必定是先验性的。先验性方法，在康德的意义上，关注于知识可能性的条件，虽然胡塞尔认为，康德有关意识和世界关系的表述方法本身就是被歪曲的，因为此方法仍然假定着物自体概念。

胡塞尔对自然主义的批评，与其对自然态度在日常生活中起主要作用的认识内在地紧密相连，自然主义观点事实上是更一般的自然态度的一个种属，正如人格主义态度也是如此一样。正如胡塞尔在 1924 年所说："自然态度是这样一种形式，在其中人类全部生活都实现于推进其自然实践过程。"[15] 自然态度是我们接触世界的正常的、当然的方式，其关于一存在世界的"总论点"永远如是延续。此外，如胡塞尔在 1911 年《逻各斯》上的文章中所说：

> 我们并不容易克服按照自然主义态度生活和思想的与生俱来的习惯，也就是以自然主义态度歪曲心理现象的习惯。（PRS 109；Hua XXV 31）

在其最早有关此新方法的公开表述中，即他死后发表于《现象学观念》中的早期哥廷根讲演中，胡塞尔将自然态度与他所谓的"哲学态度"（对于胡塞尔，此词相当于"现象学观点"）加以对比：

> 认知的可能性在自然思维中被视为当然者。在越来越更新的科学分支中不断地忙于产生结果和不断获得新的发现，在此情况下，自然思维没有理由提出认知本身可能性的问题……认知活动是自然内的一个事实。它是一认知性有机体存在者的经验。它是一心理学的事实。（IP，15；Hua II 19）

另一方面，哲学的发生，正是当我们首先质疑认知可能性本身之时， 145
正是我们提出有关思维能够指涉其客体以及此意向性客体与外在世界联系的方式之时。此时我们不再关心作为世界中发生的事实或过程的意识和认知。我们也不再关心有关认知是否可能或是否达至其客体这样的怀疑论问题。胡塞尔进而排除了有关意识和世界关系的两种传统思想方式。一方面，人们可以成为唯心主义者并否认思维之外的任何存在物。另一方面，人们可以采取休谟的方式宣称客观世界是通过习惯、归纳性概括、机械性联结的联想链索被构造的，因此是由感官性质决定的，如此等等。对这两种方法，胡塞尔均加以反对：二者均决定于有关知识的自然主义假定，自然主义假定是必须加以否定的。于是，胡塞尔在《现象学观念》中说，我们应该将对于认知的形上学关怀置于一旁，并且应该

> 使我们纯粹限定在这样的任务中，即阐明认知和认知对象的本质，于是此任务就成为关于认知和认知对象的现象学，并形成了一般现象学之最初的和基本的部分。(IP，18；Hua II 23)①

现象学是关于意识本质的科学，关于意识行为客体相关项的观念性本质的科学。如何达到这些本质而不需要对其进行心理学的解释，即成为悬搁和现象学的及本质的还原的目的。自然态度的总论点，如果不纳入括号，就将必然歪曲我们对意识本身更具理论性的思考：例如，我们将不可避免地把意识看作某种“内在物”以及作为“超越物”的客体。不需要诉诸此传统认识论的处理方式，我们应该采取悬搁法，赋予每一超越物以“零标记”，如胡塞尔所说的（IP，7：Hua II 9），我们进而运作一种新的“被还原的”内在性概念。内在性此时不意味着某种事实物之内的存在，而是意味着一切有效性断言均被否认。同样的，超越物不被理解为存在者，而是被理解为经验之外的客体，不管其存在与否（IP，7：Hua II 9）。当胡塞尔在此领域进行了更多的研究后，实在也就越来越被看作意识的一个相关项，这导致茵加登批评说，胡塞尔在用唯心主义替代先前的实在论。[16]在胡塞尔的弗莱堡成熟期，质疑自然态度和将其纳入括号，遂成
146 为先验哲学的本质，先验哲学现在被解释为先验唯心论了（此立场最初在《观念1》§§39～49中首次提出但尚未明确命名）。再者，先验性只有通过还原才可理解，在胡塞尔看来，这是最彻底的哲学思考方式。在《笛卡尔沉思》中，胡塞尔主张，先验性的性质应该在还原领域本身内被发现（CM §11）。

悬搁和还原

考虑到从事哲学研究的困难（即逃避不断企图回复自身影响力的自

---

① 此段中译文译自1950年德文版第23页。

然态度），必须运用一系列胡塞尔一般称为“还原”（来自拉丁语 reducere，即“回溯”）的程序。胡塞尔所谓的发现还原法发生于 1905 年夏[17]，但其后几年胡塞尔陆续表达过很多有关还原性质和目的的纲领性论述。[18]

胡塞尔有着众多的理由提出还原概念。首先，它可使胡塞尔脱离一切形式的习常意见，包括我们的常识心理学，我们逐渐积累的关于此类意见的科学共识，以及一切有关意向性性质的哲学的和形上学的理论化活动。我们必须搁置关于我们的信念的信念。其次，这使他有可能返归并抽离主体性的主要结构。在摆脱心理学的、文化的、宗教的和科学的假定，以及摆脱通常在意识行为中支配性的意义设定或设定行为之后，这些行为的新特性才会凸显出来。最主要的是，还原意味着防止将我们通过动机所获得者被转化为或变形为另外一种经验，从一种概念变为另一种概念（metabasis in allo geno）（《观念 1》§61）。存在着一种几乎难以避免的“将本质物心理学化”的倾向。胡塞尔认为，如果存在有从事实性向本质性的顺利过渡，像在几何学中那样（当几何学家从思考一事实的形态过渡到其观念化），还原法就没有必要了（《观念 1》§61，139；Hua III/1 116）。然而在其他领域，特别是在把握意识时，很难达到向本质物的过渡，所以才有必要维持悬搁的警觉性。

胡塞尔在最早公开讨论还原的“现象学观念”讲演中提出了“现象学还原”概念（IP，4；Hua II 5），用以排除一切设定为超越性存在者，但他继续谈到必须有一种“认知理论的还原”，以便专注于作为“我思行为”的意识行为的纯粹现象，并为了避免有关“我思者”性质和存在的误导性假定（IP，33；Hua II 43）。胡塞尔想到将在认知行为中所与者的心理学解释纳入括号。就其相关于心理状态性质而言，胡塞尔意指着一种“心理 147
学还原”。[19]然而，一般来说，人们并不明了如何区分还原的不同阶段和层级。胡塞尔在不同时间里区分着不同种类的还原：在《观念 1》里他确实谈到现象学还原；此处“还原”一词用了复数（《观念 1》§56）。胡塞尔经常不加分别地谈到现象学还原和先验还原。在《笛卡尔沉思》中把二者并为一种“先验的现象学还原”（CM §8，21；Hua I 61）。在《危机》中竟然列举了多达八种不同形式的还原。[20]耿宁认为，胡塞尔具有不同的还原模型：一种笛卡尔式，一种意向性式，一种自然科学批评式，一种本体论批评式（即通过质疑纯粹逻辑学的基础，如在《形式逻辑和先验逻辑》

中，或者在《危机》中通过探讨生活世界的前所与成分）。[21]然而，胡塞尔对此并非是组织得如此有条有理。虽然他确实谈到有必要建立一“现象学还原的系统的理论”（《观念 1》§61，139；Hua III/1 115），在实践中他在区分达到某一领域的不同途径时相当灵活。

胡塞尔以非常不同的方式刻画悬搁的实行：在对世界设定和我们对所经验者的实在性通常并无质疑的信念方面，他用过“中止”“移除”“排除”等；对于以任何方式将世界设定为现实的或存在着的或“在手边”的时，他谈到过对此设定的“中止”“忽略”“放弃”“加括号”“中止行动”以及“中止作用”。但基本的特征永远是实行一种变化或一种“改变态度”，以便排除关于世界的自然主义假设，这些假设既深植于我们对客体的日常行为中，又作用于我们最精密的自然科学中。方向的改变导致对一先验性观点的“回归”，导致发现一新的先验性经验领域。悬搁于是就是还原的一个部分。除此之外，先验性不应被简单地认为是我自己心智的一个维面，并可通过心理学还原达到。胡塞尔永远把还原的表述看作他的哲学的实在发现，并看作为了以非心理学的方式揭示意向性意识和主体性本身的本质所必需者。体验还原就是体验无限展开的人的主体生活的丰富性。

胡塞尔永远坚持认为，还原提供了真正触及内部经验无限主体性领域的可能性，而且坚持认为不理解还原者必有所失：

> 但归根结底，一切都依赖于方法的初始关键：现象学还原方法。
> 148 还原法是达至此新领域的手段，于是当错解了还原的意义时，其他一切也就随之错误了。在这里，错解的诱惑无处不在。例如，对自己这样说时似乎极为明显：“我，此人，实行着先验性态度改变方法，以此方法我退至纯粹自我；于是此自我难道不只是此具体人的一个纯抽象层次吗，不是其抽离开身体后的纯心理存在吗？”显然，这样说的人重新陷入了简单化的自然态度。他们的思维是根基于前所与的世界，而不是进入了悬搁领域。（“现象学和人类学”，Trans. Phen.，493；Hua XXVII 173）

还原通向先验自我领域——必须区别于经验自我的心理学领域。先验自我在意识中构成着为我的世界，虽然以朴素反思可理解的方式。对于胡塞尔来说，人们不应该着重于自然，如培根所说的那样，而应该着重于先验意识本身，以便使其显露世界及其意义是如何被构造的秘密

(Trans. Phen.，497；Hua XXVII 177)。

悬搁和怀疑主义

胡塞尔在按照“笛卡尔方法”引入还原概念时，经常指涉着一种主要程序：“加括号”或“悬搁”。他从古代怀疑主义派借取了“悬搁”一词，意味着一种“中止”。[22]我们看到，胡塞尔反对将认识论视为优先的近代哲学传统，并将认知问题解释为主体性如何超越自身以达到客观世界的问题。传统上，怀疑论的步骤被（如笛卡尔）用来揭示此认识论构想的基础。笛卡尔和康德都以各自的方式高度关切于反驳怀疑主义的必要性。虽然胡塞尔从未认真看待怀疑主义有关外部世界存在的忧虑，他甚至将此看作不合情理的问题；而且虽然他把近代科学的长足进步归因于如下事实：科学未曾使自身受到怀疑主义论点的干扰（《观念1》§26），然而，像笛卡尔一样，他也赞赏怀疑主义思考有助于强化我们对知识本质的关注。于是，在其“第一哲学”讲座中，他将自己的任务解释为“在较深意义上挽救怀疑主义传统的彻底主观主义”，其途径则是“先验主观主义”（《第一 149
哲学》§9；Hua VII 61）。于是，还原法是相对于一种舒缓怀疑主义忧虑的策略来理解的。换言之，怀疑主义自身欠缺对肯定的承诺，恰可证明这正是胡塞尔的现象学研究中所需要的一种工具。

古代怀疑论在面对相互冲突而各自似乎“分量相同”（即由同等程度的明证性支持）的论点时，建议中止判断。这使得面对两难选择的判断者具有某种“不确定性”。在这些例子中怀疑论的建议是中止判断，实行判断“悬搁”。伊壁鸠鲁在其《怀疑主义概要》中说明：

> 中止智力即使智力活动停顿，因此我们既不否定也不肯定任何东西。[23]

对于古希腊怀疑主义者来说，此种态度意在导致容忍和开放心态。[24]胡塞尔怀着非常不同的目的（即不是追求古代怀疑论者的平和心态）提出其“现象学的”悬搁，以便中止自然观点的设定。我们需要将某些基本结构纳入括号以便使意识更基本的客观化行为本身显示出来。胡塞尔运用了许多数学比喻来表示他的悬搁概念的意思，例如：使一方程式内的表达式被置于括号内——2＋2＝(8÷4)＋2，而不使括号内部者参与括号外部的运算。另一比喻是：悬搁像是一数学表达式上的“换算”（在一公式前置一减号）（《观念1》§31，59；Hua III/1 55），或者在其上置一指数以至于完全改变了外观（如把27想成3^3）。在一种意义上这什么也没有改变，但在另一种意义上，“27”的一个基本特征是3的3次方。

这就是当一切意识行为有关世界设定的特征被纳入括号时胡塞尔认为会发生的情形。我们决不可能取消有关我们行为的这一设定的特征，但通过一自由意志行为我们可以拒绝被拖向此设定行为的方向，而是反之集中于该行为的结构及其意向性相关项，而不再根据外部世界对其思考。他相信这是揭示行为本质的第一步，例如这就是当知觉某物、回忆某物、想象某物时所意指者。

自然态度永远运用一种断定行为〔thetic〕（德文词Thesis来自希腊词thesis，意思是一个提议、一个命题），一种设定行为（Setzung），一种
150 “采取立场”（Stellungnahme）行为。脱离自然观点意味着采取一种有意识的决定，不再依赖任何涉及时空世界的信念（《观念1》§27）。目的在于“禁止承认客观世界”（CM §11，25；Hua I 64）。此外，胡塞尔经常强调，像笛卡尔采取方法论怀疑那样中止自然态度，是基于一种自由心智行为的；我们可以自由选择改变我们的观点。我们不需要受制于这样的假定：的确存在着独立于我们的客观世界；我们也不需要对此世界的组成以及心智与世界的关系做任何假定。有关我们对我们的意向性经验（信念和欲望）的设定性方面必须被排除于作用之外，虽然这并不意味着采取实际对其怀疑或甚至对其不予决定的方向。反之，设定行为经受着一种变样（《观念1》§31，58—59；Hua III/1 54）。此种还原论的核心涉及将此世界承诺或存在设定抽离出去，此类承诺或设定似乎被包含在我们的一切正常意向性体验中。通过现象学还原我们去除了体验的实际特性，将其理解为纯粹现象：

> 于是我们现在谈到这样的绝对与料；即使这些与料通过其意向相关于客观现实，它们的内在特性是在它们之内的；我们并不假定关于现实性的存在或不存在问题。（IP，35；Hua II 45）

按此自然观点我们相信事物是真正存在于空间的，而且我们认识到时间的流动，以及我们自己与世界处于某种连续性之中。当我们实行现象学的加括号时，这一切都消失了，而且按照胡塞尔的说法，留给我们的是纯粹意识的一种“剩余物”，作为绝对存在的意识，其对象永远是意识的相关项。胡塞尔认为，这正是笛卡尔的普遍怀疑方法论的真实意义所在。除

此之外，世界并非消失了或被完全忽视了，而是以全新面貌出现，不是作为某种自存的绝对存在物，而是作为“意识相关项”（《观念1》§47），作为某种具有自己特殊存在样式的东西，一种特殊的“自所与”样式。在此，意识由自我的诸行为构成，这些行为胡塞尔称为“我思行为”〔cogitationes〕，而这些行为的相关项，即被思想的诸单元，被称作“我思对象”〔cogitata〕，不论它们是相关于物质客体的侧显系列或仅只是观念性客体及事态。再者，此一具相关性意义的世界是一包括一切可能存在者的世界。对我可能的任何直观也是对其他一切人可能的直观（《观念1》§48）。虽然胡塞尔后来对此表述方式感到遗憾，在《观念1》中他认为人们可以对意识的性质加以彻底性思维以至于达到这样的程度：人们可以甚至尝试着 151
想象“世界的销毁”（《观念1》§49），世界将显示出作为纯粹、绝对存在者的意识而存留下来。客体的存在被揭示为偶然的，而意识被显示为绝对的。

中止自然态度的目的即是发现我们主体性之内核。此还原法直接导致先验主体性。在其他场合他说：

> 主体性断然地是我的主题。它是一纯粹自足的和独立的主题。显示这是可能的并如何是可能的，就是对现象学还原法描述的任务。[25]

胡塞尔最初的还原思想是根据从一经验的个人自我的自然心理生活过渡到内知觉的自确定领域形成的（LI V §6）。从意识中所与的客体移向通常未被注意到的意识内容，是一个注意力转移的问题，因为我们要注意自己行为的客体。还原是从纯经验判断向按其性质是自确定的和被“充分”把握的判断的转移。这一最初的还原法主要并不是将世界纳入括号内，而是一种将注意力从知觉内所与客体向内容的方向转移：这就是意识的诸部分，它们是该意识的真正部分（包括实在的和观念的部分）。然而，实在的核心不是意识的诸个别部分，而是意识过程为了获得知识所要求的观念性意向性结构和本质。还原法发现了我们的“具有其实在的和观念的内容的纯粹体验流”（Phen. Psych. §37，147；Hua IX 192）。存在有我思行为和对应的客体或我思对象，如此称呼以便使我们与事实性心理过程和内容保持距离，这些心理过程和内容使我思行为和我思对象例示化并成为实在世界中它们的相对部分。在其为《大英百科全书》撰写的手稿中，胡塞尔提出，排除了世界设定的悬搁法是还原的第一步，目的在于呈现真正的现象学领域；第二步则是对现在显现的观念性意义单元进行识别、理解和描述；这些观念性单元就是我们稍后要讨论的诺耶玛和诺耶思（Trans. Phen.，185）。在后来的写作中胡塞尔继续把还原看作从一般经验性自我向先验自我的转移（CM §11）。于是在《笛卡尔沉思》中胡塞尔说明了还原法的运作如下：

> 我通过现象学的悬搁将我的自然自我和心理生命——我的心理的
> 152 自我经验领域——还原为我的先验现象学的自我，即先验现象学的自
> 经验（Selbsterfahrung）领域。（CM §11，26；Hua I 65）

在这里正像在《观念 1》中一样，悬搁被看成是对客体世界的“有效性基础”（Geltungsgrund）的质疑，企图中止我们的自然倾向，以使得体验中的呈现者具有〔理解的〕有效性。

胡塞尔逐渐地赋予先验性领域以及作为该领域中心的自我以更多的内容。他也开始担心，描述还原法的笛卡尔方式既从自我中将世界纳入括号，因此使自我空无化，同时也失去了体验之真正主体间的特性。将世界视作完全虚幻的笛卡尔哲学，虽然在方法论上是有用的，但也可被用来使得该深刻的方法模糊化，按照该方法世界始终作为我们一切体验之边缘域存在着，而且此外也使得这样一种方式模糊化，按此方式我们的意义体验永远是（如我们所知的）由他人能够证实的体验。实行还原的其他一些方法必须补救这种歪曲性，其中的一种方法在《危机》中提出，按此方法还原在于使自我在我们的一切行为中返回有关世界的原初前所与性的思考。但是胡塞尔似乎在很多警告中提示，甚至在我们还原至先验自我时，也很容易把此特殊领域及我们达到它的特殊方法，正好看作有关我们的世界以及我们的心理状态之存在性的另一途径，并因此而返回了自然主义。

与现实的断绝

如胡塞尔所说，还原论的一个重要方面是，意识体验的一切特征都必须视作如其所呈现者，而不应企图将它们归类为“错误”“虚幻”等等，无须估量其“有效性”。还原法消除了对存在实体的实在世界之指涉，而且一切显象都被看作独立为真的。胡塞尔将此看作一种本质上为笛卡尔式的步骤。例如，笛卡尔可以检查其经验的内容（笛卡尔称之为“客观实在”）而不关心它们是否再现着实际知觉或仅只是梦幻。对于胡塞尔也同样的

是，体验可相对于其明证性加以检查，而无关于它们究竟是知觉还是幻想的体验。我们甚至看到，在现象学中以及在一般本质科学中，事实性经验并不具有优先性。记忆、幻想和其他注意形式可以像事实性经验一样揭示同样多的知觉行为。不论我在做梦中或醒时，我都在体验着“我思行为”，最广义的“思想”，而且这些思想可以如此被检验以至于行为和行为对象二者的本质结构均可被揭示。对于被还原的意识而言，整个世界都成为一 153
可能体验场。胡塞尔放弃了对现实世界、对事实性的指涉关系。

然而，重要的不是经验到底是现实的还是虚构的，而是该体验的本质结构和内容，以及我们通过它们而生存的方式。在此情况下，我们并不追求外在判准以区分我们经验的不同种类，而只是关注我们的体验是如何从内部如实被区分的。我们的心理体验具有一种特殊的自所与性。胡塞尔认为笛卡尔正确地承认了“我思”的特殊自所与性。但是在细察心理过程流时，胡塞尔认识到，存在着无数的所与性样式，而且并非一切心理行为都是以同样的可信性和确定性程度被给与的：“显然，在笛卡尔的范围本身内不同的客观性类型‘被构成’了。”例如，知觉设定了其对象的存在，其设定方式与幻想无关。事实上，幻想以这样的可信性呈现：它不是实在的，不是充分现前的，而只是具有一种“似乎”之虚构性而现前。一个数学判断呈现为关于数学的而非关于天气的判断。这些区别是如何产生的呢？这些所与性形式是如何被构成的呢？胡塞尔对如下共识持强烈批评态度：认知的心理行为是纯粹形式，正像我们向内置入内容的一个空箱子一样（IP，56；Hua II 71）。反之，我们有不同种类的“看视”（schauen）方式，不同种类的显示方式。

现象学就是对体验本身的维面进行密切关注者。在《观念 1》§35 中胡塞尔给出了察看和触及一页白纸的著名例子（全书中少数例子之一）。他企图表述悬搁法的运用如何揭示了（如按自然主义观点看即不显明的）一种体验的诸方面。胡塞尔企图对其知觉实际上显示者进行一极为细致的论述，但避免输入任何假定。当我手中握住一页纸时，我对其特别凝视着，我朝向于它，将其挑出，以特殊方式握住它。我看见它被一模糊体验的更为边缘性的场域所包围，例如被书籍、铅笔等所围绕。白纸的每一知觉都有关于诸实体和其他意识行为的“一个背景直观的晕环”（《观念 1》§35，70；Hua III/1 62）。此外，我握住它作为一视知觉，而非作为一幻觉，而且我意识到我可变化我把握此客体的样式，如我可对其回忆等。我们知道，即使该纸张并不存在，它仍然被指涉着，有关一种心理过程本质的东西被把握着。这个例子表明，胡塞尔从一具体事实性经验转移到企图
154 揭示有关一意识行为或一系列行为的，以及伴随着这些行为的特殊意识的结构的东西。于是，胡塞尔相信，当我们在知觉而不是在想象某物时，我们是以不同的方式在清晰地意识着。我们只是以一结构上不同的方式直观地注意着该客体（而且这并非是所使用字词的意义的问题，而只是心理行为本身的一个特性）。再者，在把握白纸时，我意识到我朝向该白纸的方式，基本上不同于我在其中意识到“白”的方式。我的白感觉为该体验的一部分，但不是我之体验的白客体。从此例子中我们知道，胡塞尔是如何看待其所用的现象学方法的。

自由想象变异

为了更清晰地把握一个本质，胡塞尔认为实行他所谓的“自由想象变异”法是有用的，按此方法我们采取我们原初直观的一些方面并以如下方式置换其诸部分：本质可以显示出来，而排除掉任何仅只是偶然的成分。自由变异的全部要点在于展开该经验的新颖方面，特别是那些属于该经验本质的不变方面。笛卡尔在其“第二沉思录”中的著名例子“蜡”中实行过某种类似于自由想象变异的方法。笛卡尔在此让我们想象一块蜡，它有一确定形态、颜色、稠密度，但我们判断其为同一块蜡。笛卡尔说，此例显示了如下明证性：蜡的本质是由心把握的，而非由感官把握的。现在胡塞尔让我们实行类似的思想实验或实验系列。想象变异的行为联系于还原法概念。在某种意义上，在想象和幻想的范围内陈述时我们避免了联系于自然主义设定的陷阱。胡塞尔甚至指出，几何学家就是通过某种幻想在进行工作的。

假定我们在寻求知觉行为本身的本质，这是胡塞尔在《笛卡尔沉思》中给与的例子。我们可以采取当前任何知觉，例如看着一张桌子，然后设法改变其构成性部分而保持住行为中的知觉性成分。本质性特征是那些在我们的想象中不可能被变异者。自由想象变异有助于我们使现象的艾多斯或本质，作为其本质可能性之结构，而显示出自身。胡塞尔说道：

> 从此桌子知觉例子开始，我们以完全自由的选择性变异此知觉客体桌子，但在这样的方式中：我们将知觉固定为关于某物的知觉，不

> 论它是什么。或许我们开始通过虚构相当抽象地改变该客体的形态或 155
> 颜色。换言之，中止对其存在性的判断，我们将此知觉的事实变为一纯粹的可能性，即在其他颇具“选择性的”诸纯粹可能性之一，但诸可能性都是可能的知觉。于是我们说，将此现实的知觉变异为诸非现实物的领域，即“似乎”〔Als-ob〕领域。（CM §34，60；Hua I 104）

胡塞尔认为，通过我们所描述的分析技巧，现象的本质就可被把握和被理解（注意：想象一本质为一事，用语言表达该本质为另一回事）。他甚至肯定，人们在通常接触数学时均已熟悉了本质性领域。胡塞尔只是希望我们认识到，不仅对于数学，而且在一切认知行为中存在着一种重要的本质核心。存在有知觉行为的本质、回忆行为的本质等等，存在有属于物质性客体类型的客体本质，也存在有属于数等观念性客体的不同类型的客体本质。这就是胡塞尔在《形式逻辑和先验逻辑》中所说的“新艾多斯学”。甚至“把握艾多斯”即属于理性本身之中心任务，并且即为一切语言概念化作用之基础（CM §34）。

体验的诺耶思-诺耶玛结构

在1907—1913年的著作中，胡塞尔逐渐揭示了他关于一般意向性体验性质的新思想，企图将意向性行为的“本质因素”等同于其客体。为了摆脱一切心理学的和自然主义的错误理解，包括描述心理学的错误理解，他引进了一些新术语，即古希腊词语诺耶思（思想行为）和诺耶玛（所思想者），这些词语比起传统意向性结构的词（如“行为”“内容”“意义”等）较少带有哲学包袱。对于胡塞尔来说，最需要强调的是，诺耶思和诺耶玛是心理过程结构的相关性部分。

胡塞尔在《观念1》中说，把握和掌握诺耶玛理论，“对于现象学为最重要之事，甚至对于现象学的合法基础来说具有决定性作用”（《观念1》§96，233-234；Hua III/1 200）。胡塞尔在其他地方说，对于意向性客体的这一论述，为可能“我思行为”的全部复多体提供了一种“先验性指南”（CM §21），并通向一种有关任何客体先验性构成的理论。胡塞尔的诺耶思和诺耶玛分析法，引起了有关意向性客体的意义和性质的现象学理论性质的广泛讨论。

156 诺耶思就是这样的“具体的、完全意向性的心理过程”，此过程被研究的方式是明确强调过程的诺耶思成分（《观念1》§96，233；Hua III/1 199）。诺耶思包括着胡塞尔以前所说的行为的“品质”，此品质为希望、回忆等一切行为所共同具有的。但是，诺耶思有一更大的功能：承担着对所把握者的意义赋予、意义构成的任务。

虽然胡塞尔最初关于诺耶思和诺耶玛的讨论出现在《观念1》内，他已经在1906—1907年的“逻辑导论和认知理论”的讲演中表述了“诺耶思”概念（Hua XXIV §27，134），并于1908年的“意义理论”讲演（Hua XXVI）中发展了诺耶玛理论，虽然还没有使用该词。此词是在《观念1》的铅笔稿中第一次使用的。[26]胡塞尔对诺耶玛的兴趣来自对个别体验行为与其把握意义和指涉客体的行为之间关心的再思考。胡塞尔现在通过对存在性加括号的方式重新思考着意向性客体的性质。某种意义上他对由弗雷格在1891年著名文章中提出的有关意义和指称的关系进行思索，但通过悬搁法，一切相关于表达式的真所指者的问题都被排除了。于是他关心的不再是现实的指称，而只是指称行为和该行为的被意念的指称。胡塞尔将诺耶玛设定为一单一的复合性实体，它将同时相关于弗雷格所说的“意义”和行为的指称性功能。在此意义上，胡塞尔不只是以自己的术语重述弗雷格的概念，而是基本上重新思考着意义赋予行为、意义和被意向的客体之间的关系。

诺耶玛理论的基本特征已经呈现在“第五逻辑研究”中，在那里他区分了被意向的客体和如同〔so wie〕被意向的客体（LI V §17，578；Hua XIX/1 414），例如德国皇帝可以被理解为弗里德里希三世的儿子。在1906—1907年的“逻辑导论和认知理论”讲演中，胡塞尔谈到了如其所与的那样内在地把握此被意向的客体，无须关注存在性（Hua XXIV §38，232）。胡塞尔通常将意向的实在时间中的活生生行为与如是被把握的客体的观念性或非实在性质加以对比。问题是，作为意识中一种内在的实体的诺耶玛是否是发生的思想的一部分，或者它是否是越过思想指涉着客体，或者它是否是抽象的观念性意义（Sinn），该客体通过此意义被给与。

在我们的日常自然态度中，我们只关注于客体，但是中止自然观点的功能，通过胡塞尔称之为“非自然的”那种反思，关注于诺耶玛。胡塞尔
157 认为，那种现象学的或哲学的反思要求着关注于诺耶玛，它非常不同于我们的日常反思行为，有如当（例如）我们反思我们刚说出的句子的意义

时。[27]如果这些反思形式是相同的，那么现象学就并非不同于语义学的或概念的分析。但是，在胡塞尔看来，运用还原法的理性应该能够产生一种新的反思，后者是自意识地“非自然的”。我通常并不在我的知觉行为中意识到诺耶玛，而是直接地看客体，诺耶玛本身只能通过一种特殊的先验性反思行为加以把握。我们的意识永远具有朝向性，它永远朝向着似乎存在的一客体。一意向性行为通常朝向于实在的或“超越的”客体；如果我在思考着一个箱子，它是我的思想朝向着的实在的箱子。类似的，当我幻想着在极乐岛上的一个假期时，极乐岛是我正在关注的想象中的地方（不管它是否实际存在）。诺耶玛不是行为所朝向的那个客体，而是提供着将我的发生的思想和被意念的客体相联结的工具。诺耶玛是客体借其被把握的方式。胡塞尔始终强调，我们最初是知觉中的素朴实在论者；我们看见的是在那里的树，所看见的不是诺耶玛。但是，我们看见一棵树，因为我们的知觉行为具有一诺耶思-诺耶玛构成，因为我们的行为具有一诺耶玛。

胡塞尔关于诺耶玛的主要讨论出现在《观念1》§§87～96中，在那里他通过对意向性过程组成成分的一种根本性思考引出了诺耶玛概念。诺耶思被认为是在其本质中包含着某种类似于“意义”的东西（《观念1》§88）。对应于行为的诺耶思成分存在着“诺耶玛的内容”或诺耶玛，而且甚至知觉行为在此广义上也具有一“意义”。在自然态度中，当我看见花园里的一棵苹果树时，我将其视作一超越性的实际存在物。但是现在对外在世界的指涉被中止了：“现在此实在的关系，现前意指的现实存在被摧毁了”（《观念1》§88，215；Hua III/1 182）。在此存留者只是一知觉行为和一被知觉者。检查此“被知觉者”的结构即检查诺耶玛。纳入括号改变了我们与此客体的关系。正如胡塞尔所说，客体，苹果树，可以被摧毁，但诺耶玛不可能被摧毁：

> 这个树本身，自然界的这个物，只不过是这个被知觉的树本身，后者作为知觉的意义，不可分离地属于此知觉。这个树本身可被烧光，可分解为其化学成分，如此等等。但此意义——此知觉的意义，即必然属于其本质的某种东西——不可能烧光；它没有化学成分，没有力，没有实在的属性。（《观念1》§89，216；Hua III/1 184）①

① 本段中译文录自中文版《通论》原著页码第184页。此处作者所注《全集》上的页码，并非该版页码，而同为原著页码。

158 此一“被知觉的”实体本身只包含着如是所显示者，“在适合于该实体的所与性样式中”。甚至现实客体的非实在性不可能从意向行为中去除意义，但胡塞尔并不想谈到在经院哲学的或布伦塔诺的意义上的纯“意向性的”或“内在性的”意义。胡塞尔想要谈的是与现实客体相对立的意向性客体，如果这不至于引出一种虚假的二分法的话。在我所知觉的花园内实在的树之外并不存在第二种内在性的树。通过现象学还原，区分内在的、意向性的客体和外在的客体的全部论点均被取消，而且胡塞尔更多关心的是论述被知觉的树客体在其中出现于意识中的方式。

胡塞尔区分了知觉中此片面性的意义和“充分的诺耶玛”（《观念1》§§90～91），后者由围绕一“中心核”的“诺耶玛因素复合体”组成。存在着置于客体内的一定的诺耶玛意义，因此诺耶玛通过有关它的不同意向性行为始终保持同一性，但是诺耶玛内存在有一变化的成分，胡塞尔称之为“所与性样式”。胡塞尔将其刻画为一“可决定的X”，一述谓关系之主词，并将其刻画为一个有待决定的系列。再者，因为诺耶思和诺耶玛是相关性的，诺耶玛可被说成是包含着“设定性因素”：相关于诺耶思行为品质（信念、希望等）的诸意义变样。胡塞尔的分析中的问题是，他在说意向着同一客体的种种行为统一性即是通过一种“可决定的X”加以说明时，并未显著提升我们的理解。然而我们可以明了他所谈者，如果我们想到在关注于一乐调时，有时在直接听它，有时当它退入记忆中时回忆它。显然存在有某种使这些乐调“同一”的东西，即使意向行为不同，而且，即使音调本身的现实性被搁置时。我们所经验的是在不同变样中的同一音调。使此成为可能的正是诺耶玛。

再者，虽然每一行为都有一诺耶玛，并不是每一行为都有一客体。例如，在想到独角兽时，我的行为有一诺耶玛，但并不存在对应于此诺耶玛之物。自我的不同注意行为事实上是在不同的变样中呈现着诺耶玛的。研究命题内容的逻辑学只关心客观的诺耶玛核而不关心判断之更充分的诺耶玛，即那种使一判断具明证性而使另一判断不具明证性者，例如（《观念1》§94）其所与性的“方式”。类似的，当我看见一棵树时，所知觉者包括着如下属性：“可爱的”，“被赞赏的”，“在窗左侧”，等等。此诺耶玛核应该区别于那种决定作用——往往被看作更具“主观性的”。

159 弗莱斯达勒（Dagfinn Føllesdal）主张，诺耶玛为一内包性实体，不同于弗雷格的意义，但现在通过语言断定句的概括被引出，它包含着一切意向性行为，例如包括有视知觉。[28]他引述胡塞尔在《观念 3》中的话说，“诺耶玛只不过是从意义观念向一切行为领域的扩大化”[29]。诺耶玛可在一切行为中看到，不只是语言行为。甚至语言的理解也是基于知觉和其他的认知行为内的诺耶玛把握的。在其著名的意义和指称区别中弗雷格提供了有助于阐明其意义的例子。他指出人们可以通过将其想成晨星或暮星来思考或指称火星。当人们想着暮星时是在指涉着该星体，但是在晚间出现的该星的呈现样式中。于是显然，两个人可以指涉同一物而并不充实之，因为每个人都是在自己的呈现样式中对其把握的。现在，呈现样式（晨星，暮星）应被看作具有弗雷格所说的意义的作用，而所指涉的火星则是所指者。弗雷格给出的另一意义是：通过望远镜观看月亮。月亮是所指者，但月亮是在望远镜棱镜的倒像中被看见的。弗莱斯达勒强调，他理解的诺耶玛为一抽象实体。胡塞尔的确认为诺耶玛是抽象的，但胡塞尔的“抽象性”具有多种意思。诺耶玛是观念性的，其意义是它不具有时空性存在。它是超越时间的，无时间性的。诺耶玛也是不在通常意义上被知觉的。

弗莱斯达勒打算把诺耶玛定义为“由于行为具有它所有的客体，而具有行为的一切特征”[30]。每意向性行为都有一客体，但客体严格说来不是等同于诺耶玛的。此外，在每一心理行为中只存在有一个诺耶玛。当我以不同的方式思考某物时，诺耶玛支持着所与性样式中的变化，因此保证着我们的经验具有同一客体。胡塞尔在此谈到一“诺耶玛核”，这即是使得“耶拿胜利者”和“滑铁卢战败者”指涉着同一客体的东西。

胡塞尔在《观念 1》§96 中承认，关于诺耶玛的“存在方式”（die Seinweise）、诺耶玛在诺耶思行为内的内在性方式，以及它意向着客体的方式等问题上，存在很大困难。在 1908 年的早先讨论中他将自己的新的意义思想刻画为“存在的”，这导致批评者对诺耶玛的“本体论身份”感到担心。胡塞尔从未清晰地表述此问题。弗莱斯达勒、史密斯和麦金泰尔等人将此看作一种与行为相联系的观念的、抽象的、内包的客体，是弗雷格 160
意义理论的一种扩大。另一些人将其看作一种语言性意义。[31]贝尔认为，诺耶玛根本不是一种类别性概念，而是包含着不同项目的一种“混杂概念”，诸项目的存在是为了决定或产生诺耶思行为的意义。[32]这样，贝尔认为，胡塞尔的概念是欠缺一致性的；胡塞尔假定存在有单一的实体诺耶玛，它使得意向性行为具有意义，但贝尔认为这样的假定是一种误解。再者，贝尔认为，胡塞尔将一可决定的 X 概念置于诺耶玛中心，就是在假定着他正在企图说明者，也就是意向性行为如何完成指涉。

在一切外知觉中，客体永远包含着比诺耶玛包含的更多的东西。似乎存在有一超出部分。于是，古尔维奇把诺耶玛解释为客体本身，从一定角度所见的客体本身，或者是客体的一个部分，例如“所知觉的树”。古尔维奇倾心于将客体看作一诺耶玛集合；于是当我们把握一诺耶玛时，我们似乎也把握着部分的客体。对古尔维奇来说，客体只不过是诺耶玛的一个系列。另一方面，索柯洛夫斯基主张，诺耶玛是行为中如同被意向的客体，所以它不同于意义。我们不可能在此将这些难点分类厘清。胡塞尔清晰地想到，他关于意向性的诺耶思-诺耶玛结构的论述对于我们如何思考科学方面将会引起激烈的回响。在讨论有关于客体的现实存在问题时，胡塞尔认为现象学的任务在于阐明它们的诺耶思-诺耶玛结构。成问题的是：意识如何保持其一致性，以及客体如何达到其观念的统一性。

还原的问题

胡塞尔说，任何不理解还原论者就注定了要误解现象学。还原论在排除了自然主义的错误概念后，使我们能够理解意向性的真正结构。于是此被还原的意向性结构，胡塞尔根据诺耶思和诺耶玛概念加以理解。我们已看到，他认为自己通过运用此概念已前进了重要的一步。但是很多哲学家，包括胡塞尔自己的追随者，都对实行还原论持否定的态度。海德格尔和梅洛-庞蒂都否定实行一种完全还原之可能性，他们坚持认为我们只能回溯我们的在世存在，而企图达到此现象背后是无意义的。梅洛-庞蒂就其采取了晚期胡塞尔的方向而言，至多认为还原观念是对我们经验之始源的一种“回归”，是对我们意识中前反思成分的回归。我们不可能将我们
161 对世界的依赖性加以还原，我们只能使世界的超越性更为可见。于是，梅洛-庞蒂在其《知觉现象学》中说，“还原论给与我们的最重要教导是一种完全还原的不可能性”（xiv；viii）。我们在此应该注意，胡塞尔本人曾主张梅洛-庞蒂后来所断言者，即完全还原的不可能性。

晚近以来，贝尔将胡塞尔的还原论作为一种对“神秘经验”的呼吁加以否定：

> 关于哲学存在有某种令人沮丧的和独断的东西，这种哲学的用途、说服力及可能性基本上不是依赖于客观的论证、理性的分析或对人人具有的明证的批评性思考，而是依赖于个别哲学家所经历的某种神秘性体验。[33]

毫无疑问，胡塞尔不断强调着还原法的彻底性和批评的重要性。于是，在《危机》中胡塞尔说，还原论将导致“一种个人的转化，开始时类似于一种宗教性的皈依，然而此皈依首先就含蕴着最伟大的转换的意义，此一转换乃赋予人类之任务”（《危机》§35，137；Hua VI 140）。尽管有这样的言辞修饰，胡塞尔宁肯将还原视作一种观点的改变，它导致我们从自己日常陷入的自然态度转变为独特的哲学观点，此种观点将一切对经验材料的依赖抛弃而只专注于直观中先天所与者，此直观把一切形式的所与性只理解为对意识的所与性本身。胡塞尔相信，通过先天性反思的细密行为，或他所说的先验反思，我们可以达到我们意识生命的本质结构的准确意义。今日很多哲学家都相信这一观点是根本错误的，他们辩称我们并无触及许多最重要的、我们的意识以之为基础的行为的可能性，这些行为发生于大脑内，而且严格说来根本不为意识所把握。然而胡塞尔认为先验论转向导致我们进入一种纯粹本质可能性领域，这些可能性可以通过科学方式加以勘测，有如几何学家以同样的方法对纯粹空间领域进行的勘测。

视　界

胡塞尔承认，在对客体的一切把握中，客体的一些方面并未被直接把握。他称这些方面为“视界”〔边缘域〕(Horizont)，视界为其现象学论述中的一种重要因素。“视界”由一物的那些未在知觉中被给与的方面构成，这些方面相当于诸种可能性，它们可在进一步的知觉行为中或反思行为中 162
被给与。胡塞尔在《笛卡尔沉思》中说：

> 对每一外知觉而言，其知觉对象的真正被知觉方面都指称着一些同时被意指者，被意指者还未被知觉而只是在被知觉的预期中……(CM §19，44；Hua I 82)①

① 此句中译文译自1987年德文版原文第46页。

传统经验主义或感觉主义企图根据感觉材料的出现描述我们知觉的实际性质，但忽略了一切知觉在若干视界中所出现的方式，这些视界是我们原初经验本身隐含的结构性方面。当我看一支笔时，在该行为中我也看到它是某种可被把弄、可被拿起者。我似乎把握其“可把握性”。种种“视界的”指称层次均被包含在此经验本身内；当然它们在其后的经验中可被肯定或被否定。例如，我打算拿起这支笔但发现它被粘在桌子上。此视界于是显示出一系列预期并寻求与经验中原初所与者一致的证实或否证。如果我捡起一个苹果，我预期我可咬它。如果它是蜡像馆内的一个蜡制苹果（胡塞尔喜欢用的例子之一），此预期即被否证。

胡塞尔不仅认识到在任何知觉行为中会出现被知觉对象的实际方面，而且也认识到每一知觉行为都在由诸预期组成的视界内发生。我知道，如果我绕过一张桌子将能看到它的另一面；它不能碰触，我不可能抬起它等。接下去的知觉或者肯定这些预期或者提出一全新预期领域。在日常经验中我们关心此预期确认本身，在现象学中我们企图限定由该知觉行为本身所形成的诸预期之系列。胡塞尔特别注意到，知觉是一时间过程；它并非完全发生于当下经验中，而是朝向于未来经验中，且同时是来自过去经验的持续性经验。于是也存在有一“过去视界”，即激发回忆的潜力（CM §19，44；Hua I 82）。对于现象学来说，胡塞尔特别注意如下事实：在任何经验中“在视界层次上”被给与的那些很多未实现的可能性，是在我自己能够实行的可能性形式中被给与的。胡塞尔说，它们都具有“我能”的特性。

胡塞尔在晚期哲学中越来越关注陈述我们经验的诸视界于其中重叠和相互关联的方式，以至于它们产生了我们的世界本身的经验。这导致胡塞
163 尔对生活世界以及对时间经验于其中凝聚为历史和文化意识的方式进行反思，对此我们于下一章中继续讨论。

注释：

492 [1] Husserl，“Author's Preface to the English Edition”，*Ideas. General Introduction to Pure Phenomenology*，trans. W. Boyce Gibson (London：Allen and Unwin，1931)，p. 21. The German version is printed in Hua V 138-162.

[2] See the explanation in Husserl's 1909 Göttingen summer semester lectures on “Introduction to the Phenomenology of Knowledge”，in Ed-

mund Husserl, *On the Phenomenology of the Consciousness of Internal Time* (*1893—1917*), trans. J. Barnett Brough, Collected Works IV (Dordrecht: Kluwer, 1990), p. 348.

[3] Hans Jonas, "Philosophy at the End of the Century: A Survey of its Past and Future", *Social Research* 61 (4) (Winter, 1994), p. 815.

[4] 关于胡塞尔在哥廷根大学授课清单，参见：R. Bernet, I. Kern, and E. Marbach, *An Introduction to Husserlian Phenomenology* (Evanston, IL: Northwestern University Press, 1993), pp. 238-240。〔参见此书中译本《胡塞尔思想概论》。——中译者注〕 493

[5] Brough, *On the Phenomenology the Consciousness of Internal Time*, p. 350; Hua X 339. See also *Cartesian Meditations* §11, 25; Hua I 64.

[6] Paul Ricoeur, *Husserl. An Analysis of His Phenomenology*, trans. Edward G. Ballard and Lester Embree (Evanston, IL: Northwestern University Press, 1967), p. 26.

[7] According to J. N. Mohanty, "The Development of Husserl's Thought", in Barry Smith and David Woodruff Smith, eds, *The Cambridge Companion to Husserl* (Cambridge: Cambridge University Press, 1995), p. 57, 胡塞尔于1905年夏首次写出关于"还原"的论述，参见其 *Seefelder Blättern*。

[8] See Roman Ingarden's letter to Husserl in which he queried Husserl's turn to idealism. This letter is translated as Roman Ingarden, "The Letter to Husserl About the VI Logical Investigation and Idealism", in A.-T Tymieniecka, ed., *Ingardiana*, Analecta Husserliana IV (Dordrecht: Reidei, 1976), pp. 418-438. Ingarden studied with Husserl at Göttingen from 1912 to 1915.

[9] 同样，胡塞尔在 *Ideas* I §62, 142 (Hua III/1 118) 中说休谟几乎踏进现象学，但是"视而未见"。在其他地方休谟被描绘成实际上从事着现象学研究，虽然以一种简单化方式。See *Erste Philosophie*, Erster Teil, Hua VII 157-172.

[10] See Husserl's 1924 lecture, which he planned to publish in his *Jahrbuch*, trans. Ted E. Klein and William E. Pohl, as "Kant and the Idea of Transcendental Philosophy", *Southwestern Journal of Philosophy* 5

(Fall, 1974), pp. 9-56; Hua VII 230-287.

[11] Husserl, "Kant and the Idea of Transcendental Philosophy", *Southwestern Journal of Philosophy*, op. cit., pp. 50-51.

[12] *Crisis*, §30, p. 114; Hua VI 116. 早在 *Logical Investigations*, *Prol.* §58 中胡塞尔就谴责康德应用着“神秘性的理解概念”。

[13] See W. V. Quine, "Epistemology Naturalised", in *Ontological Relativity and Other Essays* (New York: Columbia University Press, 1969).

[14] David M. Armstrong, "Naturalism, Materialism, and First Philosophy", in Paul K. Moser and J. D. Trout, eds, *Contemporary Materialism, A Reader* (London: Routledge, 1995), p. 35.

[15] Husserl, "Kant and the Idea of Transcendental Philosophy", *Southwestern Journal of Philosophy* op. cit., p. 20; *Erste Philosophie*, Hua VII.

[16] Ingarden cites in particular the passage at *Ideas* I §49, 109; Hua III/1 91. See Roman Ingarden, "The Letter to Husserl About the VI Logical Investigation and Idealism", in A.-T. Tymieniecka, ed., *Ingardiana*, Analecta Husserliana IV op. cit., pp. 422-424.

[17] See *Crisis*, §70, p. 243; Hua VI 246. 还原首次出现于 *Seefelder Blättern* A VII 5。一些批评者说还原已经隐含地出现在《逻辑研究》第一版了，甚至在被正式地插入 1913 年第二修订版之前。

[18] See Iso Kern, "The Three Ways to the Transcendental Phenomenological Reduction in the Philosophy of Edmund Husserl", in F. Elliston and P. McCormick, eds, *Husserl. Expositions and Appraisals* (Notre Dame, IN: University of Notre Dame Press, 1977), pp. 126-149.

[19] Husserl, *Encyclopaedia Brittanica* Article draft E, in T. Sheehan and R. E. Palmer, eds, *Trans. Phen.*, p. 188.

494 [20] See Philip J. Bossert, *The Origins and Early Development of Edmund Husserl's Method of Phenomenological Reduction*, PhD thesis, Washington University, St Louis, 1973. Bossert finds in the *Crisis* mention of positivistic reduction (HuaVI 3), phenomenological reduction (VI 80), transcendental (VI 150), Phenomenological-psychological (VI

239), transcendental-phenomenological (VI 239), psychological (VI 242), universal (VI 248), and a behaviouristic reduction (VI 251). 按照 Bossert 的论述，实证主义的、普遍的、行为主义的方式并非是真的现象学还原的形式。

[21] Iso Kern, "The Three Ways to the Transcendental Phenomenological Reduction in the Philosophy of Edmund Husserl", in F. Elliston and p. McCormick, eds, *Husserl. Expositions and Appraisals*, pp. 126–149. See also Bernet, Kern, and Marbach, *Introduction to Husserlian Phenomenology*, pp. 65–75. 〔参见此书中译本《胡塞尔思想概论》。——中译者注〕

[22] Husserl read Raonl Richter's *Der Skeptizimus in der Philosophie*, Vol. I (Leipzig, 1904), and Albert Gödeckemeyer's *Geschichte der grieschen Skeptizismus* (1905). See Guido Küng, "The Phenomenological Reduction as *Epoche* and Explication", in Elliston and McCormick, eds, *Husserl. Expositions and Appraisals*, op. cit., p. 340. See also H. Spiegelberg, with Karl Schuhmann, *Phenomenological Movement*, op. cit., p. 160. 胡塞尔提及柏拉图对怀疑主义的反驳：FTL, p. 1; Hua XVII 5。

[23] Jonathan Barnes, *The Toils of Scepticism* (Cambridge: Cambridge University Press, 1990), p. 9.

[24] Jonathan Barnes, *The Toils of Scepticism*, op. cit., p. 11.

[25] Husserl, *Zur Phänomenologie des Intersubjektivität. Texte auf dem Nachlass, Erster Teil (1905—1920)*, trans. in Bernet, Kern, Marbach, *An Introduction to Husserlian Phenomenology*, op. cit., p. 59; Hua XIII 200. 〔参见中译本《胡塞尔思想概论》。——中译者注〕

[26] R. Bernet, "Le concept de noème (Husserl)", *La vie du sujet. Recherches sur l'interprétation de Husserl dans la phénoménologie* (Paris: PUF, 1994), p. 73 n. 1.

[27] See Robert Sokolowski, "Intentional Analysis and the Noema", *Dialectica* 38 (2–3) (1984), pp. 113–129, esp. 127–128.

[28] D. Føllesdal, "Husserl's Notion of Noema", *Journal of Philosophy* 66 (1969), pp. 680–687. See also his "Noema and Meaning in Hus-

serl"，*Philosophy and Phenomenological Research* L，Supplement（Fall，1990），pp. 263－271.

[29] Husserl，*Ideas* III，trans. T. E. Klein and W. E. Pohl，§16，76；Hua V 89.〔参见中译本。——中译者注〕我们在前几章看到，胡塞尔并未像弗雷格那样区分 *Sinn* 和 *Bedeutung*。

[30] D. Føllesdal，"Noema and Meaning in Husserl"，*Philosophy and Phenomenological Research* L，Supplement（Fall，1990），p. 266.

[31] 关于对比 Føllesdal 和 Gurwitsch 的方法的极佳讨论，参见：Robert Solomon，"Husserl's Concept of Noema"，in F. Elliston and O. McCormick，eds，*Husserl. Expositions and Appraisals*（Notre Dame，IN：University of Notre Dame Press，1977），pp. 168－181。Solomon 强调每一论述背后不同的动机。对于 Føllesdal，他跟随弗雷格，问题在于在模糊语境内论述间接指称；对于 Gurwitsch，问题是在不同的行为中达到对同一客体的再认识。关于此不同立场的极佳讨论，参见：B. Smith and D. Woodruff Smith's，"Introduction"，*The Cambridge Companion to Husserl*，op. cit.，pp. 22－27。

[32] David Bell 在 *Husserl*（p. 180）中说："诺耶玛包括能决定一行为意义的每一因素，后者不是该行为的一个实在的（因此是诺耶思的）部分。诺耶玛概念是一杂凑概念。"同样，Bell 称"诺耶思"也是一杂凑概念（p. 175）。

[33] David Bell，*Husserl*，op. cit.，p. 162.

5 胡塞尔和欧洲科学的危机 164

导　言

现在我们应该转向胡塞尔成熟期哲学中某些最引人入胜也最为困难的方面：他的构成概念，自我的作用，以及主体间问题，直到其最后对生活世界性质和西方理性演变及命运的反思。

构成概念

“构成”是胡塞尔哲学的一个中心概念，也是最少被阐明的概念之一，对此芬克称之为与胡塞尔的“论题性”概念相对立的“运作性概念”。对此概念，他的运用多过他的阐述。[1]在某种意义上全部现象学问题均可归结为构成问题。“构成”一词本身在康德哲学中有其“前史”，而且虽然在康德自己的著作中并不多见，却可在新康德主义者的著作中经常看到，包括纳托普，他对于早期胡塞尔产生过重要影响。在康德的意义上，“构成”指这样一种方式，客体按此方式为了意识而“被形成”，即通过感性直观与按照规则运用的种种范畴所完成的一种综合；此意义继续为胡塞尔所采用（他在《笛卡尔沉思》中强调先验性领域的规则支配性特点）。早在《算术哲学》中，胡塞尔已经运用着“构成”一词，而且他后来将此第一部著作解释为有关数学实体构成的研究。在《逻辑研究》中，“构成”指「非意向性的感觉」于其中被解释的方式，并被形成客观化意向，因而可为意识产生客体。这个词在胡塞尔的成熟的先验性论著中起着重要作用。运用搁置法和还原法使我们仅留存有意向性结构，它显示着客体如何经由主体而被构成。

对于胡塞尔来说，“构成”表达着这样的方式，意识对象按此方式正好具有该种“意义和存在”，主体按此方式实行着其赋予意义的功能。胡 165
塞尔的构成概念或许应该被看作一种“设定”，一种“意义赋予”。[2]胡塞尔所使用的词如“显示”和“展示”均相当于“构成”。芬克说，构成可意味着在“构建”“产生”“形成”甚至“创造”等意义上的“聚集行为”(Zusammenstellung)。在胡塞尔的成熟期作品中构成往往被说成是一种客体之“生产”，虽然他区分了一种被动性生产（就自然客体而言）和假定了“真正活动性、一种运作性”的生产（《观念 2》§10，23；Hua IV 21）。于是，胡塞尔在《笛卡尔沉思》中将为意识构成的新客体称为“产物，成就”(Erzeugnisse，Leistung)：这就是，在聚集行为中我面对着一种集合；在区分行为中我面对着一种部分等（CM §38，77；Hua I 111）。对作为“聚集性”或“部分”者的把握行为，是由一种综合行为产生的。

某些评论者（如索柯洛夫斯基）说，构成不可理解为具有这样的意义：世界的全部存在是在意识中产生的。胡塞尔会将此观点视为与贝克莱相联系的主观唯心主义，因其简单化而予以抛弃。另一方面，胡塞尔确实谈到既赋予世界以意义又赋予世界以存在的先验意识，但是在此“存在”意味着存在物在其中对意识呈现的方式，此“为我们存在”对立于“自存在”(胡塞尔本人的用词)。胡塞尔后来对此问题的观点是，甚至在最极端的还原法实行中，意识与世界的“相互关系”始终保持完整。不存在逃避世界的问题。世界始终作为我们一切心理行为中的一个视界，它永远是“前所与的”。在《形式逻辑和先验逻辑》中胡塞尔明确申明，意识与世界的关系不是由上帝或世界本身演化所产生的一个偶然事件，而宁可说世界永远是一构成性自我之产物。海德格尔在同一方向上于 1925 年关于“时间概念史”的讲演中这样解释胡塞尔的意义：“构成作用并不意味着在形成和制作的意义上的生产行为；它意味着让实体在其客观性中被看见。”(HCT §6，71；97) 再者，海德格尔声称，如果把构成看作心灵将形式加于世界所给与的感性物质成分之上，那是错误的；“形式-质料”的类比对于构成的结构，并不适当。实体具有的那种客观性是由意识赋予的，客体离开意识是不可想象的，而且实体的存在在意识中被经验作不同于意识者。在此意义上，胡塞尔永远强调相对于意识的存在者之超越性，存在者不同于意识，虽然萨特和莱维纳两人，如我们将看到的，在此解释胡塞尔
166 的方式要比胡塞尔本人有关主体性根据的繁复含混的评论更为极端。于是，胡塞尔对构成的强调，并未排除对世界事实性的承认，而且构成并不控制内容在意识中出现的方式。构成包括着一种基于意识的一切意义的被动性构成。反之，整个客体本身都被经验作世界的所与物。

构成是意识生命的一个普遍性特征，一切意义都是在意识中和被意识所构成的。胡塞尔在《观念 2》中说，在自然世界和文化世界中可经验的一切都是被构成的。在《观念 2》中胡塞尔特别关心于自然物或感性物的构成（《观念 2》§10）。物质的自然物如何作为时空中的存在物呈现于我们并具有它们那种性质的？胡塞尔从概述物质物如何根据一种感官性把握呈现于意识逐渐发展到讨论动物性自然（包括移动性、变动性等特点）以及更高层次上的人格。胡塞尔谈到了由运动学功能所构成的活动性躯体。在《观念 2》中他也谈到社会的和文化的实体的构成。社会和文化实体的构成人们更为熟悉，特别因为 20 世纪以来关于家庭、机构、银行、货币等等社会性实体的“社会构成性”性质讨论甚多。[3] 在此意义上，构成可被看作类似于社会性构建。然而，胡塞尔比社会构建论者思考得更深远，因为对他来说，甚至自然物也是被构成的。

静态的和发生的构成

在写作《观念》前后期间，胡塞尔也开始区分不同形式的“构成”，并开始在现象学内部区分“静态性”构成和“发生性”构成。静态性构成思考诺耶思-诺耶玛结构的问题，这些结构使得客体有可能在意识中被直观，而发生性构成分析客体出现在体验时间流内的方式；时间分析对于我们理解人类存在和文化客体至关重要。于是，在《观念 3》的手稿中胡塞尔区分了将客体看作充分形成的、固定的同一体的“本体论”和“现象学的构成性思考”，后者跟随着这些同一体在其中被构成的流动过程。胡塞尔说：“在一定程度上，运动的或‘发生的’是一种‘发生作用’，它属于先验性世界，这使其完全不同于自然的或自然科学的发生作用。”（《观念 3》，117；Hua I 129）

胡塞尔早先在构成性现象学内部区分出发生性因素的企图中，并未将发生学成分看作在构成着一种学科。从 1917 年左右起，他开始越来越努力 167
于分离出此种发生学成分，特别是在其有关自然和精神的关系的研究中。他现在把发生性现象学看作一更广泛的领域，看作为了研究历史性实体的构成所必需者，如社会文化性客体及机构，即他称之为“较高层阶上的个性体”。1930 年代时胡塞尔主要热衷于发生性现象学的论述，非常相像于黑格尔为《精神现象学》所论断者。在《经验与判断》中他甚至使用了

“发生学”一词，此词在哲学性意义上通常联系于尼采。

胡塞尔认为，静态构成性分析没有充分把握我们对客体经验的和对我们作为历史性存在者的历时性层次。他认为我们对知觉客体的经验基础是他称作“被动性发生作用”的过程。如何对此理解有待于现象学的反思。“被动性发生作用”必须区别于胡塞尔的另一概念“被动性综合”。被动性综合是指这样一种方式，在其中我们经验着已被结构化的和展现在我们面前的意义内容。于是，相对于已经对我们存在的诸意向所组成的视界，我们遇到被形式化的客体。我们的经验是被动的，但它是被结构化的。另一方面，被动性发生作用指涉着诸互为基底的层次内客体之结构化行为。胡塞尔在“第四笛卡尔沉思”中讨论了被动性发生作用（CM §38)。虽然静态性构成在其类型中看待事物并将它们安排进一共时态的等级结构秩序中，发生性构成却在时间性方式中分析结构化行为。发生性构成在实践性推理中可以是能动的，在此推理中新的客体被自我构成（正如新的集合体在计数行为中被生成）（CM §38，77；Hua I 111)。但是，所遇客体也会是已经被制成的，如文化品、锤子、桌子、艺术品等。我们如何把事物作为对象直接地并在刹那把握中加以经验的呢？这些对象的被动接受有其自身的构成史，而这正是“被动性发生作用”一词所涵盖者。被动性发生作用似乎就是被动性综合行为系列之历史。于是，在我们对世界中事物具有成熟知觉之前，我们是作为“未成熟者”对其看视的。“儿童”对这些客体的经验方式大致作为一个层次存于“成人”看视的方式中。因此，在胡塞尔看来，有可能把握儿童把握对象的方式，不是通过实行第三人称心理学，而是通过发现成人本身内的诸行为层次，这些行为显示了必定曾经发生过的被动性发生性行为（CM §38，79；Hua I 112)。胡塞尔在此处的主张颇为精到。我们不可能返回儿童经验行为的纯粹被动性，也不可能依赖儿童心理学，但是我们可以通过发现构成这些经验的本质法则而在我们自己之内重复这些经验：

168 一切已知者都指涉着一原初的认知行为；我们所称作的未知者仍具有一已知的结构形式、对象形式，具体说，空间物、文化品、工具等形式。(CM §38，80；Hua I 113)①

被动性发生作用的基本本质法则或原则，就是胡塞尔所说的“联想”，

① 本段中译文译自前引德文版第82页。

他称此为真正先验现象学的原则，曾为休谟和他人所认识，但被错解为一自然主义的心理学原则（CM §39）。“联想”是一个法则系列的通称，它决定着为什么一个经验向前指涉着某个类似的事物。于是，它成为一切意义赋予的一个原始特性。[4]胡塞尔早在《逻辑研究》中就讨论过联想概念（LI I §4，273-274；Hua XIX/1 35-37），在该书中他注意到，联想的关键性特点是在两个相互有联系的内容之间产生某种被感觉到的从属性。胡塞尔从未改变过他的联想观，他将其视作我们的意向性生命的一个不可归约的、原始性特征，其本身是按照先天性法则被构成的。但直到1920年代末他才看到现象学地探讨此领域的一种方法。

是否存在有任何并非被构成之物？对于胡塞尔，意识中一切被经验的对象、一切意义，以及意识本身的性质，都永远是被构成的。于是，自我也是被自构成的，如我们马上要看到的。胡塞尔的确想到一切构成都在他所谓的“绝对自我”（这是胡塞尔术语中非常晦涩难解的概念）中有其根源，而且自我本身只有通过“发生现象学”才可被理解（CM §39）。另一方面，自我中似乎存在有某些成分，如自我的自呈现、自我的当下自所与性，对于胡塞尔来说，它们是绝对原初性所与的，并因此不是被构成的。[5]在其一生最后阶段，胡塞尔越来越靠近生命哲学，特别是柏格森哲学，强调着生命过程本身的有机统一性，而且他甚至开始把自我看成是一切时间性的源泉，因此看作在某种意义上逃脱了时间性，看作具有一种活生生的现前性，后者成为一切时间性的基础。时间性本身是以发生学方式被构成的，此一主张有循环论之虞，如果发生作用本身被理解为具有一时间性因素的话。自我当然被体验为某种在一时间性方式中被不断产生者。

先验自我

连续应用现象学还原法最终导致胡塞尔将一切意义的源泉置于先验主体性之内，这导致他承诺了一种先验唯心主义，此一承诺他一直保持到生命终了。胡塞尔把现象学基本上理解为一种“自我学”，是关于自我及其“自我经验”的研究，此一纲领为笛卡尔发现我思之继续。世界全体，在 169
其全部意义中，必须被重新看作一种主体性的成就，自我的成就。哲学真正的中心也即是自我经验的区域，是先验自我。

那么什么是先验自我呢？胡塞尔关于先验自我的性质曾经有过多次宣布。有时他似乎在说经验意识可以来来往往，而先验自我不仅是该经验可能性的必要条件，而且根本就是一个世界可能性的必要条件。先验自我可以在世界毁灭后继续生存。舒茨回忆到，在他和胡塞尔去世前不久的谈话中，胡塞尔甚至谈到这样的事实：他会死去，但他的先验自我会继续生存。[6]于是，胡塞尔在《笛卡尔沉思》中说，先验自我不仅为意义负责，而且为世界的存在负责（CM §28，62；Hua I 97；也参见 CM §41，84；Hua I 117）。先验自我把世界构成为一个意义的世界以及一个客体的世界。先验自我，如德国唯心主义理解的那样，是绝对的主体，虽然胡塞尔的先验自我是在反思中可观察的，并且不是作为客体的可能性被导出的。胡塞尔特别称赞费希特承认有关主体性的先验科学之任务；然而他认为费希特错解了此任务，因为所持的是一种无根据的思辨观点。胡塞尔本人相信，自我应该被理解为一切意义有效性的源泉。胡塞尔坚持说，先验自我的转向并非是离开世界之谓，反而根本上是理解世界可能性的条件。对于胡塞尔，先验自我相当于发现了一个无限丰富的领域。

先验自我论并非是胡塞尔早先著作中的特点。[7]如我们已经看到的，胡塞尔从一开始就已经感觉到对于作为一切认知行为源泉之自我的性质加以构想的困难。在《逻辑研究》第一版中，他最初跟随布伦塔诺和休谟在方法论上把自我仅看作一束希望，一个体验之集合。[8]他并未企图对自我置于体验束内的统一性进行分析。在该书第二版上增加的一个注释上，胡塞尔承认："在第一版中'先验自我'这个名字被给与意识流本身。"（LI V §4，541；Hua XIX/1 363）然而他倾向于把自我本身看作一种超越意识的经验性客体，此一论述极大地影响了萨特在 1936 年发表的《自我的超越》研究。特别是，萨特跟随胡塞尔的弟子古尔维奇把自我解释为自构成的，解释为存在于世界的一种超越性实体，一种非个人的、非自我学意识的产物，也即萨特的"虚无"。[9]

170 然而，甚至在 1913 年的"被现象学还原的自我"概念也被等同于诸结构系列的统一体，这些结构使得种种意识行为聚合在一起形成与自我相关的单一流（LI V §4，541；Hua XIX/1 363-364）："因此，被现象学还原的自我并非什么浮于众多体验之上的特殊物，它不过是等同于诸体验本身相互联结的统一体。"经验自我是由先验自我意向性地构成的（LI V §6，545；Hua XIX/1 370）。胡塞尔最初采取康德的立场：可能伴随一切体验的“我思想”起着一种纯粹形式的作用。但在《逻辑研究》第二版时他主张，还原法必定留下一个剩余者：纯粹自我本身。在此发展阶段上，胡塞尔对此问题的看法多少还受到康德先验自我论的困扰，关于先验自我的认识他曾获益于纳托普。按照纳托普，一切心理学都必须假定一纯粹自我，它服从自身，但绝不会成为自身的对象；按照康德的说法，这就是经验可能性的一种形式条件。与纳托普不同，胡塞尔说，他不可能找到此纯粹自我，“诸关系的原初必然中心”（LI V §8，549；Hua XIX/1 374）。在1913年第二版时，他对此句话增加了一个脚注，遗憾地承认，他现在发现了这个他在第一版时曾予以否定的纯粹自我：“从那时以来我一直设法找到它，即学会了不被来自各种错误的自我形上学的所与者所误导。”（LI V §8，549；HuaXIX/1 374）实行了还原法后，胡塞尔相信，人们能够实际上把握不同于自然经验自我的纯粹自我。然而，他继续实行着一种“无自我的”现象学。于是在《现象学观念》里胡塞尔认为，他只有在不考虑自我时才能够对自己的体验进行检查（IP，34；Hua II 44）。还原将经验自我纳入括号；“作为个人的自我，作为世界内一事物的自我”被看作超越性的。留给我的是我的体验本身，但被还原的自我是看不到的。换言之，在此时期，胡塞尔认为，还原后残留的纯粹自我概念，相当于将一种自然主义的概念重又输入现象学的观察中。现象学将是一种意识描述，其中排除了个人所有性，“没有人的思想介入”。存在的只是意识流，它正是作为一种流动被统一了，其统一的方式正如“一群牛”被统一为一个“牛群”。

1905年后，胡塞尔以全新眼光转向笛卡尔和康德，探求着他可用于自我学研究的哲学概念。笛卡尔正确认识到，我为自己而存在，以及我永远以一种彻底原初性方式被给与我自己。我是一种“自我-我思-我思对象”之结构。按照胡塞尔，正如我们所见，笛卡尔的错误形上学步骤把此自我看作自然世界的一部分，看作“我思物”（res cogitans），一种思维的实体。我不是世界的一部分，世界也不是我的一部分。当实行还原时，我们排除了一切与我们身体的和心理的体验有关之物，如一个别具体的人、一 171
物理心理自然物，而且我发现了一般意识的性质，在其本质中的、在其纯粹可能性中的意识。这就是，我们进入了意义领域，不是某一个人的意识，而是一切意义形成的本质。事实上，甚至在《逻辑研究》中胡塞尔就强调，我们并未在我们的反思中发现一个经验的自我，而是遇到了某种类似于一行为系列的“主体轴”。我们的思想围绕着此主体的“同一性轴”转动，虽然胡塞尔对于这意味着什么并非十分清楚。所提出的这个概念类似于一个吸引着事物靠近自身的磁力轴。然而，自我不只是识别思想为自身的思想：某种意义上它是一种思想的生成源，一个“起点”（terminus a quo)，从此起点发射出思想和情绪（《观念 2》§25，112；Hua IV 105)。在《逻辑研究》第一版中，胡塞尔承认笛卡尔的“我思故我在”并非是一个经验“我”的体验行为，但他对现象学所经验的自我的论述在此止住了。在该书第二版中他承认，心理体验流的统一性对于理解自我是非常重要的，但他仍然专注于时间的预存和持存，而不是专注于自我本身。我们在此应该记起，在《逻辑研究》中胡塞尔论述了他将“我”一词用作一种“基本上是偶然性的表达”。“我”一词意味着现在在说话的任何人，但此意义不可能在一切语境中被置换。“我”似乎有双重意义：它也指“〔受格的〕我”。我能够通过使用“我”一词识别我自己。于是这个词既有一意义也有一指称。此指称部分地由其出现的时机所构成，部分地指示着应属于我者的本质。

在《观念 1》中胡塞尔希望将自我之自然的、世界的心理生命及其心理体验与类似于旁观者的纯粹自我加以严格区分，后者被发现是一切意义赋予的绝对源泉。此意识为抵制着一切还原的“剩余者”。[10]此纯粹自我可透视每一我思行为，它相当于穿透每一自我的一种“目光射线”。它不是我的心灵过程的一部分，但却是这些过程的一个必要条件（《观念 1》§57，132；Hua III/1 109)。胡塞尔引述康德的话：“‘我思想’必定能够伴随着我的一切表象”（《观念 1》§57，133；Hua III/1 109)。它是自我同一性的源泉。胡塞尔经常按照康德的语言将此自我看作为内部经验的统一性提供着一种形式的条件。这样，此纯粹自我本质上是“无内容的”，它肯定不是任何一种经过现象学纯化的有关个人的概念。在《观念 1》中胡塞尔还没有谈到先验自我本身，而是为每一分离的活生生意识体验流设定一分离的纯粹自我。另一方面，他持续将此纯粹自我看作具有一种特殊
172 的超越性，一种“内在性之内的超越性”。他发现很难不把此自我想象成不是体验本身的一部分。正如史特勒克所说，胡塞尔在《观念 1》中认为，意识具有一自我，而不是一自我在生成意识。[11]然而，胡塞尔在该书中承认，他将此有关自我的困难问题延迟到了《观念 2》再讨论。在此问题上，胡塞尔并未看到，自我及其自我同一性可以通过现象学方法加以理解，而

且他的研究的全部中心转向了个别性体验本身。再者，在《观念 1》中有关意识结构（例如体验的诺耶玛-诺耶思结构）的一切论述中，所考虑的意识是一般意识的本质。胡塞尔还没有把意识说明为在我的自我中具有其源泉，因为他把意识的本质按其定义看作无“所有者”的。

《观念 2》最初是在《观念 1》之后接着写出的，但多年来在胡塞尔介入甚少的情况下为兰德格里伯和史泰茵所修改，并于胡塞尔去世后出版。此书集中于作为个人的自我统一体问题以及作为躯体性的、空间定向和时间定位的主体问题，因此提供了对《观念 1》的无躯体性的、唯心主义的观点的一种校正。自我现在是一“躯体性的自我性”（leiblicher Ichlichkeit）（《观念 2》§41，166；Hua IV 158）。茵加登认为此躯体性自我非常适合于胡塞尔的实在论时期，而且史泰茵将具体性自我概念看作一个人，因此与《观念 2》的思想非常一致。在《观念 2》中胡塞尔说：

> 自我是同一意识流的一切行为内起作用的同一主体；它是一切意识生命从中发出和接受射线的中心，它是一切感情和行为的中心，它是一切注意、把握、相关作用、联结作用的中心。（《观念 2》§25，112；Hua IV 105）

自我是“零点”，一种参照和定位的中心，从此中心向外发射出距离、时间。某些东西存在于那里，在左边、在顶端、远离、靠近，这一切测度均视自我为空间的中心。先验自我体现于一活生生的躯体内。

自我也可被动地受其体验的影响。胡塞尔此时认为，将自我刻画为一纯粹的形式的“同一性轴”需要加以修改。自我不是一欠缺内容的纯粹形式的概念，如康德所说的那样；反之，自我由态度、信念所充满，它具有由（加附于自我之上的）“确信”和“习性”所构成的特性（如我是一憎恨种族主义的人，或者是一爱好民主的人等）或立场，此立场不必然表达于发生的信念行为中（《观念 2》，附录 II，324；Hua IV 311）。胡塞尔称这些信念状态为“确信”（überzeugungen）。[12]这些确信集拢为诸层次以形 173
成“心灵自我”，它具有自由因素和被陷于行为的惯习性样式内的因素（《观念 2》§61）。自我也具有一系列能力，一系列“我能够”，如莱维纳和梅洛-庞蒂喜欢强调的那样。躯体性自我是一般先验自我的一种特殊化。胡塞尔承认存在有一个如何维持自我的自我同一性的问题，虽然也承认一个自我可以放弃其惯习性，改变其确信，陷入心绪低谷等等。胡塞尔在《观念 2》中关于个人、躯体性自我的性质提出了很多问题。

胡塞尔在后期著作中，把自我看作由习性构成，习性对自我的依附，只能通过发生现象学的方式加以研究。于是，当我具有一确信时，该确信成为我自己、我性格的一部分，即使我不是有意识地提及它。胡塞尔在《笛卡尔沉思》中说，自我不只是同一性的一个空洞中心或同一性轴，它获得了持久的属性（CM §32，66；Hua I 100）。胡塞尔开始承认，他在早先的著作中花费了太多时间将体验处理为发生的个别心理行为或过程。现在他承认，他需要处理意向的心理状态以及发生的心理行为，需要论述自我如何具有充满内容的个人性格，自我如何相信地球是圆的，等等。当我决定某事时，决定的行为过程迅速消失了，但该决定持存着，黏附于自我，甚至在睡眠中。我处于一种“如是被决定的”状态，此状态不应被误解为一种积极进行中的“诸决定之流”。对于胡塞尔，实际上根本就不存在进行中的过程；反之，自我通过自己积极的发生行为将自己构成为一固定的和持续的个人性自我（CM §32，67；Hua I 101）。在某种意义上，自我的构成是一种自构成，一种基于其自身确信的、稳定而持存的自我之积极发生作用。虽然胡塞尔没有明确承认舍勒的影响，他的确转而更多地承认需要讨论“个人”〔人格〕和主体间的共同组合行为，后者具有一种“较高层阶的个人”的特征，类似于梅农和布伦塔诺学派谈论的一种较高层阶的客体。

直到1920年代，胡塞尔开始直接面对着表述先验自我的性质和作用的问题。相关的最深入的讨论将出现在1920年代末的“第五笛卡尔沉思”中。胡塞尔越来越把自我构成问题看作与时间意识源泉密切相关者。在其后期著作中，自我根据时间流不仅被看作诸我思行为的一个连续的、相互联结的结合体，而且被看作“使一意识统一性成立的一种结合体〔connectedness〕”（CM §18，41；Hua I 79）①。在其早先著作中，胡塞尔承认
174 我思的自现前，并强调人对内部心理过程的直观把握是确然的和充分的，与对外部实体的把握不同，后者永远是单侧性的并在“侧显”中给与的。但是胡塞尔渐渐认识到，自我是在时间性侧显中被给与的。胡塞尔在“第五笛卡尔沉思”的§37中说：“时间是一切自我发生学的普遍形式”。按照时间理解的自我中涉及不同的本质结构，例如，儿童心态需要与进行成熟科学理性实践的心态相区别。胡塞尔开始理解到有必要考虑自我之“历

① 此短句似引自前述德文版第44页，似乎不是直接准确译文，德文短句直意为“而是一意识的结合体〔Verbundenheit〕，在其中一意向性对象被构成为同一复多性显现方式”。

史”了。

随着其思想的发展，胡塞尔不仅是逐步区分了自然心理自我、被现象学还原的自我、纯粹自我以及先验自我。他也注意到意识的前自我学的基础阶段。从1910年《作为严格科学的哲学》起，胡塞尔也开始根据莱布尼兹的“单子”概念来表述自我概念，并在《观念2》的§26、§29中继续讨论。但对单子概念在《笛卡尔沉思》中表述得最充分。胡塞尔用“单子”表示一自我的全部具体意识生活，自我被看作一切（包括实在的和可能的）意向性体验的充分系列（CM §33，68；Hua I 102）。它似乎是一个生命的完全图案。胡塞尔谈到先验自我的“单子化”和作为一“带有窗口的单子”的概念。

我们不可能在此详述每一种不同的自我描述。我们将企图对胡塞尔成熟期的论述提出一简化了的因此不免是有缺漏的概述。存在有一个或多个先验自我？每一个人都有一单一的先验自我吗？胡塞尔会把这些问题看作被误导的。在某种意义上，先验自我是诸匿名的本质结构的一个系列，在其中诸个别的意识都具有其意义经验，但被占据、被体验者是一单一的个别生命。再者，胡塞尔谈到先验自我时往往称之为我的先验自我。他在《危机》中说，先验自我正是看待世界中个人自我的一种方式（《危机》§27，264）。但是人们或许不得不将先验自我看作具有其自身的生命。

胡塞尔的晚期著作倾向于将素朴的日常自我和先验自我之间形成尖锐的对比。前者可由心理学和人类学研究，后者则需要悬搁法和还原法，因此是纯现象学的。胡塞尔强调两个领域之间的绝对平行关系。他认为在自然态度内有可能具有一种意向性心理学，甚至不少人被误导着认为现象学只是一种描述心理学。胡塞尔本人开始理解有彻底改变观点的必要，以避免堕入各种心理主义的谬误。于是他的后期著作经常针对各种偏误的理解 175
来对先验现象学进行维护。在胡塞尔的学说中，此一辨析是难以理解的。对于胡塞尔而言，可能存在有一种关于自然的个人自我的本质意向性心理学，而于此平行的应该是对先验自我的一种先验性现象学研究（CM §35，73；Hua I 107）。

主体间性和对他者的经验

胡塞尔开始相信，因为自我的自构成是一切构成的源泉，于是一切现象学实际上都与自我的自构成现象学相互一致（CM §33，68；Hua I 103）。与对自我的关注相联系的必然是其他自我的经验问题，即一般地对“异他者”、对“他人”的经验。胡塞尔在开始研究自然态度之时，大约从1911年起，似乎也在同时更费力地思考主体间生命的构成问题。我们的自然生命是群体内的生命，生存于一共享客体、共享环境、共享语言、共享意义的世界中。此外，这是我可以一眼从世界中把握之物，我看见花园中一棵树，知道它是人人可接触之物，他人也可看到，不只是一物质物，而且正是一棵树。换言之，我对树的知觉已经向我指示，它是一棵“对他人”也存在的树。在《笛卡尔沉思》中，胡塞尔说，我甚至把被还原的经验世界经验为一主体间世界（CM §43，91）。

最初在《逻辑研究》中没有涉及我们对其他人的认知问题，除了根据人之间可共享的意义的观念性和言语的告知功能（kundgebebde Funktion），按此功能，当我形成一陈述时，除了表达一意义之外，我也在通告另一人：我在实行一特殊的心理过程。胡塞尔在1901年的新方法导致他通向笛卡尔式的方法论的唯我论，但它也强调着避免封闭的主体性问题。其后胡塞尔在他的1910—1911年的哥廷根讲座中即已声言克服了唯我论问题（FTL §96d，243n.1；Hua XVII 250n 1）。

胡塞尔对主体间性的处理最初应用了一种与他人的“移情作用”概念，我可据此概念理解另一人的行为，将其看作一种类似于我自己内心状态的一种表达。胡塞尔从里普斯和慕尼黑学派处借取了“移情作用”（Einfühlung），但与其所强调之处不同，而且总是担心该词引起错误联想。胡塞尔在弗莱堡的第一个助手史泰茵，早先曾以移情作用为题撰写博士论
176 文，并于1917年发表，这表示着此一时期胡塞尔对此问题思考的一个可靠指引。胡塞尔对此问题的思考表现于他的《观念2》的手稿中。[13]对于史泰茵来说，移情作用是我们对“他人”经验的源泉。她举例说：我看见某人脸红而且知道她为自己感到羞愧；一位朋友告诉我他的兄弟死去而且我意识到他很悲痛。史泰茵说，人们永不可能得到按其可直接知觉到的他人痛苦的指南，类似的，在我对一客体的认识中，总是存在有并未在我现在经验的侧面知觉中给与的那些方面。我可以直观地体验着他人的经验，但我不可能以原初的方式经历该经验。对于胡塞尔和史泰茵两人，移情作用是一种揭示着一原初经验的非原初经验。移情作用一般不是一个判断、推理或概念化的问题。它是一种根基性经验。

胡塞尔据此区分了各种原初性形式。我不可能在躯体上充分经验他人的痛苦。反之，他人痛苦被给与我的方式相当于客体在记忆中被给与我的方式，即在非充分显示于我心中的方式，或“准现前化”方式，而非“现前化”方式，后者使某物直接现前着。在其1923—1924年的“第一哲学”讲座中，他承认不可能进入他人的真正存在（Hua VIII 174n）。胡塞尔甚至承认，很多年来他都未能理解何以还原法能够触及他人的存在。于是，胡塞尔在1924年论康德的讲演中说：

> 最后，人们必须注意此事实：一个可能的一般先验主体性不只被理解为一个可能的单一体，而且也被理解为一个可能的社群性主体，而且首先是理解为这样一个主体，完全按照意识，即通过可能的主体间意识行为，将复多的诸个别先验主体通通纳入一可能的全体。在何种程度上一“唯我论的”主体，在一切群体之外，在思想上是可能的，其本身即是诸先验问题之一。[14]

胡塞尔在“第五笛卡尔沉思”中特别处理此问题，“第五沉思”的长度相当于另四个“沉思”长度的总和。在第五沉思中胡塞尔对此问题进行了彻底探讨。问题不在于：我如何理解他人？胡塞尔的问题是：他人是如何为我被构成的？他人如何进入我的意识？对他人的经验是我的意识的一个自然的、不可分离的部分。但是他人被给与的方式并不同于客体被给与的方式。在我对他人的经验中永远存在有某种领悟的差距和空白。其他人只是通过“指示”或“准现前”被给与我的。对于胡塞尔，准现前具有其自身的 177
证实形式，因为，对他人的经验没有被原初地给与，虽然对他人身体的经验是原初地给与的（CM §52，114；Hua I 143）。在对他人的经验中，我们有一种体验，它呈现为不可被我真正充实的，然而在此经验中某种东西被指示着。对他人的经验是基于对非原初可达到者的某种可证实的可达到性：

> 存在的“他人”之特性根基于原初不可达到者〔Unzugänglichen〕的某种可证实的可达到性〔Zugänglichkeit〕。原初可呈现及可证实者，是我自己所是者或我所特有者。在那种原初不可充实的经验的根基性方式中所经验者即为“他人”，此种经验不是原初自所与的，但却是可连续证实的被指示者〔Indiziertes〕。（CM §52，114-115；Hua I 144）①

① 此段中译文译自该书德文版第117页。

对于胡塞尔来说，他人于是就是我自己之一现象学变样，它只“在我自己之内”被把握。此种把握基于某种类似物。正如一原初所与性是在知觉中被经验的，记忆提供着一种第二所与性。类似的，对他人的经验类似于对记忆的经验，对此种永远标记为非原初的所与性的一种经验，并不是在原初的方式中被我自己所体验的。此经验是由第二种甚至第三种所与性刻画的。[15]

类似的，我们知道，胡塞尔将人的身体当作空间定位的零点，此种论述为梅洛-庞蒂几乎没有变化地所继承。我经验到：我此时在“此”，并承认其他位置在“彼”，这些其他位置是我可通过身体移动达到的，而且在那里我将有不同的看待世界的观点。我自己的经验赋予我这样理解的可能性：存在有其他对于经验的可能观点。当我经验着另一个人时，我将其统觉为具有那样一种经验，此种经验我也会有，如果我在他那里的话（CM §53，117；Hua I 146）。根据这些“对偶”（Paarung，CM §51）经验，我将他人经验作像我一样的另一身体。但是，胡塞尔始终相信，当我知觉到另一个人时，我首先在感性方式中将其知觉为活生生的动物机体，而且我也理解，他们的身体表达着他们的心理自我。但是胡塞尔似乎并不认为我能够在原初的方式中直接地以及充分地把握其他自我或个人。胡塞尔认为，反思着自我的一自然人将在正常情况下思考着其身体或其被回忆的经
178 验流。换言之，自我本身不被把握，除非通过对某些种类客体的经验。最后，胡塞尔将主张，将另一个人看作一个人，并不比任何其他形式的构成更具神秘性。对此问题，莱维纳持根本不同的观点。

胡塞尔的确有兴趣为“具有指向你的、我的行为特征的诸自我个人行为”（CM §57，132；Hua I 159），也为一种群体生命的发展（此高层阶的个性甚至具有一种自己的动物躯体性），描述个人之间真正交流和汇通的可能性。但是对于这些理解的性质，他未曾把握。

虽然胡塞尔本能上是一“方法论的唯我论者”，即作为“孤立个体”（solus ipse，CM §42）开始自己研究者，然而，如我们反复强调的，他始终极力否认其哲学被归结为贝克莱式唯心主义或一种“先验唯我论”。在《形式逻辑和先验逻辑》§96中胡塞尔直接讨论这样一种谬误，即现象学必定终结于一种“先验唯我论”：如果一切都由自我构成，那么一切存在者似乎仅只是该自我的一种因素（FTL §96b，241；Hua XVII 248）。对于胡塞尔来说，这种看法并未充分解释形式的多样性，在其中客体在意

识中被构成，而且甚至忽略了自构成本身的性质（CM §41，83；Hua I 117）。把世界看成分为主体的和客体的两个领域，使二者相互外在，这是无意义的。世界的唯一意义是作为相对于意识的世界。

胡塞尔承认我们经验的主体间性质但始终使其根基于主体侧："世界是连续地对我们而存在的，但首先是为我而存在的。"（FTL §96b，242；Hua XVII 249）梅洛-庞蒂经常引述《危机》中的一段，胡塞尔在该段中说，先验主体是一主体间性，但此一引句我们实际上没有在《危机》中看到，而且它实际上表现了对于胡塞尔实际立场的某种歪曲。他的立场似乎是说，我们偶然地、事实上地属于一主体间世界。其他人赋予我名称，教导我天然语言，并使我习惯于我的社会世界。存在着胡塞尔所说的"群体化"。但这一切的可能性只因为，我作为自我，能够使这些指向、鼓励、强调等等成为可理解的。没有任何东西是来自自我之外的；反之，一切在外的东西都是已经在内的了，正如胡塞尔在《形式逻辑和先验逻辑》中所说的那样（§99，250；Hua XVII 257）。他在1931年的讲演中说道：

> 由于我自己在我本身自我内容内构成着存在意义者，我达到了作为像我一样的某人的先验的他者；于是我达到了开放的和无限的先验 179
> 主体间性整体，正是作为在其群体化的先验的生命中首先构成客观世界者，此世界对于每一人都是同样的。[16]

胡塞尔把理解他人的心理生活的基础看作存于人的自我理解中，看作"当我在知觉中反思我的知觉行为时"所例示者。[17]他人的构成是通过一种自我分裂行为而发生的。此一观点的困难是，我自己对作为动物性躯体的事实性经验，必须在我的自我构成中起作用，每一先验自我"必须在作为人类存在的世界中被构成"（《危机》§54b，186；Hua VI 189）。事实和本质以如下方式缠结于我自己的自我关系中，按此方式，胡塞尔从未满意地解决其现象学的整个计划，而且事实上反而使其计划经受着更大的压力。

《欧洲科学的危机》：生活世界研究

在其全部弗莱堡时期，胡塞尔不厌其烦地强调，现象学不可能与先验唯心论分离。但是他对先验唯心论的复杂理解并不排除对个人的、社会的和历史的过程的被体验世界之构成，以及对一般人类全体文化世界的思考。虽然早先他执着于数学实体构成的问题，他开始理解，文化的和社会的客体在其中以多种多样方式被构成的样式，对于理解一般构成之性质，提供了一个更好的模型。意义是被体验的、被失去的和被恢复的。其他意义开始沉淀于态度和一种文化观点之内。它们接着似乎在时间方式中被制度化并被如此加以研究。于是，在《危机》这部最后著作中，胡塞尔显示出对历史的或他称为“历史发生的”说明的更强烈关注。他更急切地认识到，自然态度的构成，甚至科学态度的构成，不仅是人类的静态的普遍状态，而且是历史上被构成的。胡塞尔特别开始将我们的当前观点的性质视为一种现代性的产物，而且开始把历史理解为一种现代性的形成活动，于是我们生活的构成也需要从历史上加以研究，因为我们本质上都是历史的存在者，具有目的论的朝向性（《危机》§15）。胡塞尔的设想正是对全部
180 历史，对从内部作为一整体的历史，进行的批判性研究：

> 我们的任务是，在哲学特别是近代哲学的历史生成中使此目的论成为可理解的，而且与此同时达到关于我们自身的清晰性，我们自身正是此目的论的负载者，并通过我们的个人意向参与其实现。我们正企图引发和理解穿流于全部历史计划中的统一性，这些历史计划相互对立并在其变化的形式中共同作用着。（《危机》§15，70；Hua VI 71-72）

我们看到，胡塞尔在1911年时已经在批评历史主义了，并且在宣讲着西方精神革新的必要性，此一主题在他于第一次世界大战末转向费希特时变得更为急切。正如利科所说，事实并非是：胡塞尔对历史的兴趣是由于受到1930年代德国糟糕的政治环境的刺激。然而对于1920年代末德国的国家社会主义运动的崛起，胡塞尔视之为朝向非理性主义的一个最可怕的象征，此非理性主义似乎正在吞噬着西方的文明。胡塞尔把国家社会主义的威胁看作我们对世界理解方面更大畸形化演变的一部分，其原因正在于对近代科学新框架的一种片面的理解。[18]在1930年代中期，尽管已经生效的反犹法律带给他个人的和职业的严重困难，胡塞尔开始撰写《危机》，企图以此儆戒世人关注真正科学的和哲学的认识遭遇瓦解的日益增加的危险，此科学的和哲学的认知标志着西方自古希腊时代以来的进步。胡塞尔在此对他认为的一种科学之灾难性社会后果进行诊断和反对，此科学采取着还原论的科学主义和简单化的经验主义。他同时反对着他所谓的被误导的、被歪曲的理性主义——一种启蒙主义时代的后果，启蒙主义将精神予

以自然化并树立了一种简单化的客观主义，却并未注意到：使得真正理性的客观性成立的正是主体性本身。胡塞尔的晚期著作企图通过勘察历史上这些概念的发生，特别是通过一种对古希腊科学精神原初建立的“重建”（《危机》§15），来说明此客观性和合理性的指导性理想。在其早期著作中，胡塞尔曾经特意将历史的因果发生性说明纳入括号，而自1919年起此类说明越来越成为他的关注主题。现在他相信，欧洲理性现象只能够通过以理智的方式追溯其历史演变来加以理解，正如黑格尔早先在《精神现象学》中企图做的那样。对于胡塞尔，正如对于黑格尔，现象学可以用来勘察人类文化基本概念的变换。于是，胡塞尔在维也纳讲演中说道：

> 我确信，意向性现象学使得精神本身第一次成为一系统的经验和 181
> 科学的领域，并因此使得认知的任务发生全面的方向转变……只有通过意向性现象学我们才以最深刻的理性理解到自然的客观主义是什么，以及特别理解到，由于其自然主义，心理学必定完全错失了有关精神生命成就的这一根本的、真正的问题。（《危机》，298－299；Hua VI 347）

胡塞尔在此认为现象学将文化或精神研究、精神生活置于正当的科学基础之上。因为他认为精神是根基于生活世界的。

生活世界

后来的“生活世界”概念的第一次表述最早出现在《观念1》中，被称作“经验世界”，它意味着作为我们一切可能经验相关项的世界之通常的自然概念。在1920年代中期，特别在1925—1928年的“现象学心理学”讲座中，胡塞尔赋予此词以更专门的意义，但他直到《危机》以前并未使它成为主要研究中心。胡塞尔是通过运用还原法才达到世界概念的。生活世界就是作为现象的世界，作为我们意向性经验的相关项。特别是在其《观念2》写作前后，胡塞尔渐渐开始将生活世界看作应该插入自然世界和文化世界之间的一个层次。生活世界就是前历史经验的世界使我们得以与自然互动并发展我们自己的文化形式者。梅洛-庞蒂虽然在《知觉现象学》中将生活世界看作胡塞尔思想离开先验唯心论的一个转折点，但更准确的是将生活世界层次看作胡塞尔通过还原法发现的一个更具构成性的意义层次，而且生活世界本身是由匿名的先验自我所构成的（参见《危机》

§36，138ff；Hua VI 140ff)。事实上，胡塞尔（《危机》§43）主张，还原法可以从不同于《观念1》《笛卡尔沉思》等著作中通常称作“笛卡尔方法”的新的观点加以研究。新的还原法希望从生活世界出发，并探究“世界的前所与性的方式”问题（《危机》§43，154；Hua VI 157)。这种新的还原法并不朝向空无内容的自我，像笛卡尔方式那样，而是朝向这样的自我，它已经多方面地内在地联系于世界了。

在《危机》中，胡塞尔把生活世界看作人类活动的普遍框架，包括我
182 们的科学活动。这是人类一切成就的最后视界。我们作为有意识的存在者永远生存于生活世界内，它是预先前所与的并被经验作一统一体。生活世界为一般性结构，它使得客体和事物以不同的方式出现，在不同的文化中出现。虽然不同的社会具有不同的观点和不同的理解自然的方式，胡塞尔却相信，对于这些文化差异的更基本探索揭示了生活世界的不变结构。事实上，在胡塞尔的更具生成性的研究中，显然并不存在一单一的生活世界，而是存在一系列相互交叉的或重叠的世界，从作为“家园世界”的世界开始，扩充至那些遥远的、“陌生的”或“疏离的”其他世界，即其他文化的世界。胡塞尔的生活世界研究引起许多社会学家和人类学家的兴趣，以及所有那些关心人类文化和自然世界关系者的兴趣。胡塞尔自己认为，生活世界研究可能成为一门新科学、一门关于意见的科学的基础，一门关于被大大轻视的信念〔doxa〕世界的基础（《危机》§44，155；Hua VI 158)。

胡塞尔对生活世界的关注开始于写作《观念1》时期，而未出版的《观念2》强烈涉及“周围世界”以及文化与精神世界，但是直到1920年代它尚未成为重要的主题，而在1930年代它成为了主导概念。虽然“世界”和“世界内存在”在海德格尔的《存在与时间》中起着主要作用，胡塞尔明确否认他的生活世界概念来自海德格尔。胡塞尔在自己的哲学中甚至处理着不同的“世界”概念。[19]事实上，胡塞尔在《观念2》中论述的“周围世界”对于海德格尔自己的“在世存在”概念的形成，起着重要的作用。胡塞尔自己在其现象学中关注着社会的、文化的、历史的世界，将其视为人类学计划的彻底化，他称之为“意向性人类学”。胡塞尔甚至是法国人类学家列维-布吕尔的崇拜者。[20]

在《危机》中，胡塞尔特别关注生活世界的一个重要方面，即这样一种方式，在其中带有其理性的指导规范的科学意识产生于日常体验及其实

践的普通非理论的形式之中。海德格尔在其《存在与时间》中也使此概念成为他对工具和其他客体的人类经验进行讨论时的中心概念。胡塞尔最初并未将科学态度和自然态度加以对比，反而是强调科学世界“属于”生活世界（《危机》，附录 VII，380；Hua VI 附录 XVII 460）。然而，我们未能使生活世界成为研究主题可能使我们处于忽略我们的文化形成物（包括科学观点）被歪曲现象的危险。特别是，伽利略以来的近代科学的成功，用 183
科学客体形式取代了我们的直接体验形式。早在《作为严格科学的哲学》中，胡塞尔就把伽利略视为近代自然研究方法的奠基者，此自然现在普遍地存在于自然科学中。伽利略以精确概念取代了模糊的日常概念（PRS 100；Hua XXV 24）。胡塞尔始终赞叹自然科学的杰出成就，但他极其关注于此理论观点是如何达到的以及其基础为何的问题。他断言，此一科学观产生于欠缺实践兴趣的纯粹理智的“游戏”。在 1930 年代末发表的笔记中他对此加以阐明，作为他和海德格尔辩论的一部分。以下一段引文是我自己翻译的：

> 需要特殊的动机以便使理论的态度可能成立，而且与海德格尔相反，在我看来，无论对于科学还是对于艺术，一种原初的动机存在于作用（Spiel）的必然性，特别是存在于一种游戏的“理智好奇心”，它不是产生于任何生活或职业的必要性，不是产生于自我延存目的之环境，此一好奇心注视着事物，希望认知事物，它与此事物并无关系。而且在此与“有缺欠的”实践毫不相干。[21]

科学产生于一种特殊的理论态度、一种超然的游戏性和好奇心。然而，如果以此游戏性产生的客体被无批评地断言为我们生活世界经验的实在客体，那么严重的问题就产生了。这就是近代世界中发生的问题，科学的世界观成为无所不在。

再者，科学中的此一危机被反映在我们的社会危机中。于是，在其后来纳入《危机》作为附录的 1935 年的维也纳讲演中，胡塞尔说道：“欧洲国家患病了；欧洲处于危机中”（《危机》，299；Hua VI 315）。这一危机并非是被历史任意产生的什么东西，它也不是一种“阴暗的命运，一种无法理解的命运”（《危机》，299；Hua VI 347），而是欧洲文明在其中解释和实行普遍理性目标之方式的不可避免的后果，在此方式中此一目的论被实行着。胡塞尔说：

> 为了能够理解目前危机的混乱性，我们必须提出作为理性无限目标的历史目的论的欧洲概念；我们必须指出欧洲世界如何产生于理性观念，也就是产生于哲学精神。此危机于是可被判断为理性主义的明
184 显失败。然而，一种理性文化的失败理由并不在于理性主义本身的本质，而只在于其被肤浅化，在于其卷入了“自然主义”和“客观主义”。（《危机》，299；Hua VI 347）

此一危机部分原因在于一种被误导的理性主义（《危机》，299；Hua VI 347）。

胡塞尔把欧洲理性主义等同于西方的命运。对于他来说，“欧洲”一词不只是在地理上指一个大陆，而且指“一种精神生活、活动性、创造性的统一体”（《危机》，273；Hua VI 319）。于是，“欧洲”就相当于一种普遍科学之梦想、一种新理论态度的胡塞尔“缩写”，它在古希腊有其实际的起源（取代了种种神话学的和诗学的思辨）而且被柏拉图表述以回应怀疑主义之威胁。令人惊异的是，胡塞尔在其有关欧洲思想和精神生活的论述中，明确地排除了在欧洲到处流浪的“吉卜赛人”（《危机》，273；Hua VI 319）。于是，对于他而言，只有那些对于西方理性主义兴起有贡献者才能算作欧洲人，而且他毫无疑问地将吉卜赛人和其他人看作前历史的生活形式的残余。胡塞尔将吉卜赛人排除在外，代表着一种古老的欧洲知识分子的价值判断，但是此一偏见的一种粗劣化形态曾经刺激了纳粹去清除那些胡塞尔心目中要从欧洲生活中排除的民族。的确，在胡塞尔逝世不久，从1939—1945年期间，大量吉卜赛人和犹太人一同在纳粹集中营内被消灭。胡塞尔自身避免预设性的能力在此表现出局限性。他的言论如“按照古老的熟悉定义，人就是理性的动物，而在广义上，甚至新几内亚岛民也是人而不是牲畜”（《危机》，290；Hua VI 337）似乎至多表现出宽厚态度，却带有一种侮辱性的、种族主义的语气。显然，胡塞尔本人对于他认为的文明给与高度评价，而文明是指专门贡献于普遍理性追求者的。

胡塞尔的精神的欧洲是“一种认知无限任务之观念的文化”（《危机》，279；Hua VI 324），充斥着“朝向无限任务的一种自由批评和给与规范的精神”（《危机》，289；Hua VI 336），然而前科学的文化则拘禁于有限性和“神秘的-宗教的态度中”（《危机》，283；Hua VI 330）。胡塞尔特别关心于一种历史时刻，即当一个民族或个人超出了自己文化的世界或环境之

上并探索着一种普遍真理、一种超越的普遍真理（注意这与他最早探索数学普遍真理如何能够产生于一个人主体意识的问题的类似性），用鲍尔扎诺的话说，就是“真理本身”。

胡塞尔的欧洲将理智思考（理论化〔theoria〕）的极其特殊的态度之觉醒归之于古希腊人。[22]胡塞尔描述到，按照自然态度，人类如何直接地朝向世界；于是，需要一种特殊的精神冲动去越过社会之“善”或更一般 185
地采取一种理论态度去进行追求，但是最高级的态度就是采取一种普遍的批评观：“对一切生活和一切生活目标进行普遍批评”，目的在于“基于绝对理论观的一种绝对自我负责意识”（《危机》，283；Hua VI 329）。这就是普遍知识的和通过一种方法进行的认知的指导观念。在《观念 2》中，胡塞尔细心地论述了科学家的“信念的-理论的”态度性质，以及它如何发生于一种自由选择的、脱离正常评价意识的观点转变之中。他指出，科学家可能把天空看作美丽的，而在正常态度中对天空美的体验可能是其主要意向；但科学心态以某种方式自由地改变了观点，虽然或许不经意地欣赏着蓝色天空，却开始把天空看作具有某种不同于审美经验（此经验是科学家总会具有的）的性质。胡塞尔热衷于探讨这种“信念的-理论的”态度能够区别它赋予客体的属性和它赋予观察主体的经验，并把真正科学的部分看作属于先前的领域。胡塞尔评论说：

> 哲学家的理论态度中最重要者即其批评立场的特殊普遍性，以及其不加质疑地采取任何前所与的意见或传统的决心，以至于他可以在面对全部传统上前所与的世界时，探索本身为真者，此即一种观念性。（《危机》，286；Hua VI 333）

胡塞尔将此新的理论立场看作由一种观念性真理的规范所引导，而且此朝向一理想的行为，实际上具有转变文化过程中的实践效果，并通向“被普遍改变了的实践”（《危机》，287；Hua VI 334）。现存的前哲学的文化被转变了。作为其中的一个例子，胡塞尔引述了上帝在哲学文化中被逻辑化的例子，即被等同于“逻各斯”。（特别是此一分析影响了德里达发展出他对西方文化中逻各斯中心论的论述。）

在维也纳讲演中，胡塞尔继续着他对自然主义的批评。通过发展某种分离的“精神科学”来反对自然主义是不够的，因为人类和动物生存是彻头彻尾躯体化的：

> 对于动物的精神性，人的和动物的“心灵”的精神性，是个别地、因果性地基于身体性的，而一切其他精神性必定溯源至此精神性。(《危机》，271；Hua VI 316)

186 人类生活是朝向着目的前进的，而且由于此目的成为意识的对象，它可以被意欲着。在此胡塞尔的观点非常近似于黑格尔的观点，甚至仅就他声言自己并非提出一种玄想而是产生了一种预感（Vorahnung）——经历着“无前提的反思”（《危机》，275；Hua VI 321）。胡塞尔表明，科学是观念的产物，是在不同意义行为中保持同一者的产物，后者对于不同的人在认知上是同一的。但是在超出理论的和自然的态度之外，存在着一种新的彻底的态度，它认真看待一切价值批评，“对一切生活和一切生活目标进行普遍批评”，目的在于将我们转变为能够“基于绝对理论观的一种绝对自我负责意识”的“新人类”（《危机》，283；Hua VI 329）。显然，胡塞尔在绝对可靠的第一认知（基于明证性的认知）内保持着其信念。真实的理性仍然被解释为真实的明见性（《危机》，296；Hua VI 343）。

我们于是使此科学的理解相关于生活世界的结构。按照现象学的理解，我们将看到精神如何相关于自然，当我们理解人的意义（包括一切文化成就，胡塞尔在此追随着黑格尔和狄尔泰称“文化”为“精神”）按其在意识行为中被构成的方式时。这只有通过先验现象学才被恰当地理解。

几何学起源

作为胡塞尔的《危机》的一个部分的短著《几何学起源》，曾获得某种独立的生命，因为它被芬克于1939年在法国出版了，而且曾由梅洛-庞蒂、德里达等评论过。此文对于胡塞尔有关数学观念性客体构成的讨论提出了一种修正。他现在提出了一种发生学说明。几何学是在土地丈量中产生的，但是逐渐增加着精确性的要求，而且随着一种理智性的游戏精神，它转变为一种有关纯粹形态的本质性科学。对于此步骤至为重要的是，几何学的明见被书写下来，因此可为逐代新的研究者掌握，这些研究者必须重新展现那些基于书写符号的、具有明见性的基本成就。德里达注意到，这是胡塞尔对其认知计划中少数承认书写作用的例子之一。我们将在后面讨论德里达的章节中对此再进一步讨论。

胡塞尔的成就

胡塞尔反复地强调，他的毕生计划就是过一种哲学生活，在苏格拉底的意义上理解为一种自我批评性的理解和理性的自我负责的生活。他将自 187
己的责任看作识别真正的理性生活然后实践之。再者，胡塞尔认同由笛卡尔和康德表达的近代哲学的中心动力：通过实行彻底的理性评判和一切认知批判以使得生活更富于理性，以及将知识置于一种牢靠的、理性的基础之上。对于胡塞尔、笛卡尔、康德来说，此一任务的关键是以更彻底的方式重新把握主体性领域，设法把主体性的本质理解为一切意义和存在的源泉。这条道路导致胡塞尔首先论述算术起源，然后朝向逻辑学和心理学批评，最后通向一种一般现象学哲学——表现为一种充分的先验唯心论，即将一切真理和意义均视为以先验主体性为基础。

胡塞尔对主体性本质加以把握的计划，可以从很多角度加以批评。在其早先写作中胡塞尔对于客体和实在的处理有些漫不经心（按照“第二逻辑研究”任何时间性事物都是实在的）。他对个人主体性源泉的处理也是乏力的，虽然他按照休谟方式把主体作为一个必要的范畴处理为一个行为集合。直到后来胡塞尔开始把笛卡尔的“我思”的性质和潜力看作提供了一种超出特殊自我范围而朝向主体性本身的明见。他后来有关在多层次中和相关于其他自我对此自我构成进行的极其复杂的反思，还有待于充分消化，并在当前哲学辩论中继续接受批评。

在其一生的一切阶段上，胡塞尔都假定着，求知的最佳途径就是专注于意识的意义构成；其次，这些行为及其内容都最好通过专注于直接直观（从一切经验的和偶然的东西中还原至此直观）中的所与者加以研究。现象学始终开始于现象对意识的显现。然而，或许 20 世纪的大多数哲学家，一方面从维特根斯坦到赖尔、到丹奈特，另一方面弗洛伊德和结构主义的追随者，都具有这样的强烈信念：主体性认知的众多材料，对于提供一个意识科学基础的坚实框架来说，都可能是过于虚幻及不可靠了。于是，例如，丹奈特说，对于人类行为的客观描述，即他所说的“异他现象学”(heterophenomenology)，将比胡塞尔的“自身现象学”（autophenomenology）产生多得多的成果。[23]丹奈特主张，相当地属于假设性的意识状态的内观察，实际上是一种“易于误导的理论化”。当然，胡塞尔方法的维护者可以反驳说，人们只能通过运用以之理解自己的范畴来企图理解别人，所以人们根本并未逃脱“自身现象学”。[24]

188 胡塞尔的批评者相信，他的发现过分地依赖于他人的“看视”，因为他如此过分强调着本质直观而不是强调着理论形成、假说测试或者哪怕是演绎论证。如果人们反驳胡塞尔的现象学发现，他只能辩称他们看错了；他们没有看到他在现象中所可见者。他的回答往往会是一再尝试，即进行更仔细的检查。胡塞尔或许在这一点上树敌最多。他早先受到新康德主义者的批评，说他采取了柏拉图对理智知识最高形式的论述：真正的知识涉及如其所是地那样看视物，通过一种直接明见把握物。打算追随胡塞尔明证性直观的哲学家并不多，胡塞尔主张直观为一种确认形式的认知，它最终证实着一切其他形式的认知。足以引发辩论的是，关于我们以为直接对我们而言为明证者可能事实上大错特错，而且，很难区分胡塞尔的明证概念和简单的心理学的确定性感觉（即使胡塞尔企图使这些概念相互分离）。胡塞尔本人会反驳说，大多数科学认知事实上都涉及象征化作用，而且所知者并非是直观地、明证地被把握的，但是，然而，任何知识论断的基础都是将某物把握为真的观念，而且这会作为对于我们是正常的直观经验而发生，当我们理解：两个相等于第三个长度的长度彼此相等，如此等等。事实上与亚里士多德、欧几里得、笛卡尔一致，胡塞尔认为知识根基于明见性。后者本身不可能证明而只能被直观地把握为真。然而比这些理论家走得更远，胡塞尔大大扩展了直观性的范围。然而人们或许会替胡塞尔辩护说，他真的实际需要一个类似于数学明见性的自明性概念。关于一位数学家具有关于“12×12＝144”的明见性，其中绝无含混性、模糊性或纯粹主观性。胡塞尔就是这样认为类似的自明的真理可能存在于一切意义领域。胡塞尔对达到本质明见性的努力，最终被歪曲为海德格尔的让意义显现的格言式的方式。于是，海德格尔在思考语言的本质时，将明见性概括为“语言在言说”。这必然导致人们忧虑，现象学可能最后产生了极其肤浅的明见性。

再者，虽然胡塞尔擅长细腻描述，他并未对语言仍然受制于理智性假定系列的方式进行阐明，这些假定是他企图纳入括号的。一般来说，胡塞尔对于语言在我们自己的意识思想体验和意向性经验中的作用，迟迟未予讨论。语言的促动性和歪曲性作用在海德格尔和维特根斯坦的哲学中极为突出，两人都强调我们对意识行为的直观，相比于我们介入语言的公共使

用来说，在某种意义上较为次要。胡塞尔的“方法唯我论”（如 Fodor 按 189
照卡尔纳普的看法所说的）不被看作科学发现的一种可靠方法。胡塞尔的还原论被看作“无事生非”。过于关注从直观中排除一切经验事物，好像是“存余者”反而是认知本身的核心。很多哲学家原则上都拒绝将知识的经验方面和先天性方面加以分离的可能性。

胡塞尔为一门新科学奠定基础的主张并未被后来的哲学发展所证实。虽然他的意向性论述在最近有关心的哲学讨论中重被关注，存在的一种强烈感觉是，胡塞尔事实上根本并未提供一种意向性理论。这就是说，他并未对意向性关系给与实证的论述。再者，胡塞尔的纯粹描述科学在解释的问题上很快搁浅。描述本身被看作具有高度偏见性的，在文化和历史上是偏颇的，等等，而且描述本身必须予以仔细质疑（或许可以引述利科的用语“怀疑解释学”）。甚至胡塞尔最终不得不承认，他为一绝对无前提的第一哲学（现象学）奠定基础的企图，以失败告终了。1935 年，在其生命最后阶段，胡塞尔极其遗憾地承认，考虑到哲学的当前倾向，包括他以前的学生的活动，达到哲学作为一门科学的理想是不可能的。他宣称：“哲学作为科学，作为严肃的、严格的甚至绝对严格的科学，这个梦想已经过去了。”（《危机》，389；Hua VI 508）在此请注意，胡塞尔并未谴责此理想本身，他只是承认一个遗憾的事实：哲学家并不理解此理想，而且在种种诱惑下误入了科学哲学的“非理性替代物”。不是胡塞尔终结了此梦想，而是那些假定的追随者在历史主义引诱下而误入了歧途。

胡塞尔最大的贡献在于他对艰难领域的细致勘测：意向性行为结构，意义意向和意义充实的性质，在一般意识经验形成中的时间知觉，自我自构成中的复杂层次化，以及社会与生活世界。再者，他对自然科学中甚至逻辑学和心理学中的素朴性〔简单化倾向〕的批评，即具有典型性。他也是一位极其诚实的思想家，饱受失意感缠绕：他未能对自己如此清晰知觉到的领域加以充分阐明。

在分析哲学家中，胡塞尔现在受到重视的主要是他的《逻辑研究》和《观念 1》中提出的诺耶玛理论。胡塞尔对心理主义的批评，他对逻辑学作为纯粹先天真理科学的维护，他在《逻辑研究》中对记号和意指作用的论述，以及他对弗雷格意义学说的概括，都受到以下分析哲学评论家的高度称赞，如弗莱斯达勒、达米特、穆里根以及贝尔。普特南赞赏胡塞尔对自 190

然主义和素朴客观主义的批评，并在自己有关当代科学唯物主义观错误的讨论中援引《危机》中有关欧洲科学的评论。

在评价胡塞尔的影响时，很多评论者都希望将他的描述现象学贡献和他后期引人怀疑的先验唯心论加以区分，但是胡塞尔本人对此解释予以拒绝。对他来说，现象学本身就是先验唯心主义的证明：

> 只有当人们或者误解了意向性方法的或者先验还原论的最深意义或者同时误解了二者时，才会企图将现象学和先验唯心论加以区分。(CM §41，86；Hua I 119)

胡塞尔是根深蒂固的唯理主义哲学家，他相信一切体验都能够从现象学观点加以研究，进行还原，排除其经验性内容，并在直接直观中被给与。渐渐地他开始相信，一切意义行为的源泉都是先验主体性，并企图发现此神秘性实体的先天本质结构，后者是在离开了我们的日常经验意识后获得的。晚年（特别是1920年代中期以后）胡塞尔的中心观点是，对主体性的本质转向可以按两种方式进行，一种是有缺欠的，一种是示范性的。人们可以或者通过心理学渠道使此朝向达至主体性并产生一门先验心理学或先验人类学，或者进行真正的突破以进入先验领域，后者正是他自己采取的方式。极少胡塞尔追随者能够在此方向上跟随他。极少人能够理解在心理学领域和先验领域之间存在的一种被假定存在的、精确的“平行关系”。

一般而言，在欧洲大陆，一些胡塞尔助手，特别是芬克和兰德格里伯，以相对而言不变的方式继续着胡塞尔的研究，在还原论框架内进行描述研究。但是，胡塞尔的最著名助手海德格尔，如我们将看到的，完全改变了胡塞尔的现象学，将现象学和解释原则、解释学加以融合，从而彻底地将现象学历史化。虽然海德格尔做过胡塞尔多年的助手，海德格尔从来没有接受过胡塞尔先验主体性的感召以及似乎含蕴着的特殊唯我论（尽管胡塞尔的证言相反）。我们将在以后的章节里看到，海德格尔批评胡塞尔放弃了自己的现象学方法的基本发现并倒退至先验唯心论。虽然胡塞尔
191 （在其1911年的《作为严格科学的哲学》中）强烈反对狄尔泰的历史主义呼吁并将其作为一种相对主义予以抛弃，海德格尔另一方面则为狄尔泰的生命哲学所吸引并接受了人类在世界生存中具有历史性的理解。海德格尔1927年发表的《存在与时间》详细论述了人类在世生存的有限性和历史性。当胡塞尔读此书时，将其看作对自己的先验论朝向的重大背叛。胡塞

尔认为海德格尔仅只是对自然态度提供了一种彻底的描述，而并非企图终止自然态度，如胡塞尔现象学所建议的那样。在胡塞尔看来，《存在与时间》是一部现象学的人类学工作，是对以自然态度在世生存、对在日常情绪中所与者（焦虑、厌烦、匿名性等等）进行的探讨。胡塞尔将作为人类学的《存在与时间》看作返归了素朴性，后者正是对自然态度的彻底的先验性批评所要加以克服的。再者，胡塞尔对于海德格尔转向生命哲学，特别是狄尔泰和舍勒的生命哲学非常失望。对于胡塞尔，真正的现象学不可能存在于任何有关人类存在的科学中（Trans. Phen.，485－486；Hua XXVII 164）。

在以下章节里，我们将追溯胡塞尔精神遗产的演变和转化。

注释：

[1] E. Fink，"Operative Concepts in Husserl's Phenomenology"，in W. McKenna，R. M. Harlan，and L. E. Winters，eds，*Apriori and World European Contributions to Husserlian Phenomenology*（The Hague：Nijhoff，1981），pp. 56－70，esp. pp. 67ff. 495

[2] See R. Sokolowski，*The Formation of Husserl's Concept of Constitution*（The Hague：Nijhoff，1964），p. 196.

[3] 关于探讨社会构成（在胡塞尔的意义上）的这种形式，参见：John R. Searle，*The Construction of Social Reality*（London：Penguin，1995）。

[4] See Husserl's remarks in his lectures on "Nature and Spirit" from the Summer Semester of 1927，quoted in Bernet，Kern，and Marbach，*An Introduction to Husserlian Phenomenology*，op. cit.，p. 203.

[5] R. Sokolowski，*The Formation of Husserl's Concept of Constitution*，op. cit.，pp. 200－201："the immediate present is not constituted in any way；it is the only element in Husserl's entire phenomenology that has this characteristic."

[6] See *Edmund Husserl 1859—1959*，op. cit.，p. 87.

[7] See J. J. Kockelmans，"Husserl and Kant on the Pure Ego"，in F. Elliston and P. McCormick，eds，*Husserl. Expositions and Appraisals*（Notre Dame，IN：University of Notre Dame Press，1977），pp. 269－285. See also E. Marbach，*Das Problem des Ich in der Phänomenologie*

Husserls（The Hague：Nijhoff，1974）.

［8］James Mensch，“What is a Self?”，in Burt C. Hopkins，ed.，*Husserl in Contemporary Context*（Dordrecht：Kluwer，1997），p. 65，引用詹姆士有关心理学只需要心理状态材料的观点，来表明这是当时对胡塞尔产生过影响的例子。

［9］See A. Gurwitsch，“A Non-egological Conception of Consciousness”，in *Studies in Phenomenology and Psychology*（Evanston，IL：Northwestern University Press，1966），pp. 287-299.

［10］Husserl，*Fifth Logical Investigation*，§6，LI，p. 544；Hua XIX/1 368，在第二版补充说，除非我们把自我概念看作一种“剩余”（“residuum”），否则“我在”（ego sum）将不可能有实在的自明性。

［11］Elizabeth Ströker，*Husserl's Transcendental Phenomenology*（Stanford，CA：Stanford University Press，1993），p. 118.

［12］For Reinach's discussion of convictions，see B. Smith，“On the Cognition of States of Affairs”，in K. Mulligan，ed.，*Speech Act and Sachverhalt. Reinach and the Foundations of Realist Phenomenology*（Dordrecht：Nijhoff，1987），pp. 205-210.

［13］Edith Stein，*On the Problem of Empathy*，trans. Waltraut Stein，*Collected Works of Edith Stein*，Vol. 3（Washington，DC：ICS Publications，1989）.

［14］Husserl，“Kant and the Idea of Transcendental Philosophy”，*Southwestern Journal of Philosophy* 5（1974），p. 31.

［15］Husserl，*Zur Phänomenologie der Intersubjektivität. Texte aus dem Nachlaß. Zweiter Teil：1921—1928*，Hua IV 641-642. See also CM §52，115；Hua I 145.

［16］“Phenomenology and Anthropology”，in E. Husserl，*Psychological and Transcendental Phenomenology and the Confrontation with Heidegger*（*1927—1931*），trans. and ed. T. Sheehan and R. E. Palmer（Dordrecht：Kluwer，1997），p. 498；Hua XXVII 178-179.

［17］See，for example，*The Amsterdam Lectures*（1928）§5，trans. in E. Husserl，*Trans. Phen.*，p. 221；Hua IX 311.

［18］Similarly，Heidegger saw both communism and American capitalism-the two major cultural forces of the post-war era-as both forms of a technological rationality which was unthought in its essence and in its implications for human cultural life and its relation to Being.

[19] See Rudolf Bernet, "Le monde (Husserl)", in *La Vie du sujet. Recherches sur l'interprétation de Husserl dans la phénoménologie* (Paris: PUF, 1994), pp. 93-118. 496

[20] 胡塞尔读了布吕尔的书后给他去信，称赞他关于非历史的原始社会性质的研究是向一种基本人类学的突进。参见：*Briefwechsel* VII 156-159. Merleau-Ponty frequently refers to this letter。

[21] Husserl Archiv B 1 32, Nr 17. 我感谢 Dr S. Luft 让我注意到下面一段话。我感谢胡塞尔档案馆允许我引用未发表的文字。此段德文原文如下：

Es gehören besondere Motive dazu um theoretische Einstellung möglich zu machen, und gegenüber Heidegger will es mir scheinen, daß ein ursprüngliches Motif liege, für Wissenschaft wie für Kunst, in der Notwendigkeit des Spieles und speziell in der Motivation einer spielerischen, das ist nicht aus Lebensnotdurft, nicht aus Beruf, aus Zweckzusammenhang der Selbsterhaltung entspringenden "theoretischen Neugier", die sich die Dinge ansehen, sie kennenlernen will, Dinge, die sie nichts angehen. Und nicht "defiziente" Praxis soll hier vorliegen.

[22] 关于一个极其类似的论述，参见：Hannah Arendt, *The Human Condition* (Chicago: University of Chicago Press, 1958)。

[23] See Daniel C. Dennett, *Consciousness Explained* (London: Penguin, 1993), pp. 66-98.

[24] 有关这一类的对 Dennett 的批评，参见：David Carr, "Phenomenology and Fiction in Dennett", *International Journal of Philosophical Studies* 6 (3) (September, 1998), pp. 331-344。

192

6 马丁·海德格尔

海德格尔之谜

海德格尔，毫无疑问，是 20 世纪伟大哲学家之一，他的主要著作是《存在与时间》[1]，尽管内容艰涩，无疑是足以与康德的《纯粹理性批判》和黑格尔的《精神现象学》相媲美的永恒哲学杰作。[2]海德格尔本人是一位复杂而极富魅力的人物。一方面，他作为思想家和教师的杰出才能吸引了大批优秀学生，如阿伦特、伽达默尔、莱维纳、马尔库塞、吕维茨、图根哈特，以及其他人。对于阿伦特，海德格尔是一位“激情洋溢的思想家”[3]，他把思想带入生活；他对彻底性提问的始终不渝地坚持吸引着伽达默尔和德里达。另一方面，海德格尔有关哲学作为一种孤立思想的概念[4]，以及他的充满新词和词义游戏的晦涩写作风格，导致他的作品受到轻视。海德格尔的夸张的表达方式（他以此方式企图这样来表达见解，使其可以避免传统哲学术语的歪曲性效果）被那些主张清晰和精确的哲学家所嘲笑，如卡尔纳普和艾耶尔。甚至欣赏海德格尔关于自我论述的某些方面的赖尔，也认为他的现象学将会以一种“自我毁灭的主观主义”或一种“空洞的神秘主义”而结束。[5]但是，当海德格尔有意愿时，他可以以令人惊异的清晰性、简洁性和透彻的明见性进行写作。

海德格尔也因其 1930 年代曾经拥护纳粹，以及战后对与纳粹恐怖相联系的问题，特别是对于集中营大屠杀罪行保持完全的沉默，而激发公众的争议。早先，萨特和阿伦特都把海德格尔未能在政治上与纳粹断绝关系看作一种性格上的软弱，而雅斯贝尔斯则将其思维方式描绘为“本质上不自由的、专横的和不可交流的”[6]。此外，海德格尔对纳粹的拥护与他对一
193 种表达家园性和土地归属性语言的挚爱相联系。阿多诺对海德格尔使用一种有关真实性〔authenticity〕的“晦涩语”表现的“哲学平庸性”进行了分析，这种晦涩语利用着德国浪漫主义对“真实性”的宗教式热情以及民间民族主义的一些最坏的方面。[7]晚近德国史学家克莱姆佩勒（K. von Klemperer）概括了这种对于海德格尔的普遍反感：

> 我必须承认我发现海德格尔其人是无吸引力的，尽管他我行我素并献身其任务，但却是没有幽默感的，对朋友（如雅斯贝尔斯和吕维茨）不忠实，而且像纳粹时期如此众多的德国人一样，完全欠缺忠贞勇气。我要补充说，我对他的鼠珠般的小眼睛和唇须毫无兴趣，并怀疑其装束（一件黑森林农夫夹克配上挂满铁十字徽章的军上衣，再加上乡村滑雪裤），以及最后，但非不重要的是：我受不了他的元语言。[8]

毫无疑问，海德格尔性格和哲学观的某些方面，还不说他的政治牵连，是令人讨厌的，但是，如果以此观点评价其全部哲学贡献，那就完全错误了。

对于海德格尔贡献的任何公平评价必须承认，它改变了20世纪哲学的形态。他通过其对人的生存或“此在”的彻底反主观主义的和反人类学的论述，否定了流行的唯心主义（不论是新康德主义的还是胡塞尔的）。《存在与时间》被看作对于何者为人的问题，提出了最强而有力的反笛卡尔、反主观主义、反二元论和反唯智主义的探讨，以及人类如何以充满关切的态度交遇世界，人束缚于诸情境中，却从这些情境中向前投射自身。他以对“在世存在”概念的彻底表述，以及通过对哲学史特意挑衅性的“瓦解式的”读解，转变了哲学。他对尼采、康德、亚里士多德以及前苏格拉底学派给与了独创性的和挑战性的解释。海德格尔也在其他哲学领域做出了挑战性的和独创性的贡献：他对真理性质提出的反再现主义的以及本体论的论述；他对艺术品的本体论性质提出的反主观主义的和反唯美主义的评价；他对某些种类的语言表达和诗学化性质的深思。当然，海德格尔在克服新康德主义认识论成见中起了重要的作用，这使他与当代实用主义和外在主义联系在一起。海德格尔在复兴本体论和反思存在意义问题方面也起着重要作用，这导致了人们对亚里士多德和一般形上学传统的一种新的兴趣。在其晚期作品中最有影响力的诸方面之一是，他对全球技术化框架 194
（das Gestell）无所不包的性质所做的复杂而具有真知灼见的分析，此一技术化框架现在威胁着要吞没真正人性的生存方式。

海德格尔的一切哲学贡献都值得仔细研究和批评，但是就本书目的而言，我们必须限制在海德格尔有关现象学的贡献方面。他是一位最高层级的原创性现象学家，他试图以自己独特的方式贯彻胡塞尔的返回“事物本身”的纲领。在《存在与时间》出版之前，他花费了十年工夫积极研究胡塞尔的哲学，该书声称现象学比胡塞尔更为久远，基本上是一种古希腊的思想方式，并同时推动现象学超出胡塞尔，因为它以有关此在和存在本身关系的更基本研究取代了意向性的意识结构研究。海德格尔于 1919 年战后返回弗莱堡时，适逢胡塞尔在德国的影响开始下降（虽然并非是胡塞尔本人思想发展的影响下降，其思想发展正进入一特别丰富的反思时期，而且，胡塞尔开始在法国、美国和亚洲产生影响）。据伽达默尔和他人报道，那时是海德格尔的教学而不是胡塞尔的教学更具知名度，前者似乎实际上有助于阐述现象学的问题。于是，理解现象学的其后进程要求同时考虑胡塞尔和海德格尔以及二人之间的复杂关系。

尽管（或者因为）其自称的朝向存在问题，海德格尔的思想在深处是现象学的。《存在与时间》显然是一部现象学的本体论研究，而且在其晚年，海德格尔继续把自己描述为一位现象学家。其意义是，他关注事物的显现行为或揭示行为，关注于显示的性质。然而对于现象学的这一承诺，海德格尔晚年更多表现为思想的一般方向，而不是表现为一种专门的方法。在一后来自传式著作《我的现象学之路》中，他声称他得自现象学的是对“现象学之看”的实践。[9] 确实，在其研究明显属于现象学的十年（1917—1927）中以及他 1960 年后的著作中，他都是根据现象学来说明其哲学的，他的现象学往往使真正现象学的看与他认为肤浅的种种现象学的概念相对立，后者要求“本质明见性”却没有任何证明。于是，在代表着他后期观点的致理查森的信中（1962），海德格尔将自己描绘为一现象学
195 家，而且确认他对现象学的直接经验来自与胡塞尔的谈话。[10] 在 1966 年致六十大寿的芬克的信中，海德格尔大致重复着这样的观点：

> 现象学并非指一种特殊的哲学方向。它是今日继续存在的一种可能性的名称，也就是使思想能够达到“事物本身”，或更准确地说，使思想能够达到思想本身。[11]

现象学对海德格尔的实在吸引力是，它揭示着情境的基本可能性。海德格尔在《存在与时间》的导论中说：

> 以下研究将不可能，如果没有胡塞尔事先奠定的基础的话，现象学是随着他的《逻辑研究》而出现的。我们对现象学的预备概念的评论指出，其本质不在于其作为一种哲学运动的现实性方面。可能性比形上学的位置要更高。我们只通过把握其可能性来理解现象学。（BT

62-63；38）

存在问题

海德格尔的观点是，一位哲学家只具有一种单一的深层思想，对此思想他一直努力将其表达出来。他在一首诗中写道：

> 思想就是使自己限制于单一思想内，有一天它静立于世界，如空中一颗孤星。[12]

就他的情况来说，他毕生的工作是一心一意地企图不断去检验存在问题，此问题他认为最初在古希腊哲学中提出，但它后来僵化为一种枯燥的形上学，而形上学在他的时代已被普遍忽略了。如果相信海德格尔自己有关他的思想形成的论述，那么是布伦塔诺和亚里士多德最早引领他重新思考存在的问题的。于是，他在《存在与时间》中宣称，他提出研究"存在问题"（BT 20；2）[13]，即"存在之意义问题"（BT 19；1）。

再者，海德格尔建议，正是通过现代思想中的"存在忘却"现象来研究此问题。这是一个深刻的现象学的步骤，通过它以其在现代经验中显现（或被隐藏）的方式来研究此问题。甚至忘却性实际上是一肯定现象，一 196
相关关系样式，后者揭示着存在并使其呈现于它自己的特殊方式中。[14]换言之，存在不再是哲学本身中一迫切问题的事实，要求着彻底的研究，此研究将导致海德格尔重新思考一般哲学传统的性质。当然，在背景深处大约存在有黑格尔的假设：一种文化的哲学兴趣是该文化的一种表现，并反映着其健康或病态。海德格尔哲学的第二个假设是，一个传统的起源就是一个根本性事件，它从一开始就决定着传统按其发展的方式。哲学大部分都是对决定其后文化进程观点之原初发生的一种溯源工作。

对存在问题的实际基本意义研究之复兴，将要求与传统形上学历史妥协。问询此问题的传统方式，实际上成为一种解决的障碍。海德格尔认为自己卷入了一种本体论的根本化作用，它涉及本体论并与历史事件的性质联系在一起。早在1919年左右，海德格尔开始构想哲学中的前进之路在于要求一种对传统的"瓦解"或"消除"。[15]海德格尔可能是在路德（他希望在基督教传统中瓦解亚里士多德主义）那里发现此"瓦解"概念的，但是此概念肯定也出现在胡塞尔的著作中，胡塞尔在若干重要著作中谈到过"消除"〔Abbau〕。在《存在与时间》中海德格尔的"瓦解哲学史"包含着排除康德成分和笛卡尔成分，以便发现构想人类存在现象的原初存在论的（以及古希腊的）途径，例如发现亚里士多德的人类实践概念的实在意义。在《存在与时间》§6 中，他说：

> 如果存在问题是要使其自身历史明澈化，那么此固结的传统必须被松解，而且它导致的隐蔽性必须被消除。我们将其理解为这样一个任务，在其中把存在问题看作我们的线索，我们要消除古代本体论的传统内容，直到达至那些原初的经验，在其中我们获得了决定存在性质的最初途径，此途径自此以后永远引导着我们。（BT §6，44）

海德格尔拒绝对于存在问题的传统形上学方法，因为此方法将它们理解为“事物”从而误解了存在物的性质，即将它们理解为“简单的存在者”，理解为“事件”，理解为“现实”，理解为“手边出现者”。传统形上
197 学认为本体论直接描述存在物，它不理解本体论是建筑于某种对世界的假定的态度上的，而世界事实上不是根本性的，而是属于一种由于人类深陷日常存在而被歪曲的体验方式中的。形上学将对事物的特殊研究方式提升到关于存在物本身的科学。海德格尔的中心观点是，传统形上学的理解实际上是一种日常关于一系列实在假设的沉淀，而此假设系列，通过对人类相关于世界的一切方式进行的更深入探讨，应该被指明正是如此。特别是，古希腊意义上的理论优先性，胡塞尔如此赞赏的沉思观的优先性，被表明是传统的一种特殊效果，而不是此在本身的一个基本特性。这导致海德格尔对传统形上学有关人作为理性动物的定义，以及关于人以神的形象及肖像制成的传统宗教假设，进行了根本的质疑（BT §10）。反之，人的存在必须按其本身条件加以彻底思考。此一思考包含两个方面：企图对于此在（Dasein）进行一种存在论分析，企图从厚重顽固的传统深处恢复表达存在关键词语的本质意义。为了指出和揭露传统形上学论述（包括中世纪经院哲学、笛卡尔思想、唯理主义和康德思想）的这种片面的偏颇性，海德格尔提出一种新的“基本本体论”（BT 61；37），对于存在结构在其中通过人的存在结构被揭示的方式进行探讨。再者，此种探讨只能通过现象学加以贯彻，此现象学现在被转换为解释学的现象学，因为存在的现象永远要求解释，而且解释学就是关于解释的艺术。

人的存在并非是一实体，此实体直接存在于世界，可从不同角度触及。实际上，人的存在是某特殊个人的存在，它具有“特殊性”（Jeweiligkeit）或“自我性”（Jemeinigkeit）性格。因此，对于人的存在的解释也

不可能是中性的、不偏不倚的、理论性的沉思，而必须考虑参与的研究者的介入性。人以这样的方式介入其存在：解释学必须能够完成在有待检查的存在和进行检查者之间的来回运动。海德格尔在《存在与时间》中的基本本体论将试图勘探使人之存在成为可能的先验性条件，虽然认识到人是个别性存在者（beings），其存在（Being）是相对于他们本身的问题。海德格尔对此在的分析，对该特殊实体或"在者"（das Seiende，此在者只关心其存在的样式，而其存在是相对于此在者的问题）的分析，大致揭露了实存的存在论结构（这些结构显示了克尔恺郭尔、雅斯贝尔斯和狄尔泰的 198
影响），但是海德格尔比这些哲学家中的任何人都更着重于将人作为质询者的本质作用，提升到一个本体论的层次。标示出人的实存本身的正是此有关存在的基本关切。质询行为优先于一切其他形式的互动行为。理解作为质询者是什么，揭示了纯粹人类的"在世存在"（In-der-Welt-Sein）样式作为一种在世界内的投射性关切和介入。

但是，在《存在与时间》中，海德格尔并非仅希望对于人类存在提出一存在论分析。他的最终目的是理解存在之意义和其与时间的关系。海德格尔正确看到，传统形上学和目的论的方向导致将真实的存在看作无时间的、永恒的和不变的。在来自柏拉图和亚里士多德的形上学传统中，存在被理解为现前（Anwesenheit），此词含有词根"Wesen"，其意思是"本质"，即希腊词 ousia①，所以现前有静态发生者之义。另一方面，海德格尔把人类生存看作本质上发生于时间中，铺展于过去和未来之间，并以死亡为根本之界限，所以本质上是不完全的。存在必须完全按照时间性来理解。不幸，在哲学的和科学的传统中存在的时间概念对此任务都是不充分的。于是，海德格尔在《存在与时间》的第二部分中根据其时间特性回顾了种种基本人类经验，企图发展一种真正的时间性意义，作为逼近时间本身问题及其与存在关系的第一步。为此目的，海德格尔大大依赖于黑格尔、兰克、狄尔泰和约尔克等人的德国历史传统，甚至援引尼采，以表述此在的历史的和社会的性质。在该书末尾，海德格尔承认，他的基本区分，即在此在之存在和其他实体之存在间的区分，至多只是一种临时性区分，此区分本身必须经受一种更彻底的探索（BT 487；436-437）。虽然海德格尔描述了此在按其相关于世界中诸实体的方式以及制约此在的那些结

---

① ousia 按照希腊文-德文词典，含有 Dasein、Sein、Wesen、Wirklichkeit、Vermögen、Eigentum、Besitz 诸不同义。

构，他仍然必须考虑，此一存在根本上如何可能对此在显露（BT 488；437），所以他已经前瞻到对存在之自显露性质进行分析的可能性，这将使他远离他先前的此在分析并朝向后来对真理以及对“事件”（Ereignis）性质的深思。

在《存在与时间》出版后，大约在1930年（虽然精确时间人们颇有争论），海德格尔的思想发生了方向性变化，对此他在《关于人本主义的信》中将其刻画为一种“转向”（Kehre，Pathmarks，250；GA 9，328；同时参见《论真理的本质》中的附加注，Pathmarks，154；GA 9，201），由于
199 此转向他抛弃了传统哲学的束缚，并企图通过对诗歌、艺术、建筑和哲学史上一些重要的启示性的因素进行沉思式的或许颇为蓄意的甚至风格特异性的考察，以探讨存在的意义（Sein，在其后来的著作中往往写成古体词形 Seyn）[16]。他放弃了《存在与时间》计划，因为“形上学语言”没有能力“谈述此转向”（Pathmarks，250；GA 9，328）。正如他后来对理查森所说，他的做法是要通过现象学以达到“存在之思”（《存在之思》，Richardson，xvi–xvii）。虽然海德格尔放弃了《存在与时间》的程序，他仍然忠实于1927年著作提出的总问题，即存在对时间的关系问题，但要使自己完全摆脱任何主观主义的或人类学的偏见。对于晚年海德格尔来说，不是此在设定着、构成着或说明着存在，而是存在本身在靠近此在（Richardson，xviii–xix）。人的存在（being）和存在（Being）陷入一种本体论上揭示和掩蔽的动态关系中，此关系存在于时间中的存在、现前、显现意义之核心。但是，海德格尔晚年对此揭示-隐蔽作用的思考，如此远离于根据诗歌或语言本身现象所能获得的最佳表现而进行的任何人类学的描述。

海德格尔很长时间以来都认为，古希腊经验，至少在其最初时期，大致对此“显现-掩盖”事件具有一种经验，而且希腊词 aletheia〔揭示〕表达了此一观念，即使古希腊人本身从来也未充分地理解此一启示性观念。后来他似乎越来越认为，即使古希腊人没有此一启示，此观念本质上也将出现于未来。终其一生海德格尔都在谈论此一揭示-掩盖的动态关系，将其视作存在的一种天赐、使命或命运。存在“存在着”（es gibt）或掩盖着自身，而且在此“给与-撤回”运动中孕育着世界历史。他的语言倾向于具有时代、使命、命运的修辞学色彩，而且在其晚年的一些著作中，其语言甚至带有启示录般的语气。于是，海德格尔玩弄着“时代”〔Epoche〕

的意义，以暗示当存在赐予历史时代时，同时也牵扯到一种撤除或“终止”（epoché）。有时海德格尔听起来像是一位预言家，他宣布着时间的结束或上帝的返回，哀叹着世界的黑夜，以及预示着一个新的黎明，即对存在的一种新关系。在其较不夸张表达之时，他后来对历史命运的关切采取一种质询方式，按此方式西方思想（最初显示和展现着存在）转变为一种全球技术化工具理性；只有少数诗学化的思想家（包括荷尔德林、尼采、特拉克尔）对此起而反对。后期海德格尔离开了存在者来思考存在，企图同时思考存在显示的和掩盖的性质，企图在隐蔽性和显示性之间思考此基 200
本性关系。他认为某些诗歌比传统哲学更擅长于表述存在的此一本质性的揭示-隐蔽性质。然而，海德格尔的批评者相信，在此问题上他已转向一种私语言的神秘主义。在本章中我们不拟讨论海德格尔关于存在的后期思想。

海德格尔（1889—1976）：生平和著述

海德格尔出生于一个朴实的乡村，一段时间里曾经是一名天主教神学院学生，之后成为一名优秀的、学术上颇有抱负的讲师。后来他成为纳粹的热情拥护者，而且在战后，他的行为，往好里说，是只顾个人适意的，而往坏里说，是耍两面派的。但是，即使在被终止教学期间，他似乎也能够不顾一切指责而专注于自己的哲学使命。对此态度的最佳象征性表现是，他对在弗莱堡附近 Todtnauberg 地区自己建造的山坡小木屋的偏爱，在那里他眺望着偶像荷尔德林和尼采，经营着孤独思想家的神秘氛围。

早年岁月

马丁·海德格尔（1889—1976）于 1889 年 9 月 26 日生于德国巴登-符腾堡地区 Messkirch 的中产阶级下层的天主教家庭。他从未脱离与 Messkirch 的联系，并经常返回 Beuron 附近的本笃会修道院。他的父亲是一名制桶业商人，曾在地方圣马丁天主教教堂担任司事。海德格尔在本地上了八年小学，之后从 1903 年到 1906 年成为 Constance 国立中学的住宿生，住在为神学院学生准备的耶稣会宿舍（Conradihaus），最初的教育目的是使其日后成为神父。1906 年他迁移到弗莱堡的著名 Berthold 高级中学，在那里，直到1909年，他接受着传统的古典教育。此次迁校使其申请到了一份天主教奖学金，上了弗莱堡大学。

1907年夏，神父Conrad Grüber（来自Messkirch并曾为耶稣会宿舍的监管，不久成为Constance地方牧师，再后成为弗莱堡的主教）送给海德格尔一册布伦塔诺的《论亚里士多德的存在观的若干意义》的书。该书成为海德格尔的“鞭策”（OTB，74），刺激着他去进一步阅读哲学，特别是亚里士多德哲学。1908年他就从学校图书馆借阅了亚里士多德《形上学》的希腊文原版。[17]布伦塔诺的书概括了亚氏有关存在的不同意义（存
201 在作为性质，范畴意义上的存在，可能性和现实性意义上的存在，“为真”意义上的存在），但是，海德格尔更偏好有关究竟是什么使这些不同的意义统一起来的问题，什么决定着“存在”本身而不是“在者”。海德格尔后来在为海德堡科学院讲述自己生平时说，他最初关心的是“存在中多重性的单一性问题”[18]。这始终是他毕生研究的中心。在1962年致理查森的信中他承认，他曾一再困惑于存在的多重性意义的问题，这是布伦塔诺在有关亚氏的研究中提出的，他企图理解是什么将这些不同的存在规定统一了起来。但他也同时热衷于另一个深刻问题：“存在本身（而不是诸存在者）从何处获得其规定?”（Richardson，x-xi）

1909年9月30日，他进入了奥地利Feldkirch的耶稣会修士院，但只几周后就因健康原因被迫离去，或许是心脏问题，他一生不时为此所扰（Ott，56）。他转至弗莱堡教区神学院，按照神学院惯习，他同时在弗莱堡大学神学院注册，在那里从1909年到1911年他学习了四个学期。正如他日后回忆的，两卷本的胡塞尔《逻辑研究》从图书馆借来，“从第一学期开始一直放在神学院书桌上”，似乎从无其他读者索还（OTB，74）。海德格尔那时以为胡塞尔是布伦塔诺学生，可能会对存在统一性问题给与启示。事实上，他从该书中所得悉的是，维护逻辑学和数学真理的观念性身份，反对将诸真理还原为心理内容的心理学倾向。海德格尔曾经倾心于胡塞尔对真理客观性的认可，因为在他看来这与亚氏和新托马斯主义的实在论相互一致。但他也同样关注胡塞尔在“第六研究”中有关范畴直观和真理性质的讨论。

他的神学老师之一，德国思辨神学的反现代主义者Carl Braig（1853—1923），颇有助于他深化对存在问题的理解。Braig的《论存在》（1896）[19]包含着很多有关希腊文形上学名词[20]以及亚氏、托马斯和苏亚

雷斯等人长篇引文的词源学说明。该书甚至包含有短语“诸存在者之存在”，这是海德格尔的问题系列中最重要者。Braig 同样介绍了海德格尔阅读谢林和黑格尔的思想，以及介绍了对作为自明主体性的现代主义之批评。

在此早先神学院学习期间，海德格尔首先接触了解释学，此时他正关
心“圣经话语和神学思辨思想之间的关系问题”[21]。再者，在这些早先年月 202
里他开始阅读诗人荷尔德林、特拉克勒、里尔克、克尔恺郭尔与尼采的著
作。早在 1911 年，疾病迫使海德格尔离开修士院，以及被允准于 1911 年整
个夏季学期休学返回 Messkirch 家里。此时他写了诗篇并计划着未来。他现
在受到财务问题的压力，如果他选择在无教会支持下继续其研究的话。

海德格尔返回弗莱堡后，在数学和自然科学系注册，开始阅读数学书。他特别对数理逻辑感兴趣。他也随新康德主义者李凯尔特学习哲学，并在后者指导下重读胡塞尔的《逻辑研究》以及拉斯克（Emil Lask）的论明证性和真理的相关著作。[22]有一个时期海德格尔犹豫在哲学和数学之间选择哪一个作为专业，但最后没有参加国家数学考试并选择了哲学。1912 年他发表了自己的第一篇哲学论文，包括《近代哲学中的实在性问题》[23]，此文把实在论问题看作一种毫无结果的近代问题，这些问题只是产生于笛卡尔和贝克莱，因为他们把思想与存在加以分离了。在此文中他批评了康德和黑格尔的“夸张性的唯心论”，而且选择了一种批评实在论。同年，他也发表了《逻辑新论》（Frühe Schriften，GA 1，17－43），这是一篇逻辑学概观，分三个部分，主要考虑胡塞尔对心理主义的批评，发表于《文学评论》，一份由弗莱堡教授 Sauer 主持的天主教刊物。海德格尔的方向仍然是宗教性的，而且在 1910 年到 1913 年期间，他在天主教的学生期刊《学者》上发表了不少文章，批评现代主义运动（这些早先文章均从《全集》中删除），强调教会努力反对个人主义和“现代主义的破坏力”是正确的（Ott，59－63）。

1912 年，海德格尔获得一份天主教基金会的奖学金，要求是奖学金获得者须献身于促进阿奎那哲学。这笔钱使得海德格尔得以于 1913 年完成其博士论文《心理主义中的判断理论》[24]，论文是在弗莱堡基督教哲学讲座教授 Arthur Schneider 指导下写就的。这篇论文是有关判断性质的分析，文中他批评了李凯尔特和拉斯克，但他在文中询问的问题之一是：“什么是意义的意义?”他说，为了回答这个问题，我们必须在某种意义上已经

知道意义是什么。后来他以同一论辩策略在《存在与时间》中讨论存在之
203 意义的前理解性问题。在此文末尾，他也表达了有必要“在种种实在样式中表述全部存在区域”，从而显示了他对存在问题的兴趣（GA 1，186）。

1914 年第一次世界大战爆发，海德格尔被征召入伍，但很快就于 10 月 9 日因健康原因被辞退。作为替代，他须于 1915 年到 1917 年间在邮局担任检查工作（Ott，78）。同时，1915 年，在李凯尔特的指导下他完成了资格考试论文《Dun Scotus 的范畴和意义理论》（GA 1，189－412）。这部出版于 1916 年的著作是一部关于 Erfurt 的托马斯的《思辨语法》的研究（那时错误地将其归于 Dun Scotus 了），集中于判断和真理的关系，但清楚地显示了新康德主义的特点：强调为解决问题发现正确的方法。但在此著作中，海德格尔已经主张哲学紧密联系于生活，表现出对当时德国流行的生命哲学的兴趣。他也对一般历史问题表示关切，特别是狄尔泰的著作。他于 1915 年 7 月 27 日做的讲演“历史科学中的时间概念”（GA 1，413－433），为其资格考试构成的一部分，标志着他首次进入了日后成为其中心关切的主题。后来在 1973 年为《早期著作》所写的前言中，他回忆道，在其早先著作中的两个关心的问题是：（i）“存在问题”，那时他将其理解作范畴问题，以及（ii）“语言问题”，那时被理解为“意义理论”（GA 1，55）。他后来承认，当时并未看到两个问题之间的关系。

1915—1916 年，海德格尔开始在弗莱堡担任无薪讲师，讲授“古代哲学和中世纪哲学原理”以及康德和德国唯心主义。直到 1916 年止，他与现象学的接触仅只是初步的，除了他曾赞成胡塞尔《逻辑研究》中的反心理主义外，而这是新康德主义者李凯尔特和拉斯克均采取的观点。再者，为了将 1912 年天主教基金会奖学金继续延长一年以完成他关于中世纪哲学的资格考试论文，海德格尔明确向基金会保证他致力于基督教哲学研究（Ott，77）。为此，在弗莱堡，他被大家看作一位天主教经院哲学家，而且他也如此宣传自己。1916 年 6 月，然而，他失望地发现未曾获得弗莱堡基督教哲学教职，此职位自 Schneider 1913 年迁至斯特拉斯堡后一直空缺
204 至此时。海德格尔在一些天主教支持者特别是历史学教授 Henrich Finke（他实际上已经任命海德格尔参与指导有关 Duns Scotus 的研究）的帮助下，一直准备着接受此职。甚至海德格尔的神学系朋友 Krebs 神父临时担任此职，并由年轻的海德格尔协助准备关于中世纪哲学的讲课。但是此时海德格尔的视野已经超出了中世纪哲学。

1916—1923 年与胡塞尔在弗莱堡

胡塞尔于 1916 年 4 月 1 日担任了弗莱堡哲学讲座教授，而之后很快在 1916 年 5 月 27 日（《通信集》IV，127）写信给海德格尔索求一份其资格考试论文。接着，整个夏季他们会晤了几次，结果胡塞尔协助海德格尔找到一家出版社出版了他的论文。1917 年当马堡的讲师职位空缺后，纳托普写信给胡塞尔要求提供关于海德格尔作为可能候选人的情况，而胡塞尔的回复是谨慎的：他还没有形成对海德格尔的牢靠意见；他的资格论文只是一部“初始者的作品”[25]。再者，他怀疑，海德格尔是受到“教派约束的”（指天主教教义），可能不适宜于新教方向的马堡。不用说，海德格尔没有获得此职。同时，1917 年海德格尔与另一位（路德教派的）弗莱堡学生 Elfride Petri 结婚了，在弗莱堡教堂举行了天主教结婚仪式。

1918 年 1 月 17 日，海德格尔再次受召入伍，此次服务于气象学服务站，而且在 8 月份被派往西部前线（在前线他的工作是准备化学气体攻击；Ott，105）。这段时间胡塞尔和海德格尔开始积极通信，胡塞尔对于海德格尔的年富力强和哲学献身热情极表欣赏。在 1918 年底的一封信中，胡塞尔告诉海德格尔他也有一本荷尔德林诗集作为枕边书（《通信集》IV，136）。

1919 年 1 月 9 日，从战场返回不久海德格尔写信给友人 Krebs 神父说，他对天主教教义作为一个体系加以拒绝，但仍然高度欣赏中世纪天主教的价值和宗教观。[26]在此信中他也提到，自己在研究宗教现象学。此时海德格尔开始计划将现象学应用于现实生活的存在现象之研究，到此为止专门维护宗教的和神学的思想方式。此时海德格尔坚决地离开了天主教教义，而且胡塞尔现在相信海德格尔不再受到教派约束，适逢马堡另一职缺出现，遂于 1920 年 2 月 11 日致信纳托普，对海德格尔做出了更为肯定的评价（《通信集》V，139）。

1919 年 1 月，海德格尔接替史泰茵，成为胡塞尔的助手。他在此特殊的“战时紧急学期”期间以私讲师资格立即在弗莱堡开始讲课，从 1919 年 205
1 月底直到 1919 年 4 月，讲题是“哲学观念和世界观问题”。在这些讲演中，海德格尔既批评了胡塞尔的哲学作为严格科学的概念，也批评了狄尔泰和雅斯贝尔斯的哲学作为世界观构造的概念。他特别批评了胡塞尔关于在与世界联系的经验中理论的因素优先于介入的、体验的因素的观点。他也批评了胡塞尔从历史的“事实性”存在逃向先验唯心论。对于海德格尔来说，“世界就是世界”（die Welt weltet），而且就此而言，根本不存在自我。

海德格尔很快就以杰出教师享誉校园，他的研究班和讲座使讲题充满吸引力。课堂讲课笔记开始在私人间流传，而且如他的马堡学生阿伦特后来回忆说，他的名字传遍全德，“就像是‘隐王’降临的传言那样”[27]。对于战后学生一代，他似乎在剖解着和对抗着思想危机，此危机正是学生在自己的生活中所经历的，他经常援引斯宾格勒的《西方的没落》，该书在当时德国极为流行（例如，参见 FCM 69－71；GA 103－107），而且一般地乞灵于存在论问题。阿伦特说，海德格尔的思想似乎吸引着那些预见到崩溃和黑暗时代即将来临的人们。

马堡年代（1923—1928）

海德格尔在 1917 年和 1920 年两次未能获得马堡职位，但最后于 1923 年秋他迁至马堡成为那里的副教授。因为海德格尔自 1916 年资格考试论文后 7 年来没有发表任何东西，他于 1922 年作为教职申请的一部分，寄给纳托普一篇匆忙录写的有关亚里士多德解释的讲课稿。从 1921 年到 1923 年他教授一门有关对亚氏进行现象学的解释的课，把亚氏“伦理学”作为一种对具体生活的检验，提供了与其经院哲学训练时所遇到的亚里士多德根本不同的亚里士多德。例如，亚氏对变化（kinesis）的说明，被海德格尔理解为相关于存在的时间性。

海德格尔于 1923—1928 年在马堡的讲课同时沿两个方向展开：一方面，对亚氏和古希腊哲学进行存在论解释；另一方面，把现象学重新思考为对哲学基本动机的一种根本性的再激发。《存在与时间》是他于 1923—1924 年冬季在其乡间小屋内开始写的，此书就是这类思考的一个结果。在
206 马堡他遇到接替纳托普的哈特曼，后者对亚氏本体论的兴趣有助于海德格尔超越新康德派对认识论的专注。他也受到布尔特曼的深刻影响并参加了他关于圣保罗的研究班。在此期间他也开始阅读最近出版的约尔克致狄尔泰的有关历史经验性质的通信。学生伽达默尔回忆，与此同时他也认真研读着狄尔泰的全集。1924 年 7 月 25 日，海德格尔对马堡的神学家做了一次关于“时间概念”的讲演[28]，将科学的时间概念和历史科学、社会科学中的体验的时间概念加以对比。海德格尔声称，哲学家不应根据永恒性规

定时间（如奥古斯丁和一般神学家所做的那样），而应试图根据时间来思考时间。这意味着，根据其“特殊性”把握此在的时间特性。讲演结束时提出有关此在本身是否可以说即是时间的更为深远的问题。

虽然海德格尔现在在学生间成为善于感染和进行启迪的名师，他自1916 年以来仍然尚未计划发表任何东西。于是，当 1925 年他获哲学系提名接替哈特曼刚刚留下的哲学教授职时，却被教育部拒绝，理由正是发表著作太少。为了弥补这一缺欠，1926 年在系主任催促下，他匆忙将未完成的“存在与时间”手稿付梓。他应允于 1926 年 4 月 1 日将打字稿交付 Niemeyer 出版社。1926 年 2 月到 4 月春假期间他回到 Todtnauberg 工作，并辑成该书 240 页手稿，在胡塞尔帮助下，将其付印。那年春季胡塞尔本人甚至前往海德格尔的乡间小屋协助他处理校样。然而在 1926 年 12 月，柏林教育部宣布出版物不够，马堡教职仍未授予海德格尔。1927 年春季，海德格尔进而发表了《存在与时间：第一部》全文，同时作为单独书籍和胡塞尔《年鉴》的一部分出版了。[29]

此书由两编组成，分别讨论此在的存在论分析和此在与时间性的关系。按照此书第八节概述的计划，他允诺此书将增加一编，从时间观点总结对人性的分析，以及详述他提出的对哲学史的“瓦解”，这主要是通过在该书第二部分中对康德、笛卡尔和亚里士多德的分析。结果，无论是该书第二部分还是第一部分的第三编都没有发表，虽然他企图表达的思想不少都可以根据他的讲演稿和后来的著作（特别是他 1929 年关于康德的书和
1935 年关于“形上学导论”的讲稿）加以汇总。 207

《存在与时间》是献于胡塞尔的，虽然 1926 年 12 月 26 日他给雅斯贝尔斯的信中说：如果此书意在反对任何人，此人即是胡塞尔。[30]此外，在发表《存在与时间》之后，随着两人哲学的不同趋于明显，彼此的关系冷淡下来。在退休以后，胡塞尔才有时间阅读此书和 1929 年关于康德的书，并在他的《存在与时间》书上写下著名的格言（此格言为亚里士多德在与柏拉图断绝后所写）：“柏拉图是一位朋友，但真理是一位更伟大的朋友。”[31]胡塞尔感觉到，海德格尔所做的是哲学人类学，并根本误解了先验还原的关键性步骤。再者，在海德格尔把“此在”看作超越性的论述中，他对意向性的本质意义做了轻浮的解释（Trans. Phen.，310）。这两位同事此后不再交往，而当 1941 年《存在与时间》第五版出版时，海德格尔删除了对胡塞尔的献词，此献词直到第七版时才予以恢复。

返回弗莱堡和“转向”

1927年10月，柏林教育部批准了海德格尔在马堡的教职，但是一年后的1928年10月，他被任命为接替胡塞尔在弗莱堡的职位，在普梵德尔和卡西勒之前获得了此职位。海德格尔心目中似乎要贯彻其在《存在与时间》中概述的瓦解哲学史的研究计划，故从重新思考康德开始。他于1927—1928年弗莱堡的讲座即以康德的《纯粹理性批判》开始，在讲课中他突出了康德范畴表中时间问题的重要性。1928年他在里加讲康德，而从1929年3月17日到4月6日，他参加了瑞士达沃斯国际大学课程会议，和卡西勒都发表了讲演，并就新康德先验哲学的意义展开辩论。对于海德格尔，新康德派似乎只不过是将科学理论化，而他想要谈的是本体论问题。几个月后，海德格尔发表了解释康德的著作《康德和形上学问题》。[32]正像他先前对亚里士多德所做的那样，海德格尔的康德解释也通过着手“打乱”康德文本以期释放出其深刻的哲学核心。他在该书1950年第二版的序言中说，思想家之间的富于思想的接触不应当受限于历史文献学方法（KPM xviii）。

1929年7月24日，海德格尔在弗莱堡发表了就职演说“什么是形上
208 学?”[33]，企图在一个实证科学支配的时代对形上学的性质进行思考：“当科学成为我们的激情时，在我们的存在基础上，将发生什么?”（Pathmarks，82；103）留给形上学的是何种课题呢？在海德格尔看来，从专门科学研究中什么都未留下来，但他的彻底性步骤是继续声称，形上学思想的真正主题正是一切其他科学所忽略的此“虚无”概念。正是此次讲演引发了维也纳学派的批评，讲演以抱负不凡的语气声称，哲学超出专门科学而研究“虚无”，此虚无是最重要的概念，因为“虚无就是虚无”（Das Nichts selbst nichtet）（Pathmarks，90；GA 9，114）。卡尔纳普在其讲演时在场，被他视之为哲学神秘化的此一表现所激怒，并著文对海德格尔强烈抨击，企图指出，海德格尔的声言是毫无意义的伪命题。[34]卡尔纳普被激怒，也有可能因为海德格尔日益表现出的右翼政治立场，但其批评的主旨是将其等同于传统黑格尔形上学，一种必须予以克服的颓废传统。

这一时期另一篇重要文章是《论基础的本质》，为胡塞尔纪念文集所写，文集作为1929年《年鉴》附卷出版。[35]海德格尔在此文中说，命题真理是推导性的，低于对存在者的基本性揭示，而且其成立源于一种对存在

的显示。在此讲演中海德格尔首次发表了有关存在和存在者之间“本体论区别”的论述，虽然此观点在1927年的《现象学的基本问题》（BPP §22）中已经明确表述过了。

在1920年代后期以来的这些著作中，他把其基本本体论看作企图为“形上学的内在可能性即其本质的具体规定性”奠定基础并预先加以限定（KPM 2）。但是，他渐渐开始理解，他有关一种系统的、先验的哲学构想是不可能实现的。特别是他看到，要求客体符合客体的先天概念的先验性步骤只不过是对一种神学的世界研究方法的世俗化，神学方法把此先验性步骤看作由神的思想所创造并因此是按照神的思想来衡量的。先验哲学掩盖了作为显现的真理性质。

1930年左右，海德格尔的思想，如其在《关于人本主义的信》所说，经历了一种“转向”。[36]他现在宣称，他先前过多地强调了此在和存在的关系，而且实际上，没有此在的存在应该被置于思想的中心。本体论不再是达到存在的正确方法；甚至“存在”一词应该被省略，纳入引号内，打上叉号，他在1955年的论文《论存在的问题》（Pathmarks，291；GA 9，385）中做此宣布。他开始探讨尼采、荷尔德林和其他诗人哲学家，他们 209
关于存在的“说法”（die Sage）存于专业哲学话语之外。

晚年海德格尔写了一些有关语言性质的杰出论文，在文中他谈到事物在语言中的显现（PLT，146）。他越来越把诗话语言看作对存在真理的揭示，此存在被西方形上学传统加以模糊化和歪曲化了，该传统便发展为一种全面的虚无主义。虚无主义的本质在于：甚至不再存在有对一新时代的许诺或对一更真实的存在体验之记忆。尼采、荷尔德林以及荣格尔（Ernst Jünger）是海德格尔通向此“黑暗时期”的向导。事实上，他后来很多关于技术社会的论述都是建立在对拥护纳粹的德国通俗作家荣格尔的阅读之上的，特别是其小说《工人》。1930年代，海德格尔似乎为“不在的上帝”主题所吸引，并开始严肃考虑一个诸神所逃离的世界。这导致他，在Walter Otto的研究和荷尔德林的诗歌的激发下，严肃地思考古希腊神祇的性质。他于是逐渐离开了对基本本体论和存在论分析的关切，而转向对那些继续构成人类世界的基本因素的性质的一种准神话诗学的反思。他的思想现在相关于“必死者”和“神”，并特别在最初于1951年所做的讲演“建筑，居住，思想”中谈到“大地、天空、死亡、神祇四重奏”。[37]对此一些人将海德格尔看作完全背离了早先彻底思考基督教遗产的企图而转向赞成一种新异端了。另一些人把他看作像荷尔德林、尼采一样企图彻底思考世界的性质，基督教的上帝和希腊神祇均已从此世界退出。他显著地回应着尼采的谜语般的惊叹："2000 年了都没有一个新神！"整个 1930 年代，海德格尔开始了他对尼采哲学的重要解释，但他也提出了有关历史命运意义之类的东西，这导致他涉猎了第三帝国危险的政治。但是，海德格尔对上帝未能显现以及虚无主义来临的深思，渐渐让位于在存在本身撤出前的一种放弃。然而，在他朝向此放弃之前，他努力表达了克服此撤出的意志，尝试一种真正创造性行为的可能性，一种重新注入活力的诗学化。

海德格尔的政治年代（1933—1945）

海德格尔在学术界永远是野心勃勃的，而在 1920 年代后期他又开始拥
210 有了政治抱负。他对正在兴起的纳粹运动有关复兴和重建德国的纲领怀有强烈的同情。从 1928 年到 1932 年，他在给布尔特曼的信中对纳粹运动表示赞许。很久以后阿伦特评论说，只有那些从未读过《我的奋斗》的人才会把纳粹等同于一种反对大众技术社会的斗争，而另一些人则说，海德格尔事实上早在 1928 年初就在妻子 Elfride 的要求下读过《我的奋斗》，他的妻子是一位纳粹的强烈支持者。甚至在 1933 年 5 月 26 日的一次公开讲演中他还引用了《我的奋斗》的英雄概念，那次讲演是在 Albert Leo Schlageter（1894—1923）——曾是 Conradihaus 研究生和弗莱堡的学生——逝世十周年时对其赞扬所做。[38] Schlageter 于 1923 年 5 月被法国人射杀，当时他正参加第一次世界大战后鲁尔地区反对法国占领军的怠工运动，后被当成纳粹的英雄，而海德格尔在弗莱堡学生期刊上著文对此发表赞词，说他"在其灵魂面前安放着一个未来的形象，鼓舞着人们朝向荣耀和伟大，于是他能够怀抱着对此一未来的信仰而从容就义"[39]。海德格尔也和纳粹哲学家克雷克相互合作。

海德格尔写过几篇文章呼吁大学革命，以配合纳粹革命。他在文中批评了大学中的自由派观点，抨击了学术自由观和为学术而学术的观点；与此相反，他建议大学通过"为服务于人民意志而学习"的号召来迎接为此新革命培养领袖人物的挑战。他赞成学生应"边劳动边学习"的教育概念。他组织了颇具军国主义色彩的青年营，并且是弗莱堡大学中第一批向纳粹致敬者之一。在此期间他发表了大量宣传纳粹的讲话，鼓励人们选择

希特勒作为德国唯一的大救星。然而，海德格尔确实未曾赞成纳粹以基于种族的伪科学进行侵占，而且 1934 年纳粹哲学家克雷克曾经在一份纳粹刊物上抨击海德格尔是一位虚无主义者，没有国家或种族观念。事实上，在其讲演中，海德格尔常常嘲笑所谓的生物主义和种族论伪科学。然而，他在通常意义上是反犹太的，并一直相信战后世界媒体是被犹太人所控制的，而且按照他的友人 Petzet 的说法，他是一个“乡下人”，不习惯于犹太人的世界主义文化。[40]海德格尔在胡塞尔被弗莱堡大学剥夺教职时不仅没有任何维护举动，而且实际上签署了官方文件，要求非亚利安人退出大学[41]，1938 年他未曾参加胡塞尔的葬礼，事后辨称正在生病。然而他拒绝过解除弗莱堡大学一些犹太籍老师，可能多半出于担心国际谴责，而非出于任何道德原则。[42]海德格尔被纳粹领导人判断为基于对纳粹的“私人性”概念而参与活动，而于 1930 年代中期以后就不再被信任了。事实上，211 他甚至属于被当局调查之列。

海德格尔的政治野心是在他于 1933 年 4 月 22 日被选为弗莱堡大学校长时被煽起的。他担任此职，部分地是由于同事的选择，因为他们认为他可以带领大学渡过难关。在其臭名昭著的就职讲演（名为“德国大学的自我主张”）中，他保证大学忠于希特勒和纳粹事业。[43]海德格尔实际上签署了纳粹的“一体化”纲领（Gleichschaltung），此纲领企图重组大学教育以反映纳粹主义，此一运动包括焚烧犹太人书物和对左翼教师与学生进行有组织的迫害。

1933 年 5 月 1 日，海德格尔自愿地和极其公开地加入了纳粹党，并立即深深卷入大学的纳粹化运动，包括引入“领袖原则”，按此原则未来大学校长将直接由柏林任命（此一动议被前校长 Sauer 视为大学的终结）。[44] 1933 年 5 月 20 日，海德格尔在致希特勒的一份电文中宣布大学将与纳粹党保持“一致化”。[45]同样，作为大学校长他写了不少文章和做了不少讲演，呼吁德国人民支持全民公投，“事后”（ex post facto）认可希特勒使德国退出国际联盟的决定。[46]

海德格尔在就职讲演中对传统自由派的学术自由理念极表轻蔑，把自由重新解释为将自己置于一种义务之下，通过“劳动服务”“国防服务”和“知识服务”，以促进德国人民的精神事业。背景假定是，欧洲正处于虚无主义状态。正如尼采所说，上帝已死。德国人必须再次像古希腊人那样发现他们的本质。1933 年雅斯贝尔斯写信给海德格尔称赞他的讲话是证实“今日学界意志”的唯一真实文献。[47]然而，自 1933 年起海德格尔就停止访问雅斯贝尔斯了，自 1938 年后就终止接收他的来信。1933 年后，雅斯贝尔斯被拒绝正式参加学校活动，1937 年被解除教授职位，而于 1938 年被禁止出版作品。[48]在其 1936 年关于尼采的讲演中海德格尔不再考虑雅斯贝尔斯，视其为不再提出哲学问题者（Ott，32）。

虽然海德格尔后来在自辩说明中声称曾经试图阻止纳粹粗暴控制弗莱堡大学，作为校长他主持了若干臭名昭著事件。他拒绝过指导犹太学生论文，并企图迫使大学科系的学术组织进行改变。他的辩护是不真诚的，他说，事态将会更坏，如果他不控制局面的话，而且他是因被大家劝说为了
212 保护大学才接受校长职位的。他对美国的一切近乎病态的憎恨，对此在其谴责哲学讲师 Eduard Baumgarten 时表露无遗，后者喜爱美国实用主义并在美居留过。[49]海德格尔对学校的干预表现在许多方面，而且并非仅只是在校长任期内。他向盖世太保告发过其他教授，包括化学教授 Staudinger，而且于 1938 年阻止过 Max Müller 担任弗莱堡讲师，因为后者对纳粹政权持政治敌对态度。然而，海德格尔于 1934 年 4 月，在任职九个月后，由于人们对其打算使大学革命化计划的反对而感到挫折，辞去了校长职位，虽然他后来将此解释为由于与纳粹关系的不顺。他在那里继续教授哲学直到大战结束，而且继续保持着纳粹党籍。他在战后自辩中说，他没有穿过纳粹制服。但是当他于 1936 年在罗马访问以前的学生和流亡的犹太哲学家吕维茨时（他来罗马做著名的讲演“荷尔德林和诗的本质”）他就佩戴着纳粹徽章。[50]在 1930 年以及 1933 年，他两次受邀到柏林担任哲学教职，但均为其婉拒，并在一篇流传甚广的文章《为什么我们留在外省》中公布了理由，此文发表于 1934 年 3 月 7 日的《阿雷曼人》杂志上。此文称赞乡村生活的品德优于大城市的生活。

1934 年海德格尔开设了“形上学导论”讲座[51]，他通过反思基本古希腊概念“ousia”〔此在〕、“physis”〔自然〕等发展了有关此在性质的思想。海德格尔总是把现时代呈现为处于危机之中，因为它降低了对这些基本古希腊概念的理解。他通过对一些关键古希腊哲学词进行词源学的解剖，提出了有关存在的新思想方式。希腊文中表示“存在”的词现在是 physis，被理解为“自行绽放的发生”。这些希腊词翻译成拉丁文后，失去了其原初的启示性词力，而且“标志着我们借以切割于、疏离于古希腊哲学原始本质的过程的第一阶段”（IM，11；11）。他的中心现在是存在显露

之性质。在此讲中他已经探讨了后来的观点：存在的揭示发生于（也可掩盖于）语言之中，“在语词中事物首先存在着”（IM，11；11）。

在讲座末尾，海德格尔将来自斯大林主义的苏联的威胁和来自美国的威胁等量齐观，将它们看作真正文明的两大平均主义者，将纳粹和德国的使命看作拯救欧洲文化传统抵制此两大威胁的新生力量。海德格尔关于纳粹运动的“内在真理和伟大”在于“全球技术化和现代人的交遇”（IM，166；152）的说法，当此讲演于1953年发表时，并未改变。当1953年7 213
月25日年仅24岁的哈贝马斯在《法兰克福汇报》发表对该书的书评时，他发现出版于希特勒夺权二十①周年之际的海德格尔关于纳粹的言论，具有深刻的扰乱性，特别还因为没有附加的道歉或说明。[52]海德格尔在1953年9月24日致《时代报》的信中说，他希望尊重自己讲演的原初文本："语句历史地属于该讲演"[53]。当然，在此时期，海德格尔像很多德国人一样，把纳粹看作抵制苏联和美国的中流砥柱，在海德格尔看来，两国都代表着虚无主义。于是，在1936年，在其关于谢林的讲演中，海德格尔把希特勒和墨索里尼描绘为虚无主义的反对者。在其1942年关于荷尔德林的赞美诗“Der Ister”中把美国描绘为平均主义、虚无主义和非历史性的典型本质，把美国在珍珠港事件后参战，解释成“美国非历史性和自我毁灭的最后美国式行为”，而且甚至认为美国所企图做的正是要摧毁欧洲。[54]海德格尔似乎逐渐改变了他的虚无主义分析。哈贝马斯在把海德格尔将自己对纳粹革命觉醒的反应诊断为一种转移世界历史焦点的企图，并把法西斯主义看作全球技术化的一部分时，无疑是正确的。[55]但另一方面，海德格尔在1930年发表关于“论真理的本质”讲演时，似乎已超出了《存在与时间》的决定论。在此讲演中以及在别处，虽然海德格尔把真理描绘为因人的自由而有可能，却把人的自由根本地解释为一种“听任”（Seinlassen）态度（Pathmarks，144；GA 9，188）。因此，很难对海德格尔与纳粹的“调情”的哲学理由提供一种毫不含混的解释。

第二次世界大战期间，海德格尔只发表了三个短篇作品：1942年一篇《柏拉图的真理学说》[56]；1941年一份关于荷尔德林诗歌的小册子；1943年颇有影响的研究《论真理的本质》（最早于1930年在Beuron修道院做的讲演）。[57]同一时期，他的讲演集中于尼采，他将尼采看作最理解和说明当

① 原文为“五十”周年，有误。

前困扰着世界的虚无主义的哲学家。在这些讲演中他把法西斯主义和世界大战看作世界范围内的、曾经占据世界历史的“追求意志之意志”的另一次征象。于是他评论说（可能是有关希特勒关于千年帝国的宣布）：

> 当帝国因持续的稳定性而绵延千年是一回事。当世界统治被有意识地计划持续千年，而且其存在的保证来自一种意志，其本质的目标是最大可
> 214 能多民众的最伟大可能秩序的最伟大可能延续时，则是另一回事。[58]

海德格尔现在把德国本身看作受到全面技术性支配的典型，此种支配先前属于苏联和美国。他开始把整个时代构想为由技术所支配，因此可描绘为一种存在之“退却”。

1944 年 10 月，海德格尔（和伽达默尔一样）被征召加入“人民军”，但再次被允许返回弗莱堡完成其手稿《为了德国人民的未来》。战争快结束时，他和哲学系其他人都被撤退到上多瑙河谷继续上课，直到 1945 年 6 月。海德格尔那时上过的最后一课是有关荷尔德林和古希腊人的（Ott，305）。德国向盟军投降后，弗莱堡为法军占领，并开始去纳粹化运动。海德格尔被指控为一名纳粹分子并介入过纳粹宣传，被控告引入了“领袖原则”，以及唆使学生反对政权不满意的教授。海德格尔写了一份有关纳粹时期个人生活的自辩信，声言他曾受到纳粹调查并被禁止出国旅行。这当然不是真实的，因为他曾于 1936 年到罗马。他也表明自己从未佩戴纳粹徽章，从来没有在开讲前致纳粹敬礼，二者都可证明为不确。[59] 弗莱堡大学去纳粹化委员会判断他犯有如下罪行：“自觉地将其学术声誉和突出口才服务于纳粹革命，并据此做了大量工作向德国知识分子证明纳粹革命的正当性”（Ott，327）。海德格尔的纳粹牵连使其被禁止教学并被大学开除 5 年，但却由于雅斯贝尔斯之助而免除了任何实际的牢狱之灾。雅斯贝尔斯写信批评了他，称其“为一名反犹太分子，至少在某些领域内”，而且他作为一名学者帮助促进纳粹事业，正像 Alfred Baümler 和 Carl Schmitt 一样。另一方面，雅斯贝尔斯承认海德格尔作为一名哲学家的伟大性，虽然在此他也说海德格尔有时“将虚无主义的严肃性和魔术师的奥秘性结合起来”[60]。雅斯贝尔斯于是建议，允许海德格尔继续研究哲学但不得继续其教职。此一建议似乎影响了去纳粹化委员会。

转向作为揭示真理的艺术

在校长挫折事件过去不久，海德格尔返回教职，并处于创造力的高

峰。他的新方向清楚地表现在1935—1936年关于“艺术作品起源”的讲演中。这些讲演那时在瑞士引起一些批评家的不满，他们注意到讲演类似于纳粹的“血液与土地”的宣传修辞学，而且将艺术与一个民族的历史命运联系在一起。[61]这些讲演的一个精华版即为《艺术作品的起源》，它首次于1950年发表于《林中路》。[62]此一著作表明了他以很多令人惊异的方式表现其兴趣。在某种意义上，此一研究采取了对康德美学进行评判的形式，强调着艺术作品的本体论特性。在分析艺术品的特殊本体论性质时，他也重新思考亚里士多德根据形式与质料的关系或主体与偶性的关系研究事物的方法，以及新康德派通过感性把握的事物概念，结合以主体性的先验客观化结构。海德格尔声言传统哲学方法模糊了、歪曲了我们对事物的理解，降低了我们遭遇一事物、一工具、一作品时的前概念地被把握者之重要性： 215

> 于是，结果成为，流行的事物概念阻碍着通向事物的事物性以及通向工具的工具性，并更加阻碍着通向作品的作品性。(PTL，31)

需要对一事物（pragma，res，Ding）的性质进行彻底的重新思考。根据形式-质料关系思考事物的传统本体论本身产生于人对工具的熟悉性，但是工具本身的性质不是通过工具而是通过艺术品显示的。于是凡·高的《农鞋》画显示了农鞋既属于大地也作为“农妇世界中的防护品”(PLT，34)。艺术品是特殊物、作用于我们的事物，使真理作用之物，它揭示着事物的真理，显示着事物于其中显示自身的世界，并显示着吸引事物返回自身的大地。海德格尔在此根据世界和大地的概念谈论艺术品，使人们瞥见他后来的四重奏框架（大地，天空，神祇，死亡），这些因素以准神话学方式唤起人们对人类“寄居”（wohnen）的基本特性，在寄居中人类生存于一种在必死性和不朽性、显露性和退缩性的张力之中。对于海德格尔而言，凡·高的画作是这样的艺术品，“它使我们认知什么是真理中的靴子”(PLT，35)。对于海德格尔，在一件艺术品中，真理使其自身显示作用。但是，在此真理不可能根据艺术品和其所表现的事物之间的某种相符关系加以思考；反之，在艺术中，存在有一种真理的原初性发生现象。这使得海德格尔根据作品的创造性的根基化行为（即古希腊人所谓的poei- 216
sis）来理解真正的艺术。

一座希腊庙宇或一件雕塑、一首诗，甚至一个城邦的基础，都将把真理释入于世界，因此阐释着世界并使其显示于永远在进行抵制和退缩的大地。海德格尔认为，真正的艺术为世界提供着根基。按此，艺术不再负载纯审美的意义，而可被用作任何原初性行为，包括为国家奠定基础的政治行为。海德格尔把希腊人城邦的基础，也许还有新德意志帝国的基础，想成一桩诗学事件，一种真理作品。在此，真理就是一个存在之“事件”(Ereignis)。

海德格尔的后期哲学

海德格尔大部分后期哲学都是企图表现此“事件”的复杂的显示-隐蔽性质。于是，在1936—1938年他撰写了一系列私人的思考笔记，其后于1989年出版于《哲学论集》中（GA，65)，此书被一些评论者（特别是颇格勒）看作海德格尔自《存在与时间》之后最重要的一部书。对于存在（现在用其古德语形式Seyn）性质的这些思考，企图刻画存在退缩和呈现的性质，以及“事件”的性质，也包括有关时间和神祇性质的讨论，尤其是取自尼采的“最后的神”的性质。此书虽然对于理解后期海德格尔重要，但对于我们此处的任务来说则过于复杂了。

虽然1940年代末和1950年代海德格尔在德国名声不佳，他的思想却开始在法国产生影响。海德格尔那时感觉到，尽管他的同胞反对他，他在法国受到重视（Ott，17)。1947年他以答复让·波弗勒来信的形式写了著名的《关于人本主义的信》。[63]此文大致上是对萨特1945年的《存在主义是一种人本主义》的直接答复，结果在法国产生了巨大影响。海德格尔批评人本主义是一种形上学概念，他将人排除而偏重存在的立场对于后来法国思想界反人本主义思潮的出现（特别是福柯、拉康、德里达和他人）起了重要作用。在此信中，海德格尔摈弃了各种传统形式的人本主义（古罗马人的、马克思主义的等)，认为它们没有把握住人的存在的最高性质。人本主义始终是形上学的概念，而海德格尔想要使思想是关于存在的思想。存在通过人类呈现，人类是“存在之守护者”，“语言是存在之家园”(Pathmarks，239；GA 9，313)。人的生存实际上被海德格尔解释为存身于“存在之空隙”内（Pathmarks，247；GA 9，323-324)。在此书中海
217 德格尔谈到了需要一种“抛弃主观性的另类思想”，以便沉思存在（Pathmarks，247；GA 9，327)。

在1945年至1950年之间，海德格尔在不来梅一个企业家俱乐部偶尔发表演说（演讲由富有的企业家友人Petzet所组织)，以及在慕尼黑的巴伐利亚艺术科学院和荷尔德林学会进行讲演，重新面对了听众。1950年弗

莱堡大学恢复了他的教学权利，他回去主持了研究班，但未被恢复其教授职位，该职位由从美国返回的 Werner Marx 所担任。后来他的学生伽达默尔设法使他当选海德堡科学院院士。

1950 年海德格尔出版了一部重要的论文集《林中路》。“林中路”是伐木人行走的小径，小径通向林中尽头。这个词（Holzwege）暗示着古希腊词 aporiai（堵塞）。但是这些小径往往达到一处林间空地，而且他不断谈到存在的“闪现”或“空隙”。在此书中以及在其后来的论文集《演说和文论》《荷尔德林诗学阐释》《通向语言》和《路标》中，海德格尔越来越关注西方和世界文化的未来，西方和世界文化已被技术所支配，对其唯一的抵制似乎只是一种诗学话语。

早在 1937 年的论文《世界绘画的时代》中海德格尔已经开始思考自然的技术化的性质问题。他 1953 年在巴伐利亚科学院的讲演“对技术的质疑”也许是他对新的技术化的全球文化评价的高峰，而且此文在技术哲学和生态哲学领域产生了重大的影响。他对技术化社会“框架”（die Stelle，das Gestell）的偏执观念如此强烈，1949 年在其不来梅的讲演“框架”（这是《对技术化的质疑》的最早版本）中，他竟臭名昭著地宣称，集中营的组织在性质上并非不同于农业生产机械化：

> 农业现在成为机械化的食物工业，在本质上，它并非不同于在毒气室和灭绝营内的尸体制造业，并非不同于国家的封锁和饥荒，并非不同于氢弹的制造。[64]

海德格尔将对犹太人的种族灭绝和现代农业生产技术等量齐观一事，激怒了那些本来希望他（他始终对于犹太人的命运沉默不语）对于先前忠于纳粹的往事表示实际忏悔者。[65]事实上，海德格尔对于犹太大屠杀和其 218
他灾难事件之间欠缺可比性之事始终不以为意，以至于连私下里也未承认过自己的某种“麻木不仁”。于是，当 1947 年马尔库塞去他乡间小屋访问企图找到一些理由来解释为什么海德格尔宁肯对犹太人问题始终保持沉默时，他在回答时把犹太人的命运和民主德国在盟军占领下的民主德国人命运相比较。海德格尔曾经梦想成为新帝国的哲学家，而且甚至被希特勒邀请去柏林，但他那时对公共生活失望，遂退守于山间小屋。海德格尔曾追求暴君的嘉许，阿伦特后来将此比喻为柏拉图旅行到叙拉古去支持暴君狄翁的故事。[66]

海德格尔的后来著作集中于诗学话语的性质、展现存在的任务，或者指出存在的退却等问题，此存在被隐藏在话语的通常的和技术性的形式中。晚期这类言谈不少都是同语反复而已。他对语言性质的沉思指出，“语言说语言”（die Sprache spricht），物的本质就是“物朝向物”（Das Ding dingt），虚无就是“无使无之”（nothing nothings），世界就是“世界为世界之”（the world worlds）①，如此等等。局部而言，对于本质洞见的这种“同语反复式”方法是深富现象学的意义的。现象学的目的归根结底是要让某物如是地显示自身。但是，因为我们极少可能超越基本概念，此一方法也使我们另行设法表达其意义的企图必归失败。我们不如说，后期海德格尔的思想是以反反复复朗诵咒语的方式进行的；就像是钟鸣现象一般，它不断回响着同一声音，却产生着深邃的效果。

海德格尔持续地通过沉思德国浪漫派诗人（特别是荷尔德林和特拉克尔）进行哲学思维。这些诗人被看作以某种方式表现着诗歌本身的性质。荷尔德林是诗人中的诗人，是诗本质之诗人。诗歌的本质被理解为“称名”：使某物在语言中显示。1955 年他援引德国神秘主义诗人 Meister Eckhart 的概念“Gelassenheit”（“听任”或“解脱”）。他自年轻时起就深爱这位诗人，并越来越开始把“对存在的关系”理解为某种被动的“听任”。听任牵扯到一种超脱和“释出”，而释出使得存在的本质得以闪现。

海德格尔后来的文稿采取着零散短篇的形式。1955 年他首次访问法国，并在 Cérisy 城堡发表演说“什么是哲学?”。1949 年他在精神分析学家友人 Medard Boss 邀请下开始主持和精神分析学家讨论的研究班。1962 年海德格尔发表了电台谈话“论时间和存在”，此次演讲企图通过反向的重点强调来补充在《存在与时间》中宣布的研究。他说：“我们想要谈论某种思考存在的企图而并不关注其以存在者为根基之事。”（OTB，2）1966
219 年海德格尔与《明镜》周刊做了一次访谈，条件是访谈只能在他死后才能发表。海德格尔死于 1976 年 5 月 26 日，《明镜》于 5 天后发表了访谈。[67]访谈重启了很多围绕着海德格尔介入纳粹的话题，而且访谈分析者指出，海德格尔多多少少对于自己卷入纳粹一事避重就轻。在访谈过程中，海德格尔也谈到大众技术社会的威胁并表达了一种观点：“现在只有上帝能够拯救我们”，从而引发关于他晚年思想的宗教性质的大量讨论。

海德格尔的《海德格尔全集》目前已计划出版超过 80 卷，然而编辑方

① 此段不合通常情理的表达式为海德格尔故弄同语反复修辞学语言游戏的手法，即将名词用作动词，中译文姑且照英文原著自译，仅供了解。

式以及许多时间上的错误，颇受学界批评。[68]海德格尔说他的著作“不是作品而是路径”，影射着“林中路”隐喻。据说他希望作品应该在离开他的手后（Ausgabe letster hand）即出版，但这种方式不符合一部校勘本的编辑标准，但即使此一说法也引起一些海德格尔专家质疑，他们说海德格尔并没有留下这样的指示。然而，这些作品包含着他一生讲演的稿本，往往是参照着学生的（虽然有缺漏的）听讲笔记编辑的，有助于阐明海德格尔的思想历程，特别是在《存在与时间》出版之前的几年里以及1930年代他的思想陷入危机时期。

海德格尔哲学的政治意涵

关于海德格尔介入纳粹运动的争论引生了大批文献。本体论的分析和对参与历史以便朝向一种真实生活的强调二者之间的张力，已经为《存在与时间》早先的评论者注意到，尤其是普勒斯纳和米施（Georg Misch）。吕维茨、阿伦特、马尔库塞都是海德格尔政治思想危险性的早先诊断者。随着1987年法利亚斯的《海德格尔和纳粹》的出版[69]，相关争论在德法两国（后来在美国）获得了新的刺激，此一轮争论导致众多评论，从德里达、利奥塔到莱维纳以及到德国哲学家和史学家伽达默尔、奥特，各自均回顾海德格尔的政治行为，特别是质询他的政治决定对其哲学的影响。法利亚斯提供了新的资料，早在1962年Schneeberger就出版了重要的德文文件。[70]但是，法利亚斯的书对于海德格尔的文化观和其卷入纳粹运动之间的联系，提供了一种强而有力的解释，并因此引起哲学界（特别在法国）的注意，哲 220
学界先前显然企图忽略海德格尔的纳粹参与史。法利亚斯的论点是，海德格尔卷入纳粹运动，绝不是一时间的“调情”，而实际上是其思想的和文化成长史（连带其保守主义和反犹太主义）的顶峰。法利亚斯说：“海德格尔决定参加国社党，绝对不是出于突如其来的机会主义或策略性考虑。此决定明确地与其在成为弗莱堡大学校长之前已经在行事上与纳粹主义一致相联系，也与其作为大学校长和纳粹党员一脉相承。”（Farias，4）

仅只简单地说，海德格尔作为人是有缺欠的，而其哲学应该按其哲学本身来看待，这是不够的。《存在与时间》中有关人的介入哲学和海德格尔后来的政治立场二者之间的关系，需要重新估价。海德格尔的哲学之路企图特意介入我们日常生存中的具体决定，企图将我们的生存提升到一个更真实的水平上，似乎要“抓住时间”。虽然莱维纳、马尔库塞和其他人在1928年阅读《存在与时间》时确实一点也没有预感到1930年代海德格尔卷入政治的可能性，而另一方面，仔细察验《存在与时间》中有关人类生存的政治寓意可以阐明：该书空洞的决定论是完全可以在国社党的事业中获得解释的。

虽然在《存在与时间》中此在分析的政治寓意完全适用于评价海德格尔后来的纳粹牵连，根据他的人格上可耻的活动来排除其对本体论、现象学等的哲学贡献，也是错误的。海德格尔自己在其本人对往昔哲学家的阅读中强调<u>作品</u>的重要性，而不是个人的重要性。因此，例如，弗雷格的反犹太主义不应当使我们减少对其逻辑学贡献的关注。[71]在海德格尔的例子中具有挑战性的是：批评地读解他在《存在与时间》中对人类命运和对英雄期待的论述，使其对全球技术化的锐利批评和其对纳粹大屠杀的沉默相互一致。虽然海德格尔作为一个人格相当卑劣〔mean-spirited〕，而且至少，他没有对纳粹统治下的恐怖现象予以抵制，就这一点而言，他与当时的其他许多德国人并无不同。就《存在与时间》隐含的政治哲学而言，它当然不是纳粹事业的蓝图，但该书的确鼓励人们去“选择一位英雄”，去
221 卷入“战斗”，以及献身于忠诚的跟随（在此海德格尔的模式是一种世俗化的基督教精神）；这些甚至可充作日后顺从德国元首的工具，正如海德格尔自己在1933年的就职演说中所宣布的那样。毫无疑问，一段时间内，海德格尔幻想自己就是纳粹革命的思想之声，而且自视为西方命运的诊断师。他关于自己在政治领域作为一名领袖，甚至作为一名预言家角色的完全不切实际的观念表明，他关于命运的许多修辞学发挥，我们都不可能予以认真看待。

现在我们把海德格尔与纳粹的联系搁置一边，转而更仔细地分析《存在与时间》，特别是它对于现象学的贡献。

注释：

496 [1] M. Heidegger, *Sein und Zeit*, 17th edition (Tübingen: Max Niemeyer, 1993), trans. John Macquarrie and Edward Robinson, *Being and Time* (Oxford: Basil Blackwell, 1962). Hereafter BT followed by English pagination and German pagination.

[2] See J. Habermas, "Martin Heidegger, On the Publication of the Lectures from 1935", in R. Wolin, ed., *The Heidegger Controversy. A*

Critical Reader (Cambridge, MA: MIT Press, 1993), p. 191.

[3] Michael Murray, ed., *Heidegger and Modern Philosophy* (New Haven: Yale University Press, 1978), p. 297.

[4] 海德格尔对于学生实际上是热情和平易近人的，但是他有关思想家的责任及哲学的任务的看法被描述为“偏狂的”(monomaniacal); see Herman Philipse, *Heidegger's Philosophy of Being* (Princeton, NJ: Princeton University Press, 1998), p. xiv。

[5] Gilbert Ryle, "Heidegger's *Sein und Zeit*", in Murray, ed., *Heidegger and Modern Philosophy*, op. cit., p. 64.

[6] Karl Jaspers, "Letter to the Freiburg University Denazification Committee", in R. Wolin, ed., *The Heidegger Controversy. A Critical Reader*, op. cit., p. 149, translation modified.

[7] See Theodor W. Adorno, *The Jargon of Authenticity*, trans. K. Tarnowski and F. Will (Evanston, IL: Northwestern University Press, 1973).

[8] K. von Klemperer, "Martin Heidegger's Life and Times", in K. Harries and C. Jamme, eds, *Martin Heidegger. Politics, Art and* 497 *Technology* (New York: Holmes and Meier, 1994), p. 2.

[9] M. Heidegger, "My Way to Phenomenology", trans. Joan Stambaugh, *On Time and Being* (New York: Harper and Row, 1972), p. 78, translation altered. Hereafter OTB and page number.

[10] M. Heidegger, "Preface/Vorwort", in William J. Richardson, *Heidegger. Through Phenomenology to Thought* (The Hague: Nijhoff, 1963), pp. x-xi. Hereafter Richardson followed by page number.

[11] M. Heidegger, "For Eugen Fink on His Sixtieth Birthday", in *The Fundamental Concepts of Metaphysics. World, Finitude, Solitude*, trans. William McNeill and Nicholas Walker (Bloomington, IN: Indiana University Press, 1995), p. 367. Hereafter FCM and page number of English translation.

[12] M. Heidegger, "The Thinker as Poet", *Poetry, Language and Thought*, trans. Albert Hofstadter (New York: Harper and Row, 1975), p. 4. Hereafter PLT and page number. The original poem is con-

tained in M. Heidegger，*Aufder Erfahrung des Denkens*（Pfullingen：Neske，1954）.

［13］我们将遵照翻译者的习惯使用大写的“Being”来翻译“*Sein*”，后者既是动词不定式“to be”，又是现在分词“being”。海德格尔用作为动名词的现在分词 *seiend* 指个别的 beings〔存在者〕，我们将 *das Seiende* 译为小写字母的“*being*”。从《存在与时间》一开始海德格尔就交替使用“the meaning of the question of Being”〔存在问题的意义〕和相应简写“the question of Being”（*die Seinsfrage*）〔存在问题〕。

［14］M. Heidegger，“On the Essence of Truth”，*Pathmarks*，ed. William McNeill（Cambridge：Cambridge University Press，1998），p. 149；GA 9，p. 195. Hereafter *Pathmarks* followed by English pagination and then pagination of German *Gesamtausgabe* edition.

［15］See Dermot Moran，“The Destruction of the Destruction：Heidegger's Versions of the History of Philosophy”，in K. Harries and C. Jamme，eds，*Martin Heidegger. Politics，Art and Technology*，op. cit.，pp. 175－196.

［16］有时，例如 1938 年的 *Beiträge zur Philosophie. Vom Ereignis*（Frankfurt：Klostermann，1994；GA 65）书中，他用古德语拼法“*Seyn*”表示 Sein，本书对此拼写变异不予注意。

［17］Hugo Ott，*Martin Heidegger. A Political Life*，trans. Allan Blunden（London：Harper Collins，1993），p. 51. Hereafter Ott and page number. For Heidegger's biography，see also Rüdiger Safrauski，*Martin Heidegger. Between Good and Evil*，trans. Eward Osers（Cambridge，MA：Harvard University Press，1998）.

［18］Ott，*Martin Heidegger. A Political Life*，p. 51；German，p. 54.

［19］Carl Braig，*Vom Sein. Abriss der Ontologie*（Freiburg：Herder，1896）. 对于此书和海德格尔思想的一个平行论述，参见：John D. Caputo，*Heidegger and Aquinas. An Essay on Overcoming Metaphysics*（New York：Fordham University Press，1982），pp. 45－57。

［20］例如 Braig 将德语词 Zeit 的说明从词源学溯源至希腊文单词 *tanumi*（我伸展）（可参见 BT 425；373），于是 Dasein 被根据生与死之间的伸展（*Erstreckung*）加以思考。

[21] M. Heidegger, "A Dialogue on Language", trans. Peter D. Hertz, *On the Way to Language* (New York: Harper and Row, 1971), pp. 9—10.

[22] 关于 Lask 对海德格尔的影响，参见：Theodore Kisiel, "Why Students of Heidegger Will Have to Read Emil Lask", in Deborah G. Chaffin, ed., *Emil Lask and the Search for Concreteness* (Athens, OH: Ohio University Press, 1993)。也参见 Heidegger 对 Lask 的谈论（BT 493－494 n. 34; 218)，他在此称赞Lask认识到，胡塞尔在"第六研究"中有关真理的肯定式 498
现象学的论述，不同于他在《导论》中受鲍尔扎诺影响形成的理论。

[23] M. Heidegger, *Frühe Schriften*, GA 1 (Frankfurt: Klostermann, 1978), pp. 1—15.

[24] *Die Lehre vom Urteil in Psychologismus. Ein kritisch-positiver Beitrag zur Logik* (Leipzig: Barth, 1914), republished in *Frühe Schriften*, op. cit., GA 1, pp. 59—188.

[25] 胡塞尔 1917 年 10 月 8 日致纳托普的信，收入：*Briefwechsel* V 131－132。See Thomas Sheehan, "Heidegger's Early Years; Fragments for a Philosophical Biography", *Listening* 12 (1977), p. 8.

[26] See Thomas Sheehan, "Reading a Life: Heidegger and Hard Times", in Charles Guignon, ed., *The Cambridge Companion to Heidegger* (Cambridge: Cambridge University Press, 1993), pp. 71—72.

[27] Hannah Arendt, "Martin Heidegger at Eighty", in Michael Murray, ed., *Heidegger and Modern Philosophy*, op. cit., p. 294.

[28] M. Heidegger, *Der Begriffder Zeit* (Tübingen: Niemeyer, 1989), trans. William McNeill, *The Concept of Time* (Oxford: Blackwell, 1992).

[29] In later years Heidegger recalled that *Being and Time* was published in February 1927, whereas T. Kisiel, *The Genesis of Heidegger's Being and Time* (Berkeley, CA: University of California Press, 1993), p. 489, dates it to April 1927. 海德格尔于 1926 年 4 月 8 日胡塞尔生日这天在此书奉献页上亲手签字赠予。

[30] Martin Heidegger—Karl Jaspers *Briefwechsel 1920—1926*, hrsg. Walter Biemel and Hans Saner (Frankfurt: Klostermann, 1990), p. 71.

[31] See "Husserl's Marginal Remarks in Martin Heidegger's *Being and Time*", trans. Thomas Sheehan, in Edmund Husserl, *Psychological and Transcendental Phenomenology and the Confrontation with Heidegger* (*1927—1931*) (Dordrecht: Kluwer, 1997), p. 270. Hereafter *Trans*. *Phen.* and page number.

[32] M. Heidegger, *Kant and The Problem of Metaphysics*, trans. Richard Taft, 4th edition (Bloomington, IN: Indiana University Press, 1990). Hereafter KPM and page number of English translation.

[33] M. Heidegger, "What is Metaphysics?", *Pathmarks*, op. cit., pp. 82-96; GA 9, pp. 103-122.

[34] See R. Carnap, "Überwindung der Metaphysik durch logische Analyse der Sprache", *Erkenntnis* 2 (1931), trans. Arthur Pap, "The Overcoming of Metaphysics through Logical Analysis of Language", in M. Murray, ed., *Heidegger and Modern Philosophy*, op. cit., pp. 23-35. For a discussion of Carnap's critique, see Michael Friedman, "Overcoming Metaphysics: Carnap and Heidegger", in R. Giere and A. Richardson, eds, *The Origins of Logical Empiricism*, *Minnesota Studies* XVI (1996), pp. 45-79.

[35] M. Heidegger, "On the Essence of Ground", trans. William McNeill, *Pathmarks*, op. cit., pp. 97-135; GA 9, pp. 123-175.

[36] 海德格尔自1930年代早期起就在讲课中用此词代表自己思想方向的转变，有关die Kehre在海德格尔思想中的地位的有趣讨论，见：Laurence Paul Hemming, "Speaking Out of Turn: Heidegger and *die Kehre*", *International Journal of Philosophical Studies* 6 (3) (October, 1998), pp. 393-423。

[37] M. Heidegger, "Bauen, Wohnen, Denken", *Vortriäge und Aufsätze* (Pfullingen: Neske, 1954), pp. 139-156, esp. p. 144, trans. *Poetry*, *Language and Thought*, op. cit., esp. p. 150.

[38] Tom Rockmore, *On Heidegger's Nazism and Philosophy* (London: Harvester Wheatsheaf, 1992), p. 117. See also Victor Farias, *Heidegger and Nazism* (Philadelphia: Temple University Press, 1989), pp. 87-95.

[39] Heidegger's Schlageter address was originally published in Guido Schnee berger, *Nachlese zu Heidegger: Dokumente zu seinem Leben und Denken* (Bern: Suhr, 1962), trans. in R. Wolin, ed., *The Heidegger Controversy*, op. cit., pp. 40-42. See also, K. Löwith, "The Occasional Decisionism of Carl Schmitt", in Karl Löwith, *Martin Heidegger and European Nihilism*, ed. R. Wolin (New York: University of Columbia Press, 1995), p. 161. 499

[40] H.-G. Cradamer, "Interview: The German University and German Politics", in Dieter Misgeld and Graeme Nicholson, eds, *Hans-Georg Gadamer on Education, Poetry and History. Applied Hermeneutics* (Albany, NY: SUNY Press, 1992), p. 11. See Heinrich Petzet's recollections of Heidegger, *Auf einen Stern zugehen* (Frankfurt: Societäts-Verlag, 1983), trans. as *Encounters and Dialogues with Martin Heidegger 1929—1976* (Chicago: University of Chicago Press, 1993).

[41] 关于此信，参见：Sepp, *Edmund Husserl und die phänomenologische Bewegang*, op. cit., p. 84. But see Hermann Heidegger, "Der Wirtschaftshis toriker und die Wahrheit. Notwendige Bemerkungen zu den Veröffentlichungen Hugo Otts über Martin Heidegger", *Heidegger Studies* 13 (1997), pp. 177-192, esp. p. 186。

[42] Thomas Sheehan's review of Farias, "Heidegger and the Nazis", *New York Review of Books* 16 June 1988, p. 41.

[43] Martin Heidegger, *Die Selbstbehauptung der deutschen Universität* (republished, Frankfurt: Klostermann, 1983), trans. Karsten Harries, "The Self Assertion of the German University Address, Delivered on the Solemn Assumption of the Rectorate of the University, Freiburg", *Review of Metaphysics* 38 (March, 1985), pp. 467-480.

[44] Thomas Sheehan's review of Victor Farias, "Heidegger and the Nazis", *New York Review of Books* 16 June 1988, p. 39.

[45] *Gleichschaltung* 是纳粹偏爱的用词，用来指机构的"服从"。

[46] The speech is translated in R. Wolin, ed., *The Heidegger Controversy*, pp. 46-52.

[47] Martin Heidegger and Karl Jaspers, *Briefwechsel*, ed. Walter

Biemel and Erhärt Kastner (Frankfurt, 1990), p. 155.

[48] K. Jaspers, "Philosophical Autobiography", in Paul A. Sehilpp, ed., *The Philosophy of Karl Jaspers* (New York: Tudor Books, 1957), p. 62.

[49] Thomas Sheehan's review of Farias, "Heidegger and the Nazis", *New York Review of Books* 16 June 1988, p. 40. Baumgarten的案例，在雅斯贝尔斯给去纳粹化委员会的信中提及，参见：*Briefwechsel* IX 406。

[50] M. Heidegger, "Hölderlin and the Essence of Poetry", trans. Douglas Scott, in Werner Brock, ed., *Existence and Being* (Chicago: Henry Regnery, 1949), pp. 270-291.

[51] M. Heidegger, *Einführung in die Metaphysik* (Max Niemeyer Verlag, 1953), trans. Ralph Manheim, *An Introduction to Metaphysics* (New York: Doubleday, 1961). Hereafter IM and page number of English translation, followed by page number of German original.

[52] Jürgen Habermas, "Martin Heidegger: On the Publication of the Lectures from 1935", trans. in R. Wolin, ed., *The Heidegger Controversy*, op. cit., pp. 186-197.

[53] 此一辩护被认为是不够诚实，因为其他类似的句子从海德格尔讲演全集中删除了。

[54] M. Heidegger, *Hölderlin's Hymn "Der Ister"*, trans. W. McNeill and J. Davis (Bloomington, IN: Indiana University Press, 1996), pp. 54-55 and p. 143. See also p. 70 where Heidegger claims that "Bolshevism is only a derivative kind of Americanism".

500 [55] J. Habermas, "Life Forms, Morality and the Task of the Philosopher", in Peter Dews, ed., *Habermas. Autonomy and Solidarity* (London: Verso, 1986), pp. 195-196.

[56] M. Heidegger, "Plato's Doctrine of Truth", trans. Thomas Sheehan, *Pathmarks*, pp. 155-182.

[57] M. Heideggar, "On the Essence of Truth", *Pathmarks*, pp. 136-154.

[58] M. Heidegger, *Basic Concepts*, trans. Gary E. Aylesworth (Bloomington, IN: Indiana University Press, 1993), p. 14. This lecture course was delivered in the winter semester of 1941.

[59] 存在有海德格尔佩戴纳粹徽章的照片。

[60] 雅斯贝尔斯的信被 Richard Wolin 译出，收入他编辑的 *The Heidegger Controversy. A Critical Reader*，op. cit.，pp. 147－151。雅斯贝尔斯引述海德格尔对待企图到哥廷根大学谋职的态度；海德格尔批评他的政治观点，说他结交"犹太人 Fraenkel"。另一方面，雅斯贝尔斯为了平衡此一报告又引另一个犹太人 Werner Brock 在做海德格尔助手时被善待的例子，海德格尔甚至帮助他到英国定居。

[61] 伽达默尔听过这些讲演并后来评论说，海德格尔的观点虽然被纳粹误用但的确含有真理，即艺术永远与社区联系在一起。

[62] M. Heideggar，*Holzwege*（Frankfurt：Klostermann，1950），reprinted with changes as *Der Ursprung des Kunstwerkes*（Stuttgart：Reclam，1960），trans. Albert Hofstadter，"The Origin of the Work of Art"，*Poetry*，*Language and Thought*（New York：Harper and Row，1971），pp. 17－87.

[63] Heidegger，"Letter on 'Humanism'"，trans. Frank Capuzzi，*Pathmarks*，op. cit.，pp. 239－276；GA 9，pp. 313－364.

[64] Translated by Thomas Sheehan in his essay，"Heidegger and the Nazis"，*New York Review of Books* 16 June 1988，pp. 41－42.

[65] See Alan Milchman and Alan Rosenberg，eds，*Martin Heidegger and the Holocaust*（Atlantic Highlands，NJ：Humanities Press，1997）.

[66] Murray，ed.，*Heidegger and Modern Philosophy*，op. cit.，p. 302.

[67] "Nur noch ein Gott kaun uns retten"，Spiegel Gespräch mit Martin Heidegger am 23 September 1966，*Der Spiegel* 31 May 1976，pp. 193－219，trans. Maria Alter and J. Caputo，"Only a God Can Save Us：*Der Spiegel's* Interview with Martin Heideggar（1966）"，in R. Wolin，ed.，*The Heidegger Controversy*，op. cit.，pp. 91－116.

[68] See，for example，Thomas Sheehan，"Caveat Lector：The New Heidegger"，*New York Review of Books* 4 December 1980，pp. 39－41. 按照 Sheehan 的说法，这些段落被移换了，讲演的摘要有时与正文掺混，有时彼此分离，而且增加的参考资料是海德格尔不可能利用的。

[69] Victor Farias, *Heidegger et le nazisme* (Paris: Editions Verdier, 1987), trans. as *Heidegger and Nazism*, ed. Joseph Margolis and Tom Rockmore (Philadelphia: Temple University Press, 1989). Hereafter Farias and page number of the English translation. See also Thomas Sheehan's review of Farias, "Heidegger and the Nazis", *New York Review of Books* 16 June 1988, pp. 28-47.

[70] Guido Schneeberger, *Nachlese zu Heidegger*, op. cit.

[71] See "Gottlob Frege's Political Diary", trans. Richard L. Mendelson, *Inquiry* 39 (3-4) (December, 1996), pp. 303-342. 弗雷格在75岁时保存着1924年3月10日到5月9日的这些日记，弗雷格与反犹太哲学家Bruno Bauch交往，后者的“德国哲学学会”企图改造德国的哲学。参见：H. Sluga, *Heidegger's Crisis: Philosophy and Politics in Nazi*
501 *Germany* (Cambridge, MA: Harvard University Press, 1993)。弗雷格在日记中表现了对社会民主党的反感以及对这些年陷于动乱和通货膨胀的德国的忧虑，并表现出对早期纳粹领袖的敬佩，包括Erich Ludendorff。但是他的最具攻击性的言论相关于抱怨德国人允许太多的犹太人进入这个国家，现在由于自由主义政策对此无从像从前那样予以限制。

7　海德格尔的《存在与时间》 222

导言：通往《存在与时间》之路

《存在与时间》是试图对传统哲学有关人的存在、存在、时间和历史，以及（当然）有关哲学本身历史之研究方式进行彻底再思考。此书的目的在于对人的生存、此在的本质结构进行先天的先验现象学描述，以及对人类历史性之时间的、文化的和分散的性质进行评价。海德格尔认为所有这些问题都可通过一种现象学方法加以阐明，虽然这是一种他认为必须在某种程度上设法自己形成的方法。因为，在写作此书时他已将胡塞尔现象学看作另一种失去了人性的基本历史性的唯心主义哲学研究。他于 1962 年在给理查森的信中说：

> 那时“现象学”在胡塞尔的意义上被按照一种由笛卡尔、康德和费希特所形成的模式发展为一种特殊的哲学立场。思想的历史性仍然完全不为此种立场所了解……《存在与时间》中展开的存在问题与此种哲学立场断绝联系，而到那时为止我仍然在考虑如何对现象学原则保持一种更合乎实际的坚守立场。(Richardson，xiv-xv)

《存在与时间》的复杂性质使许多读者困扰。在本章中我们将企图概述其主要关切，并追踪这些讨论的现象学根源。本书的整个结构使其展开方式不够清晰。然而，近年来，随着大量海德格尔著作的出版和众多研究注释的出现，我们对此书的发展增加了了解。按照海德格尔问题系列的演变，我将在此简单指出此一演变的三个阶段。首先是他对生命哲学的介 223
入，在他对雅斯贝尔斯的批评中突显出来。其次是他对亚里士多德的介入。最后是他对胡塞尔的介入。我将在以下各节中讨论这些阶段。

对雅斯贝尔斯《世界观心理学》的评论（1921 年左右）

一份反映海德格尔早先关切的重要文本是他对雅斯贝尔斯《世界观心

理学》的未发表的评论，大约写于1921年前。[1]1919年左右海德格尔开始与雅斯贝尔斯成为朋友，雅斯贝尔斯是从精神病学家转为存在主义者的，并且是德国哲学的领先人物之一。

在此评论文中，海德格尔认为，对那种被凝结为一种退化的传统哲学观点进行批评，其实无关紧要，应予摈弃；他呼吁说应该对那种最初引生哲学的原初性的动机体验进行重新思考（Pathmarks，3；GA 9，3）。他批评生命哲学对待生命的自发性研究过于肤浅，而且批评它不具有它须借以正确探讨生命现象的概念。再者，海德格尔声称应采取一种现象学的论述，但此论述所包含的“无前提性”实际上意味着，一切直观都必须“实行于一确定方向的语境内并对特殊的体验区域具有一种预期性的前理解”（Pathmarks，4；GA 9，4－5）。他谈到了彻底的“瓦解”和“重建”以期达到事物本身，但须承认事物是嵌于历史中的。这涉及历史地面对人的过去并以关心的方式进行前瞻，这就是此在的“如何”（Wie）概念。此在不可直接触及；如果我们企图反思现象，现象甚至会被歪曲。关于何者“存在”〔是〕的概念，通常是从理论的观点获取的，但是在我的“事实性”存在中，我所有的体验是以我自己的方式呈现于我的。海德格尔从新康德哲学家那里借取了“事实的”和“事实性”词汇，以表示与非动物性存在的“事实的”限制相对立的此在，后者相关的方面则是特殊的、具体的、不可避免地偶然的，但却是在世性的（BT §12，82；56）。我的存在意义来自我对其具有“关切”（Bekümmerung）的行为（Pathmarks，27；GA 9，32）。在意识和自我占有行为中，我强化了我的自我关切。再者，对体验的反思意味着把握其本质的时间性，而且过去和未来不可能被理解，如果我们仅把它们看作围绕着当下的附属者的话（Pathmarks，27；GA 9，
224 32）。我的自理解要求一种解释学的、历史的研究方式，此研究方式不可能被普遍化。对于现象学的挑战在于要避免成为一种贫瘠的教条主义以及要把握我们的“事实的、历史上实行的生命”（Pathmarks，30－33；GA 9，36）。

从此一早先的评论中我们可以看到，海德格尔已经为此在之存在论分析勾勒了主要的框架。再者，海德格尔不仅是在批评雅斯贝尔斯的生命哲学，而且也在批评现象学发展的方法。这样，1923年时他写信给吕维茨时毫不遮掩地说，他现在相信胡塞尔从来也不是一位哲学家，而且他，海德格尔，现在“正在扭断他的脖子”[2]。同样，他在给雅斯贝尔斯的信中说，胡塞尔现在身心俱疲，而且现在实际上没有人知道究竟什么是现象学（《通信集》V，42）。

早在1920年代初，海德格尔在此阶段上的目标，是他所谓的一种“有关事实性生命的解释学”，一种对生命之不可还原的结构的自我解释。他的现象学方法现在将此目标看作对早期基督教的基本动机和性质的一种再思考方式；于是，在其分析事实性生命时，他援引着圣保罗、奥古斯丁、路德以及克尔恺郭尔的著作。他选择“事实性生命”一词来强调此在的偶然性，以及具体性、事实性、单一性甚至模糊性。按照新康德派思想，事实性通常与有效性（Geltung）相对比。此在关心着意义，这可从人的“关心”和“忧虑”的基本性结构中看出。[3]再者，此在涉及与时间相关的特殊方式。海德格尔指出了早期基督教思想中的时间态度，特别是保罗关于时间（Zeit，chronos）转换为kairos（Augenblick，变化的时刻）的概念。按照保罗书，“主的日子来到，好像夜间的贼一样”，而且在此时刻（kairos）基督徒需要警醒（《帖撒罗尼迦前书》，第5章，第1～2节）。①

海德格尔在1920—1921年的课程名为“宗教现象学导论”，专注于揭示“事实性生命经验”的存在论结构，特别有关于两部最古老的基督教文献：保罗的《加拉太书》和《帖撒罗尼迦前后书》。[4]哲学本身以这些生命结构为基础，这些结构却为苏格拉底以来的西方哲学传统所忘却，因此始终未成为课题。为了真正触及生命，需要一种“哲学转换”，一种对原初历史的返归。我们必须发现生命经验在其中与周围环境互动的方式。哲学的挑战就是要达到具体的事实性生活并始终存在于具体性中。海德格尔在此阶段上努力发现可适当表达生存的具体特殊性及其流动的、时间性的、（或许说）“叙事的”性质的概念。他的关键性词语是“关切”和“自我关切”（Sich-Bekümmerung），他认为这是亚里士多德的phronesis〔实践智慧〕概念的内在性意义。在这些讲演中他把宗教范畴重新解释为基本性的存在结构，把上帝想成通过在一种末世论的现前性（parousis）形式中给与早期基督徒的。人必须通过返归其曾经所是者以发现其本质，接受其有限性，存在于相关其本身死亡的一种“决意”（Entschlossenheit）状态中。 225

海德格尔对亚里士多德的解释（1922）

我们看到，海德格尔曾经向纳托普送交一份有关亚里士多德解释的手

① 《圣经》文句录自香港联合圣经公会版《新旧约全书》（1961），下同。

稿，作为其在马堡求职申请的部分材料。纳托普最后将此手稿交给伽达默尔，但手稿在后来莱比锡大轰炸中被摧毁了。然而手稿的另一份后来被发现。[5]这份最初打算在胡塞尔《年鉴》中发表的纲领性手稿，有助于理解海德格尔的思想进程，因为读起来它像是《存在与时间》的一个基本概述。按此手稿，哲学的主要问题是达到和解释事实性生命的存在。哲学应该是通过一种“有关事实性的现象学的解释学”加以研究的“基本本体论”。此研究在《逻辑研究》的突破性意义上是现象学性质的（手稿，369）；也就是，它不是提供一种现象学的概念阐明，用以构建一独立的科学，而是此概念阐明涉及对哲学观点本身的启示。这些基本性哲学概念在传统中被磨损和贬低，但它们还保存有某些原初性，保持着其原始的意义。现象学必须使这些生了茧的概念松解开来，实行一种“瓦解性的返归”，将这些概念“瓦解”。哲学被要求面对其传统并实行“一种原初根本逻辑学”。在我们的基本概念中（虽然被隐藏于此歪曲的传统内）仍然保存有某种原初的真实的观点，即希腊-基督教的观点。换言之，海德格尔提出，我们对真实性的渴望是由此原初的真实性模型所引导的，后者存于他解释为“希腊-基督教的生命解释”的核心（手稿，372）。此一探讨的中心必须是人的生命的存在以及亚氏在《物理学》《形上学》和《伦理学》
226 中所努力表达的思想。

按照海德格尔的分析，事实性生命的基本结构是“忧虑”（Sorge，currare），它涉及“周详”（Umsicht）。人们大多数陷于此忧虑中并在与世界的交往中被引入世界，其引入方式则被海德格尔描绘为“陷落”（Verfallen）。生命是难以承受的，于是它具有一种内在的倾向使事物易于相处。在此陷落中，人作为“某一般人”（das Man）经历着具体的生命，“陷入不真实的传统和习惯性”（手稿，365）。

> 由于耽于陷落，事实性生命大部分生存于不真实性中，即传承者之中，即人云亦云之中，即在具有平均性者之手中。（手稿，369）

例如，死亡是事实性生命的一个特征，但此特征被掩盖在我们日常的“世俗关切”中。然而，死亡也是这样一种现象，它使得我们此在的时间性对我们显示。作为反对此陷落倾向的抵制，在人之间不时发生对生存〔Existenz〕的关切，一种对生命的质询，一种对真实性的欲望，一种使个人生命充分成为为自己所有的欲望。显然，在此一讨论中，海德格尔已经勾勒了最初在《存在与时间》中被宣布的纲领性思想。

海德格尔对胡塞尔思想的批评性挪用

我们看到，海德格尔早先是在神学、经院哲学和新康德主义中受的教育，但在弗莱堡学习时也在读胡塞尔，虽然两人直到1917年才相遇，那时海德格尔已经是一名青年讲师了。海德格尔的资格考试论文《论Erfurt的托马斯》中胡塞尔思想的痕迹甚微，文中只提及现象学还原以及一些中世纪现象学的观点，但并无现象学方法的意识。反之，海德格尔似乎首先关心的是中世纪哲学，并企图写关于Eckhart的书。然而当他于1919年春返回弗莱堡任教时，他开始主要将自己视为一名现象学家了。虽然从一开始他就在营建着自己的现象学之路。

海德格尔像许多胡塞尔的学生一样，包括茵加登，都拒绝着胡塞尔的笛卡尔主义和先验唯心论。在自己的现象学应用中，海德格尔深刻地改变了胡塞尔的现象学。甚至在《观念1》出版后，他也从《逻辑研究》开始，虽然他显然看到了《观念2》手稿，而且在他自己的著作中许多概念都取自胡塞尔的那部未出版的手稿，特别是"世界"和"周围世界"概念。海 227
德格尔特别对第五、第六"逻辑研究"感兴趣，将胡塞尔的范畴直观研究和他对真理认知的讨论与布伦塔诺和亚里士多德探讨的存在问题联系起来。对海德格尔来说，胡塞尔的范畴直观概念是一种彻底思考布伦塔诺的"存在复多性意义"概念的研究。事实上，海德格尔经常催促胡塞尔再版"第六研究"，后来在1922年终于再版发行。在"第六研究"中胡塞尔讨论了范畴直观，借此直观我们可以直接直观到事物的存在或生存，虽然不是以感官的方式。用胡塞尔自己的例子说，当看见"这张白纸是白的"时，我具有对此纸张之白色的一种感性直观，但是我也立即在非感性的直观中把握住此张纸"是"白的。对于海德格尔，这就是对存在的把握，此存在（Sein）被把握，只因为存在着存在者（Seiendn）。然而，把握此逃脱的存在性质，正是哲学的首要任务。

对于海德格尔，现象学就是试图使事物本身如其显示自身的那样显示。现象学，作为对事物自身的一种彻底的坚持，从来也不可能是一种单一的方法。于是，在其1927年的课程"现象学的基本问题"中，他否认现象学在任何专门的意义上是一种方法：

> 并不存在唯一的现象学，而且如果可能有的话，它也不可能是一

种哲学方法论技术。因为在作为一种朝向客体揭示途径的一切真正方法的本质性质中都隐含着这样的倾向：使自身永远朝向其本身所揭示者。（BPP §22，328；GA 24，467）

从其在弗莱堡讲课生涯开始，海德格尔就抵制着新康德派和胡塞尔的如下观点：哲学是一种严格的科学，他甚至更倾向于舍勒、柏格森以及雅斯贝尔斯的观点：具体的人的生存最好不以科学方式研究。关心确定性只是代表着一种关切。此在之关切本身的基本状态也应该加以理解。

在《存在与时间》中，海德格尔抛弃了一切胡塞尔的中心概念：他不再讨论意识、客观性、指向性、诺耶玛、诺耶思和先验自我，他也不谈及自然态度、悬搁、还原和构成等概念。反之，海德格尔想要将现象学用作
228 达到具体人的生命（事实性生命）现象，如他在最初讲课中称其为有关人性的一种思考方式，此人性始终忠实于人之经验性历史的、被体验的、实践的性质。在此，海德格尔援引柏格森、舍勒和狄尔泰有关人的生命的论述，以克服胡塞尔有关对人之存在的主要是认知性的方向（BT §10）。虽然胡塞尔将认知作为人与世界的主要联系，在奥古斯丁和舍勒影响下，海德格尔认为人主要是陷于其活生生的生存中，落入情绪和情感性承诺中，陷入忧虑的担心中，堕入诱惑之中，将自身抛向各种可能性，追求着自身的完整性。认知和理智性活动产生于日常生活的介入性结构，在其中我们处于事物顶端，我们“朝向事物”以便能够与其竞争。悟性和认知都是有根基的样式，认知行为是一种此在之“在内存在”的导出性样式，在本体论上它根基于“在世存在”（HCT §20，161；GA 20，217）。

对于海德格尔来说，现象学导致一种新的“看”的方式，而不是导向一系列哲学命题。他说，胡塞尔给与他的是用来看的眼睛，这个“看”意味着排除一切哲学理论，不管是唯心论的还是实在论的，而且意味着修炼一种“纯粹的素朴性”（HCT §5，39；GA 20，51）。当海德格尔阅读胡塞尔 1911 年的小册子《作为严格科学的哲学》时，他注意到胡塞尔的主张：“研究的冲动必须不能来自哲学，而必须来自事物以及来自与事物相联系的问题”（PRS 146），而且海德格尔在边页上评注：“我们接受胡塞尔的话”[6]；这就是，避免哲学体系并集中于问题本身。他在《存在与时间》的导论中说明，现象学“反对一切虚无缥缈的构造和偶然的发现”并“反对一切伪问题”，反之它相关于某种“自明性”（BT §7，7，50；28）。[7]海德格尔永远认同胡塞尔的座右铭：“返回事物本身”。但是，在其早先弗

莱堡的讲课中他说过：现象学的口号实际上应该是“解放此在”！现象学必须能够从一被体验的生命的具体特殊性内部来理解此在。

在《存在与时间》中，海德格尔在表述现象学时直截了当地避免提及胡塞尔；而是提醒读者注意“现象学”一词的希腊文词根的原始意义。对于他，现象学是源自亚里士多德而非源自胡塞尔的！应该根据希腊人对“现象”和“逻各斯”的理解来理解“现象学”，以使得应被见者在其显示自身的方式中显示自身。海德格尔说，现象学的真正的意义已被古希腊人更为彻底地理解了，他们理解话语如何显示着真理。后来海德格尔 229
主张：

> 关于意识行为的现象学作为现象的自显现问题，早被亚里士多德以及一切希腊思想和生存中更具独创性地思想为相当于揭示〔aletheia〕，相当于呈现者的揭秘、被揭示及显示自身。(OTB 79)

同样，在1959年，他写道，在《存在与时间》中“我打算以更原初性的方式思考现象学的性质”[8]。正如他在该书中所说明的，“现象学”一词由两个希腊文词“phainomenon”和“logos”组成。前者来自希腊文动词“phainesthai”，意思是“显示自己”。于是在他看来，“现象”意味着“在本身内显示本身者，被显示者”(das Offenbare，BT §7，51；28)。现象学必须相关于“自显现”。事物以多种方式显示自身，这取决于我们达到它们的样式；甚至在伪装行为、看似行为、虚幻等现象中，有时事物显示着它们实际上所不是者。海德格尔对这些不同的呈现意义提出了细致的分析，并着重强调，伪装、表象、貌似实非和幻觉都是依附于“现象”（作为在自身内显示自身者）主要意义的次级意义。在此他明确希望区分现象学作为一事物呈现之真理的论述和一切现象主义，区分于一切这样的论述(包括康德的)：我们只能把握事物的显象而不能把握其直率存在。因为事物并非永远如实显示自身，现象学不可能只是描述，它不可能如胡塞尔所设想的那样依赖于充实的直观；反之，现象学所寻求的意义或许被实体的显现样式所遮蔽。在此情况下，寻求意义的真正模型就是对一个文本进行解释，而且为此理由海德格尔将现象学与解释学结合起来。事物如何呈现自身，必须被清晰地研究。事物本身永远以这样的方式呈现自身，此方式同时又是自掩蔽的。

为了强调现象学和真理的联结，呈现行为和真理启示之间的联结，海德格尔朝向第二个希腊词“logos”。这个词通常意味着“词”“概念”“思想”，但海德格尔将其翻译为“话语”（Rede）。他还追溯其词源学，意味着“绑在一起”（BT §7，56；32），“集合为”一统一体或综合体，以及“使某物被见”。话语使问题开放，使其被见，使其显现，虽然话语永远被人的需求和人的利益所驱使（如哈贝马斯所强调的）。对于海德格尔，这
230 也是与真理概念相关的中心概念。传统上，真理是根据我们的判断和世界内的事实的相符性被理解的，但是海德格尔说，这种传统的真理理解导出于对真理的更基本性理解：作为自显现，启示，揭示（BT §44）。在这里他把希腊词“真理”（alethia）解释为其词源义“揭示”“揭开”“发现”“显示”，即：使在某种意义上被隐藏者显现（BT §7，56-57；33）。对于海德格尔，logos的主要意义是“断言”，其希腊文的对应词是“apophansis”，“让一实体从自身被看见”（BT §33，196；154）。他用“揭示”意指着当我说“锤子是重的”时，锤子的性质以某种方式显示了出来。事实并非是我有一思想，它直接代表着我的思想之外的一个实在，我直接把握着问题的真理。

海德格尔注意到，由于话语的性质，言语中或断言中涉及的任何东西都可以如下方式“传递”给他人，按此方式话语启示的原初力量被遮掩或被歪曲以及凝聚为日常意义，遂失去了其紧迫性和其激发力：

> 所言出者〔Ausgesagte〕可被“继续说”……但是所指出者〔Aufgezeigt〕在此继续被言说过程中可能再次被掩盖，即使在此传言〔Hörensagen〕中发生的那种认知仍然永远意指着该在者〔das Seiende〕本身，而并未“认可”某种被传递的“有效的意义”。甚至传言也是一种在世存在，以及朝向听闻者〔Gehörten〕之存在。（BT §33，197-198）①

海德格尔认为原初性存在论的发现和揭示可能在该话语传统中被掩盖，这导致他理解到描述现象学必须认识传统和历史的性质。胡塞尔也理解，传统涉及一种持续不断的沉淀过程，按此过程原初性发现被吸收进一般的认同中。理解行为一般根据此共有的认同，即那种公共的知识——被海德格尔表达为“公共性”概念和“平均人”（das Man）的非真实认识概念。但是，对于海德格尔，问题根本不可能是：人们永远生存于真理中，并欣然接受揭示之启示。我们的日常生活不断把我们拖回平庸和日常性的

---

① 此段中译文译自该书1979年版。

形式。这是此在的一种结构性特点；其日常性由其“陷落”所规定（BT §38，219；175），海德格尔说，此陷落并非意味着任何负面的含义而只是表达着此在之生存方式，或如阿伦特所说，生存于世中。人人被吸收入、失落于匿名性的公共自我中。 231

海德格尔对胡塞尔意向性概念的批评

《存在与时间》首先以彻底偏离于胡塞尔现象学的姿态出现，但是海德格尔自1917年至1927年课程手稿的出版显示了，他是通过现象学进行工作的，即通过细读胡塞尔的文本和从这些文本中产生他自己的问题系列的。在其1920年代初的讲课中，海德格尔批评胡塞尔的直观说未曾充分认识到我们的原初性理解不是理论性的，而是基于我们对世界的实际介入。我们的理解从一开始就是解释性的，而且解释性地介入事物不需要在理智性、认知性层次上进行，而是更经常地涉及关切和实践。在《存在与时间》中，胡塞尔的意向性概念遂被代之以此在之现象学的论述，问题成为此在与“身边事物存在”（Zuhandensein〔方便性存在，用具性存在〕）的实践性关系的世界之实践行为。这导致海德格尔修改了胡塞尔的意向性概念，并最后完全将其抛弃以支持一种此在的超越性概念。

海德格尔究竟偏离胡塞尔的现象学理解有多远，可由以下事实显示：《存在与时间》对于意向性几乎从未提及。书中有一处简单提到舍勒把意向性行为看作“心理行为”，使其脱离了与作为该行为实行者个人的联系（BT §10，73；48）；此外唯一提到意向性的是一处注解，在此他应允指出意向性如何根基于此在的“激狂”〔ekstatische〕性质，即这样一种状态，在其中此在永远在期待中使自身超前并向后逡巡于记忆中（BT §69，498n. xxxiii；363）。此一应允的章节当然也从未出版过。

我们看到，在海德堡的讲课中我们可以看到海德格尔对胡塞尔意向性的继续批评。1925年的“时间概念史”课程是有关布伦塔诺和胡塞尔论意向性的特别杰出的讨论。在此他把意向性解释为“朝向性”，特别是“自我朝向性”，即我们使自己朝向事物的方式。当然，我们必须非常当心不要把讲课内容当作作者对于主题的确定意见，但他的确详细地展现了自己对布伦塔诺和胡塞尔的看法，并结合语言和真理性质发展了自己的意向性观点。在这些讲课中海德格尔发展了我们介入事物经验的性质，这是他在《存在与时间》内有关“世界的世界性”一章的中心主题，在此处zuhanden〔方便性〕和 vorhanden〔存在性〕概念被凸显出来（BT §§15～17）。

海德格尔认为，布伦塔诺使得意向性概念重显活力，但批评他对于心理性特征本身未予说明并仍然停留在笛卡尔的观点内，笛卡尔严格划分了
232 心理世界和物理世界，故仍然陷于“形上学的教条主义”（HCT §5，32；GA 20，41）。他也批评布伦塔诺未能承认行为内容的真正性质，即胡塞尔提出的诺耶玛概念。在他看来，并未适当地区分开被意向的客体和客体借以被把握的内容。布伦塔诺未曾真正区分开对被知觉的“在其存在中的在者”之看和“如何被意向的方式”（wie Intendiertseins）（HCT §6，46；GA 20，61-62），即其呈现的方式。换言之，布伦塔诺未能区分被意向者和呈现样式。我们看到，这正是胡塞尔的意向性论述中的中心观点。海德格尔断言，由于此一基本性忽略，布伦塔诺失去了意向性的结构整体性。

海德格尔也指出，胡塞尔现象学并未完全克服如何论述意向性客体的存在样式问题。胡塞尔仍然把意向性主要看作一种意识之结构。海德格尔说，我们必须超越此立场并问询一存在是如何相关于其被意向的存在的，我们甚至必须问询如何才能真正地在此方式上研究该主题。为此，我们需要一种更彻底的现象学。海德格尔集中于思考这样的方式，在其中被意向者之存在呈现于我们对事物的介入态度中。他会说，意向性只能根据此在的基本性超越被理解，就此而言此在已经存于世界之内了。

在 1925 年的讲课中，海德格尔同意胡塞尔所说意向性是一切体验的确定的特性，但与胡塞尔相反，他强调的是这些体验的实践的、具体性的性质。我们的体验是与我们周围世界事物的实际身体性的接遇：例如，在围绕一室移动时我与一“周围世界物”一把椅子接触（HCT §5，38；GA 20，49），而不是“椅子的感觉”。所以我可真实地说“椅子是不舒适的”，并把握住该椅子对我、对我之实存的样式。椅子的存在是对我不舒适的存在。抽离了与该物的这些实际的接遇，就使其成为了理论研究的一个对象。就此而言，椅子对我成为一“自然物”而且采用了不同的表述词语，例如椅子是木制的，有一定重量，占据着空间，如此等等。海德格尔在说明中说，植物学家研究的是植物（自然物），不是花卉（周围环境物），花卉不是植物，而是礼物。在“自然的话语”中我说“我给与花卉”，但不说“我给与植物”（HCT §5，38；GA 20，50）。按照他的说法，我们就永远不会说我给与一束“草”作为礼物了，即使草是一种植物，甚至往往

是一束花。然而，按照胡塞尔的说法，花卉和草在生活世界中占据着不同 233
的空间。在《存在与时间》内有关“世界的世界性”一章中我们看到，在周围世界物或通常物和作为中性观点或思考的客体的物之间的区别，经修改表述之后，出现在海德格尔对我们于其中接遇物的方式所进行的分析之中。

用具存在性和客体存在性

此在不是自存的一个实体，像一块石头或一把椅子；它永远陷于世界内；海德格尔认为，应该说自然物没有世界，动物至多是“世界的贫乏”(Weltarm)。[9]此在的基本性质是永远此在于世界内的。世界在此意味着一种语境，一种环境，一套任何意义发生于其内的指涉和任务（BT §17)。人的存在就是“在世存在”。此外情况并非是此在以某种方式与世界并存。此在是涉入世界的，而且如他后来将说的，此在是对世界进行揭示的。在世存在是存在的这样一种基本状态，通过此在世存在，此在的一切其他“存在项”(existentialia，适用于非动物性范畴的此在等价词）被决定着(BT §26，153；117)。

海德格尔通过对我们与周围世界物的基本接触的论述来说明在世存在概念。他觉得，传统哲学（包括亚里士多德）均把与事物（眼见的事物）的理论性交遇视为优先。视见发生于距离中，视见行为并不改动所见物。与此传统形上学观点相反，胡塞尔强调我们与客体的最初接触是根据于我们对它们的使用以及相对于某些指定任务而言对我们的可用性，这些任务是由我们的兴趣〔利益〕而产生的。我们干预着和操纵着事物，后者是被我们的兴趣和目标所决定的。事物最初作为这种可用的存在呈现着自身，海德格尔称此类事物为“用具性存在”(Zuhandensein)、“备用性存在”，或如德雷福斯所译的“可用性”(availability)。[10]通常，我们抓住一个用作锤子的物体，我们把一棵树看作木料资源或避雨处等等。海德格尔的描述赋予这类“工作世界”以确定的优先性，如木匠的工作世界（BT §26)。只是在后来，而且由于不同的意向行为，更具理论性的意向行为，我们把这些工具看作事物本身，看作独立存在的、可供省察的物，此种观察物的理论的方式导致了科学，导致了对事物本身进行检验的纯兴趣，这些事物遂脱离了它们与我们利益的联系和交遇。在此理论的样式中的被见物是客观存在的（vorhandene），现前存在的。

234

表　达

在此对于海德格尔来说，我们与事物的实际交遇的性质被包含在我们的语言使用中。胡塞尔的意向性概念并非充分适合于表达我们与世界的实际介入。海德格尔对意向性的语言方面的兴趣比胡塞尔大得多。我们对于事物的全部态度行为都是表达性的，而且此表达可呈现为语言的陈述(Aussage)。海德格尔把胡塞尔对命题意义的强调实际上再解释为对表达行为本身性质的一种揭示：

> 与其说我们看见客体，不如说我们首先在谈论客体。更准确地说：我们并不说所见者，而是相反，我们看见某人关于客体所说者。(HCT §6，56；GA 20，75)

理解并非只是具有一感性的输入，将其概念化并对其反应。经验的感性方面欠缺着陈述关于经验所说者：我说这椅子是黄色的，但我并没有在直意上看见椅子是黄色的。“是”“这个”等等并不出现在主体的反思中，而是该行为的相关项。海德格尔把胡塞尔的范畴直观概念发展为他对存在与真理之经验的论述。他逐渐看到，事物的本质性揭示是通过此在与周围世界物的关切性交遇而发生的，本质上是在表达中发生的。与事物相关、揭示事物，永远预先相关于我们的关切，我们的相关性主要是解释性的，或解释学的。

海德格尔将现象学和解释学混合

胡塞尔在讨论“统握意义”时已经看出了每一意向性行为中的某种解释性的成分。当我们看某物时，我们永远把它看作一定的预期系列加于其上的某物和计划，这些预期于是在后续的知觉中被充实或被瓦解。事实上，在《观念1》中胡塞尔已经把我们与事物的关系置于局部环境中的我们躯体的活动内，而且事实上预先提出过许多海德格尔后来在《存在与时间》中所说的东西。但是海德格尔，通过将其与解释学传统相联系，而赋予胡塞尔有关实际意向性的论述以完全新的形态。

海德格尔后来回顾说，他最初是在天主教神学院时期知悉解释学作为神学解释研究的一个分支的。他与解释学的接触通过研读狄尔泰（狄尔泰则依赖于施莱尔马赫）而获得极大的激发。当海德格尔于1923年迁至马堡时，他在那里遇到一批神学家，包括布尔特曼。布尔特曼把解释学看作 235
《圣经》解释任务的主要方法。于是在《存在与时间》中海德格尔明确地宣称狄尔泰是在对人的具体生存奠定一种存在论分析法的工作中领先的原动力，虽然他批评了狄尔泰的概念工具具有很大的局限性（BT §10）。海德格尔用解释学不仅指历史科学和文化科学特有的方法，而且用其指人的实存在其中成为解释性的整个方式；此一看法后来为伽达默尔所发展，我们将在下一章对此进行讨论。

海德格尔将布伦塔诺和胡塞尔的逻辑学中的主要判断理论置于话语领域，在话语中已经包含了某种在世存在。我们的一切陈述和判断都被理解为存在于我们持有的偏见（或“前判断”）背景内，它们大多数是非理论性的，而且未被我们清晰地表述。海德格尔说：

> 当陈述提出时，某种前概念已经包含在内；但其大部分始终没有显露，因为语言在自身内已经隐藏着一种欺瞒方式。（BT §33，199；157）

我们的一切经验都解释着和交遇着已经被我们自己和他人所解释者。逻各斯本身就是一种解释行为（BT §7，62；37）。甚至当我们陈述某物应当如何时，我们已经将其陈述为某物，而且此种解释行为并非必然表达于语言中；反之，它表达于我们与事物相关的方式中：

> 解释首先并非在一理论性陈述中而是在一周全的关切行为中被实行的；排除着不适当的工具或替换之，而“无须费词”。不能因为欠缺语词就断定并无解释。（BT §33，200；157）

海德格尔称此种研究事物的方法是“存在论解释学的‘如同论’”；它是这样一种方法，此方法被推入背景，当我们将对一事物的更中立的观点看作一个具有特殊性质的实体时。对于事物的一切中性理解，例如科学的理解，都假定着我们与事物的实存性交遇以及我们根据我们的世界关切和实践对事物的原初性解释。海德格尔认为，如果忘记了这一点，结果我们获得的就是作为判断的真理理论，而不是作为启示的真理经验。海德格尔于是企图把作为一种知性再现的传统知识观代之以一种新观点，即把认知 236
看作一种与世界关切性交遇的亚类别。在《存在与时间》中海德格尔努力于发明一套新词汇以表达与世界的这种关系性，使用“Umsicht”（周详）这类词，用以暗示一种与“Umwelt”（环境）的联系性。

问题的解释学结构

海德格尔哲学以其对待哲学设问的彻底性方式著称。在其哲学生涯早期，他理解到，设问的实行式特性要求的一种结构，非常不同于传统哲学所分析的事实陈述结构。陈述行为和设问行为都是揭示之形式。此揭示之结构实际上在设问行为情况下更为明显可见；因此，海德格尔提出我们应该关注设问行为本身的性质。虽然我们始终不断地介入问题的提出，却极少反思设问行为中所牵扯者为何。他开始考察问题之结构（BT §2）。一个问题借助于针对某物、关于某物、为了某目的而说出来探索某信息。但是，甚至为了能够提出问题，我们也必须对于我们所询问者具有某种最初的“前理解”。我们对于相关对象具有一种“前把握”（Vorgriff），关于事物状况具有一种“前假定”或者某种“前判断”。海德格尔反复强调，“每一探求都被所探求者事先牵引着”（BT §2，24；5）。但是，而且，我们获得的回答依赖于我们设问的方式。于是海德格尔声称，我们的前理解和我们的达到方式（Zugangsart）对于我们听到的回答至关重要。我们的前理解实际上是一种“模糊的、平均性的理解”（BT §2，25；5），或许与其说是真正的理解，不如说是一种误解或歪曲。他指出，此平均性的理解充满了我们承继而来的大量传统的教训和谬误。我们据其提问的最初观点包含着关于主题的极其大量的所谓“民间智慧”。海德格尔意识到，平均性的理解对于能够使提问行为发生的第一步是必要的，但它也可能使问题不可能提出，阻碍它获得充分回答，因为前理解可能完全歪曲着或掩盖着回答。海德格尔说：

> 此种平均性的、模糊的存在理解〔Seinverständnis〕可能进而渗透着关于存在的传统理论和意见，以至于其中始终隐藏有作为支配性
> 237 理解源泉的这些理论。（BT §2，25；6）①

为了理解我们的设问行为如何歪曲着相关的现象，我们应该首先检验我们的平均性理解。

---

① 此句中译文译自前引德文版第6页。

解释学循环

海德格尔强烈坚持说，一切设问都带有某种支配着探索的假定而且甚至在某种程度上预先决定着可被发现者为何。因此我们是根据我们已经知道者来揭示该答案的。这种推理可能听起来是循环性的：我们如何能够知道任何新的东西，如果我们只能根据我们已知者对其把握的话？海德格尔说：

> 但是这样的尝试不会陷入一种显然的循环吗？如果必须首先在其存在中规定在者，然后据此以提出存在的问题，这不就是陷入了循环吗？为了处理此问题，不是已经“预先假定”着对此问题先已具有答案了吗？(BT §2，27；7)①

海德格尔对此疑难所做的解答是主张，此循环不是封闭的或“恶性的”，如在循环论证的例子中那样，而是涉及一种“前后相关性”(BT §2，28；8)，因为我们的设问实际上相当于一种亮光，它将某种模式投向现象，虽然也以这样一种方式填充着我们的预期，即使我们能够继续提出问题，并因此推进我们的理解。预先假定具有一种“事先对它看一眼”的特性 (BT §2，27；8)。海德格尔非常清楚，按照我们采取的那种生活和我们居于其中的那种文化情境，我们的理解随之加强或减弱。于是，为了理解存在的问题，我们必须对那样一种情境保持警觉，它或者引生着该问题或者掩盖着该问题。特别是，我们将必须认识我们的特殊文化或情绪所带有的那种对存在的平均性的理解。最佳开始处即我们的日常生活，与事物的日常交遇，事物如何存在于其“平均性的日常性中”(BT §5，38；16)。这是一个良好的开端，但它只是一“临时性”开端，因为我们也将必须理解我们在其他时刻与存在相关的方式，在那些时刻我们更真实地成为我们自己并较少地陷入日常性中，或者面对着一种个人的选择，或者面对着对于我们日常情境的一种威胁，或者处于忧虑状态或恐惧状态，或者沉思着我们自己的死亡。海德格尔承认，当检查我们如何相关于存在时，我们必须考虑我们的情绪问题。

---

① 此段中译文译自德文版第7页。

238

此在的性质

关于海德格尔说的“此在”（Dasein）到底何意，存在有大量的议论。他是指具体的个别人、一般人性本质一类的东西，还是使得人之生存成立的一系列先验性条件？海德格尔自己在1920年代运用着此词。在《存在与时间》中他首次根据有关存在问题的形式结构的讨论引进“此在”一词：

> 因此，存在问题的深入研究意味着：使一在者（提问者）在其存在中“透明化”〔Durchsichtigmachen，原词即“使透明化”〕。对此问题〔Frage〕的提问〔Fragen〕，作为一在者本身的存在样式，是由在其中所问者，即由存在，给与本质地规定的。我们在术语表达上就将此“在者”理解作此在，我们每个人都是一在者，而且这个在者，除了其他之外，还有提问〔Fragen〕的“存在可能性”〔Seinsmöglichkeit〕。(BT 27；7)①

这样，此在成为人的存在的名称，只要它被个人化为我自己或其他某人，而且只要设问成为其相关于存在的本质样式。此在于是特别指我们对我们生存的个人性具有，而且指这样的事实：它是一个为我们的问题，此问题关心于存在本身的性质。

以如此方式引入后，此在指涉着人之存在的特殊样式，强调着其个人性和其在存在揭示中的作用。此在并非就像岩石和树木那样作为事实而发生，此在的存在成为对此在的一个问题。但是海德格尔并不认为我们对自己最深的把握表现于某种笛卡尔式的自我反思；事实上，他认为，专注于这种自我显示可能导致存在分析的迷失（BT §25，151；115）。达到此在须经过一种生命实践。他于是关心于对人的生存的分析，但因为他认为德国的“生命哲学”一词使用过滥，遂着手对关于此在之存在进行自己的探索，并称之为他的“此在基本分析”。此分析的目的在于指出此在具有“在世存在”的基本结构，即在如下方式上与事物和与他人的存在：其全部生存均被忧虑予以结构化。按照他的话说，此在的存在论意义即是忧虑（BT §41）。在检验此在的在世存在的方式时发现，它显然是一种对世界的揭示。在理解作为“忧虑”的此在时，我们探索着它的作为陷落及事实

① 本段中译文译自德文版第7页。

性的结构。

询问者人永远生存于这样的理解中，此理解包含着确定的诸种可能性的一种投射： 239

> 此在永远根据其实存理解自身，根据其自身的一种可能性理解自身：成为自己或者不成为自己。此在或者自己选择了这些可能性，或者使自己陷入这些可能性，或者已经在诸可能性中成长了。（BT §4，33；12）①

人的存在已经禁止着对自身的确定的理解，虽然此事实并不必然被“主题化”或被清晰意识到。此事实可能在根本的此在面前并未成为“理论上透明的”。我们并不必然知道在何种方式上我们已经理解自身了。但我们的存在性已经是一种理解了。海德格尔此处所言，在某种程度上不难理解：我已经借助我的方式，通过我自己的情境，理解了我自己和世界；例如：作为一名20世纪中叶的男子，作为一名穷人或富人，作为一名教师或失业者，等等。我的生命根据我的一系列可能性呈现着自身。当然，我的生命呈现自身的方式大部分来自我在其中成长的文化，或者直接产生于一批未被质询的公共意见。但是，他在此指出，我能够为我自己选择某些可能性。海德格尔的这一部分分析被存在主义者截取，特别被萨特从中汲取了这样的观点：人可以通过抓住这些可能性而成为其所是，我们在以后的章节中对此加以讨论。然而萨特的论述比海德格尔更多地偏重于行动方向，海德格尔的确对我们如何在自己的生活中自处一事给与了一种现象学的描述。

真实性和非真实性

海德格尔根据这些可能性对“此在”呈现的不同方式，区分了一种<u>真实的</u>和一种<u>非真实的</u>生存方式。我们在此必须再一次当心如何理解海德格尔。他将强调，非真实性是真实性的<u>条件</u>。情况绝对<u>不</u>是：人一生均可安居于真实性生存方式中。大部分时间，我们只是传抄着见闻，也非完全拘于事物，也非安居于事件的意义，而是生存于对日常性的模糊的、平均性的理解中。在这些体验中，我与他人没有不同，我和他人的经验与作为相

---

① 此段中译文译自德文版第12页。

同。然而存在有其他时刻，它们促使我们的个人关切凸显出来，于是我们与存在的关系的正确论述必定能够识别和展现我们的非真实的及真实的存在样式之本质结构。

海德格尔根据“自有性”说明他的真实性概念。我的生存是某种我之所有；或更一般地说，此在具有“我所有性”（Jemeinigkeit）之结构（BT
240 §9），就是说，它不是某种只是出现于世界的东西，只是现前于手边的东西，而是以第一人称方式被揭示的东西，虽然海德格尔承认很难发现呈现此现象的正确途径。现在，“我所有性”成为一种结构，它能够或者被真实地或者被非真实地把握：“作为存在样式，真实性和非真实性（两词是在术语的严格意义上被选用的）二者均根基于这样的事实：不论什么‘此在’都是由‘我所有性’规定的。”（BT §9，68；43）真实性和非真实性可以只作为此在之存在样式而出现，因为此在永远是我的或你的，永远被个人化为一个人的生命。存在有此在的先天性特征。人对自己的生存关系，或者是真实的，或者是非真实的，或者处于二者之间某种未分划状态（BT §12，78；53）。真实的时刻是那种我们在其中最感适意、与己合一的时刻。我可以将可能性选作我自己的可能性，我具有一种关于我自己拥有亲密无间性的具体而深刻的体验。然而，在我们更为通常的、正常的日常生活时刻，我们并非使事物深刻地触动我们“最内在的”存在。海德格尔认为我们大部分时间里都生存于非真实的方式中。例如，我们在报纸上读到一则悲剧性死亡的报道但并不必然将事件吸收入我们的自我之内或对其有个人性的体验；我们并不以个人的方式对待它。我们非真实地经验着这些时刻，像人人一样地经验着。真实的存在是一种求全潜能：人具有冲动使其生存聚合、集拢，形成一个整体。当人们努力使生命凝聚时，他就是希望使其成为完整物，成为统一体。海德格尔在后期著作中将“整体”和“健全”结合起来，因为在德文词源学上二者有联系。此种成为真实的欲望表现于“良心”现象中（BT §45，277；234）。但是成为整体的问题在于，此在本质上永远是未完成的，其存在是“趋死存在”。事实是：我们都注定要死亡，都注定不能完成，都始终是未完成的；于是此整体性计划受到挑战。

焦虑和趋死存在

人的生存根本上是有限的。它以死亡为终结。我们每一人均朝向死亡，我们的一切计划均将消灭，因此我们的一切计划和实践均被笼罩在阴影内。海德格尔在克尔恺郭尔的影响下承认人类生存中的趋死存在之中心性。此外，如果要真实地体验死亡，就必须完全确保我们对死亡的亲身体验：我们对死亡的真实预期。我们不可能在同样的真实性方式上体验他人 241
的死亡（BT §47，282；238）。

海德格尔对焦虑的论述也是克尔恺郭尔论述的一种俗世化变形。焦虑导引我们摘下自己对世界的日常熟悉性假面。焦虑使得日常一切如此无足轻重，甚至我们的自我意义完全丧失。焦虑即是对一种确定之无以及对我们生存中一种无根性之认定。正如萨特后来所描述的，焦虑导引我们进入一种“眩晕状态”，在其中我们脚下失去了根基感。对于海德格尔，这种状态并非可以理解为心理学现象，而应理解为一种有关我们生存的结构可能性，它使我们面对着我们生命以及生命之意义的可疑性质。在此意义上，海德格尔追随着克尔恺郭尔明确地区分了畏惧（Furcht）和焦虑（Angst）。畏惧永远是对某物的恐惧，例如，人为自己的生命而恐惧（BT §30，180；141），或者人对某种可能性感到恐惧。另一方面，焦虑则是一种非具体的情绪，它欠缺一准确的对象。事实上，焦虑正是对“无”之焦虑，此无没有对象，除了我们的在世存在本身：“焦虑原初地和直接地揭示着作为世界的世界”（BT §40，232；187）。焦虑正是显示着我们在其中进行自由选择和掌握自身的方式。

> 焦虑在此在中使存在显露出最固有的存在可能性，这就是对于自行选择和自行掌握之自由的自由状态。（BT §40，232；188）①

焦虑向我们显示了某种“无家状态”，我们未以世界为家，世界面对着我们像是某种陌生的或怪异的东西（uncanny 的德文词是 unheimlich，包含有“不熟悉的”和“不适意的”意思）。我们理解世界的唯一方式就是离开它；所以它对于我们具有的揭示性、启示性力量，在醒悟时刻过去之后，永远被掩盖着。但是焦虑因此可用于显示我们均陷于对世界的一种烦恼结构中；这就是，世界并非对我们可有可无。海德格尔有关烦恼、忧虑及面对死亡一类体验的论述，引起存在主义者（特别是萨特）极大兴趣，但是海德格尔本人希望强调这些体验如何提供我们有关时间性质的一种特殊揭示，而且他后来在《存在与时间》中希望返回这些体验并分析它

---

① 此段中译文译自德文版第 188 页。

们与时间和时间性的关系。

情绪和心态

海德格尔在《存在与时间》中的最独创性贡献就是他对情绪（Stimmung）的分析，情绪不是作为一种主观心理状态，而是作为一种世界呈现的方式。他把“情绪”看作对准世界的方式。《存在与时间》认为，我们
242 大部分生命都是在“日常性”中度过的，日常性作为一种情绪如此具有中性，甚至不被承认为一种情绪。但它是一种基本的情绪并具有相关于世界的一种基本方式。在我们通常的日常性中我们只是传送着听闻，却并未卷入其中，而且我们的言语仅只是“闲谈”（Gerede），例如评论着新闻中报道的最近灾难却并未实际上花费时间去真实地体验该事件。在此日常性情绪中，我们根本不是我们自己，我们只是与其他众人一样；我们处于“平均人”状态。他认为，这当然不是真实状态，但必须认真考虑对此如何理解。非真实存在并不意味着道德上是坏的（如萨特后来所说的那样）。甚至为了成为真实的，我们必须首先成为非真实的。按照海德格尔，此在的样式必然如此。在我们的日常情绪中我们被世界吸收，束缚于我们的任务之中；我们不反思我们是谁，我们处于被抛出（Geworfen）状态。我们的构造如此特殊，以至于实际上放弃了面对我们的生存状态。此种放弃的结构特性，海德格尔称之为“陷落”。陷落意味着束缚于公共性自我，于是我们不再真正触及我们的真实生命意义。

共　在

如果认为海德格尔在《存在与时间》中忽略他人的经验或者他在其存在分析中强调孤独此在的优越性，那是不正确的。对他来说，我们最原初的在世存在经验即包含着我们将此世界看作与他人共有的世界：“此在的世界就是共有世界（Mitwelt）”（BT §26，155；118），在此共有世界中我们与他人相关。即使当我们在我们实践的关切中交遇事物，我们也是在已经被“人化的”世界中与其交遇的。锤子是在我们与他人共有的一系列关切中相遇的，这些关切也是从与他人的关系中取得其意义的。他人是在共同属于环境的情况下与我们交遇的。他指出，我们不应直接假定，当我们谈到他人时我们在使每一人与自己对立。存在有众多情况，在其中我也

被包括在此“他们”中（BT §26，154；118）。再者，此说法并非是直接指在我之旁事实上存在有他人，因为对于海德格尔，“与他人共在”是此在的一个先天性存在论范畴，即使根本没有其他人存在时也一样（BT §26，156；120）。

在此情况下，他人是作为“缺席者”被经验的。我们与他人的关系方式最好按照“关切”（Sorge，或译“烦忧”）概念来理解。他希望在世界内规定与他人共在的基本范畴，然后看一下在不同的情境中如何体现之，例如在慈善情境中对他人的关心。存在有一种共在情境，我们将为他人而进 243
入此共在情境。

然而，海德格尔在《存在与时间》中对我们与他人联系的论述大致强调着，我们是在公共领域，在“闲谈情境”中，与他人交遇的。于是，他说：“闲谈情境是一种存在，它属于彼此共同存在本身”（BT §38，221；177）。在他的分析中存在有这样一种倾向：将个人的真实性和完整性与我们在其中陷入公共性和共同性的方式相对立。然而海德格尔的公共性观点在该书后半部中进一步发展了。他谈到了人在其中生存于社群的方式以及个人应该通过“选择一位英雄”（BT §74，437；385）作为自己生命的楷模，并跟随该英雄开辟的路径。关于公共生活的此一论述近年来受到检验，人们怀疑这是否起码即是政治默许论的一幅蓝图，甚至更糟糕，因为它提供了一个政治生活模型，它使海德格尔朝向于（甚至热衷于）希特勒和纳粹的英雄主义的、引导人民的领袖品德说。

在《存在与时间》中海德格尔分析的中心是人的生存的时间性方面。此在首先是历史性的（BT §73，433；381）。我们被抛入历史并可将其经验为一种注定的意义，重复着传统中所传承的，或者我们企图达到一种决意性时刻，将自己投射向可能性。在此书末尾，海德格尔对于种种哲学的时间概念从部分的观点发展为基本意义上的人的历史性和时间性的方式，给与了比较随意的思考，包括在亚里士多德、圣奥古斯丁和黑格尔著作中可发现的部分。遗憾的是，他关于历史性质和时间意义的颇具吸引力的反思不属于本章讨论的范围了。

先验的无家园性

1929 年以后，海德格尔继续在一彻底更新的意义上把自己的研究看作现象学的，但他很少提及现象学或自己作为现象学家一事。此时他开始理解，学院哲学语言，对于他想要传达的存在与此在之间的“本体论区别”这样的本质性观点过于狭窄了。他开始认识，他从胡塞尔那里继承的以及在《存在与时间》中应用的康德先验性语言，不足以充分阐明所研究的问题。他说，他想要“把语言从语法中解放出来”（Pathmarks，240；GA 9，314）并改换为更具创造性的诗语介质。于是，海德格尔的后期哲学可以被看作一种把语言拉伸至极限以寻求一种适当的方式，用以传达他有关
244 “存在事件”（das Ereignis）性质的思想。这涉及根据古希腊哲学启蒙以及根据德国浪漫派诗学（特别是荷尔德林）的“本质性话语”来思考现象学。海德格尔发展了这样的特殊观点：希腊文和德文是唯一可用来表达存在性质的语言。他也开始把自己看作预见了德国人民不可避免地丧生了方向，如果他们屈服于技术、民主化和西方化的话。在海德格尔看来，对于人的生存的巨大威胁是，思想成为一种技术性信息加工。这将导致基本性的无家园性和无根性。于是，他在《关于人本主义的信》中说，“无家园性正在成为世界的命运”（Pathmarks，258；GA 9，339），此一观点阿伦特将在《人的处境》一书中详细讨论。只有一种诗学的思想才能对峙于此无家园性而对自身进行表达。

对于海德格尔，作为一种返回家园的真实哲学与此先验的无家园性论述相对立，此种思想从我们目前被移位的意义返回，以发现我们的位置并保存我们所发现者。在某种意义上，这可被理解为宗教性的“堕落与回头”故事的俗世化发展。于是，他在《关于人本主义的信》中说“语言是存在的家园。在此存在的家园内，人栖居着”（Pathmarks，239；GA 9，313）。他立即补充说：“那些用语言思考和创作者为此家园的守卫者。”（同上）哲学思考和诗学思考都是守卫人与存在关系之基本性质的方式。

海德格尔后期著作发展了有关真实居所性质以及人类全面的无家园性的思想。他有关限制现代世界的技术框架的论述扩展到这样的程度，即甚至早期希腊人在其最早关于“技艺”（techne）和“知识”（episteme）的思想也对西方成为技术性文明的形上学命运起着决定性作用。面对此无所不包的技术性框架，哲学和诗歌至多只参与无望取胜的拼死战斗，或者介入一种对此整体化的抵抗。技术化不只是完成计划的一种手段。海德格尔把技术化看作一种揭露和显示存在的方式。技术化是一种“揭示”（Entbergung）之形式。[11]然而，技术化是这样一种揭示之形式，它也消耗它所

产生的材料。它将自然变为仅只是资源——煤、铁、铀、水等等的堆积。此一技术化的揭示的性质是，它模糊了而不是揭示了它自己的本质。再者，它改变了人，人卷入了技术化。人的存在束缚于揭示的样式，并被此揭示形式所攫取。人和自然一样，均在此“框架”（Gestell）内被聚拢。

海德格尔的影响 245

海德格尔对 20 世纪哲学的影响之大几乎难以估量。维特根斯坦承认，他欣然理解海德格尔的存在、焦虑、恐惧等概念。他说：

> 我欣然理解海德格尔关于存在和恐惧所表达之意。人具有触及语言界限的冲动。例如想一下多么令人惊讶：万物竟然存在着。[12]

同样，查尔斯·泰勒说过，海德格尔的重要性在于这样的事实：他是那些有助于我们从唯理主义控制下解脱出来的极少数现代哲学家之一。[13]

海德格尔首先对参加他的效果非凡的讲座和极富启发性的研究班的学生产生了极大的影响，这些讲座和研究班有助于人们细读文本和深思基本问题。海德格尔自己的学生包括伽达默尔（1923—1929）、马尔库塞（1928—1932）、阿伦特（1924—1925）、吕维茨以及图根哈特。战后法兰克福批判哲学学派在阿多诺和哈贝马斯主持下重新建立，其主要的刺激因素就是海德格尔。他们往往把青年马克思有关人的异化和意识形态支配的观点与海德格尔关于人和技术统治的观点进行比较。特别是马尔库塞企图把马克思于 1844 年的著作和海德格尔的此在分析结合起来，并把海德格尔的分析看作有关资产阶级社会生活如何从内部重建的论述。马尔库塞说，他在海德格尔的著作中看到了“一个新的开端，首次企图将哲学置于真正具体的基础之上，即是有关人的生存、人的条件的哲学，而不只是关心抽象条件和原则的哲学”[14]。再者，马尔库塞认为，海德格尔表述了人的历史性原则，这正是马克思主义试图相关于历史运动来说明人的一部分。阿多诺于 1931 年时曾遇到海德格尔一次，但他于 1960 年代写了很多书，包括《真实性之故弄玄虚》和《否定辩证法》，对海德格尔的构想和语言进行了深入的批评。1953 年时哈贝马斯是首先对海德格尔未能放弃支持纳粹言论的批评者之一，这些言论是在 1935 年的“形上学导论”讲演（出版于 1953 年）中表述的。哈贝马斯在《关于现代性的哲学论述》对于海德格尔 246
不能区分近代理性中的启蒙概念和种族主义与民族主义的自以为是的观念

给与了强烈批评，但承认海德格尔援引世界概念以批评意识哲学的立场具有独创性。他将海德格尔的存在分析看作在面对有限性时的一种虚无论英雄主义，并认为海德格尔仍然束缚于“迷执的主体哲学派”。[15]

海德格尔对实证主义的追随者不大成功。维也纳学派特别攻击海德格尔是模糊而又华而不实的思想家，其断言缺乏实质性意义。因此，卡尔纳普清晰地反驳了海德格尔在《什么是形上学》中关于虚无的论述。在英国，由于艾耶尔、罗素、赖尔的影响，海德格尔的思想直到晚近才受到重视。[16]然而现在分析哲学界对海德格尔发生了较大兴趣，他的整体论经常被拿来与戴维森进行比较。在美国，他对哲学界有着重要的影响，如罗蒂和德雷福斯。罗蒂把《存在与时间》理解为基本上是杜威传统上的实用主义。[17]罗蒂也认为，海德格尔的哲学使命基本上是一种“世界揭示论”方向，而不是问题解决方向，如我们在亚里士多德或罗素那里所见的。另一方面，德雷福斯则认为，海德格尔的反主体论立场可以提供一种理解意识的新模式，从而可摆脱自笛卡尔以来一直困扰着心的哲学的表象论。

在法国，海德格尔的影响最初主要是通过莱维纳的中介作用产生的，他于1928年在弗莱堡随海德格尔学习，战后则通过让·波弗勒和萨特产生影响。海德格尔哲学被法国存在主义者热情吸收，之后在德里达的解构论和福柯的反人本主义中被再解释。福柯说：“对于我们，海德格尔永远是重要的哲学家……我的全部哲学发展都是通过我研读海德格尔而形成的。”[18]

海德格尔将继续被评价为一位独创性思想家，他极其强调对于诸哲学体系构建予以深刻质疑的重要性。海德格尔自己强调思想家在探求所公布内容中“思想所未及处”之作用。海德格尔总是追求我们思想背后的思想。虽然对死亡的这种探索极易遭到讽刺和挖苦（如阿多诺所做的那样），海德格尔激励了人们以一种新的和彻底的方式来阅读哲学文本。他对古典文本的激进瓦解工作成为德里达解构论的源泉，并继续提供着阅读文本的一种模式，这些文本既不固着于作者和权威，也不固着于社会和历史条件，而是联系于体现着思想真正问题的文本。

247 海德格尔后期对于诗学话语性质的注意，可被看作一种神秘主义，因此被很多人看作放弃了古希腊的作为理性对话的哲学理想。海德格尔宣称，疑问就是思想的虔诚，但他后来的思想似乎往往更加关心一种对存在的诗学回应，此存在的运动似乎只有海德格尔能够聆听。尽管他声称与大思想家处于对话之中，他的对话包含着关于存在状态或存在退却的单方面传布，此存在似乎成为无根无据者。海德格尔无疑永远被看作20世纪最重要的和最有争议的思想家之一。我们现在将进而讨论受其直接影响的伽达默尔和阿伦特的哲学。

注释：

[1] M. Heidegger，"Anmerkungen zu Karl Jaspers *Psychologie der Weltanschauungen*"，in *Wegmarken* GA 9（Frankfurt：Klostermann，1976），pp. 1-44，trans. John Van Buren，"Comments on Karl Jaspers' *Psychology of World Views*" in M. Heidegger，*Pathmarks*，ed. William McNeill（Cambridge：Cambridge University Press，1998），pp. 1-38. Hereafter *Pathmarks*. See David Farrell Kreil，"Towards *Sein und Zeit*"，*Journal of the British Society for Phenomenology* 6（1975），pp. 147-156. 501

[2] See Thomas Sheehan，"General Introduction"，to Edmund Husserl，*Psychological and Transcendental Philosophy and the Confrontation with Heidegger*（*1927—1931*），ed. T. Sheehan and R. E. Palmer，Collected Works VI（Dordrecht：Kluwer，1997），p. 17.

[3] 海德格尔用的词是 *Bekümmerung*，其意思是"被某事所烦扰"；后来在《存在与时间》中他才将此词换为 *Sorge*。

[4] See Thomas Sheehan，"Heidegger's Introduction to the Phenomenology of Religion，1920—21"，*The Personalist* LX（3）（1979），pp. 312-324.

[5] See M. Heidegger，"Phenomenological Interpretations with Respect to Aristotle"，trans. Michael Baur，*Man and World* 25（1992），pp. 355-393.（接下去是亚氏的正文。）此文于1922年被送往哥廷根的Georg Misch，作为另一次求职机会自荐。但是Misch认为海德格尔的语言晦涩，而且在扭曲亚氏原义以适应自己的哲学观点。

[6] Thomas Sheehan，"Heidegger's Early Years；Fragments for a Philosophical Biography"，*Listening* 12（1977），p. 5.

[7] 当然，因为没有哪家哲学喜欢"伪问题"，对现象学的这个刻画几乎没有提供什么知识。

[8] *Unterwegs zur Sprache*（Pfullingen：Neske，1959），trans. Peter D. Hertz，*On the Way to Language*（New York：Harper and Row，

1982)，p. 9.

[9] See M. Heideggar，*Die Grundbegriffe der Metaphysik. Weit Endlichkeit Einsamkeit* GA 29/30（Frankfurt：Klostermann，1992），§§46–47，pp. 284–294，trans. William McNeill and Nicholas Walker，*The Fundamental Concepts of Metaphysics. World*，*Finitude*，*Solitude*（Bloomington，IN：Indiana University Press，1995），pp. 192–200.

[10] Hubert L. Dreyfus，*Being-In-The-World. A Commentary on Heidegger's Being and Time*，*Division I*（Cambridge，MA：MIT Press，1991），pp. 60–87.

[11] Heidegger，"The Question Concerning Technology"，in *The Question Concerning Technology and Other Essays*，trans. William Lovitt（New York：Harper and Row，1977），p. 13.

[12] Ludwig Wittgenstein，"On Heidegger on Being and Dread"，in Michael Murray，ed.，*Heidegger and Modern Philosophy*（New Haven，CT：Yale University Press，1978），p. 80.

[13] Charles Taylor，"Engaged Agency and Background in Heidegger"，in Charles B. Guignon，ed.，*The Cambridge Companion to Heide-*
502 *gger*（Cambridge：Cambridge University Press，1993），p. 317.

[14] Quoted in Thomas McCarthy，"Heidegger and Critical Theory：The First Encounter"，in K. Harries and C. Jamme，eds，*Martin Heidegger. Politics*，*Art and Technology*（New York：Holmes and Meier，1994），p. 213.

[15] J. Habermas，*The Philosophical Discourse of Modernity*，trans. F. Lawrence（Cambridge：Polity Press，1987），p. 152.

[16] For evidence of this recent interest in Britain，see，for example，Stephen Mulhall，*Heidegger and Being and Time*（London：Routledge，1996），and Michael Inwood，*Heidegger*（Oxford：Oxford University Press，1997）.

[17] Habermas agrees in *The Philosophical Discourse of Modernity*，op. cit.，p. 148.

[18] Quoted in H. Dreyfus，*Being-In-The-World*，op. cit.，p. 9.

8 汉斯–乔治·伽达默尔：哲学解释学 248

导言：伽达默尔哲学概观

伽达默尔（生于1900年）在其概述自己漫长一生哲学生涯时说："解释学和希腊哲学始终是我的两大研究中心。"[1]这两种主要兴趣都是因为与海德格尔相遇后获得启发而形成的。伽达默尔介入文本的方式以及他对传统的约束性特征的热衷，均受到海德格尔解释学概念的深刻影响，而且他比海德格尔的任何其他追随者更加把解释学看作哲学本身实践的中心。

伽达默尔把哲学理解为一种活生生的、参与性的活动，此一立场与支配世纪初德国哲学论坛的、非历史的新康德传统形成了尖锐的对比。逆反于此一传统，年轻的伽达默尔为胡塞尔和海德格尔的现象学方法所吸引，并同时研究狄尔泰的解释学史，特别是狄尔泰对施莱尔马赫早先解释学的重建。他看到在现象学和解释学之间存在有一种本质性联系：二者均关心于描述意义借以发生的过程。再者，海德格尔对事实性的强调，促使伽达默尔强烈地注意到理解在其中不断受到历史的和文化的距离之挑战的方式。可以说，真正的理解应该通过跨越距离而形成。

解释学是解释或理解的艺术，而且对于伽达默尔，解释学始终意味着一种继续向前的、永不可能完成的理解过程，此过程深植于人的有限性和人的"语言性"内。他追随《存在与时间》的路线，把理解看作人的在世存在的主要方式。人本质上卷入理解世界的、历史上定位的有限任务内，此世界是在语言中和通过语言而被接遇和限定的（特别参见：BT §§32～34）。伽达默尔在《真理与方法》中说，"语言是解释学经验的媒介"，即语言是理解在其中实现自身的媒介。[2]再者，他认为，语言在言语（Sprache）249
中具有自己真正的存在，这种言语出现在"谈话"（Gespräche）的语境内（TM 446；422）。于是，哲学成为一种通向相互理解的谈话，在此谈话内，理解进而作为某种真正被经验者而出现。此外，现象学实践是正确达到和描述理解经验的最佳途径。于是，伽达默尔把哲学的功能理解为揭示或呈现（darstellen）事物本身，理解为阐明事物的本质，即“本质阐明”。这些“事物”即语言中所显示者。他认为，共同的理解是一种真正的“事件”，此事件把某种实在物带入存在，此实在物发生于“我们的希望和作为之上”。他甚至说，“事物本身”只在语言中和穿过语言而显示自身：“然而，实际上，有关事物前于其语言中显现的错觉，遮掩了我们的世界经验的基本上是语言的特性。”[3]

伽达默尔，正像老师海德格尔一样，倾向于对这些被经验、被阐明的“事物本身”的准确性质，持某种模糊的和似是而非的观点。然而伽达默尔辩护说，正是在真正谈话的性质中这些事物才可能出现于参与者的心间，事物并不是被说话者所显示的。他的哲学的对话特性如下：他永远把事物本身解释为在人与传统“之间”出现的事件，此事件就是出现在对话中并超越说话人意图的共同理解行为。一个真正的对话使真理显示为超越了主体：“一次真正的谈话永远也不会是我们曾经希望进行的那样”（TM 383；361）。

伽达默尔跟随海德格尔强调着基本上是反主体论的理解观。按照伽达默尔，德文词“理解”（Verstehen）可直意地意味着“代替某人”，或“为某人当辩护律师”。理解的概念于是含有对他人的一种开放性，一种包含在对话概念之内的开放性。他经常这样说：“在解释学中必须重复运用辩证法”。我们与传统中一文本的关系必须根据我们与他人对话的模式加以理解。

他像海德格尔一样也认为此种反主体性准确地把握住了古希腊人的观点。对于伽达默尔，古希腊人把事物本身理解为在言语中被阐明（TM 474；450）。此外，他认可海德格尔所说的古希腊人一般来说并无“语言”一词；他们所理解的是言语，“话语”（Rede）（BT §34）。对于柏拉图，
250 哲学话语被理解为辩证法，其意思是“引导谈话的艺术”[4]。在此种谈话中，所达到的理解“既不是我的也不是你的，因此超越了对讨论中参加者的主体性信念”（TM 368；350）。

伽达默尔最初为海德格尔的如下希腊哲学观所吸引：哲学即一种理解具体的、事实的生命之现象学的企图。对他来说，《存在与时间》即一种有关人的自理解的研究。人的自理解也是解释学的构想。伽达默尔继续维持其对海德格尔的兴趣，在后者于1930年代初发生了著名的“转向”之后。此一转向逆转了《存在与时间》的重点，开始在具体存在者之外探索

存在的真理。伽达默尔关注海德格尔后期哲学对真理作为一种存在事件的强调，作为某种新事物的形成，类似于一种艺术中的显露作用。海德格尔后来对有关人在其中安居于语言展开的世界之内的方式的描述（海德格尔说，在此方式中语言“说着”人），深得伽达默尔的赞同。于是，在某种意义上，伽达默尔可被看作将海德格尔有关人的文化形成的理论化理解投入实践者。

这样，伽达默尔哲学就是一种关于理解行为的现象学，这是人借以交遇于世界的中心行为。其现象学的性质在于，它企图证明理解事件的正当性而非将其归结为一种主体性的或认识论的框架。但是，作为一种现象学的论述，伽达默尔也对理解形成的条件提出了一种先验性描述，因此并非如其经常宣称的那样远离了他的新康德主义的和胡塞尔的传统。

古典的遗产

伽达默尔本人主要是在古典哲学和语史文献学领域内接受的训练，而且他的解释学相关于对古典哲学传统意义继续不断的解释。因此哈贝马斯正确地描述说，伽达默尔的动机是“为自己和为他人阐明所读著名文本意义的冲动，以及阐明古典学的吸引人的特性究竟是什么的冲动”[5]。为了理解古典遗产的性质，伽达默尔开始在哲学内部，而且特别是在德国浪漫主义内部，解释历史。因此，他明确地将柏拉图和亚里士多德的哲学构想，与黑格尔和德国唯心主义传统中的古典哲学的反思结合起来。再者，他把理解古典学的主要方式看作通过对他们的基本经验，主要是他们的艺术经验的解释获得的。遵照着黑格尔和海德格尔的路线，伽达默尔的真正文化理解模式永远是对艺术具有的经验。然而，虽然深受德国唯心主义传 251
统和浪漫主义运动的影响，他相信，它们都歪曲了历史和艺术的原初经验。于是他的构想相关于发现历史与艺术的真正意义。虽然施莱尔马赫想要发现过去生命的原初心理经验，黑格尔想要将过去和现在结合起来，伽达默尔强调有必要尊重和反思在我们和古典文本世界之间展开的距离之性质，“解释学的真正场所是位于此‘中间关系’内的（in diesem Zwischen）”（TM 295；279）。

这导致伽达默尔反思一般历史和文化理解的性质。在此问题上他受到狄尔泰的历史与文化研究方法的影响，大量诉诸狄尔泰对解释学发展的历史论述，不过他自己的方法与此传统并不相同。伽达默尔特别否定狄尔泰把解释学看作精神科学特殊方法的观念。他反对把解释学观点看作达到文化实体及文本理解的一种“技艺”。这种解释学观点倾向于假定，我们与世界的日常交遇不是内在解释学的，而伽达默尔和海德格尔都主张解释学是构成人的理解本身的基本结构。解释学无所不在，存在于人的生活的一切方面；解释学是“一种普遍的哲学观”（TM 476；451）。像狄尔泰那样把文化理解和科学说明加以对立也是错误的，因为此对立通常假定科学说明是理性的基本模式，用以对比于理解，而此一对比并不恰当。反之，解释学认为理解是人的生命本身的一种前提条件，而且在人的生命内部带有其自己的结构和模式。科学理解的模型永远假定着无时间知识的可能性，例如由一无限的理智所具有者，然而事实上一切理解，包括科学的说明，都是历史决定的，是不完全的，而且永远是来自一定观点的。理解发生于本质上受限定的以及历史上决定的人类生存的有限界域内，正如黑格尔和马克思清楚理解的那样，也正如海德格尔在《存在与时间》中具体描述的那样。理解只发生于一种现存传统的范围内。在此意义上，我们已经相当显著地假定着理解的日常行为，我们随意地信任着我们自己的假定和偏见。

真正理解的一种条件是，我们也必须接受我们正企图理解的他人的善意。于是伽达默尔寻求与他人的一种交遇形式，此形式既完全对新的可能
252 性开放，又确实对其他人的立场的真实性开放，虽然与此同时仍然坚持尊重自身的出发点，自身的沿袭的观点或前提。此种既受惠又批评的双重立场根本上是否可能，是一个与伽达默尔哲学贡献有关的实在问题，而且此问题已由哈贝马斯在其对伽达默尔的批评中清楚地提出了。

理解的传统

对理解进行理解要求进入自理解，即阐明“在我们背后”以其他方式起作用的假定（Phil. Herm. 38）。对于伽达默尔，一切理解都是由“前判断”（Vorurteil）决定的，而且我们的前判断是由伽达默尔所说的“效果史”（Wirkungsgeschichte）形成的（TM 300；284），这是我们必然卷入的行为效果之历史形成。我们对历史影响的存在之意识，属于我们借以理解一切（包括历史本身的性质）的方式。当我们理解一对象时，我们并非

将对象如其所是的那样加以把握，而是通过其历史效果的积累加以把握，这就是它相对于我们而存在的东西，它的“效果史”，该对象对人类社群“影响的历史”。这不应该视为外在于该物，而应视之为该物的一个本质的部分。它“与其说是意识不如说是存在”，伽达默尔说。因此当我们向博物馆的一个神像致意时，即使它不再是坐落于神庙的原初环境内，它仍然对我们有作用力，而且我们全心投入地对此回应，在此投入过程中对象世界和主体世界相互融合了。伽达默尔说，理解一件艺术品就是将其纳入“我们的全部自理解内”（TM xxx；xvi）。

我们的理解基本上是由我们的前判断所促成和决定的。但是它也受到我们观点的全部“视界”所限制。伽达默尔像胡塞尔一样把一切理解看作发生于一定的视界内。他所反对的是这样的观点：这些视界是相互排斥的，或者，我们的世界观是内封闭的。他想强调，事实上，我们的世界是对其他的世界开放的，它们能够相互重叠并且确实是相互重叠的。例如，与罗蒂的怀疑主义相反，伽达默尔强调我们能够并确实达到了相互理解。这是一个我们的视界相互渗透的过程，或者如伽达默尔所说，一种“视界融合”（TM 306；290）。在这里伽达默尔采取了胡塞尔的“视界”（Horizont）① 一词，但胡塞尔将其用于知觉行为的内外视界。理解他人的企图必定开始于承认，我们彼此是被不同的理解视界所分开的，而且
相互理解是通过重叠的共识、视界的融合所形成的，而不是通过对话者之 253
一放弃自己最初的视界所形成的。

伽达默尔的这一相互理解模型，是柏拉图对话派的共同要求，按此各对话者加入共同的发现和讨论之旅；此一模型不是一种怀疑主义派——寻求一方的观点的支配性——的辩论。在这种对话中，前提被阐明和探讨，而语境是全面的接受和信任。因此，与福柯和德里达相反，伽达默尔拒绝任何尼采式的如下怀疑：一切理解实际上是支配和权力意志的企图。或者换言之，用利科的话说，伽达默尔实行着一种信任解释学而不是怀疑解释学。然而，他的方法可能被批评为过于容忍传统的“所与者”，而且在此意义上他往往被批评为一名“传统主义者”。按照一些评论者的说法，他应该为继承“传统”和“文化”者提供更多的一般怀疑的空间。因此哈贝马斯批评他的解释学欠缺某种可摆脱传统之歪曲性方面的解放性层面。

① 或译“视域”“边缘域”。

哲学作为对话

伽达默尔的个人风格和对积极对话的承诺意味着，一般来说，他在1931—1960年没有写出任何系统的论述，而且他甚至在其漫长教学生涯中没有发表过任何长篇作品。他承认自己有写作障碍，永远感觉到海德格尔的压力。结果，他的作品大部分都是散论形式，许多都是来自讲稿。甚至他的最重要的书《真理与方法》（1960）也采取着以松散方式串联起诸短篇系列的形式，其内容都相关于古典传统的主要概念问题。伽达默尔提出了如下一般性观点：我们可以在真正的意义上谈论艺术真理和文化产品，即并非一切真理都必须束缚于科学的方法之内。

另一方面，伽达默尔实行着他所宣扬者，即哲学作为对话。因此，他参加了与德里达、哈贝马斯、利科、阿贝尔和其他人的论辩。哈贝马斯（生于1929年）是对伽达默尔进行持久反对的批评者之一，开始于哈贝马斯的《社会科学的逻辑学》，结束于《伽达默尔70寿诞纪念文集》。[6]伽达默尔在不同的场合对哈贝马斯给以回复。[7]1981年伽达默尔在巴黎参加了与德里达的辩论，在辩论中他概述了解释学的性质以及他与海德格尔的关系，在批评德里达的同时为自己的海德格尔解释辩护，并认为德里达受到尼采的误导。此一互辩活动产生了四篇文章，两人各自两篇。伽达默尔以讨论尼采开始作为进入德里达哲学的方式，批评了他在解释中的任意主观主义。[8]德里达则避免对话或直接涉及伽达默尔，而是代之以提出一系列问题
254 和许多论点，这些问题和论点似乎与讨论没什么关系。特别是，德里达指责伽达默尔处于康德关于善意假定的阴影下，对此伽达默尔答复说，他关于谈话中善意的假定是取自柏拉图的 eumeneis elenchoi〔友善的提问〕概念的，与康德没有关系。一般观感是，伽达默尔在此次对峙中的表现要好得多。

伽达默尔（1900—　）①：生平和著述

伽达默尔是德国人文学界德高望重的长者；他的一生涵盖了整个20世纪，此一事实赋予他在现代欧洲哲学发展过程中一种既作为参加者又作为

① 2002年逝世。

见证人的无可比拟的地位。他参加过胡塞尔在弗莱堡的讲座和海德格尔与布尔特曼在马堡的研究班。他是以下人物的同时代人：阿伦特、马尔库塞、阿多诺、霍克海默、吕维茨；他和比他年轻的下一代欧洲哲学家多有交往，如：哈贝马斯、布勒纳、德里达和阿贝尔。在他的《哲学见习年代》书中对于他与20世纪的大哲学家的交往写过非常动人的文章。[9]这些作品布满了那样一些人物的素描，它们是以惊人的一致性回忆起来的，不要忘记，他是在回忆发生于20世纪70年前的往事。这似乎是德国人特有的记忆性质（他称之为“现象学的”），即他抓住个别细节并从中提炼出人与事之本质的能力。然而，在这些人物素描中存在有预先思考的、因袭的甚至是颇落俗套的成分，因而流露出，它们所显示的实情可能和它们所掩盖的实情一样多。

他于1900年生于马堡，在Silesia的Breslau度过童年，在那里他上的是高级宗教中学。他的父亲是化学学者，企图引导他学习自然科学，但他本人更倾向于文学和艺术的方向。第一次世界大战为他的中学时期笼罩上阴影，越来越多的同学被征召入伍，而后来他们的名字在教室点名册上被注上死亡的记录。然而伽达默尔因年龄尚幼，免除了入伍服役，并于1918年在Breslau的高级教育学院注册，学习人文科学。他开始阅读哲学，从康德和卡西勒开始，之后阅读了克尔恺郭尔、莱辛和黑格尔。

伽达默尔之后转学到马堡大学研读哲学和古典文献学。那里的哲学氛围完全是新康德主义。马堡最著名的哲学家是科亨，他于1918年过世，然后新康德主义传统由卡西勒、纳托普、哈特曼等继续下去。那里也开始在 255
布尔特曼（他于1921年到马堡）指导下形成一个神学学派。伽达默尔沉浸于此地浓厚的学术世界，参加了围绕在布尔特曼周围的神学小组，小组成员包括奥托；他也参加了围绕着诗人乔治（Stefan George）的文学小组，他们追求着德国的精神复兴。在马堡的其他朋友包括有左翼艺术史家哈曼（Richard Hamann）和中世纪史学家柯歇斯（E. R. Curtius）。在马堡他阅读了尼采、克尔恺郭尔、托马斯·曼、荷尔德林和斯宾格勒。1922年，他完成了博士论文《柏拉图对话中的欲望之本质》，指导教师是纳托普和哈特曼。他认为哈特曼束缚于简单化的实在论，认为纳托普是“马堡学派中的前卫派”[10]，把柏拉图理解为关心科学方法基础的先验唯心主义者。然而，纳托普在编织着一个极其复杂的先天性系统，甚至企图显示空间必定具有三维的先天性，此一方向被伽达默尔看作已经过时了。[11]伽达默尔从哈特曼、纳托普和后来的Paul Friedländer（他从文献学和文学两方面研究柏拉图的对话录）等人处学到阅读柏拉图的新方式，此外，学习到柏拉图并非与亚里士多德对立。伽达默尔后来将现象学、解释学和古典哲学融为一体的工作就是奠基于其早年的马堡时期的。

马堡的新康德主义

新康德主义是这样一种运动，它企图通过将哲学功能定义为为自然科学提供一个先验基础来保卫哲学，以抵制实证科学的侵蚀。[12]新康德派面对相关问题对哲学的挑战的对应之策是，使哲学成为对科学活动本身性质进行先验性批评。实证科学相关于事实领域，而哲学相关于规范性、真正知识的准则。海德格尔在其1929年与卡西勒的辩论中，概述新康德派设问系统的起源如下：

> 新康德主义的发生来自哲学的困境，此哲学关心整个知识世界留给哲学的是什么这样的问题。自从1850年左右起，情况始终是，精神科学和自然科学均具有全部知识，于是问题产生了：如果存在物的整体在科学的名目下被分划了，那么留给哲学的是什么？留下的只是科
> 256 学知识，而不是存在物的知识。此一观点决定着对康德的回顾方向。因此，康德被看作有关知识的数学物理理论的一位理论家。知识理论就成为考察康德的一个角度。在某种意义上，胡塞尔自己在1900年至1910年间也堕入新康德主义的窠臼。(KPM 171-172)

一般而言，新康德主义把数学科学看作为一切知识提供了范型，而且这就是采取了一种非历史的、系统的方法，关心于科学的分层化和正确方法的专门化。纳托普甚至把柏拉图和亚里士多德这样的古典哲学家看作为真正科学知识 episteme 的可能性规定了条件。

德国对新康德主义的主要反对来自生命哲学的一些关联松散的追随者，此生命哲学联系于以下诸人的著作：尼采、齐梅尔、狄尔泰、柏格森、雅斯贝尔斯和舍勒；生命哲学企图将抽象哲学思维与具体存在重新结合起来，并强调个别研究者的特殊有限性的利益驱动性。伽达默尔在生命哲学和新康德主义之间更为倾心于前者。对于伽达默尔，正如对战后年代很多学生一样，大战后德国的衰败反映在新康德主义作为一种可信哲学体系的瓦解中。[13]随着德国在大战失败后出现的灾难和道德堕落，整个学生一代残存的爱国主义和自我牺牲的理想主义也被驱除了。新康德主义支持一般科学进步的心境，现在受到根本性的质疑。伽达默尔写道：

显然那时弥漫于整个欧洲文化的深刻文化危机将必然在哲学中表现出来，而且同样明显的是，这一点在德国特别表现出来，德国的彻底改变和衰败，以及普遍蔓延的荒谬现象处处明显可见。对此种主要在学术界由康德哲学的持续性存在所支持的、主导性的教育理想主义进行的批判，那些年里无处不在，而且完全剥夺了学院派哲学的可信性。这种完全丧失方向的意识充斥着 1918 年的精神环境，对此我自己也开始对其关注和思考。[14]

很多人物开始对德国危机提出解释的方法：乔治，斯宾格勒的《西方的没落》，以及恩斯特（Paul Ernst）的《德国唯心主义的衰落》(1920—1922)。[15] 与此普遍的悲观主义情绪一致，学生们，包括伽达默尔，转向表现内视生命观的哲学家，主要是克尔恺郭尔（通过 Diederichs 的德文译本）和尼采。然而，一位到达马堡的清新而富有激发力的年轻哲学讲师才真正引起伽达默尔对研究哲学新方法的注意。 257

与海德格尔相遇

伽达默尔在初到大学不久后对于胡塞尔现象学已经有所了解，不只是通过纳托普对于胡塞尔的《观念 1》的颇为正面的评论（发表于 1917 年的《逻各斯》），而且通过哈曼的研究班。再者，1920 年，作为现象学第二位领袖的舍勒访问了马堡，他同伽达默尔讨论了奥托的《神圣观念》(Phil. App.，15)。1922 年伽达默尔第一次领略了海德格尔著作的魅力，当纳托普给了他 40 页海德格尔关于亚里士多德的未刊稿的导论[16]，此文将亚里士多德解释为一位现象学家并将亚里士多德与路德、比尔（Gabriel Biel)、圣奥古斯丁和圣保罗相联系。伽达默尔报道说，海德格尔的不同凡响的方法“使他像如遇闪电一般地震惊”。他于 1922 年完成博士论文不久就打算去弗莱堡拜访海德格尔，但他突患脊髓灰质炎，此病使其终生跛行。然而在 1923 年春季，他决定到弗莱堡去一学年，并带着纳托普给弗莱堡新康德派教授的介绍信。在那里他看到了海德格尔。他参加了海德格尔关于亚里士多德“伦理学”的研究班，在研究班上海德格尔讲授了亚里士多德对柏拉图关于善理念的批评，并对亚里士多德的实践智慧（phronesis）做了一种现象学的解释。在弗莱堡期间他也遇到了胡塞尔并参加了他的讲座，但获得的印象是，胡塞尔所执着的对方法程序的精细分析，在此时期已嫌陈腐。胡塞尔坚守其已不再引起学生兴趣的先验唯心论。伽达默尔回忆，在整个讲课时期，胡塞尔喜欢引出一个问题然后不停地对其解答着，而海德格尔则通过提问让学生们对文本获得自己的理解。伽达默尔在自己后来的研究中，企图模仿海德格尔的研究班风格而不是胡塞尔的自言自语方式。

与姿态超然的胡塞尔形成对比，海德格尔是善于启发的，他把亚里士多德从新经验主义的教条式传统中解救出来，使其文本恢复了生命力，结
258 果阅读亚里士多德相当于参与了生命实践的奇迹。伽达默尔后来回忆道：

> 那时我们被海德格尔对亚里士多德的解释强烈地影响着，该解释的实际意图并不完全清楚，也就是对本体论的批评，而且此解释基本上重复着亚里士多德对柏拉图的批判，但却采取着一种对唯心论的存在论的、朝向情境的哲学批判方向。[17]

海德格尔认为，柏拉图和亚里士多德都在寻求事物的本质性性质。伽达默尔立即为富有哲学眼光的海德格尔所倾倒，认为他是“一位看者”，这种“看”，伽达默尔将其联系到胡塞尔对现象学中的直接看的重要性的强调。他理解胡塞尔的现象学的基本动机是要使我们通过亲身知觉来接触事物：

> 胡塞尔现象学的基本教导是，知识首先是一种看或直观；即当一物完全通过人的注视而被完全地看见时所达成者。感官知觉将客体在其直接具体的所与性中置于眼前，此感官知觉为一模式，按此模式一切概念性知识都可被思考。[18]

但是，对于年轻的伽达默尔来说，是海德格尔而不是胡塞尔在实际上实行着本质看：“当海德格尔讲演时，人们可以在眼前看见事物，就像是可以身体触摸到似的。”[19]

1923年秋还居留于弗莱堡时，年轻的伽达默尔和其他学生被海德格尔在其迁往马堡之前邀请到他的山间小屋去聚会。在此场合海德格尔在营火旁边发表了关于希腊人的热情洋溢的谈话（Phil. App.，47-48）。同年稍晚当海德格尔到达马堡就任教席时，他也到场对海德格尔表达祝贺。伽达默尔参加了海德格尔在马堡的清晨研究班，研究班之后在咖啡馆继续关于亚里士多德的长时间讨论。海德格尔通过对亚里士多德的彻底研读讲授着“事实性解释学”，为其在《存在与时间》中的此在讨论奠定了基础，那时他正开始写作该书。海德格尔的中心思想是，理解行为本质上不是理论性认知，而是对人的生存本身的一种基本生存论范畴。伽达默尔后来在《真

理与方法》中说：

> 我认为，海德格尔对此在的时间性分析令人信服地显示，理解行为并非只是主体种种可能行为之一，而是此在本身的存在样式。（TM xxx；xvi）

伽达默尔后来说，“海德格尔到达马堡的戏剧性怎么说都不过分”[20]。 259

的确，伽达默尔为阿伦特的以下描述提供了独立的肯定，阿伦特说，关于海德格尔的传说在马堡已经流传多时，传说特别来自那些先前在弗莱堡就对海德格尔的讲课风格和使用语言的新颖方式所打动的学生，他们已被“海德格化”了（Phil. App.，46）。伽达默尔回忆说：

> 当我与海德格尔的决定性相遇发生时，我是一名青年，刚刚与马堡学派的纳托普完成哲学博士论文。在我和纳托普与哈特曼学习的整个时期，总觉得缺少了某些东西，此种感觉的最终根源可能来自我的天性以及我在自己的思想和文化发展中的经验，此种感觉当我遇到海德格尔时遂变得更加确实。我顿时明白了所欠缺的是什么以及所追求的是什么，这就是这样的看法，哲学思想不应把历史和我们生存中的历史性看作一种限制，反而应对我们生命中此一最内在的冲动加以思考。[21]

伽达默尔此时有可能将问题方向的、反历史的马堡新康德主义与海德格尔对人的时间性和历史性加以对比，后者强调人的有限性使得一种完全客观的科学不可能产生。纳托普把海德格尔弄到马堡来讲解现象学和中世纪哲学课程，而且海德格尔不难担任胡塞尔现象学引介者角色。他开设了现象学和古典哲学课。他关于亚里士多德和柏拉图的希腊哲学解读极具挑战性和激发力。此外，海德格尔打动伽达默尔还因为他对狄尔泰和约尔克的历史性质研究深感兴趣，而胡塞尔在《作为严格科学的哲学》中对狄尔泰的历史主义做过著名的反驳，视之为一种自我否定的相对主义。

海德格尔和狄尔泰唤起伽达默尔将哲学的可能性看作一种理解历史和文化中的独一性和不可重复性的继续不断的努力。但是，狄尔泰执着于科学客观性概念并简单地企图声称精神科学中达至客观性的方法不同于自然科学的因果说明性方法①，而伽达默尔和海德格尔都拒绝客观性概念，视

① 原文用了“normal”，即规范性的，可能有误，暂如此改译。

之为笛卡尔知识论的残余。伽达默尔开始明白了，理解行为的性质，在美
260 学经验或历史经验的情况下，都非常不同于自然科学的性质，但丝毫不影响其正当性。

伽达默尔将海德格尔和雅斯贝尔斯作为对德国主流哲学现状进行批判的主要资源。雅斯贝尔斯本人则诉诸克尔恺郭尔并发展了一种实存哲学，它强调的是"极限情境"（Grenzsituationen）概念，而海德格尔的关注点是历史人的实在性质，特别是对通过一种事实性生命现象学而放弃神学信念一事的性质进行重新思考。对于伽达默尔，海德格尔比布尔特曼更有力地促使他关注解释学传统内在的可能性。

柏拉图的辩证伦理学（1931）

1927 年伽达默尔完成了他的语史文献学的国家考试，然后在海德格尔指导下撰写他的资格考试论文，主题是对柏拉图的《斐利布篇》（*Philebus*）进行一种现象学的解释。写作时间拖得很长，直到 1928 年末海德格尔离开马堡返回弗莱堡才完成，此研究最后于 1931 年出版，名为《柏拉图的辩证伦理学》（1931）。[22]在其 1931 年所写的前言中他表达了对海德格尔的深切感谢："我的研究的全部方法论方向都得益于海德格尔，此一方法试图将我得自海德格尔者加以扩展并首先使其有助于按此新方法进行实践。"（PDE，xxvi）当此书于 1982 年重印时他写了新的前言：

> 在年轻的海德格尔吸引学生的设问方式的影响力和激进性中，存在有某些特别是取自现象学的因素：一种描述的艺术，针对在具体性中的现象，避免科学学会的学究气，以及尽可能地避免传统技术性术语，因此可以导致事物几乎被直接把握。（PDE，xxxii）

美国哲学家戴维森的博士论文题目也是关于《斐利布篇》，他称伽达默尔此书是"关于共同讨论中客观性起源的一部令人惊异的研究……有关一个文本的解释可能是什么的证明"[23]。伽达默尔企图把《斐利布篇》置于柏拉图全部对话录中，并假定形式理论在该对话录中已经发挥作用。柏拉图的《斐利布篇》是一部复杂而结构奇怪的对话录，它处理伦理学问
261 题：享乐和知识何者为人类生活中的最高善。斐利布，通过其发言人 Protarchus，赞成享乐，而苏格拉底赞成思考和智慧。在处理此问题的过程中柏拉图继续对他在《智者篇》中也谈过的辩证法、搜集和区分的方法，提出冗长详细的分析。对话结束时苏格拉底改为采取一种"混合的"人生

观，即将智慧和快乐混合起来，因为二者根本上并非是真正对立的。

在此资格考试论文的第一章中伽达默尔企图在苏格拉底的提问和柏拉图的辩证法之间建立关系，这是他其后全部研究的一个中心主题。他集中于考虑知识目的的性质即为通过共同谈话达成一致，并根据亚里士多德对于证明性知识的要求来读解柏拉图的辩证法。伽达默尔说："通过谈话达到对相关问题共同理解的过程，就是知识的目的。"（PDE，17）

在资格考试之后，伽达默尔留在马堡，和同事吕维茨、克吕格尔（Gerhard Krüger）一样，作为一名薪资微薄的私讲师。此时海德格尔迁往弗莱堡。伽达默尔下一次与海德格尔的正式会晤是在 1936 年，当他前往法兰克福聆听海德格尔关于"艺术品的起源"（1950 年收入《林中路》）的讲演时。在伽达默尔看来，这些颇有争议的讲演的中心意义是：艺术是与一特殊的社群真正相联系的。[24]他基本上同意海德格尔所说，艺术是与一个"民族"（Volk）的命运相联系的，不论此一观点如何在纳粹党的艺术理论中被误用。1960 年伽达默尔为《艺术品的起源》的 Reclam 版写了一篇重要的导论[25]，在此文中他把海德格尔的艺术观纠正为从新康德派美学回归到黑格尔的艺术观，即艺术为真理的揭示："艺术是使得某种新事物作为真理出现的构想。"[26]伽达默尔把《存在与时间》描绘成对有限的、历史的人的生存的一次详尽论述，它对历史性和有限性的强调排除了那些主要非历史性的生存因素，例如，数的性质，自然的不断重复的循环，以及"艺术奇迹"。伽达默尔认为，虽然海德格尔说的艺术为世界奠定基础的主张是重要的，真正的突破是引入了作为每一艺术品之自我保护的大地概念。的确，伽达默尔其后的一切艺术解释都受到他解读海德格尔这篇论文的影响。

伽达默尔和纳粹

当希特勒和纳粹党于 1933 年获得政权后，伽达默尔和他的旧世界自由
派（文化上的保守派）同事[27]颇感震惊，因为他们都不曾料到纳粹党的极 262
端观点会被选民认真看待。伽达默尔和其他人曾假定希特勒在掌权后会放弃他的非理性的煽动术，特别是他的反犹太主义。[28]然而，伽达默尔的初衷是采取非政治的、尽可能以低姿态的方式挨过新国家时期。在外表上，他完全与新政权一致，虽然他承认自己被看作对于纳粹只怀有"一般的同情"（Phil. App.，76）。海德格尔著名的弗莱堡就职演说要求大学效忠于希特勒，而伽达默尔承认对此讲演（海德格尔寄给他一份讲稿）印象深

刻，虽然他很快就意识到如此卷入这样一场全国风暴并非良策。[29]事实上，一般来说，纳粹受到各大学诸部门的强烈支持，包括对薪资微薄的私讲师进行了有效的组织。纳粹的兴起甚至首次给伽达默尔提供带有正式薪资的教职。

伽达默尔在自传中说，他于1934—1935年迁往基尔大学任教，替代因系犹太裔而被解职的哲学家科纳（Richard Kroner）。[30]基尔大学那时是纳粹文化革命的一个桥头堡，在大学与纳粹党目标保持一致的“一体化运动”中非常积极，“一体化运动”使得大学得以“言听计从”。伽达默尔不是反犹太主义者，但他没有公民勇气起而抗议自己的犹太朋友和同事遭受粗暴待遇的方式。当他的犹太朋友［包括奥尔巴赫（Erich Auerbach）和吕维茨］被迫离开德国流亡时，他只能评论说：“离开是令人心痛的”（Phil. App.，77）。然而伽达默尔在基尔的生活是舒服自在的；或者，如他所自嘲的，对此舒适感他当然自知仅因“受难者不是自己”而已。虽然伽达默尔声言从未加入纳粹党，而且甚至不时经受纳粹的调查，然而在1935年秋天，他和许多其他讲师一起都自愿地参加了一个“科学营”，接受了一种纳粹的“再教育”〔rehabilitation〕（Phil. App.，79），这使得他修改了早先的任教合约，因此有资格保持他在马堡的新职位。

1934年1月，伽达默尔进行了一次重要的讲演“柏拉图和诗人”，讨论柏拉图在《理想国》中对诗人的约制，此文被读解为对纳粹正在企图实现的那种国家更新给与某种谨慎的支持。[31]伽达默尔自己把此次讲演描绘成包含着一种隐约的抗议，因为讲演开始援引歌德的名言：哲人与其时代相迕（Phil. App.，78）。[32]讲演本身表面上分析了柏拉图将诗人驱离城邦的动机。伽达默尔解释说，柏拉图是革命的 paideia〔教养学〕的一名先
263 驱，而且对希腊古典教育提出了严厉批评。柏拉图认为应该抛弃诗歌以促使新国家的成立。的确，柏拉图本人在其“决定时刻”，当遇到苏格拉底时自己正燃烧着青春期的诗歌热情。伽达默尔从对柏拉图的动机认可中后撤了，遂导致讲演文意义含混；它可被读解为在为纳粹焚书运动辩护以及根本动摇教育实践，以产生新的革命性国家。那时的纳粹意识形态工作者（如 Bernhard Rust）强调着在德国新国家和柏拉图理想国之间的联系，而伽达默尔的演讲文可被理解成对软弱的魏玛共和国进行的谨慎而典型的批评，柏拉图曾讽刺说城邦“适合于猪猡”。这样一种观点并非不属典型。其他古典学教授（包括 Julius Stenzel、Paul Friedländer、Werner Jaeger）

在那些保守的知识分子中间则最为突出，他们都批评与失败的魏玛共和国相联系的自由主义、马克思主义和无政府主义思潮。

在往后的年代里，伽达默尔与纳粹政权妥协。他承认自己采行纳粹致敬礼（在一切上课开始时所要求的），参加了纳粹会议，甚至参加了一次有希特勒讲演的群众大会。和他的同事吕维茨不同，伽达默尔没有离开德国，而且他对纳粹政权的默认（虽然半心半意地，甚至不情愿地）反映了他一生并不光彩的一个阶段，虽然他的生存本能和欠缺公民勇气难以论是论非，特别是对于那些不得不生存于独裁制度下的人来说更是如此。伽达默尔首先关心于他自己的生存问题以及如何保护自己家庭的问题，他诚实地、深刻地写出了自己那时的随波逐流态度：

> 年轻一代德国人显然并不容易想象出那个时代的情况对于我们是怎么一回事：随波逐流，压力，意识形态灌输，不可预见的惩罚等等一波接着一波。今日人们可以质问：你们人民为什么不呐喊？首先，今日人们倾向于低估人的普遍随波逐流习性，这一习性不断地发现着自我欺骗的新途径和新方法。[33]

当然，由于他的默认态度，或者更准确地说，由于他对于纳粹政权没有威胁，而且由于一位纳粹积极分子多次为他进行政治斡旋，他的事业事实上是顺顺当当的。他于 1937 年 4 月 20 日晋升为副教授，而且在不久后的 1939 年 1 月他被任命为莱比锡大学的正教授，整个二战期间他都待在那里。

虽然纳粹在马堡的出现带来不小的威胁效果，但按照伽达默尔的说法，在莱比锡显然并非如此，而且最初伽达默尔本人曾被怀疑是被帝国派到大学来的。莱比锡按照自己的标准鼓励学术，而且与德国其他各地鼓动 264
战争的气氛形成了对比。伽达默尔回忆道，在 1939 年“战争消息在莱比锡被看作死亡的到来”（Phil. App.，95）。战争期间伽达默尔讲授古典学，特别是柏拉图的《理想国》，而一般来说，他的立场是完全非政治性的。莱比锡的气氛甚至使他能够讲授胡塞尔的《逻辑研究》而无须在教科书上标记代表犹太裔作者的星号（Phil. App.，98）。他的确参加过纳粹组织的宣传事件，包括 1941 年在纳粹新占领的巴黎举行的一次哲学会议，在巴黎他讲的是作为启蒙精神批评者的赫尔德。这次讲演再一次被看作与纳粹的宣传保持一致，因为所谈的是德国启蒙运动比法国启蒙运动要高明。然而，伽达默尔自己将此讲演看作纯粹学术性的（Phil. App.，99），虽然他承认他的听众可能是被迫前来听讲的。

伽达默尔说，他对于课堂上讲玩笑话保持着某种政治警惕性（使用普遍说的“一切驴子都是褐色的”会被理解成在影射“褐衫军”），但是一般来说，他的非政治性风格使得纳粹不可能发现任何人会指责他是对纳粹意识形态的威胁。然而，一个要问的有趣的问题是：整个这一时期他与海德格尔关系的性质如何。伽达默尔曾说海德格尔的立场使其有所不安，并保持距离而心怀恐惧地观望着。但是此一距离有多远呢？在1933—1945年海德格尔对伽达默尔的关系又如何呢？相关记载阙如。然而，当欧洲陷于战火中时，伽达默尔自己的哲学立场继续发展，他愈加批评柏拉图（而且随着德国处境的恶化而如此）。1942年他发表一篇文章《柏拉图的教育国家》。在此文中他说，国家之保持，只有当它体现着正义时，并批评了独裁者的统治。这篇文章可被解读为对纳粹国家的隐蔽的批评。

战后年代

战争结束后，伽达默尔受到美国占领军主持的去纳粹化程序的检查，但被宣布无罪，而且被派负责重建莱比锡大学，包括起草新校规。然而，1945年底时美军撤离，苏军接管。伽达默尔被选为苏联当局主政下的校长，也许因为他被看作未受纳粹牵连，在莱比锡由马克思主义政府主持的年代里，学生们有意鼓励伽达默尔参加辩论和讨论，但他渐渐发现环境为
265 一种新教条主义所控制。1947年他获得机会到法兰克福大学协助建立哲学系。霍克海默和阿多诺也返回法兰克福。于是1947年他离开了莱比锡，克服了一些困难后，到达法兰克福。同时，马克思主义哲学家布洛赫成为他在莱比锡大学的继任者。

1949年伽达默尔迁往海德堡接替先前由雅斯贝尔斯担任的教职，他在那里任教直到1968年退休。1952年他和 Helmut Kuhn 一起协助建立了《哲学评论》杂志，至今仍然是德国的一份重要的哲学刊物。他参加了海德格尔八十寿诞纪念文集的写作；他也邀请海德格尔参加他在海德堡的研究班，甚至在海德格尔尚在接受对其纳粹活动审查时期，帮助海德格尔当选海德堡科学院成员。伽达默尔是黑格尔学会创会成员之一，而且于1979年被斯图加特市授予黑格尔奖。他与 Joachim Ritter 一起积极成立《哲学历史词典》编委会，这是一部极有价值的哲学研究工具书。1965年他在维也纳国际哲学大会上发表了开幕式讲演“论理性的力量”。

1931年至1960年，伽达默尔发表过许多文章，但没有出版过书籍，而且在哲学界和古典学界之外不大为人所知。只有当他于1960年出版了《真理与方法》后，他才获得国内外知名度。在他作品中的这部最著名的书开始写于1950年，直到他60岁那年才出版。他在该书第二版的前言中说：

> 我的出发点是，历史性的精神科学，产生于德国浪漫主义时期并充斥着近代科学精神，它坚持一种人本主义的遗产，这使其区别于一切其他种类的近代研究，并使其接近于其他非常不同的、科学外的经验，特别是那些艺术特有的经验。(TM xxviii-xxix；xiv)

伽达默尔跟随着海德格尔和较早的浪漫主义传统（如荷尔德林或柯尔律治）主张，艺术是规范性科学方法论不可能达到的独一真理的场所。真理本身的概念比精确科学运用的较狭窄的方法论的真理概念，要宽阔得多。书名《真理与方法》只是在该书编排中才出现，而且标题或许应该是“真理反对方法”，因为他认为这可“强调真理和方法之间的张力关系”(TM，555)。事实上，问题是：“方法在何种程度上是真理的保障者?” 266
(Phil. App.，179) 伽达默尔希望超越很多现代哲学对“方法”的执着(无疑他想到的是逻辑实证主义及其继承者，但也包括胡塞尔的现象学)，并承认存在有一种“超越精神科学的方法论自意识的”真理理解。他提出一种理论：引生真理的人类生存之最深源泉（如艺术和历史理解的经验）如何按照一种非常不同于自然科学的“方法”的方式产生作用。此种自然科学方法只有当人类在某种意义上将世界客观化后，即在人类本身和世界之间设置距离后才会产生。因此，近代机械论时代在自然世界面前感受到某种疏离性（TM 65；61)。伽达默尔承认自然科学方法也在精神科学世界获得应用。他并无意于将一种方法与另一种更适合于精神科学的方法加以对比。反之，他企图思考产生方法而追求的那种条件，并且恢复根本不强调方法的另一种传统：有关“超越我们意愿和作为”而发生者的传统。这就是历史和文化的传统，我们沉入其中的世界的传统。然而，伽达默尔坚持，他从来也不想暗示在方法与真理之间存在有完全的对立。他的实际主张是，科学真理不是真理的全部。他赞成晚年胡塞尔的说法：哥白尼的地球自转的发现并未否定太阳升降“对我们的真理”：“科学告诉我们的真理是相对于一种对世界的特殊态度的，它根本不可能宣称即是真理之全部。”(TM 449；425）真理不可能限于通过应用科学方法所获得者。他强调他并非反对科学；他甚至假定，科学将继续掌握权力和控制。但是他质疑此种科学控制的前提条件是否被充分了解了，他希望理解科学的解释学条件。

《真理与方法》在德国立即引发有关社会科学和历史科学性质的热烈而批评性的辩论。此书援引着狄尔泰、胡塞尔、海德格尔传统（Phil. App.，146）以及较早的黑格尔、施莱尔马赫、兰克和德罗伊森历史传统，将伽达默尔有关历史哲学、解释学史和艺术经验的思想，纳入一个有关“Bildung”之性质的独特的、持续的论辩。Bildung 意义极多，包括“教育”“文化形成”“教化”“文化”和“教养”，是希腊词 paideia、拉丁词 formatio 以及英文词 formation（如 Shaftesbury 使用的）的德语对应
267 词（TM 11；8）。对于伽达默尔，Bildung 是 18 世纪启蒙思想的一个真正创新的概念，它被设想为对于人类本身的一种普遍要求：

> 现在，Bildung 紧密地与文化观念联系在一起，并主要指发展人的自然天赋和能力的切实合乎人性的方式。（TM 10；8）

因此，黑格尔和洪堡都把 Bildung 理解为人类本身的任务（TM 12；10）。他打算用此词来代表在人文科学和道德科学内获得的那种知识。

关于《真理与方法》的影响，他自己的描述如下：

> 当此书最后出版时，我根本不能确定其出现是否恰逢其时。随着 20 世纪上半叶世界的工业化、官僚等级化及合理化出现的“第二浪漫主义时代”似乎已经濒临绝境。一种新的第三波的启蒙思想在进展中。西方伟大形上学传统所说的、在整个“历史的”19 世纪尚听得进的话语，最终将落得人们充耳不闻吗？我的回应此传统的解释学努力将企图超越资产阶级对教育（此传统在其中残存着）的盲目信仰，又企图恢复此传统的原始力量。（Phil. App.，146—147）

当伽达默尔最初担心《真理与方法》，连带其对偏见的认可，似乎会“使由求解放的批评意志驱动的年轻一代的思想方式陌生时”（Phil. App.，147），事实上此书的出现恰逢其时。20 世纪 60 年代见证了对于社会科学的兴趣复兴，并开始了对其性质的辩论。此书提出的问题是：生存于文化和传统中，对其占有、保持和改变，生存于其内使其推动我们向前行，这究竟意味着什么？

在此书出版后，伽达默尔又出版了几册解释学论文集，包括 *Kleine*

Schriften（1964）。伽达默尔退休后去加拿大和美国讲学，包括波士顿学院。在本书写作时（1999 年 10 月），他作为海德堡大学退休教授仍然活跃，并偶尔在大学主持研究班。他正在协助编辑他的著作全集，1986 年以来已经出版了 10 卷。[34]

伽达默尔论希腊学和日耳曼学 268

按照哈贝马斯的意见，伽达默尔的目的在于复兴黑格尔和柏拉图哲学的精义，特别是提出古希腊“paideia”〔教养学〕，即 Bildung（教育形成）的性质问题。因此，伽达默尔与古希腊哲学的交遇是理解我们身处其中的思想传统性质的一个重要的途径。伽达默尔说：“我从柏拉图对话录比从德国唯心主义的大思想家获得的教益更多。”（Phil. App.，184）于是，对于伽达默尔对德国文化的思考必然导致接触希腊古典文化。

再者，伽达默尔的解释学深受古希腊（特别是苏格拉底）通过对话进行哲学思考愿望的影响。对于他，即如对于柏拉图和亚里士多德，哲学思考是一种实践（praxis）、一种活动（ergon）、一种生活方式，而不是一套命题或教条。他的古典哲学研究方法也强调着柏拉图的辩证方法和亚里士多德的实践哲学概念之间的连续性。两人均将哲学看作一种实践。在实践的中途和与他人的对话中会达到认知。按照伽达默尔的意见，只有真正的朋友可以相互劝说，而且他深为亚里士多德在《伦理学》中有关友谊的强调所打动。他说：

> 亚里士多德的实践科学纲领，在我看来，提供了唯一的解释性科学可借以思考的学术模型……亚里士多德指出，实践理性和实践观点并不具有科学的“可教导性”，而是在实践本身内，而且这就意味着在与伦理学内在的联系中，获得了它们的可能性。（Phil. App.，183）

伽达默尔的作品往往都是对古典希腊文本的仔细读解，特别是柏拉图对话录。在他看来，辩证法是“进行谈话的艺术”（Phil. App.，186），而他的读解就是采取与文本背后的声音进行谈话的形式。在他的许多研究中，伽达默尔都是把古希腊辩证法概念与黑格尔辩证法概念加以比较。他赞赏黑格尔对柏拉图和亚里士多德的读解，承认他们的思辨性意图。他特别站在柏拉图一边，而柏拉图的理论性断言为其对话录的文学式模型所削弱。他虽然深刻同情黑格尔描述经验演化的企图，但对黑格尔把绝对知识看作克服一切经验的概念有所保留。他希望始终停留在确定意义的无穷尽过程中，而黑格尔则想停留在“坏的无限性”层次上。

伽达默尔希望强调，实践的理解不可能在技术的和理论的理解方式中
269 完全列举。在精确科学中获得的理论性理解假定着一种“无限的智力”，一种不偏不倚的中立观点，它可同时看到事物的一切方面。然而人永远是有限的和处于情境中的，所以对于我们所能期望的一切，我们应该能够在我们当前的实践中获得。不过，伽达默尔并不是一名非理性主义者；他并未放弃传统的知识追求，甚至他同意柏拉图的说法，对话的目的就是“给与解释”。作为一种实践的此种哲学观，使得人们难以对伽达默尔哲学的主旨予以概括。

在《柏拉图-亚里士多德哲学中的善观念》中，伽达默尔说他有必要继续应用现象学方法来读解亚里士多德和柏拉图：

> 我从胡塞尔和海德格尔学到的一点现象学描述的艺术，有助于在我最初的努力中掌握此种方法论难点。无论是对话录的模仿式交流形式的文本分析，还是亚里士多德文本的实践学形式，都不可能具有一种基于文本的描述性现象学说明的真实性，即对问题本身的一种现象学说明。[35]

伽达默尔，像海德格尔和胡塞尔一样，企图达到“事物本身”，即应被思考的思想事物；事物本身在很多情况下作为未说出者存于文本背后。

语言的重要性

伽达默尔采取了海德格尔在《存在与时间》中表达的观点：世界中的人的存在主要是一种形成意义的活动，理解为“被抛入世界的计划”（BT §31，185；145）；也就是理解为被抛入一个被解释的世界，在此世界中行为的可能性依赖和被投向该已被经验的解释。在一切理解中存在有一种循环性，因此被理解者，在某种方式上在人们期待被理解者内已经被期待着。海德格尔追随施莱尔马赫将此称作一种“解释学循环”。再者，伽达默尔接受了这样的看法：交流和文化保存的工具是语言。在此意义上，伽达默尔同意后期海德格尔的说法：在某种意义上，语言前于并包含着人的经验。思想只有在语言的基础上才能成立。伽达默尔引述海德格尔也引述过的诗人 Stefan George 的话：“语言中断处，不可能有事物”，然后他令人

不无争议地宣称，“可被理解的存在就是语言”（TM 474；450)。这被批评家理解为一种语言唯心主义，它暗示着，在语言之外什么也没有。但是，270
对于伽达默尔，它的意思是：在他看来作为一种事件的充分理解，只是因为语言和在语言内，才会产生。语言正是我们的理解、我们的在世生存样式得以实现之处。用海德格尔的话说，语言是存在进行揭示之处，但并非一切存在直接就是语言。在伽达默尔看来，认为语言是我们世界经验的本质的观念，基本上是一种古希腊人的观点：

> 人的世界经验是语言性质的，这种观点贯穿着古希腊形上学，自从“柏拉图避入逻各斯后”思考存在之时。(TM 456；432)

伽达默尔将其基本任务看作对于在语言中被赋予灵魂的基本人类理解活动进行一种真正的现象学描述。在此意义上，伽达默尔将自己描绘为既是现象学家又是本体论者。语言并不只是反映人的存在，而且是实际上使人存在，产生作为共同理解和自理解的人的生存。因此，对他来说，解释学既不是提供准确解释的方法，也不是调节解释的方式，而是一种批判，如海德格尔正确描述的，此批判“在反思的态度中把我们的经验带入意识，此有关语言的经验是我们在运用我们的交流能力，因此这是在通过语言与他人进行社会性互动的过程中所具有的”[36]。

再者，语言从来也不可能完全保持中性，从来也不是一个简单的经验窗口。反之，语言已经深染支持语言的文化之价值系统，反过来语言可使文化生气勃勃。在此意义上，我们永远不可能看穿语言或超越之。这就是为什么他要诉诸艺术经验作为范例模型的原因。在理解一件文艺作品时会在作品的语言中出现某种抵制力并欠缺透明性。用海德格尔的话说，世界的揭示永远受到艺术品的另一极“大地”撤离的限制。这就是艺术品所加以颂扬的揭示和撤离的丰富性表现。伽达默尔主张，在阅读文本时可获得的真理，不可能以任何别的方式获得。

对于他来说，每一说话或理解的努力已经负载有文化和教育传统。然而，正是因为我们的理解从我们的传统和偏见中产生，但并不意味着我们始终束缚于我们自己的主观观点。在他看来，追求理解或甚至谈述心曲，
永远相关于一种被他人理解的欲望，而且人假定的一种危险是：271

> 我企图探讨的语言的对话特性的背后，在说话者的主体内，留下了任何一种出发点。我们在谈话中发现的发生者不只是意向意义的具

体化，而且是一种不断修正自身的努力，或更准确地说，是一种连续出现的介入某事或关联某人的倾向。真正谈述自己的心意，几乎无关于说明和传述我们的偏见；反之，它使我们的偏见陷入〔遭受瓦解的〕危险，它使我们自己暴露在自己的怀疑面前并暴露在他人的反驳面前。[37]

伽达默尔关心于谈话行为、卷入一谈话行为所假定的深层结构。伽达默尔的解释学，作为一种使自身向他人开放的企图，非常近似于莱维纳哲学中对“他者”的强调，虽然伽达默尔的灵感来自柏拉图对话录和施莱尔马赫关于“汝”〔Thou〕的传统解释。人们在发展他人的观点以及按照柏拉图的方式（使对方论点增强）进行时，在某种意义上，人们在使讨论问题的尚未被充分理解的方面成为中心。

解释学传统

在《真理与方法》中（特别是 TM 173－264；162－250）以及在他的很多其他写作中，伽达默尔关于近代解释学的出现提出了自己的、有时引起争议的论述。伽达默尔的资料来源是从施莱尔马赫到狄尔泰的新教神学传统和海德格尔的解释学现象学。[38]“解释学”一词来自希腊文动词 hermeneuin，它的意思是“解释”，对此海德格尔在《存在与时间》§7 中已经说明过。按照海德格尔，“此在的现象学是在此词原始意义上的一种解释学，此种解释学指解释行为之事”（BT §7，62；37）。在希腊神话学中，Hermes 是神的信使，是在神与人之间的沟通者，他所谈或者真或者假，他的行为或者在引导或者在误导。Hermes 代表着不同世界之间的不可信任却又必不可少的纽带。同样，亚里士多德的《论解释》相关于语句可借其被理解的诸方式。于是，解释学就是解释艺术的传统名称。

圣经解释学

解释行为的原则在古代和中世纪解释《圣经》文本的工作中逐渐确立，例如在亚历山大里亚的圣经学派，在那里犹太学和希腊学相互混合。
272 于是，狄尔泰，例如，在其 1860 年的《颂辞》中引述亚历山大里亚的斐罗和奥里根（Origen）为解释学的早期主要研究者。神学解释学具有一种教义性目的。文本具有优先性，因为这是神的声音，所以解释学的要求是顺从文本的意志。对于先前基督教的注释家的一种特殊挑战是，根据《新约》来决定应该如何读解《旧约》（TM 331；314），并非《旧约》中的一切意思都通向或预见到《新约》。解释学具有对二者既加以区分又强调连续性的任务。因此，例如，《旧约》人物的多妻制必须按照符合《新约》规范的方式解释。伽达默尔说：

> 传统部分地在于传继自明的传统材料，传统在能够清楚认识占有传统是一种解释学任务之前，必定是有问题的。（TM xxxiii；xix）

解释学的基本文本之一，也是对马堡时期的海德格尔具有强烈影响的一个文本就是奥古斯丁的《论基督的教导》（大约在396—427年写成），此书提出了对于《圣经》的注释原则。原则中重要的有：部分永远按照整体理解，所以《圣经》中的一个句子必须永远要在上下文中读解（De. doct. ch.，Bk III. ii. 2）；解释者必须永远探求文本的意图，而不要强加以自己的理解（De. doct. ch.，Bk I. xxxvii. 41）；解释者必须具有充分的知识（例如音乐知识和数学知识），以便能够理解应用着相关概念的文本（De. doct. ch.，Bk II. xvi. 25-26）。同样，一致性原则要求对貌似矛盾的诸段落，应该以最宽容的态度来解读。例如，因为我们从《圣经》的其他段落知道上帝是善的，对于那些看起来在说上帝作恶的文本时就必须细心读解。因此，按照奥古斯丁的解释学，情况往往是，一段文本的真正意义可能与其字面的意义相互对立。其中最主要的是，解释者必须心怀谦卑地去读解文本，不要被自己的虚荣傲慢所误导，而要对文本的精神意义敞开心扉。因此，在解释《圣经》时，奥古斯丁写道：

> 我们宁肯这样想和信：《圣经》所写者，比起任何我们自己能够设想者更好和更真，即使当它意思不明时也如此。（De. doct. ch.，Bk II. vii. 9）[39]

中世纪和文艺复兴时期的解释学 273

伽达默尔认为，在中世纪后期，解释学曾特别被应用于解释法律判例，尤其是对《查士丁尼法典》的解释。[40]法律解释学相关于将法律文本中规定的一般原则应用于特殊情况，往往必须使旧法律相关于新的、当代的情况。正如在神学解释学中一样，文本，即“法律文字”，被赋予优先性。但是仍然可能出现不同解释的可能性。因此，例如，在解释一法规时，可能关注于法律拟定者的心理和意图。这种法律解释学的原则在“最原始的”立场中被复原，因此宪法中的一个原则被理解为意指着它在立法者时代所意指者。例如，美国最高法院规定，在美国宪法中极刑不是“残酷的和非常的”惩罚，因为它不曾被 1776 年该文件的原始制定者认为是残酷的。当然，此一解释学方法的反对者反驳说，对法律条文原始意义的坚守可能同样会证明虐待妻子或拥有奴隶的正当性，理由是在撰写该法条时这些条文并不被认为是不合法的。因此。解释学的问题成为：我们如何知道法律文件原始制定者心里的想法?

除了在神学和法学中所起的重要作用外，解释学还在语史文献学中被文艺复兴时期的人文学者加以重新发展以复兴古典学术。由于时间性和原始古典文本的距离，人文学者努力根据文献学原则重建文本。但是，要到宗教改革运动时解释学才获得大幅度的发展，当天主教和新教的神学家争论应用何种原则来解释《圣经》文本时。新教改革家强调读解经文的个别解释者的重要性，而天主教教会强调（1546 年在 Trent 教庭会议上重申）应该由被批准的教会学者所提供的权威性解释来指导经文读解。实际上，伽达默尔跟随狄尔泰极力强调新教改革运动为近代解释学的开端。一个重要的新教原则可概括成“sola scriptura”（只有文字）（TM xxxiii；xix）。然而显然的是特别是在将《圣经》翻译成通俗语言的计划中，正是这些文字本身意味着什么可能具有争议性。文艺复兴解释学的最有影响的文本之一是 Matthias Flacius Illyricus 的《圣经解答》（1567），它成为新教解释学发展史上一部主要的经典。新教改革派支持的解释学研究逐渐导致对《圣
274 经》本身统一性的质疑，而且很多努力朝向于辨析种种《圣经》作者的痕迹及其意图。此一研究直到晚近主要遭受到天主教圣经学界的抵制，但是今日没有严肃的神学家会否认《圣经》是将写于不同时期的许多不同文本汇集而成的。

启蒙时代和浪漫主义时代的解释学

在宗教改革运动后，启蒙运动的任务是企图将解释学系统化为某种一般的理解方法。因此，解释学的伟大启蒙思想理论家 Johan Martin Chladenius（1710—1759）在其《正确解释理性话语和写作的导引》（1742）一书中提出了有关解释学的一般入门书。[41] 他强调根据在文本文字形式内显示的目的来研究一个文本的重要性。人们应该根据文本自身所企图成为者

（例如一首诗、一篇指导手册等等）来对其进行解释。

在19世纪，解释学是随着施莱尔马赫（1768—1834）而成为一自行成立的独立学科，即“一般解释学”。施莱尔马赫是一名德国神学家和柏拉图翻译家，曾受到施莱格尔和德国浪漫主义运动理想的鼓舞，此一理想呼吁返归我们生命的情绪的、宗教的、理智的根源。施莱尔马赫从未出版过关于这一主题的书籍，但在柏林大学多年讲演中构思了他的一般解释学理论，所出版的是一些相当零散而难懂的笔记。[42]解释学是一门一般可教授的“技艺”（Kunstlehre），其特殊作用表现在促使对神学科学的特殊方法论的合法化。作为一名神学家，他希望再发现早期基督教是如何出现在那些接受口头福音书的原始环境内的，因此赞成细心研究《新约》的希腊文本，并不断关注原始希伯来的文化环境。他希望通过剥开在原始思想下被沉淀的传统的各层次来发现《新约》原始作者的意图。例如，罗马天主教的仪节大部分都被归诸它们在罗马帝国的始源，而非归诸耶稣。同样，钦定版《圣经》的语言揭示了17世纪清教徒的喜好和偏见。他探讨着一种达到这些偏见背后原始真理的途径，其方法是排除误解的诸层次，直到我们达至使得文本恢复生气的活生生直观。伽达默尔说：

> 施莱尔马赫把解释学定义为避免误解的艺术。通过有节制的、系统的考虑排除任何不相容的以及导致误解的部分，这绝不是对解释学研究的荒谬描述；这些不相容者和误解是由于时间距离、语言习惯的改变或字词意义和思想方式的改变而带给我们的。（《解释学问题的普遍性》，载于 Phil. Herm.，7） 275

为了发现文本的原始意义，施莱尔马赫必须具有一种有关传统在其中历史地沉淀的方式的理论，以及有关人的行为和动机的性质的心理学理论。因此，他强调解释一个文本必须沿着两个不同的轴向进行：语法的和心理学的。一方面，我们必须熟悉文本写作当时所使用的语言。例如，在《圣经》中我们现在知道希腊词“parthenos”（处女）实际上是希伯来文“almah”的误译，“almah”的意思是“少女”或“少妇”。但是，在具有一种语言精确性的意义外，我们还必须能够进入作者的“心态”。施莱尔马赫的很大一部分分析都相关于使人们进入他人的内心，以同情的态度企图达至原初的体验。这些有关移情作用和心理上接近作者的要求，受到伽达默尔的批评，他希望主张理解实际上涉及一种不可移除的距离。距离是理解的必然的前提条件，而不是某种需待克服的东西；完全被同化的东西并不成为理解行为之中心。

伽达默尔将施莱尔马赫的同情性理解的企图解释为一种心理学的移情作用过程，但其他评论者认为，伽达默尔这样的解释过多强调了施莱尔马赫方法的主观心理学的方面。施莱尔马赫当然假定着文本的确具有原始的意义，而且作者具有一种原始的意图，正是此一假定被德里达的解构论所颠覆。伽达默尔，虽然不像德里达那样过于偏激，也不同意施莱尔马赫的主要假定，即我们可以如其原初发生时那样发现过去，并将此看作一种余存的浪漫主义假定：解释学是一种原初文本生产的复制过程（TM 296；280）。然而，事实上，对于伽达默尔来说，过去是陌生的，历史的理解行为并非真是发现过去，将过去视为我们对自己的感觉和我们对过去的感觉的一种中介作用。我们牵扯到一个使不同世界（熟悉的和遥远的）一致化的过程。再者，伽达默尔感觉到，施莱尔马赫由于强调解释学是为了避免误解，忽略了误解在其中也是一种有获益性行为的方式，甚至是一种假定着“深刻一致性”的方式（Phil. Herm.，7）。与施莱尔马赫的看法相反，误解可能具有创造性的文化功能。

伽达默尔使用黑格尔辩证调节概念批评施莱尔马赫的隐藏于文本中的
276 直接体验的浪漫主义企图。因此，伽达默尔在理解解释学方面基本上是一位黑格尔主义者，但他也批评黑格尔把过去的经验结合到现在的企图。在伽达默尔看来，解释学的正确运用是既承认历史的距离也承认我们自己和过去的意义关系。对理解的历史性的这种承认，其本身即是启蒙思想的产物，而他认为无论是文艺复兴的文献学者还是宗教改革家都不具有对历史本身的一种感觉。甚至是启蒙思想使得解释学有可能承认其根本上的历史性质。

狄尔泰和海德格尔的解释学

狄尔泰（1833—1911）发展了施莱尔马赫的一般解释学，目的在于使其成为一切精神科学的方法（德文词“精神科学”包括人类精神的一切科学，如历史学、心理学、政治学、社会学、哲学等），以对比于自然科学的经验方法。狄尔泰的目标是一种历史理性批判。他的理论中心的统一性概念就是体验（Erlebnis）概念，这是一种生命获得历史性体验的方式。此一生命哲学曾经极大地影响过海德格尔，即使海德格尔进而批判它过于肤浅，因为它未能研究此在之存在。海德格尔和伽达默尔都从狄尔泰借取了这样的观念：历史上的体验是有限性的，所以文化理解永不可能成为绝对的科学。

狄尔泰区分了一切自然科学所共同遵守的因果说明和解释学的理解。他的观点——非常像是一位人类学家的观点——是企图进入他人的内心，但仍然将他人视作他人，而非将他人内心归结为自己经验内的东西。在此他高度依赖于“创造性直观”（geniale Anschauung）的概念。然而，伽达默尔批评狄尔泰仍然主张人文科学和自然科学都可能达到客观性，并声言这些科学仅只是在方法论上不同于自然科学，而伽达默尔主张二者的目的完全不同。理解是试图把握特殊事件背后的基本动机，而不是追求普遍的和一般的法则。

海德格尔的《存在与时间》将狄尔泰的解释学和胡塞尔的描述现象学融合以产生一种新的混杂学科：解释学的现象学，此一名称在胡塞尔听起来像是一种旁门左道。按照海德格尔，将施莱尔马赫的一个概念复活，一切理解和质疑都运作于一个“解释学循环”之内（BT §32，194－195；153）。就是说，为了提出一个理智性问题，关于问题内容性质的某种东西 277
必须已经理解了。不可能从纯粹无知中产生问题。但是对问题的回答迫使我们修正我们以之开始的前提条件。因此这里存在一种循环，但不是恶性循环。伽达默尔认为海德格尔通过将解释学循环在本体论上置于此在的时间性内赋予其一种本质上正面的规定（TM 266；251）。对于海德格尔来说，这种循环不是理解的偶然特性，而是对于作为在世存在之人的存在具有基本性的：

> 理解中的“循环”属于意义之结构，而且后一现象根植于此在的存在性构成，这就是，根植于进行解释的理解行为。一个在者作为在世存在，对于它来说，其存在本身就是一个问题，在者在本体论上具有一循环的结构。(BT §32，195；153)

如果用了海德格尔在《存在与时间》中所避免的黑格尔语言，就可看到一种辩证法过程在起作用。

海德格尔通过更强烈地强调解释性因素发展了胡塞尔的知觉分析，他声称我们并非是先知觉到某种纯粹在手边的东西然后才将其解释为一所房子等（BT §32，190；150），而是我们遇到的事物已经通过一组可能性被解释了，此组可能性我们把握为该物所具有：“在每一情况下此解释都是基于某种我们预先已有者，即一种‘前有’（Vorhabe）。”（BT 191；150）我们根据对该物的一种“前有”、一种“前见”（Vorsicht）和一种“前把握”（Vorgriff）来把握和解释对象。在这些预先期待和未来证实及否证之间的关系，构成了理解作为解释（Auslegung）之本质。伽达默尔说：

> 理解的经常性任务就是安排预期性的适当投射，有待于被“事物本身”认定。（TM 267；252）

海德格尔对于人的在世存在基本上具有解释学的性质所给与的解释，对于伽达默尔是至关重要的。我们已看到，对于海德格尔来说，理解是一种“存在性理解”，即此在的一种基本性结构，它类似于适用于物的范畴。再者，一切理解都涉及自理解。伽达默尔同意海德格尔的说法：此在的结构本身即一种理解之结构。

278 解释学和偏见之正名（恢复）

伽达默尔和海德格尔一样拒绝笛卡尔和胡塞尔关于哲学中纯粹无前提的开端概念。我们只能从我们现在所处地开始理解，而且我们只能通过向一文本的传统敞开以正确识别一个文本从何处而来去理解该文本：“隐藏偏见的专制使我们听不见传统中对我们所说者。”（TM 270；254）在此意义上，伽达默尔受到黑格尔在《精神现象学》中观点的影响：当我们企图批评一认知过程时我们必须使用该过程（比较纽拉特说的有关海上修船的比喻）。同样，对于伽达默尔来说，我们必须介入对话以产生和使我们洞悉我们自己的前提和偏见。我们不可能删除偏见，但是我们能使其被见并因此使其为我们所用。正如马克思所说，我们不可能像一条蛇蜕掉其皮一样摆脱我们的历史。在我们企图理解历史过程时我们不可能脱离历史，历史已经在我们的理解中起作用了。一种传统运作的方式就被“偏见”一词加以概括了。

对于伽达默尔，我们的“偏见”并未构成一种阻止我们把握真理的任意盲目性；反之，偏见成为一个我们从其开展理解努力的平台。用维特根斯坦的话来解释的话，理解是漂浮在偏见海洋上的一片木筏。英语的“pre-judice”（偏见）和德文的“Vor-urteil”（偏见）都含有一种“前判断”概念的词源：一种已经达至的决定，已经在执行的决定。伽达默尔拒绝通常对于“偏见”的轻蔑含义，他认为这来源于启蒙时代对不受偏见干扰的一种纯粹理性理想。他认为，这种要克服一切偏见的要求其本身就是一种偏见形式（TM 276；260）。伽达默尔甚至断言，一切理解都只在我们的偏见内并通过我们的偏见而发生。他遵照海德格尔的“前有，前见，前把握”理论主张，我们永远以某种最初的理解或误解接近一主题，正是此最初一组信念使我们能够质疑考虑中的主题。一切理解都是存于这样的前判断基础上的，而且他相信我们必须克服启蒙时代的“以偏见对偏见”。他说：

> 我们的判断不如我们的偏见在构成我们的存在中关系那么大……偏见并不一定是不正当的和错误的以至于必然歪曲真理。事实上，我们存在的历史性在该词的直意上包含着该偏见，构成我们全部经验能力的最初朝向性。偏见是我们向世界开放的倾向性。偏见根本就是我们借以经验某物的条件。（Phil. Herm.，9） 279

启蒙思想使传统和纯粹理性对立，伽达默尔的历史性观则要在传统中看待理性，理性是在传统中并通过传统起作用的。再者，传统并非某种与我们不同的东西，而是我们存在的一部分。挑战在于使我们听到传统的声音。我们与历史传统的关系不是与一对象的关系，不是与一文本的关系，如狄尔泰倾向于假定的，而是，按照施莱尔马赫的说法，一种对一个“汝”〔Thou〕的关系。为了理解一个文本，我们必须进入由我们与文本本身的关系所建立的那种“熟悉与陌生辩证法”。文本从传统处向我们说话，而如果它以其熟悉性把我们拉近，它也以其距离性对我们挑战：解释学是基于“一种由熟悉性和异他性构成的对极性关系”（TM 295；279）。伽达默尔用黑格尔语言将人类文化的全部挑战描绘为克服异他性，以便对其掌握。

再者，解释学不是一种主体努力理解一客体的问题，此客体在某种方式上独立于我们而存在。我们与其相关的“客体”永远包裹在它对我们的意义的历史中，伽达默尔所说的它的“效果史”（Wirkungsgeschichte）中：

> 如果我们企图从历史距离中理解一历史的现象，此历史距离规定着我们的解释学情境，我们就永远已经受到历史的影响了。（TM 300；284）

这一情况使我们与文本的关系复杂化了。情况并非是，我们作为处于我们文化中的历史存在者必须承认我们自己的偏见，此偏见被用于解释来自遥远时代和传统的文本，而是该关系本身的性质是历史上被条件限制的和文化上有特点的。不存在我们可以从中观察到解释者和传统互动的中性观点。我们受到历史的影响，甚至在我们企图理解历史效果时。这是对解释学情境本身的意识（TM 301；285），它使得理解相对化为在我们不断探索理解的过程中的复杂的传统与偏见之间的互织关系。

于是，伽达默尔的解释学概念是从黑格尔和施莱尔马赫经狄尔泰到海德格尔这个德国传统的直接发展。但是，伽达默尔本人承认，后期海德格尔在其“转向”后放弃了解释学，于是伽达默尔自己的工作就涉及如何把海德格尔的早期解释学与后来的语言优先性论述融合起来。

伽达默尔无意于创造一种新的理解艺术，而是希望对一般人类理解的
280 性质和作用提供一种真正哲学性的描述。再者，他不同意狄尔泰的如下观点：解释学专门属于精神科学。在他看来，科学、艺术、历史都是要追求人的自我理解，而且都属于一个整体的解释学世界。解释学是一个哲学的普遍性方面（TM 476；451），因为人类经验全体都是包含在语言之内的，并基本上需要解释。

在对《真理与方法》第二版写的序言里，他以康德的用语陈述他的问题是：理解如何是可能的？的确，哈贝马斯批评说，伽达默尔始终过于紧密地束缚于新康德派的先验哲学方向，尽管伽达默尔本人对人类理解的历史性的强调大大缓和了此一先验学方向。理解属于此在的核心结构，因此明了“理解之性质”将提供我们探索真理的一个新方向。伽达默尔在《真理与方法》中说：

> 因此我保持着“解释学”一词（这是海德格尔先前用过的），不是在一种方法论的意义上，而是作为一种有关思想行为的实在经验理论。所以我必须强调，我对游戏与语言的分析是在一种纯粹现象学的意义上进行的……这一基本的方法论方向避免应用任何形上学的结论。（TM xxxvi；xxii）

《真理与方法》（1960）

此书采取一种迂曲前进的系列讲演的形式，因而不是一部结构严谨的系统专著。[43]在某种程度上，它是一种恢复人本主义的、规范性的“教育形成观”的坚持性努力，所强调的是修辞学、常识、判断和鉴赏力。这些概念，伽达默尔认为被人们错误地视为不可靠和具主观性，因而被科

学放弃以追求客观性。在他看来，教育的重要性在于发展理解的成熟性，并按照狄尔泰的思想，这种理解不是采取一种科学说明的形式，而是采取一种文化理解的形式。科学方法所达到的确定性并非真理的保障（TM 491；465）。

与实证科学的追求相反，伽达默尔希望复兴对古典人文主义传统的欣赏，他认为，此种传统被启蒙思想的更具普遍主义的、唯理主义的哲学不公正地予以忽略甚至予以压制了。在西方，存在有一种以中世纪思想和苏格兰启蒙思想为代表的“常识传统”，而此传统也被更晚近的哲学一般地
忽略了。他援引康德的《判断力批判》说，正当理性的启蒙思想讨论此一 281
传统的要素之时，康德关心着趣味判断问题，将趣味视为珍贵的因素之一。

18 世纪和 19 世纪对历史的“发现”导致对与文化形成和发展有联系的概念发生新的兴趣。伽达默尔承认浪漫主义在产生历史学派方面的积极贡献；浪漫主义的伟大成就包括通过收集民间故事、传说和对我们自己陌生的世界观来再发现过去的声音（TM 275；259）。浪漫主义时代特别对艺术在教育中的作用感兴趣，这体现于席勒、施莱格尔、黑格尔等人的著作中。浪漫主义者一般强烈主张，一种特殊的和较高种类的真理，应当在艺术中发现。从一开始伽达默尔就特别注意作为理解活动典型例子的审美经验，此种经验不可能运用任何方法加以说明。艺术是“概念傲慢”的校正剂（Phil. App.，190）。

《真理与方法》的第一部分是关于教育、判断、趣味和常识等概念的一种历史性讨论，目的在于将它们恢复为理解人类文化形成的主导性概念。伽达默尔进而讨论艺术真理问题，以与康德著作中的审美经验的主观化相对立。在此伽达默尔和黑格尔与海德格尔一起将艺术基本上看作与真理相联系，以对立于审美愉悦感受性或生产性的精致化。伽达默尔说，在我们的艺术经验中，我们的真理意识是前于对审美经验的任何关注的。当我们与艺术具有一种真正的接触时，我们就进入了真理领域，而且如果我们只有唯一一种审美经验时，这是因为我们在某种意义上疏离了艺术品。在他看来，一种真正的艺术作品存立于一个特殊社群之内，并在该社群环境内被充分理解，但是甚至在那里也存在有盲目性。再者，伽达默尔将海德格尔的真理论述理解为揭示，理解为既显示又掩盖。我们必须摆脱明显的自行呈现的观念，而且理解真理要求言说者中未曾言说的某种全部

意义。

《真理与方法》的第二部分（我们在讨论解释学史的一节里已经简述过）提供了有关在德国哲学中以及在兰克、德罗伊森、狄尔泰和约尔克等历史学派中历史概念的一个详尽的批评分析。他们的历史分析被看作已在海德格尔的成就中被超过，对于伽达默尔来说，海德格尔为人类的历史性提供了正确论述，并为一种解释学理论奠定了基础。第二部分与第一部分的联系是，艺术中的真理概念现在被扩大到考虑历史中真理概念的意义，282 而且这导致了对不同历史研究方法中历史性质的思考。从历史思考中产生了解释学活动本身的一般理论，本书的核心基本上即在于此。伽达默尔感觉到，人文科学和社会科学企图在伪科学方法的面具下掩盖它们的解释学的和历史的特性，而且他认为自己的任务就在于使社会科学恢复历史的理解。这种理解的历史性部分地属于我们的作为语言理解的性质。解释学的任务就是企图发现共同语言的任务，达到“一致性”（Einverständnis）的任务，此德语词“一致性”包含两个心灵合一的意思，即与其他人“心思一致”。当此与文本的一致性未能出现时，解释学就开始出场了。一致性的未能达成并不必然导致没有意义。伽达默尔承认，在人类生活中，误解可以像理解和一致性一样成为潜在的力量。

语言和世界

《真理与方法》的最后第三部分具有更偏于形上学的方向，因为它转向人类文化在其中进行表达的媒介。伽达默尔在此甚至谈到一种“解释学的本体论”，并断言“可被理解的存在即语言”（TM 474；450）。按照海德格尔的说法，语言基本被看作创造世界的。人生活在通过语言创造的一个世界内，而且我们与此世界交遇的媒介也是语言：

> 我们的研究由这样的基本观念所引导，语言是一种我和世界在其中交遇的媒介，或者说，显示出二者是原初地相互从属的。（TM 474；449）

他的颇遭诟病的断言是，“可被理解者即语言”（TM 474；450），这就非常危险地接近于一种语言唯心主义。但是，伽达默尔从未附和一些德里达派解构主义者说，存在的只有语言，而是按照现象学的方式说，语言是存在显现的样式。纳入语言的是事物而非语言。

在这一部分中伽达默尔将注意力转向这样一种方式，在其中理解一艺术品对于企图理解人类理解之性质的全过程具有范例性。艺术是语言的一种特殊形式，如海德格尔所见的。伽达默尔在此将海德格尔把艺术看作“语言游戏”的讨论与维特根斯坦的“语言游戏”观结合起来（TM 490；464）。他在理解一艺术品时强调“游戏”（Spiel）的性质。伽达默尔认为， 283
“游戏”概念超出了主体或客体概念。在游戏中我们必须学会失败以便忠实于游戏：“进行游戏的是游戏本身，因为它使各游戏者进入自身并因此成为游戏的实际主体。”（TM 490；464）[44]理解和卷入语言游戏并非如在退出承诺意义上是游戏性的；反之，它是自行介入的，但不是在一种主观主义的方式上。[45]我们在此应该强调，伽达默尔有关语言游戏和艺术的讨论并不等价于德里达把语言看作一种能指的无穷无尽游戏的观点。伽达默尔的目的是强调，例如说，理解不应当被理解为某种在主体头脑内进行的东西。他与维特根斯坦都把语言看作一种规则支配的活动，所以此活动首先是主体间的、共有的和社会性的。正如伽达默尔所说，我们通过语言游戏成为存在，我们并不在其中迷失。

伽达默尔在《真理与方法》中强调，他仍然是一名现象学家，而且他并不企图教导一种新的解释学“方法”或“实践”。他是在具有理解性的人类实在中进行一种本体论研究。理解是“世界全部经验的部分”。伽达默尔关心于人类活动的最终结果，此活动传统上可描绘为知识和真理。解释学不是分辨意图的艺术，而是分析“在我们的欲望和行动之上”所发生者的问题（TM xxxviii；xiv）。他跟随海德格尔强调着，我们是在概念的掌握中，而不是在我们自己的创造行为的掌握中。再者，我们并不构造我们的概念，而是在一活生生的历史传统中承继它们。我们都生存于传统内并在其中发现自己。伽达默尔说：“哲学思考并非从某种零点开始，而是必须以我们已经具有的语言来思想和说话。”（Phil. App.，181）

但是，伽达默尔说，人类理解的计划将不会如黑格尔或甚至如狄尔泰所设想的那样，即设想为朝向一大全真理的一种历史之行进。伽达默尔相信，我们应该跟随海德格尔承认，人的理解充斥着有限性和历史性。当一切解释都被加以综合后，解释活动也不会结束。结束活动相关于一历史环境，而且一位后来的解释者或许能够将事件纳入一更广阔的语境，并以某种方式理解其意义，该事件的观察者或参与者将具有自己的解释学理解，后者不可能被超越或被提升至一更高的理解层次。

伽达默尔的影响

伽达默尔以自己对对话承诺的活生生典范作用鼓舞了整整一代学生。
284 解释学传统的复兴主要得自他的努力，而且，与保罗·利科一起使解释学成为当代欧洲哲学的中心舞台。但是，他被其他解释学的拥护者（如希尔施和贝蒂）批评为未能提出正当解释的标准。[46]他如何区分真实的解释和错误的解释呢？他接受海德格尔的真理概念意味着他并未将真理看作正确性标志，甚至很少将真理与错误对比。他显然更关注于对在获得理解的努力中所发生者进行现象学描述，以及承认理解的历史性波动，而较少关注于判断任何特殊解释的正确性问题。因此，他心安理得地承认，错误解释正像真实解释一样富有教益。但还不清楚的是，他如何认为一个解释是一错误解释。他不情愿预先说出有关成功交流和理解的判准，甚至似乎根本就没有一个区别解释的判准。

正如我们通贯本章所知，伽达默尔卷入与哈贝马斯的长期争论。[47]哈贝马斯既批评伽达默尔是一名语言唯心主义者，把语言抬高到人的存在之上，也批评他在论述达成理解的一致性时，忽略了每一共识在其中可能受到意识形态歪曲的方式。对话是一种共同分享的理解，但它也可能是一种权力和支配中的活动。哈贝马斯说，权威（由传统加以合法化的）并不等同于真正的知识，虽然伽达默尔似乎并不理解这一点。哈贝马斯怀疑，伽达默尔过于站在传统的保守主义一边，并指出甚至重新掌握传统也不足以将我们从支配中解放出来，以达到一种真正的沟通理性。伽达默尔回应说，为了克服意识形态的歪曲和错误的自理解，他依赖于解释学反思的能力。他自己承认，他可能被人们看作过于乐观了。在《真理与方法》的第二版前言中，他给自己提出了这样的问题：

> 难道理解的普遍性没有涉及其内容的一种片面性吗，因为它相对于传统欠缺着一种批评的原则，以及它似乎怀抱着一种普遍的乐观主义？（TM xxxvii；xxiii）

我们能够与传统断绝，难道不属于我们与传统关系中的性质吗？伽达默尔承认，他更多地强调传统的同化因素，较少强调批评的因素，但是他的哲学并不否认对于来自传统者有必要保持永远的警觉。但是，存在有一
285 种意义，在此意义中伽达默尔的哲学支持一种非常保守的传统观，特别是

在其将偏见理解为具有权威时。伽达默尔似乎没有从纳粹时期得到多少教训，那时整个文化都由于想要顺应领袖对文化的预期而被歪曲了。同样，女权主义者批评伽达默尔漠视性别的作用，并对这样的支配性势力熟视无睹，此种支配力被语言中的“安居家园”隐喻加以模糊化了。[48]

评论者（例如阿贝尔）一直认为在伽达默尔的语言和“语言性”的兴趣与20世纪分析哲学的语言转向具有类似性。当伽达默尔本人援引后期维特根斯坦时，晚近戴维森写了一篇赞许伽达默尔的文章，承认伽达默尔对意义整体性的强调以及他对共享理解假定的研究。[49]戴维森把自己看作按照不同的路径到达了“伽达默尔的思想地段”。在戴维森看来，伽达默尔关心着使客观思想成立的条件，而且伽达默尔最终认为只有在人际交流中思想才有可能发生。只有经过分享实践理解才有可能。但是，戴维森，虽然接受伽达默尔把共享交流看作理解的基础而所做的强调，却希望引入第三种因素（共享的客体本身），以便“使世界三极化”的过程得以成立。[50]

美国哲学家罗蒂以不同的风格借取了伽达默尔的德文词“Bildung”（教化，教育形成）概念，使其变形为英文词“edification”（教化），将其设想为“我们谈话”的一部分。但是罗蒂不同于伽达默尔之处是，他否定教化与真理有任何关系，而是认为它相关于处理世界事物的可能性。对于罗蒂来说，教化取代了知识以作为思想的目的。另一方面，伽达默尔希望强调从自然科学领域内排除的知识形式的可能性和真理观。

但是，尽管有罗蒂和戴维森的关注，伽达默尔在分析哲学中并无多大影响，或许因为他贬低了通过判断进行讨论的可能性。在《真理与方法》中他引述了柯林伍德的如下观点：英国哲学讨论“陈述”的实践，虽然磨炼了智力，却忽略了理解的历史性（TM 370；352）。伽达默尔一般来说使“断言逻辑学”和自己的更具辩证法性格的“问答逻辑学”相互对立。这种对断言的反对有助于使其写作中的模糊意义清晰化，他承认模糊性为他的对话学风格的一部分，而且这有助于其思想引起读者关注。精确哲学的支持者不能容忍伽达默尔的表述方式，例如他不断强调寻求“事物本身”却对此并无具体规定。偏于语史文献学的古典学者也对伽达默尔对古希腊 286
文本的随心所欲的解释颇不耐烦，视之为不加节制的任意畅想，往往导致枯燥乏味的解释。

伽达默尔的研究致力于通过对话达至相互理解，其方向最好被看作对于系统的和理性的哲学观的一种补救。伽达默尔的主要贡献是，成功地将黑格尔的文化和传统的发展概念与海德格尔对此在的历史性和解释学特性的分析结合起来。他的主要缺点是，他对人的语言性的强调可被看作一种语言唯心主义，而且他的历史相对主义可能也是其哲学的一个严重弱点。但是，他相信相互一致和理解本身就相当于知识，这似乎是完全错误的：例如，一个相信地球是平的社会可能是一个具有一致性的、管理良好的和谐社会。遗憾的是，它并不具有知识。这一点是哈贝马斯对伽达默尔的有力反驳。

注释：

502 [1] H. -G. Gadamer, "Reflections on my Philosophical Journey", in Lewis Edwin Hahn, ed., *The Philosophy of Hans-Georg Gadamer*, Library of the Living Philosophers (La Sallie, IL: Open Court, 1997), p. 26.

[2] H. -G. Gadamer, *Wahrheit und Methode. Grundzüge einer philosophischen Hermeneutik* (Tübingen: Lohr, 1960; 2nd edition, 1965). The English translation by Joel Weimsheimer and Donald G. Marshall, *Truth and Method*, 2nd revised edition (London: Sheed & Ward, 1989), actually translates the Fourth German Edition. Hereafter TM followed by the page number of the English translation and the pagination of the German Second Edition. Hence this reference is TM 384; 361.

[3] Gadamer, "The Nature of Things and the Language of Things", in D. Linge, ed., *Philosophical Hermeneutics* (Berkeley, CA: University of California Press, 1977), pp. 77－78. Hereafter *Phil. Herm.* and page number of the English translation.

[4] H. -G. Gadamer, "Gadamer on Gadamer", in Hugh J. Silverman, ed., *Gadamer and Hermeneutics* (London: Routledge, 1991), p. 16.

[5] J. Habermas, "Gadamer: Urbanizing the Heideggerian Province", *Philosophical-Political Profiles*, trans. Frederick Lawrence (Cambridge, MA: MIT Press, 1983), p. 192.

[6] J. Habermas, "Der Universitätsanspruch der Hermenentik", trans. as "On Hermeneutics' Claim to Universality", in K. Mueller-Vollmer, *The Hermeneutics Reader* (Oxford: Blackwell, 1986), pp. 294－319.

[7] See his essay, "Rhetorik, Hermeneutik, Ideologiekritik", *Kleine Schriften* I (Tübingen: Mohr, 1967), trans. as "Rhetoric,

Hermeneutics, and the Critique of Ideology: Metacritical Comments on *Truth and Method*", in K. Mueller-Vollmer, *The Hermeneutics Reader*, op. cit., pp. 274–292.

[8] H.-G. Gadamer, *Dialogue and Deconstruction. The Gadamer Derrida Encounter*, ed. D. P. Michelfelder and R. E. Palmer (Albany, NY: SUNY Press, 1989), p. 55.

[9] H.-G. Gadamer, *Philosophical Apprenticeships*, trans. Robert R. Sullivan (Cambridge, MA: MIT Press, 1990). Hereafter *Phil. App.* and page number. For a feminist critique of these reflections, see Robin May Schott, "Gender, Nazism and Hermeneutics", in L. E. Hahn, ed., *The Philosophy of Hans-Georg Gadamer*, op. cit., pp. 499–508.

[10] H.-G. Gadamer, *Heidegger's Ways*, trans. J. W. Stanley (Albany, NY: SUNY Press, 1994), p. 30.

[11] H.-G. Gadamer, *Reason in the Age of Science*, trans. Frederick G. Lawrence (Cambridge, MA: MIT Press, 1981), p. 11.

[12] H.-G. Gadamer, *Heidegger's Ways*, op. cit., p. 30.

[13] Gadamer, "Reflections on my Philosophical Journey", in Hahn, 503
ed., *The Philosophy of Hans-Georg Gadamer*, op. cit., p. 4.

[14] "Existentialism and the Philosophy of Existence", in Gadamer, *Heidegger's Ways*, op. cit., p. 4.

[15] O. Spengler, *Der Untergang des Abendlandes*, 2 vols (Munich: Beck, 1927), trans. C. F. Atkinson, *The Decline of the West*, 2 vols (New York: Knopf, 1947).

[16] Gadamer, "The Marburg Theology", *Heidegger's Ways*, op. cit., p. 31; see also "Martin Heidegger—85 Years", in *Heidegger's Ways*, op. cit., p. 113.

[17] Gadamer, *Dialogue and Dialectic. Eight Hermeneutical Studies on Plato*, trans. P. Christopher Smith (New Haven, CT: Yale University Press, 1980), p. 198.

[18] Gadamer, "Martin Heidegger—85 Years", in *Heidegger's Ways*, op. cit., pp. 17–18.

[19] Gadamer, "Martin Heidegger—85 Years", in *Heidegger's*

Ways, op. cit. , p. 113. See also Gadamer, *Phil. App.* , p. 47.

[20] H. -G. Gadamer, "Martin Heidegger—85 Years", in *Heidegger's Ways*, op. cit. , p. 115, and see also J. Habermas, "Gadamer: Urbanizing the Heideggerian Province", *Philosophical-Political Profiles*, op. cit. , p. 191.

[21] Gadamer, "Martin Heidegger's One Path", in T. Kisiel and J. Van Buren, eds, *Reading Heidegger from the Start* (Albany, NY: SUNY Press, 1994), p. 21.

[22] H. -G. Gadamer, *Platos dialektische Ethik. Phänomenologische Interpretationen zum Philebus* (1931), reprinted with further essays as *Platos dialektische Ethik* (Hamburg: Meiner, 1968), trans. Robert Wallace, *Plato's Dialectical Ethics* (New Haven, CT: Yale University Press, 1991). Hereafter PDE and page number of English translation.

[23] D. Davidson, "Gadamer and Plato's *Philebus*", in Lewis Edwin Hahn, ed. , *The Philosophy of Hans-Georg Gadamer*, op. cit. , p. 422.

[24] Gadamer, "The Universality of the Hermeneutical Problem", originally in *Kleine Schriften* I, pp. 101-112, trans. *Phil. Herm*, p. 5.

[25] Heidegger, *Der Ursprung des Kunstwerkes* (Stuttgart: Reclam, 1960). Gadamer's introduction has been translated as "Heidegger's Later Philosophy", in David Linge, ed. , *Phil. Herm.* , pp. 213-228.

[26] Gadamer, "Heidegger's Later Philosophy", *Phil. Herm.* , p. 228.

[27] 关于此旧世界的自由主义，参见：the interview in Dieter Misgeld and Graeme Nicholson, eds, *Hans-Georg Gadamer on Education, Poetry and History. Applied Hermeneutics* (Albany, NY: SUNY Press, 1992), p. 140。

[28] Gadamer, *Phil. App.* , p. 75. See also H. -G. Gadamer, "Back from Syracuse", trans. J. McCumber, *Critical Inquiry* 15 (Winter, 1989), p. 428.

[29] See the 1986 interview in *Hans-Georg Gadamer on Education, Poetry and History*, op. cit. , p. 9.

[30] *Phil. App.* , p. 76. Jonathan Barnes has pointed to this moral lapse in his review of Gadamer's *Philosophical Apprenticeships*, in the *London Review of Books* 8 (19) (6 November 1986).

[31] See Teresa Orozco, *Platonische Gewalt. Gadamers politische Hermeneutik der NS-Zeit* (Hamburg: Argument-Verlag, 1995).

［32］Gadamer，*Dialogue and Dialectic. Eight Hermeneutical Studies on Plato*，op. cit.，p. 39.

［33］Gadamer，"Back from Syracuse"，*Critical Inquiry*，op. cit.，p. 427.

［34］H.-G. Gadamer，*Gesammelte Werke*，10 Bande（Tübingen：Mohr，1985—1995）. This edition by the author himself is self-selected and not a complete gathering of all Gadamer's works.

［35］Gadamer，*The Idea of the Good in Platonic-Aristotelian Philosophy*（New Haven，CT：Yale University Press，1986），pp. 4-5.

［36］J. Habermas，"On Hermeneutics' Claim to Universality"，in 504
K. Mueller-Vollmer，*The Hermeneutics Reader*，op. cit.，p. 294.

［37］Gadamer，"Text and Interpretation"，in Michelfelder and Palmer，eds，*Dialogue and Deconstruction*，op. cit.，p. 26.

［38］Wilhelm Dilthey had already made an extensive study of the historical development of hermeneutics in his early prize essay，*Preisschrift*，of 1860，"Schleiermacher's Hermeneutical System in Relation to Early Protestant Hermeneutics"，trans. in Dilthey，*Hermeneutics and the Study of History*，Selected Works IV，ed. Rudolf Makkreel and Fritjhof Rodi（Princeton，NJ：Princeton University Press，1996）.

［39］St Augustine，*On Christian Doctrine*，trans. D. W. Robertson，Jr（Indianapolis：Bobbs-Merrill，1958），pp. 38-39. *De doctrina christiana* was also an important text for Heidegger in the 1920s.

［40］关于伽达默尔对解释学传统的论述，参见：his article "Hermeneutik"，*Historisches Wörterbuch der Philosophie*，ed. J. Ritter（Darmstadt：Wissenschaftliche Buchgesellschaft，1973），Vol. 3，cols 1062-1073。

［41］See the excerpt from Johan Martin Chladenius，"On the Concept of Interpretation"，in Kurt Mueller-Vollmer，ed.，*The Hermeneutics Reader*，op. cit.，pp. 55-71.

［42］F. D. E. Sehleiermacher，*Hermeneutics：The Handwritten Manuscripts*，trans. J. Duke and J. Forstman（Atlanta，GA：Scholar's Press，1977）.

［43］关于文本的构成的有趣的讨论，参见：Jean Grondin，"on the Sources of *Truth and Method*"，*Sources of Hermeneutics*（Albany，NY：

SUNY Press，1995)，pp. 83－110。

［44］See Hans-Herbert Kögler，Die *Macht des Dialogs. Kritische Hermeneutik nach Gadamner*，*Foucauh*，*und Rorty* (Stuttgart：Metzler，1992)，p. 40.

［45］关于游戏的整体主义和在技巧中运作不可归约为（用以学习技巧的）步骤之运作的方式，参见：Hubert Dreyfus，"Hermeneutics and Holism"，*Review of Metaphysics* 34 (1980)，pp. 3－23。

［46］See E. D. Hirsch，*Validity in Interpretation* (New Haven，CT：Yale University Press，1967)，and E. Betti，"Hermeneutics as the General Methodology of the *Geisteswissenschaften*"，in J. Bleicher，ed.，*Contemporary Hermeneutics*：*Hermeneutics as Method Philosophy and Critique* (London：Routledge & Kegan Paul，1980)，pp. 51－94.

［47］See J. Habermas，"A Review of Gadamer's *Truth and Method*"，in Brice R. Wachterhauser，*Hermeneutics and Modern Philosophy* (Albany，NY：SUNY Press，1986)，pp. 243－276.

［48］See Robin Sehott，"Whose Home is it Anyway? A Feminist Response to Gadamer's Hermeneutics"，in Silverman，ed.，*Gadamer and Hermeneutics*，op. cit.，pp. 202－209.

［49］D. Davidson，"Gadamer and Plato's *Philebus*"，in Lewis Edwin Hahn，ed.，*The Philosophy of Hans-Georg Gadamer*，pp. 421－432；for Gadamer's reply see ibid.，pp. 433－436.

［50］D. Davidson，"Gadamer and Plato's *Philebus*"，in Lewis Edwin Hahn，ed.，*The Philosophy of Hans-Georg Gadamer*，op. cit.，p. 432.

9　汉娜·阿伦特：公共领域现象学 287

导言：作为哲学家的汉娜·阿伦特

现象学运动，作为一种新的、激进的哲学研究方式，在其早期阶段吸引着一小批先驱型女性哲学家，特别是康拉德-马尔修斯（Hedwig Conrad-Martius，1888—1966）[1]、史泰茵（Edith Stein，1891—1942）[2]以及瓦尔特（Gerda Walther，1897—1977）[3]，她们都在胡塞尔现象学的早期实在论阶段随胡塞尔研习。现象学直到1960年代甚至是最受女性学生欢迎的一种哲学运动。马尔修斯曾是哥廷根哲学学会的主席，该学会围绕着胡塞尔哲学开展活动。史泰茵写过一篇关于“移情作用”的论文，而且作为胡塞尔的助手，她誊录和编辑了胡塞尔关于时间意识的手稿（后来由海德格尔接手编辑后发表）以及《观念2》手稿。1922年她皈依天主教，这意味着她后来的写作离开了现象学。瓦尔特开始时是一名研究社会关系的现象学家，但后来发展为研究通灵学。接着，与现象学有关系的最著名女学者是西蒙·德·波伏娃（1908—1986），她在巴黎高师研究哲学并在与萨特密切对话过程中发展了自己的哲学。虽然德·波伏娃关于自我和他人的关系问题发表了令人感兴趣的研究，如今使其知名的不是作为一名现象学家，而是她的开创性著作《第二性》，这是一部关于妇女的社会经济史著作，而且已成为女性主义研究的一部经典。[4]

虽然阿伦特只是偶然地称自己是一名现象学家，甚至其通常没有被列入现象学的教科书内，但她的著作丰富得足以被理解为一种现象学，一种在德国被称为“die Öffentlichkeit”（公共性、公开性）的现象学，即关于“公共空间”或“显现（appearance）空间”问题的分析。[5]阿伦特的这个显现世界概念本质上是现象学的：显现于人的一切属于“显现世界”，属于“现象性”。她把哲学看作诞生于两个领域之间我们所经验的差别内： 288
两个领域即我们在其中生存的“显现世界”和支持“思想”的语言介质。[6]阿伦特认为，理解显现世界意味着企图发现“世界内的”人类生存性质。她的现象学兴趣在于阐明公共事物领域，努力把握公共事件的内在意义，例如，“诞生”（她称此现象为“出生性”），永远束缚于“多元性”，束缚于世界之爱（amor mundi），以及关于既非你也非我的为我们双方共同所从属的“之间”类经验。她甚至把20世纪人类的目的理解为应该属于此现世世界，以令人们生存得舒适惬意。[7]

阿伦特在其《极权主义的起源》[8]中首次谈到了公共空间问题。在另一研究《黑暗时代的人》中她写道：

> 公共领域的作用是通过提供显现空间以阐明人的事物，在此空间内人们可以在其行动和语言中大致显示他们是谁以及他们能够做什么。[9]

阿伦特同样意识到，此空间如何被政府、被商业广告、被“舆论导向专家”所操纵，以及一般地，“被言语所操纵，此言语并不揭露真相而是对其掩盖，以及被道德的或其他的劝说所操纵，其借口则是高举古老真理，将一切真理降低为无意义的闲谈”（Dark Times，viii）。阿伦特把自己描述为海德格尔在《存在与时间》中说的 Gerede（闲谈）和“平均化的人”。阿伦特强烈地同意海德格尔的如下观点：

> 一切真实的或实在的都被“闲谈”的压倒性力量所攻击，此闲谈不可抵御地产生于公共领域，决定着日常存在的每一方面，期待着和消灭着未来可能带来的一切所具有的意义或无意义。（Dark Times，ix）

她特别赞同海德格尔的矛盾性陈述：“公共性使一切晦暗”（BT 165；127）。海德格尔的世界性概念和在世存在概念对她的观察至关重要。她把闲谈看作在摧毁真实未来性的可能性。她也批评海德格尔的此在之孤立性和有关世界的论述不恰当，特别是他忽略了人类的合作活动。阿伦特在其讨论莱辛的研究中认为，世界存在于人“之间”（Dark Times，12）。同
289 样，她承认，海德格尔只成功地区分了两种人与世界的关系：交遇和操纵事物（工具性存在）与理论性思考（客观性存在）。此外，她提出了我们在本章内要讨论的一个新的存在论范畴：行动。

阿伦特在很多方面都是一位旧世界类型的知识分子：重视古典教育、重视只阅读希腊文献和德国文献的德国高级人文中学受教者。因此，她可以毫不费力地诉诸古典文献作为其概念的模型，并能熟记很多德国诗歌。她对希腊城邦和希腊悲剧中行动的戏剧化的理解，为其在世存在性质的分析提供了范式，并提出一种公共生活的要求。另一方面，她从海德格尔和

雅斯贝尔斯处习得了对大众社会的现代参与和世界祛魅的分析法。她比这两人更加强调世界之爱和世界的存在，而不只是在世界内之存在，并完全承认那种从属性所要求的责任性。

阿伦特的现象学的实践是独创性的和具有个人特点的；她对于现象学的方法没有表现出任何特殊兴趣，而且对于现象学理论没有任何贡献。她甚至怀疑一切方法和体系。她是在海德格尔的马堡研究班上第一次接触胡塞尔现象学的，结果她对于作为第一哲学或作为严格科学的胡塞尔现象学概念未发生任何兴趣，虽然她出于对当时海德格尔的强烈好奇心而参加过几次胡塞尔在弗莱堡的讲演。她后来解释道，胡塞尔现象学的全部吸引力都“产生于‘回归事物本身’口号的反历史性和反形上学的含义上”（Thinking，9）。她也没有表现出对海德格尔有关基本本体论构想的兴趣，虽然她显然汲取了和创造性地转换了海德格尔的许多概念，包括此在、存在的“光亮”，以及海德格尔对此在既倾向于真实性又倾向于非真实性、既倾向于个别的创造性行动又倾向于隐没在大众中（“平均人”中）的现象所做的分析。在其后来的著作《心灵生活》中，她把自己描绘为曾经投入对传统的彻底决裂的精神，钟情于“瓦解形上学”思想（Thinking，212），例如海德格尔对哲学史的“瓦解”；她认为此种瓦解为唯一的可能性，因为历史的脉络已经断裂。

阿伦特具有一种强烈的个人声音，深深怀疑一切个性崇拜，不仅是对于胡塞尔周围的圈子而言，而且是对于后来海德格尔的忠诚追随者而言。同样，她对于马克思主义的僵化解释和法兰克福学派的方向也持保留态度。她个人对于阿多诺非常反感，认为他谋求私利。另一方面，她对本雅明则感觉到一种强烈的心灵相通，她模仿着他解释断裂的历史脉络时那种 290
直观的、片段式的方式。[10]一般来说，部分地由于她的气质及部分地由于其生活的环境，她对于职业的、学院派的哲学本身强烈地表现出游移不定的态度，这种摇摆的态度，她的导师雅斯贝尔斯早在1930年就已发觉。她甚至往往根本否认自己是一位“哲学家”（Thinking，3）。对她来说，正像对后期海德格尔，哲学已经到了尽头，旧的哲学问题已经失去其可信性（Thinking，10）。另一方面，哲学的终结和思想的任务，对她来说意味着撤退到一种诗的“话语”领域，如后期海德格尔所说的那样。阿伦特积极介入多元化的公共生活，要求倾听很多不同的声音，这意味着，对她而言，真正的思想活动要求有一种公共空间，并需要在公共的检视下实行和符合公共的预期，这对她意味着一种思想性的新闻业实践。在她看来，思想不可能只留给专业人士来承担（Thinking，13）。同样，她把自己描绘为一名“政治理论家”或“政治思想家”（Young-Bruel，327），她拒绝“政治哲学”一词，因为这暗示“哲学”在对政治领域进行评价，这种倾向的确自柏拉图以来就是政治哲学的主导性传统。就其对学院哲学的反对而言，其中唯一的例外是康德，她极其欣赏康德对纯粹思辨性思想的深刻怀疑以及对实践性质的高度赞扬。

阿伦特最为人知的是关于政治主题的写作，但是她对政治活动性质的全面再思考并非企图对于国家的性质提供一系统的论述或者对国家机构提供一种批评。她对于民主、法西斯、共和主义或者甚至社群主义等并无任何理论建树。她所提出的是相关于以下诸方面的一系列深刻反思：极权主义，像 Eichman 一类官僚非道德主义者的形成，国家身份的自欺，以及近代政治生活中公共行动的衰弱。按照她的美国朋友作家 Mary McCarthy 的描述，她不是一位“系统的建构者”，而是一位思想善于精微辨析而难以被系统化者。[11]她的最好作品是以散文形式表达的，她善于对于学者们先前以习以为常方式探讨的现象提出令人惊异的新的观察方式。例如在她的《人的处境》中对促进现代科学成功的“世界异化”概念的探讨；当然还有她在论述“行动”时对亚里士多德的实践概念的恢复，这是她受到海德格尔讲演的深刻影响后形成的。[12]她对于人类事物的事实性和偶然性具有强烈感觉，即造成历史的不是人而是事件。结果，她对于黑格尔和马克思主义说明历史本身全部意义的企图深表怀疑。她在《极权主义的起源》中说：

291 对于近代史学家特别重要的是慎重处理一般所接受的、自称要说明全部历史进程的意见，因为 19 世纪产生了大量意识形态，其作者都自称自己的理论对于历史具有关键性，而实际上除了拼命要逃避责任外最终什么也不是。（OT，9）

没有任何系统能够说明历史，因为历史实际上是诸意外事件之连续体：“历史是一种故事，它有很多开端但没有结尾。”[13]阿伦特的独立精神意味着，她不曾被马克思主义所吸引，她将马克思主义看作过时的 19 世纪意识形态。在 1970 年的一次深夜访谈中她说，“全世界无产者联合起来”是一句彻头彻尾的虚假口号。[14]早先在回答对《耶路撒冷的艾奇曼》进行过批判的 Gershom Scholem 时，她曾否认她来自德国左派传统，并声言事实上她接触马克思作品很晚（Young-Bruehl，104）。一般来说，如她所观察的，左派怀疑她是保守派，而右派把她看作非常左倾，或者是相当地持异见者。[15]事实上，她并未把为同工同酬而斗争、就业或住房等看作政治性问题，而是将其归入社会性领域。甚至她对现代性批评的一个部分正是政治领域在经济与公共行政的社会性领域内被吞没了。

她也非常谨慎地不轻率参加仓促的行动，并否认她曾经在政治的意义上是一位活跃分子。然而她对很多问题发表过评论，包括采取立场支持民权并同时反对过州政府对阿肯色州小石城的强行合并。[16]另一个她的有关写作特别引发争议的是她对于犹太身份概念的分析和她对民族或一般文化身份问题的讨论。这一点一直是她的哲学文稿中被讨论最多的部分。她自己对身份的感觉是复杂的。她不喜欢被称作德国人或犹太人，而且甚至在给雅斯贝尔斯的信中承认，她直到1920年代末都感觉到犹太问题令人厌烦。在1950年给海德格尔的信中她说，她从来不认为自己是德国女子，而且虽然她是犹太女子，她宁肯把自己想象为外来者，永远的陌生人，“陌生地来的姑娘”[17]。类似的，第二次世界大战后在给雅斯贝尔斯的信中她说道，她从来不感觉到自己是德国人，而且在外在有政治压力时就称自己是犹太人。[18]她写信给Scholem说，她不把自己的犹太血统看作“我的生活中无可争辩的事实材料，而且我从来不想改变或否认这一事实”[19]。她在晚年既放弃了德国人身份也放弃了一切官方宗教承诺（包括基督教和犹太教）。同时，阿伦特本人承认同化主义立场是不可能的，因为人们只能 292
通过成为一名反犹太者才能与德国文化同化。当她作为犹太人被攻击时，她必须作为犹太人给与回应（Young-Bruehl，109），虽然后来她以个人特有的精心分析在《耶路撒冷的艾奇曼》中写道，犹太复古主义运动强调犹太人的分离性，这实际上是在巩固纳粹党通过犹太人佩戴黄星标记等来辨识犹太人的做法。阿伦特对于身份问题具有一种复杂的态度：她是有关人类状况普遍性观念的拥护者，她承认自己根植于传统，但却要求人们对传统采取一批评性距离。

在本章中我将试图指出，人们很难理解她的研究，除非认识到其方法的现象学的性质在于回归事物本身的真实企图，这对于阿伦特来说，意味着我们作为人属于人的世界的性质，“人的处境”（human condition）这个词，她始终是按照非本质主义方式即人在其中生存的、历史上决定的方式来理解的，而不是对一种人性本身的某种限定。她希望理解显现世界的本质性性质和人属于该世界的意义。她具有某种现象学的“看”实践：作为对于现象的一种细致的注意以及避免传统的描述方式。她的写作甚至是表现出独立性的一种极具吸引力的典范，显示出由现象学所产生的那种丰富性。本章将通过其生平著作介绍阿伦特，然后集中于她在《人的处境》中有关行动概念的讨论。

阿伦特（1906—1975）：生平和著述

阿伦特于 1906 年 10 月生于哥尼斯堡（那时属于东普鲁士，现在属于俄罗斯）的一个殷实的在观念上是自由而开放的资产阶级家庭。她的双亲都是社会民主党人。7 岁时，父亲死于梅毒，母亲改嫁，但阿伦特一直不喜欢继父。她对家庭生活限制性的阴郁观点，以及她倾向于探索父亲似的形象（雅斯贝尔斯，海德格尔，布吕厄）可能部分地反映了自己早年的体验。她的家庭有同化的犹太背景，虽然后来她回忆到，家里面从来没人提到过“犹太人”这个词。[20]然而，她的家庭教导她，如果学校里有反犹太言论的话应该起而反抗，然后离开教室，这样的事当然是经常发生的，因为那时德国文化中官方对于反犹太主义是容忍的。对此她后来写了不少有说服力的文章。她经常离校回家，结果她主要是自学。

在学校里她受到那个时代典型的教育观点熏陶，她可以流畅地阅读希
293 腊文和拉丁文。还在十几岁时她被选上去柏林大学进行独立研究，在那里她听了瓜尔迪尼关于基督教存在主义的课，这使她对神学产生了兴趣。[21]在年龄不大时她就阅读了克尔恺郭尔的著作，以及康德的《纯粹理性批判》和《理性限制内的宗教》。哥尼斯堡是康德的故乡，她毕生都以极大兴趣阅读康德作品。她在《耶路撒冷的艾奇曼》中讨论了康德的义务形式伦理学，虽然直到晚年她才开始充分地、批评地研究康德的判断力概念和“共识”的形成。她后来甚至说，她写作时总有康德的影子在。

与布尔特曼、海德格尔和雅斯贝尔斯相遇

阿伦特于 1924 年秋天进入马堡大学，最初的志愿是研究新教神学和语史文献学。她选修了自 1921 年到马堡的布尔特曼（1884—1976）的神学课。在最初与布尔特曼会晤时，阿伦特显示了自己的独立性，她向导师表明，她参加研究班的条件是课堂上没有反犹言论（Young-Bruel，62）。布

尔特曼对于阿伦特有着很强的影响力，但她后来觉得他的神学窄化为有关耶稣性质的问题，贬低了耶稣的积极生命，以便纯粹专注于耶稣在信念传递方面的作用，“把基督教窄化为一种彻底化的保罗主义”（HAKJ，221）。与海德格尔相遇后，海德格尔引导她从神学转到了哲学。事实上，也许是在海德格尔的影响下她开始把神学看作一种实证科学——假定其对象“上帝”实际存在，而根本不是一种建立在信仰上的哲学。再者，这种科学的性质由于近代实用科学的出现而受到了损害，正如教会的性质在成为政治机构后就改变了一样（HAKJ，222）。

阿伦特参加了海德格尔于1924—1925年关于“柏拉图的智者篇”的冬季研究班，那时作为副教授的海德格尔刚到达马堡不久。[22]在1925年2月研究班末尾，她与当时已35岁并有两个孩子的海德格尔开始私交。在1925年至1929年间，海德格尔成为她的导师和情人，直到在海德格尔的妻子Elfride的压力下和环境的变化（阿伦特迁往柏林）他们才分开。海德格尔和阿伦特很快开始了一种秘密联系，海德格尔给阿伦特写了诗稿和信件，谈到他的哲学阅读内容，并叙述了访问弗莱堡时与胡塞尔的谈话。

为了不至于损害他们的浪漫关系，在海德格尔的推荐下，阿伦特于1926年夏季学期转学到海德堡大学，在雅斯贝尔斯指导下写她的博士 294
论文。

在1926—1927年度冬季学期，她迁往弗莱堡听胡塞尔的讲座，但似乎未获得特殊印象。另一方面，她发现雅斯贝尔斯是一位优秀导师。事实上。她对雅斯贝尔斯（她的“博士论文之父”）永远怀有深切的敬仰，并写出了许多相关的东西，包括把雅斯贝尔斯写成一位“世界公民”（Schilpp所提出的称号，HAKJ，173），是维护“人文主义”古老品德的德国极少数人之一。[23]阿伦特完成了她的论文《圣奥古斯丁的爱概念》，并于1929年将其出版。[24]雅斯贝尔斯给论文第二高的评分“cum laude”（HAKJ，689），因为对此文的写作方面还未充分满意。他认为阿伦特把圣奥古斯丁的某些概念解释得过于狭隘，并一再催促她更多注意她的引文以及教养方面的阅读。然而他的确认为她达到了一种真正哲学的视野，完成了“对历史材料的客观哲学思考”（HAKJ，690）。

在选择写圣奥古斯丁时，阿伦特受到“时代精神”的震荡。她以一种存在主义的方式读圣奥古斯丁。基督教存在主义者的著作，如克尔恺郭尔、保罗、路德和圣奥古斯丁等在1920年代的德国大学里非常流行，正如作为那时马堡的学生伽达默尔回忆时所说。她的马堡时期另一位同班同学 Hans Jonas（1903—1993）也回忆说，圣奥古斯丁的《忏悔录》被认为是那时的一部基本读物。[25]阿伦特大胆地只专注于圣奥古斯丁的哲学，使其脱离其神学背景，这一特点引起几位评论者（包括雅斯贝尔斯）的注意，因为它有违当时德国的学术倾向。于是，J. Hanssen 在其发表于 1931 年《康德研究》上的简短书评上批评她对圣奥古斯丁的爱概念所做的现象学的论述流露出不引证权威或不关注现行学术的“欲望”。的确，阿伦特对圣奥古斯丁采取的一般反历史的和反语境依赖的读解方式，是与胡塞尔的根本现象学和海德格尔对古希腊经典的参与性读解方向一致的，因此而对立于当时德国学院派那种卖弄学问的写作风格。

阿伦特非常可能是受到布尔特曼对保罗人类学分析的影响，遂在自己的论述中把圣奥古斯丁的基督教定义为保罗派的。的确，圣奥古斯丁本人在其《忏悔录》中说，是保罗的作品帮助他渡过了精神危机并迫使他决定改宗。人类被存在于欠缺和欲望的状态所规定。人永远欲望着善，但也害怕失去所欲望的客体。死亡在威胁着人想要在世界上达成欲望满足之可能性，于是转而使其欲望客体永久化。争取幸福就是去欲望我们所不可能失去者。阿伦特认为，此一分析的一个结果是，对于圣奥古斯丁，人永远也
295 不可能在世界上感到安适。作为圣奥古斯丁分析的此一彻底逃离世界性质的一部分，阿伦特集中于他对上帝爱和邻人爱的关系的强调。真正的上帝爱实际上否定在世界上真正爱邻人的可能性。我们并不爱个别的人，而宁可说是爱“爱本身”。她对圣奥古斯丁的早先的兴趣正是她对安适在世和以某种方式逃世之对比进行思考的根源。甚至在很多方面阿伦特的全部观点始终是圣奥古斯丁式的，例如她坚持说，存在的转瞬即逝性质为人带来了特殊的负担。圣奥古斯丁有关人的意志是自发性和创造性根源的观点，对于阿伦特影响极大。她喜欢援引圣奥古斯丁在《上帝之城》第 12 卷第 10 章所说的“如果有开端，那么人就是被创造的”[26]。在她最后的著作《心灵生命》的“意志”卷中，圣奥古斯丁的色彩也很强烈，在此她把圣奥古斯丁看作明确承认人的意志的第一位哲学家。[27]

在海德堡她与一群青年知识分子过从频繁，包括后来在美国以文艺复兴专家著称的 Paul Kristeller。她在同班同学中突显出波希米亚的和反传统的性格，喜欢抽烟斗。1929 年，和海德格尔断绝关系后，她嫁给了施特恩（Günther Stern），一位曾在胡塞尔指导下完成了关于“指示词”博士

论文的哲学学者，其后来在法兰克福企图完成关于音乐哲学的资格考试论文。[28]当努力失败后他成为柏林一家报纸的一名记者，用 Günther Anders 名字写文。或许因为施特恩对阿多诺的负面经验，加上她本人看到阿多诺于 1930 年代初期并不光彩地试图与纳粹妥协的意图（HAKJ，593，644），在阿多诺后来也被迫流亡之前，阿伦特对他一直极其厌恶。后来在纽约，她甚至控告阿多诺曾阻碍本雅明《遗著》的出版。[29]

她对当代哲学的最初涉猎之一是她在 1930 年在德国《社会》杂志上对曼海姆的《意识形态和乌托邦》所做的评论。[30]此文的重要性在于，它阐述了阿伦特通过比较海德格尔和雅斯贝尔斯有关存在性质和人“堕入”日常性的性质的观点，把握人作为在世存在之存在的最初企图。她后来不断返回此课题。在此文第一版中她把两人表现为观点极其相似。她和丈夫也于 1930 年合作撰写了有关里尔克的《杜伊诺哀歌集》的详细分析。

在此时期前后，阿伦特决定撰写有关德国犹太裔作家和沙龙评论家瓦恩哈根（Rahel Varnhagen，1771—1833）的研究，希望作为资格考试论文。她多方寻求资金，包括德国研究基金会（DFG）的前身，而且海德格 296
尔甚至为她写了推荐信。最后她成功地获得若干基金资助，但是政治情势此时突变，德国民族主义和排犹主义兴起。她最后在论文完成之前被迫离开德国。尽管意识到逐渐扩大的纳粹运动的危险，她多少还是不安地发现，她的导师和友人雅斯贝尔斯于 1932 年发表了一个小册子《马克斯·韦伯：政治思想中的德意志本质》，在此书中他赞扬韦伯体现着“德国的本质”（HAKJ，16）。她对雅斯贝尔斯评论道，她是根据她的“祖国的语言、哲学和文学”而不是根据极端军国民族主义来思考德国的。雅斯贝尔斯多少带有辩解的意思回复说，他诉诸韦伯是要对极端民族主义青年指出，德国本质的理解可以不同于他们的解释，虽然雅斯贝尔斯的确强调了他称德国的“历史政治命运”在于未来统一后的欧洲（HARJ，18）。的确，雅斯贝尔斯在 1930 年代初期有关德国民族主义的立场，并非特别具有批评性，他甚至赞扬过海德格尔 1933 年的“就职讲演”。

结婚后，阿伦特继续和海德格尔维持来往，虽然是较前疏远和偶尔相见。在 1932—1933 年她曾写信给这位以前的导师，问他是否将犹太裔学生排除于教室之外，如她曾听到的传言那样。他回信否认了这些指控，并引述这样的事实：几位犹太裔学生想跟随他学习，他也和其他几位犹太裔学者维持着来往，而且他甚至为吕维茨安排了去罗马研究的奖学金。但是他说明，他仍然是一名反犹太主义者，其意思正像他在马堡时代一样，这是因为，按照 Safranski 的说法，他怀疑犹太人在大学占据了过多的位置。[31] 于是，阿伦特和海德格尔断绝了书信来往，直到很多年后的 1950 年才恢复联系。

柏林和巴黎

施特恩和阿伦特于德国政治风暴在他们周边爆发期间在柏林过着一种波希米亚式的生活。左翼分子正在被搜扑，施特恩由于与布莱希特的友谊而担心被纳粹逮捕，遂于 1933 年国会纵火案后立即离开柏林赴巴黎（Young-Bruel，102）。阿伦特留在柏林协助犹太复国主义者编辑德国反犹太活动的文献，但是她因此被捕并被拘留了八天。释放后，理解到环境已经永远改变，她和母亲逃离柏林到达布拉格。她于 1933 年 8 月迁往巴黎，在那里她参加了一个犹太青年组织协助流亡者的工作。在巴黎她开始结识
297 很多流亡知识分子，包括本雅明和科依勒，而且她参加了柯耶夫的黑格尔讲演。她也与阿隆和瓦尔建立了持久的友谊，但却与萨特从来没有特殊的交往，在她看来萨特过于文人气和过于野心勃勃。她于 1945 年在纽约再次遇到萨特，而她于 1950 年代返回法国后就再没有兴趣看到他了（Young-Bruel，117）。[32] 她认为，萨特和梅洛-庞蒂都是直接把马克思主义强加在他们的存在主义理论之上以使自己逃避虚无主义绝境者。另一方面，她欣赏加缪并把他看作思想上最诚实的法国知识分子之一（HAKJ，56，66）。

在巴黎的头几年，她与施特恩的关系似乎渐渐冷淡。早于 1936 年在巴黎时，她遇到了一位德国流亡者和执着的共产主义活动家布吕赫，后来她与他结婚并一起到美国旅行。布吕赫是工人阶级，自学成才，德国共产党员，罗莎·卢森堡的崇拜者，亲身参加过 1919 年斯巴达克同盟起义。她很快就开始和他同居；他们于 1940 年在巴黎结婚，一直相伴至阿伦特逝世。他比阿伦特大十岁左右，相当于父兄的角色，坚定，持家，务实，却始终生活在她的影子里。

瓦恩哈根（Rahel Varnhagen）

居留巴黎期间她最后设法完成了关于瓦恩哈根（1771—1833）的研究。该书最初九章写于 1933 年（对此雅斯贝尔斯后来在给德国政府的信中曾予证实），但逃离德国后耽误了研究。直到 1938 年才完成手稿，但是由

于战争，此书直到1957年才在翻译成英语后出版，德文版则出版于两年后。[33]此书描写一位犹太妇女达到自我意识，此书与其被看作传记不如看作自传。[34]显然，通过对瓦恩哈根的分析，阿伦特渐渐面对犹太人在正在兴起的德国基督教国家内的不可根除的差异性，并因此意识到自己的犹太裔身份，这改变了她对康德与启蒙思想普遍主义的献身态度。她曾与雅斯贝尔斯谈过此一研究计划，雅斯贝尔斯于1930年3月30日答复说，他不能理解她企图运用存在论范畴为犹太人的存在定位的想法，因为他认为犹太性只是一个偶然性事实，只不过是一种“谈话方式”（HAKJ，10）。阿伦特回答说，她希望分析产生于犹太人的存在的某种可能性，她称之为“命运性”的东西产生于犹太人状况的无基础性。阿伦特继续根据“犹太 298
性”范畴把瓦恩哈根描绘为“pariah”（贱民）或“parvenu”（暴发户），这些范畴是她取自Bernard Lazare的，Lazare是法国作家，并且是德雷福斯案的辩护者。后来在1948年，当她为Schocken Books工作时，编辑了Lazare的书《约伯的粪堆》（HAKJ，122）[35]。

《瓦恩哈根》是一部难读的、抽象的书，基本上是一部现象学的研究，而非一部传记。阿伦特特意避免心理学的解释和避开瓦恩哈根在德国浪漫主义时期的历史处境，而是企图叙述瓦恩哈根的内心生活，“就像她自己在讲述一样”，如该书1956年版的序言中所说。阿伦特深入地批评了瓦恩哈根的如下假设：她能够把自己的生活转变成一件艺术品，因此可通过“教养”过程摆脱自己的命运。（伽达默尔对此同一过程则持肯定态度。）阿伦特批评瓦恩哈根及浪漫派的同时代人退入内在性、内省性的态度，对此阿伦特认为是将一切融化为情绪了（而且在这里，情绪是按海德格尔的意义理解的）。这种退守态度促成了瓦恩哈根和他人所诊断和经受的“无世界性”。瓦恩哈根没有能力参与公共世界。

流亡在美国

战争爆发后，所有德国公民均被法国当局拘留。她被法国人扣留在臭名昭著的冬季赛场中心，之后转移到Gurs的妇女监禁营。由于获得法国地下组织的释放文件最后成功逃脱了。其他人则没有这样幸运，很多人在德国占领期间被转送到灭绝营。阿伦特甚至企图在她为纽约的德文报纸《建设》撰写的文章中报道这些转送过程。她的丈夫布吕赫被关在另一个集中营内，后来也幸运地被释放了。他们偶然地在街上遇见，决定一同去美国。在获得美国签证后两人即到马赛候船。在巴黎时她成为本雅明（1892—1940）的好友，在马赛等船时她又遇到也打算离开法国的本雅明。当本雅明动身到西班牙边界时，她同意把本雅明的稿件带到纽约去。本雅明担心在边境被捕，结果自杀了。阿伦特和布吕赫于1941年5月到达纽约，在那里惊悉本雅明死亡的消息。她把本雅明的手稿带到由阿多诺任所长的新成立的社会研究所。但是阿伦特对于阿多诺未能立即出版本雅明的
299 手稿不满意，怀疑是被故意扣压的。最后，Scholem和阿多诺出版了一个本雅明的选集，本雅明的《启示》直到1968年才出版，这是由阿伦特亲自编辑的。[36]

表面上，阿伦特作为没有国家的个人，对美国的政治自由以及公民真正捍卫自由印象深刻，但是像很多旧世界来的欧洲知识分子一样，她不喜欢美国的社会气氛以及完全反智的文化氛围，包括到处她所遇到的偶发的反犹太主义（HAKJ，30）。她写道，一切知识分子都必然属于美国的反对派，并认识到这个国家的基本矛盾："政治自由和社会压迫并存"（HAKJ，31）。从1941年起她即视自己为一自由作家，把自己描绘为"在史学家和政治新闻工作者之间的人物"（HAKJ，23）。她在《建设》上写有关犹太人的文章，包括支持犹太人军队与希特勒斗争的观念。1945年她为刊物《犹太前沿》写了一篇重要的文章《德国之罪》，此文获得雅斯贝尔斯的称赞，因为他也写过类似的题目。[37]从1945年到1947年她也在布鲁克林学院找到一份教授欧洲历史的半日工作。这应该是许多教职的第一个，其他教职包括卫斯理大学（在那里写了《耶路撒冷的艾奇曼》），芝加哥社会思想委员会研究员，普林斯顿和纽约社会研究新学院。1946年她在纽约Schocken Books丛书编委会谋到一个职位。她也为《国家》杂志撰写评论，并为《纽约人》写过许多著名的短文。

《极权主义的起源》

大约1945年战争刚一结束，阿伦特开始《极权主义的起源》研究写作计划，于1949年完成，出版于1951年。此书是有关德国纳粹和斯大林的俄国极权主义发生的重要研究，思考的中心是极权主义以反犹太主义作为一个主要项目进行推进的方式。分析的中心是有关近代人类异化、失去家园和孤立的问题。阿伦特对极权主义全球化特征的研究是海德格尔式的：极权主义的目的在于"完全征服和完全统治"（OT，xxx）。极权主义特别

是近代社会中才可能发生，在此社会中一切事物，包括我们的现实感，均被掌控。人民被连根拔起并被无休无止地操纵。特别是极权主义从近代人类的孤立性和失去家园感中获益：

> 在非极权主义世界中为极权统治准备人力者是这样的事实：一
> 旦一种边缘性经验在某种类似于旧时代的边缘性社会状况中被经常
> 感受到时，孤独性成为我们世纪不断增长的一种日常经验。（OT， 300
> 478）

在极权主义得逞之前，它要求存在一个“原子化的、孤立化的个人”之庞大群体（OT，323）。因此，极权主义只可能在近代条件下发生。她也对欧洲的反犹主义做了一个历史性回顾。她和萨特一样不把反犹主义看作德国极权主义的一个偶然的特征，而是看作其中心问题。再者，她把纳粹党的此一特殊呼吁看作其可于一时间内将暴民和精英统一起来的能力。暴民和精英发现了彼此的存在，因为在某种意义上他们都是被近代资产阶级社会排除于外者。暴民并未被第一次世界大战所校正，而是继续把战争看作巨大的“平整器”，看作“真正的新世界秩序之父”（OT，329）。恐怖哲学变成了“一种政治表现主义”（OT，332）。而精英们最喜欢瓦解资产阶级的道貌岸然。

尽管详尽列举了极权主义的恐怖，阿伦特在此书末尾表达了一种希望。她对于历史和人类状况的令人惊异的性质，永远怀抱着乐观主义，因为乐观主义永远带来某些新意：

> 但是，真理始终是，历史的每一结束包含着一种新的开端；此开端就是许诺，这是每一结束产生的唯一的“信息”。在开端成为一历史事件之前，它即是人的最大潜能；政治上，它与人的自由同一。圣奥古斯丁说“有了开端，人就被创造出来了”。这个开端是由每一新的诞生所保证的，每一个人都如此。（OT，478-479）

出乎她自己意料之外的是，她作为一名一直默默无闻者，竟然因此书的出版而并非情愿地一夜成名。阿伦特被再一次批评为不够学术性。德国流亡政治思想家埃里克·沃格林（Eric Voegelin）批评阿伦特假定人的本质可变以及把极权主义的根源说成是发生于近代，而不是发生于更早时代。她于1953年的《政治评论》上对此做了回答。[38]她认为，极权主义产生于欧洲社会的潜在根源，无关于西方政治思想传统。

与海德格尔和解

直到战争结束阿伦特才返回哲学，她企图在 1946 年 *Partisan Review*
301 上发表的文章《什么是存在哲学》中评价海德格尔。[39]在此篇重要的文章中，她抨击基本本体论是一种自私主义，批评海德格尔的“此在论”是一种孤立化的、“原子化的”自我，此自我只能与其他人在一“超级自我”〔over-self〕中与他人达成“机械性和解”。对比之下，她维护雅斯贝尔斯的“交流”〔Kommunication〕及负责任的生存概念。在一著名的脚注处，她嘲笑海德格尔曾经企图成为一严肃知识分子，并责备他误解了胡塞尔。让她特别愤怒的是，海德格尔曾给胡塞尔寄出解除其教职的通知。[在另一封致雅斯贝尔斯的信中她指出，海德格尔自辩说他只不过是签发了一份公函而已，此言何其拙劣！（HAKJ，47）] 在此文中，阿伦特声言，她对于老胡塞尔从来没有过“公私任何方面的亲近”，但她感觉到海德格尔的这封信具有几乎致胡塞尔于死地的效果，因此而促使她称呼海德格尔为“一名潜在的谋杀者”（HAKJ，48）。

同时，雅斯贝尔斯寄给她有关海德格尔的消息。在 1949 年 9 月 1 日的信中，雅斯贝尔斯通知她自己收到了两封海德格尔的信，补充了她对海德格尔后期存在哲学的了解（包括他恢复使用“存在”的古代拼法 Seyd），并对一个有过如此多歪曲言行的肮脏灵魂如何能够对此罪行无动于衷感到惊讶。阿伦特在其 9 月 29 日的回信中同意雅斯贝尔斯对海德格尔的描述，并进而把海德格尔描绘为一欠缺品格到如此程度的人：他根本不具有品格（HAKJ，142）。但是，她承认，海德格尔的《关于人本主义的信》，尽管在其哲学观点上含糊其辞和不无问题，却接近于他早先的较高标准，遂与他有关尼采研究中的可厌喋喋不休有所不同（HAKJ，142）。雅斯贝尔斯和阿伦特都表达了这样的恐惧：海德格尔有关生存和存在的谈论，以及他将自己的研究联系于《存在与时间》的企图，将会对一切的一切再次进行歪曲。另一方面，海德格尔在《关于人本主义的信》中有关人类先验的丧失家园性的讨论，后来却在阿伦特处显然产生了一定的回应，因为丧失家园性似乎正是她的《人的处境》（1958）的一个重要主题。

作为战争的直接后果，阿伦特忙于写作有关犹太人身份以及犹太人建立自己国家的必要性的问题。然而，她为巴勒斯坦人担心，并强烈反对其他欧洲国家重蹈以前的错误。作为欧洲犹太文化重建委员会企图寻获被纳粹偷去的犹太文物和文献计划的一部分，阿伦特于1949年访问欧洲，在那里停留了四个月。在此次旅行中她访问了住在巴塞尔的雅斯贝尔斯。雅斯贝尔斯给她看了海德格尔的信件，信的内容让阿伦特感觉到充满了他从前就具有的那种把真实和躲躲闪闪欺骗相混合的字句。

作为委员会工作的一部分，她必须去弗莱堡处理公务，她利用此机会自1933年以来第一次接触了海德格尔。她于2月7日到达弗莱堡，通知海 302
德格尔打算前往拜访。他将复信直接寄往她下榻的旅馆，于是安排了晚间谈话。对此阿伦特写信给布吕赫说，谈话气氛就像是初次相识那样（Young-Bruehl，246）。他们达成和解，并于以后几年里继续偶尔通信与相见。在返回美国后，阿伦特寄给他食物包裹，并开始安排他的书的翻译工作。在1952—1967年，当她再次访问他时，却没有见到他本人。后来Elfride写信给阿伦特询问售卖《存在与时间》原始手稿的可能性，阿伦特建议举行拍卖会。尽管阿伦特把自己的出版物寄给海德格尔，他对阿伦特的这些书从来没有表现出任何兴趣，他甚至故意忽略它们。阿伦特很快明白了，海德格尔实际上是在嫉妒她个人的成功（HAKJ，457）。

再往后，在她写于1969年、发表于1971年《纽约书评》上的杰出文章《八十岁的马丁·海德格尔》中，阿伦特把海德格尔描绘为一位高级知识分子、深刻的思想家，他未被纳粹所理解，他实际上也不理解纳粹。对于她，海德格尔在1919年至1927年是一位伟大的老师，正是在此期间奠定了《存在与时间》的基础，并为她自己的有关人的存在的世界性的思想提供了基础。她回忆道，在1920年代的普遍经济危机年代，德国通货飞速膨胀，哲学研究不是为了那些“面包获得者”，即那些关心物质性生存者的人所需者，而是一种供“性情坚毅的饥饿者所研究的领域”[40]，后者对世俗性智慧漠不关心。为海德格尔的精彩迷人讲演所吸引的是那些理想主义的学生。对于阿伦特和她的同时代人来说，海德格尔是一位知道“传统脉络已断裂者”、一位“重新发现过去的人”（Murray，295）。海德格尔是一位进行思想者，深深穿入事物本身，并以一种脱离日常人类事物的方式进行思想。但是她把他看作卷入了一种与实践失去联系的思想，并援引柏拉图的《泰阿泰德篇》中关于哲学家泰勒斯的故事：他仰望星空时不慎落入井中，引起农村少女色雷斯的嘲笑。阿伦特显然自比为那位农村少女；大思想家们由于没有大笑而使人类感到失望：

人们显然还没有发现为什么要发笑，或许因为他们的思想家永远不善于发笑而使他们对此失望，即使其中少数人绞尽脑汁探讨为什么发笑的问题。(Murray，301)[41]

303 阿伦特把海德格尔投靠暴君希特勒比喻为柏拉图投靠狄翁，海德格尔前往柏林相当于柏拉图前往叙拉古，这应当比泰勒斯的行为引起更大的笑声。她指出海德格尔的纳粹主义的幼稚性：只是某个人读了《我的奋斗》就把纳粹党解释为为反对技术统治而斗争。海德格尔在其《形上学导论》中将纳粹运动的“内在真理和伟大性”看作表现在“全球技术和现代人的交遇”，这表明海德格尔不知道他在说什么。阿伦特永远为那些以黑格尔、尼采或柏拉图名义为纳粹暴行掩饰的人，或者同样为那些以工业化和合理化名义为斯大林的群体谋杀辩护者感到震惊。阿伦特宁肯把海德格尔看作一位政治无能者。另一方面，在给雅斯贝尔斯的私人信中以及在她自己的笔记中，她把海德格尔描绘为一个根深蒂固的说谎者，不敢面对自己的责任，所以退缩在他的山间隐居处。

《耶路撒冷的艾奇曼》

在美国，阿伦特是非常积极的欧洲迁美知识分子，她所参加的群体中包括有小说家麦卡锡，批评家欧文·豪，诗人和批评家贾雷尔，诗人布洛赫，甚至艾略特，以及他人。她对1950年代麦卡锡时代的反共歇斯底里持激烈批评态度。她在给雅斯贝尔斯的信中说明了此一有害氛围，告知美国哲学家胡克曾告诉她说，援引柏拉图即被认为是在反美（HAKJ，213）！1961年作为《纽约人》的通讯记者，她参加了耶路撒冷的艾奇曼审判。艾奇曼于1960年在阿根廷被抓获并被带到以色列。阿伦特于1963年发表了一系列文章，后来结为集子出版，书名为《耶路撒冷的艾奇曼：关于恶的平庸性的报道》。[42]她杜撰的短语“恶的平庸性”立即产生了影响，它描述了执行那种暴行者是软弱的、匿名的、官僚主义的平庸人物，如大多数纳粹干部一样。按照阿伦特的尖锐分析，艾奇曼并非巨恶，虽然他像是个丑角人物，心思猥琐的职业干部，不喜欢思想世界，头脑糊涂，只会说“官方套话”。艾奇曼代表着一种她认为德国社会到处可见的自欺欺人的家伙，德国人民中绝大部分人都相信希特勒（EIJ，98）。她对德国道德崩溃的批判声音强而有力。她把德国对法律的关系理解为对于一种变质的康德哲学的应用，这种哲学似乎只起着这样的作用：只有“这一个人”是法律的权威作者。她援引纳粹对康德绝对命令的表述："应该这样行动，就像领袖〔如果他知道你的行动〕会批准它的那样。"（EIJ，136） 304

很多解释者都认为阿伦特对艾奇曼的描述意味着，任何人都可能在适当的环境下成为一个艾奇曼。但是，阿伦特激烈否认这种解释。她的主张事实上正好相反：人的存在是不可预料的；对于人们将如何行动，我们不断感到惊诧。在阿伦特看来，问题在于，我们有责任认识事件加于我们的思想和行动的要求。艾奇曼甚至无意识加于其思想的这一要求。此外，她摈弃了任何有关恶的庞大系统的理论。她在后来写的《心灵生活·思想》中写道，"在那个短语之后，我并未提出任何论题或理论"；她似乎并未模糊地意识到，她的恶概念是与传统宗教把恶的根源描绘为"恶魔"是对立的（Thinking，3）。

她的书引发了争议，特别是她的讨论方式，按此方式的说法，一些犹太委员会长者与纳粹合作选择应去集中营的犹太人，他们往往让自己相信这样做是在帮助他人逃脱（EIJ，117-118）。在以后几年她遭受到恶意攻击包括她以前的朋友 Gershom Scholem 及他人。讨论经常围绕着"好犹太人"的意义问题，而且阿伦特的观点经常不被理解，正如她较早时的遭遇一样：1948—1949 年她曾建议在以色列国家中平等对待巴勒斯坦犹太人和犹太定居者。她那时的观点结果准确地遇见到其后四十年间以色列地区的动乱。阿伦特到处反对集体性罪责观，赞成集体责任性概念，虽然她在一篇论述雅斯贝尔斯的文章中说道，集体责任性可能对于人类是难以承受的沉重负担。

返回哲学

阿伦特最重要的书《人的处境。关于面对现代人的主要困境的研究》1958 年首次以英文出版于芝加哥大学。1960 年出版了由阿伦特自己翻译的德译本，书名为《实践生存》〔*Vita Activa*〕。阿伦特此书最初企图作为《极权主义的起源》的补编，针对马克思主义对劳动的解释提出彻底的批评（HC，79）。但是，这一构想成为另一计划"马克思主义的极权主义因素"的基础，此一计划获得了 1952 年古根海姆基金会的资助，其中部分内容最后在《过去与未来之间》中出版。1953 年她在普林斯顿的系列讲演"论卡尔·马克思和政治思想传统"也是对"实践生存"的起源、性质和命运的一组重要的反思。但她很快理解，她必须更详尽地探讨此研究的性 305

质，于是她于1956年在芝加哥大学做了一系列讲演，为此书提供了基础。

对于阿伦特来说，1960年代是一个活跃的政治时期，在此期间她写出了关于“反隔离法”、古巴导弹危机、猪湾事件、刺杀肯尼迪以及其他文章。她于1965年的著作《论革命》涉及她在社会性和政治性之间所做的基本区分——法国革命的失败和美国革命的成功，认为法国人的失败在于集中于社会性层面，如努力于改变阶级结构，而美国人成功地奠定了某种政治性的东西。在她看来，混淆社会性和政治性是一个错误。社会性目标，如充分住房问题、就业问题以及公平付酬问题，均应明确地区分于政治性目标，如建立一共和国和创造行动空间。在《论革命》中，阿伦特区分了权力和暴力，在1960年代的德国和美国左翼激进分子之间极有影响。她认为，暴力产生于软弱无力，它是权力的对立面。暴力可以使得不平现象获得打动人心的表现，但基本上是“无声的”，如她在《人的处境》中所说。她写了《论暴力》来讨论这个问题。[43]她的立场是复杂的。她不是一和平主义者，并在某些环境下支持使用暴力。但她永远强调，作为一种行动方式，暴力是不可预测的和不可控制的。暴力非常不同于那种通过言语产生的行动和交流。

她也写了很多重要论文批评美国在越南的外交政策，包括一篇对五角大楼文件的评论《政治的谎言》，在此文中她断言某种自欺欺人动机已经进入政策制定者自己的头脑，并努力于操纵公众舆论。[44]她在大多数美国著名大学讲演：普林斯顿、伯克利、圣母、哈佛、耶鲁、哥伦比亚，以及在芝加哥大学社会思想委员会讲演，从1967年起在纽约社会研究新学院讲演。她获得汉堡市的莱辛奖，以及被授予很多机构的荣誉博士学位。1970年她的丈夫去世。他是Bard学院一位非常成功的教师，但没有出版过任何东西。玛丽·麦卡锡把阿伦特描绘成一位在丈夫死后非常孤独的人。在最后几年她返回哲学，并开始一个关于心灵研究的三卷本大型计划，系统地研究思想、意志和判断诸概念的演变。关于思想和意志的部分基于她在1973—1974年在Aberdeen进行的Gifford讲演系列。关于思想的第一组讲演完成于1973年，但1974年的第二组讲演被放弃了，因为她关于意志的第一次讲演之后心脏病发作。她的身体刚一恢复就坚持开始去德国看望海德格尔的艰难旅行。[45]在她于1975年12月4日因心脏病复发而去世时，
306 刚完成第二卷。几个月后海德格尔自己也于1976年5月4日去世。本书头两卷以《心灵生活》为名于1978年出版，虽然第一卷《思想》曾最初出版

于《纽约人》。在《心灵生活》中她再次企图与海德格尔的哲学和解。对她来说，思想与认知相对立。认知有一对象，思想则无。思想是一种从世界的隐退，一种丧失家园（Thinking，199）；思想永远是“与世不协”（Thinking，197）。另一方面，“不思想”可能通向恶。因此，为了正确理解伦理行动的性质，我们需要考虑康德所说的“判断”。她死前在自己的打字机上留下了此书第三卷《判断》的开头句子。[46]此卷以她于1970年在纽约社会研究新学院做的关于康德的讲演为基础，并最后于1982年以《关于康德政治哲学的讲演》出版。[47]她指定朋友麦卡锡是手稿遗产执行人。她的手稿存储在华盛顿国会图书馆，装满了90个文件箱，其中含有2.8万个项目，包括很多讲演稿笔记。

《人的处境》

阿伦特于1958年出版的这本书，对于人类行动的性质做了一次细致的现象学的论述，将人类行动置于公共领域，主要依据亚里士多德思想并运用了理想化的希腊城邦模式。此书根据她在马堡时随同海德格尔研究的亚里士多德《伦理学》第六编，描述实践生存领域的性质，以对比于理论生存或哲学家的生存，后者曾由海德格尔在其马堡时期关于柏拉图的《智者篇》的课程中加以论述。

阿伦特的书名反映了某种取自雅斯贝尔斯和海德格尔有关人的历史的和存在论的理解的意义，按此理解，人不应当被看作具有一种永恒的变质性质，而是只具有某种处境：人的处境与人的性质不是一回事（HC，9-10）。对于阿伦特像对于萨特和海德格尔一样，我们永远在研究个别的人，而不是抽象的“人”。她也批评马克思诉诸“种的本质”（Gattungswesen）的立场。她认为，我们应该避免谈论一种人的本质，而是应该首先思考具体的个人。这种人的处境是完完全全偶然的，而且她认为，对于思想重要的是不断从抽象思辨返回对此偶然性的认知。她认为一种固定人性概念是哲学思考的产物，并体现于启蒙时代关于普遍人性的概念。另一方面，阿伦特认为，关于人的处境中的永恒因素是，它决定着和被它与其接触者所 307
决定。对此，她承认，人的自由以一种非常近似于梅洛-庞蒂的方式辩证地发展着，她在《心灵生活》中对梅洛-庞蒂的此一论述非常称赞（Thinking，33）。人的存在实现于世界内。她认为，世界是我们的家园，而现代经验是一种疏离和丧失家园的经验。本书以对人们围绕着 1957 年苏联第一颗人造地球卫星升空事件提出的评论所进行的反思开始。她认为，特异之处在于，此事件预示了人类摆脱被地球束缚的新时代的开端：

> 此一陈述的平庸性不应使我们忽略事实上它多么不同寻常；因为虽然基督教谈到了地球作为一个此世和哲学家将其身躯视为心灵的牢狱，人类历史上并没有人把地球设想为人的躯体的牢狱或显示出急于离开地球前往月球的愿望。（HC，2）

阿伦特把此事件看作标志着人类世俗化的一个新时代。现在人类希望不仅是脱离上帝而且要脱离支持生命的地球本身。阿伦特认为，存在着两种异化：“从地球飞往宇宙和从世界飞往自我”（HC，6），而且她的目的是要探索此一异化的根源。

《人的处境》发展了一种根据有关城邦公共领域兴起的哲学的、人类学的讨论来维护行动的生活，并讨论人与其工作的关系，从动物性劳作向人的技艺、向公共事业行动者的发展。她在 1950 年代积极发现了她的希腊，《人的处境》高度依赖于对古典希腊政治生活的一种概念化把握。霍布斯、韦伯和马克思的影响也不难看出，而且特别是，阿伦特认为自己在对马克思主义的劳动观提出一种批判。但是，她的论述的大部分，就其对在世存在概念的兴趣来看，是深度海德格尔式的。阿伦特受到海德格尔对亚里士多德的 phronesis〔智慧〕概念解释的很深影响（此概念也影响了伽达默尔自己在《真理与方法》中对常识传统的分析）。在她完成本书之前，1954 年 5 月她写信给海德格尔说，她正在研究种种基本的行为形式（劳动、工作、行动），这些行为形式部分地受到马克思和霍布斯的启发，但是她不可能完成此分析，“如果我没有在年轻时和你学习过的话”[48]。但
308 是，虽然深刻地受到海德格尔的影响，此书对海德格尔哲学提出了根本性的修正。

《人的处境》探讨从柏拉图到马克思的主要西方传统，这个传统把人理解为在理论生活中其潜力的充分实现。在阿伦特看来，此一对理论性的强调是对实践性的一种背叛，这一点在中世纪基督教有关另一世界性质的思想中获得最充分的表现，特别是体现在圣奥古斯丁作品中。稍后，阿伦特承认，该书主要的缺点是，它未曾分析心智生活，她只将思想的生活对比于行动的生活。阿伦特的方法是对人类在世界通过工作和行动表现出的不同方式进行一种现象学的论述。正像海德格尔、雅斯贝尔斯、阿多诺和

她那时代的大多数知识分子一样，她对消费社会以及人类生活在其中被近代科学和大众通信的“世界异化”效果所歪曲的方式，持有深刻的批评态度。例如，海德格尔在《存在与时间》中说，“公共性”遮掩了和模糊了一切（BT，165；127）。对于阿伦特，人在主体间的政治行动中进行实践，这只有当某种条件有力存在时才有可能，而且她认为，近代国家导致了真正行动的可能性的衰落。

阿伦特承认，此书写于冷战时期全球被核武器毁灭威胁的阴影下。当代人类这种毁灭世界的力量，在她看来，是近代自然科学特殊力量的逻辑性结果。根据其友人科依勒有关 17 世纪科学世界观出现的研究（HC，249，注 1）[49]，以及提出一种可比美于胡塞尔在《危机》中有关伽利略科学论述的分析，阿伦特认为近代科学的伟大性在于其超然的象征性力量。人类主体有能力超出世界采取立场却仍然存留在世界内，这是近代科学成功的根源。正如人们从飞机上可以更好地测量大地一样，人们越与地球保持距离就越能够在思想上对其理解。她在此的思考也非常接近于海德格尔后来有关技术性质的思考。海德格尔甚至寄给阿伦特自己关于此题目的著作。于是，阿伦特把“工作”看作既涉及客观化（具体化），也看作对自然的一种侵犯。按笛卡尔的说法，技术人希望通过对所给与者的侵犯和破坏而成为主人和拥有者（Amor Mundi，35）。但是，此书想指出，这样一种克服人对地球依赖性的势头，导致人们忽略了人类最基本的东西，即对世界之爱。阿伦特在发射人造地球卫星事件中看到“对人类自始以来的生存方式之反叛，乃一无来由之赠礼（从世俗观点看），人类现在似乎想将其与某种自己制作的东西相交换”（HC，3）。

在《人的处境》中阿伦特特别关注的是那些形成近代世界以及导致世 309
界丧失的因素。她承认那些熟知的因素：发现新大陆、宗教改革、伽利略的新科学（包括望远镜的发现），以及笛卡尔的新怀疑主义。但是，在此特别值得关注的是阿伦特对这些现象性质的非常独特的解释。对她来说重要的不是宗教的丧失或超越性的瓦解，而是世界本身的丧失，退出地球，导致科学通过抽象性和数学进行统治的“地球异化”。近代科学对数学的依赖甚至否定了自然本身的“证词”（HC，267）。人们现在可以达成一种普遍的观点，而使他们超越了世界。伽利略发现的性质在于，他指出感官世界是一种虚幻。人的存在失去了他们对世界的信仰，而他们的回答是，企图通过支配世界和通过使自己与世界保持距离来克服对此世界的依赖。

此一分析对于近代科学观作用的评价，显著地不同于胡塞尔在《危机》中的相关讨论、海德格尔对“世界图像时代”的讨论以及伽达默尔在《真理与方法》中关于伽利略的讨论。的确，对于近代自然科学对世界中人的存在观点之效果的批判，即可视之为对德国现象学的重要贡献。

她的独创性分析的核心是区分了有关人的活动的三个基本层次：“工作”（work）、“劳动”（labor）和“行动”（action）：

> 我提出用“实践生存”一词指涉三种基本的人类活动：劳动、工作和行动。它们是基本的，因为每一个都对应着地球上的生命在其中被赋予的基本处境〔条件〕之一。（HC，7）

阿伦特的方法论是对此区分提供一现象学的论述，以便纠正传统哲学对实践生活的态度以及纠正马克思所歪曲的人类劳动观。她按照古希腊模式勾勒了三种人类活动〔实践〕形式，然后考察了它们在近现代发展中的转换。于是，古希腊社会的私人〔private〕领域转换为近现代生活中的私密〔intimate〕领域，而私密性概念是古希腊人完全不知道的。同样的，虽然在古希腊生活中经济限于家庭领域，但在近现代社会中经济规则扩展到全社会了。她把现当代社会看作通过将每一个人变成劳动者而弱化了中世纪的等级制度。甚至皇族和首相也把他们的地位看作一种职业〔jobs〕，
310 而且增加职场的自动化就是产生一个无劳动者的劳工社会。此一现象应该加以重新思考。她在此书前言中说：

> 下面我所建议的是从我们的最新经验角度对人的处境进行的重新考虑……因此我所建议的非常简单：只不过是思考我们在做的是什么。“我们在做什么”甚至是此书的中心课题。（HC，5）

她的分析开始于讨论公共和私人领域的性质以及“劳动”一词的性质。

劳动（ponos）

劳动是人类的“最古老和最自然的负担”（HC，4）。劳动是我们最基本的与世界相关的方式；阿伦特说，“人的劳动条件就是生活本身”（HC，7）。按照阿伦特的说明，劳动的世界是无穷无尽重复的和封闭的世界，如农夫的田间劳动，在田里劳动完成后必定再开始。劳动包括着生与死的永恒循环，寻求事物、衣物、遮风避雨处等等。就劳动是循环的、其产品是

被消费的而言，它区别于通过工作产生的那种制造物生产。劳动生产的产品被消费，不留任何痕迹于世（HC，94）。劳动意味着贫穷和为生物性生存而不断地斗争，而且紧紧联结于身体。所以人们说劳动相当于生育。劳动是家庭的领域并假定着不平等性甚至暴力性。她按照亚里士多德的说法认为，奴隶是家庭的条件。在阿伦特看来，全部奴隶制被创造出来后，通过强迫他人劳动以使得人从劳动中解脱出来，阿伦特提到这样的事实：柏拉图和亚里士多德都把劳动的农民与奴隶归为一类（HC，83，注 9）："劳动意味着被贫穷逼为奴隶，而且这种奴役内在于人类生存的条件。"（HC，83-84）阿伦特认为，亚当·斯密和马克思都实际上承认劳动的这个方面，并将其置于非生产性工作范畴。

工作（ergon，poeisis）

在描绘了劳动的性质后，她进而将其与工作相区别（HC，79），将技术性的人和劳动性的动物相对比。劳动的动物必须靠辛苦养活自身。另一 311
方面，工作是人的特殊活动，基本上是创造性的活动，正如马克思正确地所说。阿伦特用"工作"意指那种工匠的工作，在此产品独立于生产者，具有了自己的生命，创造了人的市场世界，产生着"使人的身体安顿的一切"（Amor Mundi，29）。工作结束于物件的生产，而劳动只结束于再次的开始。工作涉及具有半永久性的制造物的生产。工作反映着"人的生存的非自然性"（HC，7）。她承认自己对"劳动"和"工作"的区分在以往的哲学分析中被忽略了（HC，85）。她自己宣称受到过洛克区分"我们的身体劳动和我们的手劳动"的启发（HC，79）。但是在她看来，这两种生活形式之间的对比是前哲学性的、根植于社会的，甚至可在两个不同的词根中被辨识为不同的词，它们均保持在很多语言中（例如德文：Arbeit 和 Werk）。

她接受了马克思有关通过市场货品交换产生的特殊转换的论述。工作产生了物品，物品的存在超出了制作者的活动，此物化过程意味着这些物品使人的生命存在和延续，并构成了为人而存在的世界、人居住的房屋、行走的道路等等：

> 作为世界的部分，工作的产品（而不是劳动的产品），保障着一个世界的持久性及经久性，否则这个世界根本不可能存在。（HC，94）

通过工作，人类开始存在于一个世界内："人的工作条件就是世界性〔worldliness〕"，"在其界限内每一个别生命都被安顿着"（HC，7）。工作创造了人的世界，与此对立的是劳动，它与自然斗争。工作的客体延存着、支持着人类，于是产生了世界的“经久性”。阿伦特断言：“与人的主体性相对的是人制物品的客体性，而不是自然的无关性。”（Amor Mundi，35）工作通向物化，如马克思所说，而且通向世界的工具化。

很难了解阿伦特打算把劳动和工作的分离、把依赖季节天气变化的农民循环性劳动和工匠的自由创造性生活之间的分离，推进到什么程度。阿伦特的对比似乎划分不够严格。对于阿伦特而言，消费品是由工作产生
312 的。但是，如果工厂使用奴隶劳动，这些消费品不也是劳动的产物吗？阿伦特使此一区分如此复杂化，以至于说像燃料、食物、饮料一类消费性物品是相对短命的，而且在产生它们的劳动中的唯一快乐发生于它们被消费时的短暂休息时间内（此一分析可溯源于，奥古斯丁关于被消费物品和持久性物品之间的区别）。对于阿伦特，于是，农业基于劳动产生食物。消费品由劳动产生，而“使用物品”由工作产生。使用物品具有某种经久性：

> 区别于最劣质的鞋和纯消费品的标准是，鞋子不会损坏，如果我不穿它的话，它们是物品，因此具有某种它们自己的，哪怕是低水准的“客体的”独立性。不管使用与否它们在一段时间内都存于世界，除非被故意毁坏。正是此经久性赋予世界事物以相对人之独立性，人生产了它们，使用着它们，它们的客体性使它们至少一段时间内经受着、“抵制着”、忍受着它们的现存使用者的贪婪需求和愿望。（Amor Mundi，34－35）

阿伦特对于自然本身没有兴趣。她感兴趣的是由人的工作和行动产生的世界。世界即“处于人和自然之间者”（Amor Mundi，35）。阿伦特实际上把工作和劳动看作一个过程中的两个极，此过程通常涉及二者。

行动（praxis）

行动世界代表着人类奋斗的最高领域，特别是当它出现在共同的合作事业中和讨论中时。只有在行动的生命中，而不是在抽象思想的生命中，人类才是完全真实的。在她看来，行动意味着亚里士多德所说的政治行动，实践。行动领域是这样的领域，在其中有可能达成“卓越”（arete），在此境界个人企图通过伟大功绩使自己成为不朽。对于阿伦特，古希腊人的城邦展开了一个人们可以在其中彼此自由互动的空间。“成为积极的”

意味着既成为个别的又成为公共的。公共空间是这样的领域，在其中个人的成就出现在此空间内，此空间是由一种与他人共存的生命铸成的："多元化特别是一切政治生活的条件。"（HC，7）在过去，古希腊城邦和罗马的"公共事物"都保存着作为抵制纯个人生活无效性的一个明证。但是，伟大功绩的空间也是一种具有相当竞争性的空间，而且一个人在此只有通 313
过与他人的斗争才能博得关注。

在阿伦特看来，创造公共空间的条件是复杂的。这种个人的行动斗争的条件是，个人彼此既相同又相异。再者，行动要求语言和言语，只有通过言语政治才有可能；一种生命如无言语和行动即等于死亡（HC，176）。

> 复数的人（Men）即在世界上生存和移动的人，只是因为他们能够彼此谈话和理解才能够经验有意义之事物。（HC，4）

因为行动牵扯危险，并非每个人都能够行动；行动是少数勇敢者的特区。她认为，行动必定是创造性的，它必定相关于创新或提供新的"开端"(initium)。为了开始新的行动必须排除或摧毁什么（*Crisis of the Republic*，5）。朝向行动的冲动来自开创新局的需要。阿伦特同意海德格尔对"起源"的论述，如表现于《艺术品的起源》者：

> 开端的性质在于，某种新的东西被提出，它不可能从以往任何发生的东西中加以期待。这一令人惊异的意外性内在于一切开端和起源。(HC，177-178)

阿伦特对开端的性质，对她所说的"诞生性"，提出特殊的主张。诞生性是诞生的和能够产生的条件。[50]行动是"人的诞生性条件的实现"(HC，178)。阿伦特把诞生性概念作为海德格尔的"陷落"概念的对应项加以引入。诞生性必定承认诞生在其中将我们束缚于世界的方式，并同时创造了我们的机会。诞生性可被同时理解为身体性诞生和社会政治领域的诞生、心灵生活的诞生。

人是通过诞生的新来者和开始者。诞生性意味着从开端性（initium）开始，她认为，开端性能够使人们创发，使人们开始自由行动。行动就是"创发，就是开始"（HC，177）。开端在此指涉着人类行动的开始，以对立于世界的开始。新事物就像是"被掩盖的奇迹"（HC，178）。诞生性的事实是"拯救世界的奇迹"（HC，247），新事物的诞生引起新的行动可能性。劳动和工作的存在为将要到来的陌生人确保世界的连续性。诞生和死

314 亡假定着世界。没有人介入世界，就只有无穷无尽的自然循环。行动是创造和保存的事物（海德格尔也按此方式看待政治行动，但也包括艺术创造）。人类行动的部分功能是保存世界上共同的东西，并对新事物的到来持开放性。对于人类条件以及特别是诞生性的正确理解，应当有助于世界爱的达成和提升，此世界是我们的出生地。

行动内在地联系于人类特有的时间的性质。对于阿伦特来说，行动为回忆、为历史创造了必要的条件（HC，9）。另一方面，行动也为欺骗和掩饰创造了条件。因为行动涉及危险和不确定性，阿伦特说，行动者也是受到诱惑希望控制过去者（*Crises of the Republic*，12）。行动涉及必须产生一种关于本身和过去的叙事。最重要的思想活动就是一种与行动结合的反思性活动，一种叙事性质的反思。阿伦特说：

> 每一位讲述自己半小时前在街上发生的故事的人，必须形成一个故事。而故事的成形就是一种思想形式。（HAHA，303）

阿伦特自己的历史分析形式，被用来与一种故事讲述相比较。对她来说，一位主人公就是一个故事可能谈到的某人。一般来说，她认为行动类似于言语，因为人进入社会的“成人礼”伴随有每一位新来者被问到的问题：“你是谁?”维护世界的功能之一在于为他者的存在提供基础。“我希望你存在”（volo ut sis①）。对于阿伦特，言语被要求产生具有一种启发力的行动（HC，178）。功绩的行动者只是因为他也是言语的说出者才能够成功。说话者的“谁”在言语中被揭示了（HC，184）。行动被语言所揭示，所以行动只是使自身向故事讲述者显示自己（HC，192）。

除言语外，另一行动的前提条件是她所说的“多元性”。对于她，“多元性统治着地球”（HAHA，305）。她对于海德格尔后来转向“地球”主题持非常批评的态度，认为这一转向意在为人类共处提供一神话学的基础，这个基础其实应该由一种人类政治行动的论述加以提供。对她来说，行动就是一种公共约束：

> 此外，行动，不论其内容为何，永远是要建立关系，并因此具有一种内在的倾向去迫使一切限制松开和瓦解一切壁垒。（HC，190）

315 人类行动产生了显现空间。此空间并不比使其形成的时刻的事实更经

---

① 拉丁文句，引自奥古斯丁名句。

久（HC，199）。在她看来，行动的脆弱性和不定性导致它在柏拉图的哲学中作为最高善被推翻。柏拉图偏好被基督教采纳的冥想式生活，以至于人类的劳动、工作和行动的一切形式都从属于思想性。她认为，把思想社会评价为高于行动生活存在于古代希腊思想的这一方向中，基督教不过是在对其重复而已。阿伦特对哲学的最有力的批评是：哲学永远过分强调抽象思想的性质和作用。于是，按照阿伦特的看法，柏拉图强调着知识和改造着行动，这一论述实乃其后一切政治统治形式的根源（HC，225）。此外，阿伦特并不只是要逆转范畴的次序。她认为，亚里士多德正确地把纯粹思想看作某种独立的东西。阿伦特甚至深刻怀疑那种简单地逆转范畴的做法，例如马克思将黑格尔颠倒过来。这种颠倒行为无助于重新思考哲学概念本身的范围。

从区分劳动、工作、行动出发，阿伦特在私人领域和公共领域之间提出了重要的区别。她从家庭（oikia）模式开始，家庭被父亲往往借助暴力来控制。家庭是私人领域、黑暗力量领域。但是，家庭也在某种方式上保护成员免受国家的暴力。人们批评她的家庭概念狭窄，没有像黑格尔一样把家庭看作伦理的基础。人们努力从纯生物性生存（zoe）转换到自由选择的人的生存（bios）形式。在政治行为中，我首先并不关心我自己的自我（HAHA，311）。社会需要创造公共空间以便揭示政治的行动领域。于是，在古代城邦中，集市（agora）是公共场所；在中世纪，是教堂；在美国，是市政厅。阿伦特极其赞扬在公共场所发生的话语，不论是市政厅关于地方规划问题的辩论，还是审判中陪审员的审议。但是，她的批评者说，她的行动概念之所以无足轻重，正是因为她没有能力区分较大规模的政治决定和地方问题的讨论会。阿伦特与其说关心于辨析不同的行动种类，不如说关心于讨论行动能够发生的可能性。她深刻关心现代社会中行动空间被限制的方式。所以，她有关现代人的孤立性分析导致她相信，此孤立性通向常识判断力的降低和公共空间的萎缩。但是她认为，行动仍然存在的一个不
一般领域，是原谅和许诺的领域，甚至在两人之间。我们通过许诺中的相互 316
约束而保持着我们的身份。同样的，原谅某人就是与该人建立严格个人性的关系。原谅和许诺是人类处置人类行动不可预见性和不可逆转性的方式：

> 从不可逆转性危境的可能免除即是原谅的功能，而且对于不可预测性的补救，包含在给与和维持许诺的机能中。两种补救相互从属：原谅相关于过去并可用于取消其功绩，而通过许诺约束自己可用于在未来不确定的汪洋大海中建立安全岛，无此安全岛，人们之间的关系之连续

性都不可能维持，哪里谈得到任何经久性。（Amor Mundi，41）

原谅的这个最后例子，作为一种行动，是我们读解阿伦特时必须注意的重要提示。虽然她使用的词语看起来是肤浅地重复着传统分析，但她很快把我们引入她自己的世界，在这个世界里普通词语被赋予了新的、独创性的意义。于是，读解阿伦特永远会有一种惊讶感。另一方面，她使用术语的灵活性以及她的观点的个人性，也是人们很难将其纳入任何传统的原因。

阿伦特的贡献

汉娜·阿伦特，这位智慧超群、生气勃勃的公共知识分子，对社会进行批评分析和评论，以令人惊异的方式代表着这个她所居住的世界：这个充满政治灾难、道德沦丧，但同时又在艺术和科学上，因此在人类的独创性和机会方面具有惊人进步的 20 世纪。阿伦特看到近现代技术世界既使人异化又赋予其生命以全新形态。她是在海德格尔、雅斯贝尔斯、马克思、法兰克福学派乃至汉斯·布卢门贝格（Hans Blumenberg）等精神方向上的现代性批评家。因此，《人的处境》对于首次出版于 1976 年的布卢门贝格的《现代的合法性》中有关现代性的论述产生过影响。[51]阿伦特将此世描绘为一个“黑暗时代”的世界，这个词取自布莱希特的诗《致后代》。她认为，黑暗时代不专指人类的苦难和贫穷，而且特别指在此时代中公共行动领域变得晦暗和窄小。按照阿伦特的分析，正因为黑暗时代的存在，
317 人类被迫聚集于“行会”或其他组织中，以捍卫其人性，人性不可能再在公共领域内发挥作用。因此，她追溯现代对自由的强调于 18 世纪的秘密社群。她使“多元性”价值对立于一切消除世界差别性的企图。

阿伦特具有友谊的天赋，像亚里士多德一样，她称赞友谊品德：“对于希腊人，友谊的本质在于话语”（Dark Times，24）。她称赞罗莎·卢森堡、布莱希特、本雅明和许多德国左翼犹太知识分子，但她本人的背景使其更属于学院式类型，沉迷于古典和德国哲学。她与雅斯贝尔斯的思想性的友谊对于她的研究方式具有持久的影响。

阿伦特被认为是 20 世纪最有力的政治思想家之一，特别是在她对极权主义性质的分析方面。她是一位政治思想家，但不是政治活动家，因为她认为作为政治圈外的人，她可以更清晰地研究政治领域。她说，她一生中只有几次介入过行动（在她的意义上），而且是因为受到环境的逼迫。她

的目的永远在于去理解（HAHA，303－304）。但是，她是一位颇有成就的政治理论家和社会哲学家，她将二者严格划分，认为政治层面高于社会层面。例如，哈贝马斯称赞她更新了亚里士多德的实践观。[52]在很多方面她的政治行动概念，作为与工具性行动概念的对立面，都可被看作与哈贝马斯的工具性思想批判一致。哈贝马斯甚至将自己的沟通行动概念归于阿伦特的影响。其他人认为她在维护一种社群主义思想和道德判断传统的重要性，即共同识见（sensus communis）（HC，280－282）。她像哈贝马斯一样也是美国政治科学中流行的实证主义情绪的有力批评者。像许多德国哲学家一样，她是对由极端原子主义者洛克所代表的政治传统内的自由主义持强烈反对态度者。她也是人文科学内行为主义的批评者，而且反对种种暴力说明中或者其他人类行为形式中的生物学决定论。

虽然阿伦特因为其对于身份特别是犹太身份的性质进行哲学反思而获得承认，她从未对于性别分析有过什么贡献。在她的研究中她倾向于把生育的作用看作属于劳动领域，把家庭生活看作属于私人领域。因此她从未被女性主义批评家完全承认。[53]于是，阿德里安娜·里奇（Adrienne Rich）批评《人的处境》是“一部高深莫测而漏洞百出的书”。按照里奇的看法，阿伦特认为妇女应该从参与行动实践生存中退出。里奇认为阿伦特体现着“由男性意识形态培育出来的一个女性心灵的悲剧”[54]。塞拉·本哈比
（Seyla Benhabib）也注意到阿伦特对于妇女问题几乎保持着完全的缄默。 318
1932年，阿伦特在评论一本名为《今日妇女问题》的书时的确列举了持续歧视妇女的事实证据，但是又批评该书的个人主义方向。[55]事实上，阿伦特对此问题的立场，像其他人一样，是微妙和复杂的。虽然她把母性看作使人束缚于劳动周期的部分原因，因而将母性看作潜在的一种征服行为，她的诞生性概念和由每一诞生代表的新开端概念，把她的母性观提升到对自由之参与的高度。另一方面，阿伦特绝对讨厌那种肤浅的意识形态：打算宣称某种思想是男性的，某种思想是女性的。对她来说，思想本身无关于性别。

因为她迷恋于古希腊事物，所以她也被批评为怀乡病式的思想家，毫无希望地渴望恢复古希腊城邦的公共空间。于是，她不断地在《人的处境》中谈论在公共领域和私人领域之间所“失去的”差别，并企图将其“恢复”。就此而言，她被谴责为全盘接受了海德格尔的反现代主义，肯定接受了很多海德格尔和雅斯贝尔斯对大众社会的反感。但是更严厉的批评

是，她的行动观是纯形式性的。虽然行动对于创造完全人的空间至关重要，她从未明确规定她所说的行动是由什么功绩构成的。因此她认为，“政治”领域不必然相关于社会目标，像机会平等或消除贫困等。阿伦特对于政治事务采取一种高调的“共和”观，即只讨论“目的”，不讨论手段；政治行动与一切工具性手段分离。于是她关于政治行动的论述被解释为一种关于政治本身可能性的元话语。她的行动概念是如此形式化，以至于被视为彻头彻尾的空谈。在她看来，地方居民会议关于停车位的争论可能被视为行动，只要争论相关于原则问题！但事实上，她认为，行动既不是空谈，也不是理论反思，而是公共空间的展开，一个特殊的人的世界的形成，它紧紧地以海德格尔哲学中的艺术品为模型。行动成为世界的基础。

与她对哈贝马斯以及政治哲学的影响形成对比的是，她对于分析派的道德哲学影响力几乎可以完全忽略不计。以赛亚·伯林[56]认为她的研究被高估了，而且她的研究中不少部分都表现出专业素养的不足和业余性风格，是一些简短素描，而不是一种认真研究的、细致辨析的论著。同样，斯图亚特·汉普希尔（Stuart Hampshire）认为她的论证不够精确，而且意在炫耀博学，而非认真研究的论文。[57]伯林正确地说，阿伦特很少争辩；她进行的是现象学的直观。但是现象学的直观可经常被看作单纯的陈述，被看作一种关于事物的主观的、印象式的观点。阿伦特永远是吸引人的，
319 充满了启发性的洞见，从来不落俗套，但是另一方面，她很少以丰富的细节充实自己的分析。人们批评她所做的区别完全是她本人的，而且所发明的概念源自不同的方面，如工作、行动、权力、力量等。[58]她的辩解则是，作为一名现象学者，她更关心语言所揭示的事物本身。她说，她更关注语言的揭示性来源，而较少关心语言的沟通价值。阿伦特今日的知名度导致不可避免地夸张了她作为哲学家的重要性。她的全部理论框架相当地依赖于海德格尔和雅斯贝尔斯的哲学以及他们对人的生存和在世存在的关切。阿伦特对此框架的特殊贡献是：她把行动论述为一种个别性成就，在传统的各种声音中她保持着独特的道德声音[59]，以及她对创造和维持公共空间必要条件的现象学论述，正是此空间使得行动的实行成为可能。

注释：

504 [1] Hedwig Conrad-Martius（1888—1966）诞生于柏林，最初在罗斯托克和弗莱堡学习文学，之后迁往慕尼黑大学跟随普梵德尔学习心理学。

普梵德尔推荐她到哥廷根跟随胡塞尔学习。她的博士论文是《实证主义的认识论基础》，是在1912年在慕尼黑由普梵德尔指导下完成的。同年她嫁给胡塞尔的另一学生 Theodor Conrad（1881—1969）。她在1930年代企图完成资格考试论文，但其犹太家庭血统阻碍了此一努力。战后从1949年起她在慕尼黑大学任教，并写了不少关于本体论和宇宙论方面的著作，包括关于空间的与时间的。她未曾跟随胡塞尔进入先验现象学，但始终是《逻辑研究》的崇拜者并且是"本质看"的实践者。1920年代她发表过一些关于存在的性质的研究（包括1923年一篇维护实在论的《实在本体论》），1938年出版了《现存宇宙的起源和结构》。Conrad-Martius 特别关注通过现象学描述来丰富对实在性质的理解（包括植物、动物领域）。参见：Herbert Spiegnlberg with Karl Schuhmann，*The Phenomenological Movement. A Historical Introduction*，3rd edition（Dordrecht：Kluwer，1994），pp. 212-222。 505

［2］Edith Stein 于1891年10月12日生于 Breslau 并在当地学习哲学，之后于1913—1916年到哥廷根跟随胡塞尔学习，于1916年完成了博士论文《论移情作用问题》。1916—1918年她在弗莱堡做胡塞尔的助手。1922年皈依天主教后，直至1931年任教于 Speyer 的多明我会学校，之后转慕尼黑教育学院任教。1933年进入科隆 Carmelite 修道院，1938年转至荷兰一处修道院。1942年被纳粹逮捕，送往奥斯维辛集中营，在那里去世。

［3］Gerda Walther 于1897年3月18日生于黑林山的 Nordrach 并于1917—1918年随普梵德尔在慕尼黑学习，后在弗莱堡随胡塞尔学习。她于1923年在胡塞尔的《年鉴》上发表了《论社群的本体论》，一篇有关社会关系性质的独创性论文，精心分析了相互从属的基本社会感情（*Zusammengehörigkeitsgefühl*），同年还出版了一部书《神秘性现象学》。她一直关注宗教问题和超心理学。她的自传《通往彼岸》（*Zum anderen Ufer*）出版于1960年。

［4］Simone de Beauvoir，*Le Deuxième sexe*（Paris：Gallimard，1949），trans. H. M. Parshley，*The Second Sex*（London：Picador，1988）。此书对于现象学有重要意义，因为波伏娃对莱维纳的他者概念和女性性质提出了简明扼要的早期批评。参见：*The Second Sex*，p. 16n。

［5］例如，阿伦特没有出现在施皮格伯格的《现象学运动》中，而且也未收入 *Routledge History of Philosophy*，Vol. VIII，*Continental Phi-*

losophy in the Twentieth Century, ed. R. Kearney (London: Routledge, 1994)。另外，参见：词条“Hannah Arendt”, by John Francis Burke in Lester Embrce, ed., *Encyclopedia of Phenomenology*, ed. L. Embree *et al.* (Dordrecht: Kluwer, 1997), pp. 29-34。词条说阿伦特“从事了政治经验的存在主义现象学的研究”，并强调了生活世界的首要性。Seyla Benhabib 指出，阿伦特将自己刻画为一名现象学家并熟练地运用存在主义的存在范畴和《存在与时间》中的“失去家园”概念。参见：S. Benhabib, *The Reluctant Modernism of Hannah Arendt* (London: Sage, 1996), p. 49。See also Elizabeth Young-Bruehl, *Hannah Arendt. For Love of the World* (New Haven, CT: Yale University Press, 1982), p. 405. Hereafter Young-Bruehl and page number.

[6] H. Arendt, *The Life of the Mind Thinking* (New York: Harcourt Brace, 1971), p. 8. Hereafter *Thinking* and page number.

506 [7] Arendt, “Understanding and Politics”, *Partisan Review* XX/4 (1954), p. 377, reprinted in Hannah Arendt, *Essays in Understanding 1930—1954* (New York: Harcourt Brace, 1994), pp. 307-327, esp. p. 323.

[8] H. Arendt, *The Origins of Totalitarianism* (London: Allen and Unwin, revised edition 1967). Hereafter OT and page number.

[9] Arendt, *Men in Dark Times* (New York: Harcourt Brace Jovanovich, 1955; reprinted 1968), p. viii. Hereafter *Dark Times* and page number.

[10] See Arendt's statement with Note A, appended to Walter Benjamin's “Theses on the Philosophy of History”, *Illuminations*, ed. H. Arendt (New York: Schocken Books, 1969).

[11] Mary McCarthy, “Saying Good-by to Hannah”, *New York Review of Books* 22 January 1976, p. 8.

[12] H. Arendt, *The Human Condition* (Chicago: University of Chicago Press, 1958), trans., *Vita activa oder Vom tätigen Leben* (Stuttgart: Kohlhammer, 1960). Hereafter HC and pagination of English language edition.

[13] Hannah Arendt, *Essays in Understanding 1930—1954*, op. cit., p. 320.

［14］Hannah Arendt，"Thoughts on Politics and Revolution"，*Crises of the Republic*（New York：Harcourt Brace Jovanovich，1972），pp. 210–211. Hereafter *Crises of the Republic* and page number.

［15］"Hannah Arendt on Hannah Arendt"，*Hannah，Arendt：The Recovery of the Public World*，ed. M. Hill（New York：St Martin's Press，1979），pp. 333–334. Hereafter HAHA and page number.

［16］H. Arendt，"Reflections on Little Rock"，*Dissent* VI（1）（Winter，1959），pp. 45–56. 阿伦特解释说，黑人希望被白人学校接受一事，相当于新出现的社会暴发户希望被高级社会接纳。她的观点遭到 Ralph Ellison 在"*Who Speak for the Negro?*"中的攻击（ed. R. Penn Warren，New York：Random House，1965，pp. 342–344）。

［17］Hannah Arendt/Martin Heidegger，*Briefe 1925 bis 1975 und andere Zeugnisse aus den Nachlässen*，hrsg. Ursula Ludz（Frankfurt：Klostermann，1998），p. 76. 海德格尔的应答是为她写了一首诗，名为《来自异乡的少女》（"Das Mädchen aus der Fremde"），ibid.，pp. 79–80。

［18］Hannah Arendt—Karl Jaspers：*Correspondence 1926—1969*，ed. Lotte Köhler and Hans Saner，trans. Robert and Rita Kimber（New York：Harcourt Brace，1992），p. 70. Hereafter HAKJ and page number of English translation.

［19］Hannah Arendt，*The Jew as Pariah*，ed. Ron Feldman（New York：Grove Press，1978），p. 246.

［20］Arendt's 1964 interview with Gunther Glaus，Hannah Arendt，*Essays in Understanding 1930—1954*，op. cit.，p. 6.

［21］She remained an admirer of Guardini and in 1952 again attended his lectures in Munich；see Young-Bruehl，p. 283.

［22］These lectures have now been edited by Ingeborg Sehlüssler，published in M. Heidegger，*Platon：Sophistes*，GA 19（Frankfurt：Klostermann，1992），and translated by R. Rojewicz and A. Sehuwer as M. Heidegger，*Plato's Sophist*（Bloomington，IN：Indiana University Press，1997）.

［23］Hannah Arendt，"Jaspers as Citizen of the World"，*The Philosophy of Karl Jaspers*，ed. Paul Arthur Schilpp（New York：Tudor

Books, 1957), pp. 539-549.

[24] Hannah Arendt, *Der Liebesbegriff bei Augustin Versuch einer philosophischen Interpretation* (Berlin: Springer-Verlag, 1929), trans. as *Love and Saint Augustine*, ed. Joanna V. Scott and Judith C. Stark (Chicago: University of Chicago Press, 1996).

[25] Arendt, *Love and St. Augustine*, op. cit., p. xv.

507 [26] See H. Arendt, "Labor, Work, Action", in *Amor Mundi. Explorations in the Faith and Thought of Hannah Arendt* (The Hague: Nijhoff, 1987), p. 42 (hereafter *Amor Mundi*). See also OT 479.

[27] *The Life of the Mind Willing* (New York: Harcourt Brace, 1978), pp. 84-110.

[28] Günther Stern (1902—1992) 生于 Breslau，1924 年随胡塞尔完成了他的哲学学位，论文题目是《情境范畴在逻辑句子中的作用》。1925 年他在马堡参加海德格尔的研究班。1928 年出版了一本关于知识本体论的书，但未能找到自己资格考试论文的主持者。1933 年他迁往法国，1936 年移民美国。1950 年返回欧洲，成为住在维也纳的作家。他积极于反核运动。他写过文章批评海德格尔。《论海德格尔哲学的伪具体性》，载于 *Philosophy and Phenomenological Research* 8 (3) (1947—1948), pp. 337-370。

[29] 他的批评者说，在 1930 年初期，阿多诺曾企图讨好纳粹。例如 1934 年他在 *Die Musik* 上发表对当代一些合唱作曲的评论，包括 Münzel 为 Baldur von Schirach 诗歌配乐的评论，此诗歌是献于希特勒的。阿多诺在赞美的评论中援引了戈贝尔的"浪漫现实主义"概念。这篇评论于 1964 年被发现，在德国引起了公开争论。参见：HAKJ 793-794 and Theodor Adorno, *Musikalische Schriften* VI, *Gesammelte Schriften* Band 19 (Frankfurt: Suhrkamp, 1984), p. 332。

[30] The review is translated as H. Arendt, "Philosophy and Sociology", in *Essays in Understanding 1930—1954*, op. cit., pp. 28-43.

[31] R. Safranski, *Martin Heidegger. Between Good and Evil* (Cambridge, MA: Harvard University Press, 1998), pp. 255-256.

[32] Hannah Arendt wrote to Blücher in 1952 regarding Sartre (Young-Bruehl, p. 281).

[33] Hannah Arendt, *Rahel Varnhagen. The Life of A Jewish*

Woman, trans. Richard and Clara Winston, revised edition (New York: Harcourt Brace Jovanovich, 1974).

[34] See S. Benhabib, "The Pariah and Her Shadow: Hannah Arendt's Biography of Rahel Varnhagen", in *The Reluctant Modernism of Hannah Arendt*, op. cit., pp. 1-34.

[35] Bernard Lazare, *Job's Dung Heap* (New York: Schocken Books, 1948).

[36] Walter Benjamin, *Illuminations*, ed. H. Arendt (New York: Schocken Books, 1969).

[37] H. Arendt, "German Guilt", *Jewish Frontier* 12 (1945), reprinted as "Organized Guilt and Universal Responsibility", *Essays in Understanding 1930—1954*, op. cit., pp. 121-132. Jaspers' 1946 essay is *Die Schuldfrage* (Heidelberg, 1946), trans. E. B. Ashton as *The Question of German Guilt* (New York: Dial Press, 1947).

[38] H. Arendt, "Rejoinder to Eric Voegelin's Review of *The Origins of Totalitarianism*", *Review of Politics* 15 (January, 1953), pp. 76-85.

[39] Arendt, "What is *Existenz* philosophy?", *Partisan Review* (1946), reprinted as "What is Existential Philosophy?" in H. Arendt, *Essays in Understanding 1930—1954*, op. cit., pp. 163-187.

[40] Arendt, "Martin Heidegger at Eighty", in M. Murray, ed., *Heidegger and Modern Philosophy* (New Haven, CT: Yale University Press, 1978), p. 294. Hereafter Murray and page number.

[41] 在 *The Life of the Mind. Thinking* (pp. 82-83) 中阿伦特重复此一分析，批评了柏拉图。参见：Jacques Taminiaux, *The Thracian Maid and the Professional Thinker*, trans. Michael Gendre (Albany, NY: SUNY Press, 1997)。

[42] H. Arendt, *Eichmann in Jerusalem. A Report on the Banality of Evil*, 2nd revised edition (New York: Penguin, 1964). Hereafter EIJ and page number.

[43] Hannah Arendt, "On Violence", in *Crises of the Republic*, 508
op. cit., pp. 105-198.

[44] H. Arendt, "Lying in Politics", *Crises of the Republic*,

op. cit., pp. 1–48.

[45] 按照 Young-Bruehl 的描述（p. 460），访问并不成功，因为 Elfride 没有让阿伦特和海德格尔单独相处。

[46] See Mary McCarthy, "Saying Good-by to Hannah", *New York Review of Books*, op. cit., pp. 8–10.

[47] H. Arendt, *Lectures on Kant's Political Philosophy*, ed. Ronald Beiner (Chicago: University of Chicago Press, 1982).

[48] Hannah Arendt/Martin Heidegger, *Briefe 1925 bis 1975*, op. cit., pp. 145–146.

[49] 科依勒写过很多关于伽利略和自己研究的东西。参见他的 *From the Closed World to the Infinite Universe* (Baltimore, MD: Johns Hopkins University Press, 1957)，该书刚好出版于 Arendt 的 *The Human Condition* 之前。她引用了该书（HC, 258）。

[50] See Patricia Bowen-Moore, *Hannah Arendt's Philosophy of Natality* (Basingstoke: Macmillan, 1989).

[51] Hans Blumenberg, *The Legitimacy of the Modern Age*, trans. Robert M. Wallace (Cambridge, MA: MIT Press, 1985), pp. 8–9.

[52] Jürgen Habermas, "Hannah Arendt: On the Concept of Power", *Philosophical-Political Profiles*, trans. Frederick Lawrence (Cambridge, MA: MIT Press, 1983), p. 174.

[53] See Elizabeth Young-Bruehl, "Hannah Arendt Among Feminists", in Larry May and Jerome Kohn, eds, *Hannah Arendt. Twenty Years Later* (Cambridge, MA: MIT Press, 1997), pp. 307–324.

[54] Adrienne Rich, "Conditions for Work: The Common World of Women", in *On Lies, Secrets and Silence* (New York: Norton, 1979), p. 212.

[55] Arendt reviewed Alice Ruehle-Gerstel, *Das Frauenproblem der Gegenwart* (The Problem of Women in the Present Day) for the journal *Die Gesellschaft* 10 (1932), pp. 177–179, trans. as "On the Emancipation of Women", in *Arendt: Essays on Understanding 1930—1954*, pp. 66–68. See Benhabib, *Reluctant Modernism*, p. 30 n. 1.

[56] See Ramin Johanbegloo, *Conversations with Isaiah Berlin* (Lon-

don: Peter Halban, 1992), pp. 82-83. Benhabib, I believe, incorrectly characterises Berlin's view of Arendt as "gender stereotyping"; see *Reluctant Modernism*, p. xxxvii n. 6.

[57] Stuart Hampshire, "Metaphysical Mists", *London Observer*, 30 July 1978, p. 26 (quoted in Young-Bruhl, p. 471).

[58] See for example the criticism of McPherson, in "Hannah Arendt on Hannah Arendt", in Hill, ed., *Hannah Arendt. The Recovery of the Public World*, op. cit., p. 322.

[59] See Annette C. Baler, "Ethics in Many Voices", in Larry May and Jerome Kohn, eds, *Hannah Arendt. Twenty Years Later*, op. cit., pp. 325-346.

320

10　伊曼纽尔·莱维纳：异他现象学

导言：伦理学作为第一哲学

伊曼纽尔·莱维纳（1906—1995）在许多关键性问题上对现象学的发展贡献良多。首先，在1930年代初，通过他翻译的胡塞尔的《笛卡尔沉思》[1]，通过他关于胡塞尔直观理论的著作，他对于把现象学介绍到法国来起了重要作用。[2]在接下来的几十年里他写过有关胡塞尔和海德格尔现象学的很多解释性研究。但是，他作为独立的和原创性的哲学家的声名，是在1961年随着他的重要著作《整体性和无限性》的出版才到来的，在此书中他为现象学提供了一个彻底伦理学的方向，此方向自舍勒去世后就消失了。[3]在此章中我们将试图对莱维纳以现象学方法彻底思考伦理学关系的性质和意义的努力、他的“他者现象学”（alterité，来自拉丁词 alter，意思是“其他”，如在“替代的另一个”或“另一自我”之类的短语中所见）进行理解，因为他把对他者的关心当作伦理学的中心。

与将伦理学明确排除于基本本体论的海德格尔相反，莱维纳的创造性贡献在于他主张伦理学先于形上学，伦理学是真正的“第一哲学”；他所说的“形上学”（在广义上包括认识论）必定从属于伦理学和正义领域。但是，一开始必须阐明，莱维纳所说的伦理学与西方哲学传统上所研究者毫无关系，因为他认为，此传统或者是忽略了伦理学或者是使伦理学成为第二位的和临时性的学科。他甚至明确地否定了传统上把伦理学理解为一种哲学内的学科的做法，而伦理学研究对若干行为形式进行促动和证明的不同方式。他特意避免了有关伦理学证明的性质、种种形式的伦理学理论（例如功利主义，义务逻辑学），或者伦理学话语的元伦理学分析这类主题；反之，他关心的是提请西方哲学注意他人和“他者”一般地借以干预和破坏我们提供整体和整体化说明的一切企图的方式。莱维纳认为一切传
321 统伦理学和哲学都是基于自我主义的，自我主义把我与我自己的关系看作首要关系（例如，霍布斯、洛克的研究，甚至弗洛伊德关于自我色情的论述）。他认为，与此种自我主义相对，我对他人的责任是一切其他社会结

构以之为基础的基本结构（TI，79；51）。于是，对于莱维纳来说，“伦理学”一词具有一种特殊的和独一无二的意义；伦理学绝对不是一种自我中心的行为样式，也不是各种理论的建构，而是涉及限制自身自由和自发性的努力，以便对他人开放，或者更准确地说，使自身被他人所限制。哲学的第一问题不是莱布尼兹和海德格尔的本体论问题：“为什么是存在而不是不存在某物?”而是伦理性问题：“我的存在如何证明自身?”因为，对于他，一切社会互动都已经在某种意义上发生于他人领域之内，对伦理学的要求永远存在着，而且这是作为人的一个不可避免的方面。因此，他希望说：“伦理性即精神性本身，而且不存在任何可以压倒伦理性的东西。”[4]于是，他的哲学可以被规定为一种人本主义。如果援引他的一本书的书名，其哲学就是一种“关于其他人的人本主义”，一种希望讨论他人的人本主义，不是客观地在第三人称内的人本主义，而是在呼格内并呼唤着他的或她的“专名”以直接对他人谈述的人本主义。

莱维纳自称在描述伦理关系的意义，而且特别关注伦理现象进入情境的时刻：“我的任务不在于构建伦理学，我只企图发现其意义（le sens）。”[5]但是，莱维纳对伦理经验的密集的、含混的、诗学性的描述，似乎具有一种规范性的成分，体现着有关人应该如何行为的要求，而不仅是描述人实际上如何行为。伦理性层面是这样一种层面，描述性层面和规范性层面在此交遇，或者它们是根本上不可区分的。正是此特意的含混性导致莱维纳的伦理学难以归类；我们从来不清楚的是，他何时从“存在”（是）移向“应该”，或者他如何证明此一移动的正当性。

读解莱维纳的进一步困难在于，很多莱维纳的著作，虽然在大方向上是大致属于现象学的，却堕入了神秘主义。他甚至出版了若干卷《塔木德经典》，并经常写有关超越历史“整体性”的末世论话题。[6]虽然莱维纳自称始终将他的哲学与其宗教的和神秘论的兴趣区分开来，当神秘因素闯入现象学的描述时，我们在阅读中很难看出他心目中有此区别。结果是，莱维纳成为极难被读解的哲学家，甚至在用胡塞尔、海德格尔、德里达这些作者的艰难复杂文字来加以判断时。他或许甚至是当代欧洲哲学家中文风最暧昧难解的。他的风格是：进行断言，继以进一步的断言，却并不打算对这些断言进行证明，除了通过诉诸某种人性深处的，或许甚至是神秘的 322
直观，或者另一方面诉诸现象学的明见，虽然他从来也未对这些概念进行过系统的说明。再者，他的写作风格之零乱性也达到了令读者甚至恼怒的地步。他有时对关键词大写，有时又不。他引入的某种概念在被区分之后却自己忘记了或自己违反了规则。但是，最严重的是，他制作的那些极具比喻性的断言极难被破解，因此也极难被批评地把握，例如像这样的句子："伦理学是一种光学"（TI，23；xii），"女性是完全的他者"，如此等等。在我们设法破解开第一个隐喻之前，他已经转移到下一个隐喻了。因此，在分析传统的哲学界，他的思想被广泛地忽略了，对此分析传统，当然他也完全视而不见。

莱维纳（1906—1995）：生平和著述

莱维纳于 1906 年 1 月 12 日生于立陶宛的考纳斯，比萨特小一岁，比梅洛-庞蒂长两岁。他生于一个正统犹太家庭，同时说意第绪语和立陶宛语。幼年时期即读希伯来文《圣经》，但在此阶段，他对于塔木德经典还一无所知，直到他到法国之前尚未知道此经典。他的中学教育是以俄语学习的，但也学了德语。他的父亲开一家书店，而且年轻的莱维纳爱好俄国文学，特别是普希金、果戈里、陀思妥耶夫斯基和托尔斯泰。他也阅读莎士比亚和其他世界文学经典（EI，22；16－17）。由于第一次世界大战爆发，他的家庭于 1916 年迁移到乌克兰的沙可夫。居住在乌克兰期间他亲见了 1917 年的 2 月和 10 月的俄国革命。1920 年他的家庭迁回立陶宛，但是 1923 年他上了法国斯特拉斯堡大学，在那里获得了哲学学士文凭。然而，他每年夏季仍然回立陶宛，甚至发表过一篇立陶宛文的文章。[7]

在斯特拉斯堡，学了一年的拉丁文之后，他开始学心理学、社会学和哲学，准备完成学士学位。[8]他的导师之一是法国哲学家布龙代尔（Charles Brondel，1876—1939）。在斯特拉斯堡他被介绍给杜尔克姆和柏格森，他们的"体验实在性"和"具体绵延"概念，被莱维纳看作一种摆脱当时科学模式的解放哲学（EI，27；22）。[9]后来在其第一部书中，他根据柏格森的直观理论来说明胡塞尔的现象学，因此起到了在法国为接受胡塞尔铺平道路的作用。在此时期他也与文学批评家和哲学家布朗肖结成友谊，尽管布朗肖持君主主义立场并与反犹主义刊物维持着可疑的联系。[10]在派弗（Gabrielle Peiffer）的影响下，莱维纳开始研究胡塞尔的《逻辑研究》和《观念 1》。他也跟随胡塞尔早年在哥廷根的学生让·赫林（Jean
323 Héring，1890—1966）学习现象学。[11]他倾向于现象学，将其视为一种彻底性思想，可使人接近事物本身，但那时他还不知道海德格尔。[12] 1928 年他在弗莱堡注册了两学期，在此期间，他于 1928 年秋幸运地赶上听胡塞尔有关现象学心理学和主体间性的最后研究班讲座，以及海德格尔作为胡塞尔继承者的第一个研究班讲座。

虽然莱维纳极其珍惜胡塞尔慷慨地为他花费的时间（EI，32；28），然而他更为海德格尔的讲演风格所俘获。在评价现象学时，莱维纳赞成海德格尔对胡塞尔的许多批评，特别是海德格尔有关在世存在的存在论观点以及对胡塞尔的先验唯心论的批评。莱维纳倾心于海德格尔对现象学方法的具体应用，他有关“焦虑”“趋死存在”“共在”的描述，以及他对于此在的有限性和超越性的强调。有趣的是，他在弗莱堡特别参加的海德格尔讲演系列是“哲学导论”，在此讲演系列中海德格尔否定了胡塞尔把哲学看作严格科学的看法，而是把哲学看作一种理解人的超越性的方式。人的在世存在是超越性的，此主题一直回响于莱维纳自己的著作中。莱维纳也许特别喜爱海德格尔对“心态”〔state of mind〕（Befindlichkeit）的分析以及把情绪看作对存在的适应。他自己后来说，他欣赏海德格尔能够“训练我们的耳朵在其语言的回响中聆听存在”的方式。[13] 莱维纳甚至参加了海德格尔和卡西勒于 1929 年在瑞士达沃斯的著名辩论。

莱维纳第一次发表的为法国刊物《法国和国外哲学评论》所写的《观念 1》的书评，对该书做了仔细的说明。该书评在结尾中指出，真正的客观性分析要求的不是准唯我论的自我学还原，而是（在此发展了胡塞尔文本中的一个暗示）一种构成着世界和自然本身的主体间领域的现象学。[14] 其后，莱维纳一直坚持着真正现象学内此一主体间层面。1929 年，由于一篇有关胡塞尔哲学中直观性意义的获奖论文，莱维纳在斯特拉斯堡大学被授予博士学位，此论文发表于 1930 年，名为《胡塞尔现象学中的直观理论》。由于崇拜法兰西共和国，莱维纳归化为法国公民，并于同年结婚。

莱维纳在服完兵役后，在巴黎“以色列大学联盟”谋得一行政人员职位，此组织协助东欧犹太人获得教育的机会。在此时他开始研究塔木德。
和萨特、梅洛-庞蒂一起，莱维纳参加了唯心主义哲学家不伦瑞克 324
（1869—1944）在索邦大学的讲座以及柯耶夫（1902—1968）关于黑格尔《精神现象学》的著名讲座。在 1930 年代，莱维纳也是法国基督教存在主义者马塞尔（1889—1973）组织的周六晚间沙龙的经常参与者。在《整体性和无限性》（TI，68；40）中莱维纳赞扬马塞尔对他人不可归约性的强调，马塞尔的观点体现在《形上学笔记》（1927）中，这本书也影响了梅洛-庞蒂。马塞尔也关注自我之自足性（autarkhia）欠缺问题。[15]莱维纳也是犹太哲学家和诗人瓦尔（1888—1974）的密友。瓦尔在1929年的《黑格尔哲学中的不快乐意识》（此书也影响了萨特）中对于黑格尔的研究在法国的复兴贡献很大。[16]后来莱维纳在《主体之外》中发表的一篇文章里称赞了瓦尔。[17]瓦尔对莱维纳的影响非常显著。瓦尔为他提供了有关绝对的一种真正的概念，此绝对超出了和逃脱了整体性。[18]

在1930年代早期，莱维纳计划撰写一本关于海德格尔的书，甚至在1932年发表了一篇文章《海德格尔和本体论》，这是法国关于海德格尔的第一篇文章。[19]最初，莱维纳把海德格尔对存在的关切看作一种克服胡塞尔主观主义的企图，但渐渐地他开始理解，海德格尔并不是把传统西方本体论在其对哲学史的“瓦解”中颠倒过来，实际上他正是直接继续着该传统。莱维纳最初支持海德格尔通过超越胡塞尔来发展现象学。在莱维纳看来，海德格尔有关焦虑、担心、趋死存在的讨论代表着“一种现象学的至高实践”（EI，39；36）。但是，当后来成为巴黎流亡者的科依勒对于海德格尔于1933年参加纳粹一事予以阐明之后，莱维纳大为震惊。[20]莱维纳现在开始理解，海德格尔对作为自我中心软弱性的真实性的强调，反而方便纳粹进行系统的盘剥。1934年莱维纳的一篇富于启示性却被广泛忽略了的文章《对于希特勒主义哲学的反思》，发表于天主教思想刊物《精神》上（1994年重印于《历史的不可预料性》）。[21]这篇文章是对纳粹运动的非理性主义的早期评价文章，此运动被视为一种存在中的基本恶的表现，此种恶只关心自身，这是一种传统哲学没有并无能力表达的恶。后来莱维纳感到遗憾的是，他曾用“哲学”一词高抬了希特勒。在这篇措词含混的文章中，他企图对希特勒主义追溯到文明本身的核心问题。他谈到西方思想的一个阶段，这个阶段把精神系于身体。纳粹主义将此身体联系于生物主义的信仰和假定的种族纯粹性中，予以强烈解释。莱维纳将基督教中表现的真正自由和此一身体中的束缚加以对比。“人的本质不再存于自由中，而
325 是存于一种束缚中。”（Hitlerism，69）但是此文章的主要关切是，一种哲学（此哲学在存在本身中发现存在的意义，如他理解海德格尔哲学所主张的那样）结束于对人类特有的自由和超越的可能性之排除，并导向一个其中存在成为恶的世界。这个课题他将在《存在和存在者》中再次讨论。

1935年，莱维纳在瓦尔、科依勒、巴什拉和其他人编辑的先锋派杂志

《哲学研究》上发表了一篇重要的论文《论逃避》。此文最近以书的形式重印[22]，它批评一切人所面对的存在中的束缚，并提出一种逃避性行动、一种“excendence”〔逃避〕（莱维纳自己的新造词，Evasion，74）、一种非意志性的存在逃避的必要性，此一存在逃避不同于超越性。正如莱维纳在1947年的著作《存在和存在者》的书中解释的，它不是按神学理解的超越性，而是一种“从存在的出发”，而且是从描述存在的范畴出发。

1939年9月第二次世界大战爆发，莱维纳被法军征召入伍作为一名翻译官，因为他会流利的德文和俄文。1940年他成为一名战俘，整个战争期间在德国的军官战俘营度过。因为他是法国军官，被免除了周围发生的灭绝犹太人的命运。但是作为犹太人，需要参加强迫劳役。他的双亲、兄弟以及他的很多亲戚都在乌克兰境内纳粹发动的种族灭绝运动中被屠杀了。在其囚禁期间，他继续阅读黑格尔、普鲁斯特、卢梭和其他作家的书，但是一般来说，他经历了一段时间冻结的俘虏期，一个使生命中断的裂隙。在他的某些写作中反映了大屠杀幸存者反复经验到的罪行。后来他写道：“立即死亡将无疑取消在600万死者之后幸存下来的非正义的特权。”战争之后，他受聘为东方以色列师范学院任教，积极发展犹太研究计划。1947年，莱维纳发表了一部短著《存在和存在者》[23]，重新讨论生存残暴的不可避免性，这个主题最初是在《论逃避》中提出的。

战后，莱维纳在梅洛-庞蒂和萨特编辑的《现代》杂志上发表文章，包括论存在主义的一些评论，但是在1940年代后期到1950年代他的主要关注均集中于犹太传统问题。他在1946年至1947年没有获得一个全职讲座，瓦尔曾邀请他在“哲学学院”做了四次讲演，此哲学学院是瓦尔建立的非正式机构。这些讲演首次发表于1948年，并于1979年以《时间和他者》的名字以单行本再版[24]，内容主题均与存在主义有关：时间、死亡、孤独、物质性、和他人的关系、快乐、性以及双亲，基本上重复着《存在和存在者》中的话题。

莱维纳一生大部分时间在进行研究工作却在法国大学系统内没有获得 326
一个正当学术职位。这种情况在1961年随着《整体性和无限性。论外在性》的出版而发生了变化。此书是为博士学位而作，迅速成为他的最重要著作。献于瓦尔的这本书相当地依赖瓦尔的超越性概念。[25]按照此书副标题，这是一部关于“外在性”的研究，虽然莱维纳所说的“外在性”究竟是何意思，很不清楚。他一般地用“外在性”指个人是外在于整体性的；

"外在性"标志着任何逃避认知之贪求的、整体化方面的东西，此即就其超乎思想而言的存在。

此书出版后，莱维纳被聘任为普瓦捷大学哲学教授，并于1967年与利科、杜夫海纳等一道迁至新建大学巴黎楠泰尔大学。1973年他在巴黎索邦大学获聘教职。在该书影响下，人们对他的研究兴趣大增，而1961年以来他出版了一批书，并再版了许多旧文。这些后期出版物中最著名的是《不只存在或超越本质》(1974)[26]，此书部分上可视为对德里达在其论文《违反和形上学》(重印于《书写和区分》) 中对其批评的回答。在此书中他企图避免使用在《整体性和无限性》中的本体论语言，其表达"他人"概念的方式是通过强化的隐喻性和模糊性语言以"超越存在"，例如"autrement qu' être"〔不只存在〕。这样，在其《论降临于思想的上帝》内的"上帝和哲学"讨论中，他谈到了通过"伦理学的和先知的呼吁"来克服西方本体论。[27]同时，莱维纳出版了几部关于"塔木德经典注释"的选集，虽然他永远企图使其塔木德的写作区别于其哲学，甚至安排二者在不同的出版社出版。

莱维纳也写了关于美学的和政治类的东西。他毕生支持犹太复国论，虽然他经常批评政治和犹太复国论神秘主义导致否认伦理学的方式。但是，尽管他敏感于他人的痛苦，却对以色列1982年在黎巴嫩大屠杀中的罪恶角色迟迟不表确认；甚至还在无线电访谈中与Alain Finkielkraut讨论此一恐怖事件，而不是对以色列的行为立即加以谴责。莱维纳在此访谈中承认以色列拥有武装和采取军事行动的权力，此一权力在特定环境中有效证明了此次大屠杀的合法性。"他人"也可能是在战争中必须面对的敌人："在他人人群中我们可以发现敌人。"[28]对于此实际的事件，莱维纳只能说，
327 他宁愿什么也未发生过。在其晚年，他患了阿尔海默综合征，死于1995年12月25日。德里达发表了一篇动人的葬礼悼词《再见了莱维纳》，此文后来展开为一篇论文。[29]

莱维纳和现象学

莱维纳一直表示他受益于胡塞尔和海德格尔两人的现象学。在《论降临于思想的上帝》中他说："归根结底，我所做的研究是现象学，即使没有按照胡塞尔设定的规则进行还原，即使没有遵照胡塞尔的全部方法。"[30]

在他看来，现象学方法对事物和事件的所与性方式进行分析，但仍然对于并非特意或着重予以主题化的意义之外的意义，保持着予以承认的开放性：

> 我的方法是现象学的；这就是复原所与者，它有一名字，它相对于其意向背景是客观的，不只包括指向客体的意向，而且包括指向一切显示具体性或进入视域者。我常常说，这是对客体之“演出”（mise en scène）方式的研究；客体本身被阐明，有如它关闭了目光，而给与者类似于眼帘，当客体显现时眼帘闭上，结果客体永远像是抽象物。具体物是被体验者全体、意向性整体，后者不是完全启示性的；它也包含着价值学的和情绪性的方面。因此，意义是在此具体性中被给与的，而且在此也可能出现超出主题化之一般作用的意义。[31]

在他看来，现象学比先前形式的整体化哲学的重大进步性在于，它具有承认纯粹人性方面的可能性：

> 没有任何人像胡塞尔那样与实在的非人化斗争得更有效，当人们把数学范畴扩展到我们经验全体时，当人们把科学性提升为绝对知识层次时，就产生了非人化作用……胡塞尔的现象学提供了以人的世界替代数学物理科学所代表的世界之重要思想手段。(Discovering Existence，131)

莱维纳的出发点建基于他对胡塞尔意向性理论的基本意义的解释上，在他看来，此一解释概括了西方哲学的全部动力。莱维纳称赞胡塞尔重新 328
恢复了哲学的一种可能性：能够描述具体的、活生生的生命，而不将其还原为一系列内在心理的体验（如笛卡尔的意识观那样）。人的生命永远是已经含有意义性的：

> 一切意识都是对某物的意识。意识不仅是心理体验，不仅是其主体存在所产生的思想行为的体验：它是意义性，是使自身朝向某物的思想，而某物在思想中显示自身。对于整整一代《逻辑研究》的学生和读者而言，现象学预示了欧洲哲学的一种新气氛。它主要意味着思想进入存在，此种思想排除了主观主义的障碍；意味着对本体论的一种回归，而不再含有批判哲学的问题，不再具有相对主义的担心；意味着艾多斯科学、本质思考、区域本体论学科方法的兴起。(Outside，153)

莱维纳像萨特一样主张，当代现象学克服了把人看作孤立的自我的概念，使人重归于世界。莱维纳赞许胡塞尔的还原论，因为它承认世界的意义只能通过与世界保持距离加以理解。还原的重要性在于它在人与世界之间产生的分离性：“不是通过在世界内我们才能够说世界是什么”（EE 42；64）。

在莱维纳看来，胡塞尔现象学是完全包括在意向性研究中的。莱维纳称赞胡塞尔认识到思想永远涉及被思想者，因此“思想向某种呈现在思想中的东西敞开，因此它非常不同于对该思想的体验”（Outside，152）。但是，他批评胡塞尔的意向性论述受到表象论观念的束缚，按照表象论，真实再现客观世界的问题是哲学的基本核心。这一看法导致将他人置入同一者的内在性中，在意向性中思想在存在中“满足着”自身。在莱维纳看来，现象学过于经常地把意向性概念描绘为一种“与客体的符合”（TI，27；xv），这就相当于对客观世界的一种度量，而意向性的深刻理解应该强调超越性和无限性，而此二者被莱维纳理解为某种形式的“非相符性”。莱维纳把胡塞尔对意义赋予的基本意向性行为理解为陷入了那样一种知识范型，此知识成为对其客体的具有或把握。或者，在躯体性直观的情况
329 下，相当于手的伸出和握住。[32]每一思想行为都是对主体性的一种克服，一种朝向客体的过渡，于是过渡性就是思想的基本特征。但是集中于思想的这一方面忽略了我们与他人活生生关系的主要情境。意识主要不应被理解为一种揭示力量——企图充分地表象该客体（莱维纳的胡塞尔观），而应被理解为一种永远不可能充分被表达的溢出部分。“思想在其中始终与该客体相符的意向性，并不在其最基本的层次上规定意识”（TI，27；xv）。莱维纳相信，胡塞尔对意向性的强调是对人的经验的一种歪曲；他说，恋人的爱抚不可能被包括在任何意向性的论述中。于是，在一种意义上，莱维纳希望现象学超越意向性。

莱维纳在批评胡塞尔的同时，也企图颠覆很多哲学理性的传统假设，只要该理性成为将一切吸收到自身之内的无所不包的力量（莱维纳所谓的由“表象”冲动所规定的“整体性”）。他不断地挑战胡塞尔的哲学作为严格科学的概念，视之为全部西方哲学传统的逻辑性后果。为了击溃“整体性”堡垒，莱维纳诉诸有关“他者”的无束缚的甚至无限的性质的经验。在他看来，挑战整体性领域者可被理解为“超越性”“他者”和“无限”，而且莱维纳可被看作企图使现象学通向描述人类经验的超越性方面。

哲学的作用

莱维纳运用着一种相当受限定的哲学概念，然而他声称此哲学限定着全部西方理性传统。在其哲学讨论中他援引柏拉图、笛卡尔、康德、胡塞尔、柏格森和海德格尔，重复地引述同一关键短语：柏拉图将神说成是“超越存在”，笛卡尔把一无限性上帝置于孤立自我之心内，康德在《纯粹理性批判》中区分感性和悟性，胡塞尔的意向性观，以及海德格尔的在世存在观包括其共在和趋死存在观。在这些哲学家之外，莱维纳似乎很不熟悉专业哲学（除了偶尔提及斯宾诺莎、莱布尼兹等之外），而且对于20世纪丰富的哲学，除了现象学外，肯定欠缺经验。他甚至更经常地引述莎士比亚、普鲁斯特或《圣经》，却很少引述哲学文本。再者，像德里达一样，莱维纳倾向于把一切哲学看作在笛卡尔—康德—黑格尔内所完成者，在其中一切真理都相对于主体被规定。西方哲学全体都被概括为“本体论”。 330

此外，由于莱维纳基本上是一现代主义者，他相信哲学的目的在于思考现代。他说，在我们的过去，历史从来没有如此深重地依赖于我们的思想（Proper Names，3；8)。在20世纪，哲学直接受到全球大战的现实以及系统文化的毁灭或瓦解的直接挑战。结果，他的哲学充满着战争与和平的隐喻。莱维纳认为，欧洲文化现在蒙受了犹太大屠杀的永恒阴影：“如果在我的思想中存在有一种明确的犹太因素，那就是对奥斯维辛集中营的讨论，在那里上帝让纳粹为所欲为。”[33] 同样，在其自传性素描《标记》（收入《艰难的自由。犹太主义论》，1976）中莱维纳说，他的思想“承受着对纳粹恐怖的预期和记忆的支配”。此一恐怖规模之巨大唤起人类反思他们的全部文化遗产。他利用《圣经》隐喻写道，战争经验导致犹太人返归沙漠，“在战争世界里”体验着自身一无所有的生命（*l'universe en guerre*，Proper Names，121；144)。人类的全球大战的能力似乎是对作为尊重他人文明要求的赤裸裸蔑视。战争将道德贬低为某种荒谬。然而同时，伦理性义务也因之而成为首要的、不可避免的问题。在此严酷的当代情境里，哲学必须成为一种警觉的努力：“将全体人类世界置于良心庇护所之内”（Proper Names，122；144)。于是，在某种意义上，莱维纳的哲学成为一种纪念行为、一种回忆行为，使作为一种希腊精神的西方哲学传统模式对峙于“他者”伦理学，此伦理学被他看作犹太传统的核心。

莱维纳哲学的宗教方面

莱维纳的特殊兴趣和主要关心是西方文化中希腊哲学和犹太伦理-宗教表现二者根源之间的冲突和分裂。德里达在描述莱维纳的这一方面时引述乔伊斯《尤利西斯》中的话“犹太希腊人就是希腊犹太人”（WD，153）。或者如莱维纳本人所说：“欧洲，这就是《圣经》和希腊人。”[34]莱维纳希望保持两个传统之间的分离，但同时使二者相互调节。犹太传统首先强调的是诉诸我们的道德力量：“他人的他人性是一切爱之始源”。

上帝概念贯穿莱维纳的著作，但它独立于上帝存在的问题。事实上，莱维纳跟随海德格尔认为传统的上帝概念过于融合于存在概念。他对于把
331 上帝作为第一存在或纯粹存在的本体论规定毫无兴趣，他关心的是上帝作为权威性的形象。他认为，上帝并非必然是一存在者，而宁可说是爱之命令。因此，他在《整体性和无限性》中似乎拒绝传统神学，并自视为一不可知论者，甚至是一“形上学的无神论者”（TI，77；49-50），后者追求的是“无神话的人道〔人性，人类〕曙光”，不过他在后来写作中的观点似乎更明显地具有宗教性。在其《论降临于思想的上帝》（1982）中，他否认我们能够把上帝理解为世界的第一因，或者理解为存在的一个基础；而是提出，我们经验着与上帝的“交遇”。莱维纳虽然不曾呼吁宗教的启示力，却从《圣经》中汲取自己关于伦理学性质的直观力。《圣经》提供了某种与上帝交遇的机会，而且这正是他在自己的“塔木德著作”中想要表达的。一般来说，莱维纳拒绝将上帝看作“典型他者”或者看作“第一他者”。反之，上帝应该被看作“非他者”，在此他运用了近似于新柏拉图传统的表述法，例如德国基督教神秘主义者库萨的尼古拉斯（Nicholas of Cusa，1401—1464）所说的上帝是“非他者”（non aliud）。莱维纳使用“illeité”〔他者性〕一词表达上帝的那种远距的他者性，此词取自拉丁文指示代词 ille、illa、illud，意思是“在那里的”，对立于指示词 hic、haec、hoc，意思是“在这里的”（例如：in illo tempore 意思是“在那个过去的时间里”）。这就是遥远的隐蔽的上帝，上帝表现在（对上帝）“再见”一词中。上帝从来都是不可能把握的或理解的概念；上帝至多是某种其他物的“迹象”（trace），此迹象扰乱着现在。“迹象”概念，莱维纳将其联系于他者性概念。此概念在其《整体性和无限性》之后的写作中变得越来越重

要，并且强烈影响了德里达（在梅洛-庞蒂的著作中存在有类似的概念）。[35]莱维纳承认，此概念当然具有新柏拉图主义的特别是普洛提诺的和在圣奥古斯丁《三一论》中的哲学的、神学的始源。在两种情况下，迹象都意指着唯一者或上帝留在世界的东西。莱维纳意识到，至少在新柏拉图主义的意义上，迹象并不必然在原始事件后出现。莱维纳的概念是类似的："一个迹象是那种严格说来从未存在者、永远过去者之现存。"[36]莱维纳也在传统的解释学中，特别是在施莱尔马赫中，发现了有关迹象的讨论，如施莱尔马赫谈到了对"文本和迹象"的解释和批评。对于莱维纳，正像对于德里达，人们不应该把迹象看作某种原初曾经存在过的东西的痕迹。迹象不是指向一所指的记号。没有记忆可以回忆由迹象引发的无穷久远的过去。在《超过存在》（1974）中，面孔被理解为（"被比喻"为）一迹象。莱维纳在其他场合写道，一个面孔存在于"完全逝去的、完全不在的过去的迹象中"（CPP，103）。他也谈到"在一迹象中失去的迹象"（OBBE，93）。伦理学关系被理解为"无限性之迹象，某一出发点之迹象" 332（OBBE，117）。莱维纳认为，迹象意指着"超越存在"（CPP，103）。然而，到此为止，我怕我除了重复莱维纳本人之宣布外，对此晦涩概念的继续阐释已无能为力了。

早期著作

莱维纳的博士论文《胡塞尔现象学中的直观理论》是法国出版的第一份长篇的胡塞尔研究。此文在相同的比例上基于胡塞尔的和海德格尔的理论，主要讨论了《观念 1》和《作为严格科学的哲学》，虽然它不断推源于《逻辑研究》，对此书却是根据胡塞尔后来的先验唯心论理解的。莱维纳讨论胡塞尔的部分是分析锐利和充满智慧的，正确地把胡塞尔的哲学描述为一种直观哲学并对知觉在其中被充实的方式给与了准确的说明。莱维纳把胡塞尔描述为通过阐明一种反自然主义的<u>本体论</u>来克服 19 世纪的认识论危机。1900 年的《导论》对心理主义的批评意在引入一种新<u>本体论</u>而不是引入一种新逻辑学。莱维纳在文中首先分析了胡塞尔对自然主义的批评。虽然物理科学企图根据对客体在其中显现的显象研究来构造一个理想的客体，自然主义的错误在于把此科学描述看作事物本身："自然主义似乎是对自然科学的意义所做的坏的解释。"（THI，9）自然主义暴露了知觉经验的内在意义（THI，10），它否定了一切“在直接知觉中直接的、具体的、不可归约的东西”（THI，16）。与自然主义相对，莱维纳简述了胡塞尔有关物质物和意识的真正本体论。虽然空间存在物在侧显中显示自身而且在本质上是偶然的，即永远可能不存在，但对于意识来说则非是（THI，33），胡塞尔在《观念 1》中说意识具有绝对的存在性。超越物世界依存于意识。物质物与意识具有一种必然关系，即使它们全体是逃脱意识的。莱维纳于是替胡塞尔的唯心主义辩护说：

> 胡塞尔哲学的基本直观在于赋予具体意识生命以绝对的存在并转变了意识生命本身。（THI，25）

意识生命是超越物现存中的一种生命，于是我们在此并未堕入贝克莱
333 唯心主义的封闭循环论。莱维纳继续论述胡塞尔的意向性理论，特别是客观化行为理论——被理解为一种本体论的论述（此解释极大地影响了萨特）。在这里莱维纳责备胡塞尔的唯智主义（THI，63），因为胡塞尔永远使理论、知觉和判断具有优先性，而莱维纳同意海德格尔所说的存在主要是一行动和孤独的领域。

当莱维纳从弗莱堡返回后，他带回了一种最新理解的现象学。和派弗一起他出版了胡塞尔的《笛卡尔沉思》的法译本，此书不仅成为法国学生的一部标准课本，而且对于胡塞尔研究来说尤为重要，因为胡塞尔从未授权出版该书的德文本，德文本是在胡塞尔死后十二年的 1950 年才出版的。

莱维纳的下一部重要作品《论逃避》提供了有关存在〔being〕或生存〔existence〕（他不加区别地使用二词）的一种别具一格的、非海德格尔式的描述，此存在将人的精神以如此压倒性的、无所不包的甚至专断性的方式束缚住。在莱维纳看来，与此变化中的存在相对，柏格森的“生的冲动”式的人类精神，只能够寻求逃避：“逃避就是必须离开自身。”（Evasion，73）再者，按照莱维纳，当人遇到存在的此绝对的封闭性时，人就被“呕吐”所击倒，此处讨论的呕吐极其类似于萨特小说《呕吐》中的概念，该书出版于几年后的 1938 年。虽然萨特从来不承认莱维纳是其小说的来源，非常可能的是，当此文发表于《哲学研究》时萨特曾读过此文。一年后，萨特在同一杂志发表了他的《自我的超越》。莱维纳说，当呕吐将我们彻底压垮时，我们就“经验到纯粹存在”（Evasion，90），此经验发现了作为纯粹存在的“赤裸性”，并认识到它没有能力逃脱此纯现前。在此研究中，莱维纳称赞了唯心主义，因为它企图超越纯粹存在，并将任

何始终束缚于存在的文化看作足可承受“野蛮主义”之名。于是，在此早期著作中，由于其对超越性及伦理学的否定，莱维纳已经开始构思对本体论的批判问题了。

莱维纳的下一部书《存在和存在者》(部分地写于战俘集中营中)，描述了他战时有关失眠、疲倦、饥饿、恐惧和怠惰这类现象，它们都揭示着存在的性质。此书书名企图区分法文中的德文词“Sein”和“Seiendes”。开始时他提出海德格尔的本体论区别，但辩驳说，此一哲学区分容易被忽略，如果我们检查“动词‘存在’的空洞性”的话，因为它似乎使我们的思想模糊不清。而“存在者”则较易思考。存在本身的概念似乎是非个人性的。但是，虽然莱维纳运用海德格尔的词语，他已经在关注必须摆脱海 334
德格尔哲学的“氛围”，虽然他强调，并非通过退回“前海德格尔”哲学以达成此目的(EE，19；19)。

《存在和存在者》自称是有关善、时间、与他人关系诸问题之间关系的预备性研究(EE，15；9)。莱维纳赞成柏拉图在《理想国》中的表达式，它使善“超越存在”(epekeina tes ousias)。为了达至善，我们必须达至的不是超越，而是“出发点”“excendence”，即一种从存在的逃离：

> 可以肯定，人类精神中的本质物，并不存在于我们与构成世界的事物的关系中，而是由一种在我们的存在中实现的关系所决定的，这就是与一种纯粹事实的关系，此即存在着存在〔l'être〕，即此纯事实的赤裸性。此关系绝非除了同语反复外别无他物，此关系构成了一个事件，事件的实在性和令人惊异的特性在该关系实现于其内的不安中显示自身。存在中的恶，唯心主义哲学中物的恶，成为了存在之恶〔le mal de l'être〕。(EE，19；18-19)

于是，和海德格尔相反，莱维纳将恶置于存在自身的性质中。对存在的恐惧就像面对死亡的焦虑一样至关重要(EE，20；20)。短语“il y a”(存在着)，莱维纳译自海德格尔的“es gibt”(BT，255；212)，它表达着存在的非个人性，它永远突破着主体性的循环论。il y a不是发生现象或存在之事件(如在海德格尔那样)，而是包围着我们的纯所与者，“非个人的、非实体的事件”，一种黑暗体验，空无之体验(EE，63；102)。在《关于人本主义的信》中，海德格尔认定“es gibt”是存在之本质，是赋予真理者。反之，莱维纳的“il y a”不包含任何赠予、赠礼或恩惠的意思，像海德格尔的“es gibt”那样。莱维纳说：“德文词 es gibt 据说在1933—

1945 年显示出不包含任何慷慨性。”[37] 他认为，此种存在经验如此无所不及，以至于不可能被否认。il y a 即“超越矛盾，它包含着及控制着其矛盾性”（EE，64；105）。在体验存在时，我们感觉被存在黏胶着，就像是实在在我们睁开双眼时永远就在那里（EE，22；27）。存在没有出口，它无所不包。触及存在的异他性导致存在问题的提出，然而“对于存在问题不存在回答”（EE，22；28），“存在本质上是异他性的并突然撞上我们”，“存在有一种存在之痛”；存在具有一种像黑夜一样的“令人窒息的包围力”（EE，23；28）。

在《存在和存在者》中，莱维纳批评萨特的伦理学中的无神论和自我中心论。他在解释萨特时写道，我们是注定的存在者。莱维纳后来承认，
335 他战后回家后只是随便翻阅了一下萨特的《存在与虚无》。像这样的语句“厌倦就是厌倦存在”（EE，35；50），强调着存在的重负，听起来是典型萨特式的。例如，莱维纳写道：

> 存在有一种厌倦，它即对一切事物和一切人的厌倦，而且首先是对自己的厌倦。而令人厌倦者并非我们生活的什么特定形式，我们的周围环境，因为它们都是枯燥庸俗的；不是我们的朋友圈子，因为他们都是俗不可耐和残酷无情的，而是厌倦来自生存本身。（EE，24；31）

与海德格尔的此在不同，此在抓住存在的可能性并使自身因此而真实，莱维纳强调的是，存在前于我们进入世界而存在着：“存在并非等同于与一世界的关系，存在前于世界。”（EE，21；26）不存在自由行动，像存在主义者说的那样，按此人们可掌握自己的存在。另一方面，人们可以对存在采取立场，即使他们永不可能完全逃脱存在。莱维纳将人的意识看作怀有脱离赤裸裸存在的意图，而萨特宣称意识实际上是一种永远努力成为存在的非存在。对于莱维纳：“具有意识就是脱离 il y a”（EE，60；98）。莱维纳也批评海德格尔在《存在与时间》中对存在的论述。忧心（le souci）不是一种虚无边缘上的行为，而是一种拥有存在的行为（EE，27；36）。莱维纳认为海德格尔误将在世存在的性质理解为忧心〔烦〕，海德格尔并未充分关注那种联系于普通人的衣食住行的真诚性。莱维纳强调摆脱存在窒息性的欲望；除了海德格尔的死亡前的忧惧外，还存在有面对存在本身重负的恐惧现象。恐惧是一种存在参与：“在恐惧中一主体被剥夺了主体性，剥夺了具有私人存在的力量”（EE，61；100）。为了理解存在的

性质，我们必须避免思考和关注那种更多启示存在的前反思性质的现象，像乏力和怠惰现象。厌倦是一种对世界的前反思的拒绝；怠惰是一种对努力的憎恶，一种开端的不可能性。例如，在失眠中，我们眼睁睁地体验着世界的沉重。但是，正如莱维纳所说："醒觉是匿名性的。并非是黑夜中存在着我的警觉；在失眠中，是黑夜本身在注视着。"（EE，66；111）

虽然莱维纳想要分析那些逃脱存在的时刻，他也想要正式承认那些使我们安居存在之内的时刻。住在世界内不是无意义的或者荒谬的。在分析 336
我们被存在充斥的程度时，莱维纳想要承认人类生存中存在有这样的方面，他们真实地回应着此种被存在压倒的体验。某些物件是我们在世界上生存所必需者，我们赖以生存者，如食物、住所和衣物，它们属于必需品范围，而且是人类生存之"真实"〔sincerité〕的部分。莱维纳说，在《整体性和无限性》中已预见到他的观点："生存是一种真实性"（EE，44；67）。不能错误地理解为某种"日常"事件使我们达至完善，如饮食。然而对于海德格尔，饥饿往往属于日常性并因此是不真实的；而对于莱维纳，说真实生存和享乐这样的表达是自然的。莱维纳说，"海德格尔的此在是永远与饥饿无关的"。另一方面，莱维纳说，我们吃喝就是为了吃喝。如他在《整体性和无限性》中重复的，"我们赖以生存者并非在役使着我们，我们是在享受它"（TI，114；86-87）。然而，由于他这种典型的表达含混性，很难看到此种真实性在面对逃离、面对从存在的非意志性逃脱的欲望时，究竟有何作用。

与饥饿和必需相对比，莱维纳设定了另一范畴"欲望"，它追求着永远不可能达到或完成者。莱维纳说，对他人的经验和欲望经验摆脱了存在的循环。欲望（莱维纳用大写：le Désir）表明着我们的存在是一种欠缺，它超越其本身指向着无限者。食物使我们处于与欲望及其满足的不同的关系中。当我们吃饭时我们满足了需要。衣食住行这类物件属于必需品领域。它们在被消费时也被享受着，但它们的身份未被很好理解，如果它们仅被看作工具的话（如海德格尔在《存在与时间》中分析的那样）或者只被看作供消费的材料的话。饮食行为是一种同化作用或与客体的同一化。另一方面，当我们与一朋友发生关系时，我们表达或进入一种永远不可能被满足的欲望。在《整体性和无限性》中他发展了在需要之满足和欲望之表达之间的这种区别。于是，他写道：

> 让我们再次注意需要和欲望之间的差异：在需要中我可使我的牙

齿插入实在物并通过与他者的同化而满足自己；在欲望中不存在牙齿对存在的插入，没有满足感，只有所面对的未知其详之未来。（TI，117；89）

莱维纳说，需要把我构成为同一者并不依存于他者（TI，116；89）。莱维纳并不想降低需要和同一性领域，但他同时想要引起对那些打破需要循环的有限时刻的注意。它们是我们将他者经验为他者之时刻。

337 同一和他者

在《存在和存在者》之后，莱维纳全力转向对“他者”的不可削弱的优先性之阐明，此种优先性，他认为被全部西方哲学传统所忽略了，从柏拉图到黑格尔和胡塞尔，此传统被理解为“本体论”领域，它使得“同一性”（le Même）、自同一性（self-identical）优先于分散者和完全的他者。莱维纳希望瓦解同一性哲学，以便为他者让出空间。他用两个不同的词表示“他者”：l’Autre（一般的“他者”，非个人性的他者，例如语言、文化、制度等，可翻译成小写英文“other”）和 l’Autrui（其他人，可翻译成大写英文“Other”）（TI，24 注）。在法文文本中这些词有时大写，有时又不大写。莱维纳以其典型的含混性方式说道：“作为他者〔autre〕的他者〔Autre〕是他者〔Autrui〕”（TI，71；42-43）。正像在一切其他问题上一样，莱维纳的词语用法是不一致的，有时用大写“Autre”又不明确指出是什么意思。他的主要观点是，“他者”不是另一个我，也不是某种通过与我的关系被规定者，而是某物或某人，它们是完全其他的东西，独一无二的东西。他者不可与我“通分”。此外，他者，作为向我呼唤者，要求着我的一种应答，它是一切语言和文化的根源，因此是教益之根源：“绝对的异他者本身就能够使我们受教益”（TI，73；46）。他者也是对现在物、现前等的支配性进行挑战者；莱维纳说，他者或者是过去，或者是未来。

虽然莱维纳对西方哲学传统进行严厉批评，批评其强调同一，舍弃他者，他也承认和依赖于西方思想内部关于他者讨论的传统。“同一”和“他者”的术语当然是从柏拉图著作中发现的，特别是在《智者篇》和《巴门尼德篇》中，并成为新柏拉图主义思想的主要问题，例如普洛提诺和普罗克洛斯，两词通过他们进入西方哲学。关于他者性质的主要中世纪文本之一即是库萨的尼古拉斯的 *De li non aliud*（《论非他者》），它努力发现适当的语言以表达上帝的超越性和内在性、神性的无限性。上帝是“不是他者的存在”（other than the other）或“非他者”（non aliud）。黑格尔通过他们以及波墨（Jacob Boehme）把他者概念吸收到自己的辩证法中，黑格尔是莱维纳的最相近的根源。但是莱维纳在有关他者的讨论中的主要批评目标是胡塞尔的“第五笛卡尔沉思”。莱维纳对胡塞尔对于他者的论述进行批评，因为胡塞尔把他者的异他性归结为我自己的同一性，即我把他者经验做类似于我自己。我理解他人的面部表情，因为它们已经对我具有意义，即我体验着它们。在此问题上莱维纳批评了胡塞尔，因为他认为他者永远不可能被我所表象。在莱维纳看来，他者应该永远被理解为超越 338
者。(可以争辩的是，胡塞尔也始终承认他者的疏离性。）莱维纳在其 1948 年的讲演“时间和他者”中直接讲述了他者的问题。

《时间和他者》

发表于 1948 年的讲演集《时间和他者》分析了时间性存在、孤独、死亡等通常存在论的主题，这些主题也出现在海德格尔和萨特的著作中，但是莱维纳在这些现象中发现了一种被存在主义所误解的对他者的开放性。因此，在分析时间性质时，莱维纳想指出，时间不是个人的一种单一的体验，而是一种与他者相互关联的方式（TO，39；17），一种“diachrony”(历时性)。时间不是一种存在的视界，而是一种超越存在、通向他者的样式。类似的，莱维纳探索孤独的本体论根源，以便发现孤独如何可被超越克服（TO，41；19）。他认为，孤独相连于存在者自身的切要状态。他不同意海德格尔关于真实性在于把握自身趋死存在的论述，认为海德格尔错误描述了此现象的意义。海德格尔的在自由选择行为中面对死亡的论述，相关于古老的英雄主义观，它是一种“至高明晰和至高活力”的行为，而且甚至是“掌控”行为；而莱维纳认为，痛苦和面对死亡的现象不如说是放弃个人的“掌控”和接受这样的理解：对于一个人来说，可能者不再是可能的。在痛苦中，主体达到了“可能性的极限”（TO，70；57－58)。使其迷恋死亡经验的是我们在面对死亡时的被动性。死亡预期并未留给我们任何创始和抓住机会的空间。《时间和他者》也直接批评萨特把人看作基本上是自由的并不可能与他者沟通。莱维纳承认如下的矛盾性：将人设定为自由的和单独的又直接促使它承担责任；此矛盾性存在于萨特伦理学的核心。但是，在莱维纳看来，他者并非根基于自由，而是异他性的本质才具有优先性（TO，87-88；80）。

除了对于类似的存在现象提出再解释外，莱维纳也引进了新的论题，特别是他有关“女性的异他性”和“生殖性”等概念的分析；这些是他研究他者在文明化生活中的踪迹的一部分（TO，84；77），而且为他提供了与他者关系的例证，这些例证并不限制在典型的存在主义有关一人介入另一人的自由观内。因此，他认为，生殖性是表达他者的异他性而不含支配性的一种方式。再者，像生殖性这样的现象并不是由光亮阐明的，而是多
339 半包裹在黑暗中的。生殖性表达着一种现象，在其中我可以与他者发生关系而并不被消灭（如在死亡时）或被他者完全吸收。他认为，生殖性是自我的一种外在性。他的例子是父母和孩子的关系，即亲子性，此关系不能归结为“所有性”“拥有性”“因果性”等（TO，91；85）。孩子不是一个另一自我，而是完全不同于双亲者，但是双亲在某种奇怪的方式上也是孩子，虽然究竟是哪种方式，绝无清楚的说明。生殖性在《整体性和无限性》中继续讨论（TI，267-269；244-247），在此对生殖性的讨论根据的是双亲和孩子的关系，并根据我自己的未来和他者加以理解：“生殖性关系包含着同一性中的一种二元性”（TI，268；245）。在《时间和他者》中莱维纳已经承认，亲子性、性和死亡等现象都具有人的存在中不可归约的二元性：“存在本身是双重的。埃利亚学派的存在概念被克服了。”（TO，92；88）莱维纳的策略似乎是要在人的存在中发现这样的时刻，它们指向着此无所不包存在之整体性的断裂。但是，莱维纳有关他自己走向何方的意思非常模糊。在这些讲演中，他声称在以一种辩证法的方式探索本体论，而且在他分析与自我关系的形式时他说：“我并非在进行一种现象学的分析”（TO，92；87）。但是，在他分析色情时，他说他在提供一种“淫荡现象学”（TO，88；82）。为莱维纳的讨论定位的困难显然也是一种对莱维纳而言的困难。他似乎拿不准该如何描述他的方法：部分上是对萨特和海德格尔存在主义的存在论修正，部分上是一种黑格尔对自我已经通向他者的样式进行的“辩证法”分析（在主人-奴隶辩证法的启发下），部分上是一种进行本体论研究并超越本体论的企图。毋庸惊奇，这些讲演甚至大部分未曾引起注意，直到他在《整体性和无限性》中更为深入地重复很多同样的主题时才获得关注。

这些讲演大部分未获注意，但有一个例外。德·波伏娃批评莱维纳的语言是有性别歧视的，因此开启了晚近法国女性主义运动中有关女性问题

的重要辩论，此一辩论一直延续至今。德·波伏娃在《第二性》中批评莱维纳将女性等同于完全的他者，这完全是从男人角度的看法："当他写道女人是一种神秘时，暗示着她是一种对于男人的神秘物。因此，他维持客观性描述的企图，事实上是一种有关男性优越论的断言。"[38]我们看到，在《时间和他者》中莱维纳探索着对他者的肯定性经验。在有关"色情"一节，他声称发现了一种情境，在其中异他性以最纯粹的形式出现，不是作为同一性的对立面，而是作为纯粹的他者性：这是与"女性"的交遇，女性被刻画为"绝对相反的相反者"（TO，85；77），一种相对性，其他者 340
性不受进入自我的关系之影响。如同我们已可预料的，莱维纳的说法相当突兀。它只是被宣布出来而已。再者，莱维纳虽然说他有关女性绝对神秘性的断言无关于一切浪漫主义文学对此现象的歪曲，却认为这些文学性的歪曲反过来证明了此现象。就此而言，他不认为自己是反女性主义者，因为他认为正是女性主义在断言妇女必定与男人共同分享一切文明成果（TO，86；79）。反之，他认为这些区分绝未表示女性具有一种绝对的"神秘性"，相当于一种存在样式，此样式是"一种从光亮的逃脱"（TO，87；79）。女性的退守是朝向其对象的有意识运动的对立面，一种朝向光亮的超越性，而是说，女性是退守、闭塞、隐蔽，女性是谦逊〔pudeur，羞涩〕的本质（TO，88；81）。

对此怪异的文本即使进行细致入微的读解，也不可能消除这样的意思：将自我和理性的构想与男性同一化，而把晦涩、神秘、谦逊与女性的本质同一化。虽然它可能为一位精神分析学家提供理解莱维纳本人的饶有兴趣的材料，却很难提供对异他性肯定经验进行现象学讨论的基础。但是，在《整体性和无限性》中莱维纳返回到色情现象学的主题，多多少少修改了他关于女性他者的说法，谈论的不只是"女性"，而且谈论"女人"。此一论述，由于将女性刻画为"脆弱性"（TI，257；235），将女性置于家庭领域（TI，155；128；参见阿伦特在《人的处境》中对家庭和家务劳动的论述，以及将此排除于行动之外）将女性置于暧昧性、淫荡性和贞洁性领域，从而引起了更多的争议："女性呈现着一种面容，它超越出该面容……在女性的面容上，表情的纯粹性已经被淫荡的歧义性所扰乱。"（TI，260；238）女人是暧昧的，她的言语是沉默，她的现前是不在，她既是妖妇又是母亲。再者，莱维纳虽然承认爱情与淫荡之间的联系，但似乎认为爱情在生育中具有最充分的表现。他把爱情理解为两人之间的一种关系，此关系不是使他们相结合，而是使他们相分离，这样他们才产生了孩子（TI，266；244）。当莱维纳宣布这些论题时，永远给人的印象是：我们就要看到深入的存在论分析了。但是，非常遗憾，莱维纳永远是一下子引入太多的变化莫测的题目，却很少继之以展开性的讨论，而且之后就转移了讨论方向，几乎是在话题刚提出之后。像生殖性、女性、淫荡性、欲望，都是一起出现并混杂在一起的，却并未附有具体例子。就此而言，在描述人类有关爱情和欲望的现象中，萨特比莱维纳更能贴近现象本身。

341

维护主体性

我们看到，莱维纳把西方形上学史看作一个庞大的整体化规划，要把一切归结为自我领域并因此删除存在和思想之间的差异。沿着巴门尼德和埃利亚学派传统，哲学将存在和思想同一化，在其中存在被归结为任何被思想者，或者在思想中的被表象者。此一将存在纳入思想的做法以一种最高存在为终结：存在被理解为自我意识。哲学就是一种对“知汝自身”命令之贯彻。此种自我认知的规划导致将知识等同于控制的西方文化通过掌控宇宙来掌控自身。西方科学的全部规划，即为知识而做的斗争，在莱维纳看来，都是企图在将一切纳入一系统内之后以达到完全的控制。同一性的本体论在黑格尔的哲学中达到高峰，此哲学断言“同一性和差别性之间的同一性”。此同一性和自我同一性，在莱维纳看来，在“我”的性质内也表现出来了。在莱维纳的意义上，同一性领域首先是笛卡尔主体性领域，而且蕴涵胡塞尔的作为“原初性领域”的自我领域。在此自我领域中，我与其自身（chez soi）“贴合”〔at home〕，我独立存在着，在其存在中“回归本源”。他认为，“同一”领域也是“被说者”领域：在匿名性方式中被陈述，正如在科学的客观知识中（或许可能是海德格尔的“闲谈”）。在他看来，哲学必定永远企图维护他者的优先性并抵制被还原到同一性领域。与“被说者”（le Dit）领域相反，莱维纳提出“言说”（le Dire）领域，真实的言谈，接近于海德格尔的话语（Rede）。

莱维纳认为，一切知识都相关于客观化并在某种意义上相关于对客体的侵犯：

> 知识抓住其客体。知识拥有它。拥有否定存在的独立性，不是消

灭该客体，而是否定它、持有它。(Difficult Freedom，8)

于是知识内在地联系于莱维纳概念中的暴力：

> 暴力者并不失控。他劫取，他具有。具有否定独立存在。拥有即拒绝成为……认知即知觉，即抓住客体，不论客体是一个人还是一组人，即抓住一物。(Difficult Freedom，9)

另一方面，“他者”是一切对此整体化进行抵制者，即抵制暴力者。342
他者意味着，不可能被客观化者即主体性领域，虽然不是在掌控的意义上理解的，是根基于对他者的开放性的。莱维纳说，我们的第一经验不是关于分离的主体性的，而是关于一种其中已经充斥对他者经验的主体性的。于是，主体性即是一含混性现象，但它具有作为整体性对立面的更深意义。莱维纳在此意义上承诺着主体性的首要性，因此他将自己的重要作品《整体性和无限性》刻画为一种“对主体性的维护”(TI，26；11)。莱维纳的现象学之目的在于恢复主体性的真正意义，并批评胡塞尔对意向性和表象性的论述在其研究主体生命的方法方面具有过多的限制性。《整体性和无限性》就是关于主体性的这一新的现象学的第一次系统的表达。

《整体性和无限性》(1961)

《整体性和无限性》是一部难懂的书，结构不清晰，风格高度拖沓重复，充满浮夸辞藻，个人特有的哲学术语用法，以及相互矛盾的陈述，此书更像是思想观念的一种印象主义式的大杂烩，而非一部哲学著作。此书意在提供有关人类在世存在丰富性的描述，以作为对于胡塞尔和海德格尔的一种校正，并同时探讨逃避世界、逃避各种“外在性”的种种途径。本书包含着对一切种类的人类经验的现象学描述：战时状态、家庭生活、享乐、营养、居住、爱情、分离，以及对女性和生殖性的体验。但是，本书以其伦理学和面对面关系诸理论著称。此书中的相当多分析都曾出现在先前的著作中，特别是《哲学和无限性观念》(1957) 以及纪念胡塞尔的论文《表象作用的毁灭》(1959)。[39] 整体性的全部经验都阻止着真正的超越性和他者性的经验，这些概念不可能被我们完全掌握，莱维纳用“无限性”[此词他取自罗森茨魏格(Franz Rosenzweig) 标志它们]。对于莱维纳，无限性就是任何超出我们的把握者。他使无限性与整体性对立。“那些始终外在于思想者就是在无限性观念中的思想”(TI，25；xiii)。按照莱维纳，无限性不可能根据表象作用来思考，因为无限性不可能被表象："与无限性的关系将必须根据非客观的经验加以陈述。"（TI，25；xiii）我们不可能具有无限性的表象，但是我们的确具有一无限性的"观念"（TI，27；xv），正像笛卡尔在自我中心发现一无限的上帝的观念时那样具有明证性。主体性是此无限性的关键。莱维纳认为，主体性不是笛卡尔、康德、胡
343 塞尔甚至克尔恺郭尔等人的那种主体性，它也绝不是任何形式的自我主义或自反思的主体性，也不是注重死亡的那种真实的主体性（海德格尔）：

> 于是本书呈现为一部维护主体性的著作，但是它将既不在与无限性对立的主体纯粹自我主义立场上，也不在主体死前的忧惧中，来理解主体性，而是使主体性根基于无限性观念。（TI，26；xiv）

莱维纳在其他场合把"主体性"的意义解释为"对他者的主体性"；主体不是"为己"之存在，而是"为另一他者"之存在（EI，96；103）。

虽然莱维纳永远想要恢复"内在性生存"的优先性（Proper Names，122；144），他既拒绝传统的启蒙思想的人本主义，也拒绝克尔恺郭尔表达的那种主导性的内在性，后者被认为散发着某种暴力性。因此，在1964年举行的一次关于克氏的研讨会上，莱维纳批评了克尔恺郭尔的"暴露主义的、傲慢的主观主义"以及哲学研究中的"暴力性"，此暴力性被莱维纳看作预见到后来纳粹运动的语言暴力。[40]克氏通过使其完全分离于伦理学而歪曲了主体性概念。

《整体性和无限性》或许归根结底引生了一种有关道德性在"愚弄"我们的担忧。战争期间的世界怎么可能存在有道德性？此外，战争状态联系于西方思想中的理性的整体化。莱维纳主张，犹太大屠杀使人们有效地认识出"战争"或"斗争"之实在性：存在揭示了自身即为战争。战争的性质就是，它迫使我们离开生存的正常轨道，它扰乱了我们具有的同一性的正常关系，并摧毁了我们的自我同一性：

> 但是暴行与其说在于伤害及消灭个人，不如说在于中断人的连续性，使他们扮演着这样的角色，在其中他们不再认识自己，在于使他们不只是背叛承诺而且背叛自己的本质，使他们实行着那种将摧毁一切行动可能性的行动。（TI，21；ix）

战争和暴行"摧毁着同一者的同一性"。在讨论战争和争取"控制"他人的努力中，莱维纳大量使用着黑格尔在《精神现象学》中论述主人-

奴隶辩证法的语言和概念。最初每人寻求他人的死亡。个人被拖入此暴力的动乱中不再是个人了，但被吸入巨大的复杂战争结构之中。在他处，莱维纳将此原始暴力解释为某种类似于达尔文主义的生存斗争（Provocation of Levinas，172）。他认为，动物的本质性即是生存斗争，而且动物或人的 344
自我关切，实际上表达着一种自然状态：我们自己的生存具有首要性。此一生存斗争清楚地表现于斯宾诺莎的 conatus essendi〔生存斗争〕概念中。莱维纳将此概念理解为一种为存在而斗争，这是存在者坚持存在的首要信条。存在斗争就是维持同一性的斗争。在他看来，存在就是同一性。但是，他相信真正的人的存在具有生命的样态，此生命的样态产生了与此严酷生存观的切割。莱维纳认为此逃脱的欲望表现于形上学的欲望中，即越过此世界过渡到他者，寻求永远不再是家园之处。《整体性和无限性》就是一种现象学的奥德塞之旅，一种路径探索，使得人可欲望超越者，并开始一征途，以便永远不再居留于同一世界里。于是他提出了一种将一切包含在绝对精神生命之内的黑格尔《精神现象学》的替代物。莱维纳把精神不是理解为绝对自我认知的完成，而是按照《圣经》的流亡主题将其理解为在进行分离，即理解为与“历史”的一种分离（TI，55；26）。与黑格尔相反，精神的运动不是在历史中完成，而是脱离历史的一种拉力。

莱维纳认为，反对战争的以及始终未被整体性吸收的唯一声音，（例如）就是《旧约》预言家的声音，他们使和平与战争对立，而且他们谈到了一种超出整体性的“超越”观，一种超越一切战争的弥赛亚和平：

> 末世论观点与战争和个人在其中不再表达的控制断绝联系。此观点并不再被理解为在整体性存在之内来思考历史的终结，而是与超越该整体性的存在之无限性建立一种关系。（TI，23；xi）

莱维纳继续说：“我们使战争的客观主义与产生于末世论的一种主体性相对立。”（TI，25；xiv）于是，莱维纳的主体性概念是有关主体的一种具有高度宗教启发性背景的观点，此主体产生于其和他者的关系中，此主体的性质联系于无限性的性质。再者，莱维纳认为，主体性并非与他者相敌对，如霍布斯和萨特所说的那样，而是对他者持欢迎态度：“本书将提出主体是欢迎他者的，主体性代表友好接纳性〔hospitality〕；在其中无限性观念得以趋向圆满。”（TI，27；xv）莱维纳（像布洛赫那样）希望集中于人类生活中的亲密性时刻，集中于友好接纳性、欢迎性、爱的经验、希望的经验等等，这类经验在传统的伦理学讨论中一直被忽略着。《整体性

345 和无限性》甚至被德里达描述为一部“关于友好接纳性的巨著”[41]。对整体性的挑战也出现在对他者的经验中：

> 不是用末世论代替哲学，不是用哲学“证明”末世论的“真理”，我们可以从整体性经验出发返回一种整体性在其中瓦解的情境，一种决定着该整体性本身的情境。这样一种情境是在面对他者〔le visage d' autrui〕时闪现的外在性和超越性之光。(TI，24；xiii)

在描绘“整体性”领域时，莱维纳转向胡塞尔，将其判断为“表象论”和“意向性”的哲学家，莱维纳认为此种论题代表着自古希腊人以来西方哲学的全部趋势。莱维纳想要将唯智主义的和行动论的哲学形式批评为误解了人类存在的基本性质。有关实践生活的一切哲学论述都是不恰当的；它们失去了生活中的享乐〔enjoyment〕观，此享乐观清除了其他区别。与萨特相反，莱维纳否定我们存在于被抛入的一荒谬世界。与海德格尔相反，莱维纳说我们首先并非与一工具性世界交遇。我们交遇着作为享乐客体的事物（如食物）：

> 再者，家具、房屋、食品、衣物，都并非严格意义上的 Zeuge〔工具〕：衣物保护躯体或装饰它，房屋使身体有栖身处，食品使身体恢复精力，然而我们是在享受它们或因之而受苦，它们就是目的。(TI，133；106)

莱维纳坚持说，“在纯粹的消耗中天然地享乐，不相关于任何其他事物，这就是人性”(TI，133；107)：“在享乐中我绝对为我自己。我是不涉及他者的自利主义者，独自一人而不孤独，是纯洁的、独自一人的自利主义者”(TI，134；107)。在承认人对整体性的适应性时，莱维纳想要仔细刻画此同一者领域，在此领域，自我在饮食中、在享乐中、在进行身体活动中怡然自得。但是，在生活和享乐的自然领域之外，仍然存在有客观化的意向性领域，它寻求表象一切，其假定是，知识就是权力。被理解为表象性的意向性是一种“分离性”的开端，人类存在永不从此分离性中恢复。在意向性中，当然存在有对超越性的认知，但是与超越者的这一关系通常是被歪曲的。莱维纳根据胡塞尔的构成性哲学理解“表象性”；表象
346 性永远涉及一种“先验性构成”(TI，38；8)，因此表象性永远意指着将他者置于同一者的权力之下。莱维纳认为，表象性属于同一者范围。

在《整体性和无限性》中莱维纳企图描述我们与整体性断裂的始源。

他将对“面目”之经验对比于人以之与世界内事物发生关系的方式，在此方式中客体“被表象”于我们的意向性的行为（胡塞尔），而且按此方式工具被用于某种目的（海德格尔）。与此功用性和表象性区域相对立，莱维纳企图诉诸这样的方式，在其中他者对我们显现，提供给我们一种不能取消的伦理性要求。他者突破着和威胁着我与自身自得的生存。只是因为他者要求我的回应，我听到了他者所说者，作为一种语言，作为一种对回应的要求。与他者的关系不可归约为“客观知识”（TI，68；40）。

莱维纳说，自我—他者关系不是相互性的，应当说是他者优先于自我，这可称为此一关系的“不对称性”。不对称性的一个例子是，我可以对我自己要求事物，却不能对他者要求。莱维纳认为，此一相互性的欠缺正是黑格尔与他者关系的分析中所欠缺者。同时，我必定能够设身处地面对他人，去经验他人所经验者，去代替〔stand in for〕他者。这就是莱维纳在 *Otherwise than Being*〔超越存在〕中以此为篇名的文章中所说的“替代性”（TI，117－118）。莱维纳认为，在一定程度上他者在自我内心的这样一种侵入是不可避免的。自我在自身领域内的特征是莱维纳所说的“分离性”：我思是此分离性的一个模型（TI，54；24）。诸个人在各自孤立的体验中是彻底分离的，因此也在自得其乐的幸福中是分离的（TI，117；90）。自我同一的分离性，其“自我性”（l'ipséité）的意义，实际上也是整体性瓦解的关键。

为了阐明此断言，莱维纳经常诉诸笛卡尔在其《沉思录》中的经验，将其视为孤独中沉思的“我思”，在自己的最具主观性的思想之核心（第三沉思录）发现了上帝。莱维纳说，这证明了这样的真理：自我或主体的观念本身带有某种超越性概念，他者的真正特性并不呈现为人们在自我之内经验到的自我同一性之意义。他者的显现是导致与世界中断的一种灵光显现：

> 他者〔Autrui〕始终是无限地超越的、无限地陌生的；灵光显现在其中的他的面容，以及呼吁我与世界中断的他的面容，可以对我们是共同的，他的本质被刻入我们的天性中，并在我们的存在中展开。 347
> 言语从绝对的差异中产生。（TI，194；168）

语言是他者与我交流的手段，但是在此过程中他的“他者性”并不被带进自我的领域：反之，他者仍然对我是超越者。莱维纳说，伦理性的关系对“我”进行质疑。他引述帕斯卡的话：“我是讨厌的”。但是，只有通过语言我才能证明我的面容。面容的这一呈现是非暴力与和平的本质，对他者的平和的迎纳对于莱维纳来说具有范例性的意义（TI，203；177-178）。我对他者的迎纳是“最终的事实”（TI，77；49）。

面对面

莱维纳的道德现象学，他的“社会性现象学”，开始于对其他个人“面容”（le visage）的经验，开始于他者之“近似性”。在莱维纳的奇怪的道德词汇中没有哪个词比“面容”一词引起过更多的分析和引发过更多的混乱。莱维纳使用“面容”一词指另一个人的实际的、具体的现前，有如我们与某人“面对面”的“相遇”时的情境。但是在其写作中此词也发展为一隐喻，可用以指一切人的人格方面和逃脱客观性的一切方面，我们不能按照在世界上处理客体那样的方式来理解此词，它不可能是一意向性行为之客体：“一个面容使瞄向它的意向性不知所措”（CPP，97）。他甚至说，面容不是一具体的实体，而是某种“抽象物”（CPP，96），它是“意指作用”本身。莱维纳并非在意指，当我们直接注视着他人的面容时，伦理学就具有一种特殊个人性的意义。他认为，在那种意义上望着面容就是一种具体性物化作用〔reification〕。事实上，“面容”在莱维纳的意义上完全摆脱了现象性。他反复强调，面容逃避着“看视”：“它是不可能被知性理解的，它是被包容的（englobé）”（TI，194；168）。与出现在一切知识形式中的支配性因素相对比，莱维纳认为，在人们的谈话性言语中，“面容”在对“面容”说话，而且这导致了相互尊重的非支配性认知。他甚至说，他人面容的现前根本不是一种经验，而是一种从自身的退离。[42] 但是，按照莱维纳特有的表述方式，他在别处又自我矛盾地说：“客观性经验本身所假定的基本经验就是他者经验。这是最典型的经验。”（Difficult Freedom，293）莱维纳详细书写了在日常经验中我们与面容相遇的方式，
348 此日常经验充斥着我们对在世自适存在的自私享受，它对立于那种为了生存竞争的生存意志和权力意志。他认为，面容永远不可能被充分规定或充分表象。它是“无限的”或不确定的因素，此因素瓦解了我的世界的统一性。因此人们要求谈话，要求将自己的面容朝向他人的面容，即要求“面对面”（TI，79；52）。“面容抵制拥有，抵制我的权力。”（TI，197；172）

运用着其暧昧的和不加节制的隐喻修辞学，莱维纳说他者的面容是语言和意义的始源。他者是一切意指作用的源泉，他者的现前被视作语言（TI，297；273）。莱维纳在此援引海德格尔所论述的是语言在“说着”人，以及援引胡塞尔在“第一逻辑研究”中对记号交流功能重要性的分析，此一论述也影响了德里达的哲学思想。我们看到，胡塞尔主张，说出的声音或写出的记号具有一种交流功能，因为它们表示出说话者具有说某物的意图。一切记号，包括作为表达式的记号，都具有交流的或告知的一面。胡塞尔说交流永远是与另一意识的交流。因此在某种意义上胡塞尔支持了莱维纳说的他者是意指作用之基础的论断。我们看到，胡塞尔并未考虑记号交流的或“告知的功能”，此记号须作为意指作用本身。例如，当一孤独的我在思想时或对自己说话时就并不要求“告知”。在某种意义上莱维纳把此交流性分析颠倒了。言语和交流欲望的出现，乃因为我们发现他人对我们自己说话。因为某人面对我们和对我们发话，我们才被要求说话。他者对我们的发话是语言可能性的条件。莱维纳极其重视他者在其中通过语言以及在语言中出现的方式。知识再现着所说者领域，断言领域是“整体性”的一部分，而说话行为证明着他者的现前，而且永远不可能在思想中被俘获或者在知识中被再现。

按照莱维纳，他者通过说话对我呈现着：“我在这儿!”（EI，97；104；莱维纳在此指涉着《圣经·撒母耳记》上篇3：4，《创世记》22：1、7、11，以及《圣经》其他篇章）我被呼唤去回应那个要求。向我呈现着的他者展示了正义的要求。按照莱维纳的说法：“在我行动之前，我关心他者，而且我永远不可能被解除此责任。”[43]对于莱维纳，“去看视一面孔已经是去倾听‘汝不应杀戮’的告诫”[44]。言语已经是道德领域的一部分。他者并非永远是对我的自我形象的一个威胁，有如萨特在对耻辱进行现象学的描述时那样。他者的现前是使我能够成为我自己并首次承认我自己。我经验着一个不是我自己的“我”。

他者的言语激发着我的回应，而我的回应同时即是我的责任；莱维纳 349
不厌其烦地强调着这两个词之间的紧密联系。责任就是可说明性〔accountability〕。莱维纳说：“承认他者即给与”（TI，75；48）。我的应答可能是略而不答，但是我是由我的应答来规定的：

> 我只有在给与和拒绝时才能够识别陌生人、寡妇和孤儿的眼神。事物不可能像海德格尔所说的那样是位置的基础，那构成着我们在地

> 球出现的一切关系的本质……同一和他者的关系，即迎纳他者的关系，是最终的事实，而且在其中事物的作用不是所形成者，而是所给与者。（TI，77；49）

对于莱维纳来说，不可能对面对面关系给与一种现象学的描述，因为对他而言，面容是一种原始概念，“一种基本性的事件”[45]。某些事物是超越现象学的，因为现象学是对显现者的描述：“对面容的欢迎和正义工作（它们决定着真理本身的诞生）是不能根据显露来解释的”（TI，28；xvi）。面容既非一事物，即可在知识中被理解者，也不是我们日常实践中所遇者。面容是海德格尔的“工具存在”和“客观存在”范畴所无法包括的。对于莱维纳，面容是“一要求而非一问题。面容是在寻求补偿中的一种助力、一种公开的协助”[46]。他者的面容是一“谜语”。人们实际上并不必须注视某人以面对他们的“面容”的伦理性要求。我在一儿童的饥饿面容上或一乞丐伸出的手上发现了我的责任。此外，面容概念永远是暧昧的，面对着我的面容可能是平和的或暴力的及死亡威胁的。所以，莱维纳认为面容的显现可能要求一种合法的暴力回应，要求面对他者保护自己（我们看到，莱维纳认为一个国家有权利甚至有义务对抗敌人，保卫自己）。他者可能是敌人。尽管有这么多接纳性和欢迎性的修辞学表现，莱维纳并不是在说，他者的面容只要求一种回应。伦理现象的性质是提供适当的应答，不管是什么。然而他从未讨论过如何调节这种适当性，但是人们会想到与他者的交遇的道德调节首先正是伦理学的工作。他认为，伦理学是这样一种认知：必须有一应答，而不是对该种应答的一种详细规定。

350 莱维纳主张，我们对人的面容的“经验/无经验”具有首要性，是不可穷尽的。面容的诉求是前反思的，不是我接受康德的伦理学命令的结果，而是一种活生生的、被感觉的现前，一种我在我的身体内感觉到的经验。我永远已经是对于他者“有义务的”。他谈到了我的“对他者的前逻辑的屈从”（CPP，135-136）。他并不想将面对面关系看作建立在两个已经存在的存在者之间的关系。这会使伦理学关系成为一种本体论关系。反之，对他来说，这是一种道德的先天性，一种伦理学可能性的条件，但是正如我们所见，它似乎并不是一种非常具有启示性的条件。

对某事物呈现一面容是使它对我们具有一要求的条件。因此，我们只理解具有一面容的上帝的概念，因为我们具有对人的面容的经验。他同意，我们不可能实际上拒绝承认动物的面容。然而同时，他并未提出关于面容属性的充分讨论，也没有相关于“面容性”的判准。一条鱼或一只阿米巴虫有没有面容？子宫内一个人的胚胎是否有面容？莱维纳承认，他并不能够论述或界定面容的属性：“我不能说何时你有权利被称作‘面容’”[47]。但肯定这是一极其严肃的承认。对于莱维纳而言，道德性是对面容的一种应答。如果我每看见某物具有面容，它对我无要求而且我对它没有责任。因此，人们如何显示面容当然是至关重要的。如果对此不加论述，也就根本不存在一种面容哲学。

莱维纳的影响

我们已经看到，直到《整体性和无限性》出版为止，哲学家一般将莱维纳视为对胡塞尔和海德格尔的现象学进行认真的、同情的但批评性的研究者，此现象学在法国对萨特、梅洛-庞蒂、德里达和利科都产生过重要影响，他们都曾被莱维纳有关意指作用复杂性和有关现前的论述所吸引。虽然莱维纳自 1940 年代以来撰写关于他者的主题，直到《整体性和无限性》出现他才被大家视为有关异他性问题的现象学家。莱维纳对具体伦理情境和他者经验丰富性的强调，与萨特的自我投射伦理学和对“看”中他者经验的批评形成强烈对比。莱维纳对于面对面关系的讨论活跃了欧洲大陆伦理学到如此程度，以至于像德里达等现在都沿着莱维纳的方向关心起伦理学和正义观的问题了。莱维纳由于讨论面对面关系及其“神秘性” 351
“父名”等概念的分析也在精神病治疗学方面产生影响。莱维纳对他者的讨论也不无矛盾地（考虑到他把女子看作他者时并非不含有性别主义假定）对于欧洲女性主义思想具有强烈影响力，特别是在德·波伏娃、克莉斯特娃和露西·伊利格瑞等人的著作中。我们已看到，德·波伏娃曾批评莱维纳采取纯男性主义观点，因此把女性看作他者。同样的，更晚近的哲学家如伊利格瑞和埃莱娜·西苏都以批评的、如果不是多多少少隐晦的方式，讨论着莱维纳哲学的这一方面。[48]

莱维纳的哲学，一直是对相当多现代哲学研究的主观主义基础的重要平衡力量。然而，它的模糊的、隐喻性的不精确的写作风格不可避免地意味着，对于他的哲学永远不可能存在有权威性的解释，不可能对其加以“掌握”。或许这正是莱维纳的意图所在。他的话语的准确性质永远是不清晰的。有时他似乎承认他的语言是隐喻性的，因此他不断地运用着短语如

“好像是”，如“我好像是对他者的死亡或对他者的保护负有责任”。如果此“好像是”是真的，那么它就严重地弱化了莱维纳的讨论效果。如果在我的存在中，我只是“好像”对他者负有责任，就很难理解真正伦理学的责任如何能够根基于此种“好像是”的关系上。莱维纳从来没有根据康德的假言命令式讨论“好像是”概念。

此外，莱维纳在直接把重心从自我主义转换到异他性时，创造着一种新的教条主义，现在围绕着他者以为中心，而不是围绕着自我了。虽然莱维纳声称研究伦理学，他对他者的作用（我的敌人，我的朋友，我所爱者，我必须与之斗争者）的含混性论述，无助于解决相互传统的主张，例如那些迫使我们在诸他者之间进行选择，而不是在自我和他者之间进行选择的问题，如莱维纳所描绘的那样。因此在他看来，他者面容的现前既是一种杀戮之诱惑，也是一种不要杀戮之命令。这可能是伦理学可能性的一个第一条件，但它没有告诉我们规定正确行为的是什么。

莱维纳有关他者首要性的主张具有何种性质？这些主张是否是现象学的发现——发现了被忽略的社会生活现象，可证伪的经验性断言？还是说它们是理想化行为，一种有关与他者的伦理学关系应该是什么的幻想性画面？我们如何理解这样的断言：“因为他者注视着我，所以我对他负有责任？”（EI，96；102）连词“因为”在此有何说明力？在什么意义上我的义务顺从着他者之现前？

再者，莱维纳过于仓促地把整个西方哲学传统作为一个有关表象性和唯理性的庞大运动加以拒绝，将此传统看作作为把握（greifen）之知识并
352 终结于概念。他过于匆促地把理性和暴力等同，将不可能吸引这样的哲学家，他们相信哲学的本质就是理性的论辩和对相反要求的否定。莱维纳极少进行论辩；他简单地提出其分析，就像是此分析的方式应该是适合每个人似的，其实它只是一种对莱维纳本人思想进行注释的、相当于他者观的立场。他似乎永远在假定着，读者将准确理解自己所说者并会对之相信。这使得人们很难，如果不是不可能的话，与其论辩，结果只能表达不同的理解而已。

莱维纳的支持者似乎对其著作核心处的严重含混性不以为意，他们似乎并不为其众多的矛盾性陈述和隐喻性语言堆砌所困扰。但是，一种更为公平的，即使是仍然同情性的批评性目光，不可能忽略莱维纳关于（例如）面容的经验或非经验的论述中的赤裸裸的矛盾性。莱维纳从不留下读

者质疑的空间。在他看来，他者甚至呈现为一种要求，而不是提出一个问题。但是，即使我们知道他说的“面容”是什么，在现代伦理学中大量迫切性问题（像堕胎、自卫、对待动物等）都相关于这样的事实：我们关于面容重要性并无清晰判准。动物权利运动表明，一切动物都值得尊重，像人一样。面容概念可扩展到动物。另一方面，莱维纳说，面容概念主要来自人的领域。于是此一问题在于决定应该把什么看作“面容”之判准，以及当在相互竞争的“诸面容”间产生直接冲突时，如何商定、如何确立解决之判准。例如，当一个选择不得不导致偏向两个具有同样价值的，甚至具有无上价值的人之中的一个时。逐次从莱维纳著作中引述其有关面容性质的言论是没有意义的，如同我前面已经做过的那样。这些与面容的所谓非揭示性交遇之性质有关的、完全无根据的、不要说彻头彻尾矛盾的断言之总和，并不能构成一幅统一的图画。当然，莱维纳会同意说，面容是抵制整体化的。另外，它也不是一个“或者你看见它，或者看不见它”的问题，因为面容不是一现象，不是某种可见物。我们完全不清楚，此一异他性现象学如何能够成为一种现象学。

由于其难解的表达风格和显然放弃理性论辩和证明以偏向于重复性的、独断论式的陈述（这些陈述具有预言家式的符咒语和准宗教式的武断性宣言），莱维纳的著作一般来说完全被分析哲学家所忽略。人们会试图说，莱维纳的思想不是在现象学的意义上揭示事物，而是似乎漂浮于事物
之上空，他全神贯注于自己的自指涉系统。然而，他对人类状况在其中逃 353
脱或超越一切客观分类学的方式的集中思考，是现象学的一个重要发展，即使此发展相背于胡塞尔有关哲学作为理性的自我责任性观点的本质。

注释：

[1] E. Husserl，*Méditations cartésiennes：introduction à la phénoménologie*， 508
trans. G. Peiffer and E. Levinas (Paris：Almand Colin，1931).

[2] E. Levinas，*La Théorie de l'intuition dans la phénoménologie de Husserl* (Paris：Félix Alcan，1930)，trans. A. Orianne，*The Theory of Intuition in Husserl's Phenomenology* (Evanston，IL：Northwestern University Press，1973). Hereafter THI and page number of English translation.

[3] E. Levinas，*Totalité et infini：Essai sur l'extériorité* (The Hague：Nijhoff，1961)，trans. A. Lingls，*Totality and Infinity. An*

Essay on Exteriority (Pittsburgh: Duquesne University Press, 1969).
509 Hereafter TI followed by page number of the English translation, followed by the page number of the French edition. Though Levinas spells his name as both 'Lévinas' and 'Levinas', we shall adopt the usage 'Levinas' throughout.

[4] Florian Rötzer, *Conversations with French Philosophers*, trans. Gary E. Aylesworth (Atlantic Highlands, NJ: Humanities Press, 1995), p. 58.

[5] E. Levinas, *Éthique et infini*, *Dialogues avec Philippe Nemo* (Paris: Fayard, 1982), p. 95, trans. Richard A. Cohen, *Ethics and Infinity* (Pittsburgh: Duquesne University Press, 1985), p. 90. Hereafter EI and pagination of English edition followed by the French pagination.

[6] 关于莱维纳研究 Talmud 的报道，参见：Colin Davis, *Levinas. An Introduction* (Cambridge: Polity Press, 1996), pp. 93-119。

[7] E. Levinas, "The Understanding of Spirituality in French and German Culture", originally published in 1933 in a Lithuanian journal *Vairas* and trans. Andrius Valevicius, *Continental Philosophy Review* 31 (1998), pp. 1-10.

[8] R. Mortley, *French Philosophers in Conversation* (London: Routledge, 1991), p. 11.

[9] See also Levinas, "Signature", *Difficile liberté. Essais sur le Judaisme* (Paris: Albin Michel, 1976), trans. by S. Hand, *Difficult Freedom. Essays on Judaism* (London: Athlone Press, 1990). Hereafter 'Difficult Freedom' followed by pagination of English translation.

[10] See E. Levinas, *Sur Maurice Blanchot* (Montpellier: Fata Morgana, 1975), trans. by Michael B. Smith, "On Maurice Blanchot", in *Proper Names* (London: Athlone Press, 1996), pp. 127-170.

[11] See Levinas's autobiographical remarks in "Signature", *Difficult Freedom*, op. cit., p. 291.

[12] R. Mortley, "Levinas", *French Philosophers in Conversation*, op. cit., p. 11.

[13] E. Levinas, *Proper Names*, p. 3; *Noms propres*, op. cit., p. 7.

See also EI 38; 34.

[14] E. Levinas, "Sur les *Ideen* de M. E. Husserl", *Revue Philosophique de la France et de l'Etranger* 108 (3/4) (1929), pp. 230–265, trans. Richard A. Cohen and Michael B. Smith "On Ideas", in *Discovering Existence with Husserl* (Evanston, IL: Northwestern University Press, 1998), pp. 3–31.

[15] G. Marcel, *Journal Métaphysique*, p. 207; *Metaphysical Journal*, pp. 210–211.

[16] J. Wahl, *Le Malheur de la conscience dans la philosophie de Hegel* (Paris, 1929).

[17] Levinas, *Hors sujet* (Montpellier: Fata Morgana, 1987), trans. Michael B. Smith, *Outside the Subject* (London: Athlone Press, 1993). Hereafter '*Outside*' and page number of the English translation.

[18] See his essay on Jean Wahl, *Noms propres*, op. cit., pp. 131–140, trans. *Proper Names*, op. cit., pp. 110–118.

[19] E. Levinas, "Martin Heidegger et l'ontologie", *Revue Philosophique de la France et de l'Etranger* 108 (5/6) (1932), pp. 395–431, reprinted in *En decouvrantl' existence avec Husserl et Heidegger* (Paris: Vrin, 1988), pp. 7–52.

[20] E. Levinas, "As If Consenting to a Horror", trans. Paula Wissig, *Critical Inquiry* 15 (2) (1989), pp. 485–488. Here Levinas addresses the issue of Heidegger's postwar silence on the issue of the Holocaust.

[21] E. Levinas, "Quelques réflexions sur la philosophic de L'-Hitlérism", *Esprit* 2 (26) (1934), pp. 199–208, reprinted in E. Levinas, *Les Imprévus de l'histoire* (Montpellier: Fata Morgana, 1994), trans. by S. Hand as "Reflections on the Philosophy of Hitlerism", *Critical Inquiry* 17 (1) (Autumn, 1990), pp. 62–71. Hereafter *Hitlerism* and page number of English translation.

[22] E. Levinas, *De l'evasion* (Montpellier: Fata Morgana, 1982). Hereafter *Evasion* followed by the page number of the French edition.

[23] E. Levinas, *De l'existence à l'existant* (Paris: Fontaine, 1947; reprinted Vrin, 1973), trans. by Alfonso Lingis as *Existence and Exist-*

510 ents (Dordrecht: Kluwer, 1988). Hereafter EE and pagination of English translation followed by French pagination.

［24］这些讲演最初出版于文集 *Le Choix—le monde—l'rexistence* (Paris: Arthaud, 1948)，之后单独出版于 *Temps et l'autre* (Montpellier: Fata Morgana, 1979), trans. by Richard A. Cohen with additional essay as *Time and the Other* (Pittsburgh: Duquesne University Press, 1987)。Hereafter TO followed by page number of the English translation and then the French original.

［25］For the influence on Levinas of Jean Wahl's analysis of transcendence, see Levinas's essay, "Sur l'idée de la transcendance", *Existence humaine et transcendance* (Neuchatel: Editions de la Baconnière, 1944).

［26］E. Levinas, *Autrement qu'être ou au-delà de l'essence* (The Hague: Nijhoff, 1974), trans. Alfonso Lingis, *Otherwise Than Being or Beyond Essence* (The Hague: Nijhoff, 1981). Hereafter OBBE and page number of English translation.

［27］Levinas, *De Dieu qui vient à l'idée* (Paris: Vrin, 1982), trans. *Of God Who Comes to Thought* (Stanford, CA: Meridian, 1998).

［28］See E. Levinas, "Ethics and Politics", in Sean Hand, ed., *The Levinas Reader* (Oxford: Blackwell, 1989), pp. 289 – 297, originally published in *Les nouveauxcahiers* 18 (1982—3), pp. 1–8.

［29］J. Derrida, *Adieu à Emmanuel Levinas* (Paris: Galilée, 1997). A shorter essay by Derrida, "Adieu", is translated in *Philosophy Today*, 40 (3) (Fall 1996), pp. 334–340.

［30］Levinas, *De Dieu qui vient à l'idée*, op. cit., p. 140.

［31］See Raoul Mortley, "Levinas", in *French Philosophers in Conversation* (London: Routledge, 1991), p. 14.

［32］E. Levinas, "Beyond Intentionality", in A. Montefiore, ed., *Philosophy in France Today* (Cambridge: Cambridge University Press, 1983), pp. 100–115.

［33］R. Bernasconi and D. Wood, eds, *The Provocation of Levinas: Rethinking the Other* (London: Routledge, 1988), p. 175.

[34] Rötzer, *Conversations with French Philosophers*, op. cit., p. 60.

[35] See David Michael Levin, "Tracework: Myself and Others in the Moral Phenomenology of Merleau-Ponty and Levinas", *International Journal for Philosophical Studies* 6 (3) (October, 1998), pp. 345–392.

[36] Levinas, "Meaning and Sense", *Collected Philosophical Papers* (Dordrecht: Nijhoff, 1987), p. 105. Hereafter CPP and page number.

[37] "Signature", *Difficult Freedom*, op. cit., p. 292; see also Preface to French Second Edition of EE 10 (not translated in the English edition).

[38] S. de Beauvoir, *The Second Sex*, trans. H. M. Parshley (London: Picador, 1988), p. 16 n. 1.

[39] Levinas, "La ruine de ia représentation", in *Edmund Husserl 1859—1959* (The Hague: Nijhoff, 1959), pp. 73–85, reprinted in *En decouvrant l'existence avec Husserl et Heidegger*, pp. 125–135, trans. *Discovering Existence with Husserl*, op. cit., pp. 111–121, and Levinas, "La philosophic et l'idée de l'infini", *Revue de Métaphysique et de morale* 62 (1957), pp. 241–253, reprinted in *En decouvrant l'existence avec Hasserl et Heidegger*, pp. 165–178, trans. in A. Peperzak, *To the Other. An Introduction to the Philosophy of Emmanuel Levinas* (West Lafayette, IN: Purdue University Press, 1993), pp. 88–119.

[40] E. Levinas, "A propos de 'Kierkegaard vivant'", *Noms propres*, op. cit., pp. 88–92, trans. "A Propos of *Kierkegaard Vivant*", *Proper Names*, op. cit., pp. 75–79.

[41] J. Derrida, "From Adieu agrave; Emmanuel Levinas", trans. Michael Naas and Pascaie-Ann Brauet, *Research in Phenomenology* XXVIII (1998), p. 20. Derrida writes on the theme of welcome in Levinas in his 511
essay "Le mot d'accueil", in *Adieu à Emmanuel Levinas* (Paris: Galilée, 1997).

[42] Levinas, "Ethics and Spirit", in *Difficult Freedom. Essays on Judaism*, op. cit., p. 10.

[43] Interview with Schlomo Malka in *The Levinas Reader*, op. cit., p. 290.

[44] Levinas, "Ethics and Spirit", *Difficult Freedom*, op. cit., p. 8.

[45] See "The Paradox of Morality: an Interview with Emmanuel

Levinas", in *The Provocation of Levinas*, op. cit., p. 168.

[46] *The Provocation of Levinas*, op. cit., p. 169.

[47] *The Provocation of Levinas*, op. cit., p. 171.

[48] L. Irigaray, *L'Ethique de la différence sexuelle* (Paris, 1984), trans. as *An Ethics of Sexual Difference* by Carolyn Burke and Gillian Gill (Ithaca, NY: Cornell University Press, 1993). For a discussion of Levinas's conception of the feminine see Tina Chanter, *Ethics of Eros. Irigaray's Rewriting of the Philosophers* (London: Routledge, 1995), pp. 196-224.

11 让-保罗·萨特：激情描述 354

导言：有倾向的知识分子

让-保罗·萨特（1905—1980）作为才华横溢的“文士”，其名声远超越哲学，也是卓有成就的小说家和剧作家，一位放荡不羁的知识分子，他在战后的法国将存在主义通俗化，而且作为一名激进的政治活动家，他无情地批判着资产阶级的自命不凡（les salauds，坏蛋）及其一切形式的殖民盘剥。作为在 1930 年代和 1940 年代的巴黎作家，他与巴黎知识分子和艺术精英们多有交往，在此只需提及几位，像毕加索、马尔罗、拉康以及米歇尔·莱里斯（Michel Leiris）。1964 年他的文学才能获得承认，被授予诺贝尔文学奖，对此他却以政治理由加以拒绝。萨特比任何其他人都更能代表那种法国哲学家的形象：作为一名公共知识分子、一名巴黎咖啡馆的常客、一名脱口秀的来宾，永远要对公共议题发表宣言，且是一位通才，永远关注和评述几乎一切事物。

萨特虽然很早显露文学天才，最初并非具有政治倾向，但第二次世界大战彻底改变了他的生活，按照他自己的说法，大战迫使他“超越传统哲学思考而朝向那种将哲学和行动联系在一起的思考”[1]。战后，部分地由于其友梅洛-庞蒂的影响，他成为法国共产党的一名支持者，而且在写作中为斯大林的劳改营和残暴政权辩护。在 1956 年匈牙利起义事件后，萨特与共产党人断绝关系并采取了一种更独立的却永远是倾向性的政治立场。萨特作为一名到处旅行的公共人物，会晤了世界各地革命领袖，包括铁托、卡斯特罗和格瓦拉。晚年萨特以各种左翼运动名义参与抗议活动，包括旅行到德国，由丹尼尔·龚本第（Daniel Cohn-Bendit）陪同访问 Baader-Meinhof 集团被监禁的成员。他公开与很多激进事业联系，包括法国无政府主义集团“直接行动派”。然而，在其临终时，他与马克思主义断绝 355
了关系并开始拥护一种“自由社会主义”（Schilpp，21）。

萨特首先自视为一名作家，甚至他的哲学努力对他来说也是他的文学观探讨的一部分。早在年轻时，他即自命为文学天才。萨特从来没有完成博士论文，从来没有担任过大学教职，而且一般地从来不喜欢学术界生活。他的大部分著名哲学著作都是完成于1945年大战结束之前，而且甚至只要他有机会他就放弃教学，以便将全部时间用来写作。除了小说、戏剧和短篇故事外，萨特热情洋溢地写出了有关文学理论、传记、心理分析和政治类作品，几乎都是一气呵成之作。他很少认为自己的任何写作计划是已完成的。因此，在其杰作《存在与虚无》（1943）末尾，他曾许诺要写一部伦理学，并在笔记本上简述了大纲。[2]同样，他的《辩证理性批判》（1960）只是计划中的长篇著作的一个部分，而且当第二部未完成的部分于去世后出版时，竟已达700页之多。[3]

自巴黎高师学生时代起，萨特即与德·波伏娃（1908—1986）保持着长期的关系，既是思想上的也是情感上的。此不同寻常的关系多方面地挑战着资产阶级的习俗。德·波伏娃和萨特一起学习哲学，虽然她自己的写作生涯晚于萨特，存在有显著的证据表明，除了推广和维护萨特哲学外，波伏娃强烈地影响着萨特的哲学观的形成，特别是萨特的他者理论。波伏娃一直不断地影响着和评论着萨特所写的几乎一切，甚至萨特自己承认，她的哲学感觉比自己的要敏锐得多。

鉴于他的极其广阔的政治兴趣和文学生产规模，我们不可能在一章篇幅里对萨特思想进行充分论述。我们在此的意图是特别集中于萨特对现象学的贡献，特别是他的《存在与虚无》及早期著作。萨特的哲学兴趣表现于一种不加约束的折中主义。然而他毫无疑问地影响着现象学的发展。他扩大了现象学的思考范围，与其说是通过他对胡塞尔和海德格尔的批评性读解，或者说通过他自己发展的现象学方法，不如说是通过他对人的行动和互动的体察入微的描述，其中的关键是人的自我感觉。他的特殊贡献在于指出，在人类关系动力学内起作用的自由欲望和自由恐惧，在于指出，
356 自由在比古典哲学和心理学所承认的更多的人际交遇场合中是一种关键性的价值。虽然《辩证理性批判》通过将个人自由置于社会和政治关系环境内而对自己早先的有关自由的立场做了重要的修正，其分析于是进入了马克思主义政治哲学领域，因而遗憾地超出了本书的范围。

萨特哲学概述

一般来说，萨特的观点是不同思想的某种大杂烩，此思想大杂烩被他

以独特方式凑成了一个系统，而这个系统此后从来未再予以加工过，本来这是学界从业者在发表自己思想时要做的。萨特本人似乎永远在渴望一种唯理主义类型的传统哲学系统。在高师时他是一名优秀学生，一名传统哲学的狂热读者。从 12 岁起就作为一名无神论者的萨特，其本体论即以明确的认知开始：自从世界上取消了上帝后，我们所面对的就是事物存在的纯事实，纯偶然性。偶然性可以说是萨特最初的、最大的哲学启示，这是他在高师时据说在看一部电影时所发现的。偶然性是这样的概念：世界存在着，但它并非必定要存在着。在他看来，偶然性意味着：事件中不存在理由，不存在无所不包的计划，不存在内在的意义。并不存在支配着存在事实的必然性。存在只是在那儿，这样的存在是“多余的”（de trop）（BN，xlii；33）。萨特比任何其他哲学家更多地探讨了面对世界彻底偶然性时的心理学的、道德的和人性的后果，其意义之纯阙如，即“荒谬性”。萨特反对“创造论”的误缪（BN，xl；31），这种假定认为，如果存在者被理解为被创造的，那么就算是获得了解释。他认为，19 世纪唯理主义和人本主义想要承认上帝已死，但又认为上帝在照常行事，因此假定着一种合理性的基本计划；而萨特主张，如无一个上帝的计划，世界实际上就是无意义的、荒谬的（萨特倾向于使用“荒谬的”〔absurd〕，与此相对，胡塞尔倾向于用“无意义的”〔sinnloss〕，而不是用“荒谬的”〔widersinn〕）。

在某种意义上，萨特部分地诉诸一种巴门尼德的存在观：“存在”是存在的，“非存在”是不存在的。此外，存在是不可分的、纯粹的自同一性，être en-soi〔自存在〕。他不同于巴门尼德的是，不把存在和理性的关系看作必然的，不把存在看作必然的。存在是对自浑浊的、粗鄙的、呆滞的，既不主动也不被动，是无意义的，拒绝意识，纯粹的“内在性”（BN，xli；32）。在此意义上，萨特的“自存在”概念并非不类似于莱维纳在《论逃避》和《存在和存在者》中对存在的描述。对于莱维纳，存在是无所不包的，是超越肯定和否定的。萨特也断言，例如（与莱维纳一致地）， 357
“存在既超越否定也超越肯定”（BN，xli；32）。世界充满了粗鄙的、呆滞的物质；对于萨特，这就是纯粹的“自存在”。此术语“自在”（en-soi）和“自为”（pour-soi）是从黑格尔以来的德国哲学（包括胡塞尔和海德格尔）中找到的。对萨特来说，关于黑格尔的认识是通过他的高师同班同学依波利特、柯耶夫讲演以及瓦尔的名著《通向具体性》获得的。萨特后来甚至称赞瓦尔通过强调此全部知识哲学中的矛盾、含混和未决问题挑战了萨特的老师（如不伦瑞克）。[4]存在并不要求“自为”。自为正像自在一样是偶然的。世界本身是无意义的、荒谬的。再者，即使存在的自同一只是一偶然的事实，借助自同一每一存在都是其所是。与胡塞尔相对，萨特主张一种自然主义观点：同一性原则（A＝A）不是一纯粹先天性逻辑真理，而是实际上基于简单的、偶然的事实：“存在”存在着（BN，xli-xlii；33）。

与此整体性的、未区分的自在存在相对的是自为存在或意识，此词在黑格尔词汇中永远企图发展自身并与自身同一。自在是自为的条件。自为不是其自身的基础（虽然萨特有时好像是说它是具有自根基性的），它完全依存于自在。意识永远是——在此暗示出海德格尔的影响——被描述为闯入存在，或者被描述为存在的一种裂隙。但是，正如在本章后面将讨论的，萨特不断说在自在和自为之间不存在可能的关系，此两个区域是不交流的。萨特想要强调自在存在，特别是在其后来的写作中，他更加公开地成为唯物主义者，但他又奇怪地否认意识是以因果方式从物质中产生的。[5]萨特于是否认他是一本体论的二元论者，因为对他而言，自为不是一存在，而是存在的一种裂隙或破裂，使得存在能够显示自身。正是此将意识看作存在之显示的观点使得萨特与现象学的传统联系起来。

自在存在是偶然的，但它似乎不是时间性的。时间性是自为的一个特点。于是，自在存在本身并非现前的（莱维纳和德里达也将这样说），因为大多数存在都是通过意识而现前的。存在有什么意义完全来自人的意义给与，即胡塞尔说的 Sinngebung。但是萨特比胡塞尔更极端地说意义赋予功能是意识的完全自由行为。人通过将物包含在自己的计划里而赋予物以意义。简言之，对萨特来说，一方面只存在自在存在，另一方面存在有人
358 的计划。这些计划是意识仍然在意识中时所企图达至的自在存在。因此自为具有一最终的、基本的计划：既是存在又是认知，简言之，是其所不可能是者，此即上帝。

萨特的笛卡尔主义

萨特哲学的出发点永远是笛卡尔主义，通过其老师的特别是不伦瑞克（1869—1944）的唯心主义观点所承继的一种笛卡尔主义。作为一名哲学家，萨特要求概念清晰。与唯心主义者的模糊的、含混的、一厢情愿的表

述方式相反，萨特企图模仿他认为是笛卡尔思想中的那种锐利锋芒：

> 通过拒绝思想和外延之间的中介，笛卡尔展现了一种雷霆万钧的、革命性的气质：他又砍又劈，留给他人的是其后再加以联结的任务。我们于是也紧随其后又砍又劈。[6]

萨特也是主要根据本体论来思考哲学的（Schilpp，14），此本体论他在《存在与虚无》中曾详加论述。他对笛卡尔的倾心正是由于笛卡尔提出的关于两个不可交流领域（外延和意识）的形上学。但是，笛卡尔的错误是根据实体来理解意识的存在（萨特称之为“实体主义的虚幻”）。萨特在很多方面提出了关于“自在存在”和“自为存在”的先天性形上学。某些评论者，特别是麦卡洛克，认为萨特提出了一种现象学的本体论，即讨论着存在的方式或样式，而不是严格意义上的那种本体论，而且实际上所表达的只是单一实体：在世存在。[7]但是，这种解释与萨特自己的看法相反，萨特认为自己提出的正是一种传统意义上的本体论。他说：“我希望我的思想相对于存在被理解。我认为我具有本体论观念，因为我受过此哲学训练。哲学是关于存在和存在者的一种探索。”（Schilpp，14）再者，萨特明确拒绝将他的两个有关自在和自为的不可交流领域加以结合的现象学的企图，而且指出梅洛-庞蒂的“世界内”概念和海德格尔的存在思考都是对一种本质清晰的本体论的神秘化作为。于是萨特在内心深处是笛卡尔式的，虽然他不同于笛卡尔的是他将“自为”变为一种“非物”存在，即基本上只是对物性的一种欲望。

萨特的自由概念往往被看作具有高度独创性的，最终也是得自笛卡尔的。自由是绝对的，不是有程度差异的，而且就此而言，人的自由和神的自由是同一的。再者，自由存在于自发思维中的理智决定，而不是产生于行动中的。人们可能是自由的，却不能够去行动。自由是一种意识立场， 359
事实上，是一种基本性立场。在萨特看来，笛卡尔断言，没有人能够为了我而替我来思想：“归根结底，我必须说是或否，并独自为整个世界决定何者为真。”[8]他同意笛卡尔的乐观主义观点：人们通过运用他们的被给与者而造就了自身，而且，大多数人都具有大致同样的能力。

萨特对胡塞尔现象学的兴趣甚至也来自笛卡尔。虽然他在高师时必定接触过一些现象学的知识，他更关注的是笛卡尔、斯宾诺莎和柏格森，而且在其几位老师影响下，认为自己在追求的是绝对性（虽然他后来说那时他还没有读过黑格尔的任何著作）。萨特认为，胡塞尔是 20 世纪将笛卡尔我思彻底化了的伟大的笛卡尔主义者。[9]

从笛卡尔到胡塞尔

萨特自己的记录表明，他是经由雷蒙·阿隆的介绍知道现象学的，阿隆曾于1932年在柏林研究胡塞尔。此次相遇促使萨特阅读了莱维纳的书《胡塞尔现象学中的直观理论》，从此书中他获得了这样的印象：胡塞尔是在促进一种实在论。他被自己所听闻的现象学——被理解为从甚至最无关紧要的生活状态中汲取意义的努力——充分激发，结果他安排了1933—1934年的柏林行，在那里他深入阅读了现象学，并起草了自己最初的哲学论文。

萨特以自己特殊的独创性视角来关注胡塞尔的现象学，却拒绝了胡塞尔的很多方法论的工具，包括悬搁、还原、胡塞尔对诺耶玛的讨论和意向性客体，以及有关意识中自我的显现。萨特宣称，一切还原都是不完善的，不可能进行完全的还原，因为我们决不可能当客体被给与意识时简单地返回客体，因为客体将永远逃避自为的把握。事实上，萨特所拒绝的几乎是全部胡塞尔，却继续把自己看作（至少到1940年）一名胡塞尔主义者。首先，萨特把胡塞尔看作一名实在论者，但是后来理解到胡塞尔的立场更接近于康德，因此是一种“坏的实在论”（Schlipp，13）。萨特最早把胡塞尔理解为一名实在论者，这可以从他于1939年写的短文《意向性：胡塞尔现象学的基本观念》中明显看出。在此文中他宣称，胡塞尔的现象学使我们直接与世界接触：“胡塞尔恢复了事物的可怖与魅力……如果我们爱一女人，这是因为她是可爱的。”[10]但是，在《存在与虚无》时期，萨特
360 把胡塞尔看作一名现象主义者：胡塞尔把客体看作其诸显象的总和，而且倾向于康德的唯心主义（BN，73；111）。在莱维纳的影响下，萨特把胡塞尔的意向性学说解释为一种本体论学说。意向性结构发现了一种相当简单化的自在存在和一种寄生性的本体论，此意识从来不是自在的但永远努力于超越自在而成为自为的，超越自身以贴紧存在。萨特认为，胡塞尔是一位执着于我思的笛卡尔主义者，执着于思考我思行为和我思对象的关系，因此意识的绝对自由直接面对着意向性客体的超越性质。意识是一“虚无”、一“欠缺”、一“存在内部的存在空洞”（BN，617；681）；与之相比，意向性客体是纯粹的存在，但意识是在某种方式上与存在直接接触者，而且意识正是对存在的这种把握。

在其1936年第一篇发表的文章《自我的超越》中，萨特采纳了胡塞尔的观点：现象学是对本质的研究，是艾多斯分析。但他从未将这些本质与事实世界分开，而且在此意义上已经将现象学引向一种存在论的方向了：

> 现象学是一种科学的，不是一种批判的意识研究。它的基本方法就是直观。直观，按照胡塞尔，使我们置身于物的现前。我们必须承认，因此，现象学是一种关于事实的科学，而且它提出的问题是有关事实的问题，此外按照胡塞尔的现象学的说法，现象学可看作一种描述的科学。[11]

萨特同意胡塞尔的观点：现象学只是有关在直接直观中所与者的忠实记录，虽然萨特的直观概念在许多方面不同于胡塞尔。因此，萨特在《存在与虚无》中说：

> 存在的只有直观知识。演绎法和论证法，被不正确地称作认知的例子，它们只是通向直观的工具。当达到了直观时，为达到此目的所使用的方法就被删除了……如果某人询问直观的定义，胡塞尔将与大多数哲学家一样地回答说，事物直接现前于意识……但是我们确认，自在永远不可能自身成为现前。事实上，现前是自为存在的一种时态性〔ekstatic〕样式。我们于是被迫逆转我们的定义术语：直观是意识对物之现前。(BN，172；212-213)

萨特在此追随海德格尔强调着现前是一种人的存在的样式，而不是一 361
种自在存在的样式。

在其1939年关于意向性的短文中，萨特说胡塞尔把哲学从一种认识论的范式中解脱出来，该范式把知识看作对客体的一种消化，其方式类似于一个蜘蛛在诱捕东西，将其归入自己的实体之内。知识是“消化、吸收”。萨特说，胡塞尔“坚持认为人们不可能将物融入意识……物不可能进入意识，因为它和意识具有不同的性质”(Intentionality，4；30)。萨特认为，胡塞尔主张意识和世界基本上是相关性的，而且存在不是意识。意识是朝向世界的一种“爆发”〔èclater vers〕(莱维纳也用同样的语言)。同样的，萨特拒绝一切再现论的和内在论的意识观，把意识误当作世界之反映：“意识没有内部”(Intentionality，5；30)。再者，意识有多种方式相关于世界，不只是借助知识。憎恨一人就是对其“爆发”的一种方式。但是，在意识和存在之间的一切关系中的关键问题是，意识天然地指向不是意识的存在（BN，xxxvii；28）。

海德格尔的影响

在笛卡尔和胡塞尔之外，海德格尔是萨特的另一个主要哲学根源，虽然萨特永远意识到海德格尔和纳粹运动的牵连，并对之表示轻蔑。萨特与海德格尔的第一次接触源于阅读《什么是形上学?》。此研究由亨利·科尔宾（Henri Corbin）译成法文，并发表于保罗·尼赞（Paul Nizan）编辑的刊物 *Bifur* 上，在同一期上也发表了萨特的思辨性文章《真理的传说》。[12] 海德格尔在弗莱堡发表的校长就职讲演含有一段论“虚无”概念的词，它颇类似于萨特在《存在与虚无》中使用的同一概念，按此，否定取决于先天性的无，而不是反过来。但是，萨特在 20 世纪 30 年代似乎并未研究过太多海德格尔的东西。他是在 1940 年成为战俘期间开始比较深入研究《存在与时间》的，而且海德格尔的影响表现在萨特重新把现象学看作《存在与虚无》中的“现象学本体论”。直到 1952 年萨特才到弗莱堡访问了海德格尔。我们看到，当海德格尔第一次收到萨特的书时，对其没有表现出什么兴趣。按照伽达默尔的回忆，海德格尔在阅读了该书 40 页左右后，就把书转给一名学生了。但是，1945 年 10 月 28 日时，海德格尔企图改善与弗
362 莱堡法国占领军的关系，曾经写信给萨特称赞了该书。[13] 最后，在 1947 年，海德格尔所写的《关于人本主义的信》主要是回应萨特的存在主义的。另一方面，萨特永远称赞海德格尔的早期哲学并欣赏它，但谴责海德格尔在与纳粹的联系中表现的软弱个性。

萨特把《存在与时间》主要看作一种存在论人类学研究，它提出了一种人的存在观，此存在既是自由的也是处境决定的，它被投入世界，但永远能够将自身投射到种种未来的计划中去。海德格尔所说的此在的本质是它的“存在”，被萨特理解为人的天性中并不具有性质，它是纯粹的自由。虽然海德格尔把此在描绘为“被抛入的投射”（geworfene Entwurf），萨特的看法是，虽然人们永远为他们的事实性（他们的性别、身高、经济地位等）所限制，并且永远独一无二地“位置于”时空中，但他们通过他们的“计划”构成着自己。自由永远相对于此事实性和位置性而运作。萨特在其《战争日记》（第 109 页）中说，“事实性只是这样的事实：在世界上时时刻刻存在有人的实在。”他补充说，由于事实性他被抛入战争。萨特于是在事实性和位置性之间并未加以明确区分。按照萨特的解释，海德格尔

揭示着关于有限的、趋死存在的及无意义的自由之条件，因此导致现象学向存在主义的同化。萨特并不认为海德格尔有关无人能够体验另一人的死亡的主张有什么重要性。他认为这只是一个更一般的笛卡尔真理的特殊表达：没有人能够直接体验另一人的意识。

焦虑和真诚

在1940年代中期，萨特描述了他的存在主义立场，并特别关注于眩晕、焦虑、呕吐及其他通常被哲学家所忽略的各种情绪经验，但萨特认为它们显示着人的存在的性质。萨特的存在主义主张：人的存在没有蓝图、没有框架可用以使生活具有意义。反之，我们必须面对我们存在的令人困惑的杂乱性和无根据性，此种体验激发了焦虑感。当然，焦虑也是克尔恺郭尔和海德格尔的论题。然而，萨特哲学所认可的存在主义之意义是：一种生命具有的唯一可能的意义是通过对生命的体验所获得的，因此对真诚地去生活的挑战就是对人的最高挑战。在自己的生活中，萨特否认他曾体验过存在性危机或焦虑，否认他曾真诚地为生存而斗争过。他否认自己曾亲身经受过在此存在主义意义上的焦虑或呕吐感。尽管他具有对这些真诚 363
的和非真诚的选择进行生动存在性描写的天才，萨特把自己描绘成一位冷静的、沉着的甚至精于谋略的知识分子。他对自己个人的能力具有非常清楚的感觉，下面的《战争日记》片段特别具有启示性：

> 的确，我不是真诚的。对于我所感受的一切，在我实际上对其感受之前，我已知我会那样感受它。而且，由于受制于对其所做的规定和思考，我只能半心半意地感受它。我的最大激情就是神经冲动。此外，我只是仓促感受，然后在语言上提炼，在这儿挤出一点，在那儿加强一点，于是，瞧！一种典型的感受被构造出来，好到足以放入装订成册的书里。人们感受的一切，我都能猜测、说明、分清是非，但不是感受。我在愚弄人们：我看起来像是一个敏感的人，而实际上我枯燥无味。当我在思考我的命运时，此命运，在我看来，似乎并不那么必须被轻蔑：就像是，在我面前有着大片乐土，而我将不会踏入。我从未感到过要呕吐，我是不真诚的，我在乐土的入口处停了下来。但是，我至少给他们指出了道路，因此他人可以到那里去。我是一名向导，这是我的角色。在我看来，在此时刻，我在自己最本质的结构内把握住我自己。(61-62)

此记载极具说明力，因为它表明萨特首先是一位作家，他能够运用想象力进行幻想和描写，而不是通过存在论的承诺去生存。他寻索着灵感的时机，就像一位富有创造力的作家那样，他并不必须诉诸实际的体验。因此，他的写作的持久性价值较少在于他的系统的理论化，而且肯定不在于他的本体论——是肤浅的和混乱的，而是在于波伏娃所说的他的“心理的洞察力”。萨特是伟大的心理学家，特别是有关于在与他人交往的动态关系中那些个人性的暴露、自我的认知（一眼看出某人的行动像是窥视欲者，在公共场合遇到他人时判断他们会成为抵抗运动的战士还是只会待在家里照顾母亲之辈，如此等等）。就这些描写可在宽松的意义上称作“现象学的”而言，萨特大大地扩展了现象学领域，而与此同时他肯定要为使现象学方法的空洞化负责，结果现象学只成了一种创造性直觉，或者一种对待世界的艺术化洞见。

萨特（1905—1980）：生平和著述

萨特于1905年生于多尔多涅省的Thiviers。他的父亲Jean-Baptiste是
364 一名海军军官。他出生不到一年父亲去世，结果突然到来的家庭贫困迫使萨特年轻的母亲回去与住在巴黎附近Meudon的父母同住。在他有关早年生活的自传《语言》中，他将父亲的早逝解释为一种幸运，因为这给他带来了自由：“父亲的死是我生活中的一件大事：它使我的母亲重受束缚，它给了我自由。”[14] 1911年他随外祖父母回到巴黎，外祖父在巴黎成立了一所“现代语言学校”，用以维持家庭开销。外祖父的书房是一间大藏书室，也成为小萨特的游戏室，在那里他第一次开始梦想成为一位大作家。1913年秋，他开始上蒙田学校。之后不久，外祖母故去。萨特除了上学外也接受家庭教育，1915年他转学到著名的亨利四世中学（尼赞在该校与他同班）。

1916年母亲再嫁，萨特最初与外祖父同住。但是，当他的母亲和继父于1917年迁至Rochelle后，把萨特也带了过去，并在地方学校就读，这对于小萨特是一段不愉快的经验。1920年他颇感欣慰地返回巴黎亨利四世中学，直到1922年以优异成绩毕业。之后，他和尼赞一起进入路易大帝中学（多年后德里达也就读此校），上完了第一、第二学年的文学预备课程（hypokhâgne和khâgne），准备参加竞争激烈的巴黎高师入学考试，这是一座精英高等学府，校址与路易大帝中学不远。在学校的早期阶段，年轻

的萨特已经开始写小说了，但只是到了第二学年他才第一次对哲学产生真正的兴趣，虽然在此阶段哲学只不过是他写作的“素材”而已（Schilpp，6）。他阅读的第一位哲学家是柏格森，虽然他从来也未成为一名柏格森主义者，他所关注的是柏格森对被体验的意识进行细致分析的方式（Schilpp，7）。

在巴黎高师发现哲学

萨特在成功考入高师后，自 1924 年至 1928 年作为寄宿生在那里度过四年。同学包括尼赞、阿隆、岗迪拉克（Henri de Gandillac）和梅洛-庞蒂。萨特选的课程是哲学和心理学，在同学中以疯狂阅读、恶作剧、写猥亵诗词著称，而且喜好拳击。他个子矮小，丑陋，但强而有力。在高师时，他于 1927 年写了第一部小说《失败》，故事大致根据作曲家瓦格纳、他的妻子和尼采之间的关系，虽然他未能将其出版。他听不伦瑞克的课， 365
但不喜欢他的唯心主义。1927 年他写了关于想象的毕业论文《心理生活中的形象：作用和性质》，有关于皮亚杰、弗洛伊德、雅斯贝尔斯甚至胡塞尔等关于知觉和概念中的形象作用研究。此文成为他的头两部关于想象的书的基础，但是却使他未能通过 1928 年教师资格考试，在全班 50 人中名列第 50。萨特后来解释说，他之所以失败乃因追求独创性。按照同班同学阿隆（他在同一考试中名列第一）的说法，萨特在考试中概述了他刚发现的有关存在的偶然性观点。萨特于 1929 年被迫作为校外学生再次参加考试，并取得全班第一名。

也就是在准备这次重复考试时他遇到了只有 21 岁的波伏娃，两人成为朋友并一起准备考试。1929 年波伏娃事实上以第二名通过考试，主考官之一瓦尔后来回忆道，当时很难决定他们两人谁应该是第一名（Cohen-Solal，74）。从此以后，他们两人毕生维持着极其亲密的、情爱的和公开的关系，此种关系并不排除他们各有其他情人并彼此相互详细讨论各自的情爱关系。1929 年波伏娃和萨特签订了著名的“必然爱情协约”，彼此承诺绝对忠实但不排除其他“偶然爱情”。[15]

虽然萨特本来计划要去旅行，1929 年到 1931 年他被要求服兵役，于是在气象部队服役了 18 个月，担任发射天候气球工作，他得到这个职位全因在同一部队服役的阿隆为其努力的结果。1931 年，萨特开始在勒阿弗尔的中学教哲学，波伏娃则在法国另一端的马赛任教。萨特给人的强烈印象是，他是一位全心投入的、不拘小节的老师，上课从来不打领带。虽然他的教学方法无拘无束，他仍然设法使学生在考试中达到成绩优良。但是，他感到学校的等级制度、资产阶级的气氛令人窒息，于是尽情参加闹饮和撰写所谓的“偶然性记事”的第一稿，此稿最后作为小说《呕吐》于 1938 年出版。

接触现象学

1932 年某时，在一次休假中，他与阿隆和波伏娃在巴黎咖啡馆有过一
366 次关于现象学的著名谈话。阿隆那时正在柏林法国研究所研究胡塞尔现象学，休假来巴黎。萨特谈到自己在研究偶然性，阿隆于是提到胡塞尔现象学作为达至具体事物本身的一种方法。按照波伏娃的回忆，阿隆向萨特说明，现象学家可以连桌子上的玻璃都加以讨论，此时萨特激动到几乎脸色苍白。[16]萨特如此激动，于是拉着波伏娃到巴黎各书店去找有关胡塞尔的书，发现了莱维纳的那一本，于是如饥似渴地读完。在此书中他发现胡塞尔了解萨特自己正在探索的偶然性。按照莱维纳，胡塞尔承认一切物质对象的偶然性但不承认意识的偶然性，后者被视为绝对的存在。萨特立即将现象学看作一种克服他的老师的唯心主义和间接实在论（此种观点认为实在只能间接通过观念的心理表象来把握）的方法。现在存在一种方法来讨论意识在其中直接进入事物现前的方式。

萨特于是决定随阿隆去柏林，并获得了法国学术基金会资助，于 1933—1934 年到柏林法国研究所从事研究。这样萨特就于希特勒上台后到达柏林。在其周围纳粹德国正在形成，但萨特似乎与此环境始终没有接触，没有注意到街上犹太人受到的威胁以及纳粹的军事武装。反之，他再次发现了“年轻人的不负责任”（《战时日记》，77），他仍然泡咖啡馆和欣赏五光十色的柏林夜生活。他通常早上阅读现象学（特别是《观念 1》），而在晚间研究他的“偶然性记事”。1934 年他在柏林时写了他的第一部现象学研究《自我的超越》，发表于 1936—1937 年的短命的先锋派杂志《哲学研究》上。《自我的超越》（本章稍后我们将讨论此书）仍然是一部引起兴趣的现象学研究，它表明萨特能够掌握胡塞尔的关键概念，虽然同时对其纯粹自我概念提出独到的批评。

1934 年 10 月，萨特返回勒阿弗尔学校任教，此教职在萨特不在期间由阿隆承担。返回巴黎后他陷入忧郁，或许因为他的“偶然性记事”（现

在的书名是《忧郁》）于1936年被伽利马出版社拒绝。他于1937年在拉昂完成短期合同教职后回到巴黎，任教于讷伊的Pasteur中学，在那里他关于疯狂、愤怒、绝望的讲课使学生十分入迷。

从忧郁心境中恢复后，他投身于哲学的和文学的工作。1936年，在他先前高师的一位教授的约稿下，他发表了《想象》[17]。此书基本上是对现存想象理论的一个批评性概观，但在结尾他提出了供未来探讨的问题。367
1937年他完成了一个短篇小说集子《墙》，最后发表于1939年。在现已成为一名成功小说家的尼赞以及皮埃尔·博斯特（Pierre Bost）、让·鲍尔汉（Jean Paulhan）等代表出版商的请求下，伽利马最后接受了萨特的哲学小说。伽利马要求改变书名，此书于1938年4月出版，名为《呕吐》，献给“Castor”。[18]这是波伏娃的诨名，法文意思是“海狸”，此名由其友人René Maheu所起，因为它与波伏娃的名字谐音，也因为她工作勤奋。[19]他的短篇小说集和此部小说的出版如此靠近，意味着萨特吸引了批评家的注意，并很快被宣布为巴黎文坛的新作家。萨特的小说吸引了一些杰出的欣赏者，如纪德，并被题名为龚古尔奖候选人。尼赞在对此书的评论中，将萨特与卡夫卡相提并论。年轻的加缪也在《共和阿尔及尔报》刊物上对此书进行了评论，予以了赞扬，正如巴什拉一样，他在其评论中称赞了萨特对想象力的论述。[20]

《呕吐》

《呕吐》声称是关于一位失败的史学家Antoine Roquentin〔罗昆丁〕的日记，住在虚构的城市Bouville（以勒阿弗尔为原型）。此书略微透露着自传的味道。萨特后来写道：

> 我就是罗昆丁；我通过他，并非自我满足地，暴露着我的错综复杂的人生；与此同时，我是我自己，选民，苦恼生活的记录者。（《证言》，156）

《呕吐》对资产阶级生活进行了强而有力的批评并描写了一种分裂的心态。在小说中的一些迷幻药的片段可能是受到萨特1935年患忧郁症的影响，在此期间他让朋友拉加什（Daniel Lagache）给自己注射麦斯卡林致幻剂，结果在附近医院的精神病科被拘禁。[21]几个月后他又为致幻药药效重现所苦，特别是产生了一种幻觉，似乎总被一只虾追逐着。在小说中，罗昆丁逐渐增加一种与物体疏离的体验，物体似乎像是活的东西那样触及他。他在镜子中的形象，看起来成了陌生的东西。他把手不是看作人的身体的一部分，而是看作摊在桌上的一种肥胖的鼻涕虫。他体验到了由纯粹偶然的无意义的存在事实带来的阵阵恶心和眩晕，感觉到一切都成为“多余的”（《呕吐》，184）。小说的高潮是对纯粹存在的一种存在论的体验：“存在，就是在那里”（《呕吐》，188）。叙述者在公园里盯着一块树根看，
368 感到一种“可怕的恍惚”，一种对存在本身的体验：

> 它失去了其作为一种抽象范畴的无害的形态：它成为一堆物，其根部泡在存在里。或者说，树根、公园大门、板凳、草地上的稀疏草叶，一切都消失了；各种各样的东西，它们的个体性，只是一种外表，一种虚假外貌。此虚假外貌融化为混乱无序的、柔软的、怪异的东西，赤裸裸的，具有一种令人惊恐的、可厌的裸露性。（《呕吐》，183）

事实上，萨特早于1931年10月9日给波伏娃的信中，就谈到了一种可能是类似的经验：凝视着勒阿弗尔的一棵树，长达20分钟，企图发现该树的本质。[22]在耗尽每一努力要把树变成别的东西之后，他终于明白，在树进入其意识的每一抵抗和拒绝中，他事实上直观到了该树的本质。在《战时日记》内萨特也写到那些在其中某物被把握和被理解的哲学瞬间。这些瞬间在概念上是贫乏的，但另一方面，它们是真正形上学的：

> 对于很多学生来说，他们与哲学的第一次接触表现为对死亡、时间、其他意识存在的一种惊异，这些惊异是真正存在论的和真诚的，虽然尽管如此却极其微不足道。海狸自然也不免于此，因为她天生地比我更真诚。在18岁时她坐在卢森堡公园的铁椅子上，背对着博物馆思考着：“我在这儿，时间流逝着，此瞬间永远不会返回”，而且这使她堕入一种类似于睡眠的麻木状态。但是此一哲学的贫困，在现实中，是非常真诚的哲学：它是这样的时刻，在其中问题转变着提问者。（《战时日记》，85）

在小说《呕吐》中与树的相遇揭示了物的纯粹的、陌生的、偶然的、赤裸裸的事实性，某种被体验为眩晕的东西。对于存在之事实的此种作呕般的经验对于叙述者提供了说明：生命是荒谬的。

> 本质物是偶然性。我是说，按定义存在不是必然性。存在只是在那儿；存在的东西显现着，听任自身被触及，但你永远不可能将其推

> 导出来。我相信存在有人，他们对此理解。他们企图通过发明一必然的、因果性的存在来克服此偶然性。但是没有必然的存在物可以说明存在：偶然性不是一种幻觉，一种可能消散的假象；它是绝对的，而 369
> 且因此是完全偶然的。(《呕吐》，188)

这段引文引出了有关纯粹存在的概念，它是某种完全偶然的、荒谬的东西，但无处不在。萨特说，“存在是一种充物空间〔plenum〕，人们不可能离开它”，这一说法非常类似于莱维纳在三年前的1935年发表的《论逃避》中对存在的描述。萨特在描述的是与“自在存在”的交遇。

萨特文学努力的成功激发他投身于极其大量的种种计划之中。他计划了一个有关现象学心理学的重要研究《心灵》，但在写了400页后又放弃了，只是于1939年12月出版了其中一小部分，名为《情绪理论研究》。[23]在此书中萨特说，情绪以咒语形式发挥作用以实现一种我们不可能按照理性达到的魔术效果。萨特一开始先批评詹姆士的主张，詹姆士认为情绪是我们对我们身内生理学过程的反应。我们的情绪不是在我们之内造成的盲目过程，情绪本身也不是我们的意向对象。情绪是我们面对世界上事物和事件时采取的立场。对保罗的憎恨不是一种感情，而是一种对保罗的确定朝向，一种与他发生关系的方式：“情绪的意识首先是有关世界的意识。”(Sketch，56）再者，它是与世界发生关系的一种方式，此方式实现着对世界的改变。萨特在此也概述着对精神分析学有关无意识的论述，并断定在一切意识的体验中都隐含着前反思的“我思”。下一年，1940年，他出版了第二部关于想象的研究，名为《想象物》，译名是《想象心理学》[24]，这是1936年研究的续编。《想象物》是一部专门的现象学研究，其副题是“关于想象的现象学心理学”。我们将在本章稍后对其详细讨论。

战时岁月

萨特的正在兴起的文学和哲学事业，突然因大战的爆发而中断了；他后来甚至写道，战争把他的生活一分为二（Cohen-Solal，131）。1939年9月1日，德国人侵波兰，而同一天法国政府发布了总动员令。萨特被征召入伍，作为气象部队的一名列兵驻守在斯特拉斯堡附近的炮兵师。关于政府解体和无能的几乎是超现实的经验使萨特陷入沉思并超然以对。特别是 370
他被迫与普通人分享生活区，这对于大部分时间住在旅馆里的人来说是一种新颖的经验。在1939—1940年的“虚假战争”期间他无事可做，开始写日记，其中留存的部分死后作为《战时荒唐日记》（英译书名《战时日记。虚假战争手记》）出版。他也开始写作预定为三卷本小说《理性时代》的第一卷《自由之路》。这部被忽略的《战时日记》杰作显示，萨特在为最终作为《存在与虚无》出版的书很好地完成了大纲准备。他对偶然性、事实性、自由经验、自在和自为的性质、作为否定性的意识以及作为存在论范畴而非心理学状态的焦虑之性质，进行了长篇大论。在此书中均可发现萨特在《存在与虚无》中著名的表述，例如“意识被定义为其所不是而非定义为其所是”（《战时日记》，178）。甚至在很多方面《战时日记》相当于《存在与虚无》的一个更清晰、更可理解的版本，显示了萨特思想的演变。这些日记的重要性还在于，它们将萨特的思想置于存在和虚无之间的、相对于笛卡尔在外延和意识之间的那种区分之中。

此一虚假战争以德军前进和贝当元帅签订停战协议告终。萨特于自己的生日那天，1940 年 6 月 21 日，成为战俘。他的投降与停战协议宣布和他首次看见德军同时发生！他被拘禁在不同的战俘营，先是在 Baccarat，然后于 1940 年 8 月迁至特里尔的第 XIID 德军战俘营，在那里他开始和许多战俘讨论哲学。从一位战俘那里他得到一册海德格尔的《存在与时间》，这本书是从附近本笃会修道院偷偷带进来的。萨特开始逐渐地从忠实于胡塞尔转移到忠实于海德格尔。他在 1940 年 4 月 23 日的日记里写道：“我的小说显然是胡塞尔方向的，我不无苦恼地想到我现在成为海德格尔派了”（Cohen-Solal，141）。对海德格尔的新兴趣主要源于萨特对历时性关注的觉醒以及他理解到我们身处一非理性世界之内。他从 1940 年秋季起开始在战俘营内写《存在与虚无》。在那里萨特也撰写和导演了圣诞剧，以伯利恒为背景的《巴利欧那或雷之子》。此剧中的罗马士兵象征着德国占领军，包含着抗议德军占领的意思，但此剧未曾经过战俘营主管的检查。

1941 年 3 月底他被战俘营释放，虽然他获释的背景并不清楚。按照萨特传记作者，科恩-索拉（Annie Cohen-Solal）的说法，萨特获释乃因一
371 张假病历单，证明他是局部目盲（Cohen-Solal，159）。另外一种说法是他因身份判断错误而被释放。事实上是他被放上去巴黎的火车，在巴黎被正式释放，并被允许恢复 Pasteur 中学的教职，即他到达巴黎后几天就被恢复教职（如果他是逃犯的话，这是很难发生的）。他那时的学生之一波塔利斯（Jean-Bertrand Portalis）回忆道，萨特变了，更为谨慎并与人疏远，而且避谈时事。波伏娃也注意到萨特的变化。他抱怨德国人在巴黎，最初

对波伏娃被迫做出的某些妥协感到震惊（她曾签署证词，表明自己不是犹太人以保住自己在亨利四世中学的职位）。同时，萨特后来写道，他很顺利地适应了占领生活。他们在德国人下面从来没有享受过这样的自由日子（Cohen-Solal，218）。他从未积极参加过任何形式的反对德国占领军的活动。1941 年夏，萨特的确和梅洛-庞蒂等知识分子建立一个短期的团体“社会主义和自由”。结果颇为可笑，因为没有人能够决定做什么，而大量时间被用来在房间里空谈并提出不可能实行的计划。一个类似的计划是争取纪德加入团体，为此萨特和波伏娃到法国南方做了一次自行车之旅，并不无张扬地说去寻找纪德。纪德后来没有参加此团体，萨特对抵抗运动的兴趣也就衰退了，他转而关注其他事情，包括到咖啡馆 Flore 和 La Coupole 去消磨时间，咖啡馆供应加热咖啡，在那里他可以舒服地写作（德国军官的出现似乎并未带来什么麻烦）。

1941 年下半年萨特迁至孔多塞中学，继续对一批接受能力越来越强的学生听众教授哲学。在 1943 年 6 月他的主要著作《存在与虚无》通过了德国人的检查，出版发行。最初此书在法国没有引起什么关注，到 1945 年前只有几分评论。对于战争甫结束后的读者，此书宣称传统哲学以及唯理主义有关人性具有确定性质的断言已经结束。萨特在该书中说：“我欣悦地证明人是不可能之存在。”（《证词》，156）

我们已知，萨特是一位坚定的无神论者，但现在他否证着上帝的存在。被规定为“自在自为”的上帝事实上是两个对立存在样式“自在”和“自为”的一种不可能的结合。上帝是一种本体论的不可能性，一种语词矛盾。在拒绝了人类的神意计划后，他同样拒绝了一种完全人性观念或宇宙真正秩序观念。世界是荒谬的。一切意义来自人的意义投射。此外，传统人本主义的错误是，它假定我们可以在上帝不存在后继续以固定的人性 372
概念生存。但是一开始我们并未被给与一种完全的性质，因此我们的任务是创造我们自己的性质，选择我们自己的“计划”，而不使我们自己由于屈从流俗、屈从应该行为之命令而与自己的计划分离。萨特从海德格尔的《存在与时间》中汲取了“计划”概念。人的计划就是成为上帝。但是，任何计划都不能提供我们渴望的自我完成，因此，如萨特在该书结尾所说，“人是一种无用的激情”（BN，615；678）。

战争永远改变了一切。尼赞在行动中被杀，阿隆因是犹太人逃往英国。与此同时，萨特作为一名知识分子在德国占领下过着相对自由的日子，像其他所有人一样熬过了战争。梅洛-庞蒂后来写道，战争使每个人都做了让步。萨特与维希政权最严重的妥协是他同意在一份合作主义分子周刊 *Comoedia* 上写关于梅尔维尔（Melville）的《白鲸》〔*Mobi Dick*〕的文章。这使得抵抗运动成员对他失去信任。无论如何萨特如此知名并如此善言，却并非抵抗运动有用的成员，所以他们不再关注他。但是，1943 年萨特的确参加了“全国作家委员会”，一个知识分子团体，包括纪德和他人，他们为地下出版物写稿。在此期间他写了剧本《苍蝇》[25]，由萨特本人筹款出版。在此剧的化装彩排时他第一次遇到加缪。此剧以古希腊为背景，基于宙斯作为苍蝇和死亡之神的上帝观念，被看作对德国占领的一次抗议。《苍蝇》也宣布人是自由的，以及“人的生命开始于绝望的远端”（《苍蝇》，311）。1944 年他用了两周左右时间写了一部新戏《没有出路》，首演于 1944 年 5 月 27 日，里面有名句“他人即地狱”。在临近解放的日子里，萨特为加缪的期刊《战斗》写了一些关于斗争和巴黎一般形势的颇具感染力的文章。

《现代》

1944 年随着法国解放，萨特在伽利马创建了一份杂志《现代》（刊名故意联系到卓别林的《摩登时代》），编辑部成员包括梅洛-庞蒂、波伏娃、阿隆等。《现代》立即发展为那一时期的领先刊物，发表了贝克特、蓬热、布朗肖、热内、萨洛特等人的作品。萨特和波伏娃也在刊物上发表了若干
373 小说和哲学论著，现在他们都是非常著名的文学界人物了。从 1945 年 1 月至 5 月，在加缪推动下，由美国国务院资助，萨特访问了美国，同行的是《战斗》和《费伽罗报》的两位记者。访问期间，他们到白宫会见了罗斯福总统。在美国，他也遇到法国的流亡知识分子，包括列维-斯特劳斯。后来在再次访美讲演时，他遇到了阿伦特，但对她没有留下什么印象。1945 年 10 月 24 日，萨特回到法国后进行了一次著名的讲演“存在主义是一种人本主义”，面对共产党的批评家维护着存在主义，因为共产党人谴责存在主义是一种资产阶级哲学，同时也反驳天主教的批评家，他们把存在主义看成是在贬低人类生命。讲演在《世界报》上广为宣传，并在“现代俱乐部”内面对大批听众讲演。当它 1946 年出版时[26]，这本小册子比任何别的书都更有效地使萨特一炮走红，因为它宣称，存在主义是向那些诚实的人开放的唯一道德选择，他们和陀思妥耶夫斯基一道承认，如果上

帝死了，一切都是被允许的。萨特说，这种承认并不通向非道德和虚无主义，而是将自由带给个人，使他们塑造自己所愿望的生活。萨特的唯一道德规定就是康德普遍主义原则之反面：人必须行动以促进他自己的自由和他人的自由。在最初讲演发表后，法国哲学家，包括瓦尔和莱维纳，开始辩论存在主义起源的问题。莱维纳推测，存在主义在海德格尔著作中的 to be 和 being 的差异中有其根源，而且萨特的研究甚至开始将海德格尔的此在概念形态加以删改，将其译为“人的实在”。对于萨特来说，人创造自己之所是，因此之故他的存在前于他的本质，而不像其他物件如小刀子那样，它的本质是事先设想出来的，然后才去制作。不存在人性，因为不存在制造人性的上帝，所以人直截了当地存在着。

1945—1947 年，萨特着手研究如何撰写在《存在与虚无》书尾许诺的关于伦理学的书。此一未完成的手稿最终于去世后出版。[27] 但是，1948 年，波伏娃出版了她的《暧昧性伦理学》一书，意在对萨特的书提出一种伦理学的补充。[28] 萨特也写了关于加缪的文章和关于反犹太主义问题的重要研究《反犹者和犹太人》，此书完成于 1943 年但直到 1946 年才出版。[29] 在书中他说，一种反犹太态度不仅是一种个性的偶然特征，而且是一种“激情”。该激情是：

> 自我的一种自由而完全的选择，一种无所不及的态度，此态度不
> 仅针对于犹太人，而且针对于一般人，针对于历史和社会；此态度同 374
> 时即为一种激情和一种世界观。(《反犹者》，17)

人们选择此类激情，目的在于为人的存在提供密度和不可穿透性，出于面对人自身的令人生惧的自由。反犹者选择这样的存在，他“选择石头的永恒性和不可穿透性”(《反犹者》，53)。1947 年他完成了有关波德莱尔的研究[30]，以及有关文学哲学的系列论文，英文译本名为《什么是文学?》[31]。在此书中萨特提出了一种“积极介入的”(engagée) 文学观，其主张是：写作就是去揭露，作家的语言改变着事物。因此，作家必须意识到他们对世界的卷入 (embarquement)，以便将其提升到一种自意识的积极介入 (engagement) 的水平高度。

战后政治

战争一结束，萨特就对法国共产党人展开了批评，提出一种替代性的

革命人道主义，但他渐渐地认为只有一种真正的共产主义制度才能够解脱社会苦难。1949 年他到危地马拉、巴拿马和古巴旅行；同一年波伏娃出版了她的长篇论著《第二性》，此书成为女权主义理论的一部经典。1950—1951 年，萨特开始重读马克思，并在 1952 年出版了他关于让·热内的重要著作，讽刺性的书名为《圣热内》，热内是法国的罪犯剧作家和反英雄人物。[32]萨特于 1944 年遇到热内，并于战争结束后开始支持他。1952 年萨特与加缪公开决裂。他与加缪的关系一直是变化莫测的；他不喜欢加缪的《反叛》（1951），最初曾拒绝在《现代》上刊发一篇评论，之后刊登了一篇由让松（Jeanson）写的负面评论。[33]当加缪对此提出抗议时，萨特写出了对他们的友谊告别的公开信。1952—1954 年萨特在《现代》上发表了《共产党人与和平》一文，表达了与苏共和解的姿态。然而 1956 年时他谴责了苏联侵略匈牙利，并于 1968 年谴责苏共镇压了捷克革命。他遂与苏联马克思主义和作为其法国同盟军的法国共产党彻底断绝关系，并开始采取一种更为独立的对发展中国家的殖民主义进行批判的路线。直到 1977 年他最终将马克思主义作为一种政治哲学而加以抛弃。

萨特一直对弗洛伊德有兴趣但也一直对其批评。1958 年电影导演约翰·休斯顿委托萨特编写一个有关这位精神分析学奠基人的电影脚本。1959 年萨特完成手稿后亲赴爱尔兰和导演讨论。[34]情况有可能是，休斯顿
375 这位热爱骑马的乡村绅士对于不修边幅而滔滔不绝的萨特大吃一惊。萨特同意改写脚本，但最后竟然使影片长达七个小时！最后发行的影片是又经他人改写而成的。

1957 年萨特重新关注哲学，特别在黑格尔和马克思的著作中发现了辩证法的性质。他开始写自己第二部大作《辩证理性批判》，此书直到 1960 年才出版，虽然他于 1957 年在《现代》上发表了一长篇序言《方法问题》。[35]序言宣布了将存在主义置于由马克思提出的人性历史分析内的可能性。萨特现在避开了作为一种过时哲学的存在主义，改为提出使用一种“倒退-前进法”来检讨知识的整体性和在此整体性中起作用的历史力量。虽然《存在与虚无》是以一般方式论述个人的，《辩证理性批判》则是有关社会性和具体性的。[36]萨特曾经同意过历史唯物主义是唯一正确的研究历史的方法，现在则拒绝在晚近马克思主义中发现的“关于整体性的经院哲学观”（*Search for a Method*，28）。

整个 1960 年代萨特成为公共抗议运动的当然象征。1960 年他再次和

波伏娃一起访问古巴，并会见了卡斯特罗和格瓦拉。在关于法国的阿尔及尔争论中萨特异常活跃，写了很多文章批评法国政府拒绝阿尔及尔独立。此时他的寓所竟然遭遇一次炸弹袭击。1966 年 7 月他加入了罗素组织的越南战争罪行审判法庭。在 1968 年“五月事件”中他和学生、工人站在一边，在索邦大学参加了与龚本第的公开辩论。他逐渐从苏联共产主义运动中撤出而转向支持毛泽东主义（并未实际上成为毛泽东主义者），并于 1970 年成为毛泽东主义报纸《人民事业》的编辑。1974 年他抗议德国监狱虐待 Baader-Meinhof 集团成员。他访问了被监禁的 Andreas Baader 并对其做了采访。同时他还找到时间撰写关于福楼拜的三卷本巨著《家庭白痴》，它们陆续出版于 1971 年和 1972 年。[37]正像他的很多其他传记写作一样，它们告诉我们关于萨特的比关于传主的要多得多。但是萨特在本书中开始通过探讨有关围绕福楼拜的一切来探讨福楼拜：他的历史、社会等。1970 年代早期，在多次心脏病发作后，他的视力开始弱化。然而他于 1976 年参加了长达三小时的有关自己的影片《萨特谈自己》的制作，并继续接受采访。在病体逐渐衰弱和大小便失禁后（波伏娃后来对此记载），萨特于 1980 年 4 月 15 日去世。4 月 19 日，通往 Montparnasse 墓地的送葬队伍参加者人数多达五万人，并经全国电视转播。《辩证理性批判》未完成的 376
第二部分出版于 1985 年，最近不久之前出版了他的未完成的《伦理学笔记》。大量手稿仍然有待于编辑处理。

尽管萨特介入种种事业，萨特自始至终都是一名独立的和放荡不羁的知识分子。正如他自己的传记素描所证实，他永远是自我中心的，确信自己是一个天才。当涉及追求个人及思想知名度时，他也可以是一位机会主义者。但是，他永远是一位有吸引力的同伴，对于获得的财物十分慷慨地乐于与人分享，而且完全不关心物质财富，一生大部分时间住在母亲的小单元房和旅馆里。[38]萨特由于数量令人惊异的文学产品之丰而颇为富有，但他永远按照放荡不羁的风格生活，并慷慨地资助大批拥戴者和家族的及波伏娃大家庭的成员。他消费大量的酒和药物，特别是安非他命（Schilpp，11），并直至生命终结都是根深蒂固的吸烟者。从很多方面看，萨特对当前事物的积极介入立场意味着他的许多著作似乎都已过时。他对马克思主义理论的猎奇之作从来不很成功。虽然他声称紧紧坚守着一种唯物主义辩证法，而人们得到的印象是，萨特所提出的是另一种庞大的形上学体系。然而，萨特的散文风格和他的个性魅力本身一直吸引着读者。萨特在阅读和解释他人的观念时，其方式具有显著的独特性。就此而言，萨特所发表的见解先于许多后来的法国作家的类似主张，特别是德里达，虽然后者一直不重视萨特。我们现在来进一步讨论萨特的几部有助于阐释他对现象学的理解的重要著作。

《自我的超越》（1936）

萨特的第一部出版物是关于自我的研究，他企图否定如下传统的观点：自我是意识的一个住客，不管是作为可以在意识内“从物质上”发现的成分（如某些心理学家主张的），还是像康德主张的那样作为意识的一种形式上的组织功能。反之，自我是完全外在于意识的，“一个世界的存在，像是他者的自我”（TE，31；85）。我从来不在活动的、运作中的意识内交遇我自己，而且，在此阶段上，我至多对我自己具有一种前反思的意识。但是，此阶段可以被反思。此研究可能是在古尔维奇对胡塞尔的意识概念的解释的影响下写成的，因此是一篇论说非常清晰的作品，含有很多预示出萨特后来本体论的观点。事实上，萨特永远保持着对自我的这一分析（Schilpp，10）。但是全书很多论证都很薄弱，这是往往会在处女作中看到的，而且它基于一种唯心主义的语言，特别是在其有关一种限制着自身的意识概念中。

377 萨特一开始引述康德著名的说法“我思想必定能够伴随我的一切表象”，并承认康德本人把意识的统一性看作一种纯形式的要求，一种经验性意识可能性的条件系列，而不是一事物，但他明确批评新康德主义把先验性自我具体化（TE，33；86）。在反对新康德主义者和经验主义者后，萨特转向胡塞尔的现象学——借助悬搁法使我们得以达到在具体实在性中的自意识，而且使我们得以把我理解为一具体的存在物。但是萨特批评胡塞尔在意识之后设定了一纯粹自我，而事实上我自己是意识的一种投射，并存于意识之外，像一客体一样。萨特接受了胡塞尔有关构成性先验意识的论述，但拒绝这样的观点，即我们需要将此意识纳入一自我：

> 像胡塞尔一样，我们相信我们的心理的和心理物理的我（moi）为一超越的客体，它必定在悬搁前出现。但是我们提出这样的问题：这个心理的和心理物理的我是否已足够？人们有必要用一先验的我（Je）使其成双作对吗？使其成为一种绝对意识的结构吗？（TE，36；

87-88）

对于萨特，因此并不存在有先验的“自我”（ego）。此自我是意识的一种折叠化的结果，是“多余的”，甚至是“意识的死亡”（TE，40；90）。反之，萨特提出在经验性自我和所谓“先验性场”（champ）之间的区别，前者是意识的对象，后者是前个人性的一个“非我”、一个“无”（un rien）。此一意识领域为一无，正因为它是关于一切事物的意识。于是萨特接受了胡塞尔在《逻辑研究》中关于经验自我的论述，此是一“综合的和超越的意识之生产”，但是他相信，胡塞尔在《观念1》中对个别的个人的先验自我的论述是方向错误的（TE，37；88）。反之，萨特赞成一种朝向世界的前个人的意识之涌现，而且赞成一种非常不同于笛卡尔的反思的“我思”之前反思的“我思”。事实并非是我具有关于一椅子的意识，而是存在着关于椅子的意识。在《自我的超越》中萨特进而主张，我自己的“非设定的”意识是客体意识的必要的及充分的条件。萨特断言，如果意识不是自意识，它就根本不是意识：

> 意识的存在甚至是一种绝对的存在，因为意识是关于自身的意识。（TE，40；90）

意识意识到自身，因为它意识到客体。这基本上是对笛卡尔之设定 378
的一种认可，因此一切意识都必定至少原则上能够是自意识的。我对于我自己的意识不是“设定性的”，因为我是在设定某客体而不是设定我自己的行为中把握我自己的。在通常意识中“我”从来也不显现，我只根据一反思的行为、反思的我思才显现。在非反思的意识中不存在“我”。当我追赶一有轨电车时只存在“有轨电车需要被追赶”的意识（TE，49；94）。但是，在反思的意识中也不存在“我”：“存在有关于反思的非反思行为，不存在朝向一被反思的意识的我”（TE，53；96）。那些打算主张我们的一切行为都是具有自我主义动机者，因此自我实质上存在于意识内者，也同样误解了问题的性质。特别是，他们混淆了非反思的行为和反思的行为的结构。萨特分析了一种情境：我怜悯彼得并去帮助他。在非反思的情况下，只存在客体：“需要被帮助的彼得”。虽然心理学家希望在行为中设置第二个层次，按此层次我帮助彼得，为的是在我之内终结某种不愉快状态。在两种情况下，客体都超越该行为。非反思的行为对于反思的行为具有本体论的优先性，而不是相反。萨特最后声称在〔主格〕我（je）和〔受格〕我（moi）之间的区别只是功能性的。“我”（je）是行动的一个中心，而“我”（moi）是状态和性质的一个中心（TE，60；99）。

在第一部研究中萨特对胡塞尔的意向性概念提出了解释。在他看来，意向性是意识的“自超越”理论。意识“通过逃避自我来统一自我”（TE，38；88）。正是超越的客体奠定了意识的统一性，没有必要在主体侧设定一统一的意识运作者。意识形成了“我”的统一性，因此现象学没有必要设定一个前于意识的先验自我。萨特指出，胡塞尔在分析内在的时间意识时承认把现在意识和过去意识相联结的综合性之必要，但指出完成此步骤无须引进我作为此综合性之动力（TE，39；89）。在此意义上，萨特主张，意识限制着自身。这是令人不满足的。意识应该纯粹是一抓住自在的否定性力量。

此外，在本书中，萨特已经思考着在《存在与虚无》中浮现的二元论的本体论。任何不是意识者就是自在，于是任何自我都不是在意识之内或之后者，而是外在于和超越着意识者。按照萨特的看法：

379 因此在意识中一切都是清晰的：具有其特殊混浊性的客体存在于意识前，但是意识纯粹就是关于“意识到该客体”的意识。（TE，40；90）

客体已经被刻画为沉重的、混浊的、不可穿透的、“被动的”（TE，79；109）。在此书中萨特明确批评了胡塞尔把自我看作一“主体轴”的概念，并充分说明了意识的体验和构成性质的本质上的被动性。但是显然，他把胡塞尔看作宣布了一种新本体论：关于客体和意识的本体论，此意识相关于客体。

《想象物》（1940）：想象现象学

萨特在他关于胡塞尔的上述研究之后，继而完成了两部关于想象的心理学的和现象学的研究。1936年初的《想象作用》，包括不少萨特对之前诸理论的批评，如贝克莱、休谟和柏格森的理论，心理学家Büler、Titchener、Köler、Wertheimer、Koffka的理论，以及其他实验心理学家的理论。第二部书《想象物》出版于1940年，提出了他自己有关想象意识的性质和作用的实证性、描述性的论述，是一种现象学的研究，此研究避免哲学性理论。法语词 imaginaire 是一复杂难懂概念，通常译为 imaginary①。它暗示着想象的功能和此想象的功能产生的那种世界。在萨特看来，这蕴涵着想象的或虚构的意识行为的诸耶玛相关项。按照笛卡尔式的说法，此研究的第一部分称作"确定的"，而第二部分称作"或然的"，它指涉着根据意识行为的自意识性质可加以确定把握者。萨特再次提出了他对意识的笛卡尔论述。除种种设定行为样式外，意识永远具有一种非设定的自认知：

> 在此问题上，有必要重复笛卡尔以来所熟知者：一个反思的意识给与我们绝对确定性知识；在一反思行为中认识到"具有一形象"者不可能欺骗自己。(PI，1；13)

此书的第二部分一般地处理思想、情绪和生活中的想象现象。此书是胡塞尔有关形象性行为论述的有趣的扩展，颇有见地地分析了种种形象化和描述行为，以及关于一般意识性质的更具思辨性的理论化行为。正像萨 380
特的一切作品一样，此书以富有活力的即使是重复性的风格写出，充满着言之有据的心理学观察，但以一种不加节制的方式而有颇多猜测之言。它强烈反对一切传统表象论的想象理论，而将形象化行为看作一种在世存在的样式。但是，我们将看到，萨特未能避免将某种表象论再次引入自己的论述。萨特也指出，想象性行为〔imagining〕(如情绪) 许诺的比提供的要多。想象作用〔imagination〕基本上不能完成它所许诺要完成者。

一开始，萨特反驳胡塞尔把想象化行为说成是一种依赖于知觉的意识。反之，想象作用是意识的一种独立的类型，不是导自或可归约为知觉的，此行为独特地产生客体 (PI，107；183)。他也反驳笛卡尔，笛卡尔在"第六沉思录"中把感觉行为和形象化都看作纯粹意识和一种具外延的物体相结合的产物，因此外在于纯粹意识；萨特则说，想象性行为是意识的一个主要特征，它起着<u>构成</u>世界本身的关键作用。再者，对于萨特，想象作用如无自由是不可想象的，因为人具有能力把事物看作<u>它们不</u>能运用自由。特别是在本书最后一章，萨特关于想象作用的分析使人预见到他在《存在与虚无》中有关人作为虚无化力量的自由。

---

① 想象中的，幻想的。image 词根含"象""形象""意象"义，而其衍生的多种多样的形容词、动词则涉及汉语"想象行为"的特点和效果，此因"想象"的对象通常是形象性的。image 词系的复杂性语义构成使其不可能形成一一对应的汉译词系。

想象行为是一种意识，因此意识是内在地意向性的，于是想象行为是一种关于一客体的意识。萨特依靠胡塞尔对意识的意向性的强调主张，想象作用是一种意念着一客体的形式：

> 一切意识都是关于某物的意识。非反思的意识是朝向于不同于意识的客体的：例如，关于一棵树的想象的意识是朝向着一棵树的，即一物体按其性质是外在于意识的；意识从自身发生，它超越着自身。(PI，10；28)

萨特拒绝内在论的和表象论的想象理论，他主张，在日常生活中我们关于想象作用中被给与者的认识是被误导的，此一误导的流行幻觉，被他称为“内在性幻觉”(PI，2；16)，按此幻觉我们以为被想象的图像是在意识内部的，而不是世界内的小图像或事件。但是，萨特认为，这些形象根本不是在意识内的，它们是被想象的客体之显现样式。形象不应被想成
381 是图画那样的实体，它们是纯粹关系性的，一种意识和客体之间的关系：“一个形象只不过是一种关系”(PI，5；20)，一种对客体的朝向。我们并非意识到一客体的一个形象，而是具有关于该客体的一种想象的意识。萨特直至生命终止都坚持此一看法(Schilpp，15)。萨特在《情绪理论研究》(1939) 中对我们情绪生活的刻画方式，再次运用于此，于是想象行为被看作一种对其客体的魔术般的具有。萨特说，想象行为是一种魔术式的行为：

> 我们看到，想象行为是一种魔术式的行为。它是一种咒语。目的是产生人的思想客体，人所欲望的事物，其方式是，人可具有它。在该行为中永远存在有某种迫切的和初生的东西，一种对距离和困难的拒绝。就这样，年轻的孩子按照命令和请求从其床铺作用于世界。客体服从着意识的这些命令。(PI，141；239)

于是，想象行为，如胡塞尔已经详细讨论过的，是一种使客体出现的特殊方式。

最初，萨特区分了想象行为的众多不同特点：想象行为是一种意识，此意识是“准观察性的”，意思是，它越过知觉中实际所给与者进行投射，因为外部认知只对客体给与一种局部的、单侧的目光，其中客体是在一系列侧显中被给与的(PI，7；22)。想象行为的客体似乎染有一种虚无性，而且想象行为以一种深刻的自发性和意志行为为特征，此自发性促成形象

跃入心间，而且借助此意志行为我们特意开始构造或思考一形象。他也断言，虽然在知觉中我们按照系列和侧显方式把握客体，但在理解中我们直接地和整体地把握客体。但是，知觉和想象是根本不同的过程。它们是两种设定性认知，而且二者都带有对自身的非设定性认知，但是虽然知觉将其客体设定为实际上存在的，却把知觉设定为客体前的一种被动作用。想象作用把客体设定为不在的，或者在其他场合设定为非存在的，或者想象作用终止了关于客体存在还是不存在的判断。按照萨特，知觉把客体设定为存在的，而想象行为的客体或者并不存在，并不被设定为存在，或者根本不进行设定（PI，13；32）。在想象行为中存在一种客体："对其虚无的直接认知"（PI，13；33）。对于萨特，我们永远不可能骗自己相信被想象的客体是实际存在的。萨特采取了胡塞尔有关知觉中客体的"躯体所与性"概念，他断言，客体的"肉质"（la chair），内在的肌理，在想象和在 382
知觉中是不同的。"我把肉质理解为内在的肌理"（PI，15；37）。虽然被知觉的客体具有一种不确定的丰富色泽系列和可能的透视形态（丰富的视界）、一种包含在每一实际知觉内的无限性，被想象的客体则是相当有限的，从来也不是完全的，具有一种"本质的贫乏性"（PI，151；255）。萨特在此扩展了胡塞尔的如下判断：与客体在其中躯体性呈现的知觉相对比，想象行为承认客体的不在性。

萨特强烈主张，专注于在想象中给与的形象，永远不可能是知识的源泉。形象中的这种"本质的贫乏性"意味着，我们在形象中只发现了我们在那里所投入者。如果我想象先贤祠，我并未通过计数形象中的柱子以获得柱子数目的知识。形象并不是原初印象的褪色样态，它们并不是准客体，它们根本就不是客体，它们并不符合任何存在客体的要求。有趣的是，在此分析中，萨特间接地拒绝了胡塞尔方法论的主要部分，即通过想象的变异我们可以达到关于一客体的新本质真理。萨特否认我们可从想象中获得任何知识，并反对胡塞尔所说数学家通过意识中的形态沉思就可获得新的知识：

> 如果我有兴趣在我心中翻转一立方体，如果我设想看它的不同侧面，我在此过程末尾并不会比过程开头前进一步：我什么也未得到。（PI，7；23）

按照萨特，虽然我在一准观察性的行为中把握该形象，我不可能从其获知任何东西[39]：

> 我们的态度甚至是观察的态度，但这是一种我们什么也得不到的观察。如果我产生了一张书页的形象，我正在假定着一个读者的态度，我望着被印制的书页。但是我并没有在阅读。而且实际上我甚至没有在看，因为我已知道书页上写的什么了。(PI，9；26)

显然，萨特并不认为，那种想象的探索或重构一事件可能产生新的知识。但是这一断言似乎不免夸大其词。对于一个人的形象的生动回忆，肯定可以产生新的信息，例如他的头发颜色可能根据一次努力的回忆被识别出来。

383 萨特和胡塞尔一样认为，想象行为涉及一种针对真人彼得的“投射性综合”。对于萨特，意识就是“彻头彻尾的一种综合”，它依赖于持存和预存。在此1940年的书中，正如先前的书一样，萨特认为意识即一种“综合性统一体”。此外，他否认诸意识在它们彼此之间具有因果关系。反之，唯一的关系就是意识本身内部在持存和预存之间的关系；只存在有“内部的融合性和动机关系”(PI，27；56)。萨特把胡塞尔的持存概念不是描述为对一个形象的现前之具有，而是说存在有一种对如下理解之具有：“现在已经是成为一过去”，此理解乃现在知识的一个部分。预存将此同一感觉也呈现为一种在前。萨特对于我在空中用食指做出数字8提出了一个很好的现象学描述。我把空中这个形状看作一个完全的数字，而且当我的手指完成了该数字姿态后，“它”仍然“可理解地”留在空间里(PI，84；149)。

萨特对想象行为进行了一种相当细致的现象学描述，将其严格地与知觉行为相区分。此一论述是对于胡塞尔在“现前”(Gegenwärtigen)和与其对立的“准现前”(Vergegenwärtigen)之间所做的区分的一次巧妙的发展，前者发生于知觉中，后者是空的意指作用。回忆涉及一种实体性呈现，但不是实际的现前。萨特说明道(甚至比胡塞尔更清楚)，当我想到彼得时，我是以实体的方式想到他的，“我可以看见、摸到和听到的彼得”，但是在我回忆的这个时刻，我知道我不可能摸到他。另一方面，按照萨特，一个记号的意识涉及注意的一个方向性而并不设定任何存在的东西。读到门上的字符“副经理办公室”，它吸引我注意某事物而并未进行设定(PI，24；51)。萨特拒绝这样的理解：字是通过相似于被意指物而起作用的。他将注意转向艺术品、卡通等，注意到在知觉这些作品时所假定的人的意图的全部环境。

> 当我看着一幅画时，我在该目光中设定了一个人的意图的世界，

此图画就是该意图的产物。(PI，39；53)

如果我们根据一张照片和一张素描来回忆彼得，这导致他区分我们相关于记号时的空的意向行为和一种回忆，后者将彼得其人现前于我们："因此图画产生了彼得，虽然彼得不在这里。"(PI，25；53) 彼得作为不在者而使之现前。萨特认为，一个记号的性质是完全不同的，它根本不呈现客体彼得。在一张素描、速写或漫画中，形象被剥落为一些单薄的记号。萨特说，所发生者是，出现了从一知觉向一想象行为的变化：我看到 384
一系列线条，而且我想象它们是一个面孔（PI，34；68）。关于记号与客体的联系如何发生的问题，萨特给出了几种详细的提示。绘画的功能局部地联系于眼睛的性质。某些种类图画的线条不是静态的，而是通过赋予眼睛以某种运动规则来运作的（PI，37；72）。萨特意识到我的眼睛沿线条运动的方式（从左向右或从下向上）部分地由线条本身的轮廓和倾向所规定。在他的有关我们观察线条的方式的讨论中，萨特援引了 Müler-Lyer 错觉（PI，36；71），比梅洛-庞蒂在其《知觉现象学》中对此问题讨论早五年。按照萨特，我们对线条长度的判断是由我们的眼睛这样来决定的：眼睛在线条上移动并偶然遇到一个与一开角相对的闭角。

萨特虽然紧紧跟随胡塞尔的知觉分析，却不同意胡塞尔有关形象性质及其与意向性意识的关系的说法。对于胡塞尔，形象中存在有意义的"充实"；即我们可能具有一空的意向，它之后被形象所充实。例如，我可听到"燕子"这个词并仅理解它指一种鸟，或者我可以有关于一燕子的直观表象，一个形象，它为一意向行为提供了一种直观的充实。另外，萨特不承认：最初存在一空的意识，然后意识被一形象所"填充"。萨特认为胡塞尔本人在此问题上束缚于内在性幻觉（PI，65；118）。但是，最后，萨特关于不设定一内部形象以进行想象论述的企图并不成功，因为他不得不在行动中设定某种"相似物"，以用于回忆或意指被想象的客体。他的想象行为看法，虽然是一种重要的超越再现论的企图，最终却对他开始时所拒绝者加以默认了。

《想象心理学》也提出了其他一些饶有兴趣的问题，如关于梦、幻觉等。例如，萨特讨论了想象的厌恶、恶心、呕吐等现象，它们都是通过想象一个可厌客体所产生者。他并不想说，形象是行为的原因，因为非实在客体是一结果但永远不会是一原因。另外，他也想否认形象的显现仅只是一种对事件不起作用的"副现象"（PI，159；267）。萨特想表明，这种厌恶是对自身的厌恶，而不是由一客体产生的，如知觉所造成的厌恶那样。同样的，在书末尾，萨特提出了有关能够进行想象的意识性质应该如何的形上学问题。对于萨特，此问题只能够按照先验还原的现象学方法加以探讨。意识的本质本身在于，它构成着世界，而且为此目的它必须能够使自身从世界解脱出来。

385 意识为了能够去想象，它必须能够借助自身的本性摆脱世界，它必须能够通过自身的努力从世界撤出。一句话，它必须是自由的。(PI，213；353-354)

萨特集中思考意识相对于实在世界的自由的、否定的力量，意识是一种撤退的力量。此课题将在萨特的下一部书《存在与虚无》中充分展开。我们看到，1940年时，他已经援引海德格尔谈到作为dépassement〔超越〕的意识之否定性力量（PI，217；358）。萨特已经把人描述为“在世界中被压垮者，被实在贯穿者”，并把自由看作一种“欠缺，一种空洞”（un manque，un vide）（PI，217；360）。意识具有一种“消灭”世界的力量（PI，210；348），但同时它完全陷于在世存在中。萨特于是断言，想象行为不是意识的一种附加的或偶然的方面，而是“当其实现自身的自由时的全部意识”（PI，216；358）。

《存在与虚无》(1943)：现象学的本体论

此书的副题是“现象学本体论研究”，它暗示着海德格尔的《存在与时间》的影响，萨特自1940年起开始阅读《存在与时间》。但是，我们看到，更准确地说，《存在与虚无》可被理解为一种非常传统类型的、纯粹思辨式的形上学，它正是被胡塞尔、海德格尔以及一般现象学传统所加以否定的。因此，萨特在此书一开始就提出一种关于世界的本体论证明。它从意向性假定开始：一切意识都是对某物的意识。然后它说，意识所意识到者不是意识。因此，意识所意识到者是存在。当然，此论断假定着它打算证明者：意识的客体是一种超越意识的存在。

在此书一开始他论断，近代哲学以对存在和显象间的区分（他或许想到了孔德和马赫的现象主义），而且以对事物本身和显象间的区分所做的否定为特征。但萨特只想承认显现行为和全部显象系列间的区别。显现行为的性质现在格外重要，在此萨特接受现象学立场，即承认现象与看现象的主体的相对性，也承认现象本身的绝对性，因为在现象的背后并不存在关于康德物自体的假定（BN，xxii）。一切都是显现者，甚至作为显象系列之原则的本质也是显现者，因此它才被胡塞尔称作本质直观。但是，理 386
解到事物的每一显象都是片面的“侧显”，也理解到存在有无限多可能的看现象的方式，因此在我们的经验中存在有某种客体的超越、有限中的无限（BN，xxiii）。新的问题不是显象背后的存在，而是显象本身的存在。但是，既然“显象的存在”本身必定显现，也必定存在有一种自行显示的存在现象。萨特在推理中突然跳跃到宣称：

> 存在将通过某种直接的接触方式（厌烦、呕吐等）被揭示给我们，而且本体论将是对如是显现的存在之现象所做的描述，即无须中介。(BN，xxiv；14)

萨特假定，存在是一种现象，此现象被显示于某种心理学的状态中，此种立场相符于他在《呕吐》中的描述所持的立场。但是他并不想断言一切存在都简单地还原为存在之现象。萨特批评胡塞尔返回了贝克莱的“存在即被感知”。他认为，存在不可能还原为我们所具有的知识，因为我们对于该知识的存在必须具有某种保证。事实上，萨特主张在存在现象中的某种“超现象性”〔transphenomenality〕。再者，与存在有关的唯心主义不可能是正确的，因为它误解了寄生于存在的以及在其对存在的设定中“将自身抽空的”意识之意向性性质（BN，xxvii；18）。萨特援引胡塞尔关于意向性的论述，但现在赋予它以完全自创性的、非胡塞尔的倾向。与严格区分意向性行为的内容和客体的胡塞尔相反，萨特说：“不存在一种不设定一超越性客体的意识，或者说，意识没有‘内容’。”(BN，xxvii；17)一种哲学的第一程序就是从意识中排除一切，以便在意识和世界之间建立真正的联系（BN，xxvii；18）。萨特似乎从来没有经受过胡塞尔有关意向性客体和诺耶玛的论述。萨特不理解胡塞尔将一切还原为在意识中显现的意图。萨特认为，一切意识都把握着自在存在的实在性。

萨特进而提出一种有关两类事物（存在者和意识）的二元论。存在被“区分为两个彼此不沟通的区域”（BN，xxxix；30）。自在存在不是被创造的，既不是主动的也不是被动的。存在不是必然的，因为必然性是命题和观念性意义的，而不是存在者的一种性质（BN，xlii；33）。存在本身是偶然的，他再次引用了在《呕吐》中已经使用过的词：多余的〔de trop〕 387
（BN，xlii；33）。另一方面，自为存在从来不与自身完全同一，它是一种

“对存在的松弛”(décompression)(BN，74；112)。虽然我们不可能说自在存在是自同一的，因为它并无一“自身”或反思的层次，我们却可能说它是完全位置重合的〔coinciding，同时发生的〕。另一方面，自为存在永远是分裂性的。自为的意识，甚至在其直接的自呈现中，从来不是自一致的。自呈现永远蕴涵着某种不在性和距离性（BN，77；115－116)。自为之自意识是纯粹的“半透明的”。萨特说，意识是一“非物”，是一虚无；自在存在的一切不包括意识，意识是纯粹的自为。萨特认为，意识永远朝向于不是其自身者（即自在存在）并被自身者所支持。虽然在《战时日记》中他说意识是其自身的基础（《战时日记》，109)，他现在说，自为不可能是自身的基础。意识是世界中的一种“虚无”或“无根由者”〔gratuitousness〕。意识作为“无!”而发生，就像是对存在者的一种否定。他按照海德格尔的意思说，虚无不是一个在否定行为可能性上被形成的抽象名词，而宁可说是相反：虚无使我们有可能进行否定。他理解存在有两种否定。例如，一种否定形式是，当我说“一只猫不是一条狗”时，否定对于二客体都不产生任何作用。而另一种否定则似乎在内部影响着客体。

萨特在前一书中已经说，每一意识都已经蕴涵着一种自意识。自意识是一种“自我对自身的直接的、非认知性的关系”(BN，xxix；19)。每一种设定的意识同时都是对自身的一种非设定的意识（BN，xxix；19)。此自意识只是对于意识唯一可能的存在样式。意识的存在是传统哲学认为其所是者的反面。对于意识，“在上升到存在的中心时，它创造着和支持着其本质”(BN，xxxi；21)，意识是一系列可能性。意识是自设定的：“意识的存在来自意识本身”。萨特具有一种特殊的、完全未加说明的自我创造性的意识观，此意识产生于一种赤裸裸存在之中心。他否定着如下可能性：意识产生于无意识或产生于生理学领域。此一论述全部与萨特同样强烈主张的如下观点相矛盾：意识不是自身的基础。在这里进一步探索萨特对此矛盾所做的一种更细致的解决是不必要的。人们所能做到的只是多次重复其各种论断而已，却不会发现一种论证的存在。

但是，《存在与虚无》的真正优点并非表现于相当简单化的、欠缺根据的本体论方面，而是表现于它在其中对种种人的处境进行细致描述的诸
388 种方式，这些描述含有丰富的现象学的和哲学的洞见。这些描述中主要是相关于什么是“自瞒”(la mauvaise foi)、什么是“扮演角色”(persona)，

扮演角色与人的变化多端有如海神普罗透斯似的存在相互抵触。后来萨特自己宣称，《存在与虚无》提出了一种“对自欺欺人的本质分析”[40]。在自欺欺人的伪善中，一个人否定着其真实的选择。因此，当一女子与一男子在第一次约会中，她可能让自己的手被男子不经意地握住：

> 我们知道接下去会发生什么；女子的手停留在男子的手中，但她并未注意到她的手停留在那儿。她没有注意到，因为在理智过程中时该行为偶然地发生了。(BN，55-56；91)

换言之，女子在身体和心智之间、在欲望和决定之间，形成一种分离。萨特认为这就是“自瞒”。人的意识是真正自由的，真正变化多端的。它可以成为任何东西，它是纯粹的可能性。但另一方面，在每一片刻我们都陷于历史情境中。人的性质束缚于事实性中，束缚于萨特所说的“情境”中。真诚性就是我们如何在承认和保持我们的自由的方式中回应此情境。胡塞尔曾将此称作“我的”(Jemeinigkeit)情境，海德格尔在《存在与时间》中对其进行了分析，并将其作为如下可能性的基础：人可以或者在一“真实的”(eigentlich)或者在一“非真实的”方式中具有自己的生命。在某种意义上萨特的《存在与虚无》是对这些概念进行的进一步思考。真实的〔真诚的〕生存就是把握自己的自由并对其承认。非真实的生存就是逃避自身的自由，企图通过扮演角色而对此遮掩。在“自瞒”中我只是在扮演着我自己。一个人在扮演一个侍者时，特意模仿着侍者服务时的机械性的动作。

自瞒是一种自欺。萨特批评弗洛伊德的无意识概念中的矛盾性，无意识将其不想面对的东西压制住。它必定先得知道这些东西才能将其压制。同样，为了自我欺骗我们必须认识到我们想要排除的东西是什么：作为欺骗者我必须能够知道在我的欺骗能力中所隐藏的真相。萨特认为，我们不可能以“共在”(Mitsein)为解释的模式，即通过对他人撒谎，来理解自我欺骗。按照萨特，撒谎是与他人共在的一个特征。他认为，我们与他人交遇成为一种挑战。我们想要支配他们，他们也想支配我们。因此出现了黑格尔在《精神现象学》中讨论的斗争。萨特的最惹人关注的讨论相关于这样的方式，按此方式我们根据他人如何看我们来意识到自己。389
我们不只是为自己制订计划，我们也像他人看我们那样，即通过“为他人的生存”，而具有着我们自己。这是一种对待我们自己的“第三人称”角度。[41]

萨特论身体

《存在与虚无》包括论身体的很长一章，它对梅洛-庞蒂在《知觉现象学》中提出"自身身体"概念产生过很大影响。萨特的讨论虽然从未充分展开，但与梅洛-庞蒂的论述形成了有趣的对比。首先，萨特仅根据意识谈到了自为，然而它并非是无身体关联的意识。人的自为永远存在于身体内并通过身体加以表达。再者，萨特根据马塞尔的理论认为，"我<u>是</u>我的身体"，并非是"我<u>有</u>一个身体"。但是，萨特在将意识联结于身体时遇到了困难。我的身体并不是"为我的"，像其他物质物那样。我并非把握我的身体像我把握世界内的客体那样。我对作为我之行动基础的、作为我的指称和定位中心的我的身体具有第一人称的体验。它是我的事实性的部分，我永远从一个观点看待事物（它当然可以是另一个观点）（BN，308；356）。在某种意义上，我的身体对于我是某种我在朝向世界的意念中超越和超过的东西。我看到其他东西是有用的，或者是具有特性的（锤子是重的），因为我的身体为此信息之中介。在写东西时我用我的手形成字句，但是我的手不是一器具，像"我是我的手"那样（BN，323；371）。于是在某种意义上，我的身体存在于世界的任何地方。如果我看我的身体（在X光检查中等），我并未把它看作<u>我的</u>身体，而只看作世界的一部分："我在我看见墨水瓶的意思上看见我的手"（BN，304；351）。我看见它像是我看见一外部客体，或者像是它被另一人看到时那样。我从我的从外部看到的身体中，实际了解的是我的"为他者的存在"（BN，305；352）。我的身体是我从自己所见者以及他人从我所见者。萨特像梅洛-庞蒂一样承认身体的空间性，事物被呈现在我的左侧或右侧。与梅洛-庞蒂不一样的是，萨特并不重视"双重感觉"现象的重要性，如当一只手触及另一只手时，人可以对触及和被触及存在物均有感觉。当我触及我的大腿为它绑绷带时，我超越了我的大腿本身并企图使我的大腿弯曲。因此，并非真的存在双重感觉现象。萨特后来在与波伏娃访谈时承认，他永远担心自己的身体在滑雪或游泳时可能的失败。[42]最后，他不能够充分将自己有关自行创造的意识的论述和身体内的定位统一起来。

390

萨特的影响

萨特的哲学被理解为一种杰出文学性的哲学。但是，并非他的一切作品都达到了精美文学的水平。《存在与虚无》过于冗长，拖沓重复地令人生厌，欠缺任何实际的结构，而且充斥着修辞学的华而不实，充满着悖谬和显而易见的矛盾。（还不要说在大写和连接符表达上的混乱，如"Pour-Soi""pour soi"。）部分的问题在于萨特耽迷于为自己营建纪念碑以表现自己的天才。即使他介入辩论和对话，这些辩论和对话也永远是自我表现。萨特似乎永远也没有耐心修改他写过的任何东西，而且他对学术界生活欠缺兴趣意味着他绝不受学术性约束。一切都是毫无间歇的词泉之喷涌。萨特的本体论如此粗糙，哲学家丹奈特质疑是否会有任何人认真对待他。萨特本人似乎并不知道如何发展其本体论。他的本体论似乎是在直觉中一蹴而就者，然后就予以重复性的润色而非予以论证。但是，在其奔放思想流中漂浮着极佳的心理观察。萨特至多是在详细显示存在有大量情境，其中人所享有的自由比其知道的多得多，人们以为是其与生俱来的心理的特质，其实都是对所处情境的一种作态和反应。

一般来说，萨特是今日当代法国哲学家中最为人所忽略者。德里达几乎从不提及他，但是萨特有关「自我不现前于自我」的论述是德里达"分延"概念的一个重要来源。同样，在其《伦理学笔记》中，萨特根据赠礼概念讨论了伦理关系，后者在莱维纳和德里达的作品中都有相当突出的反响。在分析哲学内部对于萨特出现了一些新的兴趣，特别是在心的哲学中，例如在麦卡洛克、维德（Kathleen Wider）的研究中。[43]萨特对现象学的最大贡献是，他明确维护一种非自我学的意识观，他对不同种类想象意识的讨论，以及他对主体间生活的动态关系的极其生动的论述。

注释：

[1] J.-P. Sartre，"Interview with Sartre"，in Paul Arthur Schilpp，ed.，*The Philosophy of Jean-Paul Sartre*，Library of Living Philosophers（La Salle，IL：Open Court，1981），p. 12. Hereafter cited as Schilpp followed by the page number. 511

[2] J.-P. Sartre，*L'Être et le néant. Essai d'ontologie phénoménologique*（Paris：Gallimard，1943），p. 692，trans. Hazel E. Barnes，*Being and Nothingness. An Essay on Phenomenological Ontology*（London：Routledge，1995），p. 628. Here after BN followed by English pagination and then pagination of French original.

[3] J.-P. Sartre，*Critique de la raison dialectique*（Paris：Gallimard，

1960), trans. Alan Sheridan-Smith, *Critique of Dialectic Reason* (London: New Left Books, 1976). The second unfinished part has been published as *Critique de la raison dialectique. Tome 2. L'intelligibilité de l'histoire* (Paris: Gallimard, 1985), trans. *Critique of Dialectic Reason. Volume 2. Intelligibility of History* (London: Verso, 1991).

[4] J.-P. Sartre, *Search for a Method*, trans. Hazel Barnes (New York: Vintage Books, 1968), p. 19.

[5] See Sartre's interview with Leo Fretz, in Hugh Silverman and Frederick A. Elliston, eds, *Jean-Paul Sartre. Contemporary Approaches to His Philosophy* (Pittsburgh: Duquesne University Press, 1980), p. 226.

[6] J.-P. Sartre, *Les Carnets de la drôle de guerre: Novembre 1939—Mars 1940* (Paris: Gallimard, 1983), trans. Quintin Hoare, *The War Diaries* (London: Verso, 1984), p. 86. Hereafter *War Diaries* and page number of English translation.

[7] Gregory McCulloch, *Using Sartre. An Analytical Introduction to Early Sartrean Themes* (London: Routledge, 1994), p. 3.

[8] J.-P. Sartre, "La liberté cartésien", *Situations* I (Paris: Gallimard, 1947), pp. 289-308, trans. "Cartesian Freedom", in J.-P Sartre, *Literary and Philosophical Essays* (London: Rider, 1955), p. 172.

[9] Annie Cohen Solal, *Sartre 1905—1980* (Paris: Gallimard, 1985), trans. Anna Cancogni, ed. Norman MacAfee, *Sartre. A Life* (New York: Pantheon Books, 1987), p. 92. Hereafter cited as Cohen Solal, followed by pagination of the English translation.

[10] J.-P. Sartre, "Une idée fondamentale de la phénoménologie de Husserl: l'intentionnalité", *Situations* I (Paris: Gallimard, 1947),
512 p. 32, trans. Joseph P. Fell, "Intentionality: A Fundamental Idea in Husserl's Philosophy", *Journal of the British Society for Phenomenology* 1 (2) (May, 1970), p. 5. Hereafter *Intentionality* and pagination of the English followed by the French edition.

[11] J.-P. Sartre, "La Transcendance de l'égo. Esquisse d'une déscription phénoménologique", *Recherches philosophiques* 6 (1936/7), pp. 85-123, reprinted as a separate book, *La Transcendance de l'ego*

(Paris: Vrin, 1966), trans. Forrest Williams and Robert Kirkpatrick, *The Transcendence of the Ego* (New York: Farrar, Straus and Giroux, 1957; reprinted 1972). Hereafter TE followed by English page number and then French page number of the 1936 article. Here the reference is TE 35; 87.

[12] Sartre, "La Légende de la vérité", reprinted in Michel Contat and Michel Rybalka, *Les Écrits de Sartre* (Paris: Gallimard, 1970), Appendix II, pp. 531-545.

[13] See R. Wolin's introduction to Karl Löwith, *Martin Heidegger and European Nihilism* (New York: Columbia University Press, 1995), p. 13.

[14] J.-P. Sartre, *Les mots* (Paris: Gallimard, 1964), trans. Irene Clephane, *Words* (Harmondsworth: Penguin, 1967), p. 14. Hereafter *Words* and page number of English translation.

[15] S. de Beauvoir, *La Force de l'âge* (Paris: Gallimard, 1960), p. 27.

[16] S. de Beauvoir, *La Force de l'âge*, op. cit., pp. 141-142.

[17] Sartre, *L'Imagination* (Paris: Alcan, 1936), trans. Forrest Williams as *Imagination. A Psychological Critique* (Ann Arbor, MI: University of Michigan Press, 1962).

[18] Sartre, *La Nausée* (Paris: Gallimard, 1938), trans. Robert Baldick, *Nausea* (Harmondsworth: Penguin, 1965). Hereafter *Nausea* and page number of the English translation.

[19] Kate Fullbrook and Edward Fullbrook, *Simone de Beauvoir and Jean-Paul Sartre. The Remaking of a Twentieth-Century Legend* (London: Harvester, 1993), p. 53.

[20] Reviews and reactions to *Nausea* are collected in Jacques Deguy, *Jacques Deguy commente La nausée de Jean-Paul Sartre* (Paris: Gallimard, 1993), pp. 204-209.

[21] Ronald Hayman, *Writing Against. A Biography of Sartre* (London: Weidenfeld and Nicolson, 1986), p. 108.

[22] See *Witness to my Life: The Letters of J.-P. Sartre to Simone*

de Beauvoir, 1926—1939, ed. S. de Beauvoir, trans. L. Fahnestock and N. MacAfee (London: Hamish Hamilton, 1992), pp. 36-37.

[23] J. -P. Sartre, *Esquisse d'une théorie des émotions* (Paris: Hermann, 1939), trans. Philip Mairet, *Sketch for a Theory of the Emotions* (London: Methuen, 1971). Hereafter *Sketch* and page number of English translation.

[24] J. -P. Sartre, *L'Imaginaire* (Paris: Editions Gallimard, 1940), trans. Bernard Frechtman as *The Psychology of Imagination* (London: Methuen, 1972). Hereafter PI and page number of the English translation followed by the French original.

[25] Sartre, *Les Mouches* (Paris: Gallimard, 1943), trans. Stuart Gilbert, *The Flies*, in J. -P. Sartre, *Altona*, *Men Without Shadows*, *The Flies* (Harmondsworth: Penguin, 1962).

[26] J. -P Sartre, *L'Existentialisme est un humanisme* (Paris: Nagel, 1946), trans. P. Mairet, *Existentialism and Humanism* (London: Methuen, 1973).

[27] J. -P. Sartre, *Cahiers pour une morale* (Paris: Gallimard, 1983), trans. David Pellauer, *Notehooks for an Ethics* (Chicago: University of Chicago Press, 1992).

[28] S. de Beauvoir, *The Ethics of Ambiguity*, trans. B. Frechtman (New York: Citadel Press, 1948; reprinted 1970).

[29] J. -P. Sartre, *Réflexions sur la question Juive* (Paris: Paul
513 Morihien, 1946), trans. George J. Becker, *Anti-Semite and Jew* (New York: Schocken Books, 1965). Hereafter *Anti-Semite* and page number of the English translation.

[30] J. -P. Sartre, *Baudelaire* (Paris: Gallimard, 1947), trans. M. Turnell, *Baudelaire* (London: Hamish Hamilton, 1964).

[31] J. -P. Sartre, *What is Literature?*, trans. Bernard Frechtman (London: Methuen, 1967).

[32] J. -P. Sartre, *Saint Genet. Actor and Martyr*, trans. Bernard Frechtman (New York: Braziller, 1963).

[33] See Peter Royle, *The Sartre-Camus Controversy. A Literary*

and Philosophical Critique (Ottawa: University of Ottawa Press, 1982).

[34] J.-P. Sartre, *Le Scenario Freud*, ed. J.-B. Pontalis (Paris: Gallimard, 1984), trans. Quintin Hoare, *The Freud Scenario* (London: Verso, 1985).

[35] J.-P. Sartre, *Questions de méthode* (Paris: Gallimard, 1967), trans. Hazel Barnes, *Search for a Method*, op. cit.

[36] As Sartre says in an interview with Leo Fretz, in Hugh Silverman and Frederick A. Elliston, eds, *Jean-Paul Sartre. Contemporary Approaches to His Philosophy*, op. cit., p. 225.

[37] Sartre, *L'Idiot de la famille* (Paris: Gallimard, 1971—2), trans. by Carol Cosman, *The Idiot of the Family. Gustave Flaubert* (Chicago: University of Chicago Press, Vol. 1, 1981; Vol. 2, 1987; Vol. 3, 1989).

[38] See Ronald Hayman, *Writing Against. A Biography of Sartre*, op. cit., p. 6.

[39] Daniel C. Dennett, *Consciousness Explained* (Harmondsworth: Penguin, 1993)，关于幻觉和虚幻的性质采取了相同的观点。虚幻的一个基本性质是只能从一侧可见它。

[40] J.-P. Sartre, *Situations* IV (Paris: Gallimard, 1964), p. 196.

[41] 这一表述我认为来自 Phyllis Sutton Morris, "Sartre on Self-Deception", in Hugh Silverman and Frederick A. Elliston, eds, *Jean-Paul Sartre. Contemporary Approaches to His Philosophy*, op. cit., p. 35。

[42] Simone de Beauvoir, *La Cérémonie des Adieux suivi de entretiens aven Jean-Paul Sartre* (Paris: Gallimard, 1981), trans. Patrick O'Brian, *Adieux. A Farewell to Sartre* (New York: Pantheon, 1984).

[43] See Gregory McCulloch, *Using Sartre. An Analytical Introduction to Early Sartrean Themes*, op. cit., and Kathleen V. Wider, *The Bodily Nature of Consciousness. Sartre and Contemporary Philosophy of Mind* (Ithaca, NY: Cornell University Press, 1997).

391 # 12　摩里斯·梅洛-庞蒂：知觉现象学

导言：身体哲学

摩里斯·梅洛-庞蒂（1908—1961），在法国由于其为人的身体性存在的原初体验提出了一种彻底性描述，而对后胡塞尔现象学做出了最具独创性的和持久性的贡献。和一切形式的二元论相反，在其主要作品《知觉现象学》（1945）中[1]，他对我们的在世存在提出了一种现象学的论述，目的是一方面在唯理主义、唯心主义和所谓“唯智主义”中，另一方面在经验主义、行为主义和实验科学中，纠正那种被歪曲的存在经验的论述。如果他不是英年早逝，毫无疑问，他会被看作当代法国哲学中的最杰出者。对于他认为我们在世界中的身体性这一“神秘的”“悖谬的”“含混的”性质（此性质似乎预定要满足和充实我们的意义意向行为），他提出了一种非常具有挑战性的、非常复杂的论述。

梅洛-庞蒂（1908—1961）：生平和著述

梅洛-庞蒂于1908年3月14日生于法国西海岸的Rochefort-sur-Mer地区。按照萨特的说法，梅洛-庞蒂对他承认，“他从未从无与伦比的一美好童年中长大成人”，用萨特的话说，在童年中，他认识到“其中只有年龄在催促着我们的幸福的私人世界”（*Situations*，157）。事实上，关于梅洛-庞蒂通过返回前反思的经验世界以发展“开端之开端”的哲学的毕生努力之动机，萨特提供了一种颇具深意的观察。萨特将此视作梅洛-庞蒂企图重新经历其快乐童年的那种直接性或直觉性。在萨特看来，梅洛-庞蒂始终像是一个“对一切感觉惊异的”孩子（*Situations*，222）。

1913年父亲死后，他随家庭迁至巴黎，并在法国“中学体制”内接受
392 教育，先是在德塞伊中学，然后在路易大帝中学，德里达后来也在那里学习。在后来的访谈中梅洛-庞蒂说，他一直希望成为一名哲学家，而且于1926年他通过严格的入学考试成为巴黎高师的一名走读生。在那里他最初

结识了自1924年起即成为寄宿生的萨特。他们的首次相识发生于梅洛-庞蒂与一些同学发生争论时，萨特参与了调节，在争论中梅洛-庞蒂嘲笑那些同学不过在老调重弹而已。[2]萨特的介入使争论舒缓，但两个人那时尚未成为密友。另一位同学波伏娃回忆梅洛-庞蒂是一位安详的、严肃的学生，透露着一丝"纯粹理智性的不安"[3]。此外，与无神论的萨特相反，年轻的梅洛-庞蒂那时还是一位坚定的信仰者。

梅洛-庞蒂在高师随新康德唯心主义者不伦瑞克学习，后者是当时法国在职的最重要的哲学家（柏格森已经退休），他强调先验自我的发现，并把哲学思考看作对于主体进行的一种笛卡尔式的反思。[4]不伦瑞克的课程讨论获得绝对知识的种种企图和失败。[5]他跟随康德认为，物自体是我们不知道的，世界是由知识创造的，此一观点在一定程度上为梅洛-庞蒂接受。例如，在《知觉现象学》中他拒绝了我们所不知的物自体的可能性。不伦瑞克也赋予我思和先验自我以特殊的重要性。梅洛-庞蒂从不伦瑞克处习得，科学知识"不可能是自身封闭的，它永远是渐进的知识，而且它在于阐明一前科学的世界，对此世界的分析将永远也不可能结束"（*Primacy*，20，57，69）。但是，梅洛-庞蒂最早的哲学探讨是属于更传统的类型的，他的毕业论文写的是关于普洛提诺的，曾由古典学者伯里哀（Emile Bréhier）审阅。[6]1930年当萨特毕业一年后，梅洛-庞蒂以第二名获得哲学教师资格。

在服完兵役后梅洛-庞蒂最初在Beauvais中学教书（1931—1933），之后获得国家科研奖学金从事研究。1934—1935年在Chartres中学教书，1935年返回巴黎成为高师的老师和哲学博士学生。在这些年里，梅洛-庞蒂的全部观点是一种基督教社会主义的观点。他与左翼知识分子刊物*Sept*和由基督教哲学家莫尼艾编辑的*Esprit*有联系。他的第一篇出版物是在法文杂志《知识分子生活》上刊出的关于两位哲学家的评论，即舍勒的《道德中的怨恨》的法译本和马塞尔的《存在和具有》（1935），他们把存在主义和天主教精神结合起来。[7]但是梅洛-庞蒂被天主教教会支持Dollfuss总理反对奥地利工人的行动深深震动。同样，教会对暴力的独裁者的支持使梅洛-庞蒂与之疏远，并爆发了一次宗教危机，这导致他于1930年代转向了马克思主义。梅洛-庞蒂开始参加俄国流亡者柯耶夫的讲演，柯耶夫自1933年到1939年在高等实践学院讲授黑格尔的《精神现象学》。这些讲演吸引了很多巴黎知识分子，包括奎诺、阿隆、巴塔伊、拉康、萨特，以及 393

在一段时间内还有阿伦特。[8] 在此时期梅洛-庞蒂也开始阅读马克思的《1844年经济学哲学手稿》，此书于1937年译成法文。对于梅洛-庞蒂，黑格尔和青年马克思是具体社会生活的现象学家，而不是封闭的和枯燥的知识体系的提供者。

从1935年到1938年，梅洛-庞蒂进行有关“知觉性质”和“现象学和格式塔心理学中的知觉概念”主题的研究。[9] 他的最初研究《行为的结构》于1938年交付出版社，但直到1942年才出版。[10] 在此研究中梅洛-庞蒂提出行为描述，它不仅批评了当时的生理心理学，特别是华生（1878—1958）的行为主义和巴甫洛夫（1849—1936）的反射理论，它们把行为看作一种事物（SB，129），而且批评了柏格森有关人类行为的唯生主义的论述。梅洛-庞蒂批评行为主义说，复杂的人类行为不可能根据对刺激的僵化机械反应加以说明，除非发生一种与身体的病理性关系的脱离（SB，45）。梅洛-庞蒂对行为主义的批评是一种早期版本的对“虚假麻醉性”的批评，即成为一名真正的行为主义者必须假定主体没有感觉。此外，身体不可能根据其诸部分的单纯总和加以理解。为了获得对于人的活动的一种替代性论述，梅洛-庞蒂求诸德国格式塔心理学的更具整体论的传统，包括科勒尔、考夫卡、盖尔布和戈尔茨坦。“格式塔”的意思是“形式”或“结构”，而格式塔学派主张，形式或结构是任何东西的经验中不可被还原的部分。我们永远相对于背景或结构来体验经验，而心理学如果企图瓦解每一经验为其假定的成分，那么其方向是错误的。刺激永远是在丰富的和复杂的环境中被知觉和被解释的。

个体和“环境”之间的相互作用发挥着一种“循环因果性”的作用。
394 刺激本身不是中性的，而是某种意义上为了特殊有机体而形成的。活的主体和环境之间的相互作用，毋宁说是一种天衣无缝的组织，按照梅洛-庞蒂的术语，是一种自由和自然之间的“辩证法”，这是行为主义或经验主义所不承认的。梅洛-庞蒂说：“物质‘充斥着’形式，这就是说，归根结底每一知觉都发生于某种视界内以及最后发生于世界内。”（*Primacy*，12）在《行为结构》中，梅洛-庞蒂断言每一活的有机体都必须根据其世界加以理解，他承认在格式塔方法和现象学对在世存在的理解之间存在有重要的联系，对此问题他在此书末尾也曾讨论过。

战争岁月

第二次世界大战的爆发打乱了梅洛-庞蒂的研究计划。1939年8月他被征召入伍，担任某步兵师的二等尉官（萨特服役时为列兵）。他被德军俘虏，而且似乎受到虐待。但是 1940 年 9 月，随着法国停战协定的签订，他被释放并恢复教职。接着，在 1945 年，在他与萨特一道协助创办的《现代》杂志的第一期上，他发表了一篇关于战争性质的重要反思文章《战争发生了》(SNS，139-152；254-270)。这一研究已经包含了对萨特有关人是不可避免地自由的立场进行的明确批评。梅洛-庞蒂说，自由概念本身是历史上决定的，而且 1939 年前法国享有的所谓正常的和平与自由状态，根本不是一种自然的状况，其本身即是诸偶然的历史力量的独一无二的产物。此外，梅洛-庞蒂说，战争改变了一切价值。在战争中，每个人都实行着妥协："我们生存于世界内，与世界混合在一起，与世界相妥协。"(SNS，147；259) 自由只存在于"和世界的接触中，而非在世界之外"(SNS，148；261)。即使是我们与他人的关系也不是绝对的，而是受到情境条件限制的。1946 年在与他以前的老师伯里哀的辩论中回忆他的服役生活时，他指出，当他被通知要对敌人阵地进行空袭时，他被迫以不同方式思考到他者：

> 伯里哀先生曾问我："你把他人设定为一绝对价值吗？"我回答说："是的，就像任何人能够做的那样。"但是当我在部队时我必须通知空袭，而在那时我并不承认敌人士兵具有一绝对价值，这些士兵正是空袭的对象。在此情况下我可以答应对敌人持有宽容态度；我却不能答应 395
> 不去伤害他们……知觉预期着，自行前进着。(*Primacy*，35-36)

复原后梅洛-庞蒂任教于 Carnot 中学，1940—1944 年一直在那里教学，之后转往孔多塞中学，接替此前由萨特任教的职位，萨特为了能够全职写作，辞去了教职。1936 年时，梅洛-庞蒂为一家心理学刊物写了关于萨特《想象心理学》的书评，但自此之后直到 1941 年彼此没有来往。1941 年他们作为短期存在的社会主义抵抗运动组织（"社会主义和自由"）的成员相遇了。虽然此组织失败了，萨特和梅洛-庞蒂因此契机而成为追求现象学和存在主义的坚定同盟者，尽管两人对胡塞尔的解释不一样。萨特在其为梅洛-庞蒂所做的动人墓葬演说中说道：

> 我们的小组织在激情下产生，由于不知道该做什么，一年后即结束……至于我们两人，尽管"社会主义和自由"失败了，至少它使我们两人在一起……关键词产生了：现象学，存在。我们发现了我们的

> 真实关切。由于过于秉持个人主义我们的研究未能联合起来，但我们开始互有来往，尽管仍然是各行其是。我们两人各自都过于轻信对现象学观念的理解。当在一起时，我们彼此都对对方表现出现象学的暧昧态度。(*Situations*，159)

正如萨特所说，他们的结合以及他们的区分都是缘于胡塞尔和现象学。从 1942 年开始，两人开始紧密合作。梅洛-庞蒂甚至在 1943 年协助萨特筹集资金来演出戏剧《苍蝇》。1942—1945 年梅洛-庞蒂集中进行其博士论文写作，后于 1945 年以《知觉现象学》为名出版。而萨特的《存在与虚无》已经于 1943 年出版了。

战后，萨特和梅洛-庞蒂立即被法国知识分子视为提出了相互竞争性的存在论现象学版本。梅洛-庞蒂在《知觉现象学》中明确地把现象学看作本质上的存在哲学："现象学还原即存在哲学的还原"(PP，xiv；ix)。尽管《存在与虚无》对梅洛-庞蒂自己的本体论深有影响，他批评了萨特在论述自为和自在冲突时表现出的强烈对立的二元论，按此二元论意识永远不可能达到物性并始终是一空的计划，而且客体永远不可能具有意识。
396 与此对立，梅洛-庞蒂永远希望强调主体和客体之间的辩证关系。在其 1945 年的文章《为存在主义而战》中他是这样评论《存在与虚无》的：

> 按照我们的意见，该书仍然是极其对立性的：我对我自己的观点和他人对我的观点的对立，以及自为和自在的对立，往往似乎是二中择一的选择，而不是被描写为二者之间的活生生结合与沟通。(SNS，72；125)

我们看到，萨特甚至明确地说，在自为和自在之间没有沟通。再者，萨特和梅洛-庞蒂在关于人的存在和意识的性质问题上存在分歧。梅洛-庞蒂与萨特相反，并不把意识的具有视作一种或全或无的问题，因为他对心理学和生物学的兴趣导致他承认知觉性认知的复杂层次性（例如动物），而萨特对于意识的性质采取偏于笛卡尔的观点。梅洛-庞蒂同意萨特所说，意识不可能成为一物类存在，永远不可能成为纯自在，并彻头彻尾地充斥着自由。但是，梅洛-庞蒂对于萨特有关人的自由的极端观点持批评态度。他否认萨特所说，拒绝就是进行选择和成为自由。自认为彻底自由的意识忽略着其产生的环境（PP，453；517）。并不存在所谓的原初性选择。梅洛-庞蒂断言，"诞生就是从世界的诞生和诞生在世界"（PP，453；

517)。[11]他对于萨特的孤立性自我观批评甚厉，按该观点，社会性互动（例如在“看”中）必然是敌意的、否定的和限制性的。然而在其于 1947 年为《费伽罗文学报》所写的文章《一位丑闻作家》中，他赞成萨特关于人的存在中丑陋性和缺欠性的必要观点（SNS，41－47；73－84）。他也对萨特的他人是地狱的说法提出饶有兴味的辩护：

> 说“他人是地狱”并不意味着“天堂是为我的”。如果他人成为我们受折磨的工具，那首先是因为他们对于我们得到拯救是必不可少的。我们与他们如此相互交融，因此必须尽可能地从此混乱关系中理出头绪来。萨特让 Garcin 到地狱不是因为其怯懦而是为了使其妻子受苦。(SNS，41；74)

萨特和梅洛-庞蒂在战后马上在政治问题上开始如此紧密合作，以至于萨特最初没有注意到它们在哲学立场上的差异。萨特承认梅洛-庞蒂有 397
助于他的政治观的形成，从一名“返回无政府主义者”（*Situations*，176）转变为一名坚定的马克思主义者。但是，在萨特看来，梅洛-庞蒂从来也不是一名教条主义的历史唯物主义者（梅洛-庞蒂甚至永远不可能接受任何绝对的哲学体系），而宁可说是一名（由于没有更好的选择）马克思主义者，对于批判冷战期政治的努力远大于煽动阶级革命的努力。

同时，梅洛-庞蒂的学术事业开始形成。1945 年他被任命为里昂大学的讲师，1948 年晋升为教授。他也开始在索邦大学授课。1946 年 11 月他对法国哲学学会发表了一篇重要的讲演《知觉的首要性》（*Primacy*，12－42)，概述了他最近出版的《知觉现象学》的主题。他的兴趣也逐渐从哲学和心理学扩展到伦理学、政治和美学。虽然是一位学术精湛的哲学家，梅洛-庞蒂也具有革命家的气质，而且他积极介入了对国内外文化和政治的批评活动。

1945—1955 年的政治岁月

在《知觉现象学》出版后，而且随着法国从第二次世界大战中复兴，梅洛-庞蒂的兴趣首先转向政治评论和分析。[12] 1945 年，在哲学必须介入现实世界的信仰的刺激下，他与萨特共同建立了左翼刊物《现代》。萨特还回忆道：“我们自 1943 年起就梦想着有这样一份刊物……我们想成为意义的捕捉者，我们想说出关于世界和关于我们的生活的真相。”（*Situations*，168）虽然梅洛-庞蒂多年来都是主管编辑，而且特别对刊物的政治态度负责，但他很少同意让自己的名字出现在编辑页（萨特承认他从来不知道梅洛-庞蒂保持缄默的理由何在）。从政治上说，梅洛-庞蒂认为自己的使命在于协调辩证唯物主义和自由的关系。按照他的马克思主义，他强烈地受到托洛茨基和匈牙利哲学家卢卡奇的影响。对于马克思主义具有这种持久兴趣的一个早期迹象是他在《知觉现象学》中有关历史唯物主义的详细脚注（PP，171－173；199－202），在此脚注中他说，历史唯物主义的历史论述不应该按照还原主义因果论的方式理解，而应按照动机化作用加以理解，按此理解，外部的条件被内在化了。

当法国共产党在战后进入了法国政府后，梅洛-庞蒂在《现代》上写
398 了一篇有关他自己献身于法共意识形态的文章："简言之，我们必须实行共产党的政策"。梅洛-庞蒂坚决拒绝谴责苏联，以防他的谴责导致对国际工人运动的帝国主义敌人的屈服。他在一篇有关亚瑟·库斯勒（Arthur Koestler）的《瑜伽信徒和人民委员》的书评中甚至维护苏联的作秀审判，此文收入1947年出版的《人道主义和恐怖》。此书包括了梅洛-庞蒂对历史的思考。当他根据他认为是一种更真实的马克思主义观点批评斯大林政权时，他也强烈批评资产阶级自由派对斯大林恐怖的谴责，辩称一切政权都使用暴力。据萨特回忆说，《人道主义和恐怖》不仅在左翼队伍内而且在右翼队伍内也引起了愤慨。加缪站在梅洛-庞蒂一边参与了激烈反击，对审判进行辩护，梅洛-庞蒂感觉到，攻击苏联就会有助于减轻西方的政治罪行。

1950年，苏联劳动营存在的消息爆发，虽然梅洛-庞蒂对此阴暗消息颇感颓丧，他仍然辩称，劳动营的存在是作为通向社会主义的台阶，而不是像纳粹集中营那样为了造成死亡。据萨特回忆，梅洛-庞蒂拒绝因苏联劳动营的消息而干扰其实行他的反殖民主义的斗争：

> 当欧洲发现苏联劳动营的同时，梅洛-庞蒂最终面对着伪装的阶级斗争：罢工和镇压，马达加斯加的大屠杀，越南战争，麦卡锡主义和美国式恐怖，纳粹的复苏，无处不在的教会权力，在其伪装下假意抗议法西斯主义的复活。我们如何能够不闻到资产阶级腐尸的臭味呢？而且我们如何能够公开谴责东方的奴役而并不在我们方面放弃被剥削者所遭受的剥削呢？（*Situations*，185）

当萨特和梅洛-庞蒂维护苏联劳动营时，对于朝鲜战争的性质问题，两人产生了分歧。法共把朝鲜战争解释成共产主义抗击帝国主义侵略斗争的一部分，而对于梅洛-庞蒂一清二楚的是，朝鲜是侵略者，而且苏联共

产主义实际上是另一形式的帝国主义。最初，梅洛-庞蒂决定对于一切政治问题保持缄默，他担心朝鲜战争会升级为世界大战，如果那样，支配世界的将是暴力而不是理性。1952年他终于从《现代》编辑部退出，并公然表达了与萨特的分歧，萨特对苏联在朝鲜战争中的角色采取着不加批评的支持态度。后来他记载了对于苏联风格的共产主义的不满，并于1955年在《辩证法的历险》中支持一种新自由主义。此书也收入了他对萨特的批评 399
《萨特和超级布尔什维克主义》，对此波伏娃曾给以强烈反击，为萨特辩护并谴责梅洛-庞蒂发明了一个稻草人，一种不存在的哲学："伪萨特主义"。[13]梅洛-庞蒂说的萨特的"超级布尔什维克主义"是指萨特以团结的名义心甘情愿地接受苏联共产党的一切作为。

梅洛-庞蒂逐渐地将理论化的马克思主义和苏共的教条主义观点加以区分。他看到，马克思主义只要夺了权（例如在俄国），他们就抛弃了世界革命并返回到熟悉的统治方法，即"通过等级制度、服从、神话、不平等、外交手段和警察"（SNS，4；10）。在第二次世界大战刚结束时，他曾天真地希望，美国大众能够兴起并接受马克思主义，但渐渐地他认识到此一分析的错误。虽然他在1950年初就放弃了马克思主义，但终其一生他都是一名坚定的激进知识分子，永远企图在极权主义和抽象的自由主义之间找到一条中间路线。他具有强烈的反殖民主义的情怀并对此类现象义愤填膺，例如当法国天主教知识分子和小说家莫利亚克为法国对越南进行殖民地干预而辩护并说这是将文明带给当地居民时。

萨特和梅洛-庞蒂自1955年以后从未和解过，两人在会议场合相遇时也始终保持冷淡，但彼此无论在公开场合还是私下里都避免争论。但两人在反对法国政府的阿尔及利亚独立战争中的立场方面也是一致的。

1952年母亲的去世使梅洛-庞蒂极度悲伤。按照萨特发表于1961年的回忆梅洛-庞蒂的杰出文章，梅洛-庞蒂对母亲怀有深刻的爱慕情感，一种笼罩其一生的情感（同前，208－209）。萨特认为，梅洛-庞蒂成年后渴望被吸纳入和笼罩在世界内的感觉的根源，以及他在基督教和共产党内发现共同生活方式的一切企图，都相当于试图发现此一原始的幸福感。萨特或许是在寻找他与梅洛-庞蒂那时发生破裂的心理学的理由。不论萨特的心理学分析多么精确，梅洛-庞蒂变得更加退守，而且1956年后他成了一名隐士，只是在住家和法兰西学院之间走动。但是，萨特和梅洛-庞蒂在某种程度上有所和解，当两人1956年在一次日内瓦的会议上相遇时。虽然两人不再在哲学上合作，但梅洛-庞蒂从来没有终止过引述萨特的作品。另一方面，萨特承认，《知觉现象学》对于他是一种神秘。

400 形上学的转向

在其作为《现代》一名编辑的政治活跃时期，梅洛-庞蒂一直关注对于经验进行现象学的描述。甚至在他从教条主义的马克思主义和共产党政治后退的同时，他对形上学发生了新的兴趣并热衷于修正早先书籍中关于知觉的论述，以便能将知觉理论扩展为考虑主体间关系和文化世界的构成。1948—1949 年他曾向里昂大学告假一年访问墨西哥，并在 1949—1952 年在索邦大学担任儿童心理学教职，此一位置后来由皮亚杰接任。梅洛-庞蒂受到皮亚杰研究的强烈影响，虽然也对其进行批评，并始终关心儿童对世界的知觉问题，这可以从他后来的系列讲演中看出来，该系列讲演题名为《儿童与他者的关系》（*Primacy*，96－155）。在讲演中他批评了古典心理学，认为儿童与他者的交遇不是次要性的和从属的，实际上，与他者的交遇和与语言的交遇都是儿童自我发展感的基础。

1952 年他被任命为法兰西学院的哲学教授，此一最尊贵的教职曾由柏格森、拉韦尔担任，在梅洛-庞蒂之前是吉尔森。在其于 1953 年 1 月 15 日发表的就职讲演《哲学礼赞》中，他对几位前任（故意略去吉尔森）表示敬意，并将哲学家刻画为既以一种对明证性的品味又以一种对暧昧性的感觉为标志。[14]他发表了几组论文，包括 1948 年的《意义和无意义》和 1960 年的《记号》。他继续在法兰西学院执教直到 1961 年逝世，在那里他的朋友和同事中包括人类学家列维-斯特劳斯。他曾和斯特劳斯讨论过初起的结构主义运动。[15]1940 年代末，梅洛-庞蒂甚至成为结构主义的一名卓越的支持者，他认为在我们生存于其中的语言结构、经济结构和社会结构之间必定存在有紧密的联系（《从莫斯到列维-斯特劳斯》，*Signs*，118；148）。1949 年，梅洛-庞蒂开始讲授索绪尔，主要关注结构主义的说明方式，特别是那样一种方式，在其中结构主义的说明跨越了社会学的、经济学的和心理学的说明之界限，并发现这些不同人类层次所共同的基础结构。

梅洛-庞蒂最后的出版物是于 1961 年 1 月在《法国艺术》上刊出的《眼和心》，并设想成《可见的与不可见的》的一个部分。[16]梅洛-庞蒂在此文开始说道："科学操纵事物并放弃在事物中生存。"（*Primacy*，159）他跟随胡塞尔认为科学形成了它可加以操纵的事物模型。科学使一切显现为一种“一般客体”。但是，他认为古典科学仍然具有一种重新加入具体物的愿望并尊重世界的混沌性，而现代科学将自身看作自由漂浮着的构造主义者，以“盲目的运作性”工作着： 401

> “操作性”思维成为一种绝对的人为制作，如我们在控制论思想中所见，在那里人的创造来自一种自然的信息过程，此过程是根据机器人模型设想的。(*Primacy*，160)

为了避免人类如此脱离自身本性的后果，必须呼吁科学检讨它与世界的关系，并更密切地观察我们所经验的开放世界的位置或土壤。事实上，对此世界根源性的关注正是艺术运作的方式。梅洛-庞蒂将科学的操纵性（此操纵性他称为既不知真也不知伪）与绘画中出现的那种真理相对比。在此文中他讨论了克利、塞尚和马蒂斯，他们抛弃了对世界进行格式化的形式再现观而发现了视觉的活生生的直接性，因此真正地捕获到了事物鲜明的反射面。只有艺术才有能力进行纯洁的看而并不企图形成一种意见。画家涉及可见物的诞生，而不是企图产生一种世界的表象。

梅洛-庞蒂，信奉彻底偶然性的哲学家，于1961年5月3日死于心脏病，终年53岁。他的葬礼参加者包括萨特、利科、莱维纳、列维-斯特劳斯和拉康等。他留下了大量未完成的手稿，特别是包含在 *Prose of the World*（《世界的散文》）中的文章[17]以及《可见的与不可见的》中的六章[18]，后者被看作对《知觉现象学》的一部重要的修正性补编，在此他把肉体观强调为“存在的原型”，把思想强调为“肉体的升华”（VI，145；191）。梅洛-庞蒂认为自己是朝向一种新哲学立场发展着，此立场完全抛弃了传统的主客间、心灵身体间的哲学二元论，并特别关心与他者关系的问题，主体间性问题。

根源现象学

梅洛-庞蒂的总的目的是要通过使用胡塞尔现象学的方法来发现理性的根源。他认为哲学的功能在于唤醒对原初行为的理解，按此行为人类在世界上获得了认知：“真正的哲学是重新学习看待世界。”（PP，xx；xvi）哲学将阐明“存在为我们诞生”（PP，154；180）。此外，哲学本身与现象学同一。现象学的目的是“显示世界”，它的任务是“揭示世界和理性的 402

神秘性”（PP，xx-xxi；xvi）。梅洛-庞蒂对现象学的理解来自他对胡塞尔的最初阅读，把胡塞尔的困难的、未完成的现象学研究转变为书写精致的、几乎是诗意的有关活生生人类经验的论述。梅洛-庞蒂特别依赖胡塞尔在《危机》中有关生活世界的论述，以及在《经验与判断》中发现的“前述谓的认知”概念。梅洛-庞蒂反对作为自发的首先是认知性行为的意向性概念，他特别强调胡塞尔的“功能性的”或“操作性的”意向性概念，将其看作世界和生命间自然的、前述谓的统一体（PP，xviii；xiii）。我们的身体的意向已经在我们从概念上对其认知之前就引导我们进入一个为我们而构成的世界。再者，梅洛-庞蒂将胡塞尔的现象学向一种存在论方向伸展，承认我们的身体性的和历史性的情境制约因素。

梅洛-庞蒂的“现象学的根源”目的在于教导我们如何以新的方式观察我们的经验，不依赖于我们的反思经验的充分形成的范畴，而是发展一种方法和一种语言，使其适合表达我们的前反思的经验，特别是知觉世界。现象学的“返回事物本身”的口号意味着：

> 返回知识之前的世界、知识永远在讲述的世界，而且相对于此世界一切科学的图示化都是此世界的一种抽象的和导出性的记号语言，就如地理学相对于田野一般，在田野上我们预先知悉森林、草原或河流是什么。（PP，ix；iii）

此外，对我们的前概念的经验的描述目的在于纠正近代科学和心理学中流行的“客观思想”之歪曲。客观思想太过经常地忽略复杂的、含混的“环境”，在其中人的意义获得表达，“客观思想不认识知觉的主体”（PP，207；240），而是将世界呈现为已完成者。于是，哲学必须通过唤醒我们与世界的直接接触来抵制客观思想。

梅洛-庞蒂朝向于一种特殊种类的还原，一种对知觉的、前概念的儿童经验的回归。正如他在后来一篇文章《人之内的形上学》中所说，他的哲学的目的是“按照结构和对结构的理解去发现存在的一个维面和一种知识的类型，这些是人在其自然的态度中所忘却的”（SNS，92；162）。但是，梅洛-庞蒂的还原，通过认识实在世界的不可还原性，避免了胡塞尔
403 的唯心主义倾向：“实在是应该被描述的，而不是被构造的或被构成的。”（PP，x；iv）现象学的描述，在提醒我们有关我们的前反思的经验是什么以反对种种哲学的和科学的歪曲时，起了很大的作用。我们必须理解，为什么我们通常充分自信地经验到世界在那里。再者，我们的知觉不只是一

种康德式的表象综合（PP，x；iv-v）。反之，我“一下子”就经验到世界是实在的。梅洛-庞蒂强调着自我和世界的不可分离性。通常，虽然我可以区分知觉和梦境，但我也能够“围绕着事物梦想”，以一种天衣无缝的方式将想象投射到世界，显示出实在世界是一“紧密织体”（PP，x；v），它并非通过我的内在自我实行的一系列综合而构造。我必须理解这个我自己和世界的全部织体。我们进入世界是通过带有其运动性行为和知觉行为的身体所完成的。身体和世界的关系的体现性领域是一种“相互性世界”（l'intermonde）。世界接触我们的身体有如肉体接触肉体。梅洛-庞蒂在其最后未完成的著作《可见的与不可见的》中，甚至谈到可见的和感觉的世界的机制是“世界的肉体”（VI，248；302）。梅洛-庞蒂的后期哲学将一种知觉分析呈现为人类经验的基础，进而反思一般语言的和社会的沟通。1950年代初，他提交给格罗（Martial Guerout）一部书，作为法兰西学院教授候选程序的一环节。在此书中他说：

> 我的最初两部书在于恢复知觉世界。我的著作在准备时的目的是指出与他者的沟通，思想如何进行知觉，以及超越知觉领域以使我们达至真理。（*Primacy*，3）

梅洛-庞蒂将身体和世界的紧密关系表达如下：“我们自己的身体在世界中，有如心脏在有机体中；它使得可见的图像始终是活生生的，它对其灌输生命并在内部支持它，并与其一起形成一系统。”（PP，203；235）一般来说，梅洛-庞蒂的哲学观可规定为一种<u>辩证自然主义</u>，虽然他本人不使用“自然主义”一词，而是将其联系于各种形式的生物学的还原主义和科学主义。然而，梅洛-庞蒂的观点是自然主义的，因为它把人的存在看作被结合到自然秩序之内的，看作基本上属于世界的，虽然不仅看作世界内的客体，因为其出现产生着社会文化世界：“人和社会并非真的是在自然和生物界之外的，二者之间的区别在于人和社会使自然处于危险之中。”[19]梅洛-庞蒂的自然主义被描述为辩证的，因为他把人与世界的关系 404
看作由于一种“预先确立的和谐”而极为紧密地缠结在一起。世界的颜色相对于我们的视觉系统而呈现自身，空间通过我们的身体姿态和跨越距离的愿望而显示自身。传统科学和哲学并未设法充分描述身体与世界间、视觉与运动间的此种相互作用或“相互缠结”（l'inerlacs）的性质（*Primacy*，160）。对于世界和身体间复杂织体的这种强调（此织体概念本身来自胡塞尔，他经常谈到自我和世界的这种缠绕关系）导致梅洛-庞蒂成为任何一种笛卡尔主义的批评者，笛卡尔主义使意识和世界彻底分离。梅洛-庞蒂甚至企图使胡塞尔的现象学免于它表面上对笛卡尔主义的依从，如在《笛卡尔沉思》和其他著作中可见的那样，此种笛卡尔主义强调世界作为一种非身体性自我产物的意义。梅洛-庞蒂反对传统笛卡尔的身体观——将身体看作"广延物"，由诸相互外在的部分组成，没有内部，而将心看作"我思物"，它没有距离地对自呈现；梅洛-庞蒂则提出一更复杂的画面，它基于我们自身身体存在的那种更暧昧的方式（PP，198；231）。对于梅洛-庞蒂来说，笛卡尔虽然承认身体和心灵的统一性，却没有正确思考该统一性的方式，反而宁肯把"身体"和"心灵"看作相互明确分离的。但是，正因为我们躯体性地介入肉体和世界并非是清晰的，哲学必须通过对此暧昧性和复杂性本身的彻底思考而对此情境予以回应。与笛卡尔主义、康德与胡塞尔的先验唯心主义的观点不同，自我不是真理的一种与世界分离的绝对根源，而是一种"必然献身于世界的主体"（un sujet voué au monde）（PP，xi；v）。

梅洛-庞蒂跟随黑格尔、柏格森、胡塞尔和海德格尔等均主张的人类存在的时间性和历史性的观点，认同一种具体体验和躯体性的现象学，因此也重新考虑人的时间性和历史性的意义问题："时间和思想是相互缠结的"（*Signs*，15；21）。他认为，思想以一种独一无二方式与时间相联系：时间是我们思想的"它侧"。未来和过去的显示乃是缘于思想本身的性质。对于我们根本的时间性和历史性的这种强调导致他拒绝任何绝对的知识系统，此知识系统对于此变化中的世界持有一种非时间性的观点。历史决不可能被理解为一单一的意义流；并不存在我们可据其从外部察看历史进程的视角，正如我们不可能获得"从任何地方所见的"房屋的知觉图像一样（PP，67；81）。一切思想，正像一切知觉一样，是处于情境中
405 的和依存于视角的。这一看法导致梅洛-庞蒂发展了一种既针对黑格尔的绝对知识概念的批判，也（在政治领域）针对马克思主义的和法共的历史观的批判，后者倾向于以一种静态的和先天的立场说明活生生的历史进程。

在后期胡塞尔的《危机》和《几何学起源》的启发下，也在列维-斯特劳斯和莫斯的社会人类学的影响下，梅洛-庞蒂把忽略时间性和历史性的倾向看作部分地缘于思想在语言中的表达方式问题。时间性思维向语言和概念的融入，导致意义的固定，导致绝对性显象的产生。再者，被构成

的人的社会世界是通过语言和记号产生的，随之构成了“系统”。对作为表达一深层结构的语言和社会机构之性质的强调，甚至促使梅洛-庞蒂与结构主义发生了紧密联系。他自1940年代末起讲授索绪尔的《普通语言学教程》，而且是列维-斯特劳斯的一位密友。梅洛-庞蒂甚至赞成结构主义超越“主客相关关系”的企图（*Signs*，123；155），虽然他也很快表示了对当代写作中对“结构”一词过分使用的批评。但是，他并不像结构主义者那样把语言看作一种匿名系统。梅洛-庞蒂虽然同意海德格尔所说“语言说着人”，却永远把语言解释为根基于知觉中。我们应用语言，正像我们使用一种新感觉器官，其本身不可见而只将世界呈现于我们。正如在视觉场中一样，所见者渐渐变为模糊，在语言中我们的语言领域存在有一种不确定的边界，在此边界上语言渐渐变成了沉默［参见《间接的语言和沉默的声音》（*Signs*，39-83；49-104）］

除了他对结构主义和现象学的贡献外，梅洛-庞蒂毕生喜好文学艺术，特别是绘画。他特别欣赏塞尚的绘画，但也对克利和他人进行评论。他关于艺术的研究被公正地视为20世纪有关现代绘画的最佳哲学评论之一。他认为绘画提供了身体和世界之间原初性联系的明证，此种联系是无法用哲学加以表达的。一位画家探讨着我们的视觉捕捉世界对象的方式，其精微细致是任何哲学和心理学所不及的。他反复引述塞尚所说的：“颜色是我们的大脑和宇宙交遇之处”（*Primacy*，180）。颜色知觉联系于我们对于具有深度的世界的经验。绘画使我们“分享着世界的浩大广博”（*Primacy*，166）。在其收入《意义和无意义》文集内的文章《塞尚的怀疑》中，梅洛-庞蒂把塞尚描绘成一位关于原初的、可见的世界的现象学家，一位这样的画家，他揭示着人的世界如何被安置于“非人的自然”内（关于人的世界性质的更多讨论，参见PP，23-24；31-32）。梅洛-庞蒂认为，塞尚 406
通过“始终忠实于现象”而发现了被体验的透视法（不是几何学的透视法）（SNS，14；23）。在此意义上，他认为塞尚是一位真正的现象学家。哲学应该在艺术的方式问题的思考上具有创造性。哲学有助于人的经验世界的诞生；哲学意在出现于真理到来的曙光里：“哲学并非关于一预先存在的真理的思考，而是像艺术一样，是将真理带入存在的行为”（PP，xx；xv）。虽然这种说法听起来像是海德格尔的艺术与真理观，更可能的是，梅洛-庞蒂在此想到的是马克思和费尔巴哈的哲学作用观点：创造新的世界，而不仅是理解世界。同样，梅洛-庞蒂显然把彻底的现象学还原和中断自然态度看作一种革命性行为，并指涉着一种再发现原初知觉世界的行为，后者相当于“一种暴力行为”（PP，xx；xvi）。

梅洛-庞蒂的思想背景

我们将看到，梅洛-庞蒂的思想背景，正像莱维纳、萨特和德里达一样，都接受了由黑格尔、胡塞尔和海德格尔等人所形成的某种近现代哲学观。学生时代的梅洛-庞蒂就不喜欢1920年代法国教授的那种相当枯燥的学院派哲学，他既拒绝新康德主义也拒绝各种形式的唯心主义。反之，他心仪于柏格森和基督教存在主义者马塞尔等所强调的那种具体的、活生生的体验。他特别受到马塞尔的《形上学手册》（1927）的影响，该书讨论体现和“在世存在”等概念，梅洛-庞蒂均将其吸收进自己的思想中。他特别提及马塞尔的如下主张（萨特在《存在与虚无》中也曾独立地谈及）：与其说我有一身体，不如说“我是我的身体”。[20]梅洛-庞蒂也接受了马塞尔的“神秘性”定义，神秘性的问题是我自己卷入其中的问题，与此相对，一个客观的谜语则是可以解决的。

柏格森的影响

虽然梅洛-庞蒂不认为柏格森在其早期高师年代曾对他有过重要影响（因为柏格森已退休），后来他在1953年的讲演“哲学礼赞”中，在“形成期的柏格森”（《记号》）中，以及在1947—1948年有关柏格森的讲课中，都承认了柏格森的重要性。[21]在他看来，和莱维纳一样，柏格森铺垫了通往现象学之路，因为他强调着哲学中具体直观的活生生的能动性。柏格森的书《物质和记忆》（1896）论述了知觉和记忆，该书包括了日后梅洛-庞
407 蒂继续讨论的许多主题。[22]特别是，柏格森对唯物主义和唯心主义的反对，对种种表象论知觉观的批判，他的关于作为行动中心的身体性主体的概念，以及他对我们的活生生的体验流的强调，都可在梅洛-庞蒂的哲学中发现回响，虽然梅洛-庞蒂批评了柏格森把身体看作一种客观物而把意识主要看作认知性的观点（PP，78n；93n）。

梅洛-庞蒂第一次在不伦瑞克的讲课中接触到胡塞尔，胡塞尔被置于新康德唯心主义框架内加以介绍。之后他于1928—1930年在索邦大学的古尔维奇课堂上继续研习胡塞尔。[23]按照岗迪拉克的说法，梅洛-庞蒂曾于

1929年2月23日和25日亲自参加过胡塞尔的讲演，虽然胡塞尔是用德文讲演的而梅洛-庞蒂那时的德文程度还很薄弱。按照萨特的说法，他们两人大约在1930年代的同一时期彼此独立地发现德国现象学的。对于梅洛-庞蒂、萨特以及阿隆来说，现象学提出了一种严肃的、严格科学性的哲学，此哲学那时并未与具体的体验分离开来。在梅洛-庞蒂理解胡塞尔的过程中发生的一重要的事件是1939年出版的《国际哲学评论》中关于胡塞尔的纪念专辑，其中包括一篇芬克的重要文章以及芬克编辑的胡塞尔遗稿《几何学起源》，此稿也对德里达的哲学发展起着决定性作用。与胡塞尔晚年哲学的这次接触促使梅洛-庞蒂于1939年4月旅行到新开放的卢汶胡塞尔档案馆，并停留6日研究胡塞尔的未刊稿，特别是《危机》和《观念2》的全部打字稿。在这些文稿中胡塞尔在作为物质的物体（Körper）和作为动物性存在的躯体（Leib）之间加以区分，此一区分对于梅洛-庞蒂至关重要。第二次世界大战期间梅洛-庞蒂始终与档案馆主任梵布雷达神父保持联系，并获得一份梵布雷达论述后期胡塞尔的文章，甚至计划在法国建立第二个胡塞尔档案馆。梅洛-庞蒂对胡塞尔的认知由于这种联系而得以深化，他毕生继续研究胡塞尔，例如他写的论文《哲学家及其影子》（*Signs*，159-181；201-228），以及他后来于1959年在法兰西学院的讲演《胡塞尔和现象学的局限》（于去世前的1960年发表）。[24]①

胡塞尔的影响

梅洛-庞蒂在自己不断演变的思想中对于胡塞尔的存在具有强烈感觉。他看到了还原论的重要性，即使他对其进行了再解释。他认可，胡塞尔把 408
还原论看作一切真正探索的开端；还原"对于胡塞尔永远是一种谜一般的可能性，而且他永远要返回此概念"（*Signs*，161；203）。同样的，在《知觉现象学》的序言中他写道：

> 关于胡塞尔花费了更多的时间处理此问题或者更经常地返回此问题，大概是不容置疑的，因为"还原问题"在其未发表的著作里占据着重要地位。长时间内，甚至在晚近文本中，还原都被呈现为对一种先验意识的返回，在其之前世界存在着，并完全是透明的，由于一

① 这一段的内容是关于胡塞尔的，似应列在下一标题"胡塞尔的影响"下，显系误置，但中译本仍遵照原书排印顺序，特此说明。

系列统觉而被彻彻底底地激活，哲学家的任务就是根据其结果进行重构。（PP，xi；v）

梅洛-庞蒂突显出胡塞尔对还原论理解中的丰富的暧昧性。一方面，胡塞尔强调还原的非自然性和在自然态度中克服我们同化于世界的困难性；另一方面，胡塞尔也强调自然态度本身在赋予我们关于世界的一种丰富的、具体的、直接的知识形式的中心作用。梅洛-庞蒂同意胡塞尔所说，现象学是通过在特殊反思形式中终止自然态度而进行的。但是他不同意胡塞尔所说，此中止作用使我们返回了透明的先验意识。反之，克服自然态度不是一个将我们置于一“封闭的、透明的环境内”的问题（*Signs*，162；205），而是承认思想产生于其陷入自然态度中的方式。事物不只是笛卡尔式的纯粹广延物，而且是正因为我的身体性质和其感觉能力、动作能力而在其特性中被显示。事物是“束缚于我的身体环境内的”（*Signs*，168；212）。此外，我并未发现自己是一孤立的意识，宁可说“我思必定在一情境中显示我，而且正是在此条件下先验性主体可以（如胡塞尔所说）是一主体间性实体”（PP，xiii；vii）。重要的是注意到，梅洛-庞蒂反复引述胡塞尔有关“先验性主体是一主体间性主体”的断言，所引用的是那时尚未发表的《危机》。然而，在胡塞尔的《危机》中并无此一断言，该书中近似的说法是：主体即为其所是，即一自我在构成中只在主体间关系内起作用。[25]事实上，梅洛-庞蒂颠倒了胡塞尔自己论述的优先性顺序。胡塞尔认为，构成性自我只是在主体间性关系内才充分成为自身的，而不是说，先存在有主体间性，然后自我从其中产生。我们的反思行为永远返回我们从
409 其开始的非反思的态度，而知觉正是一切行为从其发生的背景。还原永远是临时性的，而且应该理解为一种通向我们经验根源的运作，而不应理解为对思想中这些根源的超越性运作（否则这就是唯心主义了）。

在《知觉现象学》中梅洛-庞蒂已经指出了我们的触感觉的复杂性，特别是当我们触及我们自己时，“双重感觉”现象已经在古典心理学中（PP，93；109），在《观念2》中（§36，152；Hua IV 145）和在《存在与虚无》中（BN，304；351）讨论过了，这两部书稿梅洛-庞蒂已经很熟悉。当一只手碰到另一只手时，我模糊感觉到另一只手的“包裹部分或体现部分”（PP，93；109）。萨特对此现象的重要性并未特别注意，梅洛-庞蒂则视之为显示了我们与自己身体的复杂关系，而且视之为理解我们自反思性质的典型例子。我们不可能同时经验碰触和被碰触，反之我们是在从

一种作用转到另一种作用。我们的主动性和被动性是不同的因素，而且这导致我们忽略了在知觉中自己身体的主动性。类似的，在反思我们的行为时，“身体从介入一认知过程的外部把握自己”（PP，93；109）。梅洛-庞蒂希望通过强调这样的方式来克服主客二元论，按此方式可见物和身体的交遇类似于“肉体被作用于肉体”（chair appliquée *à* une chair）（VI，138；182）。可见物和身体既是紧密联系在一起的又是被一裂隙分离着的。它们是相互缠结的。若干年后，在未完成的书稿《可见的与不可见的》关于“缠结和裂隙”一章中，梅洛-庞蒂再次论及身体和世界、主体和客体的缠结概念：例如，当一只手握住另一只手时，左手碰触右手，而右手也感觉到被碰触，此一情境也可以反过来看（VI，143；188）。碰触同时就是被碰触，不过二者是不同的感觉。人类经验的一种特殊性是，我们的眼睛处于这样的位置上，以至于我们的眼睛可以看见我们的身体（至少局部地）。在看行为和可见物之间的这种缠结的、有裂隙的关系，成为梅洛-庞蒂后期写作的中心主题，但是对如下方式的一般关注从一开始就始终是梅洛-庞蒂写作的一个课题：知觉按此方式在反思之前已经是对世界的一种插入。

黑格尔的影响

由于柏格森和瓦尔的研究影响，那一时期一种“具体性哲学”的概念在法国颇为流行。柏格森和瓦尔认为黑格尔根据一种辩证法描绘了具体人类历史意识的轮廓，此种辩证法以处于《精神现象学》核心的主人-奴隶辩证法为代表。[26]梅洛-庞蒂理解的黑格尔来自瓦尔、柯耶夫的讲座和依波利特的著作，依波利特曾与他同时待在高师。这些黑格尔的解释者把黑格 410
尔理解成一位存在主义者和一位有历史意识的社会思想家。他们通过种种历史形式强调人类社会认识的增长，此种黑格尔主义梅洛-庞蒂也在胡塞尔的《危机》中发现。事实上，梅洛-庞蒂将黑格尔、柏格森和后期胡塞尔进行了某种综合。他认为，辩证法和直观是相容的，甚至是互融的：

> 通过柏格森主义正像通过胡塞尔的经历，我们可以追溯那种渐渐使直观发挥作用的艰难过程，此过程将“直接与料”的肯定性概念改变为一种时间辩证法，并将本质直观改变为一种“生成现象学”，以及在一活生生的统一体内将一时间的相互对立的维面连接起来，此时间最终与存在同其范围。（*Signs*，156；197）

再者，梅洛-庞蒂认为，黑格尔，而非克尔恺郭尔，才是第一位存在主义者（参见其 1946 年的论文《黑格尔的存在主义》，发表于《现代》)。[27]按照梅洛-庞蒂的看法：

> 黑格尔的思想是存在主义的，因为它把人不是看作从一开始就是一种充分具有其自身清晰思想的意识，而是看作一种生命，此生命是其自身责任性之所在，而且它企图理解自身。(SNS，65；113)

在此文中，他把黑格尔描绘成两百年来一切重要哲学思想的根源，包括马克思、尼采、现象学、存在主义以及精神分析学等等的研究。在此他也承认自己受益于依波利特对黑格尔的读解，并主张克尔恺郭尔对后期黑格尔的反对不应模糊了在黑格尔的早期著作《精神现象学》（1807）中可发现的有关人的存在的丰富论述。在此书中，黑格尔企图“重新把握历史的全部意义，把身体的内在活动描述为社会性的”，直到人达到一种绝对知识，“在其内意识最终等同于其自发的生命，并再获得自具有〔self-possession〕”，而且，对于梅洛-庞蒂，此阶段与其说是一种哲学，不如说是一种生命方式（SNS，64；112）。年轻的梅洛-庞蒂从黑格尔处汲取了一种活生生的、具体的辩证法概念，它作用于历史、社会生活以及人类与其环
411 境的关系之内。梅洛-庞蒂特别关注黑格尔在《精神现象学》中有关意识结构和自我知识的出现和演变的论述，特别是黑格尔称作的“客观精神”区域，由道路、房屋、政府组成的制度化的社会世界，以及客观化的文化形式，如食物、金钱和谈话。梅洛-庞蒂认为，黑格尔是这样一位哲学家，“他企图探讨非理性现象并将其纳入一种扩大的理性内，这仍然是本世纪的任务”（SNS，63；109）。黑格尔基本上是一名现象学家，在其出现时描述着意识的经验，但在其中发现某种秩序和逻辑（*Primacy*，52），虽然晚期黑格尔最终更关注系统之逻辑，而不是描述展开中的经验本身。但是，梅洛-庞蒂不同意黑格尔拒绝将我们存在的偶然性质纳入某种全面的理性计划内，而且他也对黑格尔发展绝对知识系统完全没有兴趣。梅洛-庞蒂与萨特一样都认为，必须永远强调偶然性的主要的、不可化解的纯事实性。他在 1947 年的论文《人之内的形上学》中说：

> 一切存在者和一切具有价值者的偶然性，并非是一种无足轻重的真理，我们必须想方设法在某一系统的角落里加以存放：此偶然性乃是一种形上学的世界观的条件。(SNS，96；168)

心理学的影响

和胡塞尔、柏格森、萨特相同，梅洛-庞蒂也把对哲学的兴趣和对科学的、实验的心理学的兴趣结合起来。特别是在整个 1930 年代，梅洛-庞蒂积极关注 20 世纪科学心理学各派的发展，包括行为主义、实证主义和德国格式塔心理学。他关于格式塔心理学的知识是通过胡塞尔的学生古尔维奇的研究获得的，古尔维奇是立陶宛犹太人，1930 年代离开纳粹德国来到巴黎，梅洛-庞蒂在索邦大学听过他的讲演。[28]作为古尔维奇影响的结果，梅洛-庞蒂把他的黑格尔-胡塞尔的社会经验的具体现象学与德国格式塔心理学家盖尔布（1887—1936）和精神病理学家戈尔茨坦（1878—1965）的整体论心理学方法结合在一起，戈尔茨坦曾研究脑部受损的老兵患者。读者们认为梅洛-庞蒂具有独创性的很多东西，特别是他对大脑功能损坏的个例进行的详细讨论，都是直接取自盖尔布和戈尔茨坦的，以及通过古尔维奇和通过卡西勒的《象征形式哲学》第三卷（1923）获得的，卡西勒也是对于梅洛-庞蒂来说重要的却被忽略了的影响来源。[29]卡西勒讨论了失语 412
症和行动的病理学失调，其方式非常接近于梅洛-庞蒂在《知觉现象学》内的许多表述法。梅洛-庞蒂的特别独创性来自他善于在这些不同的影响之间进行综合，并在自己的思想中将它们编结为协同一致的整体。

海德格尔的影响

发表《行为结构》时的早期梅洛-庞蒂引述了黑格尔、胡塞尔和柏格森，但无海德格尔。海德格尔只是逐渐地对他产生影响，而且梅洛-庞蒂甚至在 1945 年时还未重视海德格尔（PP，vii；i）。萨特的评价是正确的，虽然梅洛-庞蒂有关人似乎存在着是为了揭示存在之性质的看法听起来类似于海德格尔，那时他还未受到海德格尔的影响。萨特说："他们的道路彼此交叉着，事实就是如此。"[30]最初梅洛-庞蒂把海德格尔仅看作在扩展着胡塞尔有关在世存在的自然态度进行的分析；直到他开始深入思考语言和艺术时，他才开始看出海德格尔的重要性。

海德格尔关注存在（Being）本身，而梅洛-庞蒂始终主要关注人的存在（being）。事实上，梅洛-庞蒂主要把海德格尔看作发展了胡塞尔的生活世界理论的学生，而非看作彻底独立创新的哲学家。于是在《知觉现象学》的前言中，梅洛-庞蒂写道：

> 《存在与时间》全书产生于胡塞尔所给与的提示，而且只相当于对“自然的世界概念”或“生活世界”的一种明确的论述，对此，胡塞尔直至生命结束，都视之为现象学的中心主题。(PP，vii；i)

换言之，梅洛-庞蒂对《存在与时间》的看法非常相近于胡塞尔本人的看法，即对在世存在的自然样态的一种进一步的讨论。梅洛-庞蒂没有跟随海德格尔在《存在与时间》内的本体论呼唤。他甚至认为，海德格尔忽略了对现代科学的研究，而且（与胡塞尔和柏格森不同）也未曾讨论知觉或身体的作用。

《行为结构》中对还原论的批评

梅洛-庞蒂的出发点，他对当前有关人的经验的科学论述的批判，是
413 基于他自己的第一部书《行为结构》的。在此书中他说，在某些经验主义形式（穆勒）、反射生理学（巴甫洛夫）和行为主义（华生）中看到的有关动物和人的行为的论述，都是还原论的，它们对这类经验做出了错误的论述。他通过援引格式塔心理学并在最后一章援引胡塞尔现象学来强调：特别是人的经验不可能归结为诸原子部分的总和，其中每一部分都符合简单的刺激反应模式。反之，人的经验是意识、身体和环境的一个庞大而复杂的织体，最好通过整体论哲学加以研究。梅洛-庞蒂企图达到一种平衡：批评还原主义和将其与一种唯心主义描述相对立是不够的。虽然还原主义的因果说明的缺点必须揭露，然而也必须正面着重地强调生理学的和社会学的说明（SB，176）。梅洛-庞蒂自己的实证性说明应用了根据德国格式塔心理学所理解的“形式”（Gestalt）概念。形式概念克服了“唯物主义和心灵主义的对立”（SB，131）；在一系统的内部运作中，每一局部效果都在整体的运作中取决于“其相对于结构的价值和重要性，此结构是系统倾向于实现的”（SB，131）。真正的行为是一结构，既不是一事物也不是一意识（SB，127），并同时超越自为和自在（SB，126）。

梅洛-庞蒂在《行为结构》中的出发点是笛卡尔主义。按照传统的笛卡尔观点，物质物是具广延性的，彼此是外在的，它们具有“部分之外的部分”，而按此传统的观点，心理的现象不是外延性的，而且是立即可获知的（SB，40）。在《行为结构》一开始，梅洛-庞蒂说，他的全部目的就是要理解自然界域（由固定法则支配的）和人类文化界域的关系：

> 我们的目标是理解意识和自然的关系：有机体的、心理学的或者甚至社会学的。我们在此将自然理解为一个诸事件的多重体，这些事件相互外在并通过因果性关系结合在一起。(SB，3)

在此梅洛-庞蒂对自然所做的定义是相当传统的，自然是服从严格因果律的诸事件的领域（他后来批评此一看法是一种“客观思想”观)。他把自然事件理解为发生于外在的空间世界。在这第一本书中他想要“从底层开始”，并按照一种相对于古典心物区分论的中性方式来研究人的行为(SB，4)。他批评华生的行为主义系统地排除了意识并将人的行为归结为一种刺激-反射系统。反射概念来自实验室，不适合于描述一种动物的有生命的、活生生的反应： 414

> 反射按照在古典概念中的定义并不代表动物的正常活动，而是代表着从一有机体获得的反应，当有机体似乎借助于诸分离的部分服从于活动时，当它不是对复杂的情境而是对分离的诸刺激进行反应时。这就是在说，它对应于一患病的有机体的行为……以及对应于“实验室行为”，在实验室内动物被置于一拟人的情境内，因为，不是必须处理那些自然性的单元，如事件或食物，而是限制于某种区分作用，动物必须对某种物理的和化学的因子进行反应，这些因子只在人的科学中具有一种分离的存在。(SB，43-44)

不是将动物看作一种相对于刺激的条件反应系列，如一种反射系列，而是应该把动物看作一种诸力之系统，这些力是动态的和灵活的，而且与环境处于相互作用中。一个机体对其环境的关系不是“机械的而是辩证的”(SB，160)。在其他章节他又说，“一个机体的反应不是由诸局部运动组成的拼装物，而是被赋予内部统一性的诸姿态”，而且对于行为的正当论述会将其看作“一种被赋予意义的运动的旋律”(SB，130)。按照梅洛-庞蒂，理解在与其环境互动中的有机体，排除了将其看作具有“部分之外部分”的事物，其行为应被理解为一种向其环境散发的“由身体体现的辩证法”〔embodied dialectic〕的部分(SB，161)。

按照梅洛-庞蒂的看法，由生理心理学完成的主体领域和客体领域之间的区别非常拙劣(SB，10)。在批评这些类型自然主义时，梅洛-庞蒂并不想退回到康德的先验哲学或某种唯心主义去。他批评康德主义把认知和言语的关系仅仅看作偶然的，而不是本质的和始源性的、“不可分解的”

（SB，171）。特别是他批评那种可被归结为表象作用的意识概念：

> 具有一表象或运作一判断，并不涵盖全部意识生命。反之，意识是一种意指性意向网络，这些意向有时对自身清晰呈现，而有时虽被体验着却不被认知。（SB，173）

415 意识不是纯粹的透明体和自呈现，如笛卡尔和萨特所说的那样；反之，意识是，在比以前哲学（包括萨特）所理解的更复杂、更密切的方式上，在身体里被体验的。后来，梅洛-庞蒂在《知觉现象学》里发展了对作为自呈现的自意识概念的批判，此一批判预见了德里达关于自我的类似概念。

在《行为结构》中梅洛-庞蒂已经专注于知觉的性质，他企图将此性质按照一种有机的方式加以定义。特别是，梅洛-庞蒂批评他所谓的“感觉假设”（SB，166），经验主义者声言，一切知识都是由诸简单感觉的基础所组成的，例如休谟的“印象”。这是显然错误的。梅洛-庞蒂认为，不存在孤立的感觉；一切感觉已经聚集成一个对于我们具有特殊重要性的世界了。新生儿直接地朝向母亲的面孔，而不是朝向一种感觉或朝向世界中的客体（SB，166）。[31]婴儿看到的第一个“对象”是微笑。类似的，人们可以认识一个面孔而不需明确了解该面孔的特殊细节，如眼睛或头发的颜色，例如：

> 人类的意指作用是在所谓感觉性记号之前被给与的。面孔是人的表现中心、他人态度和欲望的透明的外包面、显示的处所、大量意图之纯物质性基质。因此我们似乎不可能把一面孔或身体，即使是一死亡身体，当作一物体。它们是神圣的实体，而不是“视觉所与者”。（SB，167）

成人并不像婴儿那样看待客体，之后类似地对待客体，他们学会通过学习代表客体的词语来挑选客体，而且，他们通过使用同一词把不同的客体视作相似者（SB，169，177-178；207）。梅洛-庞蒂的立场现在甚至已经在当代心理学中被普遍采纳了。

梅洛-庞蒂在《行为结构》中已经表明了对于纯艺术特别是绘画的视知觉的特殊兴趣。他引述了塞尚和格列柯对人的形式的论述方式。塞尚教导我们把面孔看作客体（SB，167）。梅洛-庞蒂也根据转变了全部知觉世界形式的方式讨论了被广泛认为是像散现象的格列柯的生理学问题。梅洛-庞蒂只根据一种纯生理学的缺欠否定了有关格列柯最终作品的一种还原主义说明：

> 如果人们假定格列柯的视力异常，如有时做的那样，并不能得出结论说，在其绘画中的身体形式以及态度风格，都承认了一种“生理学的说明”。当无可救治的身体特殊性被纳入我们的全部经验之后，这些特殊性就不再具有对我们而言是原因的尊严了。一种视觉异常能够通过艺术家的中介作用而获得普遍意义，并成为他知觉人类经验的“诸侧面”之一契机。我们身体构成的偶然因素永远可以起到这种揭示作用，如果它们成为通过我们对其具有的意识来扩展我们知识的一种手段（而不是被当作支配着我们的纯事实）的话。最后，格列柯的所谓视觉障碍被其征服了并被如此深刻地纳入他的思想方式内，而且它最终显示为他存在的必然表现，而不是显示为从外部强加的一种特殊性。(SB，203)

416

格列柯的身体缺欠或特殊性被纳入艺术家生命形式整体。他转变了自己的像散症并将其吸收，把他的特殊性纳入他的全部“风格”内。机械决定论的说明，根据“支配着我们的纯事实”的说明，并未获得关于那样一种方式的全部真相，按此方式某人接纳了并生存于其身体性缺欠之中。梅洛-庞蒂也对那种援引自由浮动的合理性和自由选择的概念的做法予以反对。人生存于必然和自由之间。我们的特殊生命经验是由物质的偶然性形成的，以及由那样一种方式形成的，在其中我们进入此偶然性领域并使其成为我们自己之物。在《知觉现象学》中梅洛-庞蒂又重新对自由概念给与了更详细的分析。

行为主义心理学不仅将感官经验简单化了，而且错解了合理性的性质。梅洛-庞蒂认为，合理性具有不止一种形式，而且我们应该更多思考不同种类的由身体体现的合理性〔embodied rationality〕连续体形式，而不是思考一种标准类型，以使得一切备选的合理性形态均以之为衡量标准。因此他在《人之内的形上学》文中说，他认为科勒尔关于猴子智力的研究为我们对世界的理解提出了新的标准：

> 科勒尔的研究无可争辩地表明，除了我们自己的知觉世界外，我们必须重建动物的世界，此世界有其全部的独特性，“非理性的”诸关联、短路现象以及缺欠，而且我们具有的任何成功都将源于我们把

417 对动物的经验作为出发点，根据动物行为向我们显示的方式描述其行为曲线……人们不可能在涉及动物时像在涉及人类时一样，赋予智力概念以相同的意义。(SNS，83-84；146-147)

但是，虽然梅洛-庞蒂援引了格式塔心理学的发现，他也批评他们企图将他们的一切发现塞入物理学法则，因此仍然假定着物理学法则足以说明一切行为，从而重新陷入一种“科学主义的或实证主义的本体论”(*Primacy*，23-24)。与这种物理主义相反，梅洛-庞蒂想要反对格式塔的关于这样一种方式的发现，按此方式，意识的存在者通过“对其再经历”而存于物质世界内。格式塔心理学要求取自人类经验中的概念，因此要求一种不可还原的人的因素。当然，这意味着，梅洛-庞蒂并不相信一种全面性的心理学科学，此科学可说明人和动物的一切行为，这正像后来在他关于语言的写作中他拒绝了胡塞尔关于一种普遍语法的梦想一样。梅洛-庞蒂永远想强调与不同种类有机体世界的关系之特殊性、他们特殊的身体化方式以及他们不同的环境，从此环境中抽取出一切关于刺激和反应的论述。

《知觉现象学》(1945)

梅洛-庞蒂的《知觉现象学》是一部冗长繁复的著作，以梅洛-庞蒂的难懂的辩证法风格写成，并以一种典型法国人的方式完成，如不加技术性附录如索引部分等，其晦涩风格表现在几乎无法理解的章节划分和标题方式。模仿着萨特的《存在与虚无》的传统，梅洛-庞蒂尝试着另一大部头的、散漫芜杂的、野心过大的巨著。该书的目的是，通过现象学描述“恢复知觉世界”。但是他也讨论我们集体经验的起源问题、我们对他者的经验以及时间性质的问题。事实上，此书的范围之广是惊人的：关于辩证唯物主义的讨论夹杂着对经验心理学实验的分析。再者，梅洛-庞蒂对于读者有关自己立场方面的提示少之又少；读者并不能容易地搞清楚梅洛-庞蒂是在说明或概括他自己之后要加以批评的立场，还是在此说明中正在进行着批评。

梅洛-庞蒂的目的是继续贯彻《行为结构》的计划，但特别专注于人的世界认知的形成问题。《行为结构》一般来说集中于动物行为，只在最后一章讨论人，而《知觉现象学》则只处理人的主题。梅洛-庞蒂的目的在于探索知觉的“现前的和活生生的实在”，用以作为研究复杂问题的基础，如在语言、文化和社会中的人际关系问题（PP，25）。他在一篇于去世后一年（1962）发表的文章中写道： 418

> 我们一直生活在知觉世界里，但在批评的思想中超越了它，几乎是达到了忘记知觉对于我们真理观念之贡献的程度……知觉的心智是一种人体体现的心智。我首先企图在身体和在世界内重建心智的根源，同时反对如下两类理论：一是把知觉当作外部事物作用于我们身体的简单结果，二是坚持意识的自主性。（*Primacy*，3-4）

在其1946年的讲演《知觉的首要性》中他进一步说明如下：

> “知觉的首要性”词组意味着，知觉经验是我们在此时刻的呈现，即当事物、真理、价值为了我们而被构成的时刻；意味着知觉是一种诞生中的逻各斯，它在一切教条主义之外教导我们有关客观性本身的真实条件；意味着知觉呼唤我们面对认知和行动的任务。问题不在于将人的知识归约为感觉，而是协助于此知识的诞生，使其成为可感者本身，以恢复理性之意识。理性的经验，当我们将其视作当然自明之时就会丧失，而反之，当它相对于非人的自然背景显现时就会被再次恢复。（*Primacy*，25）

大多数哲学专注于精致的、组织严格的理性思想，专注于我们对概念和语言的使用。在此被忽略者正是梅洛-庞蒂适当地称作的“合理性经验”，其方式是于其中思想和概念能力产生于一种更原始的、较少结构化的经验形式，他按照胡塞尔的用语称之为“前述谓的意识生命”（PP，xv；x），也即还没有在命题形式（即主谓形式）中被结构化的经验。此前述谓经验永远是一种具有一身体的存在者的经验，此身体束缚于一有限的情境中，但在该情境中具有诸可能性的经验。每一人的情境都既是有限的也是暧昧的。有限性来自我们的身体性的和体现于时间内的生存方式。我们的身体和感觉器官的特殊形成，在一种特殊的方式中对我们揭示着世界。梅洛-庞蒂建议我们考虑，如果我们的眼睛长在头部的每一侧以至于两只眼 419
睛不能看见同一物时，我们的外在客体世界会是什么样子。我们对于世界的全部理解都是基于我们身体的性质的。

前反思的认识不可能像胡塞尔所想的那样在先验性思考中获得，而是通过检查身体内的故障获得的，这些故障阐明了隐藏和维持在我们正常意识状态中的程序和惯例。梅洛-庞蒂最有用的方法之一是检查这样的例子，在其中我们对世界正常的和所假定的关系瓦解了。正是系统的失败最清晰地揭示了系统是如何运作的。我们借其接触世界的这些系统，这些习惯行为格式（PP，104；121）对于我们的意识并非是透明的，不可能只通过反思加以发现。我们需要研究具有系统功能障碍的人，以便显示该系统的性质，此性质在系统正常运作时是看不到的。在梅洛-庞蒂的分析中，最成功的部分莫过于有关身体空间性和运动意向性的一章了。在此梅洛-庞蒂值得注意地将现象学的方法范围扩大了，并使其完全脱离自省领域，自省往往与现象学方法相混淆。他将胡塞尔的还原重新解释为回溯至我们的前述谓的以及身体性的知识源泉：生活世界。

为了“看世界和把握其悖谬性，我们必须中断我们对其习以为常的理解，而且……从此中断中我们得以只获悉世界的非动机化的涌动（jaillissement）”（PP，xiv；viii）。因此，梅洛-庞蒂诉诸对大脑损伤者的经验性研究，特别是盖尔布和戈尔茨坦研究的第一次世界大战的伤兵施奈德（Schneider）。施奈德的大脑因弹片受损，表现出一系列奇怪的症状。[32] 虽然他具有运动机能，但他不能按照正常人的方式随意地移动身体；反之，他是机械性的，他的整个身体表现出一种单一的运动。类似的，虽然他可以看见形态和轮廓，他不得不通过一种推理程序来推测相关对象的性质。梅洛-庞蒂分析此病患的部分问题是，他不能够在心里从现在时刻退出并在实际运动之前潜在地探索该运动。梅洛-庞蒂指出正常人相对于感官经验和运动世界之关系具有灵活性和伸缩性。我们似乎具有一“潜在的身体”或现象的身体，在其中我们可以于实际地运动之前探索运动，而此“潜在的身体”相关于一“潜在的空间”。我们无须在运动手之前在空间内安置手。当我们看见剪刀时，剪刀已经在我们身体内动员了某种运动的潜能。当我们去拿剪刀时，正是我们的“现象的身体”而不是“客观的身
420 体”运动着（PP，106；123）。

在《知觉现象学》中，梅洛-庞蒂继续着在先前的《行为结构》中著名的主题，即现代经验主义和唯科学论对于人类经验论述之不适当性。自然科学将人的行为客观化，使诸感官彼此分离，不能按整体论方式把握主体。此外，一般来说，必须挑战归纳的方法和因果性思想（PP，115-116；134）。梅洛-庞蒂说，因果说明适合于物理学，但不适合于心理学。我们需要探索的不是促动患者行为的原因而是理由（PP，120；140）。我

们需要理解患者企图解释情境的方式，在情境中他们处于受损的身体状态内。我们必须将人主体看作“一不能分解的意识，此意识完全呈现于其每一表现行为中”（PP，120；140）。作为此方法的一部分，梅洛-庞蒂强调考虑人的自由的必要性。但是，我们的自由是由我们生存于其内的方式所构成的，并适应于一意义世界，在此世界内，这些意义的重要性已经以某种方式为我们选择了。萨特在其著名的口号“我们注定是自由的”中强调人的自由的绝对性，而梅洛-庞蒂宁肯选择该口号的某种修改的形式：“我们注定面对意义”（PP，xix；xiv）。再者，虽然梅洛-庞蒂像萨特一样被看作无神论存在主义者，他从不同意萨特对于主体间互动的悲观主义看法。与提出著名口号“他者是地狱”的萨特相反，梅洛-庞蒂的座右铭具有一种更像黑格尔的语气：“历史是其他民族”。

知觉中的感觉作用

《知觉现象学》回到布伦塔诺、梅农和早期胡塞尔的一个主要关切，即对感官知觉性质的精确描述问题。但是，梅洛-庞蒂通过埃伦费尔斯（布伦塔诺学派衍生的一派）诉诸格式塔心理学本身。奇怪的是，在借取胡塞尔的“侧显”概念和以躯体的方式（leibhaftig）把握客体的知觉外[33]，梅洛-庞蒂并未详细讨论胡塞尔的知觉学说。他并未讨论过知觉的充实的性质，此性质不同于记忆和预期的性质。反之，梅洛-庞蒂更偏重于胡塞尔对客观思想的批评，如果客观思想可超越视域把握事物的话，而在视域中客观思想即在知觉中把握事物了。我们对于一座房屋的概念大致把我们的不同知觉性侧显压入一单一的观念性把握之中，无视域所见的房屋，是一座不可见的房屋。梅洛-庞蒂承认，我们的房屋视像将其设定为 421
某种超越着并独立于我们视像的东西，好像是具有未见到的诸方面，这些方面包含在我们知觉的种种视域内（PP，69；83）。但是，在他看来，被见的客体并非诸侧显系列之和。反之，房屋是在一特殊方式中被直接看见和把握的，对此梅洛-庞蒂未能充分加以表达。[34]我并非基于感性经验形成关于一客体的心理概念的，反之，它是“在我的身体对其把握中被构成的；它首先不是供理解的一种意义，而是通过身体可以观察的一个结构”（PP，320；369）。去知觉某物，就是去体验它，梅洛-庞蒂如此神秘地说。

在采取了胡塞尔的知觉观后，梅洛-庞蒂的确接受了胡塞尔的直接认识论实在主义，因此也接受了他对传统表象论知觉观中感官性 hyle（素材）作用的批判。梅洛-庞蒂认为，从亚里士多德到休谟的传统哲学都误解了经验和认知形成中的知觉作用。我们并不知觉感觉，虽然感觉是感官过程结构的一个部分。梅洛-庞蒂为了发展他的有关我们知觉经验形成的论述，开始反驳有关经验的标准经验主义的论述：将感官经验假定为一种原子感觉场，感觉被假定为“经验之单位”。他将此视为一种必须加以克服的传统偏见，如果我们真的要返回事物本身的话。他反驳这样的观点：把诸感觉物件（如这片红色）看作诸最初所与者，最初所与者被结合起来以产生我们的客体概念。梅洛-庞蒂在其《人之内的形上学》中说，我们的认知不是关于颜色或声音本身的，而是关于世界内的实在客体的：

> 当我认知或感觉时，一方面我并不意识到我的状态，另一方面我也并不意识到某种像红、蓝等感觉性质；红或蓝只是我朝向呈现于我者而移动我的眼睛的不同方式，以及对其要求回应的不同方式。（SNS，93；164）

在他看来，不存在纯粹感觉。被知觉物（如一片颜色）永远被知觉为具有某种相对于背景的形态或形式。这是他取自格式塔心理学的观点，但是他对其加以发展，以现象学的方式描述我们如何在视觉上经验此世界。因此，虽然“当我闭眼时环绕着我的灰色在我和灰色之间没有留下距离”可能被看作我们经验中最接近一纯粹感觉的东西，它已经充满着意义。我们看见的东西不只是地毯上的“红”颜色，而且是一特殊的
422 “毛茸茸的红色”（PP，5；10），它特别属于此种织体材料。在其后来的写作中，梅洛-庞蒂一直批评着经验主义中发现的片断的、互不关联的研究感觉的方法。他在《可见的与不可见的》中说，我们看见的东西不是“一组漂浮的感觉”（VI，123；164），而且他认为自己的任务就是指出，感觉既不是一种模糊可感的性质，也不是一种对普遍本质的穿透，而是对“感官物”性质的把握，“自为的可感者”，由我所是的同一材料构成的世界。我经验着“世界的可持存的肉质〔flesh〕的一个片段”（VI，123；164）。

有关经验是由感觉组成的假定是一种偏见，我们必须排除这一偏见才能对知觉进行真正的现象学描述。同样，我们也必须摆脱（如胡塞尔在

《危机》中也主张的）17 世纪有关一客体是由一系列特性构成的假定，这些特性的一部分是真正在客体中的，而另一些部分只是被知觉主体假定为在客体中的（第一性质和第二性质的区别）。梅洛-庞蒂清楚了解，我们往往假定客体的诸方面也是我们对客体经验的诸特性。我们不可能清楚地区分世界和我们对世界的经验。其一永远介入另一："我们介入世界，而且我们并不成功地将自己从世界分开以便获得关于世界的意识。"（PP，5；11）情况并非是，世界是相当确定的，而我们的经验是模糊的；宁可说，我们存于一世界内，它在严格的意义上是不确定的，而且此不确定性必定成为哲学分析的主题。梅洛-庞蒂想要探讨我们的体验的此一"前客观的领域"（PP，12；19），但要达此目的，我们必须放弃一种歪曲性的传统认识论并专注于描述客体在其中真正于世界内与我们交遇的方式。当我围绕客体行走以把握住客体统一体时，显然"如无身体性经验的中介作用我不可能把握该客体的统一性"（PP，203；235）。这是对康德如下主张的一个重要的修正：我如无关于自我的一统一性概念，就不可能有一客体经验。梅洛-庞蒂认为，我是通过具有对我的身体性经验统一性的一种「在先的前认知性的」把握才把握客体的统一性的。不同的感觉途径都被经验为一身体的诸部分，而且我并无分开运作的诸感觉的经验；反之，诸感觉相互重叠并"跨越"彼此的边界。我看见一面墙是可翻越的，剪刀是可握住的，一个苹果是可吃的。

除了批评感性经验和关于客体性质的错误认识论理论外，梅洛-庞蒂希望我们重新思考有关心灵与身体、心智与身体、意识与身体之间的传统
二元论。在此他也希望在经验主义和唯心主义之间进行灵活的思考。他特 423
别反对认为理性位于一种物质的、感觉的经验之顶端的观点。理性中充满了感性，反之亦然。正如他批评经验主义一样，他也批评唯智主义和唯心主义的笛卡尔心理学（包括萨特的论述），笛卡尔心理学将意识看作透明的和即刻所与的。他认为，这是因为忽略了很多人在其中被身体化的方式，忽略了疾病、疯癫和其他人类条件方面。梅洛-庞蒂专注于那样一些现象，它们显示出心身紧密关系、入睡现象、移动四肢现象、记忆的性质和脑损人士的世界观。因此在讨论我们通过躺下、放松、伸懒腰或任何其他动作以准备睡眠的方式中，我们"安排"着睡眠，此睡眠之到来不是通过我们自己方面明确有意识的意志，但也不是完全没有我们的参与。在睡眠例子中的暧昧性表示着我们身体化体现的全部复杂性质。

自身躯体

在《知觉现象学》中梅洛-庞蒂说，我们的身体不是被我们经验作空间中的众客体之一。他利用胡塞尔说的非生命性的物体和有生命的躯体之间的区别断言，人甚至以一种非常特殊的有机的方式被插入世界，此方式由我们的感官的和运动的能力的性质所决定，以便以一特殊方式知觉世界。梅洛-庞蒂的自身躯体概念可由柏格森在《物质与记忆》开始一章中有关身体的讨论中预见到，并可溯源于马塞尔在《形上学笔记》中关于一种方式的论述，在其中我是我的身体以对立于我具有一身体（PP，174n；203n）；而且此概念似乎特别是对萨特在《存在与虚无》中关于身体的一章进行的批评性反思（BN，303－359），在那里萨特以及物动词方式使用“存在”一词而形成了这样的新颖词语，如“我存在着我的身体”（BN，329；378），“我生存着我的身体”（BN，325；373），以便显示在我的存在和我的身体化体现之间不存在分离性。萨特像梅洛-庞蒂一样地说，我不可能知觉我的身体，除非作为一外部客体，像一切其他外部客体一样。与梅洛-庞蒂不同，萨特并不特别重视我们碰触自己的能力：同时碰触和被碰触。但是他高度依赖于萨特有关我的身体如何在某种意义上在我的世界经验内的“某处”的论述。萨特说：

> 因此，我的身体永远超出它使用的工具：手杖的一端我依靠着，
> 424 另一端顶着地面，望远镜的一端对我显示着星球；在椅子上，在整个
> 房间里，因为我必须适应着这些工具。（BN，325；373）

我们并不只是论述空间，我们存于其内，我们与其发生关系，用梅洛-庞蒂的巧妙的比喻：“像手对于工具那样”（*Primacy*，5）。意识和身体之间的关系绝不是直截了当的。梅洛-庞蒂认为，知觉，在发展了胡塞尔的“体验”概念后，是一种方式，在其中我们作为身体性的存在者被投入世界。我们在世界中发现了作为世界一部分的自己，但并非是作为在一空间世界中的简单的空间客体。他说，情况似乎也是，世界也是被制作成要被我们的感觉器官发现的和予以回应的。自我和世界间的这种相互性和相关关系性特别使梅洛-庞蒂发生兴趣。胡塞尔在《观念2》中讨论了文化世界和自然之间的关系，而梅洛-庞蒂将此两个世界看作统一于感觉经验中、知觉中、肉体的暧昧世界中。梅洛-庞蒂说，当用一只手碰触另一只手时

我碰触着我的碰触行为，于是，事实上：

> 我的身体并不知觉，但它似乎围绕着通过它而出现的知觉被形成；通过它的全部内部安置，它的运动渠道，控制和释放运动的返回路径，它似乎为一自我的知觉而准备，即使它本身从来也不是被知觉者或本身是知觉者。(VI，9；24)

梅洛-庞蒂认为，身体以特殊方式将我带入一空间世界。我看物在左、在右，为大、为小，等等，一切都基于我的方向定位，在其中我的身体占据着"零点"，如胡塞尔在《观念 2》中所描述的。我的身体也将我带入一性的世界，它依赖于那种我的身体对我展示的性倾向。我的具体存在永远是"性存在"，知觉具有一色情结构。梅洛-庞蒂再次运用施奈德病例，其性功能损坏显示了我们的身体认知和感觉的正常性别方式。病患性反应的失效，不是出现在一种自动生理反应的层次上，也不是出现在意识表象的层次上，而是出现在一种"生命区"(vital zone) 内，在其中"爱洛斯"(Eros)"将生命吹入一原初性世界"(PP，156；182)。梅洛-庞蒂认为，弗洛伊德的真实意义不在于他断言人的行为必须以其性基础结构来说明，而在于一种发现：性本身具有"先前被认为是存于意识内的关系和态度" 425 (PP，158；184)。我们的在世存在方式被投射入我们的性中；我们的性生命具有自己的意向性的和意义给与的力量，虽然一些女性主义批评家谴责梅洛-庞蒂的假定：在他的对我们在世存在的性的描述中，被检验的身体或明或暗中均是男性的。

"身体-主体"概念不可能经由科学达到，它更像是海德格尔常常说的"此在"的一种特殊规定。梅洛-庞蒂认为，身体具有它自己的动机系列，例如这样一种方式，在其中我们视觉场内的颜色对于我们始终是相对稳定的，尽管有照明条件等等的变化（此现象被称作"颜色稳定性"）。身体以一定的方式对我们揭示着世界。它是我们对客体进行经验、我们与世界沟通方法之可能性的先验性条件（PP，92；109）。

身体作为表达

言语也是我的身体的一种表达，梅洛-庞蒂在《知觉现象学》中用了专门的几章描述身体化体现的空间的、性的和语言的诸方面。再者，言语的性质可从回路系统解体的例子中予以检查，如戈尔茨坦对失语症和构音障碍的分析所示。梅洛-庞蒂对语言的论述接近于后期海德格尔，甚至接近《哲学研究》（梅洛-庞蒂似乎并不熟悉此书，虽然他知道《逻辑哲学论》）作者后期维特根斯坦。我们掌握语言是一个我们如何使用词语的问题，而不是我们掌握词语储备的问题。梅洛-庞蒂比胡塞尔更进一步主张，如无语言就不可能有思想。梅洛-庞蒂认为，思想需要言语中的表达结构，如果要达到任何具有明确形式的东西的话：

> 局限于自为存在的思想，独立于言语和交流的限制，一旦沉入意识就会立即出现，这就是说它甚至不是自为存在。（PP，177；206）

思想表现于言语中，其方式类似于精神体现于身体内。言语不是对已完成思想的联结（articulation），而宁可说是思想本身的完成（PP，178；207）：

> 演说者不是在说话前思想，甚至在说话时也未思想；他的言语就是他的思想。（PP，180；209）

426 在他看来，言语是一新的感觉器官，它使仅以此方式产生的意义突显。在说话时我们采取着在世界中的一种立场。但是，除了强调我们存于作为机制的一语言世界的方式外，梅洛-庞蒂指出，也必定存在一始源性的言语习得问题：

> 我们对人的看法将始终是肤浅的，只要我们未能返回该始源，只要我们未能发现在言语流下面的原初性沉默，而且只要未曾描述打破该沉默的动作的话。言语是一种动作，而其意义是一世界。（PP，184；214）

此外，梅洛-庞蒂认为，进行指出和言说的是身体。

《知觉现象学》的其他章节处理我们与他者的关系、时间性以及我们插入历史的诸问题。我们与他者的关系是历史的基础。与胡塞尔相反，梅洛-庞蒂不赞成这样的观点：我们根据与我们自己主体性的类比关系来理解他者。宁可说我们已经存在于一个他者的世界中，即“共在”（Mitsein）世界。婴儿可以通过张开嘴来回应张开嘴的我；婴儿已经经验到我的嘴和他的嘴是一样的，即使我的牙齿等等是非常不同的。关于时间性质的诸页则更加不令人满意，甚至相互矛盾，因为梅洛-庞蒂似乎是在提出关于时间本身的一种本体论主题以及有关我们的时间体验或意识的一种现象学的论述。梅洛-庞蒂先前曾经谈及一种自然的和客观的时间，而现在他把时间看成是自构成的以及某种由自我与世界关系所产生的东西。[35]他回应着萨特的立场认为，世界本身似乎是一种巴门尼德式的不可分割的及不变的世界（PP，411；470），甚至是一种包含着时间的“充实世界”（plenum）。梅洛-庞蒂继续说：“时间不是一实在的过程……它产生于我与事物的关系。”（PP，412；471）时间扰乱了存在的充实性，此一理解可能来自普洛提诺，这是梅洛-庞蒂最早论述的主题。梅洛-庞蒂跟随着圣奥古斯丁、黑格尔、马克思、柏格森、胡塞尔及海德格尔，把时间和时间性看作基本上在人的意识中构成的。但是，梅洛-庞蒂拒绝承认思想有能力穿透时间、超越时间以达到一非时间性的意义之世界，他认为这是胡塞尔早期逻辑主义构想中的缺欠。按照梅洛-庞蒂，“思想并不穿越时间”（*Signs*，14；21）。在某种意义上，我们的全部实在都是时间性的，因为我们以某种方式产生着时间、构成着时间，但是，梅洛-庞蒂按照后期胡塞尔的立场把意识本身看作一种时间外的现前（PP，422；483）。我们必须克服这样的 427 观点：在思维时，我们的诸思想只是彼此相连；宁可说它们都是根植于历史事件内的（*Primacy*，48）。事件具有其特殊的性质，只因为我们具有观点和兴趣；事件是从整体中切出的。遗憾的是，正像梅洛-庞蒂经常表现的那样，这些关于时间的讨论是想象式的、暗示性的，对种种传统论述是相当熟悉的，但是在有关时间和时间性的疑难性质的最后看法方面则是完全不清楚的。

梅洛-庞蒂的后期哲学

从其总的形上学观点以及从其有关时间和历史观来看，梅洛-庞蒂是这样一位哲学家，他通过在此感受性结构内的身体体现性（incarnation）强调着偶然性、有限性和情境相关性。在其一篇发表于日内瓦的讲演中他描述哲学家的任务如下：“身体体现性和他者，对于我们当代人来说，是反思和情感的迷宫。”（萨特引述，*Situations*，213）梅洛-庞蒂承认，基督教以及它所强调的道成肉身（incarnation）的神秘性，把握住了人类处境的关键的神秘性，即使它误解了此处境并将重心移向上帝和人的体现的关系。真正的神秘性是人类体现本身，对此方面笛卡尔、休谟和康德的哲学都完全误解了和低估了。在传统哲学中，身体至多是诸客体之一，像其他事物一样服从于物理规律。在 20 世纪若干哲学家和心理学家（包括柏格森、马塞尔、弗洛伊德、杜威、怀特海和萨特）都反对笛卡尔的遗产，强调世界是通过我们的身体向我们揭示的。我们通过我们的身体在空间内存留和运动的方式来理解空间性的性质。我们也在特殊方式上体现于一种特殊性别和性倾向，此性倾向规定了我们与世界内一切事物的关系。身体（通过言语器官）也是在我们内部引生思想可能性者。

梅洛-庞蒂的后期哲学特别关心于研究他者如何被我们经验，在我们对他者身体的视觉看中以及在我们与他者进行语言接触中。在发展一种黑格尔主题和接近后期海德格尔表达的语言观后，梅洛-庞蒂认为，当我们使用语言时他者已经在我们之内了。梅洛-庞蒂此时越过知觉范围分析交流的性质。他现在关注于记号和象征，使我们超出直接知觉世界的方式。但是，这并未导致梅洛-庞蒂超过胡塞尔，因为胡塞尔的中心主题之一甚
428 至是象征思想如何是可能的。新的交流世界的性质被概括为梅洛-庞蒂的短语“世界的散文”内，这是一本计划中的书的标题，取自黑格尔所说的“罗马国家是世界的散文”（*Prose*，ix)。在留存的 170 页的打字稿和笔记中，梅洛-庞蒂开始理解这样的方式，在其中主体间世界是通过作为表达和姿态的语言产生的。他永远企图追溯身体知觉性世界和文化与意义世界之间的联系：

> 我们肯定并不否认……面对知觉秩序的知识秩序之原初性。我们只打算松解把它们结合在一起的意向性网络，以便再发现一种升华的路径，此升华作用保持着被知觉世界并将其转变为被说出的世界。（*Prose*，123-124；173）

在察看被知觉世界和言语表达世界之间的关系时，梅洛-庞蒂把传统上所说的精神和物质领域之间的关系实际上设想为更紧密的关系，例如一位画家和他的风格的关系。画家的“风格”存于画家的手上。事实上，梅洛-庞蒂认为是胡塞尔引出了“风格”一词，用以翻译我们与世界的原初性关系（*Porse*，56；79)。此风格被一种自发性所刻画，我们对此自发性并无有意识的控制（参见胡塞尔的“第四笛卡尔沉思”)。梅洛-庞蒂在《知觉现象学》中讨论了“风格”概念，但是只是在后期论述艺术时才予以突出。

但是，梅洛-庞蒂在 1950 年代中期放弃了《世界的散文》计划，并转向另一计划，该计划具有各种临时性名称，包括《可见的与不可见的》与

《真理的起源》（VI，165；219）。梅洛-庞蒂现在希望从本体论角度改写《知觉现象学》（VI，168；222），他有时称《知觉现象学》为“间接的本体论”。《知觉现象学》的计划变得难以实现，因为他仍然假定着一种“意识-客体”关系，而他实际上需要证明“天然的和野性的存在”（l'Être brut ou sauvage）的本体论状态，在其中知觉和意识作为一种“断裂”产生了。此一后期思想寻求着一种本体论或形上学，它不再是一种体系，而宁可说是一种更准确地描绘我们与世界交遇的方式，此世界却被科学以一种被歪曲的方式进行着说明。知觉世界现在被作为“可见者”与“不可见者”的交织领域被考虑。全部可见世界作为一个可能性领域被展开。他在《眼与心》文章中说，我的身体是可见的和可动的，并且是众物中之一物。但是它并不只是“一块空间”，而是“视觉和运动的一种缠结”（*Primacy*， 429
162）。他认为，身体既是知觉者又是被知觉者的事实，是由我们的肉体经验表达的。事物是包裹在身体的肉质中的，正如身体是世界组织的一部分（*Primacy*，163）。“肉质”一词显示着对于一表层的某种经验，此表层具有一内部，但是此内部和外部是交遇的，这是梅洛-庞蒂克服传统主客二分法的方式。我们属于一“交换系统”。颜色、声音和事物是“存在的焦点和发散”（*Signs*，15；22）。再者，他拒绝了在外世界和内世界之间的表面性区分，这是胡塞尔也一直在假定的。在后期著作中，梅洛-庞蒂强调着我们对生存于一共同世界的信念，对我们只存在一个世界的信念，此世界的可见外表是特别由我们的身体和视觉所形成的。我们具有的最深信念就是对此被知觉世界的信念。“正是我们共有的此感性世界的此一不可证明的确定性乃是我们内部真理的处所”（VI，11；27）。一孩童在能够想和说之前就知觉，而且此感性世界在任何思想之前就对我们存在着。思想产生于感官介入世界，梅洛-庞蒂将此介入世界的感性思想领域称作“野性的思维”，它无疑直接暗示着列维-斯特劳斯为未开化人的神话-诗化思维起的名称。[36]我们的科学反思思想从此思维方式中被删除，于是我们必须经历一特殊形式的反思才能返回此原始的世界接触。这就是梅洛-庞蒂从胡塞尔中止自然态度立场中获得的意义。一方面，我们必须排除我们的反思性范畴；另一方面，我们发现了将我们与世界连接在一起的自然挂钩。因此，对于梅洛-庞蒂，还原永远不可能完全，还原把我们带回前反思思维的“野性的存在”领域。他在《到处和无处》文中说，一种具体性哲学必须是经验的，但它必定不能限于经验性，而宁可说“为每一经验恢复本体论密码，此本体论密码内在地对其标记”（*Signs*，157；198）。在企图描绘此新的本体论时，梅洛-庞蒂相当地依赖于对萨特本体论的“自为”和“自在”等基本术语的重新思考。将世界刻画为“天然的存在”似乎回应着萨特关于自为存在混浊性的概念。但是与萨特在此两个领域之间进行的严格二分法相反，梅洛-庞蒂永远主张，自在已经是自为了。一般认为，梅洛-庞蒂建立此新本体论的企图并不成功，因为他未能成功表达他所探讨的此“内本体论”（intra ontology）（VI，227）。他使用着“交叉性”（chiasm）这类术语，暗示着一种跨越和缠结作用，但是他的工作笔记如此意义含糊，以至于不可能据以建立起一可行的本体论来。

430 偶然性的形上学

梅洛-庞蒂强烈反对设定完全不同于人类经验之绝对的一切企图，而且在宗教方面始终是不可知论的。他于1947年写道：“形上学的和道德的意识一与绝对接触即行死灭”（SNS，95；167）。偶然性不是一种我们简单承认的事实，然后在构筑抽象思想体系时对其加以利用，宁可说偶然性是世界的一种形上学观的条件本身（SNS，96；168）。他像萨特一样拒绝一种绝对观点的可能性，由此观点世界的整体性可被思考。他的哲学永远是一种浸入世界的哲学，一种身体体现的哲学。然而，梅洛-庞蒂对于他感兴趣的基督教神学的一个特征——道成肉身的神秘性——并未写出过任何惹人关注的论文。他甚至认为，对此过于人性的神秘观，他发展了一种俗世版的说明。他宣称自己并不否认绝对观，而是要将其下降至地面。他在《知觉的首要性》的讲演中说：“实际上，基督教就是以人之绝对取代此被分离的绝对”（*Primacy*，27）。在其最后的著作中，他计划讨论天主教，虽然他注意到，他必须不向神学做任何妥协。把全部世界划分为上帝和创造物人，对于他而言，是不可思议的（VI，274；328）。

最后，我们应该提及，强调着不可能超越历史的梅洛-庞蒂的思想，倾向于一种相对主义。他的批评者们甚至责备他复活了古希腊哲学家普罗泰戈拉的相对主义。我们永远不可能把握全部世界，但是我们按照我们存于其内的方式把握它。人类只能以其特殊的在世存在形式理解对其显示和发现的世界。毫无疑问，梅洛-庞蒂确信，我们对于世界客观事物的经验，是深深地由一种我们具有的知觉机制所决定的。如果我们作为被创造物的眼睛是安置在头颅两侧的话，无可置疑地我们会提出非常不同的本体论来。梅洛-庞蒂赞成的那种相对论涉及否认关于世界的任何绝对真理。这是一种存在和人的存在之间关系的相对主义：他在《哲学礼赞》中说，存在是一切，但如无人类存在即不可能如其所是（*Praise*，5）。存在的永远只是“对于我们的绝对”。

梅洛-庞蒂对当代哲学的影响

摩里斯·梅洛-庞蒂是20世纪最有激发性的、最杰出的思想家之一，但是他的研究从来没有像萨特、莱维纳或德里达那样引起公共注意。梅洛-庞蒂相对来说较不知名的部分原因或许在于他自己的谦逊个性。他是 431
一位严肃的知识分子，正如萨特所说，过于个人主义，在研究上难以与人合作。他在法国的影响甚至主要缘于他在《现代》上所写的政治评论。在哲学上他拥有很多仰慕者，但除了他的编辑人勒福尔外，几乎没有追随者。理解梅洛-庞蒂的一些困难在于他的文学性的、比喻性的表达方式。他的“面对意义诞生”和“唱迎世界”的哲学努力意味着，文学语言往往出现在读者寻求概念准确性的时刻。梅洛-庞蒂本人觉得哲学丧失了传达所探求的意义的视觉艺术力量。他说：“哲学不良于行”。

我们看到，梅洛-庞蒂对于萨特的政治观点颇有影响。此外，梅洛-庞蒂本人永远借助于萨特的哲学，例如，他曾在索邦大学讲演萨特关于想象的研究（*Primacy*，59-60），当然梅洛-庞蒂自由地解释萨特关于身体的分析以及萨特的一般本体论。梅洛-庞蒂使用的术语“自为”和“自在”，虽然表面上来自萨特，也得益于柯耶夫所传达的黑格尔哲学中对两词的使用。萨特和梅洛-庞蒂两人都同意把人的意识看作一种世界的分裂；援引诗人瓦莱里的话，知觉是“大钻石上的瑕疵”（PP，207；240）。

莱维纳在《整体性和无限性》（1961）中承认梅洛-庞蒂但对其未做任何详细讨论，但在其他研究中莱维纳表现出对于梅洛-庞蒂对胡塞尔未刊著作所做的清晰解释印象深刻。他特别对梅洛-庞蒂有关主体间性和身体体现性的讨论有兴趣。再者，莱维纳认为，梅洛-庞蒂显示了身体已经在一意向场内的方式：“思想在身体的‘我能’中运作”（TI，206；181），回应着梅洛-庞蒂所说“意识首先不是一个‘我想’而是‘我能’的问题”（PP，137；160），此句本身来自胡塞尔。莱维纳在考虑“肉体的主体性”

时说：

> 我很难找到恰当词语来表达我对梅洛-庞蒂在有关心智的原初身体体现性著作中之精细分析的敬佩，在此身体性体现中自然显示了它在身体运动中的意义，此意义是意指性的，即表现性的，即文化的……这位法国哲学家自己的探求使其能够说出胡塞尔思想中的所未说出者（或至少是未发表者）。[37]

先于莱维纳的写作，梅洛-庞蒂特别关注于以恰当方式使用现象学方
432 法描述他者的经验。特别是，他否定了笛卡尔和胡塞尔企图根据我自己对他者的理解来解释他者。他者不是“我的精神的一个子嗣”，梅洛-庞蒂说，而是“我的双胞胎，或者我的肉中肉”（*Signs*，15；22）。他者的身体是“我从某处得到的一个出乎意外的回应”（*Prose*，134；186）。他者和我自己就像两个相像的同心圆，但是他者在别处的寓所“剥夺了我的中心位置”（*Prose*，135；187）。但是，与莱维纳不同，梅洛-庞蒂把他者的神秘性实际上只看作我对我自己关系的神秘性，我自己的采取非我视角的能力。下面一段话表现了梅洛-庞蒂对莱维纳的可能答复：

> 他者的经验永远是我自己的复制品的经验，对我自己回应的经验。必须在该奇怪联合的方向上寻求解决，此联合使他者永远是第二个我，甚至当我将他者诉诸我自己以及我为他者牺牲我自己时。正是在我自己之深处，与他者的这一奇怪的联结形成了。他者的神秘性只是我自己的神秘性。对世界的第二个观察者可以从我产生。（*Prose*，135；188）

在其最早的书《行为结构》中，梅洛-庞蒂关心于根据结构的重要性解释世界，并同时吸收了马克思主义和语言结构主义，对此可以从他著作中对二者的频繁引证看出来。虽然梅洛-庞蒂讲述过索绪尔并通过好友列维-斯特劳斯与结构主义运动联系密切，梅洛-庞蒂却很少被结构主义研究引用。[38]德鲁兹和福柯事实上由于梅洛-庞蒂呼吁寻找失去的根源，均把他解释为结构主义试图克服的人本主义的基本主义者和拥护者。[39]

至于后结构主义，梅洛-庞蒂的影响到现在为止几乎被完全忽略了，如被德里达和莱维纳所忽略，虽然有人，特别在美国，试图将他看成后现代主义的鼻祖，因为他讨论了身体、性和他者性。

虽然他们从未相遇过，德里达承认梅洛-庞蒂的杰出性，他曾与梅洛-庞蒂简短通信讨论安排胡塞尔《危机》的法文翻译问题。然而德里达有关梅洛-庞蒂作为许多概念的先驱者的真正重要性的写作，还应当搜集充分的记录。另外，利科一直承认梅洛-庞蒂的重要性。法国精神分析学家拉康也在梅洛-庞蒂的著作中发现他所需要的哲学论述以表达他自己的无意 433
识观（例如，和拉康一样，梅洛-庞蒂也关注儿童发展的“镜像阶段”，而且两人都同意，无意识的结构相似于语言的结构）。

然而，对梅洛-庞蒂兴趣的复苏正在开始，特别是在那些学者之间，他们关注于现象学对分析学派的心的哲学中目前提出的问题如何回答。梅洛-庞蒂是一位始终一贯的自然主义者，他认为人以一种有机的方式被插入自然中，而且他拒绝一切心身二元论。他的身体性的主体的观点仍然对空间知觉和身体性认知的哲学具有重要贡献。在美国，梅洛-庞蒂对于研究身体的现象学方法和心理治疗学方法具有重要影响。梅洛-庞蒂对于凯西（Edward Casey）的位置和空间研究以及对于存在论精神病理学家和作家萨克斯（Oliver Sacks）关于人的世界知觉研究（如系统的局部损伤造成的影响）均具有重要影响（“误将妻子当作帽子的人”）。[40] 梅洛-庞蒂的相对主义和他对人的存在与环境关系的强调，目前也是晚近哲学中流行的课题。但是，梅洛-庞蒂在后来的研究中企图为一新本体论奠定基础的努力过于含混，以至于难以在其思想中形成任何明确的结构。

梅洛-庞蒂毕生与英美哲学很少接触（除了参加过赖尔的一个讨论会并与艾耶尔讨论过哲学外）。[41] 尽管如此，梅洛-庞蒂的形象在当代分析哲学中正在增长，特别是因为他援引着心理学的经验研究描述体现性的身体-主体的尝试，被一些心灵哲学家所效法。梅洛-庞蒂于 1960 年 6 月的笔记中写出的想法是，我们如果不以某种方式运用身体形象就不会有心的观念（VI，259；312），这一主张近似于维特根斯坦所说“心灵的最佳形象就是身体”。他对刺激-反应式说明和行为主义还原论的批评，前于乔姆斯基对斯金纳的批评。他有关身体空间定位的讨论以及关于感官知觉的讨论影响了皮科克的非概念性认知观念。如我刚才提示的，梅洛-庞蒂最好被理解为自然主义的拥护者，因为他企图援引生物学和心理学把意识理解为人和动物体现的一个特征；但是他不同于自然主义的是，反对其还原论科学主义。但是，梅洛-庞蒂对身体性和有限性的强调，以及他在有关人文科学说明性质的讨论中仔细区分理由和原因，获得当代

434 学界很多共鸣，虽然遗憾的是，人们通常均未提及他的名字。但是，他无疑提出了关于这样一种方式的最详尽例证，在其中现象学可以与科学和艺术互动，以便对人的身体性在世存在之性质进行一种描述。

注释：

513 [1] M. Merleau-Ponty, *Phénoménologie de la perception* (Paris: Gallimard, 1945), trans. C. Smith as *Phenomenology of Perception* (London: Routledge & Kegan Paul, 1962). Henceforth PP followed by page number of English translation then pagination of French edition.

[2] 梅洛-庞蒂在以下文章中记录了这一片段："Un auteur scandaleux", *Sens et non-sens* (Paris: Nagel, 1966), p. 73, trans. as "A Scandalous Author", *Sense and Non-Sense* by Hubert Dreyfus and Patricia Allen Dreyfus (Evanston, IL: Northwestern University Press, 1964), p. 41. Henceforth SNS followed by page number of English translation; then page number of the French edition.

[3] Simone de Beauvoir, *Memoirs of a Dutiful Daughter*, quoted in Jon Stewart, ed., *The Relation Between Sartre and Merleau-Ponty* (Evanston, IL: Northwestern University Press, 1998), p. xxx.

514 [4] M. Merleau-Ponty, "The Philosophy of Existence", originally a radio broadcast in 1959, now in Jon Stewart, ed., *The Relation Between Sartre and Merleau-Ponty*, op. cit.

[5] M. Merleau-Ponty, *The Primacy of Perception*, ed. James Edie (Evanston, IL: Northwestern University Press, 1964), p. 35. Hereafter *Primacy* and page number of English translation.

[6] 由于类似的传统学术训练，加缪和阿伦特的论文都写的是圣奥古斯丁。

[7] Merleau-Ponty's review of Scheler was published as "Christianisme et ressentiment", *La Vie Intellectuelle* 7 (36) (1935), pp. 278-306; his review of Marcel is published in *La Vie Intellectuelle* 8 (1936), pp. 98-109.

[8] Alexandre Kojève, *Introduction to the Reading of Hegel. Lectures on the Phenomenology of Spirit*, assembled by Raymond Queneau, trans. James H. Nichols, Jr (Ithaca, NY: Cornell University Press, 1980).

[9] See T. F. Geraets, *Vers une nouvelle philosophie transcendentale. La genèse de laphilosophie de Merleau-Ponty jusqu'à la "Phénoménologic de la perception"* (The Hague: Nijhoff, 1971), appendix.

[10] M. Merleau-Ponty, *La Structure du comportement* (Paris: PUF, 1942), trans. A. L. Fisher, *The Structure of Behavior* (Boston: Beacon Press, 1963). Hereafter SB and page number of English translation.

[11] Both Hannah Arendt and Emmanuel Levinas will emphasise the manner in which being born is a form of conditioning into a ready-made world.

[12] 关于这一时期的一次很好的谈话，参见：David Archard, *Marxism and Existentialism. The Political Philosophy of Sartre and Merleau-Ponty* (Belfast: Blackstaff Press, 1980)。

[13] M. Merleau-Ponty, *Les Aventures de la dialectique* (Paris: Gallimard, 1955), trans. Joseph Bien, *Adventures of the Dialectic* (Evanston, IL: Northwestern University Press, 1973). For Simone de Beauvoir's response, see her "Merleau-Ponty and Pseudo Sartreanism", reprinted in Jon Stewart, ed., *The Relation Between Sartre and Merleau-Ponty*, op. cit., pp. 448-491.

[14] M. Merleau-Ponty, *Éloge de la philosophie* (Paris: Gallimard, 1953), trans. J. Wild and J. M. Edie, *In Praise of Philosophy* (Evanston, IL: Northwestern University Press, 1963), p. 4. Hereafter *Praise* and page number of English translation.

[15] See Claude Lévi-Strauss, "On Merleau-Ponty", trans. C. Gross, *Graduate Faculty Philosophy Journal* 7 (2) (1978), pp. 179-188.

[16] M. Merleau-Ponty, *l'Oeil et l'esprit* (Paris: Gallimard, 1964), trans. Carleton Dallery, *Primacy* pp. 159-190.

[17] M. Merleau-Ponty, *La Prose du monde, texte établi et présenté par Claude Lefort* (Paris: Gallimard, 1969), trans. J. O'Neill, *The Prose of the World* (Evanston, IL: Northwestern University Press, 1973). Hereafter *Prose* and page number of English translation, followed by page number of French original.

[18] M. Merleau-Ponty, *Le Visible et l'invisible*, texte établi par

Claude Lefort (Paris: Gallimard, 1964), trans. A. Lingis, *The Visible and the Invisible* (Evanston, IL: Northwestern University Press, 1968). Henceforth VI and page number of English translation followed by page number of French edition.

[19] M. Merleau-Ponty, *Signes* (Paris: Gallimard, 1960), trans. R. McCleary, *Signs* (Evanston, IL: Northwestern University Press, 1964), p. 125. Hereafter *Signs* followed by English translation page number and then page number of French original.

[20] Gabriel Marcel, *Journal métaphysique* (Paris: Gallimard, 1927), pp. 236-237, trans. Bernard Wall, *Metaphysical Journal* (Chicago: Reguery, 1952), pp. 242-243.

[21] For Merleau-Ponty's 1947—1948 lectures on Bergson at the Ecole
515 Normale, see M. Merleau-Ponty, *L'Union de l'âme et du corps chez Malebranche*, *Biran et Bergson*, recueillies et redigées par Jean Deprun (Paris: Vrin, 1968), pp. 79-114.

[22] Henri Bergson, *Matière et ménoire. Essay sur les relations du corps à l'esprit* (Paris, 1896), trans. Nancy Mar, *Matter and Memory* (London: G. Allen, 1913).

[23] See Georges Gurvitch, *Les Tendences actuelles de la philosophie allemande* (Paris: Vrin, 1930).

[24] M. Merleau-Ponty, "Husserl aux limites de la phénoménologie", *Annuaire du Collège de France* (Paris: Imprimerie Nationale, 1960), pp. 169-173, trans. John O'Neill, "Husserl at the Limits of Phenomenology", in M. Merleau-Ponty, *Themes from the Lectures at the Collège de France 1952—1960* (Evanston, IL: Northwestern University Press, 1970), pp. 113-123.

[25] Husserl, *Crisis*, §50, 172; Hua VI 175. See Herbert Spiegelberg with Karl Schuhmann, *The Phenomenological Movement. A Historical Introduction*, 3rd edition (Dordrecht: Kluwer, 1994), pp. 580-581 n. 2.

[26] Jean Wahl, *Le Malheur de la conscience dans la philosophie de Hegel* (Paris: Editions Rieder, 1929).

[27] M. Merleau-Ponty, "L'Existentialisme chez Hegel", *Les Temps*

modernes No. 7（April 1946），reprinted SNS 63－70；109－122.

[28] 古尔维奇生于立陶宛的 Vilnius，并在柏林向施图姆普夫学习，施图姆普夫 1922 年推荐他到弗莱堡跟随胡塞尔学习，之后他到法兰克福向精神病学家戈尔茨坦学习，戈尔茨坦研究患有脑部损伤的大战伤兵。1929 年古尔维奇在盖格的指导下写博士论文《主题学和纯粹我的现象学》。因为是纳粹德国的犹太人，他被拒绝参加资格考试论文写作，遂于 1933 年迁往法国，并在索邦大学教书。1939 年他离法赴美。

[29] E. Cassirer，*Philosophy of Symbolic Forms*，Vol. 3，*The Phenomenology of Knowledge*，trans. Ralph Manheim（New Haven，CT：Yale University Press，1957）. See especially Part Two Chapter Six，"Towards a Pathology of the Symbolic Consciousness"，pp. 205－278. I would like to thank Rudolf Bernet for drawing my attention to Merleau-Ponty's dependence on Cassirer.

[30] J.-P. Sartre，"Merleau-Ponty vivant"，*Les Temps modernes* 17 nos. 184－185（1961），trans. Benita Eisler，"Merleau-Ponty"，in Jean-Paul Sartre，*Situations*（New York：Fawcett World Library，1966），p. 217. Hereafter *Situations* and page number of English translation.

[31] 从《行为结构》中这一段可清楚看到，梅洛-庞蒂已经主张面孔概念，此概念类似于 1940 年代莱维纳讲演中展开的概念。

[32] But see Howard Gardner，*The Shattered Mind The Person After Brain Damage*（London：Routledge & Kegan Paul，1977），pp. 143－151，他叙述了两位德国神经学家荣格（Richard Jung）和贝（Eberhard Bay）如何在 1940 年代追踪施奈德，并发现他完全正常，除了在经受实验时外，即当他似乎返回到盖尔布和戈尔茨坦早先记录的症状时。荣格和贝两人都得出结论：施奈德不可靠，可能甚至为盖尔布和戈尔茨坦假装出他们需要的症状。

[33] M. Merleau-Ponty，"The Philosophy of Existence"，originally a radio broadcast in 1959，now in Jon Stewart，ed.，*The Relation Between Sartre and Merleau-Ponty*，op. cit.，p. 495："As Husserl said，through the perception we have of them，things are given to us in the flesh—carnally，*leibhaftig*."

[34] For a criticism of Merleau-Ponty's direct realism，see Aron Gur-

witsch, *The Field of Consciousness* (Pittsburgh: Duquesne University Press, 1964), p. 299.

[35] See Stephen Priest, *Merleau-Ponty* (London: Routledge, 1998), pp. 119–137.

516 [36] C. Lévi-Strauss, *La Pensée sauvage* (Paris, 1962), trans. *The Savage Mind* (Chicago: University of Chicago Press, 1966). Lévi-Strauss dedicated The *Savage Mind* to the memory of Merleau-Ponty.

[37] E. Levinas, "On Intersubjectivity: Note on Merleau-Ponty", in *Outside the Subject*, op. cit., p. 98.

[38] Merleau-Ponty is entirely absent from John Sturrock, ed., *Structuralism and Since. From Lévi-Strauss to Derrida* (Oxford: Oxford University Press, 1979) and from Peter Caws, *Structuralism. The Art of the Intelligible* (Atlantic Highlands, NJ: Humanities Press, 1988).

[39] See James Schmidt, *Merleau-Ponty. Between Phenomenology and Structuralism* (London: Routledge, 1987).

[40] Oliver Sacks, *The Man Who Mistook His Wife for a Hat* (London: Duckworth, 1985).

[41] See A. J. Ayer's autobiography, *Part of My Life* (London: Collins, 1977), p. 285, for a positive assessment of Merleau-Ponty.

13　雅克·德里达：从现象学到解构学 435

导言：既非哲学也非文学

雅克·德里达（生于1930年）是一位颇有激发力、极富挑战性而又具有高度争议性的哲学家，他以引发了所谓“解构论”的思想运动而著称（特别是在美国的1970年代和1980年代）。在众多出版物中，德里达对取自各个不同领域的文本进行了解构论的读解，这些领域包括现象学、结构主义、精神分析学、文学、绘画，以及晚近以来涉及政治、法律甚至宗教等。但是，德里达是难以归类的，因为他否认自己是在从事哲学或发展一种新的哲学“方法”。他也不是在从事文学或主张将哲学归为文学。他宁肯将自己的研究置于诸学科间的“界限”或边界上，以探索他所谓的哲学和文学之间关系的“动荡区域”。他的策略是唤起对文本“语境”之注意，并指出当改换语境后文本的意义会如何变化，这就是通过将其插入不同的叙事语境，使其与其他文本相比较，等等。这一策略导致他特意挑战西方思想内很多典型的范畴区分法，例如在文学和哲学间、言语和书写间、感性和理智间、直意和比喻间。他的写作永远是难读的、复杂的以及暗示性的；他迷恋于捕捉看起来无足轻重的边缘性的细节，以颠覆文本中假定的中心信息。为了探索语言和指称的复杂性，他诉诸法国象征主义和超现实主义传统，经常制作各种各样的实验性文本，包括游戏性文本，进行印刷版式和图像式表达的实验，用假名写作，等等。

德里达关于语言和意义的一般主张和他的复杂写作风格，引发了多种多样的激烈反应：从不加批评的赞美、模仿到谴责，甚至嘲讽。由于他的作品具有此种争议性，1992年剑桥大学决定授予他荣誉博士学位时曾引起 436
许多哲学家的抗议甚至谴责，认为他的研究不符合学术界公认的严格性标准。[1]但是，在哲学界他也有自己的维护者［包括萨利斯（John Sallis）、卡普托（John D. Caputo）、克里奇利（Simon Critchley），以及他人］。他的许多解构论的读解工作都来自他的研究班，而且他的教学被广泛地认为是富有感召力的。德里达因其高度风格化的、自我反思式的、有时甚至是任性而为的讲授方式而声名狼藉，在讲演中他可以不需笔记而滔滔不绝数小时，展现出惊人的记忆力，因为他可追溯及一再追溯自己的尝试和失败（“意义死角”〔aporias〕，即阻塞、僵局）以处理某一文本或某一思想。这样一篇两天来长达 6 小时的谈话发表于 *Aporias* 内。[2]但是，德里达能够简明清晰地阐述自己的观点并在许多访谈中表现出这种能力。有关德里达的“注释学”的部分工作就是，企图把他在访谈中给与的比较清晰的立场阐述和反驳，与其更复杂的甚至极度暧昧的书写文本，予以统一协调。当然，这种工作本身也形成了一个德里达本人详加处理的课题，即言语和写作的关系问题。

遗憾的是，在本章中，我们不可能对德里达的全部研究进行评估，只能集中于其 1972 年以前的研究，特别是其 1968 年的重要讲演《论分延》，德里达的早期写作为其后来的解释提供了框架。他的以越来越狂热的速度所发表的晚近写作，因其数量庞大，本章不可能涉及。因此，我们将不讨论德里达晚近关于伦理学和政治问题的很多作品，以便集中于他关于意义问题的主要哲学观点，特别是那些与现象学相关的问题。

由于德里达自称既超出了现象学又超出了哲学，人们会质疑是否根本不应再将其“作品”置于现象学类别或（甚至）哲学类别之内。但是，德里达超出哲学的路径基本上是一条穿越现象学的路径。他以相当常规方式开始其哲学生涯，曾是一名胡塞尔现象学的研究者，写了很多有关《逻辑研究》和《几何学起源》的、逻辑严谨的、批评性的论文。在这些论文中，他企图说明传统胡塞尔现象学内隐藏的形上学前提，他认为现象学远非一种无前提的科学，实际上属于形上学传统。在他看来，胡塞尔现象学以其承诺自同一的观念性真理，甚至始终束缚于“观念性形式的现前形上学”。[3]但是，德里达的批评并未构成对现象学研究方式的完全放弃，不妨说他希望把现象学从其自言要克服的对形上学观点的依附中解脱出来，设
437 法超越现象学对现前性直观之迷恋。事实上，德里达是在“解构”现象学。德里达的主要概念，如“现前”“重复”“踪迹”“分延”“写作”等，以及他对解构论的主张（作为一种文本分析策略，甚至作为一种道德义务，以及作为某种哲学史上的必要过程），最好都根据他对胡塞尔的意义现象学的批评加以理解，而他有关语言问题的根本性作用的看法，其方式完全是海德格尔风格的。

德里达（1930—　）①：生平和著述

德里达经常提醒读者注意在作者传记和其作品的关系中涉及的复杂问题。但是，自传式的谈述穿插在他自己的作品中。因此，我们更应关注他的生活和写作的环境。德里达于1930年7月15日出生于阿尔及利亚首都阿尔及尔郊区EI-Biar的一个西班牙犹太裔家庭。1941年开始进当地的中学，但是第二次世界大战扰乱了他的家庭生活和学校教育，特别是当地政府对犹太人的限制，即使在没有德国人的情况下，对此他曾有苦涩的回忆。1947年他的第一次毕业考试失败了，次年才通过。之后为准备考大学而进入“预备学校”，与此同时开始阅读加缪、柏格森、萨特、尼采和纪德的著作，也发表过一些诗作。1949年他迁往法国，进入著名的路易大帝中学（萨特先前在此就读过），准备参加限制甚严的竞争激烈的法国高等学府的入学考试。他现在对于哲学的兴趣逐渐强烈。最初在参加巴黎高师困难的入学考试时失败了，但最终于1952年通过考试，入校学习哲学，上一代的萨特、阿隆、波伏娃、依波利特和梅洛-庞蒂等人均从该校毕业。

在到校第一天他遇见阿尔都塞，两人成为好友。他也参加福柯和依波利特的讲座。最初他集中学习胡塞尔现象学，并于1953—1954年度在依波利特和岗迪拉克指导下准备“高等教育文凭”论文，名为《胡塞尔哲学中的生成问题》，一种从《算术哲学》到《危机》的有关胡塞尔思想发展的“全景式”研究。在准备此论文时，德里达曾到卢汶胡塞尔档案馆查阅资料。虽然依波利特曾催促年轻的德里达将此研究出版，但此书直到1990年才出版。[4] 在此第一部书中，德里达显示出自己对于胡塞尔文献的研究颇有基础，而且受到法国哲学家Jean Cavaillè以及越南现象学家和马克思主义者陈德草（Tran- 438
Duc-Thao）的强烈影响。在序言中德里达分析了胡塞尔的对立性概念（例如，艾多斯的/经验的，先验的/世界的，原初的/导出的，纯粹的/非纯粹的，生成的/构成的），认为胡塞尔忽略了这些对立性概念事实上进入某种“辩证法”关系内的方式，而且德里达说，这些对立项是相互“掺混”的。[5]

在获得了高等教育文凭后，德里达开始了博士论文准备，论文名为《文学客体的观念性》，但最后放弃了这个计划，部分原因是论文指导教师

① 2004年逝世。

依波利特去世了。但是，很多年后，在1980年，基于其发表的著作，他被授予“国家博士”学位。他的论文答辩文被翻译为《一篇论文的时间：标点法》。[6]1956—1957年他获得奖学金访问哈佛大学，理由是研究胡塞尔手稿，而实际上他极其认真地阅读乔伊斯的《尤利西斯》（对乔伊斯企图逃避历史的提示出现在德里达对胡塞尔的《几何学起源》写的导论中）。德里达后来采取“双肯定式”（“yes，yes”）就是有意地涉及布鲁姆（Molly Bloom）在《尤利西斯》末尾的谈话，德里达甚至称乔伊斯此书是“解构史上一个伟大的里程碑”[7]。1957—1959年德里达在法军服役，驻扎在阿尔及尔的一所学校内。1959年开始教书，先是在勒芒的公立中学，之后在索邦大学（1960—1964），作为利科和瓦尔的助教。1959年，在Cérisy-La-Salle国际会议中心，他提交了一份关于胡塞尔著作中应用的生成和结构概念的论文，在文中他提出了“分延”（différance）概念。德里达的早期文章都发表于*Critique*和左翼杂志*Tel Quel*上。*Tel Quel*由索莱尔斯编辑，投稿者包括巴特、克莉斯特娃和其他法国知识分子。但是在1972年德里达最后因该刊的强硬共产主义立场而与其断绝了来往。

1962年，德里达翻译了胡塞尔的短文《几何学起源》，此文早在1939年就发表于法国《国际哲学评论》上，之后于1954年收入胡塞尔全集内的《危机》中。[8]此文对于梅洛-庞蒂曾经有过重要影响。德里达附加的评论部分显示了他对于胡塞尔原著和当时的胡塞尔学研究成果的熟悉，文中引述了芬克、莱维纳、利科、伯杰等。当德里达在准备发表此文时，当时主持胡塞尔译事的总编辑梅洛-庞蒂曾写信给德里达询问他是否有兴趣翻译全部《危机》。两人因此交换过书信，但因梅洛-庞蒂不久后去世，此一计划遂终止。[9]

1964年依波利特和阿尔都塞邀请德里达到高师讲演。同年他也发表了
439 关于莱维纳的第一篇文章《暴力和形上学》，刊于《形上学和道德评论》上（1967年重印于《书写和区分》）。此一重要文章，作为对莱维纳出版物的一份重要的概述，对于突显莱维纳的研究发挥了作用。德里达批评了莱维纳对海德格尔的存在概念的解释，但倾心于他的末世论历史观，以及他的关于暴力与战争不可避免地结合在一起的本体论概念。

1966年德里达访问了美国，参加了霍普金斯大学的研讨会，提出了对列维-斯特劳斯结构主义的批评，确立了他自己与结构主义的关系。1960年代，结构主义支配了法国思想界，而德里达甚至往往将自己的“结构”概念故意设定为法国结构主义的反面，特别是反对列维-斯特劳斯。虽然

他永远承认自己得益于结构主义有关语言的设问方式（WD，3），德里达的立场可以刻画为一种“反结构主义”[10]，而不是一种“后结构主义”（此词他一直拒绝承认）。德里达批评结构主义的基本假定：一个有限的对立系统可以被发现，它产生着全部文化网络。再者，作为他主张对立面相互渗透的总策略，他拒绝结构主义主张的生成和结构间、历时和共时间的对立。他引进的“分延”概念的全部意图就是要显示对立双方是不可能分离的（WD，293）。但是，典型的悖谬是，德里达既是结构主义的批评者，又是结构主义的受益者，特别是受益于结构主义根据二元对立（例如列维-斯特劳斯对“生食”和“熟食”的分类）处理课题的方式。1972年在与克莉斯特娃的访谈中（收入 *Position*），德里达说明了为什么结构的概念不可能被简单地抛弃或更换：

> 毫无疑问，非常必要的是，从符号学内部去转换概念、置换概念，在其他系列中改写概念，以及一点一点地修改我们的研究场地，并因此产生新的布局；我不相信决定性的断裂，像今日所说的一种明确的“认识论断裂”。断裂永远必然地重新在旧的包装内改写，对此必须连续地、不能停止地予以瓦解。[11]

在霍普金斯的会议上，德里达提醒注意列维-斯特劳斯的有关自然和文化二分法理论的困境，以及他对神话的处理性质。神话不能够逻辑地被分解为其组成部分，也不可能规定其起源或赋予其固定的意义。它们以欠缺主体即欠缺中心为标志。德里达认为列维-斯特劳斯被束缚于两种倾向之间：一种是企图说明、分类和建立秩序的传统愿望，另一种是认为神话 440
性质使一切都发挥着作用。德里达认为，列维-斯特劳斯不应选择这一或另一方式，而应存在于这些态度之间的张力关系内。在此，分延被看作产生于列维-斯特劳斯对结构人类学作为一门社会科学的解释中。在其另一文章《词语暴力：从列维-斯特劳斯到卢梭》（收入《论书写》）中他进一步对列维-斯特劳斯进行批评，此文显然相关于由于将书写引入前文字社会而引起的暴力问题。列维-斯特劳斯论述了没有书写的前文字社会，而德里达指出此一立场的悖谬。德里达反对结构主义根据一种静态的对立结构观对现象进行说明。在某种意义上，德里达继续着有关在不同话语领域识别对立现象假定的等级结构，但他企图指出这些对立现象的运动性和相互作用。问题不在于确认或甚至颠覆等级结构，而在于通过观察它们在不同的语境内的运作、瓦解它们并使它们成为临时性因素，以便研究它们的转化作用。

虽然德里达在1960年代出版了众多有影响的哲学文章，真正使其在法国开始有知名度的出版物是1967年出版的三部书。令人惊异的是，他在1972年继续出版了三部书，此后每年至少出版一部书。这六部书的充分意义和原创性只有当它们同时出现时才能被把握：它们都企图“解构”作为形上学的哲学史，并显示“分延”的运作过程。1967年的书是《言语和现象》，此书批评地探讨了胡塞尔的“意指现象学”并提出了对其语音中心论的批评；《论书写》，此书主要研究卢梭和18世纪启蒙时代有关书写和语言的著作，以及索绪尔和列维-斯特劳斯的思想，这些均被呈现为“书写学”内的研究；《书写和区分》，此书包括了有关黑格尔、福柯、弗洛伊德、巴塔伊和莱维纳的讨论。他的1972年的三部书是：《散播》[12]包括关于马拉美、索莱尔斯的研究，以及关于柏拉图《斐德罗篇》中有关写作性质的研究，书中玩弄着希腊词 pharmakon 的暧昧用法，它含有“毒药”和“治疗”之义；《哲学的边缘》（它包括重要的论文《分延》，以及讨论黑格尔和海德格尔的文章）[13]；一部由三篇早先访谈（包括一篇与克莉斯特娃的访谈）组成的文集《立场》。

1972年以来，德里达令人印象深刻地大量出版批评性研究和更具想象性的文学写作（包括关于马拉美、乔伊斯、卡夫卡等人的研究）；这些作品中有些极具巧思，全部都是谜语般的、反讽式的以及游戏式的（以类似
441 于克尔恺郭尔的方式，采取着不同的风格和假名）。[14]在1974年和20世纪80年代期间，德里达的出版物（例如《格拉斯》《刺激》《绘画的真理》《明信片》）逐渐地甚至执着地趋向于自我反思的和风格上自意识的，肆无忌惮地玩弄着学术规范，甚至玩弄着书籍本身作为媒介的形式。德里达处心积虑地试图克服哲学和文学之间的习惯性分界，因此企图将其话语形式置于哲学之外。于是，德里达在《明信片》一书中书写着日记（包括1977—1979年），它包括一系列寄往家庭、友人和知名哲学家的虚构的明信片、信件，涉及他和柏拉图、苏格拉底、海德格尔、弗洛伊德以及甚至牛津哲学家们的关系，提供了完全个人性的以及精神分析学性质的思考，包括一些奇奇怪怪的幻想（例如想象着柏拉图背对着苏格拉底而勃起），以及照常地玩弄着词语（例如“carte”“card”和“écarte”、division或“interval”）。[15]

在《格拉斯》[16]中，德里达以平行的排列法（此方法在《哲学的边缘》

中已经使用过）陈列着黑格尔和热内（成为作家的法国罪犯）的文本，夹带着评论，企图使诸文本相互扰乱，以此试图对任何风格的自足性概念提出挑战，不论是文学的风格还是哲学的风格。“Glas”标题据说是书中的一种回响，它宣布着意指作用的结束（*Glas*，31；39）。此书也对“签名”概念质疑，德里达认为，将一个人的名字附着在一文本上的看起来简单的行为，实际上涉及许多复杂的有关作者身份、权威性、认同和自同一的假定，以及内部和外部的关系。德里达最初于1971年在文章《签名，事件，语境》中提出了关于签名的性质问题，此文最初宣读于蒙特利尔，后重印于《哲学的边缘》中。1977年塞尔在*Glyph*发表了对此文的重点批评。[17]在该文中德里达在评论康迪拉克时说，书写语言是在受者不在的情况下起作用的，因此独立于作者的意图。德里达用此例反驳这样的观点：书写是意向意义的交流。

德里达以此批评奥斯汀论述言语行为的观点，包括其有关真诚性的天真假设。塞尔对此反批评说，德里达混淆了文字文本的相对永恒性和语言记号的本质可重复性。塞尔的文章引起了德里达的一次反讽的和转弯抹角的回复（发表于《有限公司》），包括德里达非常不厚道地对塞尔的名字玩弄谐音双关语（Sarl＝有限责任公司）。此一信件来往其后引起许多评论家的注意，包括罗蒂、卡维尔和其他人。[18]虽然塞尔说德里达对奥斯汀的读
解完全错误以及并非表现为两个传统之间的严重对立，德里达和塞尔的冲 442
突却被广泛地看作代表着所谓“欧陆的”和“分析的”哲学传统的分裂。德里达本人将此辩驳视为发生在“加利福尼亚和欧洲之中途”的一次冲突。[19]在此交流过程中，塞尔援引了福柯与他的一次私人谈话中所说：德里达的方法涉及一种“恐怖主义的蒙昧主义”，按此方法一位作者以一种晦涩风格写作，然后批评对手必然对其不能理解。[20]德里达，被此不应出现在字面上的闲言碎语所激怒，反驳说，他不会报道其他学生对于塞尔的讲课的情况是如何如何说的！

与知识分子应该“投入”（即承担社会的和政治的责任）的法国传统一致，德里达在政治上颇为积极，通常支持典型自由派的以及大体上左翼的群众事业，然而与政治实践的机构形式（如共产主义）保持距离。最早与法国左翼知识分子传统相联系，特别是在1980年代，德里达写了很多关于法律和正义性质的文章，还有关于欧洲统一的文章。他的名字出现在许多政治和人权事业中，例如反对种族隔离、种族主义、民族主义的运动，

并支持人权和承认难民身份等。[21] 自 1975 年后，他积极参加 GREPH（哲学教育研究会），该组织关心改进大学和中学哲学教育的方式。[22] 1981 年，在访问布拉格持不同政见者时，当局以捏造的毒品走私罪名将其逮捕并被驱逐出境。1983 年，他积极在巴黎创建国际哲学学院，并担任首届院长。德里达将这些政治参与活动证明为他早先有关主张“不存在文本之外”意义的新思想的一部分。德里达认为，这意味着，人们不可能将文本同其社会的和政治的语境分离开来。欠缺一文本之“外部”，使有可能将政治行为的形式理解为属于该文本。

德里达现在任教于巴黎高等社会科学院，而且自 1987 年起担任加州大学欧文分校和纽约州立大学布法罗分校的访问教授。他曾获得卢汶大学、埃塞克斯大学和哥伦比亚大学的荣誉博士学位，以及剑桥大学授予的引发争议的荣誉。他目前的关注点是宗教和预言的性质问题。

解构和道德

德里达的解构论似乎与单一性和无封闭性连接在一起，于是被刻画为“不可决定性”，以至于很多批评家［例如克里奇利、迪尤斯（Peter
443 Dews）、卡尼（Richard Kearney）等］都担心解构论者如何采取任何道德的和政治的立场问题。解构论似乎往往像是一种道德怀疑论，对于相反道德立场持同样强烈的论证，或者像是一种道德相对主义，它否定一切绝对价值和固定意义，并归结为一种道德麻木或归结为一种对待道德规范的尼采之“做你想做者”的态度，或者甚至归结为一种虚无主义。毋庸惊奇，人们谴责解构论排除了道德性，或者说解构论采取的道德立场或者是随意性的，或者实际上是不可能的。德里达反对这些通常不断提出的指责，努力将解构论策略（即对被凝结为固定立场加以抵制的策略）与自己采取的许多实际的伦理和政治立场结合起来。德里达辩称，介入伦理的和政治的事物是正确的，因为解构论从来也不提出一无限的意义推延，宁可说正因为一个决定不可能等待，问题在我们看来是不可决定的。德里达认为，不可决定性并不意味着什么也不能做，而是意味着必须做什么，而且我们不可能肯定要去做什么。道德性涉及危险，而且责任概念本身可根据如下观念被预计：正确行动不会被预先明确显示。因此德里达相信，解构论的核心正是伦理性的；其本质正是责任性（即如果人们能够谈到解构论具有一本质的话）。再者，他否认返归伦理学和政治是晚近的事；他甚至主张，对于伦理学的关心从一开始就出现在他的写作中。德里达早先的伦理学声调似乎不被注意，因为他采取着一种更令人难以捉摸的文本策略。就其思想中存在有任何模糊的伦理学的和政治的因素而言，所采取的是对一些关键术语进行批评讨论的形式，这些术语取自社会的和公共的领域，如“友谊”[23]、“他者”、“礼物”、“赠予”。

在莫斯和列维-斯特劳斯的影响下（以及可能在萨特和梅洛-庞蒂的影响下，他们两人都讨论过“礼物”的性质），德里达试图对于原始社会中礼物交换的人类学的概念予以批评讨论，并将其联系到慈善与好客概念，在此交换的循环被中断了，出现了某种新的东西，此新的东西可作为理解伦理现象和政治现象的基础。德里达逃避对于伦理现象和政治现象进行重新思考的必要性，建议援引亚里士多德的“philia”、西塞罗的“amicitia”、启蒙时代的“博爱”、莱维纳的“好客”和尼采等思考友谊的性质，以及思考“朋友”和“敌人”的区别——存在于一个令人不快的资料来源中，此即德国政治哲学家和纳粹理论家卡尔·施密特的思想。[24]

作为1980年代末以来此一政治转向的一部分，特别是为了回应法利亚斯关于海德格尔的书，德里达也企图理解和评估海德格尔对纳粹的献身。444
在《论精神》中，德里达间接地通过分析海德格尔在1930年代写作中使用的“精神”（Geist）一词的暧昧作用，研究海德格尔的政治言行。他认为，海德格尔与纳粹的不幸联系缘于他对形上学和唯意志论的信奉。[25]海德格尔在《存在与时间》中最初对“精神”一词的用法是谨慎的，然而后来在他20世纪30年代的校长就职演说中对此词的用法就不具有批评性并带有危险性了。

在讨论了海德格尔参与纳粹问题之后，德里达马上卷入了有关他的朋友、比利时文学批评家保罗·德曼（1919—1983）的某些早期写作中反犹太性质的问题。[26]德里达已经发表过一本对此问题精心评估的书《回忆保罗·德曼》，承认德曼是美国重要的解构论源泉。[27]德曼的反犹太文章最初出现在战争时期比利时一份亲纳粹的报纸上，但只是在德曼死后才被发现。德曼本人对这些写作在战后保持沉默，导致这样的问题提出：德曼赞成的解构论是否事实上掩盖了一种反自由主义，而反自由主义极易附和法西斯主义或极权主义。德里达愤怒地质询为什么会出现一种公共情绪将解构论和各种极权主义联系起来，而对他来说解构论就其本质而言只是一种负责任的批判，不把任何事物视作当然正确的。

自从1980年代末苏联戏剧性地瓦解后，德里达反过来重新思考马克思。他自己承认，自己对马克思具有某种情感上的依恋，而且在马克思的研究中看到一种正义的可能性，此种正义性是不能够被解构的。在《马克思的幽灵》中，他提出重读马克思的口号，探讨着马克思仍然出没〔haunt〕于西方政治思想中的方式（在此研究中德里达杜撰了可怕的双关语“hauntology”〔出没学，鬼魂出没学〕）。[28]

解构和哲学的终结

为了理解德里达，必须理解他关于哲学性质的非常有限制的概念。德里达属于法国第二代现象学家，法国现象学已经通过莱维纳、利科、伯杰、梅洛-庞蒂等转变为一种法国式哲学思想。当德里达本人出现在法国哲学舞台上时，正是结构主义运动，特别是列维-斯特劳斯、阿尔都塞和福柯等如日中天之时，同时年迈的萨特和存在主义已成过去。在法国
445 1950—1960年代含义相当特殊的主流哲学影响下，德里达主要是根据黑格尔、尼采、胡塞尔、海德格尔、莱维纳和当代法国理论家（拉康、巴塔伊、福柯）的研究来理解哲学的。哲学本身可以概括在“黑格尔-胡塞尔-海德格尔”三联体内。德里达说：“我的哲学教育主要得益于黑格尔、胡塞尔、海德格尔。”[29]或许因为依波利特的影响，德里达把哲学看成可由黑格尔的绝对知识体系加以代表。因此，探讨哲学的意义就是去研读黑格尔。黑格尔是一位暧昧的哲学家，他既包含了近代哲学的本质，又对其加以超越：整体化的哲学，但也是“不可化归的关于差异概念的思想家”（*Gramm.*，26；41），“最后一位以书本文字为基础的哲学家和第一位写作的思想家”（*Gramm.*，26；41）。再者，哲学到黑格尔达至完成（Vollendung），德里达同意海德格尔主张的“哲学的终结”，这是他在关于莱维纳的研究中强调的主题（WD，79）。德里达认为，黑格尔代表了哲学的自意识本身，一种关于绝对知识的梦想，此一梦想今日已成过去：

> 我们将永远不会结束对黑格尔的阅读或重读，而且在某种意义上，在这一点上，我只是在企图说明我自己。事实上，我相信，黑格尔的文本必然是有裂隙的；它不仅是如其所是，它不是其所表达者的循环式的封闭。它并不归结为一种哲学性内容，它也必然产生一种有

> 力的书写运作，一种对书写的提示：与黑格尔文本的哲学内容之间的关系必须加以反复研究，这就是，其文本借以超出其意义的运动，有可能离开、返回自同一性，并在其自同一性之外重复自身。（*Pos.*，77－78）

在德里达看来，胡塞尔对一种普遍理性科学的要求仍然完全是黑格尔式的。这一看法大致认同了海德格尔有关西方形上学逐渐增加其僵化性甚至其“封闭性”的论述，于是现在必须发展其他途径、其他思想方式。德里达想要诊断此形上学全部计划的“封闭性”之本质。他想要找到一种“非场地”（non-site），从那里去质疑西方哲学和理性的全部活动。他认为，在阅读海德格尔、弗洛伊德、尼采和马克思（后三位作者被利科称为“怀疑大师”）之后获得了启发，哲学的构想本身从一开始在某种意义上就是被抑制的和受连累的。德里达对作为有关一切事物、全部整体性和封闭性总说明的大全理性和形上学的怀疑，甚至可被明确理解为他对黑格尔系统化方案的一种反作用。当然，哈贝马斯正确地质疑为什么德里达会将一个 446
体系视为竞争对手，当它一个半世纪以来已经不处于哲学中心之后？但是德里达相信他实际上所批评的是整个传统，此传统把哲学看作一种分离的、自足的和自反思的实践。

于是，德里达把他对黑格尔整体化理性的怀疑与一种由海德格尔启发下形成的全部形上学历史观（德里达将此历史扩大到包括了胡塞尔甚至海德格尔本人）结合起来（WD，279）。德里达直接接受了海德格尔将西方形上学刻画为“作为现前之存在的决定论历史”（*Gramm.*，97；145）。对更激进形式的思想的突进，要求重新思考此一对现前的承诺，特别是通过对意识自现前的批判，这正是从笛卡尔到胡塞尔的近代哲学的特征。德里达将此自意识的“顶极化”（apotheosis）归为“自身〔propre〕形上学”，即有关“属于自身者”的形上学（*Gramm.*，26；41）。

对胡塞尔的《几何学起源》的批评

德里达关于胡塞尔的第一部书已经显示了他有关哲学史的特殊观点。德里达对《几何学起源》的评论具有一种对胡塞尔进行内在批评的形式，集中于有关记号和书写的论述，以及有关历史性之性质的假设。德里达特别突出了胡塞尔有关先验现象学、观念史、观念的起源、“历史先天性”

诸概念中潜在的含混性和困难性。虽然胡塞尔相信历史的本质可通过想象变异和本质直观加以理解，德里达说，现象学的想象永远不会足够丰富到重建根本不同文化的人民的思想生活的程度。胡塞尔被迫承认“纯粹历史性的一种不可归约的、不断丰富化的并永远再生的含混性”（OG，103）。德里达也批评胡塞尔的历史中一种绝对发生物的观念，并相反地提出“只有在分延的（différant）存在中才出现绝对性”（OG，153），在此他使用了1959年提出的“分延”概念。在其对《几何学起源》的导论中，他进一步提到了哥德尔的“不可决定的命题”概念（OG，53），他后来（例如在《散播》中）将此概念用于自己的目的，也将其应用到其他领域，产生了有关一般“不可决定性逻辑”的话题。[30] 例如，晚近以来，德里达用“不可决定性”概念来表达伦理决定的性质。

胡塞尔的《几何学起源》概括了《算术哲学》中的哲学问题系列，即
447 客观的数学知识（在此即几何学）借以通过时间上受约束的个别性思想行为被产生的方式。但是，胡塞尔在此后期文本中的方法显然是“倒退式的”“生成的”和“历史的”（OG，172-173）：非时间性的、客观的、不变的真理（如毕达哥拉斯定理）如何在活生生的、历史的、变化中的人类文化环境内被构成？胡塞尔说：

> 我们的问题现在正相关于作为几何学中主题的观念性客体：几何学的观念性（正像一切科学的观念性一样）如何从原初人际关系中的起源（在其中第一位发明者的心智之意识空间内存在有一个结构）达到其观念的客观性？（OG，161）

倒退的-历史的方法要求对产生了几何学的人类实践和心智行为进行一种深思熟虑的重建，几何学产生于土地丈量实践，并通过一系列概念化和转化作用，凝聚为一种纯粹本质性科学。消除了原初几何学中的直观后，几何学的发现以书写的形式被客观化。在写下字符后“听者”被取消了，被写下者成为一种“沉积”，它可被新的理解行为再激活（OG，164）。胡塞尔的一贯主题是符号思想对于科学的重要性，他在此承认书写语言对于支持意义的观念性是必要的。胡塞尔认为，几何学的客观性是通过“语言躯体”（Sprachleib）形成的（OG，161）。德里达在别处说，胡塞尔是第一位承认书写是“观念性客体的，即客观性的可能性条件”的哲学家（*Gramm.*，27；42-43），而且在《书写和区分》中他说：

> 意义必须等待着被说出或写出，以便存于自身之内，而且经由与自身区分，成为其所是：意义。这是胡塞尔在《几何学起源》中教导我们去思考的。[31]（WD，11）

胡塞尔在维持科学的观点中对书写语言作用的强调，为德里达的如下主张提供了主要的启发：西方文化自柏拉图的《斐德罗篇》以来都将完全的言语视为优先于导出的书写，此一特征德里达名之“语音中心论”或“逻各斯中心论”。在其后的出版物中，特别是在《论书写》中，德里达提出了一种新的、普遍的书写科学“书写学”（*Gramm.*，4；13）。书写学的意思是，它不是诸科学中的一种科学，而是真正的“科学之科学”，结果直接地与鲍尔扎诺和早期胡塞尔相对立，因为他们把逻辑学看作典型的科学本身。德里达说，在声音中记录意义，一般来说只是记录或书写的一种形式。再者，意指作用关系本身的全部领域，必须加以检讨。德里达将 448
说，传统哲学，特别是胡塞尔的现象学，将意义的根源置于主体之内，而他认为意义是在“差异”和“踪迹”的运作中产生的，这两个词是他的书写学中的关键词。

逻各斯中心论

德里达用一个词“逻各斯中心论”概括了西方哲学的本质。逻各斯中心论是指这样的方式，其中哲学理性的传统优先性导致一切认为是“非理性”者被排除，被当作边缘者和不重要者。德里达说，西方哲学传统执迷于被理解为现前（ontotheology〔存在神学〕），执迷于逻辑学和理性的普遍性（逻各斯中心论）。他认为，逻各斯中心论与这样的假定联系在一起：一种固定的、基本的原则，它可以被唯一地命名（WD，278-279），不论称之为“存在”还是“上帝”。希腊词“逻各斯”可意味着理性、论述、词语或证明，而德里达玩弄所有这些词义。“逻各斯中心论”一词包含着这样的假定：逻各斯、理性、逻辑、说出的语词等之中心性。自古希腊人以来的全部西方哲学史均被划定在“逻各斯时代”之内（*Gramm.*，12；24），或许以基督教创世论教义为最佳代表。德里达将逻各斯中心论定义为“语音书写形上学”（*Gramm.*，3；11），或者“语音主义”，它往往与“菲勒斯中心论”连用，菲勒斯中心论是传统的家长制文化的结构，可大致按弗洛伊德术语理解为作为能指的菲勒斯（phallus，生殖器）特权。西方文化由菲勒斯支配，即由线性的直接思维所支配。德里达将这些概念结合起来，呈现出一幅西方唯理性画面，此唯理性即一种“计算性思维”（海德格尔语），涉及从前提到结论进行演绎推理，并排除一切不可能包含在此理性链内者。

逻各斯中心论和菲勒斯中心论均企图支配和控制全部存在和意义领域，并将该领域置于狭窄限定的逻辑的以及甚至法律绝对命令的框架内（“主人的声音”）。正如尼采和福柯所见，理性的支配受到权力意志的驱使，此意志传统上也是男性权力的意志，大家长的意志。德里达说，逻各斯中心论以其对线性逻辑的关心背叛了意义作为“散播”的真正运动，散播是一种扩散，它不应被某单一原则所统一。在他看来，逻各斯中心论是以对能指和所指之间关系的一种深刻误解为基础的，即这样一种信念：一个记号充分地代表着它的所指的意义，语言是对于实在的一个透明的窗
449 口。这样一种观点自动地将言语置于写作之上，以及将完全的现前置于不在之上。逻各斯中心论是“语音之特权”（*Gramm.*，7；17）。例如，亚里士多德在《解释篇》（I，16a）中就表现出语音中心论，当他把一个书写词当作一个语音词的记号时，而语音本身是一内在心灵体验的记号（pathema tes psyches）。德里达与通常的假定相反，他想要说，在书写之前并不存在语言的记号（*Gramm.*，14；26）。

德里达，像弗洛伊德和福柯一样，对针对边缘性和非理性的任何压制行为都抱怀疑态度。但是，德里达否认他对于逻各斯中心论的诊断是一种精神分析学：“尽管彼此表面上类似，对逻各斯中心论的解构并不是一种对哲学进行的精神分析学”（WD，196）。宁可说，逻各斯中心论的压制是弗洛伊德压制论得以形成的原因（德里达在此典型地采取了一种先验性步骤，论述了现象可能性的条件问题）。德里达的解构论是作为与此理性哲学的支配性形象的一种内部斗争而出现的。这通常导致了一种对于运用传统哲学语汇时的超自意识的、原则性的犹豫，涉及胡塞尔的“抹消”（Durchstreichen）概念和海德格尔对术语“画叉”——用德里达的话说，即“画杠”（sous rature）——的做法（*Gramm.*，60；89）。一切形上学术语都可在“抹消”后被允许使用，但只是当我们别无他法时才可对其使用（WD，280）。

在德里达的一些追随者中间有一种倾向，他们把一切西方思想都看作逻各斯中心论的，于是拒绝了一切对立概念（如：时间的/永恒的，暗/亮，质料/形式，伪/真），认为它们都属于此逻各斯中心论。这导致罗蒂

气恼地评论说，他发现“在解构主义者的令人困惑的表现中对一切二元对立的条件反射式的怀疑”[32]。但是，德里达本人并不企图推翻一切对立，因为这会将另一套记号置于自身垄断的位置上。他宁肯想要迫使我们质询为什么我们要对其如此评估。另一方面，德里达的立场也引起这样的指责：他在拒绝逻各斯中心论时也拒绝了无矛盾律这个一切推理的基本逻辑原则。如果此定律被取消，就不存在矛盾的陈述了，甚至根本不可能有陈述了。虽然德里达甚至往往在谈论中似乎否定着传统逻辑学并代之以他的“不可决定性逻辑学”，事实上他否认自己是在质疑无矛盾律。他说，和海德格尔一样，他关心于分析和解构莱布尼兹的充足理由律，但他并未攻击逻辑学本身。然而我们看到，他有关逻辑性陈述和陈述限制的概念始终是不清楚的。

对于德里达来说，一般而言，哲学的功能在黑格尔之后是一种“批判”。对于大多数现当代哲学来说，这种批判要求人们关注语言以之包裹
我们的世界以及表现和遮蔽我们的关切的方式。但是，德里达并未关注维 450
特根斯坦或日常语言哲学，除了在简短地思考奥斯汀的问题时。德里达在关注语言时显著地依赖于海德格尔对形上学传统的深度质疑，特别是其晚年对语言和言说本质的探讨，此外德里达还辅之以对索绪尔语言学中的记号理论的研读。因此，虽然他倾向于同意海德格尔所说，即现代语言科学对于在海德格尔意义上的语言运作未能提出任何明见，德里达的确不时研究传统哲学中的各种语言观点，例如在柏拉图、卢梭、康迪拉克和他人著作中的观点。我们将看到，德里达对索绪尔将语言学纳入符号学（关于记号的一般理论）的方式也印象深刻，由此而准备了通往书写学之路。

解构：“不止一种语言”

德里达克服“逻各斯中心论”和“现前形上学”的“策略学”被称作解构论。他自 1960 年代中期起使用此词并表示惊讶于一个词（最初与踪迹、补充、差异等合用）会成为全部方法的一个代称。德里达当然不同意说，解构表示一种本质或一种程序，更不是一种思想体系。那么，解构到底是什么呢?

德里达不厌其烦地说，解构不应当被理解为一种哲学“方法”（*Dialogues*，124），它不是一套可被添加到哲学家的工具箱内的工具或程序，

它并不创建一种特殊的文体。它也不是一个时代或阶段的名称。正像我们就要讨论的分延一样，解构不是一种行动，也不是一个过程，虽然甚至他本人也往往说其像是某种类似于匿名性过程的东西，此过程在我们的概念化实践之前，永远已经作用于世界，相当于我们的概念性的先验的根源。德里达甚至从一开始就强调解构是"不可避免的"和"必然的"。但是，悖谬的是，就像分延的"概念"或"非概念"一样，德里达认为解构是不可能真正地被命名或被意指的。

在德里达的写作中，"解构"涉及跟踪意义揭示的过程，它总是在进行中的。类似于这样的方式，在其中语言系统永远在该语言的个别说话者的控制之外改变着。解构涉及将文本拆开以显示它的被假定的论证，由于呈现在其本质中的意义的不可能性，实际上在反对着自己。每一种言语行451 为似乎都包含着它自身否定的种子。这基本上就是黑格尔的观点，德里达将其用新的方式加以表达而已。

德里达说，他最初是在海德格尔处遇到"destruction"（Abbau，Destruktion，Zerstörung）〔毁坏〕一词的。在海德格尔1927年的讲演"现象学的基本问题"中，"解构"与"构筑"相互对立（BPP，§5）。在《存在与时间》中海德格尔把"毁坏"看作发现产生哲学的原始经验的一种解释学工具。作为聆听哲学传统和对其重新掌握的方式，对于海德格尔来说，毁坏具有一种正面的意义。德里达在法文词典 *Littré* 中企图找到翻译海德格尔的"毁坏"一词的相对词时，发现了"解构"一词。德里达说，海德格尔的"毁坏"一词意味着"一种相关于本体论或西方形上学基本概念的结构或传统建筑的运作"[33]。在其解构思想中也存在有得益于尼采的去"克服"或"逆反"传统价值的因素，包括他对形上学的批评（WD，278-279）。

除了显然来自海德格尔和尼采的影响外，"解构"在1960年代中期的德里达写作中显示为一种反结构主义的立场，特别是在1966年于霍普金斯大学的讲演"在人文科学话语中的结构、记号和游戏"中，他批评了建立在词根 arche 或 telos 上的结构概念。他在此使用了"解构"一词来谈论一个文本借以在自身内包含着产生了它的假定的方式。解构，像列维-斯特劳斯的结构主义一样，通过识别文本中作用的对立结构进行运作：前言和正文的对立，能指和所指的对立，感性和理智的对立，男性和女性的对立，身体和心灵的对立，等等。但是，结构主义倾向于将这些对立的词项分离，而解构显示着它们如何相互交织。德里达的写作中取自结构主义方法的常用策略是，建立典型的对立项，使它们像是在一特殊领域内的两个极轴那样运作，并指出我们有关这两个轴必定分开的假定是无根据的，而且这两个轴最终“掺混”（“contamination”〔渗透，混杂〕是德里达喜欢的一个词）。德里达的使命是去证明掺混，而不是去证明意义中运作着纯粹。他把解构看作在形成我们文化的文本织体内的一系列能动的干预作用：“有效的或能动的……干预作用，特别是政治的和制度的干预作用，它们改变着环境却并未限制自己为理论的或断言的话语，即使它们也必定产生这样的话语。”[34]德里达的质询式的干预采取某种对文本的读解进行扰乱性的形式，将哲学文本与其他形式的文本（例如文学文本）并置，以便显示围绕着哲学局限性概念的暧昧性。他想要扰乱哲学的“控导”，以便 452
通过位于形上学“边界”的一种质询行为本身来质询哲学对自身领域的支配性（*Margins*，xix）。

德里达拒绝根据任何他认为是静态的或具体化的概念运作的哲学分析。德里达认为，概念，包括记号本身的概念，都只能在文本内以及之后相对于特定语境被理解。因此他拒绝他认为是静态的启蒙时代概念，如理性、人性、自由等等。密切注意概念和其语境的关系，往往产生的是困惑而不是阐明，而且德里达把其后对思想中僵化作用的瓦解称作“解构”。他说，“解构的运动并不从外部摧毁结构”（*Gramm.*，24；39），而宁可是存于这些结构之内，从内部来颠覆它们。事实上，德里达通过使此相关性性质复杂化而不是否定相关性本身来质询陈述和陈述逻辑的优先性（胡塞尔对此极为看重）。

于是，解构相关于文本以及它们与它们的语境的关系。此一设问方式往往与翻译问题和语言多重性联系在一起。在其《给日本友人的一封信》中德里达说，解构的问题首先是翻译的问题。在其《回忆德曼》中他说，如果他必须描绘“解构”，他将提出一短语“plus d'une langue”，即“比一语言更多”以及“不再是一语言”（*Memoires*，15）。解构要求注意声音的多元性以及文本中作用的力量。但是，解构，最经常地，应该被理解为一种策略。德里达说，达到分延的每一企图都涉及策略和危险：“在对分延的界定中，一切都是策略性的和冒险的。”（*Margins*，7；7）对于解构也是一样。但是，与他所说的解构是一策略或文本中一系列能动的干预相矛盾，他也经常说，解构意指着文本内已经在进行中的意义之过程和意义之揭示。于是，在《回忆德曼》中他说："在作品中，特别在文学作品中，永远已经存在解构。解构不可能在事实之后和从外部被用作一种现代性的技术工具，文本通过自身解构着自身。"(*Memoires*，123)

德里达贬低任何把解构看作一种思想实践或技术之名称的看法。他宣称不要尝试独立的普遍的主张，而是停留在个体以及与一般性、普遍性、观念性相反的单一体一侧。最后，德里达甚至说，他没有什么可说的，解
453 构没有内容，它什么也不提出，而且甚至在某种意义上，它是一"微不足道之物"。[35]尽管宣称不是一固定理论也不陈述什么，仍然有可能区分一定数量的步骤或格式、一系列策略，这些策略在其各种作品中认真地重复着，而且甚至表现为许多特殊的主张，例如："分延"充满于一切意义内。这些陈述和策略，合起来看，仍然可视为构成了德里达的哲学立场，而且，尽管抗议，其本身仍可被加以批评。例如，德里达说，解构本身不可能被批评："对我所从事者进行批判，这甚至是不可能之事。"[36]但是德里达往往企图专断地说，批评其作品的立场必定要、必定是（因仅仅按自己的方式问题来思考问题）对立于其本身文本中的意义解构论的。

世界作为文本："文本之外一无所有"

参照海德格尔有关艺术"作品"（Werk）作为工作过程的概念以及根据结构主义有关文本是通过对立项相互作用而形成的概念，德里达这样概括道：有组织的社会交流的一切形式，包括政治机构、行动等，均可被有益地看作文本，因此可被看作符合于支配产生意义过程（此即文本的主要工作）的法则。文本并不只是一般意义上的书本或写作作品，而是相互关联的意义的复杂组织，与其他复杂组织具有关联。因此，甚至事件（例如，法国大革命、南非种族隔离等）都可被看作文本，而且它们的被构造方式都可经由德里达所说"解构法"的那种逆反程序加以分析。产生和建立意义的最初过程是德里达所指的"结构化"或"结构性"（WD，280）。德里达的主要洞见之一是，一切种类的文本在某种意义上都是在与其语境紧密联系中产生达到或揭示一中心意义的幻觉，然而对此产生过程的进一步分析显示，所揭示的这种意义事实上从未达到过，而且可能甚至被文本中隐藏的其他意义加以颠覆着。解构于是可被理解为对文本借以建立其虚假或"借口"系统之方式的揭伪活动。每一文本永远都是一未实现的许

诺，这引起德里达怀疑相关于一文本最后意义之一般化形式的一切陈述或结论。因此，他反对对结构的传统解释：把结构看作围绕着一个中心的核或根（一个 arché）所拼接或构建而成。语言的性质甚至表现为一游戏（jeu）系统（WD，289）。但是他似乎把文本看作至少意在体现一确定的意图（intent），不管是作者的意图还是某种固定意义的提示。德里达的主要方法是指出，所有这些意义许诺都在文本内部被扰乱了。因此，一文本可 454
能表面上意在表示一主题，而文本本身中实际在运作的意义却提出了一套完全不同的意图。问题的要点在于，文本产生着这些虚假意义却掩饰着它们如此运作的方式。他说，文本的借口被“涂掉”了。德里达以弗洛伊德的语言解释说：

> 解构一个文本就是揭示它如何作为欲望而运作，如何作为对虚假意义及无终止地加以延迟的充实而运作。（*Dialogues*，128）

按照胡塞尔的语言来说，一个文本是一个意义-意向系列，其目的是朝向某种充实，而且甚至具有提供该充实的幻觉。读解的任务就是质询和颠覆文本中运作的过程。再者，文本永远溢出其假定的意向和语境，它们在某些方面超出了其语境。

德里达和结构主义者都强调“文本”和“文本性”的优先性；文本可以是任何一组代码，从写出的书籍到姿态，到政治行为。再者，德里达坚持，一切文本都根基于语境，而且所谓语境化（contexualizing），即将文本置入其社会的、历史的、政治的环境内，此实为解构学策略的主要部分。文本和语境必须被一同思考。关于卢梭的研究，德里达最初以一种现已声名狼藉的宣告形式主张说：“文本之外一无所有”（*Gramm.*，158；227）。此断言往往被解释为在提出一种语言学唯心主义，即在文本之外不存在现实（我们已看到，一种类似的指控针对于伽达默尔的语言观）。德里达照例否认这种解释，但是毫无疑问，他就是做了那样的宣告。事实上，在该文中的稍后段落中，德里达又明确地说，该文核心的主题（le propos axiale）是“在文本之外什么也没有”（*Gramm.*，163；233）。在被逼问时，德里达永远选择对该“文本之外一无所有”的断言的一种较谦逊的解释：我们错误地把文本和事物作为两个不同的实体加以分离了。文本永远已经在自身之外并以这样的方式包含着世界：可以说，对于一个文本并不存在周长或外部，一个文本永远对于未来的解释开放着，对于未来插入世界开放着。记号永远指涉着记号；存在记号的游戏或循环，它使得自现前和封闭不可能发生。根据这样的解释德里达说“语境外什么也不存在”。罗蒂评论说，德里达似乎正是赞成维特根斯坦的命题“意义是语境的一个功能，而且对于再语境化的无尽序列来说并不存在理论的障碍”[37]。
455 德里达事实上支持罗蒂的读解（虽然他公开地对此否认，正像他对于将他的作品解释为正是这样或那样的一切企图均加以否认一样）：

> 认为解构是对指称关系的一种终止，这是完全错误的。解构永远是深深地关心着语言的“他者”。我一直对一些批评家感到惊讶，他们把我的作品看作在宣布语言之外什么都不存在，看作我们为语言所禁锢；事实上，我要说的正相反。(*Dialogues*，123)

再者，在其《有限公司》中他说道：

> 解构论的这个短句子（“文本之外什么也没有”）被某些人当成了一种口号，一般来说理解得如此糟糕，其实它只是说：在语境外什么也没有。(*Limited Inc*，136)

德里达反对有关文本主张所假定的有限性和封闭性，他相信哲学的读解必须通过由一定的语境所形成的意义开放和逆反来进行。我们的主张永远不可能逃脱语境，而且我们永远也不可能肯定自己是否正确地识别了适当的语境。

但晚近以来，德里达又提出了对此口号的另一种解释：超出文本之外什么也不存在，意思是说文本不应被看作排除了行动和干预。人们不应该对于在文本范围之内和之外存在者做出简单化的假定。所以我们看到，甚至政治行动也并不存在于文本之外，而是属于文本。[38]再者，如他在《散播》中所说，在文本和前文本（pre-text）之间并无区分，因为一切都是记号。

德里达承认，将他自己的极端化文本质疑法与传统哲学的质疑法以及传统文学的分析加以区分，乃是一种挑战。深受海德格尔对问题思考的影响，德里达也深深怀疑传统形上学有关“什么是 x”这种问题形式。他认为，提问本身的作用需要和陈述优先性一道被加以质疑和被重置语境。因此他想要“对问题本身进行质疑”，这就是对传统哲学实践中的提问优先性加以质疑。德里达并不确定在此质疑实践中所揭示者的性质为何，并在他的一些写作中援引尼采的“Ja-sagen”（肯定生命）作为批评性质疑的替代口号。这导致他的思想多方面悖谬。于是，德里达在“分延”文中说，不可能逃脱或抹消“分延”；宁可说，必须对分延加以肯定，就像“在尼采在游戏中、在某种笑声中以及在某次舞步中进行肯定的意义上”(*Margins*，27；29)。德里达采取了尼采的 Ja-sagen 式或者乔伊斯的“双肯定”(double yes) 式，这意味着对矛盾表达进行肯定，也就是让人感觉到什么也没说。也许不必像德里达的热情追随者习惯做的那样去追随他这些达达主义式的和超现实主义式的宣表，我们应该描绘德里达在其读解胡塞尔、海德格尔和结构主义者时使用的概念，以便对其获得更确切的理解。 456

德里达介入胡塞尔现象学

我们已看到，德里达一开始作为胡塞尔的批评者时，其论述方式相当正常。德里达说他接受了胡塞尔关于哲学作为目的开放的彻底探索的概念。再者，他特别受到胡塞尔运用“中止”方法的影响：

> 的确，胡塞尔的研究，特别是中止概念，对我来说，一直是和仍然是重要的不可或缺的步骤。在我试图说和写的一切东西里，都蕴涵着中止概念。我想说，每当我在说话或写作时我一直企图运用中止步骤。[39]

德里达特别受到胡塞尔的现象学之反形上学的、无前提的倾向的影响，此现象学强调着哲学是一种严格的描述性的科学，因此他对胡塞尔依赖于形上学假定的揭露，目的在于指出现象学没有能力成为它想要成为的那种严格科学，现象学是没有能力“思考他者”的哲学（*Margins*，xii；1)。为了思考此一他者的性质，人们必须学会把中止作为一种“自行中断”加以处理。[40]

在《言语和现象》中德里达企图通过对《逻辑研究》的一种“耐心的读解”来重估胡塞尔的全部构想（SP，3；1)。德里达解释胡塞尔采取一系列与他企图发展的公共哲学处于张力关系中的原则。对内在张力的识别，对被压制的倾向的揭露，体现了解构论的运作。《言语和现象》的主要主张是，在其“第一逻辑研究”中提出意义现象学的胡塞尔，从未充分理解意义被构成的方式，因此他始终被束缚于一种形上学的现前和逻各斯中心论中，逻各斯中心论强调意义的说出行为优越于一切其他形式的表达法。现象学坚持着逻各斯和声音的联系（SP，15；14)，而德里达想要强调书写的优先性，书写或写作（écriture）是记号的系列，这些记号在表达记号的主体不在时发挥作用（SP，93；104）。

德里达批评了胡塞尔有关在被充实的直观中意义现前的假定，而且他
457 特别批评了胡塞尔对柏拉图的本质主义原理的坚持，特别是胡塞尔有关自同一的观念意义和其他种类一般客体的设定。与海德格尔一致而与胡塞尔相反，德里达批评这样的假定：现前者是在我们的直观中给与我们的完全实在的因素。胡塞尔把知觉性直觉的典型例子，看作在其中所意指者或所意念者是充分现前于我们的直觉中的，看作当我知觉到在我面前的某物时的情况——事物以胡塞尔所说的“躯体现前式”（Leibhaftigkeit）被给与。我们看到，胡塞尔的基本现象学原则，他的“一切原则中的原则”，假定着一个自所与的现前直观的核心，直观，在一准笛卡尔的方式上，保证着其本身的有效性。或者如德里达所说：

> 因为，事实上，现象学的“原则中的原则”意味着什么呢？对直观的原初性现前作为意义和明证性根源的价值，作为先天性的先天性之价值，意味着什么呢？首先，这意味着确定性、观念性和绝对性，一切体验的普遍形式，因此一切生命的普遍形式，永远是和将永远是现前者（le présent）。现前者本身永远存在并将永远存在。存在就是现前或现前之变样。（SP，53；59－60）

更一般的情况下，德里达批评胡塞尔显然避免着或延迟着有关现象学中的语言作用和意指作用的问题。德里达说，对于胡塞尔，“日常语言（或传统形上学的语言）和现象学的语言的统一性从未被破裂”（SP，8；6）。德里达相信胡塞尔假定着逻辑是语言的本质，因此忽略了意指作用本身行为的关键作用。他责备胡塞尔误解了记号的性质，并因此责备他从未质疑形上学假定着记号介于感性因素和理智因素之间。不是像索绪尔和符号学传统那样承认记号的原初性，胡塞尔想要使意指作用依赖于在先的现前。意指行为将某物呈现为已经是一记号，并因此呈现为从未现前的某物的一个踪迹。德里达断言，语言本身部分地支持着现前之显现以及为确定意义的无限延迟负责。“语言保持着那些语言的差异性。”（SP，14；13）用德里达的话说，不存在先验的所指。

对于胡塞尔，一个记号在最一般情况下被理解为任何可以“代表某物”者（LI I，§1），但按照德里达的看法，胡塞尔正是从未质疑过记号何以完成此“代表”的工作（SP，88；98）。胡塞尔区分了记号的两种功

能：表达和指示，但是，虽然德里达承认胡塞尔理解二者是不同的功能，458 他认为胡塞尔并未完全承认记号的这两种功能如何相互“渗透”。在他看来，记号是通过重复和可重复性运作的，而且每一记号都有德里达所谓的一“原初性置换”结构，按此结构记号永远代表着“某物”而不是它自己。德里达把记号的性质解释为一种“补充性”（supplément 是德里达的一个专门名词），记号因此实际上供给着（supplies）它只应当正在补充着（supplementing）的东西（WD，289）。按照德里达对此词的用法，“补充”意指着某种附加的东西，此附加的东西供给着某种基本的东西（试想饮食补品，它们被增添到我们的饮食中以供给某种基本的东西）。另一方面，由胡塞尔代表的西方符号学传统，永远把记号看作以某种方式加到或增添到记号所宣布的东西上；记号的身份因此是次级性的和导出性的。所以胡塞尔降低了对记号的思考层级，因为他只关注作为理性本质的逻辑学。但是，事实上，记号产生了其所宣布者。德里达说：

> 补充的奇怪结构出现了：经由延迟的反应，一种可能性产生着那种它应该对其增加的东西。（SP，89；99）

对于德里达，现象学虽然被假定为无前提的，因此是反形上学的，却反讽地成为“诉诸其原始纯粹性”的形上学（SP，5；3）。德里达认为，胡塞尔的现象学原则事实上含有一未被分析的形上学前提（SP，4；3）。胡塞尔继续假定着“先验性生命的自现前”（SP，6；5）。换言之，胡塞尔假定，一切意义都是由先验性自我构成的，但他从未充分地说明先验自我本身如何被构成。似乎是人们可以从自己的经验中掏空一切偶然的、事实性的和单一性的东西后而仍然留有对自身的纯现前或时间性的自现前。胡塞尔有时似乎甚至主张，一种形式的、空的自现前甚至在死亡后仍然延存着。对于在此诉诸莱维纳和海德格尔的德里达来说，胡塞尔因此否定了自我的死亡。现象学声称是生命的哲学、体验的哲学，但这样主张时却忽略了死亡的可能性（SP，10；9），却反过来强调一种无限的意义生命。

作为他批评自现前概念的一部分，德里达批评胡塞尔在“第一逻辑研究”中所说孤立的思维意识不需要记号来指示或指称事物。因为意义是直接现前于自我的，胡塞尔断言我们有一言语概念，它“在世界不在时”聆听自身（SP，16；15-16）。胡塞尔在“第一逻辑研究”中假定着，在自意识的内部并不需要任何指示性记号，严格说来，在此不存在交流，因为我 459
们不需要将内部心理状态指示给我们自己。因此，意识会有直接的自现前，一种由记号为中介的“自为”。德里达批评这一主张，指出自我实际上是一分延过程。他批评胡塞尔的断言：在前语言的主体思想中不可能有意指作用；宁可说存在自身心理生活的直接体验，它可以被表象为一种内部的自言自语。德里达质疑胡塞尔在此所说的“表象”（Vorstellung）是什么（SP，49；54），而且指出胡塞尔假定表象在某种意义上并非自我交流所必需。但是德里达认为，如果某人要进行语言交流，根本不可能将实在和表象分开。德里达说，西方哲学永远认为“记号，从其始源至其意义的核心，均以此导出性或抹消性的意志为标志”（SP，51；57）。德里达想要说，记号比现前的意义更为基本，现前本身的概念依存于表象的概念。德里达说，表象比现前更古老。

德里达承认，胡塞尔受困于这样的问题：在重复而不同的思想行为中（其中每一个都是独一的、不可重复的、心理上发生的事件），我们如何能够意念着同一意义并成功地一再地指称着同一客体。被意念的意义的同一性如何能够在不同的思想行为中间加以保证呢？在《导论》和其他地方，胡塞尔的回答是在行为的客体之外设定一多方面可理解的“诸意义”之观念性范围，这些意义在思想的行为内部被例示出来，但是这些意义由于是观念性的，故可以维持不同时间内不同渠道的理解方式。在胡塞尔的后期著作中，观念性因素是由重复行为或“可重复性”行为所构成的（在《几何学起源》中胡塞尔使用 Wiederholbarkeit 一词）。德里达说明道：

> 按照胡塞尔的说法，言语（话语）的结构只能借助于观念性来描述。存在有能指的感性形式的观念性（例如语词），此观念性必定维持着同一，并只因作为一种观念性才能保持同一。此外，存在有所指的（意义的）或被意念的意思的观念性，此观念性不应混同于意念性行为或混同于客体，因为后二者不必定是观念性的。最后，在某些情况下，存在有客体本身的观念性，它保证着观念的透明性和语言的完全一义性，在精确科学中就是如此。但是，这种观念性只是同一性的永恒性和其重复可能性的另一名称，它在世界上并不存在，而且它也
> 460 非来自其他世界；它完全依赖于重复行为的可能性。绝对的观念性是无限重复可能性的相关项。因此可以说，存在被胡塞尔规定为观念性，即重复性。（SP，52；58）

德里达主张，在胡塞尔有关自理解的讨论中，存在有一种有关观念性意义现前的假定，此假定与胡塞尔自己对依赖于表象和重复的观念性分析

相冲突。胡塞尔抹消了意指作用中心的这个关键概念：言语的无限的区分化，无同一性的差异性。德里达主张，事实上表象概念与差异和重复概念联系在一起，而且胡塞尔不了解此概念体系的运作。

此外，对于德里达来说，重复性不是一种原初所与者的重复行为，而宁可说是简单的现前和自同一的虚幻性通过重复性被构成。在德里达的悖谬性表述中，重复性本身就是原初性的。因此胡塞尔不由自主地达到了德里达自己的立场，即“现前者的现前导出于重复性，而不是相反”（SP，52；58）。对于德里达来说，胡塞尔所说的存在与观念性的同一化其本身为一评价作用，“一种伦理-理论性行为，它复活了以其柏拉图形式奠定哲学基础的决定”（SP，53；59）。胡塞尔，作为伟大的无前提的哲学家，最终在哲学上皈依了柏拉图观点。德里达承认，胡塞尔的柏拉图主义在于认为观念性高于感觉性的规范性评价（SP，53；59），因此按照德里达观点，胡塞尔哲学诉诸某种它最初从自身排除的东西之上了。

德里达对胡塞尔的解释被称赞为一种对文本的严格读解，但也被批评为显著曲解了胡塞尔的中心思想。[41]德里达基本上正确地将《逻辑研究》看作代表着胡塞尔的全部研究之典型，因为该研究中的科学和理性的概念后来从未被否定过。德里达也对胡塞尔认同意义的观念性提出合法的质疑。正如胡塞尔自己承认的，情况甚至是，“第一逻辑研究”中关于意指作用的论述对于课题的处理是欠充分的，而且他低估了意指作用本身的重要性。然而德里达在说胡塞尔主要根据说出的言语来思考表达时，则是夸大其词的，并明显地对胡塞尔进行了歪曲。在胡塞尔看来，表达是与语言（language）但并非必然与言语（speech）相联系的。再者，胡塞尔认为，在私下心理认知中人们不可能对自己告知所表达的意义，这是完全正确的，对此德里达错误地认为表达、指示和告知等不可能相互分开。

德里达受益于海德格尔 461

德里达与现象学的关系不只是建基于他对胡塞尔的仔细研究之上，而且是建基于他与海德格尔的复杂关系之上。因此，德里达在《立场》中说：

> 我所企图做的研究，如果没有海德格尔的问题之提出，则是不可能之事……如果不注意到海德格尔关于存在和存在者之间的区别，我

> 的研究也是不可能之事，此一存在的-存在论的区别本身，某种意义上，仍然未被哲学所思考。（*Pos.*，9）

特别是在海德格尔的思想中，德里达发现了彻底质疑的性质，按此方式，问题永远带有其前提并展开一空间，此空间被问题本身的性质所限制。德里达以自己的方式承接了海德格尔的一切工作：他一再企图确定存在和存在者之间的“本体论区别”（对此，海德格尔认为哲学传统始终未曾思考过），他对“本体神学”（作为一独一无二实体——神之存在的具体化）的批判，他的克服现前形上学的构想，以及他在一切思想中发现“未被思想者”的努力。但是，德里达也在海德格尔的思想中看到某种传统的现前形上学的残余，一种对现前之“怀乡病情结”，例如很明显在海德格尔讨论早期希腊哲学时。虽然海德格尔是一位思考差异性的思想家，他并未把握德里达分延概念之充分要义。德里达于是想要促使海德格尔进一步激进化，以便把海德格尔的文本从某种对现前和形上学的承诺中解脱出来。

海德格尔对存在本身意义问题的质疑扰乱了我们对逻各斯中心论传统的信任，此传统假定着存在和意义的同一性；德里达写道：“消除本体神学的安全性这样一种沉思，有助于……存在意义统一性之瓦解。”（*Gramm.*，22；35-36）与后期海德格尔一致，德里达相信语言形成和毁坏思想的力量，他也同意海德格尔所说的“是语言在说着人”。换言之，人不是意义的创作者而只是存于一世界内，此世界是由语言的非个人力量创造的。再者，德里达把此海德格尔观点与索绪尔的如下类似主张联系起来：“语言……不是说话主体的一个功能”（*Margins*，15；16）。

结构主义的影响：索绪尔和列维-斯特劳斯

索绪尔对德里达思想所起的作用几乎可比拟于海德格尔的影响。我们看
462 到，德里达在学生时期就深深地受到索绪尔的《普通语言学教程》的影响。[42]在法国1950年代期间，以索绪尔的结构主义为基础的各种语言理论，就曾表现于梅洛-庞蒂、列维-斯特劳斯、阿尔都塞、罗兰·巴特等作品中，而且，在一定程度上，也表现于福柯的作品中。利科甚至已经注意到胡塞尔的记号理论和结构主义语言学的关系，而且在其1967年的研究中称胡塞尔在《逻辑研究》的早期现象学是“意指作用现象学”。[43]

德里达对索绪尔的看法是复杂的：他认为索绪尔陷入语音中心论，但又称赞他为书写学奠定了基础，将语言学置于书写学之内。索绪尔的公开立场的确是语音中心论的，因为他明确认为说出的记号优越于书写的记号，并断言在声音和其意义之间存在有一种“天然联系”（*Gramm.*，35；53）。索绪尔认为语言和书写是不同的记号系统，并开始把书写记号排除于考虑之外。书写被看作某种第二位的、代表性的、导出性的东西。书写记号的空的象征方式使我们离开了真正的语言现象（*Gramm.*，40；60）。再者，索绪尔认为语言的本质完全无关于语言记号的声音特性。为此他通过宣布记号的任意性质而开创了书写学领域（*Gramm.*，43-44；65-66）。

德里达集中于索绪尔所突出的语言的两个特性上：语言记号的区分性和任意性。第一个特性相关于人类从说话者说出的不同声音、重音、语调等之中选择同一音位（phoneme）的能力，或者从以不同方式书写却代表同一字母的字符中识别字母的能力。索绪尔总结说，音位并不通过附着于它的特殊的、独一无二的声音来识别，而是永远通过与其他音位的距离和差异加以区分。他以如下声名狼藉的断言概括道：“在语言中不存在肯定的词项，只存在有差异。”换言之，音位的标志法不是基本的声音系列，而是彼此差异的系列。这就是德里达反复提及的“记号的区分性特征”。

对于索绪尔来说，语言的第二个特性是语言记号的纯粹任意性：例如，不同语言中用不同的声音表示“狗”，但均指犬科动物。德里达解释说：“任意性的可能性，只是因为记号系统由诸项间的差异而不是由它们的实质所构成。”（*Margins*，10；11）对于德里达和索绪尔来说，这两个特征是相互关联的：记号的任意性只是缘于语言的区分性。于是德里达赞 463
同地引述索绪尔的话说：“任意性和区分性是两个相互关联的特性。”

索绪尔为德里达的一般意义观提供了基础。德里达认为这是理解意义延迟化的此一般概念之关键，他认为此一意义延迟现象作用于一切文本中。索绪尔的语言观和意义观是整体论的，认为任何词项的意义都是相关于语言中的其他词项的。对此不难理解：例如 sofa〔沙发〕、settee〔靠椅〕、couch〔睡椅〕之间的意义差异最好通过比较这些词项来表达。维特根斯坦说，这些概念间存在“家族类似性”，而不是说存在带有本质特征的一个固定本质系列。按照德里达的说法，每一概念都是“刻制”于一概念系列内，诸概念借助于一种诸差异之间的相互作用而彼此指称。让我们想象到店里去买一种特殊的颜料。通常这些店铺会制作出图表，展示着不同的颜色和色调。我们可以说："我想要绿色的，但其中加一点黄色，或者使其近似于土地的棕色，或者带一点偏蓝的绿色"。其中每一种色调都是由差异区别的，这些差异并不能以肯定的方式加以识别。当然，正如塞尔指出的，认为只存在差异而不存在肯定的特性的主张是完全错误的，而且音位间的差异系统并不是关于在与不在的问题，而是相关于它们彼此之间相对区分性的问题。[44]

作为他有关对立项相互渗透的一般主张的一部分，德里达反对传统语言学所说的"能指"和"所指"之间的对立。他甚至偏好于使记号之间的关系复杂化。德里达从索绪尔处借取了能指与所指之间关系的不可分离性概念（二者相当于一币之两面，*Pos.*，18）。在能指的集合体之外不存在所指，而且德里达断言，不存在"先验性所指"，他的意思是在能指的相互作用之外不存在纯粹的意义，每一所指也可起能指的作用（*Pos.*，20）。德里达排除了柏拉图主义，后者把能指看作感性物，把所指看作作为意义的某种理智物。德里达也从索绪尔处获得了这样的观点："差异游戏"〔区分游戏，区分的相互作用〕对于每一记号来说都是基本的。这使我们通向了有关德里达另一主要概念"分延"的讨论。

"分延"的性质

德里达的影响颇大的关于"分延"的研究，最初是作为讲演提出于1968年1月27日索邦大学"法国哲学学会"上的，并首次出版于《法国哲学学会通报》（1968年7—9月期），并重印（略有修改，主要是与拉康有关的部分）于《哲学的边缘》（1972），我们将引用其英译本。

464 在此文中，德里达的主要目的是援引有关记号的区分性特征问题的、扩大的索绪尔理论，借以质疑胡塞尔和海德格尔有关现前的性质和本体论区分的假定。此文是有关解构必要性的一份纲领性宣言，而且我们将看到，分延和解构是两个相连的词项。文本提出分延之"非概念"[45]，我们已知，"分延"这个词是德里达自1959年起使用的。德里达建议将索绪尔的语言记号观扩大到一般记号：

> 我们将用分延指这样的运动，按此运动，语言，或任何代码，任何一般的指称系统，都是"历史地"作为一种区分之织体（comme tissue de différence）被构成的。（*Margins*，12；12-13）

德里达声称，分延“既不是词语也不是概念”(*Margins*，7；7)，而只是“概念性的可能性”(*Margins*，11；11)。

但是，德里达不希望被理解为是在提出一种传统形上学式的新的单一哲学原则（例如笛卡尔的“我思故我在”)。他认为，分延不是像新柏拉图主义那样的一种原则或根源，从中导引出一切事物。它并不是一个现前的存在，它并不对任何东西实施规则或权威（*Margins*，21-22；22)，宁可说它是一非原始性的非原则。它使自己区分于任何具有那种传统的和原型的力量的原则，因此分延不是一“始源”(arche)。但是，尽管拒绝将分延视作一形上学的第一原则，德里达容许自己按传统形上学语言说，分延可以“说是指一种构成性的、生成性的和原初性的因果性，即那种剪裂和区分的过程，它会产生或构成不同的事物或差异”(*Margins*，9；9)。因此，德里达指出，那些企图颠覆传统形上学论证和思想的人，如何仍然可能制作形上学的陈述。他想要在意义和历史的根源处设定一种区分化过程（“分延”)，但他清楚了解这样一种设定将使其实体化，赋予它一种原则或始源的性质。因此，“在说分延是始源性时，同时即是抹消一现前的始源的神话”(WD，203；*Gramm.*，23；38)。

但是，虽然德里达坚持说分延不是基本主义性质的以及不可归约地多义的，他也声称分延是无所不在的。即使分延在很多方面不是一种形上学的原则，其作用却正像是一种形上学的第一原则。再者，德里达的方法是允许他在种种语境中使用分延概念并使它们相互呼应。在此文中他企图使该词的不同意义“聚集于一束之中”(rassembler en faisceau)(*Margins*， 465
3；3)。德里达以颇类似于结构主义的方式说，他并不只是列出这些语境或提供他使用此新词的一种历史，而是想要说明“此机制的一般系统”，此系统是具有一种“织体”或一种“编结”结构的东西（*Margins*，3；4)。同样，当德里达在《论书写》中引用分延概念时，他用它指“一种指示着‘区分化/推延化’生产的经济学概念”(*Gramm.*，23；38)。

在文章开头德里达以一种不无悖谬的句子引入他常用的言语和书写对立的主题：“那么我将说出〔parlerai〕一个字母〔lettre〕”(*Margins*，3；3)。德里达继续评论两个法语词“différant”〔区分着〕和“différent”〔区分〕，二者的意义区分〔在言说中〕不可能听到，但在它们的书写形式中可以看到，即字母 a 的有无。德里达提出的论点是，意义的某种区别需要书写之助，此区别不可能轻易地在言语中被交流：“它可被阅读到或被写出，但不可能被听到。”（*Margins*，4；4）德里达将通过一种“精心的图形干预”（例如通过将字母“a”插入法文词 différence）操作此意义的暧昧性；他将加重其闯入者特征并促进“其作用的一种持续的强化”，就是说，他将容许不同的意义在接下去的讨论中被一起听到。他对引进的一个沉默的字母“a”大加利用，说它具有超出自身进行意指的功能。他继续说，这个字母处于“金字塔般的沉默”中，“它是一个坟墓……接近于指示暴君的死亡”（*Margins*，4；4）。按照其华而不实的修辞学，这个字母存于词语中的方式，类似于埃及金字塔作为谜语存在的方式。在此他暗示着黑格尔，但是当然他也指涉着字母“a”本身的形态，至少是其大写的形态 A。在指涉使意义形成差异的沉默的字母 a 时，部分的目的是指出，不存在“纯粹严格代表语音的书写”（*Margins*，5；5），即一种直接标志着或模写着我们言语的声音的书写。

读者在面对这种典型德里达式的自由联想流时如果以为德里达已经自己迷失了方向的话，是情有可原的。德里达肯定地继续夸张地说，不仅此分延不可能被听到，而且它也超出了理解的秩序，以及“超越了真理的秩序”（*Margins*，6；6）。但是，相关的问题十分简单。法文词 différer 有两个意义。法文词 différence 可以指区分也可以指延迟，而源自同一拉丁词的英文词则发展为两个词：differ（区分）和 deter（延迟）。同样，法文没
466 有发展出像 deferral（延迟）这样的英文词来指时间的延隔和距离化。因此，在某种意义上，德里达所做的一切，尽管其修辞学眼花缭乱，不过是制造了一个法文词来表达“区分化”和“延迟化”这两个意思而已！实际上，德里达说，“分延”一词不只是在这两个意思间语义暧昧，而且干脆就是“直接地和不可归约地多义的”（*Margins*，8；8）。按照他的说法，分延具有一整套意义，它不可能被简单地概括或在书写中追溯。它意味着非同一性、他者性、异他性、可分辨性、差异性，而且它可以涵指某种时间的和（或）空间的区分、间隔、距离、间隔化、距离化，可包括时间的距离化、延迟化，“推迟行动直到以后……一种迂回，一种接替，一种保留，一种代表”（*Margins*，8；8）。这两种区分化和延迟化将是德里达说明一般记号运动和特殊语言意义的关键词语。

德里达通过利用他暂时用以指“分延的词项或概念”而继续运思，但实际上并不是用以探讨记号和书写问题性质的“一个词或一个概念”。一切记号都由于其所指离开自身而涉及意义的一种延迟化，与此同时创造出

一种“意义是现前的”幻觉。记号代表着不在者并代表着在其不在中的现前。按照古典符号学：“记号，在此意义上，是被推延的现前”（*Margins*，9；9）。语言的这一特性就是德里达所说的“分延”。

德里达反对把记号解释为某种可感物，它超出自身指向某种理智物。我们说 a 和 e 之间的区别不可能被听到，因此不是一可感的区分，但并非因此就是说，该区分必定属于理解，属于可理解性领域。德里达认为，宁可说，我们正在超越哲学在可感性和可理解性之间的通常区别。分延的秩序是前于区分化秩序的，并支持着后者。这使得分延听起来非常像语言和意义的可能性的一个先验性条件。但是，德里达也将反对此解释，即使他在明显地利用着先验哲学的资源。德里达怀疑此类先验论解释，并反对在语言中和其他系统中把这些区分作用解释为某种在区分之前存在的力量。我们不应假定区分化具有独一无二的始源；对于他来说，分延是前于任何始源的。思考始源就是思考统一性而不是思考区别性了：

> 分延是非完全的、非简单的、被结构化的和区分化的差异之始源。因此“始源”的名字不再适合它。（*Margins*，11；12）

因此，德里达否认着一切规定区分化过程之始源、探讨其原因或其支配性原则的企图。他对分延中的任何“始源性”均加以拒绝。换言之，我们永远是已经陷入区分化过程，而且对于此过程并不存在任何单一的说明逻辑学。事实上，德里达甚至拒绝使用“过程”一词来代表正在进行运作者。 467

德里达认为，分延既不是主动的，也不是被动的，而是在二者之间未决定的，因此可比拟于“中性语态的声音”：相关于“一种不是运作的运作”（*Margins*，9；9）。中性语态出现在印欧语言中，如古希腊语。通常我们想到的是动词的主动语态或被动语态：“我打狗”，“我被棍子打”；或者反身形式：“我穿衣服”（I dress myself）。然而中性语态指示一种被动性，按此被动性某物被完成了，它对我具有吸引力。例如，在希腊语的现在式中性语态中，paideuomai 意味着“我从事自我教育”，而此意义类似于但不完全等同于反身语态“我教育我自己”（emauton paideuo）。中性语态不同于反身语态，因为主词并不是行动者却涉及了行动的结果。这就是德里达所说的它是“一种不是运作的运作”之义。此语态并不考虑行为开始于一行动者并完成于行动（主动式），还是反之开始于行动而返回行动者（被动式）。中性语态是“不及物的”，因为它并不在通常的意义上涉及一客体。于是德里达在强调解构的假定的中性语态时实际在意指着：这是一个我被卷入的行动，但我不是它的行动者。海德格尔在关于古希腊语中中性语态对于表达存在运作的重要性时，给与了类似的评论。但是，德里达又进而做出夸张之言：哲学卷入了对于中性语态的压制。因此，对于德里达，我们不可能问这样的问题："谁或什么在区分?"因为这会将分延拖回现前存在者的支配下。我们事实上会认为，分延是可能被掌控的（*Margins*，15；15）。

德里达在本文中总结说：根本否定分延"存在着"。它不是一根源，它不是用大写字母书写的，它不代表一新的原则，而是代表一种颠覆。存在的历史甚至只是此区分化作用之动词 diapherein（区分，穿越）的一个方面。

分延历史概述

尽管是一非概念，德里达说，分延具有一哲学的历史。他甚至经常表达一种先验性观点："分延"使历史成为可能。作为他围绕着"分延"一
468 词精心进行的文本编织的一部分，德里达援引着以下诸人的类似概念：索绪尔、黑格尔、胡塞尔、海德格尔、弗洛伊德、尼采、莱维纳以及甚至巴塔伊。德里达实际上主张，分延比任何本体论的区分"更古老"，但他对其在西方思想中的出现给与了一简明历史回顾。区分〔区别，差异〕概念当然是在黑格尔哲学中被明确规定的，它出现在黑格尔 1801 年的论文《费希特哲学系统和谢林哲学系统之间的区别》。此文开头声言"区分（Entzweiung）是哲学需要之根源"。黑格尔把现实和思想二者都看作经由辩证法进行的，辩证法被理解为一区分化和克服差异的过程，即通过其转化和扬弃（法语：la relève；德语：Aufhebung）而进入较高的统一。德里达使分延和黑格尔的扬弃概念相关联，其方式是：概念在标志着历史进步的不同环境内被转化。事实上，黑格尔的全部辩证法都是通过扬弃而运动的，扬弃意味着：采取一概念，将其置换，然后对其重加利用。德里达说："扬弃以另一方式被限制于书写本身。"（*Margins*，19；21）黑格尔的扬弃概念于是已经是德里达的分延的一种踪迹了。

黑格尔对区分的提出已经被海德格尔在其 1957 年的研究《同一和差异》中仔细分析过，而且德里达所说到的很多方面均类似于海德格尔在该

作品中的论述[46]，虽然在其有关分延的文章中德里达提到的是黑格尔逻辑学中的一段，在其中黑格尔谈到了一种“不同的〔differente〕关系”，使用着较少使用的拉丁文形式而非更通常使用的德语形容词“verschieden”(不同的)。黑格尔在该段落中提醒注意现前时刻本身内的一种区分。德里达既不想与黑格尔断绝，也不想认同黑格尔的术语。他宁肯想要对黑格尔的区分概念进行某种置换。

海德格尔在其《关于人本主义的信》中也提出了自己的区分概念：在存在和存在者之间的本体论区分。德里达承认，他的概念与此海德格尔的讨论“有所交流”，即使二者并非必然彼此有联系。但是，德里达说，海德格尔对现前的质疑，已经在许多方面被弗洛伊德和尼采思考过：“众所周知，这两个人有时以非常类似的方式，在其自身的肯定性中对意识加以质疑。”(*Margins*，17；18) 德里达甚至指出，尼采对哲学的主要批评关系于其“对区别的极其漠不关心”。对于弗洛伊德，被压制物被延迟着，但也经受着一种偏离。弗洛伊德的无意识不应当被看作一种隐蔽的现前，而应被看作一种不同于自身的区分化行为，一种永恒的置换过程通过此区分化发生：“无意识派出代替者、代表者、代理者。但是代理作用的给与者决不可能‘存在着’、现前着，在某处是其‘本身’，而且无意识更不可能变为意识。”(*Margins*，21；21)

区分和踪迹 469

当德里达在1960年代的研究中确立有关意义在其中运作方式的论述时，他引进了其他技术性的术语和新造词。当努力于表达分延如何能够对区分的产生负责但并不是古典意义上的一个原因时（因为分延自身没有存在，没有充实，没有现前），德里达引进了“踪迹”（trace）概念。“踪迹”一词的较远根源可上溯至新柏拉图主义思想，例如，圣奥古斯丁讨论过留存于被创造物中的神的踪迹（vestigia Dei）。“踪迹”（德语词为Spur）概念也可在弗洛伊德著作中找到。弗洛伊德认为，心理创伤的效果最初并不必然充分显现，而是可以推迟自身的显现（WD，203）。踪迹的讨论也出现在海德格尔作品中，特别是在被德里达引用过的关于古希腊哲人阿那克西曼德的论文中。海德格尔把对存在的忘却看作属于存在本身，因此踪迹的抹消也属于踪迹。我们已经看到，踪迹概念出现在梅洛-庞蒂和莱维纳作品中。德里达特别从莱维纳汲取了踪迹概念作为某种不在者的标志，此不在者从来也不实际现前。因此，例如，我们对伊甸园的怀乡病是某种从未存在者之踪迹。德里达跟随莱维纳评论道，一个踪迹不是一个结果，因为它实际上没有一个原因。一切记号事实上都是踪迹。甚至，意指作用行为本身只能被理解为一踪迹。德里达把语言看作一种“踪迹的游戏”（*Margins*，15；16），语言是一种“原初书写”（archi-writing），按此方式，记号的游戏前于书写，书写前于言语和书写间的对立。按照德里达对踪迹的用法，它同样地适用于过去和未来，而且甚至通过它与不在者的关系而构成了现前。

德里达和宗教

德里达在关于分延的论文中承认，他所产生的新思想非常像是一种“分延形上学”，但同时他又摈弃了这样一种形上学的可能性。同样，他也否认分延应被看作一神学的概念，或者他在假定着某种类似于上帝的东西，即一切区分化的不可称名的根源。他并未介入一种“神学的”主题（*Margins*，7；7）。德里达说，分延并非是某种语言背后之物，就像是超越性上帝是否定论神学背后之物。宁可说，它既非现存也非不在，虽然不少否定论神学语言实际上适用它。德里达的分延是对本体神学和对哲学本身的超越。因此很显然，德里达从其哲学生涯一开始就意识到分延的神学意义，而且这并不是一种晚近的关切，如一些批评家相信的那样。例如，
470 哈贝马斯评论说：

> 德里达并不想以神学的方式思考；作为一名教条式的海德格尔主义者，德里达被禁止采取任何关于超越性实体的思想……正如他在论“分延”的论著开头向我们保证的，他并不想进行神学研究，甚至是否定论神学。[47]

从他最早关于分延的写作中，正像在他关于莱维纳的论文中一样，德里达本人承认在他的作品和宗教话语（特别是否定论神学，甚至是预言）之间存在有某种相关性。德里达关于解构的某些论述明确地承认了和“神圣性”和所谓的“使命性”的联系。因此，1984 年时，德里达说：“有可能把解构看作产生于这样的空间内，在其中预言家就在不远处。”（*Dialogues*，119）渐渐地，而且虽然仍然与有组织的、制度化的宗教本身保持

一定距离，德里达对于宗教神秘主义的某些方面颇为关注，而且特别是探讨着库萨的尼古拉斯和他人保持说与未说辩证法的方式，以便意指着完全超越的领域。在其《马克思的幽灵》中，他提到了一种“弥赛亚的未来”，一种绝对未决定的未来，此未来穿透了一切所与可能性的视野，但仍然是纯粹未来的。德里达以其悖谬的口号“无弥赛亚的弥赛亚事业”，企图保持一种有关所渴望的未来状态之感觉，而又使自己与制度性宗教保持距离。他甚至为“弥赛亚概念中涉及的解放许诺之不可实现性”所吸引。德里达在此承认设定人类存在中希望之结构的必要性，但是他的表白照例掺杂了很多犹豫和限制。的确，如果德里达的思想为超越性留有余地的话，这就是在其对哲学内不可说者的承认中对某种呼唤的开放性，某种促使德里达靠近莱维纳之物。因此，1995 年 12 月在莱维纳葬礼上的演说中，德里达承认莱维纳对他者的召唤以及他对他者对我们提出的要求而进行的探讨，具有强大的影响力。德里达同意莱维纳所说，一旦第三人（莱维纳的 illeity〔陌生性，疏远性〕）介入了我自己和他者的关系，那么正义领域（以及宗教领域）就出现了。德里达在这些宗教希望的讨论中似乎对宗教可能性的条件给与一种先验性论述，而同时又回避肯定任何特定未来的可能性。对于弥赛亚的关注为那些批评家提供了机会，他们感觉到解构最经常地呈现为一种类似于宗教的东西，一种没有教义内容的宗教，甚至一种偶像崇拜。的确，德里达宣布哲学危机论和时代论的那种预言家式的、启示录式的风格，虽然以游戏的、反讽的口气减弱了预言的分量，激怒了他的一些批评者，但是德里达并无迹象减缓其修辞学的运用。他的作品现在甚至似乎在宗教系找到了自己的家园，而以前其视为家园者是比较文 471
学系。

德里达对 20 世纪哲学的贡献

我们已看到，德里达宣称意义没有原初性化归，没有始源；意义无休无止地分化和区分，而且永远不可能有完全的意义，除非作为一观念或甚至一虚构。他当然也宣称他并未做此断言（他肯定不会提出命题或论点），宁可说他宣称在对某种特定的文本事件和语境进行反应。德里达说，解构本身什么也不是，他并未做出全面性的宣布，这种说法当然使人们很难形成对其哲学的任何概观而不被谴责为歪曲着他的意图。主要问题是，人们永远难以从德里达那里得到一种关于他自己说法的清晰的、不含混的陈述（德里达本人反对这种“清晰性暴力”，反对人们说他在提出断言！）。在说意义区分着、延迟着时，根本不清楚他是否在坚持说我们对特殊意义的把握是不完全的，或者必然是被歪曲的，或者兼有二者。他会同意，我们对句子意义的把握是不完全的、临时性的，但是他否认此临时性意义可以与该句子的完全意义的不可能观念相比较。宁可说句子的意义永远涉及某种“滑动作用”（glissage），这样我们将永远不会真的掌握住任何句子的意义。他似乎也想到，一切理解都涉及不可避免的歪曲（正像无线电接收信号时带有某些干扰），而且，进一步企图改正歪曲只会导致进一步歪曲。

由于此种模糊性，我们很难评估德里达的独创性何在。例如，他借以表述自己格言“文本之外一无所有”的松散方式引起了多重的解释，对于这些不同的解释他很难予以否认，因为它们不只是正确引自他的话语，而且有时甚至就是他自己表达的。同样，当德里达说，不存在固定的意义时，罗蒂无疑正确地把德里达解读为不只是在说“句子的意义永远是其语境的功能”，而且再语境化不可能被预先控制或预测。再者，德里达强烈否认他曾说过意义是无限地延迟的，或者文本可意指任何东西。按照德里达，语境通常是非常特殊的并独一无二地被决定的。他否认他主张意义的不定性（例如普特南说，在此德里达和奎因以不同的渠道达到了同样的结论）。德里达认为，宁可说句子中的语词永远是被精确决定的；问题甚至是，此决定作用如此精确以至于我们通常避免使其与充分严格的细读相比
472 对。情况并非是文本可以意味着任何东西，而是读者通常总是过快地在决定文本意指着什么。

德里达并不坚持说语词的多重性意义是不可归约的。因此，如我们已见，区分具有一不可归约的双重意义，正如希腊词 pharmakon 既意指着“治疗”又意指着“毒药”。于是德里达提出此不可归约性设置了防止任何掌控意义的障碍。但是事实上这种情况并未发生。德里达指出，意义是多重性的，但不是因为它们带有不确定的或无限的意义幅度。的确，语词由于插入新的语境永远可以获得新的意义，但是我们没有能力预测这些新语境，并未妨碍我们对我们的语词在其目前语境中所具有的非常有限的意义幅度，仍然具有相对牢靠的掌握。

因此，德里达的研究在分析传统和欧陆传统的专业哲学家中间是有争议的。例如，哈贝马斯抱怨，德里达并非在提出论证。[48]事实是，他并不

参加与他人的论辩，只不过宣称他们误解了他。再者，虽然德里达提醒人们注意意义的暧昧性，将其一切陈述纳入括号、附加警告和否定，这种谨慎往往又转变为一种浮华的、夸张的和惊世骇俗风格的谈话。德里达过于经常地采取一种攸关人类命运的浮夸语气：将分延宣布为一种存在之事件，谈吐起来似乎欧洲命运危在旦夕似的。德里达自己不无反讽地评论着自己在文章《论哲学中近来采用的启示录风格的语调》中使用预言家式的语调，他企图指出，通常学术界写作的所谓中性的、不偏不倚的语调也是可疑的。[49]很多人觉得德里达的语调多多少少是可笑的，他的修辞学风格是夸诞的、重重复复的和隐晦费解的。

另一方面，不可否认，德里达在当代文学理论和文化批评界（特别是艺术批评，而且解构论甚至影响了建筑艺术）影响颇大。特别在美国，他在文学理论家（特别是德曼和哈特曼）中间有很多追随者[50]，虽然"美国解构派"的过分教条主义的方向使得德里达与他的一些更狂热的美国追随者保持距离。此外，他的解构主张被看作维特根斯坦以来哲学界内更一般的反基本主义倾向的一部分，不过他自己的索绪尔研究，在句法学和语义学界的严肃研究者中间，并无追随者。分析传统的语言哲学一般对德里达的著作没有兴趣。

德里达的夸张式修辞学的一个例子可以在他有关未来可能性的决定和经验的讨论中看到。德里达显然对未来思想涉及的危险之意义夸夸其谈："未来只能够在一种绝对危险的形式中被预期"（*Gramm.*，5；14）。因为未 473
来是绝对新异的和出人预料的，绝对是在恐惧和颤抖中形成的。这似乎是在彻底歪曲我们通常对未来的思考方式。德里达的高度戏剧化的和歪曲性的论述，似乎并不适合于有关决定行为的现象学。如果我许诺明天去做什么事，我并不必须使自己投入一未定和危险世界。一般来说，我们的世界存在是以连续性为标志的，明天太阳照旧升起，如此等等。德里达却认为真正的决定只存在于盲目跳跃深渊的形式中。

对于德里达过于重视或许是一个错误。罗蒂提出，德里达应该被视为一名反讽家，在精神上接近于克尔恺郭尔或尼采，或者法国超现实主义运动（例如布雷顿）。罗蒂声称，德里达并未产生传统意义上的哲学，但是在警示读者注意一些文本中的往往未被揭示的可能性方面，进行了有价值的工作。不用说，德里达并不接受罗蒂的评价，他辩称自己的研究虽然不是哲学的，但也不是文学的。但是，德里达似乎很满意于这样的理解：他所做的是一种他在关于分延的文章中所描述的游戏：

> 游戏的概念始终保持着对此（神学和经验科学间的）对立的超越；处于哲学的黄昏并超越哲学，计虑中的偶然性和必然性的统一是没有尽头的。(*Margins*，7；7)

解释德里达的研究的困难在于，他不是实际上进行直截了当的陈述或提出普遍性断言，因此否定和反驳都无法触及他。德里达的躲闪策略激怒了很多哲学家，非常像是诡辩派的油滑言辞曾激怒过柏拉图式的苏格拉底。德里达的哲学观点甚至显示了很多与古代怀疑主义一致的特点。德里达的一生中不断遭遇怀疑主义的指责。当然德里达拒绝被称作怀疑主义者，因为他不希望被推至被他明确归入形上学史的立场上，而且怀疑主义也具有自我否定的性格；不过德里达承认怀疑主义促进了区分概念。[51]然而在德里达不情愿进行陈述和怀疑主义在面对论题两难时建议暂停判断（我们先前看到怀疑主义对于胡塞尔理解“中止”概念的影响）之间具有明显的类似性。

德里达自身的主张当然能够反过来反对他，而且他的作品中似乎存在着明显的自我指称问题。一方面他关注意义无穷尽的游戏〔相互作用〕和
474 揭示，另一方面又想要坚定地断言（而且不再含混地）他不是一个相对主义者，他从未说过只存在文本，从未说过一切意义都在无穷无尽地区分着，如此等等。如果他的语言中没有语义一义性，没有一义性陈述，那么也就没有任何单一的哲学论题可以归于德里达了（一种他自己不无悖谬地做出的陈述）。德里达的主题宣布实际上是一些通过实行很多传统哲学技巧而获得的巧慧：精心注意意义，了解文本插入其内的哲学传统，承认前提性等等。事实上，究竟如何将解构用于一般哲学批判规划的问题，始终是暧昧不明的。但是，他对现前形上学和对将意义作为观念性单元信念的否定，显然导引他超出了胡塞尔现象学的传统。

注释：

516 [1] For a discussion of this controversy，see Geoffrey Bennington and Jacques Derrida，*Derrida* (Chicago：University of Chicago，1993).

[2] J. Derrida，*Apories*：*Mourir—s'attendre aux limités de la vérité* (Paris：Galilée，1996)，trans. Thomas Dutoit，*Aporias* (Stanford，CA：Stanford University Press，1993).

[3] J. Derrida，*La voix et le phénoméne* (Paris：Presses Universita-

ires de France，1967)，p. 9，trans. David B. Allison，with additional essays，*Speech and Phenomena and other Essays on Husserl's Theory of Signs* (Evanston，IL：Northwestern University Press，1973)，p. 10. Hereafter SP and page number of translation；followed by page number of French original.

[4] J. Derrida，*Le problème de la genèse dans la philosophie de Husserl* (Paris：PUF，1990).

[5] J. Derrida，*Leproblème de la genèse dans la philosophie de Husserl*，op. cit.，p. vii.

[6] J. Derrida，"The Time of a Thesis：Punctuations"，trans. K. McLaughlin，in Alan Montefiore，ed.，*Philosophy in France Today* (Cambridge：Cambridge University Press，1983)，pp. 34-50.

[7] John D. Caputo，ed.，*Deconstruction in a Nutshell*，*A Conversation with Jacques Derrida* (New York：Fordham University Press，1997)，p. 26.

[8] J. Derrida，*L'Origine de la géometrie de Edmund Husserl* (Paris：Epiméthée，1962)，trans. John P. Leavey Jr and D. B. Allison，*Origin of Geometry*：*An Introduction* (Brighton：Harvester，1978). Hereafter OG and pagination of English translation.

[9] 我从和德里达的私人谈话中得悉这些细节，当他于1997年2月访问都柏林大学学院时。

[10] See F. Rötzer，*Conversations with French Philosophers*，trans. Gary E. Aylesworth (Atlantic Highlands，NJ：Humanities Press，1995)，p. 45.

[11] J. Derrida，*Positions* (Paris：Editions de Minuit，1972)，trans. A. Bass，*Positions* (London：Athlone Press，1981)，p. 24. Hereafter *Pos.* and page number of English translation.

[12] J. Derrida，*La Dissémination* (Paris：Editions du Seuil，1972)，trans. by Barbara Johnson as *Dissemination* (London：Athlone Press，1981).

[13] J. Derrida，*Marges de ia philosophie* (Paris：Éditions de Minuit，1972)，trans. Alan Bass，*Margins of Philosophy* (Brighton：Har-

vester, 1982). Hereafter *Margins* and page number of translation, followed by pagination of French original.

517 [14] 关于德里达作品的概观，参见：Tim Mooney, "Derrida: Philosophical Roots and Bibliographical History", in R. Kearney, ed., *Continental Philosophy in the 20th Century* (London: Routledge, 1994), pp. 449-473. See also *Jacques Derrida, An Annotated Primary and Secondary Bibliography*, compiled by William Schultz and Lewis Fried (New York & London: Garland, 1992)。

[15] J. Derrida, *La Carte postale: de Socrate à Freud et au-delà* (Paris: Aubier Flammarion, 1980), trans. Alan Bass, *The Postcard: From Socrates to Freud and Beyond* (Chicago: University of Chicago Press, 1987); see p. 18 for Plato's erection.

[16] J. Derrida, *Glas* (Paris: Éditions Galilée, 1974), trans. John P. Leavey Jr and Richard Rand, *Glas* (Lincoln, NE: University of Nebraska Press, 1986). Here after *Glas* followed by pagination in English and French. "*glas*" 一词在法文中有多种意思：它是一个喉音拟声词，如"glug glug"；它也是钟鸣声，因此此书名可译为《钟声》。

[17] J. R. Searle, "Reiterating the Differences: A Reply to Derrida", *Glyph* I (1977), pp. 198-208.

[18] See J. Derrida, *Limited Inc* (Baltimore, MD: Johns Hopkins University Press, 1977); hereafter *Limited Inc* and page number of English translation. See also R. Rorty, *Contingency, Irony and Solidarity* (Cambridge: Cambridge University Press, 1989), Chapter V.

[19] For a good discussion of the Searle—Derrida—Austin debate, see Christopher Norris, *Derrida* (London: Fontana, 1987), pp. 172-193.

[20] J. R. Searle, "The World Turned Upside Down", in Gary B. Madison, ed., *Working Through Derrida* (Evanston, IL: Northwestern University Press, 1993), p. 178.

[21] J. Derrida, *L'Autre Cap; suivi de la démocratie ajourée* (Paris: Éditions de Minuit, 1991), trans. P. A. Brault and M. G. Nans, *The Other Heading: Reflections on Today's Europe* (Bloomington, IN: Indiana University Press, 1992).

［22］ See J. Derrida, *Du droit à la philosophie* (Paris: Galilie, 1990), pp. 146－153.

［23］ J. Derrida, "The Politics of Friendship", *The Journal of Philosophy* 85 (1988), pp. 632－644. See also *Politiques de l'amitié* (Pads: Galilée, 1994), trans. George Collins, *The Politics of Friendship* (London: Verso, 1997). 此文以最初于1988—1989年举办的研究班为基础。此文以一句第欧根尼·拉尔修归因于亚里士多德的悖谬的句子开始："我的朋友们，不存在朋友"。

［24］ C. Schmitt, *Der Begriff des Politischen* (Berlin: Duncker und Humblot, 1932; reprinted 1974), trans. George Schwab, *The Concept of the Political* (New Brunswick, NJ: Rutgers University Press, 1976).

［25］ J. Derrida, *De l'esprit. Heidegger et ia question* (Paris: Galilée, 1987), trans. G. Bennington and Rachel Bowlby, *Of Spirit: Heidegger and the Question* (Chicago: University of Chicago Press, 1990).

［26］ For de Man's controversial essays, see Paul de Man, *Wartime Journalism, 1939—43* (Lincoln, NE: University of Nebraska Press, 1988). See J. Derrida's essay, "Like the Sound of the Sea Deep within a Shell: Paul de Man's War", in W. Hamacher et al., *Responses: On Paul de Man's Wartime Journalism* (Lincoln, NE: University of Nebraska Press, 1989).

［27］ J. Derrida, *Mémoires: pour Paul de Man* (Paris: Editions Galilée, 1988), trans. C. Lindsay et al., *Memoires for Paul de Man* (New York: Columbia University Press, 1986).

［28］ J. Derrida, *Spectres de Marx* (Pads: Editions Galilée, 1993), trans. by Peggy Kamuf as *Specters of Marx: The State of the Debt, the Work of Mourning and the New International* (London: Routledge, 1994).

［29］ R. Kearney, *Dialogues with Contemporary Continental Thinkers* 518
(Manchester: Manchester University Press, 1984), p. 109. Hereafter '*Dialogues*' and page number.

［30］ J. Derrida, "Hospitality, Justice and Responsibility", in R. Kearney and M. Dooley, eds, *Questioning Ethics. Contemporary De-*

bates in Philosophy* (London: Routledge, 1998), p. 81.

[31] J. Derrida, *L'Écriture et la diffférence* (Paris: Éditions du Seuil, 1967), trans. Alan Bass, *Writing and Difference* (London: Routledge & Kegan Paul, 1978). Hereafter WD and page no. of translation.

[32] Richard Rorty, "Two Meanings of 'Logocentrism'", *Essays on Heidegger and Others*, Philosophical Papers, Vol. 2 (Cambridge: Cambridge University Press, 1991), p. 111.

[33] J. Derrida, "Letter to a Japanese Friend", in Peggy Kamuf, ed., *A Derrida Reader. Between the Blinds* (London: Harvester Wheatsheaf, 1991), p. 271.

[34] J. Derrida, "But beyond ... (Open Letter to Anne McClintock and Rob Nixon)", *Critical Inquiry* 12 (Autumn, 1986), p. 167.

[35] See Derrida's seminar, "Hospitality, Justice and Responsibility", in R. Kearney and M. Dooley, eds, *Questioning Ethics*, op. cit., pp. 65-83, esp. p. 74.

[36] Florian Rötzer, *Conversations with French Philosophers*, op. cit., p. 55.

[37] Richard Rorty, "Is Derrida a Transcendental Philosopher?", *Essays on Heidegger and Others*, op. cit., p. 125.

[38] J. Derrida, "But beyond ... (Open Letter to Anne McClintock and Rob Nixon)", *Critical Inquiry* 12 (Autumn, 1986), p. 167.

[39] Derrida, "Hospitality, Justice and Responsibility", in Kearney and Dooley, eds, *Questioning Ethics*, op. cit., p. 81.

[40] Derrida, "Hospitality, Justice and Responsibility", *Questioning Ethics*, op. cit., p. 81.

[41] 最引人关注的批评来自 J. Claude Evans, *Strategies of Deconstruction Derrida and the Myth of the Voice* (Minneapolis: University of Minnesota Press, 1991)。

[42] Ferdinand de Saussure, *Cours de linguistique générale* (1916, 3rd edition, Paris: Payot, 1931), trans. Wade Baskin, *Course in General Linguistics* (London: Fontana, 1974).

[43] P. Ricoeur, *Husserl, An Analysis of His Phenomenology*

(Evanston, IL: Northwestern University Press, 1967), pp. 4-6.

[44] John Searle, "The World Turned Upside Down", in Madison, ed., *Working Through Derrida*, op. cit., pp. 170-188.

[45] 德里达说："'分延'概念……是一非概念，因为它不可能根据对立的属性定义，它既不是这个，也不是那个；而是这个和那个（例如区分的和延迟的行为），却也不可归约为一种辩证逻辑。"（*Dialogues*, p. 110）

[46] M. Heidegger, *Identität und Differenz* (Pfullingen: Neske, 1957).

[47] J. Habermas, *The Philosophical Discourse of Modernity*, trans. Frederick Lawrence (Cambridge: Polity Press, 1987), p. 165.

[48] J. Habermas, *The Philosophical Discourse of Modernity*, op. cit., p. 193.

[49] J. Derrida, *D'un ton apocalyptique adopté naguère en philosophic* (Paris: Galilée, 1983).

[50] See, especially, Paul de Man, *Blindness and Insight. Essays in the Rhetoric of Contemporary Criticism* (New York: Oxford University Press, 1971).

[51] David Wood and Robert Bernasconi, eds, *Derrida and Différance* (Warwick: Parousia Press, 1985), p. 93.

参考文献①

General

519 Adorno, Theodor. *Musikalische Schriften* VI, *Gesammelte Schriften* Band 19. Frankfurt: Suhrkamp, 1984.

Ariew, R. and D. Garber. Eds. *G. W. Leibniz. Philosophical Essays*. Indianapolis: Hackett, 1989.

Ayer, A. J. *Part of My Life*. London: Collins, 1977.

Barnes, Jonathan. *The Toils of Scepticism*. Cambridge: Cambridge University Press, 1990.

Bergson, Henri. *Matière et mémoire. Essay sur les relations du corps à l'esprit*. Paris, 1896.

Bergson, Henri. *Matter and Memory*. Trans. Nancy Mar. London: G. Allen, 1913.

Blumenberg, Hans. *The Legitimacy of the Modern Age*. Trans. Robert M. Wallace. Cambridge, MA: MIT Press, 1985.

Bolzano, B. *Paradoxes of the Infinite*. Trans. Donald A. Steele. London: Routledge & Kegan Paul, 1950.

Bolzano, B. *Theory of Science*. Ed. and Trans. Rolf George. Oxford: Blackwell, 1972.

Bolzano, B. *Wissenschaftslehre*. *Gesamtausgabe*, Reihe I, Band 11-13. Hrsg. von Jan Berg. Stuttgart, 1985—1992.

Cart, David. "Phenomenology and Fiction in Dennett", *International Journal of Philosophical Studies* 6 (3) (October, 1998), pp. 331-344.

Cassirer, E. *Philosophy of Symbolic Forms*, Vol. 3, *The Phenomenology of Knowledge*. Trans. Ralph Manheim. New Haven, CT: Yale

① 本书参考文献，原文照录，不予翻译。

University Press, 1957.

Caws, Peter. *Structuralism. The Art of the Intelligible*. Atlantic Highlands, NJ: Humanities Press, 1988.

Chanter, Tina. *Ethics of Eros. Irigaray's Rewriting of the Philosophers*. London: Routledge, 1995.

Chisholm, Roderick. M. *Perceiving. A Philosophical Study*. Ithaca, NY: Cornell University Press, 1957.

Cleary, John J. and W. Wians. Eds. *Proceedings of the Boston Area Colloquium in Ancient Philosophy Volume IX, 1993*. New York: University Press of America, 1995.

Copi, Irving. *Introduction to Logic*, 7th Edition. New York: Macmillan, 1986.

Craig, Edward. Ed. *The Routledge Encyclopedia of Philosophy*, 10 vols. London: Routledge, 1998.

Dailzinger, K. "The History of Introspection Reconsidered," *Journal* 520
of the History of the Behavioral Sciences 16 (1980), pp. 241-262.

de Beauvoir, Simone. *Le Deuxième Sexe*. Paris: Gallimard, 1949.

de Beauvoir, Simone. *La Force de l'âge*. Paris: Gallimard, 1960.

de Beauvoir, Simone. *The Ethics of Ambiguity*. Trans. B. Frechtmann, New York: Citadel Press, 1948. Reprinted 1970.

de Beauvoir, Simone. *The Second Sex*. Trans. H. M. Parshley. London: Picador, 1988.

de Man, Paul. *Blindness and Insight. Essays in the Rhetoric of Contemporary Criticism*. New York: Oxford University Press, 1971.

de Man, Paul. *Wartime Journalism, 1939—43*. Lincoln, NE: University of Nebraska Press, 1988.

de Saussure, Ferdinand. *Cours de linguistique générale*. Paris: Payot, 1931.

Dennett, Daniel C. *The Intentional Stance*. Cambridge, MA: MIT Press, 1987.

Dennett, Daniel C. *Consciousness Explained*. London: Penguin, 1993.

Dilthey, Wilhelm. *Hermeneutics and the Study of History*. Selected Works IV, Ed. Rudolf Makkreel and Fritjhof Rodi. Princeton, NJ: Princeton University Press, 1996.

Embree, Lester. Ed. *Encyclopedia of Phenomenology*. Kluwer: Dordrecht, 1997.

Fechner, G. T. *Elements of Psychophysics*. 1860.

Findlay, J. N. *Meinong's Theory of Objects and Values*. Oxford: Clarendon, 1963.

Frege, Gottlob. *Foundations of Arithmetic*. Trans. J. L. Austin. Oxford: Blackwell, 1953.

Frege, Gottlob. *Kleine Schriften*. Ed. I. Angelelli. Hildesheim: Georg Olms, 1967.

Gardner, Howard. *The Shattered Mind. The Person After Brain Damage*. London: Routledge & Kegan Paul, 1977.

Glendinning, Simon. Ed. *Edinburgh Encyclopedia of Continental Philosophy*. Edinburgh: Edinburgh University Press, 1998.

Gödeckemeyer, Albert. *Geschichte der grieshen Skeptizismus*. 1905.

Grossmann, Reinhardt. *Meinong*. London: Routledge, 1974.

Grossmann, Reinhardt. *Phenomenology and Existentialism, An Introduction*. London: Routledge & Kegan Paul, 1984.

Gurvitch, Georges. *Les Tendences actuelles de la philosophie allemande*. Paris: Vrin, 1930.

Gurwitsch, Aron. *The Field of Consciousness*. Pittsburgh: Duquesne University Press, 1964.

Gurwitsch, Aron. *Studies in Phenomenology and Psychology*. Evanston, IL: Northwestern University Press, 1966.

Habermas, Jürgen. *Philosophical-Political Profiles*. Trans. F. G. Lawrence. Cambridge, MA: MIT Press, 1983,

Habermas, Jürgen. *The Philosophical Discourse of Modernity*. Trans. F. Lawrence. Cambridge: Polity Press, 1987.

Haller, Rudolf. Ed. *Jenseits von Sein und Nichtsein*. Graz: Academische Druck-und Verlagsanstalt, 1972.

Hamacher, W. *et al*. Eds. *Responses: On Paul de Man's Wartime*

Journalism. Lincoln, NE: University of Nebraska Press, 1989.

Heinemann, Fritz. "Goethe's Phenomenological Method", *Philosophy* IX (1934), pp. 67-81.

Höfler, A. and A. Meinong. *Philosophische Propädeutik*, I, *Logik*. Leipzig, 1890. 521

Irigary, L. *L'Ethique de la différence sexuelle*. Paris: Editions de Minuit, 1984.

Irigary, L. *An Ethics of Sexual Difference*. Trans. Carolyn Burke and Gillian Gill. Ithaca, NY: Cornell University Press, 1993.

Jacquette, Dale. *Meinongian Logic: The Semantics of Existence and Non-Existence*. Berlin: De Gruyter, 1996.

James, William. *Principles of Psychology*, 2 vols, 1890. Reprinted Cambridge, MA: Harvard University Press, 1983.

Jaspers, Karl. *Die Schuldfrage*. Heidelberg, 1946.

Jaspers, Karl. *The Question of German Guilt*. Trans. E. B. Ashton. New York: Dial Press, 1947.

Jaspers, Karl. *Rechenhalt und Ausblick. Reden und Aufsätze*. Munich: Piper, 1958.

Jaspers, Karl. *Philosophische Autobiographie*. Munich, 1977.

Johanbegloo, Ramin. *Conversations with Isaiah Berlin*. London: Peter Halban, 1992.

Jonas, Hans. "Philosophy at the End of the Century: A Survey of its Past and Future", *Social Research* 61 (4) (Winter, 1994).

Kalsi, Marie-Luise Schubert. *Meinong's Theory of Knowledge*. Dordrecht: Nijhoff, 1987.

Kearney, Richard. *Dialogues with Contemporary Continental Thinkers*. Manchester: Manchester University Press, 1984.

Kearney, Richard. *Modern Movements in European Philosophy*. Manchester: Manchester University Press, 1986.

Kearney, Richard. Ed. *Continental Philosophy in the Twentieth Century*. London: Routledge, 1994.

Kearney, R. and M. Dooley. Eds. *Questioning Ethics. Contempora-*

ry Debates in Philosophy. London: Routledge, 1998.

Kojève, Alexandre. *Introduction to the Reading of Hegel. Lectures on the Phenomenology of Spirit*. Assembled by Raymond Queneau. Trans. James H. Nichols, Jr. Ithaca, NY: Cornell University Press, 1980.

Koyré. Alexandre. *From the Closed World to the Infinite Universe*. Baltimore, MD: Johns Hopkins University Press, 1957.

Kusch, Martin. *Psychologism. A Case Study in the Sociology of Philosophical Knowledge*. London: Routledge, 1995.

Lesniewski, S. *Collected Works*, 2 vols. Dordrecht: Kluwer, 1992.

Lévi-Strauss, C. *La Pensée sauvage*. Paris, 1962.

Lévi-Strauss, C. *The Savage Mind*. Chicago: University of Chicago Press, 1966.

Lyons, William. *The Disappearance of Introspection*. Cambridge, MA: MIT Press, 1986.

Mach, Ernst. *Die Mechanik in ihrer Entwicklung historisch-Kritisch dargestellt*. Prague, 1883.

Mach, Ernst. *Die Analyse der Empfindungen*. 1906.

Mach, Ernst. *The Analysis of Sensations*. Trans. C. M. Williams and S. Waterlow. Chicago, 1914.

Mach, Ernst. *The Science of Mechanics*. Trans. T. J. McCormack. La salle, IL: Open Court, 1960.

Marcel, Gabriel. *Journal métaphysique*. Paris: Gallimard, 1927.

Marcel, Gabriel. *Metaphysical Journal*. Trans. Bernard Wall. Chicago: Regnery, 1952.

522 Meinong, Alexius. *On Assumptions*. Trans. James Heanue. Berkeley, CA: University of California Press, 1983.

Mill, J. S. *A System of Logic, Ratiocinative and Inductive, Being a Connected View of the Principles of Evidence, and the Methods of Scientific Investigation*. London: Parker, 1843.

Mill. J. S. *The Later Letters of John Stuart Mill 1849—1873*. Ed. F. E. Mineka and D. N. Lindley, J. S. Mill, Collected Works Vol. XVII. Toronto and London: University of Toronto Press, 1972.

Mortley, Raoul. *French Philosophers in Conversation*. London: Routledge, 1991.

Moser, Paul K. and J. D. Trout. Eds. *Contemporary Materialism. A Reader*. London: Routledge, 1995.

Novák, Josef. Ed. *On Masaryk*. Amsterdam: Rodopi, 1988. pp. 27-38.

Peirce, Charles Sanders. *Collected Papers*. Ed. C. Hartshorne and Paul Weiss. Cambridge, MA: Harvard University Press, 1931—1935.

Pfänder, A. *Phenomenology of Willing and Other Phaenomenologica*. Trans. Herbert Spiegelberg. Evanston, IL: Northwestern University Press, 1967.

Quine, W. V. *Ontological Relativity and Other Essays*. New York: Columbia University Press, 1969.

Reinach, Adolf. "Concerning Phenomenology", trans. Dallas Willard. *The Personalist* 50 (1969), pp. 194-221.

Rich, Adrienne. *On Lies, Secrets and Silence*. New York: Norton, 1979.

Richter, Raoul. *Der Skeptizimus in der Philosophie*, Vol. 1. Leipzig, 1904.

Ritter, J. Ed. *Historisches Wörterbuch der Philosophie*. Darmstadt: Wissenschaftliche Buchgesellschaft, 1974—.

Rötzer, F. *Conversations With French Philosophers*. Trans. G. E. Aylesworth. Atlantic Highlands, NJ: Humanities Press, 1995.

Russell, B. *The Principles of Mathematics*. London: Allen & Unwin, reprinted 1956.

Sacks, Oliver. *The Man Who Mistook His Wife for a Hat*. London: Dackworth, 1985.

Sajama, Seppo and Matti Kamppinen. *A Historical Introduction to Phenomenology*. London and New York: Croom Helm, 1987.

Schilpp, Paul Arthur. Ed. *The Philosophy of Karl Jaspers*. New York: Tudor Books, 1957.

Schleiermacher, F. D. E. *Hermeneutics: The Handwritten Manuscripts*. Trans. J. Duke and J. Forstman. Atlanta, GA: Scholar's Press,

1977.

Schmitt, C. *Der Begriff des Politischen*. Berlin: Duncker und Humblot, 1932. Reprinted 1974.

Schmitt, C. *The Concept of the Political*. Trans. Ceorge Schwab. New Brunswick, NJ: Rutgers University Press, 1976.

Searle, John R. *Intentionality*. Cambridge: Cambridge University Press, 1983.

Searle, John R. *The Construction of Social Reality*. London: Allen Lane, 1995.

Searle, John R. *The Rediscovery of the Mind*. Cambridge, MA: MIT Press, 1992.

Solomon, Robert. Ed. *Phenomenology and Existentialism*. New York: Harper and Row, 1972.

Spengler, O. *Der Untergang des Abendlandes*, 2 Vols (1918, 1922). Reprinted Munich: Beck, 1927.

Spengler, O. *The Decline of the West*, 2 Vols. Trans. C. F. Atkinson. New York: Knopf, 1947.

523 Spiegelberg, Herbert. *The Context of the Phenomenological Movement*. The Hague: Nijhoff, 1981.

Spiegelberg, Herbert, with Karl Schuhmann. *The Phenomenological Movement. A Historical Introduction*, 3rd edition. Dordrecht: Kluwer, 1994.

St Augustine, *On Christian Doctrine*. Trans. D. W. Robertson, Jr. Indianapolis: Bobbs-Merrill, 1958.

Stein, Edith. *On the Problem of Empathy*. Trans. Waltraut Stein. *Collected Works of Edith Stein*, Vol. 3. Washington, DC: ICS Publications, 1989.

Straus, Erwin W. Ed. *Phenomenology: Pure and Applied*. Pittsburgh: Duquesne University Press, 1964.

Stumpf, Carl. *Über den psychologischen Ursprung der Raumvorstellung*. Leipzig, 1873.

Stumpf, Carl. *Tonpsychologie*, 2 vols. Leipzig: Hirzel, 1883/1890.

Thévenaz, Pierre. *What is Phenomenology?*. Trans. J. M. Edie.

Chicago: Quadrangle Books, 1966.

Trendelenburg, Adolf. *Geschichte der Kategorienlehre*. Berlin, 1846. Reprinted Hildesheim: Olms, 1963.

Twardowski, Kazimir. *Zur Lehre vom lnhalt und Gegenstand der Vorstellungen. Eine psychologische Untersuchung*. Vienna, 1894.

Twardowski, Kazimir. *On the Content and Object of Presentations. A Psychological Investigation*. Trans. R. Grossmann. The Hague: Nijhoff, 1977.

Tylor, E. B. *Primitive Culture*. 1871.

Tymieniecka, A.-T. Ed. *Ingardiana*. Analecta Husserliana IV. Dordrecht: Reidel, 1976.

Wahl, Jean. *Le Malheur de la conscience dans la philosophie de Hegel*. Paris: Editions Rieder, 1929.

Waldenfels, Bernhard. *Phänomenologie in Frankreich*. Frankfurt: Suhrkamp, 1983.

Waldenfels, Bernhard. *Einführung in die Phänomenologie*. Munich: Wilhelm Fink, 1992.

Wundt, W. "Selbstbeobachtling und innere Wahrnehmung", *Philosophische Studien* 4 (1888), pp. 292–309.

Wundt, W. *Principles of Physiological Psychology*. Translated from the 5th edition by E. B. Titchener. London: Sonnenshein, 1902.

Zaner, Richard M. *The Way of Phenomenology: Crittcism as a Philosophical Disicipline*. New York: Pegasus, 1970.

Zaner, Richard M. and Don Ihde. Eds. *Phenomenology and Existentialism*. New York: Putnam's Sons, 1973.

Franz Brentano

Primary sources

Brentano, Franz. *Aenigmatias. Rätsel*. 1878. Reprinted Berne: A. Francke Verlag, 1962.

Brentano, Franz. *Aristoteles und seine Weltanschauung*. 1911. Reprinted Hamburg: Meiner, 1977.

Brentano, Franz. *Deskriptive Psychologie*. Ed. R. Chisholm and W. Baumgartner. Hamburg: Meiner, 1982.

Brentano, Franz. *Die Abkehr vom Nichtrealen*. Hrsg. F. Mayer-Hillebrand. Berne, 1952. Reprinted Hamburg: Meiner, 1977.

Brentano, Franz. *Die Lehre vom richtigen Urteil*. Berne: A. Francke Verlag, 1956.

Brentano, Franz. *Die Psychologie des Aristoteles insbesondere seine*
524 *Lehre vom Nous Poietikos*. Mainz, 1867. Reprinted Darmstadt: Wissenschaftliche Buchgesellschaft, 1967.

Brentano, Franz. *Die vier Phasen der Philosophie und ihr augenblicklicher Status*. Leipzig: Meiner, 1926. Reprinted Hamburg: Meiner, 1968.

Brentano, Franz. *Geschichte der Philosophie der Neuzeit*. Ed. Klaus Hedwig Hamburg: Meiner, 1987.

Brentano, Franz. *Kategorienlehre*. Ed. A. Kastil. Leipzig: Meiner, 1933. Reprinted Hamburg: Meiner, 1974.

Brentano, Franz. *Meine letzten Wünsche für Österreich*. Vienna, 1894.

Brentano, Franz. *Psychologie vom empirischen Standpunkt*, 3 vols. Hamburg: Meiner, 1973.

Brentano, Franz. *Über die Zukunft der Philosophie*. Hamburg: Meiner, 1968.

Brentano, Franz. *Untersuchungen zur Sinnespsychologie*. Ed. R. M. Chisholm and R. Fabian. Hamburg: Meiner, 1979.

Brentano, Franz. *Versuch über die Erkenntnis*. Hamburg: Meiner, 1970.

Brentano, Franz. *Vom Ursprung sittlicher Erkenntnis*. Leipzig, 1889.

Brentano, Franz. *Von der mannigfachen Bedeutung des Seienden nach Aristoteles*. Freiburg, 1862. Reprinted Darmstadt: Wissenschaftliche Buchgesellschaft, 1960.

Brentano, Franz. *Wahrheit und Evidenz*. Hrsg. Oskar Kraus. Leipzig: Meiner, 1930. Reprinted Hamburg: Meiner, 1974.

Brentano: primary sources in translation

Brentano, Franz. *Aristotle and His World View*. Ed. and Trans.

R. George. Berkeley, CA: University of California Press, 1978.

Brentano, Franz. *Descriptive Psychology*. Trans. B. Müller. London: Routledge, 1995.

Brentano, Franz. *On the Existence of God: Lectures Given at the Universities of Würzburg and Vienna*. Trans. S. F. Krantz. Dordrecht: Nijhoff, 1987.

Brentano, Franz. *On the Several Senses of Being in Aristotle*. Trans. R. George. Berkeley, CA: University of California Press, 1975.

Brentano, Franz. *Philosophical Investigations of Time, Space and the Continuum*. Trans. Barry Smith. New York: Croom Helm, 1988.

Brentano, Franz. *Psychology from an Empirical Standpoint*. Trans. A. C. Rancurello, D. B. Terrell, and L. L McAlister, 2nd edition. New Introduction by Peter Simons. London: Routledge, 1995.

Brentano, Franz. *Sensory and Noetic Consciousness, Psychology from an Empirical Standpoint* Ⅲ. Trans. U. McAlister and M. Scattle. London: Routledge & Kegan Paul, 1981.

Brentano, Franz. *The Foundation and Construction of Ethics*. Trans. E. H. Schneewind. London: Routledge & Kegan Paul, 1973.

Brentano, Franz. "The Four Phases of Philosophy and its Present Condition", trans. Stephen Satris, *Philosophy Today* 43 (1) (Spring, 1999), pp. 14–28.

Brentano, Franz. *The Origin of Our Knowledge of Right and Wrong*. Trans. R. M. Chisholm and E. H. Schneewind. London: Routledge & Kegan Paul, 1969.

Brentano, Franz. *The Psychology of Aristotle*. Trans. R. George. London: University of California Press, 1977.

Brentano, Franz. *The Theory of the Categories*. Trans. R. M. Chisholm and N. Guterman. The Hague: Nijhoff, 1981.

Brentano, Franz. *The True and the Evident*. Trans. R. Chisholm. 525
London: Routledge & Kegan Paul, 1966.

Brentano: further reading

Albertazzi, Liliana, Massimo Libardi, and Roberto Poli. Eds. *The*

School of Franz Brentano. Dordrecht：Kluwer，1996.

Baumgartner，W. and F.-P. Burkard. "Franz Brentano：Eine Skizze seines Lebens und seiner Werke"，*International Bibliography of Austrian Philosophy*. Amsterdam：Rodopi，1990.

Baumgartner，W. and P. M. Simons. "Bentano's Mereology"，*Axiomathes* 5（1）（April，1994），pp. 55—76.

Bergmann，Gustav. *Realism. A Critique of Brentano and Meinong*. Milwaukee，WI：University of Wisconsin Press，1967.

Brentano，J. C. M. "The Manuscripts of Franz Brentano"，*Revue Internationale de Philosophie* 20（1966），pp. 477—482.

Campos，Eliam. *Die Kantkritik Brentanos*. Bonn：Bouvier Verlag Herbert Grundmann，1979.

Chisholm，Roderick. M. *Brentano and Meinong Studies*. Amsterdam：Rodopi，1982.

Chisholm，Roderick. M. *Brentano and Intrinsic Value*. Cambridge：Cambridge University Press，1986.

Chisholm，Roderick. M. and R. Haller. Eds. *Die Philosophie Brentanos*. Amsterdam：Rodopi，1978.

Gilson，Lucie. *La Psychologie descriptive selon Franz Brentano*. Paris：Vrin，1955.

Gilson，Lucie. *Méthode et métaphysique selon Franz Brentano*. Paris：Vrin，1955.

Kastil，A. *Die Philosophie Franz Brentanos*. Munich：Lehnen，1951.

Körner，Stephan. "On Brentano's Objections to Kant's Theory of Knowledge"，*Topoi* 6（1987），pp. 11—19.

McAlister，Linda L. Ed. *The Philosophy of Franz Brentano*. London：Duckworth，1976.

Moran，Dermot. "The Inaugural Address：Brentano's Thesis"，*Proceedings of the Aristotelian Society* Supplementary Vol. LXX（1996），pp. 1—27.

Mulligan，K. Ed. *Mind*，*Meaning and Metaphysics*. Dordrecht：Kluwer，1990. pp. 11—27.

Münch, Dieter. "Brentano and Comte", *Grazer Philosophische Studien* 35 (1989), pp. 33-54.

Poli, Roberto. Ed. *The Brentano Puzzle*. London: Ashgate, 1998.

Rollinger, Robin. "Husserl and Brentano on Imagination", *Archiv für Geschte der Philosophie* 75 (1993), pp. 195-210.

Rollinger, Robin. *Husserl's Position in the School of Brentano*. Utrecht: Dept of Philosophy, Utrecht University, 1996.

Simons, Peter M. "Brentano's Reform of Logic", *Topoi* 6 (1987), pp. 25-38.

Smith, Barry. "The Substance of Brentano's Ontology", *Topoi* 6 (1987), pp. 39-49.

Smith, Barry. *Austrian Philosophy. The Legacy of Franz Brentano*. Chicago: Open Court, 1994.

Srzednicki, Jan. *Franz Brentano's Analysis of Truth*. The Hague: Nijhoff, 1965.

Stegmüller, Wolfgang. "The Philosophy of Self-Evidence: Franz Brentano", in *Main Currents in Contemporary German, British and American Philosophy*. Dordrecht: Reidel, 1969.

Edmund Husserl 526

Primary sources

Husserl, Edmund. *Gesammelte Werke*. Husserliana. Dordrecht: Kluwer, 1950.

——Volume I: Edmund Husserl, *Cartesianische Meditationen und Pariser Vorträge*. Hrsg. Stephan Strasser. 1991.

——Volume II: Edmund Husserl, *Die Idee der Phänomenologie. Fünf Vorlesungen*. Nachdruck der 2. erg. Auflage. Hrsg. W. Biemel. 1973.

——Volume III/I: Edmund Husserl, *Ideen zu einer reiner Phänomenologie und Phänomenologischen Philosophie*. Erstes Buch: *Allgemeine Einführung in die reine Phänomenologie* 1. Halbband: *Text der 1 – 3. Auflage*. Hrsg. K. Schuhmann. 1977.

——Volume III/2: Edmund Husserl, *Ideen zu einer reinen*

Phänomenologie und Phänomenologischen Philosophie. Erstes Buch: *Allgemeine Einführung in die reine Phänomenologie* 2. Halbband: *Ergänzende Texte* (*1912—1929*). Hrsg. K. Schuhmann. 1977.

——Volume Ⅳ: Edmund Husserl, *Ideen zu einer reinen Phänomenologie und Phänomenologischen Philosophie*. Zweites Buch: *Phänomenologische Untersuchungen zur Konstitution*. Hrsg. Marly Biemel. 1991.

——Volume Ⅴ: Edmund Husserl, *Ideen zu einer reinen Phänomenologie und Phänomenologischen Philosophie*. Drittes Buch: *Die Phänomenologie und die Fundamente der Wissenschaften*. Hrsg. Marly Biemel. 1971.

——Volume VI: Edmund Husserl, *Die Krisis der europäischen Wissenschaften und die transzendentale Phänomenologie. Eine Einleitung in die Phänomenologische Philosophie*. Hrsg. W. Biemel. The Hague: Nijhoff, 1962. Reprinted 1976.

——Volume VII: Edmund Husserl, *Erste Philosophie* (*1923/24*). Erster Teil: *Kritische Ideengeschichte*. Hrsg. R. Boehm. 1965.

——Volume VIII: Edmund Husserl, *Erste Philosophie* (*1923/24*). Zweiter Teil: *Theorie der Phänomenologischen Reduktion*. Hrsg. R. Boehm. 1965.

——Volume IX: Edmund Husserl, *Phänomenologische Psychologie. Vorlesungen Sommersemester 1925*. Hrsg. W. Biemel. The Hague: Nijhoff, 1968.

——Volume X: Edmund Husserl, *Zur Phänomenologie des inneren Zeinbewußtseins* (*1893—1917*). Hrsg. R. Boehm. The Hague: Nijhoff, 1966. Second Edition 1969.

——Volume XI: Edmund Husserl, *Analysen zur passiven Synthesis. Aus Vorlesungsund Forschungsmanuskripten* (*1918—1926*). Hrsg. M. Fleischer. 1988.

——Volume XII: Edmund Husserl, *Philosophie der Arithmetik. Mit ergänzenden Texten* (*1890—1901*). Hrsg. L. Eley. The Hague: Nijhoff, 1970.

——Volume XIII: Edmund Husserl, *Zur Phänomenologie der*

Intersubjektivität. Texte aus dem Nachlaß. Erster Teil. 1905—1920. Hrsg. I. Kern. 1973.

——Volume XIV: Edmund Husserl, *Zur Phänomenologie der Intersubjektivität. Texte aus dem Nachlaß. Zweiter Teil. 1921—1928.* Hrsg. I. Kern. 1973.

——Volume XV: Edmund Husserl, *Zur Phänomenologie der Intersubjektivität. Texte aus dem Nachlaß. Dritter Teil. 1929—1935.* Hrsg. I. Kern. 1973.

——Volume XVI: Edmund Husserl, *Ding und Raum. Vorlesungen 1907.* Hrsg. U. Claesges. The Hague: Nijhoff, 1973.

——Volume XVII: Edmund Husserl, *Formale und transzendentale Logik. Versuch einer Kritik der logischen Vernunft. Mit ergänzenden Texten.* Hrsg. Paul Janssen. 1974.

——Volume XVIII: Edmund Husserl, *Logische Untersuchungen.* 527
Erster Band: *Prolegomena zur reinen Logik.* Text der 1. und der 2. Auflage. Hrsg. E. Holenstein. 1975.

——Volume XIX: Edmund Husserl, *Logische Untersuchungen.* Zweiter Band: *Untersuchungen zur Phänomenologie und Theorie der Erkenntnis.* In zwei Bänden. Hrsg. Ursula Panzer. 1984.

——Volume XXI: Edmund Husserl, *Studien zur Arithmetik und Geometrie. Texte aus dem Nachlaß (1886—1901).* Hrsg. I. Strohmeyer. 1983.

——Volume XXII: Edmund Husserl, *Aufsätze und Rezensionen (1890—1910).* Hrsg. B. Rang. 1979.

——Volume XXIII: Edmund Husserl, *Phantasie. Bildbewusstsein, Erinnerung. Zur Phänomenologie der anschaulichen Vergegenwärtigungen. Texte aus dem Nachlaß (1898—1925).* Hrsg. Eduard Marbach. 1980.

——Volume XXIV: Edmund Husserl, *Einleitung in die Logik und Erkenntnistheorie. Vorlesungen 1906/07.* Hrsg. Ullrich Melle. Dordrecht: Kluwer, 1985.

——Volume XXV: Edmund Husserl, *Aufsätze und Vorträge 1911—1921.* Hrsg. H. R. Sepp, Thomas Nenon. Dordrecht: Kluwer, 1986.

——Volume XXVI: Edmund Husserl, *Vorlesungen über Bedeu-*

tungslehre. Sommersemester 1908. Hrsg. Ursula Panzer. 1986.

——Volume XXVII: Edmund Husserl, *Aufsätze und Vorträge 1922—1937*. Hrsg. Thomas Nenon, H. R. Sepp. Dordrecht: Kluwer, 1989.

——Volume XXVIII: Edmund Husserl, *Vorlesungen über Ethik und Wertlehre (1908—1914)*. Hrsg. Ullrich Melle. Dordrecht: Kluwer, 1988.

——Volume XXIX: Edmund Husserl, *Die Krisis der europäischen Wissenschaften und die transzendentale Phänomenologie. Ergänzungsband Texte aus dem Nachlaß 1934—1937*. Hrsg. Reinhold N. Smid. 1992.

——Volume XXX: Edmund Husserl, *Logik und allgemeine Wissenschaftstheorie. Vorlesungen 1917/18, mit ergänzenden Texten aus der ersten Fassung 1910/11*. Hrsg. Ursula Panzer. 1996.

Husserl, Edmund. *Arbeit an den Phänomenen. Ausgewählte Schriften*. Hrsg. Bernhard Waldenfels. Frankfurt: Fischer, 1993.

Husserl, Edmurnd. *Briefwechsel*. Ed. Karl Schuhmann in collaboration with Elizabeth Schuhmann, 10 Vols. Dordrecht: Kluwer, 1994.

Husserl, Edmund. *Gesammelte Schriften*. Hamburg: Meiner, 1996.

Husserl, Edmund. *Erfahrung und Urteil. Untersuchungen zur Genealogie der Logik*. Hrsg. Ludwig Landgrebe, Hamburg: Felix Meiner Verlag, 1999.

Husserl, Edmund. *Méditations cartésiennes, introduction à la Phénoménologie*. Trans. G. Peiffer and E. Levinas. Paris: Almand Colin, 1931.

Husserl: primary sources in translation

Husserl, Edmund. *Cartesian Meditations*. Trans. D. Cairns. The Hague: Nijhoff, 1967.

Husserl, Edmund, *Early Writings in the Philosophy of Logic and Mathematics*. Trans. Dallas Willard. Collected Works V. Dordrecht: Kluwer, 1994.

Husserl, Edmund. *Experience and Judgment; Investigations in a Genealogy of Logic*. Rev. and Ed. L. Landgrebe. Trans. J. S. Churchill and K. Ameriks. Evanston, IL: Northwestern University Press, 1973.

Husserl, Edmund, "Fichte's Ideal of Humanity [Three Lectures]", trans. James G. Hart. *Husserl Studies* 12 (1995), pp. 111-133.

Husserl, Edmund. *Formal and Transcendental Logic*. Trans. D. Cairns. The Hague: Nijhoff, 1969. 528

Husserl, Edmud. *Husserl. Shorter Works*. Trans. and Ed. Frederick Elliston and Peter McCormick. Notre Dame, IN: University of Notre Dame Press, 1981. pp. 9-17.

Husserl, Edmund. *Ideas. A General Introduction to Pure Phenomenology*. Trans. W. R. Boyce Gibson. London: Allen and Unwin, 1931.

Husserl, Edmund. *Ideas pertaining to a Pure Phenomenology and to a Phenomenological Philosophy*, *First Book*. Trans. F. Kersten. Dordrecht: Kluwer, 1983.

Husserl, Edmund. *Ideas pertaining to a Pure Phenomenology and to a Phenomenological Philosophy*. *Second Book*. Trans. R. Rojcewicz and A. Schuwer. Dordrecht: Kluwer, 1989.

Husserl, Edmund. *Ideas pertaining to a Pure Phenomenology and to a Phenomenological Philosophy*, *Third Book*. Trans. Ted E. Klein and W. E. Pohl. Collected Works Vol. 1. The Hague: Nijhoff, 1980.

Husserl, Edmund. *Introduction to the Logical Investigations*, *Draft of a preface to the Logical Investigations*. Ed. E. Fink. Trans. P. J. Bossert and C. H. Peters. The Hague, Nijhoff, 1975.

Husserl, Edmund. "Kant and the Idea of Transcendental Philosophy", trans. Ted E. Klein and William E. Pohl in *Southwestern Journal of Philosophy* 5 (Fall, 1974).

Husserl, Edmund. *Logical Investigations*, 2 Vols. Trans. J. N. Findlay. New York: Humanities Press, 1970.

Husserl, Edmund. *On the Phenomenology of the Consciousness of Internal Time*. Trans. J. B. Brough. Dordrecht: Kluwer, 1990.

Husserl, Edmund. *Phenomenological Psychology. Lectures, Summer Semester 1925*. Trans. J. Scanlon. The Hague: Nijhoff, 1977.

Husserl, Edmund. *Philosophy as a Rigorous Science*, 1911, in Lauer, Quentin. *Edmund Husserl. Phenomenology and the Crisis of Philosophy*. New York: Harper and Row, 1964.

Husserl, Edmund. *Psychological and Transcendental Phenomenology and the Confrontation with Heidegger (1927—1931), The Encyclopaedia Britannica Article, The Amsterdam Lectures "Phenomenology and Anthropology" and Husserl's Marginal Notes in Being and Time, and Kant on the Problem of Metaphysics*. Trans. T. Sheehan and R. E. Palmer. Dordrecht: Kluwer, 1997.

Husserl, Edmund. "Syllabus of a Course of Four Lectures on 'Phenomenological Method and Phenomenological Philosophy', Delivered at University College, London, June 6, 8, 9, 12, 1922", *Journal of the British Society for Phenomenology* 1 (1) (1970), pp. 18-23.

Husserl, Edmund. *The Crisis of European Sciences and Transcendental Phenomenology. An Introduction to Phenomenological Philosophy*. Trans. David Carr. Evanston, IL: Northwestern University Press, 1970.

Husserl, Edmund. *The Idea of Phenomenology*. Trans. W. P. Alston and G. Nakhnikian. The Hague: Nijhoff, 1964.

Husserl, Edmund. *The Paris Lectures*. Trans. P. Koestenaum. The Hague: Nijhoff, 1970.

Husserl, Edmund. *The Phenomenology of Internal Time Consciousness*. Ed. M. Heidegger. Trans. J. S. Churchill. London: Indiana University Press, 1964.

Husserl, Edmund. *Thing and Space. Lectures of 1907*. Trans. R. Rojcewicz. Collected Works VII. Dordrecht: Kluwer, 1997.

529 **Husserl: further reading**

Adorno. T. *Against Epistemology: A Metacritique*. Trans. Willis Domingo. Oxford: Blackwell, 1982.

Bell, David. *Husserl*. London: Routledge, 1991.

Bernet, Rudolf. *La Vie du sujet. Recherches sur l'interprétation de Husserl dans la phénoménologie*. Paris: PUF, 1994.

Bernet, Rudolf. "Edmund Husserl", in *The Blackwell Companion to Continental Philosophy*. Ed. Simon Critchley. Oxford: Blackwell, 1998.

Bernet, Rudolf, Iso Kern, and Eduard Marbach. *An Introduction to Husserlian Phenomenology*. Evanston, IL: Northwestern University

Press, 1993.

Bossert, Philip J. *The Origins and Early Development of Edmund Husserl's Method of Phenomenological Reduction*, PhD thesis, Washington University, St Louis, 1973.

Cairns, Dorion. *Conversations with Husserl and Fink*, Phaenomenologica 66. The Hague: Nijhoff, 1975.

Cavallin, Jans. *Content and Object. Husserl, Twardowski, and Psychologism*. Dordrecht: Kluwer, 1997.

Chisholm, Roderick. Ed. *Realism and the Background of Phenomenology*. Atascadero, CA: Ridgeview, 1960.

Cho, Kah Kyung. "Phenomenology as Cooperative Task: Husserl-Farber Correspondence during 1936—37", *Philosophy and Phenomenological Research* 50, Supplement (Fall, 1990), pp. 27-43.

Cobb-Stevens, Richard. "The Beginings of Phenomenology: Husserl and his Predecessors", in *Twentieth-Century Continental Philosophy. Routledge History of Philosophy*, Vol. VIII. Ed. R. Kearney. London: Routledge, 1994. pp. 5-37.

de Boer, Theodor. *The Development of Husserl's Thought*. The Hague: Nijhoff, 1978.

Dreyfus, Hubert. "*Sinn* and the Intentional Object", in *Phenomenology and Existentialism*. Ed. Robert Solomon. New York: Harper and Row, 1972.

Dreyfus, Hubert. Ed. *Husserl, Intentionality and Cognitive Science*. Cambridge, MA: MIT Press, 1982.

Elliston, F. and P. McCormick. Eds. *Husserl. Expositions and Appraisals*. Notre Dame, IN: University of Notre Dame Press, 1977.

Elveton, R. O. Ed. *The Phenomenology of Edmund Husserl*. Selected Critical Readings. Chicago: Quadrangle, 1970.

Farber, Marvin. *Philosophical Essays in Memory of Edmund Husserl*. Cambridge, MA: Harvard University Press, 1940.

Farber, Marvin. *The Foundation of Phenomenology*. Albany, NY: SUNY Press, 1943.

Frege, Gottlob. "Rezension von: E. G. Husserl, *Philosophie der Arithmetik* I", *Zeitschrift für Philosophie und philosophische Kritik* (1894), pp. 313–332.

Føllesdal, Dagfinn. "Husserl on Evidence and Justification", *Edmund Husserl and the Phenomenological Tradition* (1969), pp. 107–129.

Føllesdal, Dagfinn. "Husserl's Notion of Noema", *Journal of Philosophy* 66 (1969), pp. 680–687.

Føllesdal, Dagfinn. "Noema and Meaning in Husserl", *Philosophy and Phenomenological Research* 50, Supplement (Fall, 1990), pp. 263–271.

Haaparanta, Leila. Ed. *Mind, Meaning and Mathematics. Essays on the Philosophical Views of Husserl and Frege*. Dordrecht: Kluwer, 1994.

Harney, Maurita. *Intentionality, Sense and Mind*. The Hague: Nijhoff, 1984.

530 Hart, James G. *The Person and the Common Life. Studies in a Husserlian Social Ethics*. Dordrecht: KIuwer, 1992.

Hill, Claire Ortiz. *Word and Object in Husserl, Frege and Russell*. Athens, OH: Ohio University Press, 1991.

Hill, Claire Ortiz. "Frege's Attack on Husserl and Cantor", *The Monist* 77 (3) (1994), pp. 345–357.

Hill, Claire Ortiz. "Husserl and Hilbert on Completeness", in *Essays on the Development of the Foundations of Mathematics*. Ed. J. Hintikka. Dordrecht: Kluwer, 1995. pp. 143–163.

Hill, Claire Ortiz. "Did George Cantor Influence Edmund Husserl", *Synthese* 113 (1) (October, 1997), pp. 145–170.

Hill, Claire Ortiz. "Abstraction and Idealization in Edmund Husserl and Georg Cantor Prior to 1895", *Poznan Studies in the Philosophy of the Sciences and the Humanities* XX (1998), pp. 1–27.

Hopkins, Burt C. Ed. *Husserl in Contemporary Context*. Dordrecht: Kluwer, 1997.

Huertas-Jourda, José. *On the Threshold of Phenomenology: A Study of Edmund Husserl's Philosophie der Arithmetik*. New York University, February 1969.

Husserl, Malvine. "*Skizze eines Lebensbildes von Edmund Husserl*". Ed. Karl Schuhmann. *Husserl Studies* 5 (1988), pp. 105–125.

Ingarden, Roman. *On the Motives which led Husserl to Transcendental Idealism*. Dordrecht: Kluwer, 1975.

Janssen, Paul. *Edmund Husserl Einführung in seine Phänomenologie*. Freiburg: Karl Alber, 1976.

Kolakowski, Leszek. *Husserl and the Search for Certitude*. New Haven, CT: Yale University Press, 1975.

Landgrebe, Ludwig. *The Phenomenology of Edmund Husserl. Six Essays*. Ed. D. Welton. Ithaca, NY: Cornell University Press, 1981.

Lapointe, Francois. *Edmund Husserl and His Critics. An International Bibliography (1894—1979)*. Bowling Green, OH: Philosophy Documentation Center, 1980.

McKenna, William, R. M. Harlan, and L. E. Winters. Eds. *Apriori and World European Contributions to Husserlian Phenomenology*. The Hague: Nijhoff, 1981.

McKenna, William. *Husserl's "Introductions" to Phenomenology*. Interpretation and Critique. Dordrecht: Kluwer, 1982.

Marbach, Eduard. *Das Problem des Ich in der Phänomenologie Husserls*. The Hague: Nijhoff, 1974.

Marion, Jean-Luc. *Réduction et donation. Recherches sur Husserl, Heidegger et la phenomenologie*. Paris: PUF, 1989.

Marx, Werner. *Die Phänomenologie Edmund Husserls. Eine Einführung*. Munich: Wilhelm Fink, 1987.

Miller, Izchak. *Husserl: Perception and Temporal Awareness*. Cambridge, MA: MIT Press, 1984.

Mohanty, J. N. *Edmund Husserl's Theory of Meaning*. The Hague: Nijhoff, 1976.

Mohanty, J. N. Ed. *Readings on Edmund Husserl's Logical Investigations*. The Hague: Nijhoff, 1977.

Mohanty, J. N. *Husserl and Frege*. Bloomington, IN: Indiana University Press, 1982.

Mohanty, J. N. and William R. McKenna. Eds. *Husserl's Phenomenology: A Textbook*. Washington, DC: Center for Advanced Research in Phenomenology & University Press of America, 1989.

531 Mulligan, K. Ed. *Speech Act and Sachverhalt. Reinach and the Foundations of Realist Phenomenology*. Dordrecht: Nijhoff, 1987.

Mulligan, K. "Husserl on Stares of Affairs in the *Logical Investigations*", *Epistemologia* XII (1989), Special Issue, pp. 207–234.

Mulligan, K. and B. Smith. "A Husserlian Theory of Indexicality", *Grazer Philosophische Studien* 28 (1996), pp. 133–163.

Münsterberg, Hugo. *The Peace and America*. New York: Appleton, 1915.

Osborn, Andrew. *The Philosophy of Edmund Husserl in its Development from his Mathematical Interests to his First Conception of Phenomenology in the Logical Investigations*. New York: International Press, 1934.

Palmer, Richard. "Husserl's Debate with Heidegger in the Margin of *Kant and the Problem of Metaphysics*", *Man and World* 30 (1997), pp. 5–33.

Patočka, Jan. *An Introduction to Husserl's Phenomenology*. Trans, Erazim Kohák. La Salle, IL: Open Court, 1996.

Philipse, Herman. "The Concept of Intentionality: Husserl's Development from the Brentano Period to the *Logical Investigations*", *Philosophy Research Archives* VII (March, 1987), pp. 293–328.

Prechtl, Peter. *Husserl. Zur Einführung*. Hamburg: Junius, 1991.

Ricoeur, Paul. *Husserl. An Analysis of his Phenomenology*. Trans. Edward G. Ballard and Lester E. Embree. Evanston, IL: Northwestern University Press, 1967.

Schuhmann, Karl. *Husserl-Chronik. Denk-und Lebensweg Edmund Husserls*. The Hague: Nijhoff. 1977.

Schuhmann, Karl. "Husserl and Masaryk", in J. Novak, Ed. *On Masaryk*. Amsterdam: Rodopi, 1988. pp. 129–156.

Schuhmann, Karl. "Husserl's Yearbook", *Philosophy and Phenom-*

enological Research 50, Supplement (Fall, 1990), pp. 1–25.

Schuhmann, Karl. *Husserls Staatsphilosophie*. Freiburg Munich: Alber, 1998.

Schuhmann, Karl and B. Smith. "Questions: An Essay in Daubertian Phenomenology", *Philosophy and Phenomenological Research* 47 (March, 1987), 353–384.

Seebohm, Thomas. "Psychologism Revisited", *Phenomenology and the Formal Sciences*. Ed. T. Seebohm, D. Føllesdal and J. N. Moriarty. Dordrecht: Kluwer, 1991. pp. 149–182.

Sepp, Hans Reiner. Ed. *Edmund Husserl und die phänomenologische Bewegung. Zeugnisse in Text und Bild*. Freiburg/München: Karl Alber Verlag, 1988.

Skousgaard, Stephen. Ed. *Phenomenology and the Understanding of Human Destiny*. Washington, DC: Center for Advanced Research in Phenomenology & University Press of America, 1981.

Smid Reinhold. "An Early Interpretation of Husserl's Phenomenology: Jonannes Daubert and the *Logical Investigations*", *Husserl Studies* 2 (1985), pp. 267–290.

Smith, Barry. Ed. *Parts and Moments: Studies in Logic and Formal Ontology*. Munich: Philosophia Verlag, 1982.

Smith, Barry and David Woodruff Smith. Eds. *The Cambridge Companion to Husserl*. Cambridge: Cambridge University Press, 1995.

Smith, Barry and David Woodruff and Ronald McIntyre. *Husserl and Intentionality. A Study of Mind Meaning and Language*. Dordrecht: Reidel, 1982.

Sokolowski, Robert. *The Formation of Husserl's Concept of Constitution*. The Hague: Nijhoff, 1964.

Sokolowski, Robert. "The Husserl Archives and the Edition of 532
Husserl's Works", *New Scholasticism* 38 (1964), pp. 473–482.

Sokolowski, Robert. "Intentional Analysis and the Noema", *Dialectica* 38 (2–3) (1984), pp. 113–129.

Spiegelberg, Herbert. "Husserl in England: Facts and Lessons", *Jour-*

nal of the British Society for Phenomenology 1 (1) (1970), pp. 4–17.

Ströker, Elizabeth. *The Husserlian Foundations of Science*. Ed. Lee Hardy. Washington, DC: Center for Advanced Research in Phenomenology & University Press of America, 1987.

Ströker, Elizabeth. *Husserl's Transcendental Phenomenology*. Stanford, CA: Stanford University Press, 1993.

Szilasi, W. *Einführung in die Phänomenologie Edmund Husserls*. Tübingen, 1959.

Taminiaux, J. "Heidegger and Husserl's *Logical Investigations*", in *Dialectic and Difference*. Atlantic Highlands, NJ: Humanities Press, 1985. pp. 91–114.

Van Breda, H. L. and J. Taminiaux. Eds. *Edmund Husserl 1859—1959. Recueil commémoratif publié à l'occasion du centenaire de la naissance du philosophe*. Phaenomenologica 4. The Hague: Nijhoff, 1959.

Van Breda, H. L. and J. Taminiaux. Eds. *Husserl et la pensée moderne*. Actes du deuxième Colloque International de Phénoménologie, Knefeld, 1–3 novembre 1956. The Hague: Nijhoff, 1959.

Welton, Donn. "Husserl and Frege", *The Journal of Philosophy* 69 (10) (October, 1987).

Welton, Donn. Ed. *The Essential Husserl*. Bloomington, IN: Indiana University Press, 1999.

Wetz, Franz Josef. *Edmund Husserl*. Frankfurt/New York: Campus Verlag, 1995.

Martin Heidegger

Primary sources

Heidegger, Martin. *Gesamtausgabe*. Frankfurt am Main: Vittorio Klostermann, 1973—.

Heidegger, Martin. *Auf der Erfahrung des Denkens*. Pfullingen: Neske, 1954.

Heidegger, Martin. *Beiträge zur Philosophie (Vom Ereignis)*, GA 65. Hrsg. Freidrich-Wilhelm von Herrmann. Frankfurt: Klostermann, 1994.

Heidegger，Martin. *Der Begriff der Zeit*. Tübingen：Neimeyer，1989.

Heidegger，Martin. *Der Ursprung des Kunstwerkes*. Stuttgart：Reclam，1960.

Heidegger，Martin. *Die Grundbegriffe der Metaphysik. Welt-Endlichkeit-Einsamkeit*，GA 29/30. Hrsg. Friedrich-Wilhelm von Herrmann. Frankfurt：Klostermann，1992.

Heidegger，Martin. *Die Grundprobleme der Phänomenologie*，GA 24. Hrsg. Friedrich-Wilhelm von Herrmann. Frankfurt：Klostermann，1989.

Heidegger，Martin. *Einführung in die Metaphysik*. Tübingen：Max Niemeyer Verlag，1953.

Heidegger，Martin. *Frühe Schriften*，GA 1. Hrsg. Friedrich-Wilhelm von Herrmann. Frankfurt：Klostermann，1978.

Heidegger，Martin. *Holzwege*. Frankfurt：Klostermann，1950.

Heidegger，Martin. *Identität und Differenz*. Pfullingen：Neske，1957.

Heidegger，Martin. *Platon. Sophistes*，GA 19. Hrsg，Ingeborg Schüßler. Frankfurt：Klostermann，1992.

Heidegger，Martin. *Prolegomena zur Geschte des Zeitbegriffs*，GA 533
20. Hrsg. Petra Jaeger. Frankfurt：Klostermann，1994.

Heidegger，Martin. *Unterwegs zur Sprache*. Pfullingen：Neske，1959.

Heidegger，Martin. *Wegmarken*，GA 9. Hrsg. Friedrich-Wilhelm von Herrmann. Frankfurt：Klostermann，1996.

Heidegger，Martin and Karl Jaspers. *Briefwechsel 1920—1926*. Hrsg. Walter Biemel and Hans Saner. Frankfurt：Klostermann，1990.

Heidegger：primary sources in translation

Heidegger，Martin. *An Introduction to Metaphysics*. Trans. R. Manheim. New York：Doubleday，1961.

Heidegger，Martin. *Aristotle's Metaphysics*，*1 − 3*. Trans. W. Brogan and P. Warneck. Bloomington，IN：Indiana University Press，1955.

Heidegger，Martin. *Basic Concepts*. Trans. G. E. Aylesworth. Bloomington，IN：Indiana University Press，1993.

Heidegger，Martin. *Basic Questions in Philosophy*. Trans. R. Rojcewicz and A. Schuwer. Bloomington，IN：Indiana University Press，1994.

Heidegger, Martin. *Basic Writings*. Ed. D. F. Krell. London: Routledge & Kegan Paul, 1978.

Heidegger, Martin. *Being and Time*. Trans. John Macquarrie and E. Robinson. New York: Harper and Row, 1962.

Heidegger, Martin. *Being and Time*. Trans. Joan Stambaugh. Albany, NY: SUNY Press, 1996.

Heidegger, Martin. *Discourse on Thinking*. Trans. J. M. Anderson and E. H. Freund. London: Harper and Row, 1969.

Heidegger, Martin. *Early Greek Thinking*. Trans. D. F. Krell and F. A. Capuzzi. London: Harper and Row, 1975.

Heidegger, Martin. *Existence and Being*. Introduction by W. Brock. London: Vision, 1968.

Heidegger, Martin. *German Existentialism*. Trans. D. D. Runes. New York: Wisdom Library, 1965.

Heidegger, Martin. *Hegel's Concept of Experience*. London: Harper and Row, 1970.

Heidegger, Martin (with Eugen Fink). *Heraclitus Seminar*. Trans. C. H. Seibert. Tuscaloosa, AL: University of Alabama Press, 1979.

Heidegger, Martin. *History of the Concept of Time: Prolegomena*. Trans. T. Kisiel. Bloomington, IN: Indiana University Press, 1985.

Heidegger, Martin. *Hölderlin's Hymn "The Ister"*. Trans. W. McNeill and J. Davis. Bloomington, IN: Indiana University Press, 1996.

Heidegger, Martin. *Kant and the Problem of Metaphysics*. Trans. J. S. Churchill. Bloomington, IN: Indiana University Press, 1962.

Heidegger, Martin. *Nietzsche*, 2 Vols. Trans. D. F. Krell. San Francisco: Harper, 1991.

Heidegger, Martin. *Pathmarks*. Ed. William McNeill. Cambridge: Cambridge University Press, 1998, pp. 97–135.

Heidegger, Martin. *On the Way to Language*. Trans. P. D. Hertz. New York: Harper and Row, 1971.

Heidegger, Martin. *On Time and Being*. Trans. J. Stambaugh. New York: Harper and Row, 1962.

Heidegger, Martin. *Parmenides*. Trans. A. Schuwer and R. Rojcewicz. Bloomington, IN: Indiana University Press, 1992. 534

Heidegger, Martin. *Phenomenological Interpretation of Kant's "Critique of Pure Reason"*. Trans. P. Emad and K. Maly. Bloomington, IN: Indiana University Press, 1997.

Heidegger, Martin. "Phenomenological Interpretations with Respect to Aristotle", trans. Michael Baur, *Man and World* 25 (1992), pp. 355-393.

Heidegger, Martin. *Plato's Sophist*. Trans. R. Rojcewicz and A. Schuwer. Bloomington, IN: Indiana University Press, 1997.

Heidegger, Martin. *Poetry, Language and Thought*. Trans. A. Hofstadter. New York: Harper and Row, 1975.

Heidegger, Martin. *The Basic Problems of Phenomenology*. Trans. A. Hofstadter. Bloomington, IN: Indiana University Press, 1982.

Heidegger, Martin. *The Concept of Time*. Trans. W. McNeill. Oxford: Blackwell, 1992.

Heidegger, Martin. *The End of Philosophy*. Trans. J. Stambaugh. London: Souvenir Press, 1975.

Heidegger, Martin. *The Fundamental Concepts of Metaphysics: World, Finitude, Solitude*. Trans. W. McNeill and N. Walker. Bloomington, IN: Indiana University Press, 1995.

Heidegger, Martin. *The Metaphysical Foundations of Logic*. Trans. M. Heim. Bloomington, IN: Indiana University Press, 1984.

Heidegger, Martin. *The Piety of Thinking: Essays*. Trans. J. G. Hart and J. C. Maraldo. Bloomington, IN: Indiana University Press, 1976.

Heidegger, Martin. *The Principle of Reason*. Trans. R. Lilly. Bloomington, IN: Indiana University Press, 1991.

Heidegger, Martin. *The Question Concerning Technology and Other Essays*. Trans. W. Lovitt. New York: Harper and Row, 1977.

Heidegger, Martin. "The Rectorate 1933/4: Facts and Thoughts", trans. K. Harries, *Review of Metaphysics* 38 (March, 1985), pp. 481-502.

Heidegger, Martin. *What is Philosophy?*. Trans. W. Kluback and

J. T. Wilde. New York: Twayne, 1958.

Heidegger: further reading

Adorno, T. *The Jargon of Authenticity*. Trans. J. Tarnwoski and F. Will. Evanston, IL: Northwestern University Press, 1973.

Caputo, John D. *Heidegger and Aquinas*. New York: Fordham University Press, 1982.

Courtine, Jean-François. *Heidegger et la phénoménologie*. Paris: Vrin, 1990.

Dreyfus, Hubert L. *Being-In-the-World. A Commentary on Heidegger's Being and Time, Division I*. Cambridge, MA: MIT Press, 1991.

Dreyfus, Hubert L. and Harrison Hall. Eds. *Heidegger: A Critical Reader*. Oxford: Blackwell, 1992.

Farias, Victor. *Heidegger et le nazisme*. Paris: Editions Verdier, 1987.

Farias, Victor. *Heidegger and Nazism*. Trans. J. Margolis and T. Rockmore. Philadelphia: Temple University Press, 1989.

Friedman, Michael. "Overcoming Metaphysics: Carnap and Heidegger", in *The Origins of Logical Empiricism*, *Minnesota Studies* XVI (1996), pp. 45–79.

Guignon, C. Ed. *The Cambridge Companion to Heidegger*. Cambridge: Cambridge University Press, 1993.

535 Habermas, J. "Martin Heidegger, On the Publication of the Lectures from 1935", in R. Wolin, ed., *The Heidegger Controversy. A Critical Reader*. Cambridge, MA: MIT Press, 1993. p. 191.

Harries, K. and C. Jamme. Eds. *Martin Heidegger. Politics, Art and Technology*. New York: Holmes and Meier, 1994.

Heidegger, Hermann. "Der Wirtschaftshistoriker und die Wahrheit. Notwendige Bemerkungen zu den Veröffentlichungen Hugo Otts über Martin Heidegger", *Heidegger Studies* 13 (1997), pp. 177–192.

Hemming, Laurence Paul. "Speaking Out of Turn: Heidegger and *die Kehre*", *International Journal of Philosophical Studies* 6 (3) (October, 1998), pp. 331–344.

Kisiel, Theodore. *The Genesis of Heidegger's Being and Time*.

Berkeley, CA: University of California Press, 1993.

Kisiel, Theodore. "Why Students of Heidegger Will Have to Read Emil Lask", in Deborah G. Chaffin, ed, *Emil Lask and the Search for Concreteness*. Athens, OH: Ohio University Press, 1993.

Kisiel, Theodore and John Van Buren. Eds. *Reading Heidegger from the Start. Essays in his Earliest Thought*. Albany, NY: SUNY Press, 1994.

Kockelmans, J. J. Ed. *A Companion to Martin Heidegger's Being and Time*. Washington, DC: Catholic University of America Press, 1986.

Löwith, Karl. *Martin Heidegger and European Nihilism*. Ed. R. Wolin. New York: Columbia University Press, 1995.

Milchman, Alan and Alan Rosenberg. Eds. *Martin Heidegger and the Holocaust*. Atlantic Highlands, NJ: Humanities Press, 1997.

Murray, Michael. Ed. *Heidegger and Modern Philosophy*. New Haven, CT: Yale University Press, 1978.

Neske, G. and E. Kettering. Eds. *Martin Heidegger and National Socialism. Questions and Answers*. Trans. L. Harries. New York: Paragon House, 1990.

Ott, Hugo. *Martin Heidegger. A Political Life*. Trans. Allan Blunden. London: Harper Collins, 1993.

Petzet, Heinrich. *Auf einem Stern zugehen: Begegungen und Gespräche mit Martin Heidegger, 1929—1976*. Frankfurt: Societäts-Verlag, 1983.

Petzet, Heinrich. *Encounters and Dialogues with Martin Heidegger 1929—1976*. Trans. P. Emad and K. Maly. Chicago: University of Chicago Press, 1993.

Philipse, Herman. *Heidegger's Philosophy of Being*. Princeton, NJ: Princeton University Press, 1998.

Pöggeler, Otto. *Martin Heidegger's Path of Thinking*. Atlantic Highlands, NJ: Humanities Press, 1989.

Richardson, William. *Heidegger: Through Phenomenology to Thought*. The Hague: Nijhoff, 1963.

Rockmore, Tom. *Heidegger's Nazism and Philosophy*. London: Harvester, 1992.

Rorty, Richard. *Essays on Heidegger and Others. Philosophical Papers*, Vol. 2. Cambridge: Cambridge University Press, 1991.

Safranski, R. *Martin Heidegger. Between Good and Evil*. Cambridge, MA: Harvard University Press, 1998.

Schneeberger, Guido. *Nachlese zu Heidegger: Dokumente zu seinem Leben und Denken*. Bern: Suhr, 1962.

Sheehan, Thomas. "Heidegger's Early Years; Fragments for a Philosophical Biography", *Listening* 12 (1977), pp. 5-8.

536 Sheehan, Thomas. "Heidegger's Introduction to the Phenomenology of Religion, 1920—21", *The Personalist* LX (3) (1979), pp. 312-324.

Sheehan, Thomas. "Caveat Lector: The New Heidegger", *New York Review of Books* 4 December 1980. pp. 39-41.

Sheehan, Thomas. Ed. *Heidegger: The Man and Thinker*. Chicago: Precedent, 1981.

Stern, Günther. "On the Pseudo-Concreteness of Heidegger's Philosophy", *Philosophy and Phenomenological Research* 8 (3) (1947—8), pp. 337-370.

Taminiaux, Jacques. *Heidegger and the Project of Fundamental Ontology*. Albany, NY: SUNY Press, 1991.

Van Buren, John. *The Young Heidegger. Rumor of the Hidden King*. Bloomington, IN: Indiana University Press, 1994.

Hans-Georg Gadamer

Primary sources

Gadamer, Hans-Georg. *Gesammelte Werke*, 10 vols. Tübingen. J. C. B. Mohr. 1985—1995.

Gadamer, Hans-Georg. *Platos dialektische Ethik*. Hamburg: Meiner, 1968.

Gadamer, Hans-Georg. *Wahrheit und Methode*, Band 1, *Grundzüge einer Philosophischen Hermeneutik*. Tübingen: Lohr, 1960; 2nd edition, 1965.

Gadamer, Hans-Georg. *Wahrheit und Methode*, Band 2, *Ergänzungen*, Register. 2. Auflage. 1993.

Gadamer: primary sources in translation

Gadamer, Hans-Georg. "Back from Syracuse", trans. J. McCumber. *Critical Inquiry* 15 (Winter, 1989), p. 428.

Gadamer, Hans-Georg. *Dialogue and Dialectic. Eight Hermeneutical Studies on Plato*. Trans. P. Christopher Smith. New Haven, CT: Yale University Press, 1980.

Gadamer, Hans-Georg. *Hegel's, Dialectic. Five Hermeneutical Studies*. Trans. P. Christopher Smith. New Haven, CT: Yale University Press, 1976.

Gadamer, Hans-Georg. *Heidegger Ways*, Trans. J. W. Stanley, Albany, NY: SUNY Press, 1994.

Gadamer, Hans-Georg. *Literature and Philosophy in Dialogue*. Trans. R. H. Paslick. Albany, NY: SUNY Press, 1994.

Gadamer, Hans-Georg. *Philosophical Apprenticeships*. Trans. Robert R. Sullivan. Cambridge, MA: MIT Press, 1990.

Gadamer, Hans-Georg. *Philosophical Hermeneutics*. Trans. and Ed. David E. Linge. Berkeley, CA: University of California Press, 1977.

Gadamer, Hans-Georg. *Plato's Dialectical Ethics*. Trans. Robert M. Wallace. New Haven, CT: Yale University Press, 1991.

Gadamer, Hans-Georg. *Reason in the Age of Science*. Trans. F. G. Lawrence. Cambridge, MA: MIT Press, 1981.

Gadamer, Hans-Georg. *The Enigma of Health*. Trans. J. Gaiger and N. Walker. Cambridge: Polity Press, 1996.

Gadamer, Hans-Georg. *The Idea of the Good in Platonic-Aristotelian Philosophy*. New Haven, CT: Yale University Press, 1986.

Gadamer, Hans-Georg. *The Relevance of the Beautiful and Other Essays*. Trans. N. Walker. Cambridge: Cambridg University Press, 1986. 537

Gadamer, Hans-Georg. *Truth and Method*, 2nd edition. Trans. Joel Weimsheimer and Donald G. Marshall. London: Sheed & Ward, 1989.

Gadamer: further reading

Barnes, J. "Review of Gadamer's *Philosophical Apprenticeships*",

London Review of Books 8 (19) (1986).

Betti, E. "Hermeneutics as the General Methodology of the *Geisteswissenschaften*", in J. Bleicher, ed, *Contemporary Hermeneutics*. London: Routledge & Kegan Paul, 1980. pp. 51–94.

Dostal, Robert. "The World We Never Lost: The Hermeneutics of Trust", *Philosophy and Phenomenological Research* 47 (1987), pp. 414–434.

Dreyfus, Hubert L. "Hermeneutics and Holism", *Review of Metaphysics* 34 (1980).

Dunne, Joseph. *Back to the Rough Ground 'Phronesis' and 'Techne' in Modern Philosophy and in Aristotle*. Notre Dame, IN: University of Notre Dame Press, 1993.

Grondin, Jean. "On the Sources of *Truth and Method*", *Sources of Hermeneutics*. Albany, NY: SUNY Press, 1995.

Hahn, Lewis E. Ed. *The Philosophy of Hans-Georg Gadamer*, Library of the Living Philosophers. La Salle, IL: Open Court, 1997.

Hirsch, E. D. *Validity in Interpretation*. New Haven, CT: Yale University Press, 1967.

Kögler, Hans-Herbert. *Die Macht des Dialogs. Kritische Hermeneutik nach Gadamer, Foucault, und Rorty*. Stuttgart: Metzler, 1992.

Michelfelder, Diane P. and Richard E. Palmer. Eds. *Dialogue and Deconstruction. The Gadamer-Derrida Encounter*. Albany, NY: SUNY Press, 1989.

Misgeld, Dieter and Graeme Nicholson. Eds. *Hans-Georg Gadamer on Education, Poetry and History. Applied Hermeneutics*. Albany, NY: SUNY Press, 1992.

Mueller-Vollmer, K. Ed. *The Hermeneutics Reader*. Oxford: Basil Blackwell, 1986.

Orozco, Teresa. *Platonische Gewalt. Gadamers Politische Hermeneutik der NS-Zeit*. Hamburg: Argument Verlag, 1995.

Palmer, Richard O. *Hermeneutics. Interpretation Theory in Schleiermacher, Dilthey, Heidegger, and Gadamer*. Evanston, IL:

Nonthwestern University Press, 1969.

Silverman, H. J. Ed. *Gadamer and Hermeneutics*. London: Routledge, 1991.

Wachterhauser, Brice R. *Hermeneutics and Modern Philosophy*. Albany, NY: SUNY Press, 1986.

Warnke, G. *Gadamer: Hermeneutics, Tradition and Reason*. Cambridge: Polity Press, 1987.

Weinsheimer, J. *Gadamer's Hermeneutics: A Reading of Truth and Method*. New Haven, CT: Yale University Press, 1985.

Hannah Arendt

Primary sources

Arendt, Hannah. *Between Past and Future: Eight Exercises in Political Thought*, 1961. Reprinted New York: Penguin, 1977.

Arendt, Hannah. *Crises of the Republic*. New York: Harcourt 538
Brace Jovanovich, 1972.

Arendt, Hannah. *Der Liebesbegriff bei Augustin. Versuch einer Philosophischen Interpretation*. Berlin: Springer-Verlag, 1929.

Arendt, Hannah. *Eichmann in Jerusalem. A Report on the Banality of Evil*, 2nd rev. edition. New York: Penguin, 1964.

Arendt, Hannah. *Essays in Understanding, 1930—1954*. Ed. Jerome Kohn. New York: Harcourt Brace Jovanovich, 1994.

Arendt, Hannah. "Foreword", to Karl Jaspers, *The Future of Germany*. Trans. E. B. Ashton. Chicago: University of Chicago Press, 1967.

Arendt, Hannah. Ed. *Illuminations*. Walter Benjamin. New York: Schocken Books, 1969.

Arendt, Hannah. *Lectures on Kant's Political Philosophy*. Ed. Ronald Beiner. Chicago: University of Chicago Press, 1982.

Arendt, Hannah. *Love and St. Augustine*. Ed. Joanna V. Scott and Judith C. Stark. Chicago: University of Chicago Press, 1996.

Arendt, Hannah. "Martin Heidegger at Eighty", *New York Review of Books* 21 October 1971, pp. 50-54.

Arendt, Hannah. *Men in Dark Times*. New York: Harcourt Brace Jovanovich, 1968.

Arendt, Hannah. *Rahel Varnhagen. The Life of a Jewish Woman*. Trans. Richard and Clara Winston, rev. edition. New York: Harcourt Brace Jovanovich, 1974.

Arendt, Hannah. "Reflections on Little Rock", *Dissent* VI (1) (Winter, 1959), pp. 45-56.

Arendt, Hannah. "Rejoinder to Eric Voegelin's Review of *The Origins of Totalitarianism*", *Review of Politics* 15 (January, 1953), pp. 76-85.

Arendt, Hannah. "Review of Alice Ruehle-Gerstel's *Das Frauenproblem der Gegenwart*", *Die Gesellschaft* 10 (1932).

Arendt, Hannah. *The Human Condition. A Study of the Central Dilemmas Facing Modern Man*. Chicago: University of Chicago Press, 1958. (Reprint: Anchor Books, 1959.)

Arendt, Hannah. *The Jew as Pariah*. Ed. Ron Feldman. New York: Grove Press, 1978.

Arendt, Hannah. *The Life of the Mind. Vol One: Thinking*. New York: Harcourt Brace, 1971.

Arendt, Hannah. *The Life of the Mind. Vol Two: Willing*. New York: Harcourt Brace, 1978.

Arendt, Hannah. *The Origins of Totalitarianism*. New York: Harcourt Brace Jovanovich, 1951.

Arendt, Hannah. *Vita activa oder Vom tätigen Leben*. Stuttgart: Kohlhammer, 1960.

Arendt, Hannah. "What is *Existenz philosophy*?", *Partisan Review* 13 (1) (1946), pp. 34-56.

Arendt, Hannah and Martin Heidegger. *Briefe 1925 bis 1975 und andere Zeugnisse aus den Nachlässen*. Hrsg. Ursula Ludz. Frankfurt: Klostermann, 1998.

Arendt, Hannah and Karl Jaspers. *Hannah Arendt and Karl Jaspers Correspondence 1926—1969*. Ed. Lotte Köhler and Hans Saner. Trans. Robert and Rita Kimber. New York: Harcourt Brace, 1992.

Arendt, Hannah and Mary McCarthy. *Between Friends: The Correspondence of Hannah Arendt and Mary McCarthy 1949—1975*. Ed. Carol Brightman. New York: Harcourt Brace Jovanovich, 1995. 539

Arendt: further reading

Barnouw, Dagmar. *Visible Spaces: Hannah Arendt and the German-Jewish Experience*. Baltimore, MD: Johns Hopkins University Press, 1990.

Benhabib, Seyla. *The Reluctant Modernism of Hannah Arendt*. London: Sage, 1996.

Bernauer, James W. Ed. *Amor Mundi. Explorations in the Faith and Thought of Hannah Arendt*. Dordrecht: Nijhoff, 1987.

Bowen-Moore, Patricia. *Hannah Arendt's Philosophy of Natality*. Basingstoke: Macmillan, 1989.

Bradshaw, Leah. *Acting and Thinking: The Political Thought of Hannah Arendt*. Toronto: University of Toronto Press, 1989.

Canovan, Margaret. *The Political Thought of Hannah Arendt*. London: Dent, 1979.

Dossa, Shiraz. *The Public Realm and the Public Self: The Political Theory of Hannah Arendt*. Waterloo, Ontario: Wilfrid Lautier University Press, 1989.

Ellison, Ralph. *Who Speak for the Negro?*. Ed. R. Penn Warren. New York: Random House, 1965.

Ettinger, Elizbieta. *Hannah Arendt/Martin Heidegger*. New Haven, CT: Yale University Press, 1995.

Gottsegen, Michael. *The Political Thought of Hannah Arendt*. Albany, NY: SUNY Press, 1993.

Hansen, Philip. *Hannah Arendt. Politics, History, Citizenship*. Cambridge: Polity Press, 1993.

Hill, Melvyn A. Ed. *Hannah Arendt. The Recovery of the Public World*. New York: St Martin's Press, 1979.

Hinchman, Lewis P. and Sandra K. Hinchman. Eds. *Hannah Arendt. Critical Essays*. Albany, NY: SUNY Press, 1993.

Honig, Bonnie. Ed. *Feminist Interpretations of Hannah Arendt*.

University Park, PA: University of Pennsylvania Press, 1995.

Kateb, George. *Hannah Arendt. Politics, Conscience, Evil.* Totowa, NJ: Rowman and Allanheld, 1984.

Lazare, Bernard. *Job's Dung Heap.* New York: Schocken Books, 1948.

McCarthy, Mary. "Saying Good-by to Hannah", *New York Review of Books* 22 January 1976, pp. 8-10.

Passerin d'Entreves, Maurizio. *The Political Philosophy of Hannah Arendt.* London: Routledge, 1994.

Taminiaux, Jacques. *La Fille de Thrace et le Penseur professionnel: Arendt et Heidegger.* Paris: Editions Payot, 1992.

Taminiaux, Jacques. *The Thracian Maid and the Professional Thinker.* Trans. Michael Gendre. Albany, NY: SUNY Press, 1997.

Villa, Dana R. *Arendt and Heidegger. The Fate of the Political.* Princeton, NJ: Princeton University Press, 1996.

Young-Bruehl, Elisabeth. *Hannah Arendt. For Love of the World.* New Haven, CT: Yale University Press, 1982.

Young-Bruehl, Elisabeth. "Hannah Arendt Among Feminists", *Hannah Arendt. Twenty Years Later.* Cambridge, MA: MIT Press, 1997.

540

Emmanuel Levinas

Primary Sources

Levinas, E. *A l'heure des nations.* Paris: Editions de Minuit, 1988.

Levinas: E. *Autrement quetre ou au-delà de l'essence.* Phaenomenologica Vol. 54. The Hague: Nijhoff, 1974.

Levinas, E. *De Dieu qui vient a l'idée.* Paris: Vrin, 1982.

Levinas, E. *De l'évasion.* Montpellier: Fata Morgana, 1982.

Levinas, E. *De l'existence à l'existant.* Paris: Fontaine, 1947. Reprinted Vrin, 1973.

Levinas, E. *Difficile liberté Essais sur le Judaisme.* Paris: Albin Michel, 1963.

Levinas, E. *Du sacré au saint.* Paris: Minuit, 1977.

Levinas, E. *En découvrant l'existence avec Husserl et Heidegger.*

Paris：Vrin，1949；reprinted 1974，1988.

Levinas，E. *Entre nous：Essais sur le penser-à-l'autre*. Paris：Grasset，1991.

Levinas，E. *Éthique et infini*. Paris：Fayard，1982.

Levinas，E. *Existence，humaine et transcendance*. Neuchatel：Editions de la Baconnière，1944.

Levinas，E. *Hors sujet*. Montpellier：Fata Morgana，1987.

Levinas，E. *Humanisme de l'autre homme*. Montpellier：Fata Morgana，1973.

Levinas，E. *L'Au delà du verset，Lectures et discours talmudiques*. Paris：Editions de Minuit. 1981.

Levinas，E. *Le Temps et l'autre*. Paris：Arthaud，1948. Reprinted Montpellier：Fata Morgana，1979.

Levinas，E. *La Mort et le temps*. Paris：L'Herne，1991.

Levinas，E. *La Théorie de l'intuition dans la phénoménologie de Husserl*. Paris：Félix Alcan，1930. Reprinted Paris：Vrin，1963.

Levinas，E. *Les Imprévus de l'histoire*. Montpellier：Fata Morgana，1994.

Levinas，E. *Liberté et commandement*. Montpellier：Fata Morgana，1994.

Levinas，E. *Noms Propres*. Montpellier：Fata Morgana，1975.

Levinas，E. *Nouvelles lectures talmudiques*. Paris：Editions de Minuit，1996.

Levinas，E. *Quatre lectures talmudiques*. Paris：Editions de Minuit，1968.

Levinas，E. "Sur les ldeen de M. E. Husserl"，*Revue Philosophique de la France et de l'Etranger* 108 (3-4) (1929).

Levinas，E. *Sur Maurice Blanchot*. Montpellier：Fata Morgana，1975.

Levinas，E. *Totolité et infini. Essai sur l'extériorité*. The Hague：Nijhoff，1961.

Levinas，E. *Transcendance et intelligibilité*. Geneva：Labor et Fides，1984.

Levinas：primary sources in translation

Levinas，E. "*As if consenting to a Horror*"，trans. Paula Wissig. *Critical Inquiry* 15 (2) (Winter，1989)，pp. 485-488.

Levinas, E. *Basic Philosophical Writings*. Ed. Adriaan Peperzak, Simon Critchley, and Robert Bernasconi. Bloomington, IN: Indiana University Press, 1996.

Levinas, E. *Between Us*. London: Athlone Press, 1997.

Levinas, E. *Beyond the Verse*. Trans. Gary D. Mole. London: Athlone Press, 1994.

Levinas, E. *Collected Philosophical Papers*. Trans. A. Lingis. Dordrecht: Kluwer, 1987.

541 Levinas, E. *Difficult Freedom. Essays on Judaism*. Trans. S. Hand. London: Athlone Press, 1990.

Levinas, E. *Discovering Existence with Husserl*. *Trans*. R. Cohen and Michael B. Smith. Evanston, IL: Northwestern University Press, 1998.

Levinas, E. *Emmanuel Levinas: Basic Writings*. Ed. R. Bernasconi, S. Critchley, and A. Peperzak. Bloomington, IN: Indiana University Press, 1996.

Levinas, E. *Ethics and Infinity*. Trans. R. Cohen. Pittsburgh: Duquesne University Press, 1985.

Levinas, E. *Existence and Existents*. Trans. A. Lingis. Dordrecht: Kluwer, 1988.

Levinas, E. *In the Time of Nations*. Trans. Michael B. Smith. London: Athlone Press, 1994.

Levinas, E. *Nine Talmudic Readings*. Trans. A. Aronowicz. Boolmington, IN: Indiana University Press, 1990.

Levinas, E. *Of God Who Comes to Thought*. Stanford, Ca: Meridian, 1998.

Levinas, E. *Otherwise Than Being or Beyond Essence*. Trans. A. Lingis. The Hague: Nijhoff. 1981.

Levinas, E. *Outside the Subject*. Trans. Michael B. Smith. London: Athlone Press, 1993.

Levinas, E. *Proper Names*. Trans. Michael B. Smith. London: Athlone Press, 1996.

Levinas, E. "Reflections on the Philosophy of Hitlerism", trans.

S. Hand, *Critical Inquiry* 17 (1) (Autumn, 1990).

Levinas, E. *The Levinas Reader*. Ed. Sean Hand. Oxford: Blackwell, 1989.

Levinas, E. *The Theory of Intuition in Husserl's Phenomenology*. Trans. A. Orianne. Evanston, IL: Northwestern University Press, 1973.

Levinas, E. "The Understanding of Spirituality in French and German Culture", trans. Andrius Valevicius, *Continental Philosophy Review* 31 (1998).

Levinas, E. *Time and the Other*. Trans. R. Cohen. Pittsburgh: Duquesne Univetsity Press, 1987.

Levinas, E. *Totality and Infinity*. Trans. A. Lingis. Pittsburgh: Duquesne Univetsity Press, 1969.

Levinas: further reading

Bernasconi, Robert and Simon Critchley. Eds. *Re-Reading Levinas*. London: Athlone Press, 1991.

Bernasconi, Robert and David Wood. Eds. *The Provocation of Levinas: Rethinking the Other*. London: Routledge, 1988.

Burggraeve, Roger. *Emmanuel Levinas: Une bibliographie Primaire et secondaire (1929—1985)*. Leuven: Peeters, 1986.

Caputo, J. *Against Ethics*. Bloomington, IN: Indiana University Press, 1993.

Chalier, Catherine. *Levinas: L'Utopie de l'humain*. Paris: Albin Michel, 1993.

Cohen, R. A. *Elevations. The Height of the Good in Levinas and Rosenzweig*. Chicago: University of Chicago Press, 1994.

Cohen, Robert. Ed. *Face to Face with Levinas*. Albany, NY: SUNY Press, 1986.

Critchley, Simon. *The Ethics of Deconstruction: Derrida and Levinas*. Oxford: Blackwell, 1992.

Davis, Colin. *Levinas. An Introduction*. Cambridge: Polity Press, 1996.

Gibbs, R. *Correlations in Rosenzweig and Levinas*. Princeton, NJ: Princeton University Press, 1992.

542 Greisch, Jean and Jacques Rolland, Eds. *Emmanuel Levinas: L'Ethiaue comme philosophie Première*. Paris: Editions du Cerf, 1993.

Kearney, R. "Ethics of the Infinite", Interview with Levinas, in *Dialogues with Contemporary Continental Thinkers*. Manchester: Manchester University Press, 1984.

Laruelle, François. Ed. *Textes Pour Emmanuel Levinas*. Paris: Éditions Jean-Michel Place, 1980.

Llewelyn, J. *Emmanuel Levinas: The Genealogy of Ethics*. London: Routledge, 1995.

Peperzak, Adriaan Theodoor. *To the Other: An Introduction to the Philosophy of Emmanuel Levinas*. West Lafayette, IN: Purdue University Press, 1993.

Peperzak, Adriaan Theodoor. Ed. *Ethics as First Philosophy. The Significance of Emmanuel Levinas*. London: Routledge, 1995.

Peperzak, Adriaan Theodoor. *Beyond. The Philosophy of Emmanuel Levinas*. Evanston, IL: Northwestern University Press, 1997.

Poirié, Francois. *Emmanuel Levinas. Qui êtes-vous?*. Lyons: La Manufacture, 1987.

Rötzer, Florian. "Emmanuel Levinas", *Conversations with French Philosophers*. Atlantic Highlands, NJ: Humanities Press, 1995. pp. 57—66.

Wyschogrod, Edith. *Emmanuel Levinas. The Problem of Ethical Metaphysics*. The Hague: Nijhoff, 1974.

Jean-Paul Sartre

Primary Sources

Sartre, Jean-Paul. *Baudelaire*. Paris: Gallimard, 1947.

Sartre, Jean-Paul. *Cahiers Pour une morale*. Paris: Gallimard, 1983.

Sartre, Jean-Paul. *Critique de la raison dialectique*. Paris: Gallimard, 1960.

Sartre, Jean-Paul. *Critique de la raison dialectique. Tome 2. L'intelligibilité de l'histoire*. Paris: Gallimard, 1985.

Sartre, Jean-Paul. *Esquisse d'une théorie des émotions*. Paris: Hermann, 1939.

Sartre, Jean-Paul. *L'Être et le néant. Essai d'ontologie Phénoménologique*. Paris: Gallimard, 1943.

Sartre, Jean-Paul. *L'Existentialisme est un humanisme*. Paris: Nagel, 1946.

Sartre, Jean-Paul. *L'Idiot de la famille*, 3 vols. Paris: Gallimard, 1971—1972.

Sartre, Jean-Paul. *L'Imaginaire. Psychologie Phénoménologique de l'imagination*. Paris: Editions Gallimard, 1940.

Sartre, Jean-Paul. *L'Imagination*. Paris: Alcan, 1936.

Sartre, Jean-Paul. *Le Scenario Freud*. Paris: Gallimard, 1984.

Sartre, Jean-Paul. *La Nausée*. Paris: Gallimard, 1938.

Sartre, Jean-Paul. *La Transcendance de l'égo. Esquisse d'une déscription phénoménologique*, *Recherches Philosophiques* 6 (1936/7), pp. 85-123.

Sartre, Jean-Paul. *Les Carnets de la drôle de guerre: Novembre 1939—Mars 1940*. Paris: Gallimard, 1983.

Sartre, Jean-Paul. *Les mots*. Paris: Gallimard, 1964.

Sartre, Jean-Paul. *Les Mouches*. Paris: Gallimard, 1943.

Sartre, Jean-Paul. *Questions de méthode*. Paris: Gallimard, 1967.

Sartre, Jean-Paul. *Réflexions sur la question Juive*. Paris: Gallimard, Paul Morihien, 1946.

Sartre, Jean-PauL. *Saint Genet, comédien et martyre*. Paris: Galli mard, 1952.

Sartre, Jean-Paul. *Situations*, I-X. Paris: Gallimard, 1947—1976.

Sartre: primary sources in translation 543

Sartre, Jean-Paul. *Anti-Semite and Jew*. Trans. George J. Becker. New York: Schocken Books, 1965.

Sartre, Jean-Paul. *Baudelaire*. Trans. M. Turnell. London: Hamish Hamilton, 1964.

Sartre, Jean-Paul. *Being and Nothingness. An Essay on Phenomenological Ontology*. Trans. Hazel Barnes. London: Routledge, 1995.

Sartre, Jean-Paul. *Critique of Dialectic Reason*. Trans. Alan Sheridan-Smith. London: New Left Books, 1976.

Sartre, Jean-Paul. *Critique of Dialectic Reason. Volume 2. Intelligibility of History*. London: Verso, 1991.

Sartre, Jean-Paul. *Existentialism and Humanism*. Trans. P. Mairet. London: Methuen, 1973.

Sartre, Jean-Paul. *Imagination. A Psychological Critique*. Trans. Forrest Williams, Ann Arbor, MI: University of Michigan Press, 1962.

Sartre, Jean-Paul. "Intentionality: A Fundamental Idea in Husserl's Philosophy", *Journal of the British Society for Phenomenology* 1 (2) (May, 1970), pp. 4-5.

Sartre, Jean-Paul. *Literary and Philosophical Essays*. London: Rider, 1955.

Sartre, Jean-Paul. *Nausea*. Trans. Robert Baldick. Harmondsworth: Penguin, 1965.

Sartre, Jean-Paul. *Notebook for an Ethics*. Chicago: University of Chicago Press, 1992.

Sartre, Jean-Paul. *Search for a Method*. Trans. Hazel Barnes. New York: Vintage Books, 1968.

Sartre, Jean-Paul. *Sketch for a Theory of the Emotions*. London: Methuen, 1971.

Sartre, Jean-Paul. *The Idiot of the Family. Gustav Flaubert*. Trans. Carol Cosman. Chicago: University of Chicago Press, Vol. 1, 1981; Vol. 2, 1987; Vol. 3, 1989.

Sartre, Jean-Paul. *The Flies*. Trans. Stuart Gilbert. In J.-P. Sartre, *Altona*, *Men Without Shadows*, *The Flies*. Harmondsworth: Penguin, 1962.

Sartre, Jean-Paul. *The Freud Scenario*. London: Verso, 1985.

Sartre, Jean-Paul. *The Psychology of Imagination*. Trans. Bernard Frechtman. London: Methuen, 1972.

Sartre, Jean-Paul. *The War Diaries*. Trans. Quintin Hoare. London: Verso, 1984.

Sartre, Jean-Paul. *Transcendence of the Ego*. Trans. Forrest Williams and Robert Kirkpatrick. New York: Farrar, Straus and Giroux, 1957.

Sartre, Jean-Paul. *What is Literature?*. London: Methuen, 1967.

Sartre, Jean-Paul. *Withess to My Life: The Letters of J.-P. Sartre to Simone de Beauvoir, 1926—1939*. Ed. S. de Beauvoir. Trans. L. Fahnestock and N. MacAfee. London: Hamish Hamilton, 1992.

Sartre, Jean-Paul. *Words*. Trans. Irene Clephane. Harmondsworth: Penguin, 1967.

Sartre: further reading

Bair, Deirdre. *Simone de Beauvoir. A Biography*. New York: Simon and Schuster, 1990.

Caws, Peter. *Sartre*. London: Routledge & Kegan Paul, 1979.

Cohen-Solal, Annie. *Sartre. A Life*. Trans. A Cancogni. Ed. Norman McAfee. New York: Pantheon Books, 1987.

Contat, Michel and Michel Rybalka, *Les Écrits de Sartre*. Paris: Gallimard, 1970.

Danto, Arthur. *Sartre*. London: Fontana & Collins, 1975.

Deguy, Jacques. *Jacques Deguy commente La nausée de Jean-Paul* 544
Sartre. Paris: Gallimard. 1993.

de Beauvoir, Simone. *The Ethics of Ambiguity*. Trans. B. Frechtmann. New York: Citadel Press, 1948; reprinted 1970.

de Beauvoir, Simone. *La Cérémonie des Adieux Suivi de entretiens aven Jean-Paul Sartre*. Paris: Gallimard, 1981.

de Beauvoir, Simone. *Adieux. A Farewell to Sartre*. Trans. Patrick O'Brian. New York: Pantheon, 1984.

Fullbrook, Kate and Edward Fullbrook. *Simone de Beauvoir and Jean-Paul Sartre. The Remaking of a Twentieth-Century Legend*. London: Harvester, 1993.

Hayman, Ronald. *Writing Against. A Biography of Sartre*. London: Wedenfeld and Nicolson, 1986.

McCulloch, Gregory. *Using Sartre. An Analytical Introduction to*

Early Sartrean Themes. London: Routledge, 1994.

Natanson, M. *A Critique of J.-P. Sartre's Ontology*. The Hague: Nijhoff, 1973.

Royle, Peter. *The Sartre-Camus Controversy. A Literary and Philosophical Critique*. Ottawa: University of Ottawa Press, 1982.

Schilpp, P. A. Ed. *The Philosophy of Jean-Paul Sartre*. La Salle, IL: Open Court, 1981.

Silverman, Hugh and Frederick A. Elliston. Eds. *Jean-Paul Sartre. Contemporary Approaches to His Philosophy*. Pittsburgh: Duquesne University Press, 1980.

Warnock, Mark. *The Philosophy of Sartre*. London: Hutchinson, 1965.

Wider, Kathleen V. *The Bodily Nature of Consciousness. Sartre and Contemporary Philosophy of Mind*. Ithaca, NY: Cornell University Press, 1997.

Wilcocks, R. *J-P. Sartre. A Bibliography of International Criticism*. Edmonton: University of Alberta Press, 1975.

Maurice Merleau-Ponty

Primary sources

Merleau-Ponty, M. "Christianisme et ressentiment", *La Vie Intellectuelle* 7 (36) (1935).

Merleau-Ponty, M. *Éloge de la philosophie*. Paris: Gallimard, 1953.

Merleau-Ponty, M. "Husserl aux limites de la phénoménologie", *Annuaire du Collège de France*. Paris: Imprimerie Nationale, 1960.

Merleau-Ponty, M. *L'Oeil et l'esprit*. Paris: Gallimard, 1964.

Merleau-Ponty, M. *L'Union de l'âme et du corps chez Malebranche, Biran et Bergson*. Recueillies et redigees par Jean Deprun. Paris: Vrin, 1968.

Merleau-Ponty, M. *Le Visible et l'invisible*. Paris: Gallimard, 1964.

Merleau-Ponty, M. *La Nature. Notes cours du Collège de France*. Établi et annoté par Dominique Séglard. Paris: Seuil, 1995.

Merleau-Ponty, M. *La Prose du monde, texte établi et présenté par Claude Lefort*. Paris: Gallimard, 1969.

Merleau-Ponty, M. *La Structure du comportement*. Paris: PUF, 1942.

Merleau-Ponty, M. *Les Aventures de la dialectique*. Paris: Gallimard, 1955.

Merleau-Ponty, M. *Phénoménologie de la perception*. Paris: Gallimard, 1945.

Merleau-Ponty, M. *Sens et non-sens*. Paris: Nagel, 1966.

Merleau-Ponty, M. *Signes*. Paris: Gallimard, 1960.

Merleau-Ponty: primary sources in translation 545

Merleau-Ponty, M. *Adventures of the Dialectic*. Trans. J. Bien. Evanston, IL: Northwestern University Press, 1973.

Merleau-Ponty, M. *Humanism and Terror*. Trans. J. O'Neill. Boston: Beacon Press, 1969.

Merleau-Ponty, M. *In Praise of Philosophy*. Trans. J. Wild and J. M. Edie. Evanston, IL: Northwestern University Press, 1963.

Merleau-Ponty, M. *Phenomenology of Perception*. Trans. C. Smith. London: Routledge & Kegan Paul, 1962.

Merleau-Ponty, M. *Sense and Non-Sense*. Trans. H. Dreyfus. Evanston, IL: Northwestern University Press, 1964.

Merlean-Ponty, M. *Signs*. Trans. R. McCleary. Evanston, IL: Northwestern University Press, 1964.

Merleau-Ponty, M. *The Primacy of Perception*. Ed. James Edie. Evanston, IL: Northwestern University Press, 1964.

Merleau-Ponty, M. *The Prose of the World*. Ed. Claude Lefort. Trans. J. O'Neill. Evanston, IL: Northwestern University Press, 1973.

Merleau-Ponty, M. *The Structure of Behavior*. Trans. A. L. Fisher. Boston: Beacon Press, 1963.

Merleau-Ponty, M. *Themes from the Lectures at the Collège de France 1952—1960*. Trans. J. O'Neill. Evanston, IL: Northwestern University Press, 1970.

Merleau-Ponty: further reading

Archard, David. *Marxism and Existentialism. The Political Philosophy of Sartre and Merleau-Ponty*. Belfast: Blackstaff, 1980.

Bannan, J. F. *The Philosophy of Merleau-Ponty*. New York: Harcourt, Brace and World, 1967.

Cataldi, Sue L. *Emotion, Depth and Flesh. A Study of Sensitive Space. Reflections on Merleau-Ponty's Philosophy of Embodiment*. Albany, NY: SUNY Press, 1993.

Cooper, B. *Merleau-Ponty and Marxism: From Terror to Reform*. Toronto: University of Toronto Press, 1979.

Edie, James, M. "Was Merleau-Ponty a Structuralist?", *Semiotica* (1972), pp. 297-323.

Geraets, T. F. *Vers une nouvelle philosophie transcendentale. La genèse de la philosophie de Merleau-Ponty jusqu'à la "phénoménologie de la perception"*. The Hague: Nijhoff, 1971.

Gillan, G. Ed. *The Horizons of the Flesh: Critical Perspectives on the Thought of Merleau-Ponty*. Carbondale, IL: Southern Illinois University Press, 1973.

Hadreas, Peter. *In Place of the Flawed Diamond. An Investigation of Merleau-Ponty's Philosophy*. New York: Peter Lang, 1986.

Johnson, Galen A. and Michael B. Smith. Eds. *Ontology and Alterity in Merleau-Ponty*. Evanston, IL: Northwestern University Press, 1990.

Kearney, Richard. "Maurice Merleau-Ponty", in *Modern Movements in European Philosophy*. Manchester: Manchester University Press, 1986.

Knuks, Sonia. *The Political Philosophy of Merleau-Ponty*. Brighton: Harvester, 1981.

546 Kwant, Remi. *The Phenomenological Philosophy of Merleau-Ponty*. Pittsburgh: Duquesne University Press, 1963.

Kwant, Remi. *From Phenomenology to Metaphysics: An Inquiry into the Last Period of Merleau-Ponty's Philosophical Life*. Pittsburgh: Duquesne University Press, 1966.

Langer, Monika. *Merleau-Ponty's Phenomenology of Perception: A Guide and Commentary*. London: Macmillan, 1989.

Lévi-Strauss, Claude. "On Merleau-Ponty", Trans. C. Gross, *Graduate Faculty Philosophy Journal* 7 (2) (1978).

Levinas, E. "On Intersubjectivity: Notes on Merleau-Ponty", *Outside the Subject*. Trans. Michael Smith. London: The Athlone Press, 1993. pp. 96-103.

Madison, Gary. *The Phenomenology of Merleau-Ponty*. Athens, OH: Ohio University Press, 1981.

Mallin, Samuel. *Merleau-Ponty's Philosophy*. New Haven, CT: Yale University Press, 1979.

O'Neill, John. *Perception, Expression and History: The Social Phenomenology of Maurice Merleau-Ponty*. Evanston, IL: Northwestern University Press, 1970.

Priest, Stephen. *Merleau-Ponty*. London: Routledge, 1998.

Rabil, A. *Merleau-Ponty: Existentialist of the Social World*. New York: Columbia University Press, 1967.

Sallis, J. Ed, *Merleau-Ponty: Perception, Structure and Language*. Atlantic Highlands, NJ: Humanities Press, 1981.

Sartre, Jean-Paul. "Merleau-Ponty", *Situations*. Trans. B. Eisler. New York: Fawcett World Library, 1966.

Schmidt, J. *Maurice Merleau-Ponty: Between Phenomenology and Structuralism*. London: Routledge, 1987.

Stewart, Jon. Ed. *The Relation Between Sartre and Merleau-Ponty*. Evanston, IL: Northwestern University Press, 1998.

Whiteside, K. "The Merleau-Ponty Bibliography: Additions and Corrections", *Journal of the History of Philosophy* 21 (1983), pp. 195-201.

Whiteside, K. *Merleau-Ponty and the Foundation of an Existential Politics*. Princeton, NJ: Princeton University Press, 1988.

Jacques Derrida

Primary Sources

Derrida, J. *Adieux: à Emmanuel Levinas*. Paris: Galilée, 1997.

Derrida, J. *Apories: Mourir—s'attendre aux limités de la vérité*. Paris: Éditions Galilée, 1996.

Derrida, J. *Cosmopolites de tous les pays, encore un effort!*. Paris:

Galilée，1997.

Derrida，J. *De l'esprit：Heidegger et la question*. Paris：Galilée，1987.

Derrida，J. *De la grammatologie*. Paris：Éditions de Minuit，1967.

Derrida，J. *Donner le temps*，1，*La fausse monnaie*. Paris：Galilée，1991.

Derrida，J. *Du droit à la philosophie*. Paris：Galilée，1990.

Derrida，J. *D'un ton apocalyptique adopté naguère en philosophie*. Paris：Éditions Galilée，1983.

Derrida，J. *Éperons. Les styles de Nietzsche*. Paris：Flammarion，1978.

547 Derrida，J. *Force de loi：le fondement mystique de l'autorité*. Paris：Galilée，1994.

Derrida，J. *Glas*. Paris：Éditions Galilée，1974.

Derrida，J. *L'Archéologie du frivole：lire Condillac*. Paris：Éditions Galilée，1973.

Derrida，J. *L'Autre Cap：suivi de la démocratie ajournée*. Paris：Éditions de Minuit，1991.

Derrida，J. *L'Écriture et la différence*. Paris：Éditions du Seuil，1967.

Derrida，J. *L'Origine de la géometrie de Husserl*. Introduction et traduction. Paris：Epiméthée，1962.

Derrida，J. *Le Problème de la genèse dans la philosophie de Husserl*. Paris：PUF，1990.

Derrida，J. *La Carte postale：de Socrate à Freud et au-delà*. Paris：Aubier-Flammarion，1980.

Derrida，J. *La Dissémination*. Paris：Éditions du Seuil，1972.

Derrida，J. *La Faculté de juger*. Paris：Éditions de Minuit，1985.

Derrida，J. *La Verité en peinture*. Paris：Aubier-Flammarion，1978.

Derrida，J. *La Voix et le phénomène*. Paris：Presses Universitaires de France，1967.

Derrida，J. *Limited Inc*. Présentations et traductions par Elisabeth Weber. Paris：Galilée，1990.

Derrida，J. *Mal d'archive une impression freudienne*. Paris：Galilée，1995.

Derrida，J. *Marges de la philosophie*. Paris：Éditions de Minuit，1972.

Derrida, J. *Mémoires: pour Paul de Man*. Paris: Galilée, 1988.

Derrida, J. *Mémoires d'aveugle: l'autoportrait et autre ruines*. Paris: Louvre, 1990.

Derrida, J. *Parages*. Paris: Galilée, 1986.

Derrida, J. *Passions*. Paris: Galilée, 1993.

Derrida, J. *Points de suspensions. Entetiens*. Paris: Galilée, 1992.

Derrida, J. *Politiques de l'amitié: suivi de l'oreille de Heidegger*. Paris: Galilée, 1994.

Derrida, J. *Positions*. Paris: Éditions de Minuit, 1972.

Derrida, J. *Psyché: inventions de l'autre*. Paris: Galilée, 1987.

Derrida, J. *Résistances: de la psychoanalyse*. Paris: Galilée, 1996.

Derrida, J. *Shibboleth: pour Paul Celan*. Paris: Galilée, 1986.

Derrida, J. *Signéponge*. Paris: Éditions du Seuil, 1988.

Derrida, J. *Spectres de Marx: l'état de la dette, le travail du deuil et la nouvelle Internationale*. Paris: Galilée, 1993.

Derrida: Primary sources in translation

Derrida, J. *Acts of Literature*. Ed. D. Attridge. London: Routledge, 1992.

Derrida, J. *Aporias*. Trans. T. Dutoit. Stanford, CA: Stanford University Press, 1993.

Derrida, J. "But beyond… (Open Letter to Anne McClintock and Rob Nixon)", *Critical Inquiry* 12 (Autumn, 1986), p. 167.

Derrida, J. *Cinders*. Trans. N. Lukacher. Lincoln, NE: University of Nebraska Press, 1991.

Derrida, J. *Dissemination*. Trans. B. Johnson. London: Athlone Press, 1981.

Derrida, J. *Edmund Husserl's Origin of Geometry. An Introduction*. Trans. J. P. Leavey and D. B. Allison. Sussex: Harvester Press, 1978.

Derrida, J. *Given Time 1: Counterfeit Money*. Trans. P. Kamuf. Chicago: Chicago University Press, 1993.

Derrida, J. *Glas*. Trans. J. P. Leavey Jr. and Richard Rand. Lin- 548
coln, NE: University of Nebraska Press, 1986.

Derrida，J. "Adieu"，trans. Pascale-Anne Brault and Michael Naas，*Philosophy Today* 40 (3) (1996)，pp. 334-340.

Derrida，J. *Limited Inc.*，*abc*… (*Supplement to "Glyph" 2*). London：Johns Hopkins University Press，1977.

Derrida，J. *Margins of Philosophy*. Trans. A. Bass. Brighton：Harvester，1982.

Derrida，J. *Memoires for Paul de Man*. Trans. C Lindsay et al. New York：Columbia University Press，1986.

Derrida，J. *Of Grammatology*. Trans. G. Spivak. Baltimore，MD：Johns Hopkins University Press，1976.

Derrida，J. *Of Spirit：Heidegger and the Question*. Trans. G. Bennington and R. Bowlby. Chicago：Chicago University Press，1990.

Derrida. J. *Points of Suspension*. Trans. P. Kamuf et al. Stanford，CA：Stanford University Press，1995.

Derrida，J. *Positions*. Trans. A. Bass，London：Athlone Press，1981.

Derrida，J. *Signsponge*. Trans. R. Rand. New York：Columbia University Press，1984.

Derrida，J. *Specters of Marx：The State of the Debt，the Work of Mourning and the New International*. Trans. P. Kamuf. London：Routledge，1994.

Derrida，J. *Speech and Phenomena and other Essays on Husserl's Theory of Signs*. Ed. and Trans. David Allison. Evanston，IL：Northwestern University Press，1973.

Derrida，J. *Spurs*. Trans. B. Harlow，Chicago：Chicago University Press，1979.

Derrida，J. *The Ear of the Other*. Trans. P. Kamuf and A. Ronell. New York：Schocken Books，1985.

Derrida，J. *The Gift of Death*. Trans. D. Wills. Chicago：Chicago University Press，1995.

Derrida，J. *The Other Heading：Reflections on Today's Europe*. Trans. P. A. Brault and M. G. Naas. Bloomington，IN：Indiana University Press，1992.

Derrida, J. "The Politics of Friendship", *The Journal of Philosophy* 85 (1988), pp. 632–644.

Derrida, J. *The Politics of Friendship*. Trans. George Collins. London: Verso, 1997.

Derrida, J. *The Postcard: From Socrates to Freud and Beyond*. Trans. A. Bass. Chicago: Chicago University Press, 1987.

Derrida, J. "The Time of a Thesis: Punctuations", in A. Monteriore, ed, *Philosophy in France Today*. Cambridge: Cambridge University Press, 1983. pp. 34–50.

Derrida, J. *The Truth in Painting*. Trans. G. Bennington and I. McLeod. Chicago: Chicago University Press, 1987.

Derrida, J. *Writing and Difference*. Trans. A. Bass. London: Routledge & Keg Paul, 1978.

Derrida: further reading

Bennington, G. and J. Derrida. *Derrida*. Chicago: University of Chicago Press, 1993.

Caputo, J. *Radical Hermeneutics: Deconstruction and the Hermeneutical Project*. Bloomington, IN: Indiana University Press, 1987.

Caputo, J. *Deconstruction in a Nutshell. A Conversation with Jac- 549
ques Derrida*. New York: Fordham University Press, 1997.

Caputo, J. *The Prayers and Tears of Jacques Derrida*. Bloomington, IN: Indiana University Press, 1997.

Cavell, S. "What did Derrida want of Austin?", in *Philosophical Passages: Wittgenstein, Emerson, Austin, Derrida*. Oxford, Blackwell, 1995. pp. 42–90.

Collins, J. and B. Mayblin. *Derrida for Beginners*. Cambridge: Icon Books, 1996.

Culler, J. *On Deconstruction: Theory and Criticism after Structuralism*. Ithaca, NY: Cornell University Press, 1982.

Evans, J. Claude. *Strategies of Deconstruction. Derrida and the Myth of the Voice*. Minneapolis: University of Minnesota Press, 1991.

Gasché, R. *The Tain of the Mirror: Derrida and the Philosophy of*

Reflection. Cambridge, MA: Harvard University Press, 1986.

Hopkins, Burt. "Derrida's Reading of Husserl in *Speech and Phenomena*: Ontologism and the Metaphysics of Presence", *Husserl Studies* 2 (1985), pp. 193-214.

Kamuf, Peggy. Ed. *A Derrida Reader. Between the Blinds*. London: Harvester, 1991.

Kofman, Sarah. *Lectures de Derrida*. Paris: Galilée, 1984.

Montefiore, A. Ed. *Philosophy in France Today*. Cambridge: Cambridge University Press. 1983.

Norris, C. *Deconstruction: Theory and Practice*. London: Methuen, 1982.

Norris, C. *Derrida*. London: Fontana, 1987.

Rorty, Richard. *Contingency, Irony and Solidarity*. Cambridge: Cambridge University Press, 1989.

Rorty, Richard. *Essays on Heidegger and Others. Philosophical Papers*, Vol. 2. Cambridge: Cambridge University Press, 1991.

Schultz, William and Lewis Fried. Eds. *Jacques Derrida. An Annotated Primary and Secondary Bibliography*. New York & London: Garland, 1992.

Searle, J. R. "The World Turned Upside Down", *Working Through Derrida*. Evanston, IL: Northwestern University Press, 1993.

Searle, J. R. "Reiterating the Differences: A Reply to Derrida", *Glyph* I (1977), pp. 198-208.

Sturrock, John. Ed. *Structuralism and Since. From Lévi-Strauss to Derrida*. Oxford: Oxford University Press, 1979.

Taylor, Mark. Ed. *Deconstruction in Context*. Chicago: University of Chicago Press, 1986.

Wood, David. Ed. *Derrida. A Critical Reader*. Oxford: Blackwell, 1992.

Wood, David and Robert Bernasconi, Eds. *Derrida and Différance*. Warwick: Parousia Press, 1985.

索　引[①]

---

① 本书索引部分照录，不予翻译。页码为原书页码。

外中人名对照表

Adorno，Theodor　阿多诺
Althusser，Louis　阿尔都塞
Apel，Karl-Otto　阿贝尔
Austin，John　奥斯汀
Bachelard，Gaston　巴什拉
Bacon，Francis　培根
Barthes，Roland　巴特
Bataille，Georges　巴塔伊
Beaufret，Jean　波弗勒
Becker，Oskar　贝克尔
Bell，David　贝尔
Bell，Winthrop　贝尔
Benjamin，Walter　本雅明
Berger，Gaston　伯杰
Bergson，Henri　柏格森
Berkeley，George　贝克莱
Berlin，Isaiah　伯林
Blanchot，Maurice　布朗肖
Blücher，Heinrich　布吕赫
Bolzano，Bernard　鲍尔扎诺
Brentano，Franz　布伦塔诺
Brunschvicg，Léon　不伦瑞克
Bultmann，Rudolf　布尔特曼
Cairns，Dorion　肯恩斯
Camus，Albert　加缪
Cantor，Georg　康托尔
Carnap，Rudolf　卡尔纳普

Cassirer，Ernst 卡西勒
Cézanne，Paul 塞尚
Chisholm，Roderick 齐索姆
Comte，Auguste 孔德
Conrad-Martius，Hedwig 康拉德-马尔修斯
Collingwood，R. G. 柯林伍德
Daubert，Johannes 道贝尔特
Davidson，Donald 戴维森
de Beauvoir，Simone 德·波伏娃
de Man，Paul 德曼
de Saussure，Ferdinand 索绪尔
Deleuze，Gilles 德鲁兹
Dennett，Daniel 丹奈特
Derrida，Jacques 德里达
Descartes，René 笛卡尔
Dews，Peter 迪尤斯
Dilthey，Wilhelm 狄尔泰
Dreyfus，Hubert 德雷福斯
Dufrenne，Mikel 杜夫海纳
Dummett，Michael 达米特
Farber，Marvin 法伯
Farias，Victor 法利亚斯
Fechner，Gustav Theodor 费希纳
Fichte，Johann Gottlieb 费希特
Fink，Eugen 芬克
Flanagan，Owen 弗拉纳根
Føllesdal，Dagfinn 弗莱斯达勒
Foucault，Michel 福柯
Frege，Gottlob 弗雷格
Freud，Sigmund 弗洛伊德
Gadamer，Hans-Georg 伽达默尔
Galileo Galilei 伽利略

Gelb，Adhemar　盖尔希
Gibson，W. R. Boyce　吉布森
Gide，André　纪德
Gödel，Kurt　哥德尔
Gurwitsch，Aron　古尔维奇
Habermas，Jürgen　哈贝马斯
Hartman，Geoffrey　哈特曼
Hartmann，Nicolai　哈特曼
Hegel，G. W. F.　黑格尔
Heidegger，Martin　海德格尔
Hilbert，David　希尔伯特
Hirsch，E. D.　希尔施
Hocking，William　郝金
Horkheimer，Max　霍克海默
Hölderlin　荷尔德林
Hume，David　休谟
Husserl，Edmund　胡塞尔
Ingarden，Roman　茵加登
James，William　詹姆士
Jaspers，Karl　雅斯贝尔斯
Joyce，James　乔伊斯
Jünger，Ernst　荣格尔
Kant，Immanuel　康德
Kearney，Richard　卡尼
Kern，Iso　耿宁
Kierkegaard，Søren　克尔恺郭尔
Klée，Paul　克利
Klein，Felix　克莱因
Klemperer，Klemens von　克莱姆佩勒
Koffka，Kurt　考夫卡
Köhler，Wolfgang　科勒尔
Kojève，Alexandre　柯耶夫

Koyrè，Alexandre 科依勒
Kraus，Oskar 克劳斯
Krieck，Ernst 克雷克
Kristeva，Julia 克莉斯特娃
Lacan，Jacques 拉康
Landgrebe，Ludwig 兰德格里伯
Lange，Friedrich A. 朗格
Lask，Emil 拉斯克
Leibniz，G. W 莱布尼兹
Lévi-Strauss，Claude 列维-斯特劳斯
Levinas，Emmanuel 莱维纳
Lévy-Bruhl，Lucien 列维-布吕尔
Lipps，Theodor 里普斯
Locke，John 洛克
Lotze，Hermann 洛茨
Løwith，Karl 吕维茨
Lukács，Georg 卢卡奇
Lukasiewicz，Jan 卢卡希维茨
Mach，Ernst 马赫
Mannheim，Karl 曼海姆
Marcel，Gabriel 马塞尔
Marcuse，Herbert 马尔库塞
Marty，Anton 马尔提
Masaryk，Thomas 马萨里克
Mauss，Marcel 莫斯
Meinong，Alexius 梅农
Merleau-Ponty，Maurice 梅洛-庞蒂
Mill，John Stuart 穆勒
Mounier，Emmanuel 莫尼艾
Mulligan，Kevin 穆里根
Natorp，Paul 纳托普
Nietzsche，Friedrich 尼采

Otto, Rudolf　奥托
Patočka, Jan　帕托奇卡
Paul, Saint　圣保罗
Pavlov, I. V.　巴甫洛夫
Pfänder, Alexander　普梵德尔
Piaget, Jean　皮亚杰
Plato　柏拉图
Plotinus　普洛提诺
Pöggeler, Otto　颇格勒
Putnam, Hilary　普特南
Queneau, Raymond　奎诺
Quine, W. V. O.　奎因
Reinach, Adolf　莱纳赫
Richardson, William　理查森
Rickert, Heinrich　李凯尔特
Ricoeur, Paul　利科
Rilke, R. M.　里尔克
Rorty, Richard　罗蒂
Russell, Bertrand　罗素
Sartre, Jean-Paul　萨特
Scheler, Max　舍勒
Schleiermacher, Friedrich　施莱尔马赫
Schliek, Moritz　石里克
Schmidt, Erhard　施密特
Schütz, Alfred　舒茨
Searle, John　塞尔
Spencer, Herbert　斯宾塞
Spengler, Oswald　斯宾格勒
Stein, Edith　史泰茵
Ströker, Elizabeth　史特勒克
Taylor, Charles　泰勒
Thomas of Aquinas, Saint　托马斯·阿奎那

Tran-Duc-Thao　陈德草
Trakl　特拉克勒
Trendelenburg，Adolf　特伦德伦堡
Trotsky，Leon　托洛茨基
Tugendhat，Ernst　图根哈特
Van Breda，Fr Hermann　梵布雷达
van Gogh，Vincent　凡·高
Varnhagen，Rahel　瓦恩哈根
Wahl，Jean　瓦尔
Walther，Gerda　瓦尔特
Watson，John B.　华生
Weierstrass，Karl　维尔斯特拉斯
Wittgenstein，Ludwig　维特根斯坦
Wundt，Wilhelm　冯特
Yorck，Count　约尔克

译后记

关于本书作者莫兰教授，我在“中译者序”中已经做过一些介绍。在译完本书后我曾有幸推荐他参加了2012年10月南京第11届国际符号学大会。后来获悉，他回国后又于12月获得了学术传统悠久的爱尔兰皇家科学院颁发的“人文科学金质奖章”（网上有视频）。莫兰教授作为2013年雅典第23届国际哲学大会“学术规划委员会”主席，将负责本次国际哲学大会上的各国哲学思想交流事宜，可以想见，他不仅是现象学方面的专门学者，而且是具有国际视野的、关注国际哲学学术互动的哲学活动家。

我在收到作者为本书中文新版所写的序言后，遂有意增写一篇译后记，这是为了再次强调一下我最初决定选译本书翻译和我近年来重新投入现象学研究的目的所在。如我多次指出过的，在我的有关“现象学运动”的研究中，其实我真正重视的只是胡塞尔本人的学术，其次则可提及利科和古尔维奇（莫兰告诉我，他将在本书扩充编写计划中纳入两人之学术）。保罗·利科关注于将现象学、解释学、符号学、结构主义、分析哲学统一处理，因而可以说在某方面具有跨学科认识论的眼界，东欧出身而最后移民美国的古尔维奇则是毕生关注于“现象学心理学”的探索。在我看来，在历经三四代的现象学运动史上，就哲学的建设性努力的成功度而言，胡塞尔本人是远远超越了其他人的。就此而言，读者马上会提到海德格尔和萨特的问题。萨特是一位众所周知的“一时影响”大于“永久贡献”的哲学家，在此可以不论。海德格尔则是西方“几乎公认的”20世纪第一著名哲学家，尽管由于其纳粹思想倾向和纳粹时期的卑劣行迹而广受谴责，然而西方学界，哪怕是对其批评最严厉的哈贝马斯，也不得不容受其“哲学天才”之盛誉。在现代西方哲学思想潮流内，哲学义理似乎已经与伦理学义理分道扬镳了。哲学家们和“思想家们”变得只能独立地“感觉到”所谓“纯哲学性智慧”，其中却并不需要包含“伦理学意涵”。他们忘了，哲学的原始，无论是在西方还是在东方，其“最终目的”恰恰都是伦理学朝向的。于是，像德里达这样一心要把哲学艺术化的学者干脆可以把海德格尔的纳粹时期之“失节”，视为小节（由于他们都是想要暗中消除人类思想中的理性伦理学意涵者，是否真认为海氏所为即为“失节”，也是很难讲的)。由于胡塞尔和海德格尔两人在个人关系上和思想联系上的错综复杂性，两人之间的“关系学”遂成为现象学运动中以及在今日人类哲学认识论中至关重要的课题。但是，当代西方人文学界的全面职业化、商业化发展，“知名度大小”本身已比“真伪之辨”本身更能成为学术价值标准，海德格尔的大名遂使其成为西方学院界少有人对其哲学问题进行全面深入批评者。加以百年来西方哲学界在价值观问题方面的高度混乱性，人们似乎已经失去了人文理论思维的明晰判准。二十多年来随着学界对胡塞尔的研究兴趣复苏，结果就出现了目前这种学界普遍采取的对两人“兼收并蓄”或“井水不犯河水”的治学态度。仅此一现象本身就足令我们玩味了。

在西方百年来的现代哲学史观念里，概略而言，最大的思想方向分野可以由“分析哲学”和“现象学”这两个标称代表。(百年后人们提到 20 世纪西方哲学史时就会首先这样描述。)以数学、自然科学为最终根据的分析哲学运动，是和我们科技时代文明方向完全一致的哲学思潮，其方向和成果都是正面的，对此我们并不怀疑。然而“可怀疑的”部分却存在于其“选题策略学”方面。如果哲学按照此类科学性思维方向布局，首先就须“删除大量不相干课题”。维也纳学派时代最初提出的这一思路就是以“课题正确性”为前提而确立的。这样，此一哲学大方向就很容易通过选择充分适应科技时代所需的人文课题而朝向于在技术性层面上不断地精益求精了。尽管分析哲学各分支的建树本身都是正面的，多可成为我们任何人文学者的研究技术性基础之一，而其人文关怀和课题选择范围则不可避免地受到根本性限制。因此，完全可以理解，为什么在此类“科学哲学”之外(等于在符号学界要在“逻辑学”“语言学”“认知科学”之外)仍然延存和发展着一种基本上“对立的”哲学潮流，此潮流中的主要部分即现象学潮流，它致力于探讨更适合于“精神科学”“社会科学”“人文科学”的哲学方法和方向。于是“现象学运动”此一哲学和人文学理论领域，就为我们提供了一个已然历经百年的、极其丰富的现代思想资料库。这个领域内各家各派的理论和结论我们尽可以有不同的回应态度，但是他们关注的各种问题本身却都反映人文科学领域内的重要价值和目的。我们对于胡塞尔学和海德格尔学的把握和判断，当然也有必要在此扩大的认知领域内加以合理“定位”。这是我们今日独立研究胡塞尔学时仍应参照全体现象学潮流之经验的认识论、价值论的理由之一。因此可以说，选择本书翻译也是我在考虑胡塞尔学研究新方向时的一种“配套措施”。

当然，我为胡塞尔学研究选择的相关“语境”远不限于现象学运动，也并不限于西方哲学史语境。我以“符号学”标称所表示的跨学科、跨文化“全方位学术语境”，自然也与胡塞尔学的新理解、新应用密切相关。实际上，在当前国际哲学思潮和符号学运动中，在理论上我们应该促进二者之间的全面互动。所谓“互动”就是不能以前者中一部分为“基础”来“收编”后者某些部分。我们应该重申，真正的“跨学科思维方向”，不能简单化地在任何“哲学阵营”内妄图选择某一“基础”为中心，用以“统合”其他方向的学术思想。我在参与筹划南京国际符号学大会学术规划时，可以说特别强调了这一观点。我们的跨文化部分（中国和东方的参与）相当于扩大的跨学科实践，也就自然地扩大了“国际符号学学会”的跨学科方向的意识。我本人所特别预期的（虽然已知是难以实现的）会议效果是：对于当前全球学界唯西方马首是瞻的治学大方向，促请学界彻底反思；也就是，不可能完全按照当前的世界人文科学的制度化格局来被动、机械地去规划中国人文科学未来的创新实践。但是，相对于大会所象征地代表的世界和中国的未来人文科学现代化理性发展前景而言，在凸显符号学（横向跨学科）和哲学（纵向单学科）互动关系必要性的总方向上，应该特别强调的是现象学和符号学的关系问题，就此而言，首先应该突出的是现象学运动内部胡塞尔学和海德格尔学的认识论关系问题。这样我们就在大会中设置了“胡塞尔 vs 海德格尔”圆桌会议。就我所知，在西方哲学界像这样设置的“现象学两大师”的对比性课题还甚少出现（不知是否确实有过?）。我这样设定圆桌会议的题目，与其说是为了真正实现一种“认识论大辩论”，不如说是为了留下一个历史性记录：让后人知道我们在东方中国举办的世界主流人文理论大会上曾经提出过这样一个在认识论上具有时代敏感性的重要课题。其本质其实是相关于 20 世纪西方思想界内“理性 vs 非理性”这样一个特大问题的！如果考虑到中国当前西方思想理论之“流行”以及一些持舶来主义的中国西学理论研究者的影响之泛滥，所设定的问题就还增附了现实的意义，这是我们设定大会议程和该圆桌会议宗旨时的背景原因之一。本书作者莫兰教授就是我们最后选定来主持该圆桌会议的西方哲学家。

为了促成此圆桌会议，我曾先后多方面联系欧美现象学家们，斟酌哪些人是恰当的参加者人选。本来希望这样一个严肃性话题，如果能够由观点不同的欧美专家们在东方会场组织一次“西方思想方向大辩论”那该多么“有趣”！不想最后到会的主讲人只有两位，即本书作者莫兰和纽约城市大学思想史教授沃林（Richard Wolin）。本来以为德国前现象学学会会长、南京大会开幕式特邀主讲人瓦登费尔斯或将顺便参加讨论会，但这位与我属于同代的老一辈现象学家后来并没有来参加由中年现象学新锐所主持的这次讨论会。曾经组织编译了“揭示”胡塞尔和海德格尔之间私人关系及相互摩擦的历史文献（见译者另文的介绍）的斯坦福大学海德格尔研究所所长希恩（Sheehan）教授，本来极其希望与会，但是终因经费问题未能到会。其实我最初考虑邀请的主持人是丹麦新一代胡塞尔专家扎哈维（Dan Zahave），他所主持的哥本哈根大学“主体性研究中心”，表明了对胡塞尔的主体性概念特别重视。虽然是全程招待，但他以全年日程表已经排满为由而婉拒了。因悉中年学界名流多半时间紧张，并没有马上想到莫兰的可能性，而是先试探了我所熟悉的苏黎世理工大学著名哲学家（1990 年代时据说被视为瑞士第一哲学家）霍伦斯坦教授，最初他欣然接受了邀请。但是当他后来得悉，被邀主持的圆桌会议是这样一个主题后，马上也谢绝了。这曾使我非常惊讶，因为他作为国际著名语言符号学家雅克布森的研究专家和参加过胡塞尔全集编辑工作的对于跨文化哲学一向极为热衷的退休学者（因此背景，他才于 1989 年同意作为我的客座研究邀请人，使我得以在基金会支持下，从柏林顺利转至波鸿，一年后他又承担了大众汽车公司基金会为我设计的特殊长期写作计划的波鸿主持人。在我于波鸿开始第二个研究计划之前，他却离开了执教多年的波鸿而返回本国接受了苏黎世理工大学校级哲学教授职位），本来是非常乐意到南京来的，在改变参会的决定后他曾给我写过一封相当坦率而诚恳的解释信：声称自己对于此主题之近年来的新文献已不熟悉了，难以胜任主持此一讨论会。我还曾将此信转发给他的波鸿哲学所旧同事瓦登费尔斯教授，教授回信时对霍伦斯坦此信的坦率和谦逊，极表尊敬和遗憾。也许我在信中指出的“两位现象学师生创始人”间“对立本质”的提法过于“激进”，导致了西方学者不愿介入讨论吧。

但是，在中国学界，我们没有这样的“避讳”（却有着“不辨真伪”的知识性和风气性问题），如果我们只能跟着西方专家的意见说话，那么就让他们自己来说话吧。至于我邀请到沃林教授则并不出乎意外，他是西方有名的“海德格尔批评专家”，著作甚丰。邀请他来谈此话题该是很容易之事，但是他对于胡塞尔学的造诣如何呢？对此，他的著作里表露不多。在得悉此一课题后，他非常积极地热心准备，并提前寄给我一篇长达43页打印纸的文章《什么是反哲学》。我在读后对其有关现象学和胡塞尔学的认知增加了了解。我答复说，此次讨论会的重点不是海德格尔的政治操守问题（尽管为海德格尔辩护的西方学者所在多有，特别是后现代主义和极端相对主义者，但其实他们对此问题的看法不值得从理论上加以重视），也不是哲学和现实的关系问题，而是海德格尔和胡塞尔在认识论方面的根本分歧（这使两人之间实际上不宜称之为“师徒关系”，尽管，如我在他文中提到的，越来越多的研究结果暗示，海德格尔本人在其独创性甚高的哲学中，在技术性知识方面渐渐显露出越来越多的胡塞尔思想的影子；在和胡塞尔多次长时间的直接相聚中以及在研读胡塞尔许多未刊手稿中，他肯定从中获益甚多，而此一“巨著”酝酿期，也正是他处心积虑要对其“恩师”进行“理论颠覆”的时期）。沃林的到会，本来预期会吸引不少国际符号学家的兴趣，因为在西方符号学理论界持海德格尔哲学本体论者大有人在（我们的会长就是其中之一，但令我欣慰的是，他作为大会负责人之一能够批准对沃林的邀请）。但等到圆桌会议召开时，“符号学学会成员”中最后到会者却非常有限。

我在扎哈维拒绝后才开始联系莫兰教授，不想他竟然立即答应下来。于是我才意识到他其实正是主持此会的最恰当人选。我们可以从本书中看到，他是如何对现象学运动中的各位著名哲学家的不为人知或少为人知的方面特别加以“点拨”的。可以说，正如我已在“中译者序”中提过的，正是因为他作为居于大西洋两岸间“中点”位置上的爱尔兰学者，其现象学论述中所持比较富于客观性、批评性的立场，才使我决定选择此书翻译，以使其作为中国研究胡塞尔学的一个扩大的“参照语境”。从学术上说，他的现象学研究也主要是以胡塞尔和海德格尔两人为中心的，因此熟悉相关的一切里里外外敏感性问题。当然，西方学者不会像我这样“不通礼仪”“直来直去”，而是极其注意“点到为止”。这倒不完全出于相关问题的政治敏感性，而是因为其中所涉及的“理论敏感性”（这关系到学者在学界职场内人际关系学方面的策略性考虑）。而我这个“不知趣”的中国人偏偏想在西方人面前“捅一下这个马蜂窝”。但使我觉得能够这样做的原因之一是：我感觉到莫兰对于我所提出的问题是理解的，是具有同情心的，虽然他合乎分寸地避免超越自己已定的批评性程度或对过于敏感问题直接表态。

在大会举行的两周前我曾不巧因在户外剪枝摔伤了左足而打算放弃参加自己多年来参与筹划的南京大会，却在会期临近前觉得不得不再亲自介入会议相关准备的细节，于是获知莫兰因不了解去中国开会的手续而尚未办理签证问题。因为时间紧迫，我曾担心他也无法与会了。不想我和他最后竟然都到达了南京会场，关于现象学的圆桌会议就这样终于开成了。由于我错误地预期到会人数会较多，南京师大外院筹备会曾给我们留出了一间大会议室，而最后到会者仅二十余人而已（包括学会内以梅洛-庞蒂哲学为基础的美国拉尼干教授和两位专门参加此会的新加坡青年学者，他们流利的英文使其成为讨论会上的主要提问者）。莫兰在了解到组织这样的讨论会的麻烦及其重要性后，十分欣慰地对参加者宣布“我们的会议终于开成了”。我确信，他完全了解我特意选择此“凸显对立性”标题的 connotation，并乐意给与实际支持（这就是他为什么也会在圆桌会议开始时曾经附和着我说：我们到会人数不多，但这并不减少此会的重要性！）。而我也早在译完他的这部书后知道他在西方学界对于诸多敏感性问题颇为敢言，却也只能这样“点到为止”。我在开会前曾再次提醒他：“你在著作里未能畅言的部分不妨在此尽情发挥”。当然，莫兰不会受我的“激励”而有什么出格之论；在两位主要发言人各自做了一小时左右的发言后（网上已有讲演视频），讨论时我曾提出一个两人都同意的极为重要的关键性问题：海德格尔本体论和其反伦理学理性的逻辑性关联何在？而沃林却未必理解，我所指的并不是哲学和政治道德操守关系这样显而易见的问题（至今西方学者所争论的主要是这些方面），而是指有关西方形上学本体论传统和人文科学理性主义方向这样的全面性、根本性的大问题。这个大问题实际上正影响着当前西方人文思想理论的一般发展方向。

当莫兰后来欣然同意为本书中译本写序后，我又再次怀抱着期望对他说：如果他觉得在英语著作中表达批评意见不是那么随便，在此新中译本序言里仍有机会畅续“未尽之言”。现在，在我们看到的这篇莫兰序言中，当然对于相关实质性问题并未触及（我曾多么希望他在序言中能够专门就自己有关胡塞尔和海德格尔理论立场冲突问题的看法有所发挥）。我个人特别对他一方面如此关注胡塞尔理性主义思路，另一方面又如此看重海德格尔本体论学术，多少有些不解（正像我曾经对保罗·利科一方面深入把握胡塞尔理性主义，另一方面又信守海德格尔本体论的态度不解一样。因为此一矛盾现象直接相关于西方伦理学基础的合理性问题。我为此还曾于90年代中亲赴他参与主持的巴黎现象学研讨会，企图向他讨教或与其辩论)。也许其中未必主要因为我所猜测的原因，而是缘于当代西方哲学思潮内部的特殊认识论张力之根深蒂固影响：西方哲学家，不论怎么开通，也是要在西方哲学传统框架内进行思维的。也许我还特别应该提及这位今日西方新一代著名哲学史家的谦逊有礼的风度和他对于不同思想方向持有的宽容态度，因为他未曾对我这个体制外的东方独立学者有关西方哲学形态的“说三道四”感到冒犯。我本来也担心他会把我和西方许多在“三不管地带”符号学界内的一些机会主义者视为一路之人。至少在主持完了我的大会发言后，他一定更了解我和国际符号学界的“关系”和“距离”了吧。

在此，我也想感谢莫兰和台湾大学蔡秀枝教授共同主持了我和委内瑞拉费诺尔教授7号上午那一场大会发言。在讲演完毕后瓦登费尔斯教授曾发言提醒我注意我似乎忽略了现象学运动内部是存在重要的伦理学学派(如莱维纳)的。对于这样一个涉及现象学和本体论关系的至关重要的问题，我正准备答复，主持人莫兰因所提问题复杂、所余问答时间不多，遂示意我可不继续答复了。如果有机会回答，或许会引出中西伦理学对话中和跨文化理论交流中的基础性问题。我在大会发言(已发表于《江海学刊》2013年第一期)最后提出胡塞尔和王阳明的主体学比较研究与未来人类伦理学方向这样的不同于西方伦理哲学的问题(请参见我的另一文《重读王阳明和重读胡塞尔》，已发表于《贵州师范大学学报》2013年第一期)。

参加南京大会并听过我的大会发言的莫兰教授或许了解现象学研究的跨文化时代已经来临。无论是瓦登费尔斯还是莫兰，都是西方哲学家，他们的认识论思想方式和伦理学思想方式自然是以西方哲学本位为基础的。在此传统悠久的哲学史框架内所积累的哲学知识当然是我们(基本上还是处于西学初始阶段的)中国学者所必须努力学习的。这是一个方面，而对于哲学和人文科学理论革新的整个问题，我们的跨学科、跨文化研究方向却是有必要摆脱该西方哲学本位框架的。对此他们当然不易理解。这是我们今日在中国独立开拓以“符号学”标称代表的一般人文科学思考方向的重要因由之一。

在该大会发言结束前，我遂未再就瓦登费尔斯的伦理学问题给与答复，却做了在公共场合不免失仪的个人性情绪表现：我对于90年代时瓦登费尔斯教授在波鸿曾对我在德国作为客座研究员长达7年间的无私照顾，再次表示感谢；并称赞了他的高尚品格，如在我居留其研究所的多年期间，他作为我的研究项目官方“主持人”，却从未对我这个来自中国的客座研究员提出过要我为他个人做点什么的要求或暗示（这样的事在美国教授那里是绝对不可想象的，在其他德国教授那里也是很少见的）。在我长期以来的独立哲学生涯中总是需要不时应对来自各方面利用自身“优越位置”者之“私利企图心”，所以只要不对某方面“有求于他”的人产生这样的“趁机利用”之心，在我看来就是今日知识分子的难得操守表现了。其实，我抓紧时间急于表达（却根本无从表达）的更深感想是：今日我能够参与推进的跨学科、跨文化人文科学理论事业的一个认知性“源头”，正是我于90年代在德国获得的一共长达9年的自由研读和思考的机会。这样的思考结果自然也使得我最终竟然在学术大方向上与各种西方主流理论思潮渐渐增加了距离和批评意识。他们怎么能够充分理解和同情我的这一独立学术立场呢？一方面要深入学习西方经典，另一方面却要参照跨文化、跨学科创新性经验来“拆散”其制度性框架，以期更有效地重组人文理论思想。而他们对此独立性治学态度是高兴还是不高兴呢？莫兰教授在为本书撰写的序言初稿中误以为我曾经是瓦氏的学生，对此我不得不去信加以更正。如果我与瓦氏是师生关系，就不必要在此场合专门表示感谢了，因为“师生关系”是共同遵守的文教制度化程序中一种“互利的”关系。瓦氏值得称赞，正是因为我在研究所的独立客座研究与其个人利益无关！我之所以在大会场合“临时脱序”有此感性发言，却是因为在面对着坐在台下向我提问的德国老教授时所突然涌出的一种感激之情。长期艰难的旅外经历使我突然意识到在德国独立治学岁月的难能可贵和自己的幸运，自然更加是因为意识到正由于那时的独立学术积累，才导致了今天最终在南京大会上得以实现此一重要的中西人文理论对话事件。出于礼貌，我也马上向台下的前国际符号学学会会长波斯纳教授表示了谢意：如果没有他最初的旅德邀请我也不可能于1988年穿越西伯利亚大铁路到柏林去。然而无论是德国哲学或者西方哲学，无疑都是我们现代化科学性理论思考的“出发地”，却并非是我们从此以后必须亦步亦趋被动跟随的现成行进轨道！

我注意到莫兰序言祝愿中提到的有关未来中国“转换的”（transformed）现象学发展前景的提法。莫兰在参加了南京大会和听到了我的论文宣读后已经了解到，中国学者的深厚跨文化历史背景，使现象学研究的未来发展必然是“变形的”或“转化的”。他虽然也提到了胡塞尔的作为“普遍科学”及作为“精神科学基础”的现象学本来就包含着对于“异他文化”的变革性预期和尊重，但他未必意识到这样的跨文化思想理论交流会导致东方现象学研究者有可能最终超出“西方哲学”本身的学科框架。西方现象学家们不一定接受这样的认识论、方法论上“激进革新”的思想方式，但仍希望他们能够像莫兰教授一样对于“异他文化”学者的独立探索精神给与理解和祝愿。

李幼蒸

2013 年 3 月 8 日，于旧金山湾区

校后记

本书作为本人“重读胡塞尔”编译计划的项目之一（该计划除8卷本的原著翻译外，另含鲁多夫·贝尔奈特等人的《胡塞尔思想概论》、莫兰的《胡塞尔词典》和本书），目的是为学界提供有关胡塞尔学的形成背景和影响范围，因本书的作者正是胡塞尔学专家，其取舍选择遂具有明显的胡塞尔学相关性。本书中译本因故延至今年出版，对于译者我来说也不无纪念意义，因距离我最初“走向哲学”那一年（1957），正好是60个年头（一甲子）。1957—1958年，市面上不仅可以买到罗素、杜威、柏格森等几部1949年前现代西哲旧译本，而且从一些经典著作中可以瞥见阿万纳留斯和马赫等新实证论端倪。应该说在我最初认真留意现代西方哲学时，始终吸引着我的就是19世纪后半叶以来的“泛奥地利理论传统”。在接触到胡塞尔之前一度被我视为现代西哲中心的思想是“维也纳小组”代表的所谓新实证论。后来才知道卡尔纳普曾经听过胡塞尔讲课并成为其坚决反对者，而石里克则干脆是胡塞尔的“科学派之敌”（海德格尔则是胡塞尔的“反科学派之敌”）。于是感觉出大约同一时期“维也纳思想传统”中存在着两种方向不同的“新实证论”：物理主义的和兼含物理心理的，而二者都同时相关于理论数学和逻辑语义学。无论如何，世纪前后几十年间维也纳成为现代西方哲学和人文理论精神之渊薮，大家都不约而同地来自本质上的同一非体制派哲学家布伦塔诺。莫兰此书对此精神源头的布局，可以说是其选材组织上的一次成功“开篇”。本质上属于“体制外”的布伦塔诺哲学，是19世纪末时代理论思想张力的中心，特别是在古典哲学和现代哲学之间、哲学和科学之间、哲学和心理学之间，以及哲学和宗教之间：虽然他什么也没有“解决”，但他把诸多时代思想矛盾和新思维萌芽汇集起来，使之成为磨炼新一代人文思想理论创新之起点。从布伦塔诺到胡塞尔的发展路线与同时期德国新康德主义，遂形成了两条平行展开的世纪末前后之欧洲哲学主流，而新康德主义和类似的历史哲学路线，由于仍以德国古典哲学为基础，其创新方面的成就自然稍逊一筹。七八十年后，胡塞尔学之所以历经时代浮沉再次显示其理论生命力，正在于它继承了布伦塔诸“张力网”的核心部分：“哲学-逻辑学-心理学”组成的三角关系。这样的探索方向决然是革新性的，是在摆脱了德国古典哲学窠臼后当时的一种“新思维”。这种新思维系统的价值却并非反映在什么新的基础或方向的设定上，如同胡塞尔本人如此自信地宣称的那样，而是诸多理论认识论的关键问题系列之呈现。其内涵与价值自然不是英美科学派哲学所能够体察的，也不是欧陆浪漫主义传统可以有效继承的。

我选择本书翻译，使其作为胡塞尔学的“外缘学”材料，自然由于作者莫兰的专深胡塞尔学的背景和作者对现象学与历史、社会的互动关系方面的描述。但是作者作为西方大学教职人士，自然也正好是我近年来不断提请关注的“哲学本位主义者”，在对待人文理论的态度和立场上与强调跨学科理论新方向的我本人并不相同。我希望本书能够成为中国学者认识现当代西方哲学的构成复杂性和不无具有某种随机性的参考书，故认为我们仅应将其视为我们未来漫长艰苦研究计划的资料之一，而绝不应遽尔视之为思想或理论的某种现成“基础”或方向“指南”，有如以往人们期待于康德、黑格尔哲学时那样。古典哲学的教条主义时代早已一去不复返，我们不应满足于成为西方哲学权威的“专门家”，即那些熟知“西方大师”话语套路者（虽然这对于课堂教学的任务来说是必要的），而应将任何西哲读物视为激发我们进一步创造性思考的材料与经验的总结。

本书译出于近五年前，一个直接相关的选题考虑是希望通过此译本将时代重要的认识论、价值论和实践论方面的“课题”集中呈现在一部书中，以之作为中方人文理论工作者之参照。这样的作用是我们今日难以从占据世界学理主流的分析哲学、实用主义和各种科学哲学（如构成极为杂乱的“认知科学”）中深入体察到的。之所以想在 2012 年南京国际符号学大会之前快速译出，则是与我为该大会构思的主题方向相关。参加国际符号学活动以来，一个最深的感悟就是：当代国际符号学理论之所以每况愈下，其直接的原因正在于国际学会理论界人士的西哲专业素养其实并不充分，甚至不少二三流哲学工作者特意逗留于“三不管的”符号学界，在众多仅只从事着应用符号学-文化符号学-媒体符号学研究的群体面前进行低于西方哲学界水平的理论性讨论（所以所谓各种“一般符号学理论”都是不够成功的，甚少为哲学界关注的。一般来说今日国际符号学的理论水平普遍低于 1960 年代符号学运动初起时期的水平）。如何趁南京大会举办之机，通过加强西哲理论家的介入以为平衡，遂成为我参与大会主题设计时的用心所在。同时，也欲趁此机会将我在国际学会首先提出的胡塞尔学应作为现代符号学运动的“创始人”之一的想法加以部分实现。于是（如我多次重复指出的）我们邀请了德国前现象学学会会长、德国权威的法国现象学史家瓦登费尔斯作为大会开篇主讲，并邀请了本书作者莫兰主持了“胡塞尔与海德格尔的对比研究”小组会。今日回想此一当初未曾在南京大会上顺利实现的“符号学和现象学的对话”（我也曾先后向北京大学哲学系和复旦大学哲学学院同人提出过类似的倡导此论题讨论的建议，可惜均未成功），其留存的意义则是不容忽略的。因为这是我们深怀伦理情怀的中方学者所不能不加以思考的问题：哲学和伦理学的关系问题。

趁此机会我再重复一个重要的“题外话”：为什么我从来没有打算写一部从中国人角度构想的现象学史书呢？明显技术性的理由是，自撰同类书籍不仅要比翻译他人著作多花二十倍（而不是以前说的十倍）以上时间，而“评述类写作”的意义毕竟仅只是向读者“绍述”国外名家思想，其“价值”完全落在原作者思想上，而根本无关于翻译者或绍述者。所以自撰此类专著与绍述国外专著，其学术实践的意义相同。为此当然是尽先翻译国外优秀作品（成功本不必在我）。理论翻译者固然也需要一定的哲学修养，但从事翻译所要求的哲学水平毕竟有限，其作用仅在于帮助译者“想象”恰当对译词语。而学术翻译工作者均知，此类工作颇相关于译者对于“对译技巧”方面的感悟能力如何，后者与学理本身根本不是一回事。（有些“老先生”哲学素养深厚，只因不善处理对译技巧，反而难于妥善处理译事，但这并不说明其人哲学水平较低。）哲学研究和哲学翻译根本不是一回事（许多美国爱好哲学翻译的翻译家，其实均出身于外语文学语言系），这对于重视中西学术理论交流的历史文化环境而言，小小的理论翻译问题却关系到一国本身的思想理论健康发展问题。这是我毕生从事理论翻译的经验所越来越贴切地提醒着我的：不要把翻译工作当成研究本身。因为一般读者只关注书物本身内容的有用与否，对于原著与翻译的“形成学”方面的本质差异性并不在意，而且往往因“爱屋及乌”而易于“移情”于译者。（对于文学翻译，应当说译者的创造性贡献要更大。我年轻时更是同时“崇拜”着傅雷、高植、满涛等中译者。）译者在“提供可用的国外理论资料”方面的贡献为一事，而如将此贡献“等同于或类比于”原著者的贡献，则不仅大谬不然，而且会产生极大的文化发展方向性方面的误导的效果。因为今日功利主义盛行，如因此“学术身份混淆”而将容易得多的翻译工作及其“出版物积累”视同中国学术理论的实质性进展，则将造成一国学术文化的全面歪曲性发展：如进而将理论翻译视作方便的职场成功手段，其严重恶果更是不言而喻了。（还不要谈因此必然易于引生的大量粗制滥造理论译作了。）

再来谈一下我决定补写此校后记的一个更深刻的动机：我们应该如何更为严肃地看待中西思想理论交流的方向性问题？近年来我不断指出当前国际人文理论停滞的“根源”实际上来自西方学界。他们因为将任何“职场成功”看作“学术成功”，所以无不自我夸耀、自我宣传，而不能从学术理论内来判断理论虚实的青年学人，如采取同样的人生观治学，实乃民族学术文化之大不幸。这是我们在全球化时代最需警惕的“实践论误区”。前面指出，本书的价值在于凝聚了现代西方认识论、价值论和实践论三方面的核心论题。我在此特别指出其中的“学术实践论”方面。一目了然，本书中诸位现代西方著名哲学家中无一人了解中华文明的历史、思想和文化；他们从来没有想到过中华特殊精神文明史的特质与他们毕生耕耘的西哲理论有什么关系！其实（如从真正的跨学科-跨文化的符号学、解释学角度看），实际上二者之间是大有关系的，至少在实践论方面如此。如果今日不从人类文明历史全局来进行构思本文明文化发展方向的话，也就是如果不兼顾中西两大文明渊薮的话，是不可能周全地思考人类精神文明的前途问题的。本人提出的胡塞尔学和王阳明学间的“比较心学研究”，正是侧重于一种新型“学术实践论”构想的。人类文明史全程是由两大相互独立的实践路线组成的：“社会功业类实践”和“精神理论类实践”。王阳明心学正是对于思想学术实践论“源头”的直观性顿悟，此种对理论思维的感性层根源的识悟，涉及思想实践的“真实根基”所在。他与朱熹的思想分歧，其实相关于对不同实践论阶段间的“身份识别性上的历史时代性范畴混淆”。朱熹的“道问学”，看似原则上正确，但又何尝为王阳明反对过？而王学正是感觉到朱学对此实践论的心学根源欠缺直接的“感悟”，才企图摆脱朱学而独辟一个（实践论的）心学方向。朱熹的“道问学”虽然作为“问学原则”并无不当，但其局限或欠缺正在于混淆了“社会功业实践”和“精神理论实践”，因为其所谓“学（术）”是受限于、产生于前现代期的封建主义儒教制度内的。从今日的科学时代的人文学术世界范围来看，当然不可能将人类认知局限于古代封建主义的特定历史时期。但这并不妨碍我们今日将其本人当时所能够拥有的“学术世界”作为象征性的

“学术实践”之“代表”加以理解。王阳明时代虽然不可能按照现代科学分析方法来评判朱学本身问题，但他的相关“思维重点的选择性忽略”倾向，则表现出了其特有的一种“心学专注力”。我将此直观性心学专注力类比于胡塞尔具有的那种“理论性心学专注力”，而人类学术实践论（非关外部社会功业实践论）的“全域”，应当同时包括不同的实践论之“侧面和阶段”。正是阳明学的这种心学专注力，导致中华精神文明不可能放弃其固有的伦理中心主义思维的民族心理倾向；也正是因此“心学执着力”的延存至今，我们才能不为当前强大西方理论文明中的诸多误区所囿，而坚持要本着人类伦理性价值观来衡量其内在的思想得失。我们对崇洋媚外风气和“以译代研”方法论误区的批评，其实都是出于同一价值观认识立场的，都是超越来自西方的功利竞争主义而关切到精神文明发展的本质动力问题的。

我撰此校后记时，感冒初愈；虽然 80 岁高龄（古人已然是 82 岁高龄），然而因一向思维尚健故不觉老之已至，而身体对轻微病症的抵抗力的逐年降低事实，今日突然成为了明确之“警讯”。这次才意识到思维生命与生理生命原来是大有区别的。在时不我待的觉识下，唯一关念仍持存于中华精神文明对于人类世界文明的可能贡献的方向性问题方面。不久前突然接到明史学会今年夏天在赣州举行的王阳明研讨会邀请函，这是在参加 2011 年余姚王阳明研讨会后的另一次阳明心学专业会议的机会，或许可以趁此时机再次为阳明学的现代化发展以及现象学与阳明学的互动关系问题，提供一己之心得。欣慰之余，特志于此，以为存念。

最后，时当本书出版在即，容我在此向责任编辑吴冰华女士表示特殊的谢意。冰华细心地挑出译文中多处漏译和不当措辞，这对于本译本的改善来说，是非常重要的。本书作为我在中国人民大学出版社的“重读胡塞尔”编译计划系列之一，再次体现了出版社对于学术出版事业的一贯支持政策，特在此向编辑室主任杨宗元女士表示谢意和敬意。

李幼蒸

2017 年 3 月 25 日凌晨于旧金山湾区

守望者书目

001　正义的前沿

［美］玛莎·C. 纳斯鲍姆（Martha C. Nussbaum）　著

作者玛莎·C. 纳斯鲍姆，美国哲学家，人文与科学院院士，当前美国最杰出、最活跃的公共知识分子之一。现为芝加哥大学法学、伦理学佛罗因德（Ernst Freund）杰出贡献教授，同时受聘于该校 7 个院（系）。2003 年荣列英国《新政治家》杂志评出的“**我们时代的十二位伟大思想家**”之一；2012 年获西班牙阿斯图里亚斯王子奖，被称为“**当代哲学界最具创新力和最有影响力的声音之一**”。最具代表性的著作有：《善的脆弱性》《诗性正义》。

作为公平的正义真的无法解决吗？本书为我们呈现女性哲学家的正义探索之路。本书从处理三个长期被现存理论特别是罗尔斯理论所忽视的、亟待解决的社会正义问题入手，寻求一种可以更好地指引我们进行社会合作的社会正义理论。

002　寻求有尊严的生活——正义的能力理论

［美］玛莎·C. 纳斯鲍姆（Martha C. Nussbaum）　著

诺贝尔经济学奖得主阿玛蒂亚·森鼎力推荐。伦敦大学学院乔纳森·沃尔夫教授对本书评论如下：“一项非凡的成就：文笔优美，通俗易懂。同阿玛蒂亚·森教授一道，纳斯鲍姆是正义的‘能力理论’的开创者之一。**这是自约翰·罗尔斯的作品以来，政治哲学领域最具原创性和影响力的发展**。这本书对纳斯鲍姆理论的首次全盘展示，不仅包括了其核心元素，也追溯了其理论根源并探讨了相关的政策意义。”

003　教育与公共价值的危机

［美］亨利·A. 吉鲁（Henry A. Giroux）　著

亨利·A. 吉鲁（1943—　），著名社会批评家，美国批判教育学的创始理论家之一，先后在波士顿大学、迈阿密大学和宾夕法尼亚州立大学任教。2002 年，吉鲁曾被英国劳特利奇出版社评为当代 50 位教育思想家之一。

本书荣获杰出学术著作称号，获得美国教学和课程协会的年度戴维斯图书奖，美国教育研究协会**2012年度批评家评选书目奖**。本书考察了美国社会的公共价值观转变以及背离民主走向市场的教育模式。本书鼓励教育家成为愿意投身于创建构成性学习文化的公共知识分子，培养人们捍卫作为普遍公共利益的公立教育和高等教育的能力，因为这些对民主社会的生存来说至关重要。

004 康德的自由学说

卢雪崑 著

卢雪崑，牟宗三先生嫡传弟子，1989年于钱穆先生创办的香港新亚研究所获哲学博士学位后留所任教。主要著作有《意志与自由——康德道德哲学研究》《实践主体与道德法则——康德实践哲学研究》《儒家的心性学与道德形上学》《通书太极图说义理疏解》。

本书对康德的自由学说进行了整体通贯的研究，认为康德的自由学说绝非如黑格尔以来众多康德专家曲解的那样，缺乏生存关注、贱视人的情感、只是纯然理念的彼岸与虚拟；康德全部批判工作可说是一个成功证立“意志自由”的周全论证整体，康德批判地建立的自由学说揭示了“自由作为人的存在的道德本性”，“自由之原则作为实存的原则”，以此为宗教学、德性学及政治历史哲学奠定彻底革新的基础。

005 康德的形而上学

卢雪崑 著

自康德的同时代人——包括黑格尔——对康德的批判哲学提出批判至今，种种责难都借着“持久的假象就是真理”而在学术界成为公论。本书着眼于康德所从事的研究的真正问题，逐一拆穿这些公论所包含的假象。

006 客居忆往

洪汉鼎 著

洪汉鼎，生于1938年，我国著名斯宾诺莎哲学、当代德国哲学和诠释学专家，现为北京市社会科学院哲学研究所研究员，山东大学中国诠释学研究中心名誉主任，杜塞尔多夫大学哲学院客座教授，成功大学文学院客座讲座教授。20世纪50年代在北京大学受教于贺麟教授和洪谦教授，70

年代末在中国社会科学院哲学所担任贺麟教授助手，1992 年被评为享受国务院政府特殊津贴专家，2001 年后在台湾多所大学任教。德文专著有《斯宾诺莎与德国哲学》、《中国哲学基础》、《中国哲学辞典》（三卷本，中德文对照），中文专著有《斯宾诺莎哲学研究》、《诠释学——它的历史和当代发展》、《重新回到现象学的原点》、《当代西方哲学两大思潮》（上、下册）等，译著有《真理与方法》《批评的西方哲学史》《知识论导论》《诠释学真理?》等。

本书系洪汉鼎先生以答学生问的形式而写的学术自述性文字，全书共分为三个部分。第一部分是作者个人从年少时代至今的种种经历，包括无锡辅仁中学、北京大学求学、反右斗争中误划为右派、“文化大革命”中发配至大西北、改革开放后重回北京、德国进修深造、台湾十余年讲学等，整个经历充满悲欢离合，是幸与不幸、祸与福的交集；第二部分作者透过个人经历回忆了我国哲学界 20 世纪 90 年代之前的情况，其中有师门的作风、师友的关系、文人的特性、国际的交往，以及作者个人的哲学观点，不乏一些不为人知的哲坛趣事；第三部分是作者过去所写的回忆冯友兰、贺麟、洪谦、苗力田诸老师，以及拜访伽达默尔的文章的汇集。

007　西方思想的起源

聂敏里　著

聂敏里，中国人民大学哲学院教授，博士生导师，中国人民大学首批杰出人文学者，主要从事古希腊哲学的教学和研究，长期教授中国人民大学哲学院本科生的西方哲学史专业课程。出版学术专著《存在与实体——亚里士多德〈形而上学〉Z 卷研究（Z 1-9）》《实体与形式——亚里士多德〈形而上学〉Z 卷研究（Z 10-17）》，译著《20 世纪亚里士多德研究文选》《前苏格拉底哲学家——原文精选的批评史》，在学界享有广泛的声誉。《存在与实体》先后获得北京市第十三届哲学社会科学优秀成果奖二等奖、教育部第七届高等学校科学研究优秀成果奖（人文社会科学）三等奖，《实体与形式》入选 2015 年度“国家哲学社会科学成果文库”。

本书是从中国学者自己的思想视野出发对古希腊哲学的正本清源之作。它不着重于知识的梳理与介绍，而着重于思想的分析与检讨。上溯公元前 6 世纪的米利都学派，下迄公元 6 世纪的新柏拉图主义，上下1 200 余年的古希腊哲学，深入其思想内部，探寻其内在的本体论和认识论的思想根底与究竟，力求勾勒出西方思想最初的源流与脉络，指陈其思想深处的得失与转捩，阐明古希腊哲学对两千余年西方思想的奠基意义与形塑作用。

008 现象学：一部历史的和批评的导论

［爱尔兰］德尔默·莫兰（Dermot Moran） 著

德尔默·莫兰为国际著名哲学史家，爱尔兰都柏林大学哲学教授（形上学和逻辑学），前哲学系主任，于 2003 年入选爱尔兰皇家科学院，并担任 2013 年雅典第 23 届国际哲学大会“学术规划委员会”主席。莫兰精通欧陆哲学、分析哲学、哲学史等，而专长于现象学和中世纪哲学。主要任教于爱尔兰，但前后在英、美、德、法等各国众多学校担任客座或访问教授，具有丰富的教学经验。莫兰于 2010 年在香港中文大学主持过现象学暑期研究班。

本书为莫兰的代表作。莫兰根据几十年来的出版资料，对现象学运动中的五位德语代表哲学家（布伦塔诺、胡塞尔、海德格尔、伽达默尔和阿伦特）和四位法语代表哲学家（莱维纳、萨特、梅洛-庞蒂和德里达）的丰富学术思想，做了深入浅出的清晰论述。本书出版后次年即荣获巴拉德现象学杰出著作奖，并成为西方各大学有关现象学研习的教学参考书。本书另一个特点是，除哲学家本人的思想背景和主要理论的论述之外，不仅对各相关理论提出批评性解读，而且附有关于哲学家在政治、社会、文化等方面的细节描述，也因此增加了本书的吸引力。

Introduction to Phenomenology by Dermot Moran
ISBN：978-0-415-18373-4

北京市版权局著作权合同登记号：01-2012-5003

图书在版编目（CIP）数据

现象学：一部历史的和批评的导论/（爱尔兰）莫兰著；李幼蒸译. —北京：中国人民大学出版社，2017.7
ISBN 978-7-300-18257-5

Ⅰ.①现… Ⅱ.①莫… ②李… Ⅲ.①现象学-研究 Ⅳ.①B81-06

中国版本图书馆 CIP 数据核字（2013）第 248824 号

现象学：一部历史的和批评的导论
[爱尔兰] 德尔默·莫兰（Dermot Moran） 著
李幼蒸 译
Xianxiangxue：Yi Bu Lishi de he Piping de Daolun

出版发行	中国人民大学出版社		
社　　址	北京中关村大街 31 号	**邮政编码**	100080
电　　话	010－62511242（总编室）		010－62511770（质管部）
	010－82501766（邮购部）		010－62514148（门市部）
	010－62515195（发行公司）		010－62515275（盗版举报）
网　　址	http://www.crup.com.cn		
	http://www.ttrnet.com（人大教研网）		
经　　销	新华书店		
印　　刷	北京联兴盛业印刷股份有限公司		
规　　格	160 mm×230 mm　16 开本	**版　　次**	2017 年 7 月第 1 版
印　　张	42 插页 2	**印　　次**	2022 年 7 月第 4 次印刷
字　　数	672 000	**定　　价**	138.00 元